# 国际空间站鉴定和验收环境试验要求

李福秋　周海京　任立明　敖　楠　编译

U0216453

电子工业出版社

**Publishing House of Electronics Industry**

北京·BEIJING

## 内 容 简 介

本手册全面规定了国际空间站各级产品需要开展的鉴定和验收环境试验的要求标准,包含正文和附录两大部分。正文部分的第 1 章是标准内容的概述,第 2 章至第 7 章是国际空间站鉴定和验收环境试验的具体内容及其他相关要求的说明,第 8 章是对标准的注释;附录部分是针对标准中所有例外情况的特殊说明。

本手册可作为航天产品鉴定和验收环境试验的标准规范,对我国武器装备、航天工程有关技术人员和管理人员开展相关工作具有借鉴作用。

**图书在版编目(CIP)数据**

国际空间站鉴定和验收环境试验要求/李福秋等编译. —北京:电子工业出版社,2017.3
ISBN 978-7-121-30612-9

Ⅰ. ①国…　Ⅱ. ①李…　Ⅲ. ①星际站－鉴定－环境试验－研究②星际站－验收试验－环境试验－研究
Ⅳ. ①V476.1

中国版本图书馆 CIP 数据核字(2016)第 303120 号

策划编辑:陈韦凯
责任编辑:桑　昀
印　　刷:三河市鑫金马印装有限公司
装　　订:三河市鑫金马印装有限公司
出版发行:电子工业出版社
　　　　　北京市海淀区万寿路 173 信箱　邮编 100036
开　　本:787×1 092　1/16　印张:32　字数:861 千字
版　　次:2017 年 3 月第 1 版
印　　次:2017 年 3 月第 1 次印刷
定　　价:99.00 元

凡所购买电子工业出版社图书有缺损问题,请向购买书店调换。若书店售缺,请与本社发行部联系,联系及邮购电话:(010)88254888,88258888。

质量投诉请发邮件至 zlts@phei.com.cn,盗版侵权举报请发邮件至 dbqq@phei.com.cn。

本手册咨询联系方式:chenwk@phei.com.cn。

# 序

太空探索永无止境，逐梦征程任重道远。航天技术水平是一个国家科技实力的重要标志，也是一个国家经济实力、综合国力、国防实力的重要标志。航天技术的持续发展和进步为人类进入太空、认识太空和利用太空提供了源源不断的动力。

国际空间站的设想是 1983 年由美国总统里根首先提出的，是美国战略防御计划的一部分。国际空间站作为科学研究和开发太空资源的手段，为人类提供了一个长期在太空轨道上进行对地观测和天文观测的机会。

国际空间站的研制、发射和运行是一项庞大的系统工程，而航天大型地面试验是评估验证国际空间站产品（系统、分系统、单机等）设计功能、性能和可靠性的关键环节，是研制工作的重要组成部分，也是研制程序中最重要的工作内容之一，鉴定和验收环境试验要求规定的正确与否直接影响着国际空间站的设计水平，甚至决定着空间站任务的成败。

《国际空间站鉴定和验收环境试验要求》（SSP 41172 版本 U），是美国宇航局（NASA）为保证国际空间站任务方案与成果的一致性，在参考并修改相关要求和标准的基础上编写而成。在中央军委装备发展部载人航天工程办公室的支持下，中国航天标准化与产品保证研究院组织对美国宇航局（NASA）编写的《国际空间站鉴定和验收环境试验要求》（SSP 41172 版本 U）进行了编译、出版工作。

本手册针对国际空间站产品使用的元器件、结构、组件和飞行构件的环境试验，规定了各级产品需要开展的鉴定和验收环境试验要求。明确了载人航天产品在鉴定和验收试验过程中具体的试验量级和做法，对载人航天产品在鉴定和验收试验中可能出现的例外情况提供了大量的补充说明，对我国空间站产品开展鉴定和验收环境试验具有积极的借鉴意义。

习近平总书记在首个"中国航天日"做出重要指示，"探索浩瀚宇宙，发展航天事业，建设航天强国，是我们不懈追求的航天梦。"在此，我衷心祝愿我国航天事业蒸蒸日上，创造更大的辉煌！

# 译 者 序

国际空间站鉴定和验收环境试验要求（SSP 41172 版本 U）是美国国家航空航天局（NASA）为保证国际空间站任务方案与成果的一致性，在参考并修改相关要求和标准的基础上编写而成。本手册也得到了加拿大航天局、意大利航天局、欧空局、日本宇宙开发事业集团以及俄罗斯航天局等国际空间站计划参与方的支持与认可。

本手册针对元器件、结构、组件和飞行构件的环境试验，全面规定了国际空间站各级产品需要开展的鉴定和验收环境试验要求。主要内容包括国际空间站部/组件的鉴定试验和验收环境试验，参考和引用的文件也与国际空间站任务发布的方针保持协调一致。

本手册可作为航天产品鉴定和验收环境试验的标准规范，为航天产品的试验过程提供了方法和依据，明确了产品在鉴定和验收试环境验过程中具体的试验量级和做法。

本手册没有复杂的理论和公式，试验方法描述简明、容易理解，对产品鉴定和验收环境试验中可能出现的例外情况提供了大量的补充说明并强调了相关概念。希望本手册的标准对我国武器装备、航天工程有关技术人员和管理人员开展相关工作具有借鉴作用。

本手册的编译工作由李福秋主持，李福秋、周海京编译第 1 章和第 2 章，任立明、敖楠编译第 3 章，周海京、李健编译第 4 章，李福秋、张桅编译第 5 章，林树茂、李孝鹏编译第 6 章，敖楠、周海京编译第 7 章，李福秋、任立明编译第 8 章；刘春雷、李孝鹏编译附录 A，刘金燕编译附录 B，张桅编译附录 C，李健编译附录 D，林树茂编译附录 E。周海京审校正文，任立明审校附录 A 和附录 B，陈凤熹审校附录 C，卿寿松审校附录 E。

在本手册的编译过程中，得到了许多同行和专家的指导与帮助，在此表示感谢！特别感谢总装备部载人航天工程办公室的领导给予的支持。

由于译者水平有限，错误或不当之处在所难免，恳请读者批评指正。

编译者

2016 年 10 月

# 前　　言

　　本手册内容旨在与国际空间站计划参与方准备的任务方案和成果保持一致，在新空间站计划的所有合约和内部活动中实施鉴定和验收环境试验要求，并通过合约修订的方式加入到所有现有合约中。本手册由空间站控制委员会管理，所有变更或修改都需要经过副主任的批准。

　　本手册针对元器件、结构、组件和飞行构件的环境试验，规定了统一鉴定和验收的最低要求。

# 目　　录

# 第1章 概　　述

## 1.1　简介

### 1.1.1　目的

本手册针对元器件，结构和飞行构件的环境试验，规定了最低的统一鉴定和验收要求。

### 1.1.2　范围

这些试验要求适用于国际空间站（ISS），但不包括附属加压舱段、俄罗斯舱段以及日本试验舱段。这些舱段应遵守如下机构制定的试验标准：欧洲航天局、俄罗斯航天局以及日本国家航空发展事业集团。不过，预计这些标准会达到甚至超过本手册所述标准。在这些试验要求中，规定了元器件、结构、飞行构件鉴定试验；元器件和飞行构件验收试验；以及元器件、结构和飞行构件原型飞行试验。另外，还规定了试验流程和裕度。如与本手册有任何偏差，都应根据相关的合约要求记录下来并进行处理。

### 1.1.3　优先权

本手册所述验证要求如果与任何其他验证要求（除了《国际空间站系统、舱段和最终项规范》外）发生冲突，则以本手册验证要求为准。

### 1.1.4　授权

对于在本手册中规定需要国际空间站计划审批的备选战略或要求，国际空间站试验和验证控制委员会（T&VCP）应为指定的审批机构。

## 1.2　适用文件

在当前版本的 SSP 50257（空间站工程 50257 文件）给出的所有如下准确版本适用文件在本手册规定的范围内都属于本规范的一部分。在本手册中包含适用文件，并不能以任何方式取代在 1.1.3 节中所述文件的优先权。在参考文件中说明了本手册引用每个适用文件的位置，参见表 1-1。

表 1-1　本手册引用的每个适用文件的具体位置

| 文 件 编 号 | 题　　目 |
| --- | --- |
| SSP 30223 | 空间站计划的问题报告和纠正措施<br>引用章节：8.1 |
| SSP 30234 | 关于如何准备空间站故障模式和影响分析以及关键项列表的说明<br>引用章节：3.1，9.0 |

| 文 件 编 号 | 题 目 |
|---|---|
| SSP 30237 | 空间站电磁发射和电磁兼容性敏感性要求<br>引用章节：4.2.12.2，4.2.12.3 |
| SSP 30238 | 空间站电磁技术<br>引用章节：4.2.1.12.2 |
| SSP 30243 | 空间站系统的电磁兼容性要求<br>引用章节：4.4.2.2 |
| SSP 30559 | 空间站结构设计和验证要求<br>引用章节：4.2.10.3B，4.2.10.3C，4.2.13.1，4.3.1.2，4.3.1.4，4.4.4.3，5.1.9.2，6.1.2 |
| JSC 20584 | 航天器允许的最大空气污染物浓度<br>引用章节：5.2.4.4 |
| MIL-STD-1474 | 陆军材料的噪声限值<br>引用章节：5.2.5.2 |
| MSFC-PROC-404 | 过程气体干燥、保存清洁度以及检查方法<br>引用章节：5.1.9.2 |
| NSTS 21000-IDD-ISS | 国际空间站接口定义文件<br>引用章节：4.2.5.3A，4.2.6.3，4.4.3.3，5.1.4.3A，5.1.5.3，6.1.1C，6.2.1 |

# 1.3 试验综述

## 1.3.1 试验要求

所有鉴定、验收以及原型飞行试验都应至少满足本手册的试验要求。如果在另外一个文件（比如适用的开发规范）中要求进行本手册中未规定的试验，则应按照本手册规定的方式进行试验。对于根据 SSP 30234 的故障模式和影响分析（FMEA）归为 1 或 2 级严酷度的硬件，应根据第 2 章和第 3 章的要求进行试验；对于原型飞行，则根据本手册第 4 章的要求进行试验。对于可靠性和可维护性委员会或其指派方根据综合 FEMA 评估归为 3 级严酷度的硬件，可以根据本手册第 7 章的要求进行试验。

这些要求的目标是规定合理、谨慎、具有技术意义的试验内容。应对规划好的试验内容进行评估，以确保它们满足这些标准。

在本手册中所述的试验必须由接受过正式培训、有资格进行相关试验的人员来完成。建议对进行本手册所述试验的人员进行长期正规的知识和能力认证。

## 1.3.2 试验条件公差

应对本手册所述的标称试验值采用试验条件公差。除非另有说明外，否则应采用表 1-2 中给出的最大允许公差作为试验条件。

## 表 1-2 作为试验条件的最大允许公差

| | |
|---|---|
| 温度 | +/-5.4℉<br>+/-3.0℃ |
| 压力<br>>133Pa（帕斯卡）（>1Torr）<br>0.133～133Pa（0.001～1Torr）<br><0.133Pa（<0.001Torr） | +/-10%<br>+/-25%<br>+/-80% |
| 相对湿度 | +/-5% |
| 加速度 | +/-10% |
| 振动频率<br>≥25Hz<br><25Hz | +/-2%<br>+/-14Hz |
| 正弦振动幅值 | +/-10% |
| 静载荷 | +/-5% |
| 时间 | +/-2% |
| 随机振动功率谱密度<br>20～500Hz（25Hz 或更窄）<br>500～2000Hz（50Hz 或更窄）<br>随机总均方根值<br>持续时间 | +/-1.5dB<br>+/-3.0dB<br>+/-1.5dB<br>+10%/-1% |
| 声压值（1）<br>1/3-Oct 中频<br>31.5～40Hz<br>50～2000Hz<br>2500～10 000Hz<br>整体<br>持续时间 | +/-5.0dB<br>+/-3.0dB<br>+/-4.0dB<br>+/-1.5dB<br>+10%/-1% |
| 冲击响应谱（峰值加速度，$Q=10$）（2）<br>自然频率，间隔为 1/6-Oct<br>≤5000Hz<br>>5000Hz | +/-6.0dB<br>+9.0/-6.0dB |

注：

（1）统计自由度应至少为 100。

（2）至少有 50%的光谱值必须大于标称试验规范。

# 第2章 鉴定试验

本章说明鉴定试验的最低要求，以及如何将这些试验应用于元器件、结构和飞行构件。

## 2.1 验收和鉴定的关系

在所有情况下，鉴定试验量级和持续时间都应包含最坏情况下的使用寿命环境，其中包括验收试验量级和持续时间（含试验公差），并确保验收复验。对于所有试验件，都应在鉴定试验之前或者与其同步进行验收试验（包括功能和环境试验）。关于本节的例外情况，请参见附录 C：PG3-81。

## 2.2 元器件鉴定

在表 2-1 中给出了根据计划要求需要进行元器件鉴定试验的试验和元器件分类。如果一个元器件分属于多个类别，则应按照要求进行每一类的试验。在后面的章节中详细介绍了每种试验的要求。"需要"一词表示：如果元器件在其使用寿命内承受相关环境，则必须进行相关试验。关于本节的例外情况，请参见附录 A：PG1-221；以及附录 C：PG3-77。

表 2-1 元器件鉴定试验

| 试验 | 电子或电气设备 | 天线 | 活动机械组件 | 太阳能电池 | 蓄电池 | 流体或推进设备 | 压力容器 | 热设备 | 光学设备 |
|---|---|---|---|---|---|---|---|---|---|
| 功能[1] | R | R | R | R | R | R | R | R | R |
| 热真空[4] | R | R | R | R | R | R | - | R | R |
| 热循环 | R | R | - | R | - | R | - | R[8] | R |
| 泄压/复压[5] | R | - | R | - | - | R | R | R[9] | R |
| 正弦振动 | - | - | - | - | - | - | - | - | - |
| 随机[3]振动 | R | R | R | R | R | R | R | R | R |
| 声振动 | R[3] | R[3] | - | R | - | - | - | - | - |
| 热冲击 | R | - | R | - | R | R | - | R | R |
| 加速度 | - | - | - | - | - | - | - | - | - |
| 湿度 | - | - | - | - | - | - | - | - | - |
| 压力 | - | - | - | - | R[2] | R | R | - | - |
| 泄漏 | R[2] | - | - | - | R[2] | R | R | R | R |
| 电磁干扰/电磁兼容性 | R | | | | | | | | |
| 使用寿命 | - | - | - | - | - | - | - | - | - |
| 电晕[6][7] | R | | | | | | | | |

续表

| 试验 | 电子或电气设备 | 天线 | 活动机械组件 | 太阳能电池 | 蓄电池 | 流体或推进设备 | 压力容器 | 热设备 | 光学设备 |
|---|---|---|---|---|---|---|---|---|---|

图例：R=需要——根据国际空间站的要求，如果试验件在其使用寿命内承受相关环境，则必须进行相关试验。

注：

（1）应在环境试验之前及之后进行功能试验。

（2）只需密封或加压设备进行。

（3）既可以进行随机振动试验，也可以进行声振试验，另外一种试验为可选试验。

（4）仅限于外部元器件。

（5）仅限于内部元器件。

（6）对于带有密封底盘的元器件或者启动后仅在太空真空条件下操作的元器件，不需要进行电晕试验。

（7）关于需要进行电晕试验的元器件电压标准，请参见表 2-1a。

（8）对于被动热设备，不需要热循环。

（9）如果最终压力试验为设备提供一个更严格的压力差，则不需要进行泄压/复压试验。

**表 2-1a  电晕试验电压标准**

| 峰值电压（V）[1] | 瞬态持续时间（μs） | 是否需要电晕试验 |
|---|---|---|
| $<150$ | 无 | 否 |
| $150 \leq V < 190$ | $<250$ | 否 |
| $150 \leq V < 190$ | $\geq 250$ | 是 |
| $\geq 190$ | 无 | 是 |

注：

（1）同时适用于稳态和瞬态条件。也适用于输入电压、内部电压和输出电压。

## 2.2.1  功能试验

### 2.2.1.1  目的

本试验验证元器件功能满足元器件规格中给出的操作要求（比如光学、热等方面）。

### 2.2.1.2  试验说明

在电试验中，应在元器件电子接口采用预期电压、阻抗、频率、脉冲以及波形，其中包括所有冗余电路。在机械试验中，应采用合适的力矩、载荷和运动。应在整个规格范围内对这些参数进行合适的调整，并符合其使用寿命周期内的预期操作顺序。另外，还应测量元器件输出以验证元器件性能是否符合规范要求。相关性能还应包括电的连续性、稳定性、响应时间、对准、压力、泄漏，或与具体元器件配置相关的其他特殊功能试验。

### 2.2.1.3  补充要求

应在每次环境试验之前进行功能试验，以确保性能满足具体规范的要求。在每次环境试验之后都应进行相同的功能试验。在结构载荷试验过程中，如果施加了极限载荷条件，则不需要进行功能试验。

### 2.2.2 热真空试验

#### 2.2.2.1 目的

本试验旨在证明元器件能够在热真空环境中正常操作，该环境模拟元器件预期承受的最高和最低环境温度。

#### 2.2.2.2 试验说明

元器件应安装于一个热控散热器上的一个真空室内，或者采用能模拟飞行环境的安装方式。

当真空室处于试验压力值时，应监控射频设备，以确保不会发生次级发射倍增。在开始一个温度周期时，真空室和元器件处于环境温度。在试验过程中让真空室降温，使元器件达到规定的低鉴定温度，然后保持稳定。在温度变化速度不超过 5.4℉/h（3℃/h）以后，即表示温度达到稳定。

在轨道上操作的元器件应首先关闭，在经过足够长的均热期后再启动，以确保元器件内部温度在指定温度下稳定，然后再进行功能试验。在元器件操作状态下，真空室温度上升，使元器件鉴定温度达到上限。当元器件温度在指定数值达到稳定后，应关闭元器件，然后在给电路放电后重新启动。接下来，应将真空室和元器件的温度降低到环境温度，从而完成一个温度周期的操作。

关于本小节的例外情况，请参见附录 A：PG1-77 和 PG1-87；以及附录 C：PG3-46。

#### 2.2.2.3 试验量级和持续时间

1. 压力

压力应从大气压降到 0.0001Torr（0.0133Pa）以下。关于本段落的例外情况，请参见附录 A：PG1-190，附录 B：PG2-109 和 PG2-143；以及附录 D：GFE-75。

2. 温度

在整个周期的热阶段，元器件温度应达到最高验收限值加上 20℉（11.1℃）的裕度（最高设计温度）；在冷阶段，则应达到最低验收试验温度减去 20℉（11.1℃）的裕度（最低设计温度）。如有可能，最低温度限值应达到 30℉（−1.1℃），如图 2-1 所示。如果电气/电子设备的最低范围（3.1.3.3B 节）不包含验收限值±裕度，那么鉴定的最低范围应为 140℉。关于本段落的例外情况，请参见附录 A：PG1-75、PG1-172、PG1-183、PG1-209 和 PG1-219；附录 B：PG2-39、PG2-40、PG2-59、PG2-65、PG2-82、PG2-86、PG2-87、PG2-89、PG2-98、PG2-120、PG2-133 和 PG2-134；附录 C：PG3-84、PG3-100 和 PG3-195；以及附录 D：GFE-101 和 GFE-113。

3. 持续时间

至少应持续操作 3 个温度周期的时间。在每个周期中，元器件在最高温和最低温达到稳定之后，都应有一个保持期。元器件的保持期应足够长，以保持内部热平衡至少 1h。应根据预鉴定分析或试验来确定达到热平衡所需的时间，或者在第一个鉴定热真空周期中在每个极值温度下将保持期延长到至少 12h 并测量元器件的内部热响应情况。关于本段落的例外情况，请参见附录 A：PG1-152、PG1-158、PG1-182 和 PG1-235；附录 B：PG2-78、PG2-109 和 PG2-148；附录 C：PG3-82；以及附录 D：GFE-08 和 GFE-49。

注：关于在提出本要求之前已经存在的例外情况，请参见附录 A：PG1-77、PG1-83、PG1-85 和 PG1-88。

关于本小节的例外情况，请参见附录 A：PG1-63、PG1-73、PG1-93、PG1-133、PG1-170、PG1-186、PG1-194、PG1-222、PG1-223、PG1-256、PG1-257 和 PG1-270；附录 B：PG2-61、PG2-67、PG2-70、PG2-73、PG2-81、PG2-90、PG2-126 和 PG2-138；以及附录 C：PG3-50。

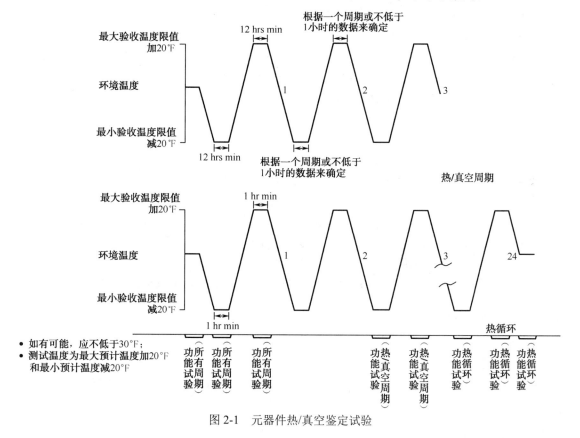

图 2-1　元器件热/真空鉴定试验

### 2.2.2.4　补充要求

应至少在第一个和最后一个操作周期，在保持期之后以及元器件返回到环境温度之后进行功能试验，试验温度至少达到最高操作温度加20℉（11.1℃）以及最低操作温度减20℉（11.1℃）。在最高预期温度下的保持期可以采用加电或断电操作。在元器件操作温度范围内进行试验的其他时间内，应监控电气和电子元器件（包括冗余电路和路径）是否有故障和中断。关于本小节的例外情况，请参见附录 A：PG1-63、PG1-133、PG1-170、PG1-186、PG1-189、PG1-194、PG1-222、PG1-223、PG1-254、PG1-256 和 PG1-257；附录 B：PG2-59、PG2-61、PG2-67、PG2-70、PG2-73、PG2-81、PG2-90、PG2-124、PG2-126 和 PG2-138；以及附录 D：GFE-89。

注：关于在提出本要求之前已经存在的例外情况，请参见附录 A：PG1-73 和 PG1-93；以及附录 C：PG3-50。

#### 2.2.2.5 真空泄压/复压的要求

内部元器件应根据"操作"和"自动断电"进行泄压和复压试验。根据 2.2.2.1 节到 2.2.2.4 节进行的热真空鉴定试验可以替代这种泄压和复压鉴定试验。关于本小节的例外情况，请参见附录 C：PG3-50 和 PG3-116；以及附录 D：GFE-02、GFE-41 和 GFE-103。

1. 操作

泄压操作元器件应进行如下试验。

元器件应安装在一个能够模拟在轨环境的真空室内。当元器件加电后，真空室压力应从大气压下降到指定的最低值。让元器件在预期温度稳定下来，并至少保持 12h。然后让真空室返回到大气压压力。在完成真空试验之前和之后都应进行功能试验。

关于本段落的例外情况，请参见附录 C：PG3-68。

2. 自动断电

对于在泄压情况下自动断电的元器件，应进行如下试验。

元器件应安装在一个能够模拟在轨环境的真空室内。当元器件加电后，真空室压力应从大气压下降到指定的最低值。应操作组件，直到达到最低操作压力，然后将其断电。元器件应在指定的低压力值下保持足够长的时间，以确保任何气体外泄或内部压力泄漏速度达到稳定。在真空室复压且当真空室内达到其最低操作压力时，元器件应加电。真空室应返回到大气压力。在完成真空试验之前和之后都应进行功能试验。

关于本段落的例外情况，请参见附录 C：PG3-69；以及附录 D：GFE-115 和 GFE-116。

### 2.2.3 热循环试验

#### 2.2.3.1 目的

本试验旨在证明元器件能够在设计温度范围内操作，并承受在验收试验过程中为元器件进行的热循环屏蔽试验。

#### 2.2.3.2 试验说明

当一个热循环开始时，元器件处于环境温度。在元器件处于操作状态（加电）之后，在监控参数的过程中，应降低真空室温度，使元器件达到指定的低鉴定温度值，此温度值在元器件上的典型位置进行测量，比如，在基板上的安装点（以传导为主的内部设计）或在容器上的代表点（以辐射为主的设计）。应给元器件断电，并在冷温度下达到稳定。经过足够长的保持期再启动元器件，以确保元器件达到内部热平衡。在元器件操作状态下，提升真空室温度，使元器件达到鉴定温度上限。当元器件温度在指定值达到稳定之后，可以将元器件断电，也可以继续通电。接下来，应让元器件有足够长的保持期，以达到内部热平衡。然后将元器件断电（如果尚未断电），并在电路放电后重新给元器件加电。继而将真空室和元器件的温度降低到环境温度，从而完成一个完整的热循环。关于本段落的例外情况，请参见附录 B：PG2-57 和 PG2-146。

注：关于在提出本要求之前已经存在的例外情况，请参见附录 A：PG1-89。

### 2.2.3.3 试验量级和持续时间

#### 1. 压力

一般采用环境压力。不过，也可以在减压（包括真空）条件下进行热循环试验。在测试非密封元器件时，真空室应充满干燥空气或氮气，以避免元器件表面和内部在低温下产生冷凝。

#### 2. 温度

在整个周期的热阶段，元器件温度应达到最高验收限值加上 20℉（11.1℃）的裕度（最高设计温度）；在冷阶段，则应达到最低验收试验温度减去 20℉（11.1℃）的裕度（最低设计温度）。如有可能，最低温度限值应低于 30℉（-1.1℃），参见图 2-1。如果电气/电子设备的最低范围（3.1.3.3 节）不包含验收限值±裕度，那么鉴定的最低范围应为 140℉。关于本段落的例外情况，请参见附录 A：PG1-75、PG1-139、PG1-168、PG1-173、PG1-205 和 PG1-231；附录 B：PG2-39、PG2-40、PG2-57、PG2-60、PG2-63、PG2-65、PG2-72、PG2-82、PG2-87、PG2-99、PG2-120 和 PG2-132；附录 C：PG3-93、PG3-100、PG3-109、PG3-130、PG3-142、PG3-148、PG3-152、PG3-157、PG3-172、PG3-178、PG3-192、PG3-207、PG3-210、PG3-221 和 PG3-225；以及附录 D：GFE-14、GFE-37、GFE-56、GFE-60、GFE-61、GFE-67、GFE-96、GFE-101、GFE-102 和 GFE-104。

#### 3. 持续时间

持续时间应为验收试验热循环数的 3 倍，但不少于 24 个周期。如果热真空（T/V）循环温度包含热循环所需的温度，那么这些周期可以包含在所需的 24 个周期中。本试验可以在热真空中进行，并与 2.2.2 节中的热真空试验共同进行，前提是温度限值、周期数、温度变化速度以及保持时间符合此试验要求。在每个周期中，在高温和低温下都至少有 1h 的保持时间，在此过程中，应将试验件关闭，直到温度稳定后再启动。在高温和低温下的保持时间应足够长，以实现内部热平衡。传输速度不应低于每分钟 1.0℉（0.56℃）。关于本段落的例外情况，请参见附录 A：PG1-74、PG1-90、PG1-98 和 PG1-158；附录 B：PG2-50、PG2-52、PG2-57、PG2-78 和 PG2-148；附录 C：PG3-44、PG3-48、PG3-54、PG3-115、PG3-153 和 PG3-161；以及附录 D：GFE-09、GFE-17、GFE-50、GFE-87 和 GFE-104。

关于这些段落的例外情况，请参见附录 A：PG1-170 和 PG1-218；附录 C：PG3-57；以及附录 D：GFE-03、GFE-24、GFE-32、GFE-42、GFE-91 和 GFE-111。

### 2.2.3.4 补充要求

应至少在第一个和最后一个热循环内以及元器件返回到环境温度之后进行功能试验，试验温度至少达到最高操作温度加 20℉（11.1℃）以及最低操作温度减 20℉（11.1℃）。在试验的其他时间内，应通过各种操作模式和参数监控电气元器件（包括所有冗余电路）是否有故障和中断。关于本段落的例外情况，请参见附录 A：PG1-99、PG1-170、PG1-218 和 PG1-227；附录 B：PG2-57、PG2-60、PG2-63 和 PG2-124；以及附录 D：GFE-15、GFE-24、GFE-32、GFE-38、GFE-91、GFE-105 和 GFE-111。

### 2.2.4　正弦振动试验

#### 2.2.4.1　目的

正弦振动试验用于如下目的中的一个或多个：

（1）证明元器件能够承受为元器件设计的正弦或衰减正弦类动力振动环境，或在这种环境下操作。

（2）确定可能导致飞行故障或需要进行后续振动试验的任何共振条件。

（3）评估固件。

（4）进行诊断试验。

#### 2.2.4.2　试验说明

元器件应当通过元器件上的正常安装点安装到一个固件上。应该在彼此垂直的三个轴上测试元器件。应注意并记录明显的共振频率。在连接点的感应横轴加速度不应超过为横轴指定的最大试验值。

#### 2.2.4.3　试验量级和持续时间

对于旨在确定共振条件或评估固件的试验（2.2.4.1 节中目的（2）、（3）或（4）），应有足够的试验量级和持续时间，以实现诊断功能。可以使用正弦激发作为离散频率保持，或者作为扫频功能，其频率以对数方式变化。诊断试验的扫描速率应足够低，以便能识别明显的共振。用来证明耐用度的试验（2.2.4.1节中目的（1））应采用每个 Oct 两分钟的模式（除非可以根据操作环境的长期存在情况来确定扫描速率和保持时间）。振动值应足够高，以包含最大设计值对应的严重程度。

#### 2.2.4.4　补充要求

如果预计在使用过程中会出现显著的正弦振动，那么应考虑进行旨在确定耐用度的正弦振动试验（2.2.4.1 节中目的（1））。应在正弦振动试验之前和之后进行功能试验。在试验过程中，应给电气/电子元器件加电，并监控其参数是否有故障或中断。如果元器件要安装在航天器内的动力隔离器上，那么应当在鉴定测试期间将元器件安装到这些隔离器上，并在隔离器输入端控制振动试验值。

### 2.2.5　随机振动试验

#### 2.2.5.1　目的

本试验旨在证明元器件能够承受最大随机振动环境所导致的应力和累积疲劳损害。

#### 2.2.5.2　试验说明

元器件应当通过元器件上的正常安装点安装到一个刚性固件上。元器件应该在三个彼此垂直的轴上都进行检测。在本试验中，阀门应加压到操作压力。如果在上升过程中加压，则需监控内部压力衰减。关于本段落的例外情况，请参见附录 A：PG1-242；以及附录 B：PG2-105。

### 2.2.5.3 试验量级和持续时间

在三个正交轴上的试验时间都应为在飞行过程中预期承受最大数值和频谱的时间的 3 倍，或者元器件随机振动验收试验时间的 3 倍（如果该值较大），且每轴试验时间不少于 3min。元器件随机振动试验量级和频谱应包含如下范围。

（1）预期最大飞行数值和频谱，但不小于根据 141 dB 声环境推导的数值（其频谱由 NSTS 21000-IDD-ISS 4.1.1.5 节定义）。

（2）验收试验量级和频谱加上试验公差。关于本要求的例外情况，请参见附录 A：PG1-138、PG1-181、PG1-196 和 PG1-242；附录 B：PG2-100 和 PG2-105；附录 C：PG3-43、PG3-78、PG3-79、PG3-80、PG3-106 和 PG3-145；以及附录 D：GFE-20、GFE-58 和 GFE-59。

关于本小节的例外情况，请参见附录 A：PG1-136、PG1-147、PG1-170、PG1-234 和 PG1-236；附录 B：PG2-44、PG2-64、PG2-74、PG2-76、PG2-111、PG2-123 和 PG2-139；附录 C：PG3-59、PG3-70、PG3-90、PG3-97、PG3-121 和 PG3-197；以及附录 D：GFE-04、GFE-19、GFE-26、GFE-34、GFE-43、GFE-57、GFE-64、GFE-66、GFE-80 和 GFE-100。

### 2.2.5.4 补充要求

在随机振动试验期间，应给电气和电子元器件加电和监控是否有故障或中断。对于安装在飞行器中的隔离器上的元器件，应分析鉴定随机振动试验，以确定在试验过程中元器件是否应当安装在隔离器上，还是应该在试验中以硬安装方式安装在振动器上。

在所有情况下，鉴定试验的元器件输入都应包含验收试验值加上试验公差。如果需要在鉴定随机振动试验过程中采用硬安装，那么可能需要第二次鉴定随机振动试验，以证明隔离器设计方案合理。

关于本小节的例外情况，请参见附录 A：PG1-147、PG1-170、PG1-229 和 PG1-244；附录 B：PG2-54、PG2-76、PG2-111、PG2-121 和 PG2-139；附录 C：PG3-52、PG3-59、PG3-64、PG3-65、PG3-70、PG3-71、PG3-72、PG3-73、PG3-86、PG3-88、PG3-95、PG3-104、PG3-112、PG3-122、PG3-132、PG3-138、PG3-143、PG3-159、PG3-173、PG3-179、PG3-193、PG3-205、PG3-208 和 PG3-223；以及附录 D：GFE-04、GFE-21、GFE-26、GFE-34、GFE-43、GFE-52、GFE-77 和 GFE-80。

## 2.2.6 声振动试验

### 2.2.6.1 目的

本试验旨在证明元器件能够承受设计数值的声环境。如果通过分析认定此环境（而不是随机振动）是最坏情况，或者因为元器件尺寸和重量的原因而无法实现随机振动，则应进行声学试验。进行声学试验的前提是此试验能够将元器件激发到合适的振动数值。

### 2.2.6.2 试验说明

元器件应安装在一个可以产生所需声压值的回响声学单元内。在整个真空室内应有统一的声能密度。元器件配置（比如展开或收起）应该与其承受飞行动力环境时一样。首选的试验方法是将元器件安装到飞行类支撑结构，并拆下地面搬运设备。

### 2.2.6.3 试验量级和持续时间

声压值应至少达到最大预期飞行数值和频谱，但不低于根据 141 dB 的整体声环境推导的数值（其频谱由 NSTS 21000-IDD-ISS 4.1.1.5 节定义）。持续时间应为飞行过程中预期承受最大环境时间的 3 倍或者声验收试验时间的 3 倍（以两者中较大者为准），但不小于 3min。

### 2.2.6.4 补充要求

应在声学试验之前和之后进行功能试验。电气和电子元器件应在试验过程中加电和监控。在试验过程中，应监控参数以确定是否有故障或中断。对于表面积与体积比较大的元器件，比如大天线和太阳能电池阵列，无法通过机械振动合理模拟操作动力环境的方式进行试验。对于这种元器件配置，需要进行声学试验。如果需要声元器件试验，则不需要进行随机振动试验。

## 2.2.7 热冲击试验

### 2.2.7.1 目的

本试验旨在证明元器件是否能够承受预期的最大冲击环境。

### 2.2.7.2 试验说明

元器件应当通过元器件的垂直安装点安装到一个固件上。所选的试验方法应能够满足所需的冲击谱，其瞬态持续时间与飞行冲击中的预期时间类似。将设备安装到实际或类似动力结构上，可以比安装在刚性结构（比如振动器电枢或滑动台）达到更符合实际的试验效果。

### 2.2.7.3 试验量级和接触时间

在三个正交轴的每个轴方向上，冲击谱都应至少达到最大预期值加上 6 dB。应施加足够数量的冲击，从而在三个正交轴每个轴的两个方向上至少 3 次满足幅值标准。不过，如果可以创建一个合适的试验环境，以满足同一应用中所有 6 个方向的幅值要求，那么本试验环境条件应施加 3 次。关于本要求的例外情况，请参见附录 B：PG2-141。

### 2.2.7.4 补充要求

在试验之前和之后应进行目测检查。目测检查不需要进行任何拆卸操作。如果要求电气和电子元器件在飞行冲击事件中正常操作，应对其进行加电，并进行监控。应在所有冲击试验之前和之后进行一次功能试验，并在冲击过程中监控参数，从而评估性能并检查有无任何故障。震动不应传递并且其幅度不应超过规定的限值。如果元器件要安装在航天器的动力隔离器上，则应该在鉴定试验期间将元器件安装在这些隔离器上。关于本要求的例外情况，请参见附录 B：PG2-141。

## 2.2.8 加速度试验

### 2.2.8.1 目的

本试验旨在证明元器件是否能够承受设计的加速度环境或在该环境下操作。

### 2.2.8.2　试验说明

元器件应当通过元器件的垂直安装点安装到一个试验固件上。应该在三个彼此垂直轴的每个轴上测试元器件。指定的加速度应施加到试验件的几何中心。

### 2.2.8.3　试验量级和持续时间

1. 加速度值

试验加速度值应至少在三个正交轴每个轴的每个方向达到设计值。

2. 持续时间

在每个轴每个方向的试验时间应为 5min。

### 2.2.8.4　补充要求

应在加速度试验之前和之后进行一次功能试验。如果在上升过程中操作电气元器件，应在试验过程中加电，并监控其参数以确定故障或中断。如果元器件要安装在航天器中的动力隔离器上，则应当在鉴定试验过程中将元器件安装到这些隔离器上。

## 2.2.9　湿度试验

### 2.2.9.1　目的

本试验旨在证明元器件能够顺利承受在组装、试验、运输、存放、准备发射、升空、在轨操作、下降和转场飞行过程中可能承受的最大预期湿度环境，同时不会显著影响其性能。

### 2.2.9.2　试验说明

元器件应安装在真空室中，并根据如下条件进行试验。

1. 试验前的条件

真空室温度应处于室温，湿度不可控。

2. 第 1 个周期

温度应在 1h 内增加到+95℉（+35℃）；接下来的 1h，温度将保持在+95℉（+35℃）的同时将湿度增加到至少 95%。这些状态应至少保持 2h。然后在 2h 内将温度降低到+36℉（+2.2℃），同时相对湿度保持稳定，不超过 95%。这些状态应至少保持 2h。

3. 第 2 个周期

应重复第 1 个周期，不过温度应在 2h 内从+36℉（+2.2℃）增加到+95℉（+35℃）（直到真空室达到+95℉（+35℃）的温度再增加湿度）。

### 4. 第 3 个周期

真空室温度应在两小时内增加到+95℉（+35℃），同时不增加真空室的湿度。接下来，应使用室温空气干燥试验元器件，通过为真空室吹 6h 的空气来达到 50%的最大相对湿度。每分钟使用空气的数量应等于试验真空室体积的 1～3 倍。对于干燥试验元器件，可以使用一个合适的容器取代试验真空室。

### 5. 第 4 个周期

应将元器件放在试验真空室内，在 1h 内将温度增加到+95℉（+35℃），相对湿度增加到 90%。这些最终状态应至少保持 1h。接下来，在 1h 内将温度降低到+36℉（+2.2℃），而相对湿度则稳定在 90%，然后将这些状态至少保持 1h。最后进行一个干燥周期的操作（参见第 3 个周期）。

#### 2.2.9.3 补充要求

应在试验之前以及第 3 个周期结束时对元器件进行功能试验（在干燥后的两小时内），并目测检查是否有性能下降或损害的情况。应在第 4 个周期的稳定期内对元器件进行功能试验，也就是在达到+95℉（+35℃）和 90%相对湿度 1h 后，以及达到+36℉（+2.2℃）和 90%相对湿度 1h 后。在将元器件从真空室取出之后，可以目测检查到是否有性能下降或损害的情况。

## 2.2.10 压力试验

### 2.2.10.1 目的

本试验旨在证明压力容器、压力线路、固件和阀门等项目的设计和制造有足够的裕度，可以确保在最大预期操作压力下不会出现结构故障或过度变形。

### 2.2.10.2 试验说明

#### 1. 耐压

对于压力容器、压力线路和固件等项目，元器件温度应符合关键应用温度，并至少进行 1 个周期的耐压。1 个耐压周期应包括：将内部压力（通过静水力学或气动方式）升高到耐压，保持该压力 5min，然后将压力降低到环境压力。如果有任何永久形变、变形或故障的基线，则表示未能通过试验。关于本段落的例外情况，请参见附录 C：PG3-117。

#### 2. 阀门的耐压

当阀门处于打开和闭合位置时，应至少为入口施加 1 个周期（5min）的耐压。在 5min 的加压期之后，入口压力应降低到环境压力。可以目测检查试验件的内部和外部有无变形迹象。如有变形迹象，则表示未通过试验。可以在室温下进行试验。

#### 3. 极限压力

对于压力容器、压力线路和固件等项目，元器件温度应符合关键应用温度，元器件应加压到设计的极限压力或更大。应以均匀速度施加内部压力，避免冲击载荷所产生的应力产生影响。

对实际飞行件，不应进行极限试验。关于本段落的例外情况，请参见附录 B：PG2-80。

4. 阀门的极限压力

当阀门处于打开和闭合位置时，应为入口施加 5min 的设计极限压力。在 5min 加压期之后，入口压力应降低到环境压力。可以目测检查试验件的外部有无任何变形或故障。试验可以在室温下进行。对实际飞行件，不应进行极限试验。

### 2.2.10.3 试验量级

1. 温度

温度应按照试验说明的规定。另外，如果可以通过调整耐压来补偿温度对强度和断裂韧度的影响，则可以在室温下进行试验。

2. 耐压

耐压应按照 SSP 30559 第 3 章的规定。

3. 极限压力

极限压力应按照 SSP 30559 第 3 章的规定。关于本段落的例外情况，请参见附录 A：PG1-148；以及附录 C：PG3-158。

关于本小节的例外情况，请参见附录 D：GFE-10、GFE-53、GFE-98 和 GFE-99。

### 2.2.10.4 补充要求

元器件应能承受耐压，同时不产生泄漏或有害的变形。在进行所有试验时，都应遵循相关安全标准。

关于本段落的例外情况，请参见附录 D：GFE-53、GFE-98 和 GFE-99。

## 2.2.11 泄漏试验

### 2.2.11.1 目的

本试验旨在证明密封和加压元器件能够满足元器件开发规范中规定的泄漏速度要求。

### 2.2.11.2 试验说明

应在开始进行如下元器件鉴定试验之前以及完成这些试验之后进行元器件泄漏试验：①热真空和/或热循环；②随机、正弦或声振动；③热冲击；④湿度。采用泄漏试验方法的灵敏度和精度应符合规定的元器件允许最大泄漏速度。要检测的最小泄漏速度值应至少是泄漏试验的灵敏度值的 2 倍，以确保测量数据的可靠性。如果温度可能影响密封材料或表面，则应评估硬件设计和操作特征。如果有技术保障，应在最低和最高温度限值进行泄漏试验。如果通过评估确定：因为构成组件的一个或多个低层元器件的原因，可以为一个指定的组件级温度限值泄漏试验提供技术保障。并证明所有这些低层元器件都在低层鉴定试验中在温度限值下进行了合适的泄漏试验，那么较高层的组件就不需要在温度限值下进行泄漏试验。应采用如下方法之一或者符合

第 8 章标准的另外一种合适的泄漏试验方法。应对加压元器件使用以下第一、二、三、四、五、八、九、十、或十一种方法；应对密封元器件使用第六或第七种方法。只有在经过相关的安全组织批准之后，才能在元器件压力试验之前进行泄漏试验。在所有情况下，都应在元器件耐压试验之后进行泄漏试验。

（1）第一种方法（浸没，仅用作一种通过/未通过试验；本方法不对元器件泄漏速度进行量化测量）。本方法可以用于加压元器件和系统的总体或局部的内部-外部泄漏试验。在试验液体接触表面之前，内部气体压力应施加在整个压力边界至少 15min。要检查区域的照明亮度至少应为 1000cx（勒克斯）或 1000lm/m$^2$（流明/平方米）（100fc（尺烛光，footcandle））。在被检查表面区的照明应没有阴影。观察者眼睛与被检查表面的距离应不超过 60cm（约 2ft）。可以使用放大镜来提高检查效果。元器件应完全浸没在液体中。元器件的关键面或者相关面应在同一个水平面内并朝上。在浸没过程中不应出现泄漏（如果元器件发出一个或多个气泡则说明存在泄漏）。

注：关于此前在版本 T 的 SSP 41172 中所述总泄漏试验要求之前已经存在的例外情况，请参见附录 C：PG3-200。

（2）第二种方法（真空室）。本方法可以用于加压元器件和系统的总内部-外部泄漏试验。元器件应放在一个真空室（钟形容器）内，并使用一个适合所用示踪气体的泄漏检测器进行泄漏试验。真空室系统泄漏试验灵敏度应进行鉴定和记录，其标准泄漏不应超过元器件的最大允许泄漏要求。元器件应填充已知浓度的示踪气体，并达到所需的压力。应保持此压力，直到泄漏检测器输出达到稳定（稳定的定义：在间隔时间不短于 5min 的连续 3 次读数中，泄漏检测器测量输出结果差异不超过 10%，其中包括第一次和最后一次测量）。应记录校准数据和泄漏检测器初始和最终读数。应记录最终的元器件泄漏速度，在 15min 内至少应记录 3 个数据点，以证明满足了上述的稳定性要求。

（3）第三种方法（压力变化）。在加压元器件和系统的总内部-外部泄漏试验中可以使用压力衰减技术。为了提高这种技术的精度，可以将一个参考容器连接到加压元器件或系统。如果环境温度变化，应考虑元器件和参考容器容积的变化。在密封元器件和系统的总外部-内部泄漏试验中，可以使用升压技术。应在所需的时间内监控元器件内部压力、大气压力和环境温度（或元器件温度），以确定实际压降或升压以及相应的泄漏速度。压力表/传感器应有合适的精度和灵敏度，以便能测量所需的最低压力变化。应考虑计算泄漏速度时所用的受压元器件和试验固件所有内部体积的相关公差/误差，并作为最大正值。

（4）第四种方法（化学指示剂，仅用作一种通过/未通过试验；本方法并不对元器件泄漏速度进行量化测量）。所有可能泄漏操作液体的接缝、端子和夹管都应采用一种合适的指示剂，比如稀释的酚酞溶液，或符合 ASTM 1066.95（2000）版本要求的其他合适的变色指示剂，比如比色剂。如果指示剂颜色变化，则说明出现了泄漏。在试验之后，应除去指示剂（比如使用蒸馏水）。

（5）第五种方法（检测器探头，仅用作一种针对各接缝（比如焊缝和机械固件）的通过/未通过试验；本方法不对元器件泄漏速度进行定量测量）。此检测器探头是一种半定量技术，用来检测和定位加压元器件与系统内的内部-外部泄漏，但是不应视为定量技术。元器件应填充一种已知浓度的示踪气体，并达到所需的压力。在检查之前，耐压应保持至少持续 30min。在检查之前，应测量示踪气体位置，并校准泄漏试验设备，其方法将检测器探头末端穿过一个已校准泄漏锐孔（校准的泄漏幅度应等于或小于最大允许泄漏速度）。得到的泄漏检测器输出应至少比示踪气体位置高 40%。在所需的浸泡时间之后，检测器探头末端应在试验表面穿过，其扫描速度和距离与系统校准时一样。每隔 60min 以及每次变更试验指挥/操作者时，都重复进行系统校准。任何泄漏检测器输出如果超过确定的失踪气体背景以及大气示踪气体变化和泄漏检测器漂移容差（两者相加不超过示踪气体背景的 40%），则表示存在泄漏。

注：关于 SSP 41172 版本 T 中加压流体系统元器件的已有例外情况，请参见附录 A：PG1-207、PG1-212、PG1-214、PG1-216 和 PG1-252。

（6）第六种方法（排气罩）。本方法可以用于密封元器件和系统的所有外部-内部泄漏试验。元器件内部空间应泄压到足以满足一种示踪气体泄漏检测器要求的真空度。在确定系统灵敏度时，应在距离泄漏检测器的最远点安装一个标准泄漏缝隙。元器件的外部表面应承受其浓度经过验证的示踪气体。应保持压力，直到泄漏检测器输出达到稳定（稳定的定义：在间隔时间不短于 5min 的连续 3 次读数中，泄漏检测器测量输出结果差异不超过 10%，其中包括第一次和最后一次测量）。应记录校准数据和泄漏检测器初始和最终读数。应记录最终的组元器件泄漏速度，在 15min 内至少应记录 3 个数据点，以证明满足了上述的稳定性要求。

（7）第七种方法（示踪探头，本方法可以用来定位已知的外部-内部泄漏，不过不允许用来验证飞行硬件具体的允许的泄漏速度）。元器件内部空间应泄压到足以满足一种示踪气体泄漏检测器要求的真空度。示踪探头连接到一个 100% 示踪气体源，在另外一端带有一个阀门开口，以便使示踪气体流通过元器件。如果泄漏检测器发现示踪气体有任何高于背景的情况，都表示存在泄漏。

（8）第八种方法（累积）。本方法可以用于加压元器件和系统的所有内部-外部泄漏试验。元器件应封闭在一个合适的外壳内。此外壳应进行校准，其方法是将一个标准泄漏装置放在外壳内并保持事先确定的时间，然后将一个检测器探头安放在外壳内，并记录最大泄漏检测器响应值。接下来，应使用氮气或空气净化外壳。元器件应填充一种已知浓度的示踪气体，并达到所需的压力。在检查之前，耐压应至少保持 30min。然后应使用氮气或空气净化外壳。在经过校准时间后，应将检测器探头放在外壳内。应记录校准数据以及泄漏检测器初始和最终读数。另外，还应记录最终元器件泄漏速度。

（9）第九种方法（体积排量）。本方法可以用于加压元器件的所有内部-内部泄漏试验，比如阀门、压力调节器、或热交换器。元器件的一侧应加压到所需的压力，而在内部屏障的另外一侧应与大气隔离，并连接到一个合适的设备，以便证明体积排量。为此，将采用一种液体排量，或者沿着测量设备的刻度移动一个液体弯月面。

（10）第十种方法（泄漏检测器直接连接）。本方法可以用于加压元器件的所有内部-内部泄漏试验，比如阀门、压力调节器或热交换器。元器件的一侧应填充一种已知浓度的示踪气体，并达到所需的压力，而内部屏障的另外一侧应与大气隔离，并连接到泄漏检测器。应保持压力，直到泄漏检测器输出达到稳定（稳定的定义：在间隔时间不短于 5min 的连续 3 次读数中，泄漏检测器测量输出结果差异不超过 10%，其中包括第一次和最后一次测量）。应记录校准数据和泄漏检测器初始和最终读数。应记录最终的元器件泄漏速度，在 15min 内至少应记录 3 个数据点，以证明满足了上述的稳定性要求。

（11）第十一种方法（局部真空室）。本方法可以用于加压元器件和系统的局部内部-外部泄漏试验。连接到示踪气体泄漏检测器的局部真空室（钟形容器）应安装在元器件区，以进行泄漏试验。应使用一个标准泄漏缝隙鉴定并记录局部真空室系统灵敏度，不超过元器件的最大允许泄漏速度要求。元器件应填充一种已知浓度的示踪气体，并达到所需的压力。应保持压力，直到泄漏检测器输出达到稳定（稳定的定义：在间隔时间不短于 5min 的连续 3 次读数中，泄漏检测器测量输出结果差异不超过 10%，其中包括第一次和最后一次测量）。应记录校准数据和泄漏检测器初始和最终读数。应记录最终的元器件泄漏速度，在 15min 内至少应记录 3 个数据点，以证明满足了上述的稳定性要求。

注：关于在当前要求之前已经存在的例外情况，请参见附录 A：PG1-192、PG1-246、PG1-266 和 PG1-268；附录 B：PG2-68、PG2-107、PG2-114、PG2-116 和 PG2-118；以及附录 C：PG3-177 和 PG3-183。

### 2.2.11.3　试验量级和持续时间

在进行泄漏试验时，应将元器件加压到最大设计压力，然后再在最小设计压力下进行试验（如果密封效果取决于正确的密封压力），不管采用何种方法，试验时间都应足够长，以便检测任何超标泄漏。

注：关于版本 T 的 SSP 41172 中所述以前微弱泄漏试验要求的例外情况，请参见附录 A：PG1-192、PG1-201、PG1-210、PG1-250、PG1-264 和 PG1-268。关于版本 T 的 SSP 41172 中所述以前总泄漏试验要求的例外情况，请参见附录 B：PG2-101。关于版本 T 的 SSP 41172 中所述以前微弱泄漏试验要求的例外情况，请参见附录 B：PG2-92、PG2-96 和 PG2-103；以及附录 C：PG3-128、PG3-198 和 PG3-228。

注：关于版本 T 的 SSP 41172 中所述以前加压系统和元器件泄漏要求的例外情况，请参见附录 C：G3-136、PG3-155、PG3-163 和 PG3-202。

关于本小节的例外情况，请参见附录 A：PG1-248、PG1-258 和 PG1-262；附录 B：PG2-150；附录 C：PG3-124、PG3-126、PG3-134、PG3-140、PG3-213、PG3-220 和 PG3-226；以及附录 D：GFE-10 和 GFE-28。

### 2.2.11.4　补充要求

元器件泄漏试验被视为元器件鉴定环境试验的一部分，因为其结果属于验证这些试验成功标准的一部分。

## 2.2.12　电磁兼容性试验

### 2.2.12.1　目的

本试验旨在证明正常操作条件下元器件的电磁干扰特征（发射和敏感性）不会导致元器件故障，元器件不会发出、传播或产生导致其他系统元器件故障的干扰信号。

### 2.2.12.2　试验说明

试验应符合 SSP 30237 的要求。应评估每个元器件以确定应根据 SSP 30238 的要求进行哪项试验。

### 2.2.12.3　试验量级和持续时间

试验量级和持续时间应符合 SSP 30237。关于本段落的例外情况，请参见附录 A：PG1-170。关于本小节的例外情况，请参见附录 D：GFE-11。

#### 2.2.12.4 补充要求

应根据 2.2.1 节的要求，在敏感性试验之前和之后进行电气功能试验。电气功能试验应足够全面，以确保在电磁干扰/电磁兼容性试验期间，元器件或者对电磁干扰（电磁干扰）/电磁兼容性（电磁兼容性）特征具有关键作用的电路不会出现无法接受的性能下降和故障。关于本段落的例外情况，请参见附录 A：PG1-170。

### 2.2.13 使用寿命试验

#### 2.2.13.1 目的

本试验的目的是进一步确认：可能存在磨损、漂移或疲劳型故障模式的元器件能够在重复地面试验和飞行过程中承受预期的最大操作周期数，同时其功能不会超出允许限值以外。关于结构元器件，请参见 SSP 30559。

#### 2.2.13.2 试验说明

设置的试验硬件操作条件应能模拟它们要承受的飞行条件。所选的这些环境条件应符合最终使用要求以及相关元器件在整个使用寿命内的特征。典型的环境包括周围环境、热、热真空以及各种条件的组合。硬件应从生产件中随机选择，并可以包含一个鉴定件。设计的试验应能证明元器件是否可以承受在其使用寿命内预期的最大操作时间和最大操作周期数，并有一个合适的裕度。对于工作循环百分比相对较低的元器件，可以将工作循环压缩到一个允许的总试验时间内。对于在轨道连续操作或者工作循环百分比很高的元器件，可以采用加速试验技术，前提是能证明这种方法有效。

#### 2.2.13.3 试验量级和持续时间

1. 压力

除了可能因为真空环境而导致性能下降的非密封件以外，都应采用环境压力。在这种例外情况下，应采用低于 0.0001Torr（0.0133Pa）的压力。

2. 环境值

应采用预期最大环境值。对于加速寿命试验，所选的环境值可以比飞行值更严格，前提是在预期应力条件下，可以明确更高应力与寿命的关系，不会导致额外的故障机制。

3. 持续时间

在元器件寿命试验中，总操作时间或操作周期数应为预期操作寿命内的两倍，其中包括地面试验，从而证明裕度合适。关于本段落的例外情况，请参见附录 B：PG2-95。

4. 功能工作循环

在试验开始之前应进行全面的功能试验，在每操作 168h 后以及在最后两小时的试验中也应进行功能试验。另外，还应定期进行简短的功能试验，以确认元器件的操作在规格范围内。

#### 2.2.13.4 补充要求

对于统计型寿命试验，持续时间取决于要验证的样本数量、置信度和可靠性。

### 2.2.14 电晕/起弧试验

#### 2.2.14.1 目的

本试验的目的是确保在上升/下降或泄压/复压活动期间所需的非密封电气/电子元器件不会出现有害的电晕/起弧。只有采用密封底盘设计的电气/电子元器件或在太空真空条件下启动的元器件才不需要进行电晕/起弧试验。本试验应作为热真空或泄压/复压鉴定试验的一部分。

#### 2.2.14.2 试验说明

元器件应在环境条件下放在一个真空室内。给元器件加电并进行监控，然后应将真空室压力降低到指定的低压力值。压力从20Torr变化到0.001Torr（或相反）的时间至少应为10min，以便为临界压力区提供足够多的时间。应在临界压力区复制最坏情况设计方案以及最有可能导致电晕/起弧的操作条件（通过元器件设计功能或外部感应瞬态条件）。除非为了验证是否存在电晕/起弧而需要在临界压力区对元器件进行全面功能试验外，否则不需要进行这种试验。这种电晕/起弧监控可以在真空室泄压或复压过程中进行。接下来，应让真空室返回到环境压力。

#### 2.2.14.3 试验量级和持续时间

1. 压力

压力应从环境压力降低到0.001Torr以下。

2. 温度

应采用环境温度。

#### 2.2.14.4 补充要求

应分析元器件设计和操作特征，以确定合适的电晕监控技术。可以使用MSFC-STD-531作为参考。

## 2.3 结构鉴定试验

### 2.3.1 静态结构载荷试验

#### 2.3.1.1 目的

本试验旨在证明在模拟临界环境下（比如温度、加速度、压力以及在寿命周期内预期发生的其他相关载荷条件下）结构是否能分别满足强度、刚度要求或同时满足两者要求。

### 2.3.1.2 试验说明

鉴定试验件采用的结构配置、材料和制造过程应与飞行件相同。如果要改造或强化结构以满足具体的强度或刚度要求，所有更改的结构都应与飞行件采用的修改一致。支撑和载荷施加固件应包含相邻结构区的合适复制件，以便为模拟飞行件中的相关部件提供边界条件。应为结构施加能代表限值载荷和极限载荷的静态载荷，并记录应变和变形的测量值。应在施加载荷之前和取消限值/极限载荷之后测量应变和变形，并在达到限值/极限载荷过程中的若干个中间点进行测量，以便于以后进行诊断。试验条件应包含加速度、压力、预载荷和温度的综合效果。只要通过模拟实现了故障模式和设计裕度，就可以在试验中模拟出这些效果。比如，往往可以通过增加机械载荷来模拟温度效果，比如材料性能退化以及其他热应力。应通过飞行剖面分析来确定施加热应力的合适顺序或同时性。如果以前加载的载荷会影响试验件结构的适合性，则应在试验要求中包含相关内容。最终试验可以达到故障状态，以充分证明能够适应内部载荷的重新分布，为任何后续设计修改提供数据，并为所有减重计划提供数据。在限值载荷下的故障应包含有害的变形（如 SSP 30559 中的定义），在极限载荷下的故障则应包含断裂或坍塌。

### 2.3.1.3 试验量级和持续时间

1. 静态载荷

载荷应增加到指定的试验载荷。如果一个载荷或其他环境对结构功能有缓解、稳定或其他有益的影响，则应使用最小（而不是最大）设计载荷，并且不应使用任何安全系数来增加它。

2. 温度

应采用临界飞行温度——载荷综合条件，以确定在飞行过程中预期遇到的最坏情况应力。

3. 载荷持续时间

载荷持续时间应足够长，以记录试验数据，比如应力、应变、变形和温度。

关于本要求的例外情况，请参见附录 B：PG2-142。

### 2.3.1.4 补充要求

应进行试验前分析，以确定最低设计裕度的位置以及与所选临界试验载荷条件对应的故障模式。应通过此分析来确定仪表位置，确定加载条件的顺序，并能在试验过程中尽早说明异常情况。此分析还应为判断试验载荷的适合性提供依据。根据限值试验条件得到的内部载荷应包含所有飞行过程中预期出现的临界内部载荷。在 SSP 30559 中定义了结构设计裕度。关于本要求的例外情况，请参见附录 B：PG2-142。

## 2.3.2 模态研究

应进行模态研究，以定义或验证一种分析推导的动力模型，从而用于模拟飞行载荷活动，以及用于研究助推后配置对控制精度和稳定性的弹性影响。本试验在一个飞行质量结构上进行，并由质量模拟元器件进行扩充。获取的数据应足以定义正交模式形状、模式频率以及在关心频率范围内的所有模式的模态阻尼比。

## 2.4 飞行构件鉴定试验

飞行构件鉴定试验基线方案包括在表 2-2 中给出的所有所需的试验。飞行构件试验包含不将飞行构件作为一个整体进行发射的组件构件（即预集成桁架、节点、光伏组件）。如果无法对试验飞行构件进行整体试验，那么可以对构成飞行构件的主要组件进行试验，通过合适的分析、模拟和/或模拟器来满足此要求。如果飞行构件通过机载数据处理功能来控制，那么在这些试验中，飞行软件将驻留在机载计算机上。应演示如何验证操作要求。关于本要求的例外情况，请参见附录 B：PG2-128 和 PG2-129。

**表 2-2  飞行构件鉴定试验**

| 试　验 | 注 |
|--------|----|
| 功能 | （1）（4） |
| 电磁兼容性 | （4） |
| 声振动 | （2）（3） |
| 压力/泄漏 | |
| 模态分析 | （3） |
| 静态结构载荷 | （3） |

注：

（1）应在声振动试验之前和之后，以及压力/泄漏试验之后进行电气和机械功能试验。

（2）对于飞行构件，可以用随机振动取代声振动试验。

（3）可以通过在一个专用非功能结构试验件上进行试验来满足要求。这其中包括预集成桁架部分以及光伏组件发射配置。

（4）不适用于结构。

### 2.4.1  功能试验

#### 2.4.1.1  目的

本试验旨在验证飞行构件的机械和电气性能是否满足规格要求，验证与地面支持设备的兼容性，并检验计算机辅助指挥和数据处理功能中使用的所有试验技术和软件算法。

#### 2.4.1.2  机械功能试验

机械设备、阀门、可展开部件和可分离实体部件应与飞行构件一起在与功能相关的上升、轨道和回收配置中进行功能试验。应进行相关的对准检查。根据力学、时间和其他相关要求，确定可接受的最大和最小性能限值。对于每个机械操作，比如展开附属结构，应通过试验证明强度和力矩有正裕度，并验证它们能在高于和低于指定操作限值的条件下正常操作。如果无法在 1-G 环境中操作，则可以使用一个合适的地面-试验固件，以便能操作和评估设备。应使用标准规格或接口组件，对飞行构件与其他飞行构件和运载火箭的物理接口进行匹配检查，在这些匹配检查中，应检查最不利的公差累积值。

### 2.4.1.3 电气功能试验

飞行构件应处于其飞行配置中，连接除了火工设备之外的所有元器件和子系统。本试验应验证飞行构件中所有电路的完整性，其中包括冗余路径，其方式是施加一个启动刺激信号，然后确认能够成功完成试验。设计的试验应能操作所有元器件，包括主元器件和冗余元器件，并可以执行所有命令。所有热控制元器件的操作（比如加热器和恒温器）都应通过试验验证。试验应证明所有带有前提条件的命令（比如启用、禁用、特殊设备配置、特殊命令顺序等）都必须在满足前提条件的情况下才能执行。应能在整个规格范围内调整设备性能参数（比如功率、电压、增益、频率、命令和数据速率）以证明性能裕度。应在相关设计条件下验证自主功能。应能通过一个动力瞬态监视器系统连续监控飞行构件总线。所有遥测监视器都应进行验证，火工电路应加电并进行监控。在本试验中，应通过一个上升和任务剖面操作飞行构件，考虑在实际飞行过程中的所有相关活动。

### 2.4.1.4 补充要求

应在每次飞行构件环境试验之前和之后进行机械和电气功能试验，以检测设备异常，并确保性能满足规格要求。这些试验不需要任务剖面的相关活动。应通过数据分析验证试验的合适性，并检验数据，然后再断开相关环境试验配置，从而可以随时完成任何所需的复验操作。

## 2.4.2 电磁兼容性试验

### 2.4.2.1 目的

本试验旨在证明构件的电磁兼容性，并确保构件有足够的裕度。

### 2.4.2.2 试验说明

应根据 SSP 30243 的要求定义和进行试验。应评估每个系统，以确定应根据基线方案要求进行哪些试验。

## 2.4.3 声振动试验

### 2.4.3.1 目的

本试验旨在证明飞行构件能够承受或在最大预期声环境下操作的能力。本试验也验证元器件振动鉴定标准的合适性。

### 2.4.3.2 试验说明

飞行构件或结构试验件应安装在一个能够产生所需声压值的回响声学单元内。它应当安装在一个飞行类支撑结构上或该结构的合理模拟物上。飞行构件的机械配置应与其上升过程中的配置一样。应安装动力仪表以测量关键和代表性元器件连接点的振动响应。

### 2.4.3.3 试验量级和持续时间

声压值应至少为最大预期飞行数值和频谱，但是总值不低于 141dB（其频谱仪在 NSTS

21000-IDD-ISS 4.1.1.5 节中定义）。接触试验时间至少应为在最大飞行环境的预期飞行接触时间的 3 倍，或验收试验时间的 3 倍（如果此时间更长），但不短于 3min。关于本段落的例外情况，请参见附录 A：PG1-13 和 PG1-203。

### 2.4.3.4 补充要求

在环境接触之前和之后需要进行功能试验。

## 2.4.4 压力/泄漏试验

### 2.4.4.1 目的

本试验旨在证明加压结构和流体子系统能够满足在飞行构件规格中规定的流速、压力和泄漏速度要求。

### 2.4.4.2 试验说明

在操作相关的阀门、泵和电机时，应观测飞行构件的相关要求，其中包括流速、泄漏和调节要求。应通过流速检查来验证管道配置是否合适。应根据需要检查子系统的清洁度、湿度和 pH 值。如果密封或加压子系统使用非铜焊或焊接连接，那么应在泄漏试验之前验证这些连接规定的力矩值。除了高压力试验，推进剂储箱和助推器阀门应在推进剂操作条件下进行泄漏试验。应将系统泄压到正常使用推进剂装载的内部压力，并监控系统压力，以便发现任何泄漏迹象。

应根据第 8 章的要求采用一种合适的泄漏试验方法。

### 2.4.4.3 试验量级和持续时间

飞行构件应加压到耐压并保持在该压力，直到记录了所有应变和偏折数据。然后应将压力降低到最大设计压力。耐压应符合 SSP 30559 第 3 节的要求。在耐压试验之后的泄漏检查条件应不小于 14.7 psid。推进系统泄漏试验的排气时间不应超过推进剂装载过程中正常经受此条件的时间。这些构件级内部耐压和泄漏试验只适用于内部加压的飞行构件。

所有飞行构件加压流体系统应在最终系统组件级进行压力试验。所有飞行构件加压流体系统应在成功进行系统耐压试验后，在最终系统组件级的最大设计压力下进行泄漏试验。如果因为设计或制造限制而无法或不能在最终组装配置下进行系统级耐压和泄漏试验，则需要在可能的最高组件级进行压力和泄漏试验。在这种情况下，耐压系数应适合试验过程中的组件级，整体流体系统耐压和泄漏试验策略需要由国际空间站计划批准。

关于这些段落的例外情况，请参见附录 B：PG2-150。

### 2.4.4.4 补充要求

在进行所有试验的过程中应遵循适用的安全标准。只有在顺利完成耐压试验之后，才能进行泄漏试验。达到所需的精度，泄漏检测和测量流程可能需要使用真空室，或其他特殊技术以达到的需精度。

## 3.1　元器件验收试验

　　在表 3-1 中给出了根据计划要求需要进行元器件验收试验的各种试验和各种元器件。如果一个元器件分属于多个类别，则应按照要求进行每一类的试验。在后面的段落中详细介绍了每种试验的要求。"需要"一词表示：元器件至少需要在特定环境中进行相关试验。验收试验件应达到在设计鉴定试验值周期和持续时间范围内的环境试验量级、周期和持续时间。

**表 3-1　元器件验收试验**

| 试　　验 | 电子或电气设备 | 天线 | 活动机械组件 | 太阳能电池 | 蓄电池 | 流体或推进设备 | 压力容器 | 热设备 | 光学设备 |
|---|---|---|---|---|---|---|---|---|---|
| 功能[1] | R | R | R | R | R | R | R | R | R |
| 热真空[8] | R[4] | - | R[6] | - | R | R | - | R | - |
| 热循环 | R[4] | - | - | - | - | R | - | - | R |
| 随机振动 | R | R[7] | R[7] | - | - | R[5] | - | R[5] | R[7] |
| 声振动 | - | R[3] | R[3] | R | - | - | - | - | - |
| 压力 | - | - | - | - | R[2] | R | R | - | - |
| 泄漏 | R[2] | - | - | - | R[2] | R | R | R | R[2] |
| 老炼 | R | - | - | - | - | - | - | - | - |
| 氧气兼容性 | - | - | - | - | - | R[10] | - | - | - |
| 电晕[11][12] | R | - | - | - | - | - | - | - | - |

图例：R = 需要——根据国际空间站的要求，至少需要检测试验件以发现材料和工艺的缺陷。

注：

（1）应在环境试验之前和之后进行功能试验。

（2）只需要密封或加压设备进行。

（3）既可以进行随机振动试验，也可以进行声振动试验，另外一种试验为可选试验。

（4）至少需要每小时 100℉（每小时 55.6℃）扫描。

（5）只需要最大预测飞行谱和相关水平减去 6dB。

（6）只有需要精确调整的严格公差的元器件或无法有效检查的元器件才需要进行验收热真空试验。

（7）只有需要精确调整的严格公差的元器件或无法有效检查的元器件才需要进行验收随机振动试验。

（8）对于只在加压环境下操作的元器件，热真空试验为可选试验。

（9）如果已经在以前的太空计划中通过无振动试验的检查流程验证了一种成熟的验收技术，则相关项不需要进行随机振动或声振动验收试验。

（10）只有接触纯氧的元器件需要进行此试验。

（11）对于带有密封底盘的元器件，或者启动后仅在太空真空条件下操作的元器件，不需要进行电晕试验。

（12）关于需要进行电晕试验的元器件电压标准，请参见表 3-1a。

表 3-1a　电晕试验电压标准

| 峰值电压（V）[1] | 瞬态持续时间（微秒） | 是否需要电晕试验 |
|---|---|---|
| <150 | N/A | 否 |
| $150 \leqslant V < 190$ | <250 | 否 |
| $150 \leqslant V < 190$ | ≥250 | 是 |
| ≥190 | N/A | 是 |

注：

（1）同时适用于稳态和瞬态条件，也适用于输入电压、内部电压和输出电压。

### 3.1.1　功能试验

#### 3.1.1.1　目的

本试验旨在验证元器件的电气和机械性能是否满足规定的元器件操作要求。

#### 3.1.1.2　试验说明

在电气试验中，应在元器件电气接口采用预期电压、阻抗、频率、脉冲以及波形，其中包括所有冗余电路。在机械试验中，应采用合适的力矩、载荷和运动。应在整个规格范围内对这些参数进行合适的调整，并符合其使用寿命周期内的预期操作顺序。另外，还应测量元器件输出，以验证元器件性能是否符合规范要求。相关性能还应包括电气连续性、稳定性、响应时间、对准、压力、泄漏，或与具体元器件配置相关的其他特殊功能试验。关于本段落的例外情况，请参见附录 D：GFE-114。

#### 3.1.1.3　补充要求

应在每次环境试验之前进行功能试验，以确保性能满足具体规范的要求。在每次环境试验之后都应进行相同的功能试验。在结构载荷试验过程中，如果施加了极限载荷条件，则不需要进行功能试验。关于本节的例外情况，请参见附录 A：PG1-255；以及附录 C：PG3-196。

### 3.1.2　热真空试验

#### 3.1.2.1　目的

本试验通过让试验件承受热真空环境，可以在其安装到飞行构件之前检测材料和工艺缺陷。

#### 3.1.2.2　试验说明

元器件应安装位于一个热控散热器上的一个真空室内，或者采用能模拟飞行环境的安装方式。

当真空室处于试验压力值时，应监控射频设备，以确保不会发生次级发射倍增。在开始一个温度周期时，真空室和元器件处于环境温度。在试验过程中让真空室降温，使元器件达到规定的低验收温度，然后保持稳定。在温度变化速度不超过每小时 5.4℉（每小时 3℃）以后，即表示温度达到稳定。

在轨道上操作的元器件应首先关闭，在经过足够长的均热期后再启动，以确保元器件内部温度在指定温度下稳定，然后进行功能试验。在元器件操作状态下，真空室温度上升，使元器件验收温度达到上限。当元器件温度在指定数值达到稳定后,应关闭元器件,然后在给电路放电后重新启动。接下来,应将真空室和元器件的温度降低到环境温度,从而完成一个温度周期的操作。

关于本段的例外情况,请参见附录 A:PG1-77;附录 B:PG2-46;以及附录 C:PG3-218。

### 3.1.2.3 试验量级和持续时间

#### 1. 压力

压力应从大气压降到 0.0001 Torr(0.0133 Pa)以下。关于本节的例外情况,请参见附录 A:PG1-191;附录 B:PG2-110 和 PG2-144;以及附录 D:GFE-76。

#### 2. 温度

在整个周期的热阶段,元器件温度应达到最高验收限值;在冷阶段,则应达到最低验收试验温度,如图 3-1 所示。对于在表 3-1 注(4)中给出的元器件,在最低和最高试验温度之间至少应有每小时 100℉(每小时 55.6℃)的范围,如有可能,最低温度限值应达到 30℉(-1.1℃)。如果元器件所需的非操作温度范围超过了所需的操作温度范围,元器件应经历一个周期的非操作最高和最低温度。这个周期可以与图 3-1a 给出的所需操作周期结合起来。如果单独执行此周期,则应在操作周期之前,如图 3-1b 所示。在接触非操作温度期间,不需要操作元器件。如果在 3.1.3.3(2)规定的验收热循环试验期间进行了这种非操作温度周期操作,那么在验收热真空试验中就不再需要。关于本段落的例外情况,请参见附录 B:PG2-41、PG2-58、PG2-83 和 PG2-137;以及附录 C:PG3-190。

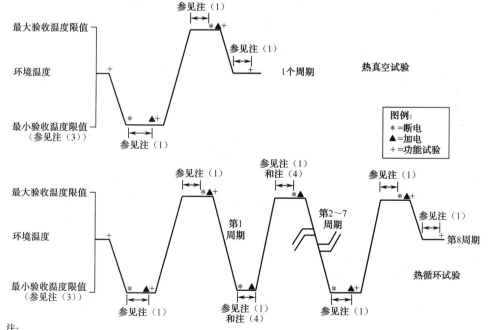

注:
(1)在每个温度极值的最小保持期应使元器件能够达到内部热平衡,此时间根据第 1 个热真空鉴定周期来确定,或者根据开发试验或分析结果来确定,不过在任何情况下都不应小于一小时。
(2)在最大操作验收温度限值的保持期可以加电或断电(这里给出了首选方法,即在保持期加电)。
(3)如有可能,验收热真空和热循环试验的最小操作温度应低于 30℉。
(4)从第 2~7 周期热循环在每个温度极值所需的范围内进行加电/断电循环。
(5)电气和电子元器件最小和最大验收限值之间的最小范围不应小于 100℉。
(6)对于验收热循环试验,最小和最高温度限值之间的温度变化速度至少应为每分钟 1.0℉(0.56℃)。

图 3-1　元器件热真空和热循环验收试验

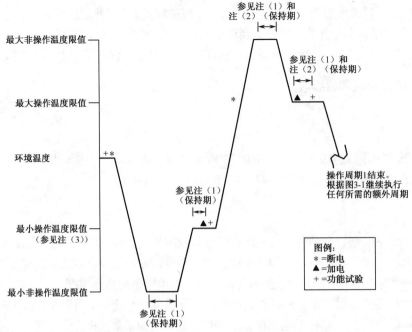

注：
（1）在每个温度极值的最小保持期应使元器件能够达到内部热平衡，此时间根据第一个热真空鉴定周期来确定，或者根据开发试验或分析结果来确定，不过在任何情况下都不应小于一小时。
（2）在最大操作验收温度限值的保持期可以加电或断电（这里给出了首选方法，即在保持期加电）。
（3）如有可能，最小操作验收温度限值应低于30℉。
（4）电气和电子元器件最小和最大验收限值之间的最小范围不应小于100℉。
（5）对于验收热循环试验，最小和最高温度限值之间的温度变化速度至少应为每分钟1.0℉（0.56℃）。

图 3-1a　组合的操作/非操作热真空周期

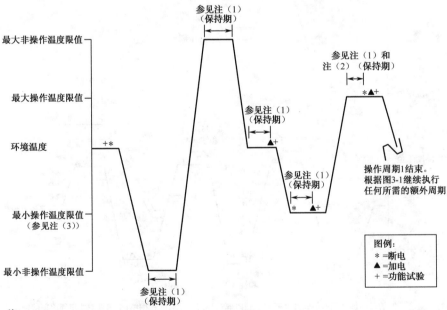

注：
（1）在每个温度极值的最小保持期应使元器件能够达到内部热平衡，此时间根据第一个热真空鉴定周期来确定，或者根据开发试验或分析结果来确定，不过在任何情况下都不应小于一小时。
（2）在最大操作验收温度限值的保持期可以加电或断电（这里给出了首选方法，即在保持期加电）。
（3）如有可能，最小操作验收温度限值应低于30℉。
（4）电气和电子元器件最小和最大验收限值之间的最小范围不应小于100℉。
（5）对于验收热循环试验，最小和最高温度限值之间的温度变化速度至少应为每分钟1.0℉（0.56℃）。

图 3-1b　分开的操作/非操作热真空周期

**3. 持续时间**

至少应采用 1 个温度周期。元器件高温和低温极值应在断电状态下经历至少 1h 的保持期，或经历足够长的时间以达到鉴定试验所确定的内部热平衡（以两者中较长者为准），然后再启动。在预期最高温度的保持期可以处于加电或断电状态。关于本段落的意外情况，请参见附录 A：PG1-159；以及附录 B：PG2-58 和 PG2-149。

注：关于在本要求之前已经存在的例外情况，请参见附录 A：PG1-77 和 PG1-83。

关于这些段落的例外情况，请参见附录 A：PG1-21、PG1-30、PG1-76、PG1-94、PG1-149、PG1-195、PG1-220、PG1-232 和 PG1-241；附录 B：PG2-62、PG2-71、PG2-79、PG2-84、PG2-85、PG2-88、PG2-91 和 PG2-127；附录 C：PG3-51、PG3-102 和 PG3-118；以及附录 D：GFE-82 和 GFE-90。

#### 3.1.2.4 补充要求

应至少在第一个和最后一个操作周期，在保持期之后以及返回到环境温度之后的最高和最低预期温度下进行功能试验。在元器件操作温度范围内进行试验的其他时间内，应监控电气和电子元器件（包括冗余电路和路径）是否有故障和中断。如果元器件带有使用空气作为润滑剂的设备，那么在除去空气时不应旋转。关于本段落的例外情况，请参见附录 A：PG1-21、PG1-30、PG1-76、PG1-94、PG1-149、PG1-169、PG1-187、PG1-195、PG1-220、PG1-232 和 PG1-241；附录 B：PG2-58、PG2-62、PG2-71、PG2-79、PG2-84、PG2-85、PG2-88、PG2-91、PG2-125 和 PG2-127；附录 C：PG3-51、PG3-61、PG3-102 和 PG3-118；以及附录 D：GFE-82、GFE-90 和 GFE-91。

### 3.1.3 热循环试验

#### 3.1.3.1 目的

本试验通过元器件的热循环操作，在将元器件安装到飞行构件之前检测其材料和工艺缺陷。

#### 3.1.3.2 试验说明

在一个热循环开始时，元器件处于环境温度。在元器件处于操作状态（加电）之后，在监控参数的过程中，应降低真空室温度，使元器件达到指定的低验收温度值，此温度值在元器件上的典型位置进行测量，比如在基板上的安装点（以传导为主的内部设计）或在容器上的代表点（以辐射为主的设计）。应给元器件断电，并在冷温度下达到稳定。经过足够长的保持期再启动元器件，以确保元器件达到内部热平衡。在元器件操作状态下，提升真空室温度，使元器件达到验收温度上限。当元器件温度在指定值达到稳定之后，可以将元器件断电，也可以继续通电。接下来，应让元器件有足够长的保持期，以达到内部热平衡。然后将元器件断电（如果尚未断电），并在电路放电后重新给元器件加电。继而将真空室和元器件的温度降低到环境温度，从而完成一个完整的热循环。关于本段落的例外情况，请参见附录 B：PG2-58 和 PG2-147；以及附录 C：PG3-217。

#### 3.1.3.3 试验量级和持续时间

**1. 压力**

应采用环境压力。在测试非密封元器件时，真空室应充满干燥空气或氮气，以避免元器件上方和内部在低温下产生冷凝。关于本段落的例外情况，请参见附录 B：PG2-56。

### 2. 温度

在整个周期的热阶段，元器件温度应达到最高验收限值；在冷阶段，则应达到最低验收试验温度，参见图 3-1。对于在表 3-1 注（4）中给出的元器件，在最低和最高试验温度之间至少应有 100℉/h（55.6℃/h）的温度变化范围，如有可能，最低温度限值应达到 30℉（-1.1℃）。如果元器件所需的非操作温度范围超过了所需的操作温度范围，元器件应经历一个周期的非操作最高和最低温度。这个周期可以与图 3-1a 给出的所需操作周期结合起来。如果单独执行此周期，则应在操作周期之前，如图 3-1b 所示。在接触非操作温度期间，不需要操作元器件。关于本段落的例外情况，请参见附录 A：PG1-140、PG1-157 和 PG1-180；附录 B：PG2-42、PG2-43、PG2-58、PG2-83 和 PG2-137；附录 C：PG3-85、PG3-92、PG3-94、PG3-99、PG3-101、PG3-108、PG3-110、PG3-131、PG3-147、PG3-149 和 PG3-194；以及附录 D：GFE-39、GFE-62、GFE-63、GFE-68、GFE-97、GFE-106 和 GFE-109。

### 3. 持续时间

应至少采用 8 个温度周期。本试验可以在热真空下进行，并与元器件验收热真空试验共同进行，前提是温度限值、周期数、温度变化速度和保持时间符合此试验要求。在每个操作周期中，都应在高温和低温状态保持一小时，在此过程中，应将试验件断电，直到温度达到稳定，然后再重新启动。在高温和低温状态的保持时间应足够长，以达到内部热平衡。最低和最高操作温度限值之间的变化速度不应低于每分钟 1.0℉（每分钟 0.56℃）。关于本段落的例外情况，请参见附录 A：PG1-100、PG1-132、PG1-135 和 PG1-159；附录 B：PG2-51、PG2-53、PG2-58 和 PG2-149；附录 C：PG3-55、PG3-154 和 PG3-162；以及附录 D：GFE-12、GFE-18、GFE-51、GFE-88 和 GFE-106。

关于这些段落的例外情况，请参见附录 A：PG1-149 和 PG1-204；附录 B：PG2-84 和 PG2-85；附录 C：PG3-45、PG3-49、PG3-58、PG3-63 和 PG3-119；以及附录 D：GFE-05、GFE-25、GFE-33、GFE-44、GFE-92 和 GFE-112。

#### 3.1.3.4 补充要求

应在第一个和最后一个操作热循环内在最高和最低预期操作温度保持期之后进行功能试验，并在返回到环境温度之后再进行功能试验。在高温极值的保持期，可以处于加电或断电状态。在元器件操作温度范围进行试验的其他时间内，应通过各种操作模式和参数监控电气元器件是否有故障和中断。关于本段落的例外情况，请参见附录 A：PG1-101、PG1-149、PG1-204 和 PG1-228；附录 B：PG2-58、PG2-84、PG2-85 和 PG2-125；附录 C：PG3-45、PG3-49、PG3-62、PG3-63、PG3-119 和 PG3-191；以及附录 D：GFE-05、GFE-16、GFE-25、GFE-33、GFE-40、GFE-44、GFE-92 和 GFE-112。

## 3.1.4 随机振动试验

### 3.1.4.1 目的

本试验让试验件承受一个动力振动环境，从而在将元器件安装到飞行系统之前检测其材料和工艺缺陷。在表 3-1 中确定了元器件所经历的验收试验环境随机振动。

### 3.1.4.2 试验说明

元器件应当通过元器件上的垂直安装点安装到一个刚性固件上。应在三个正交轴的每个轴上检测元器件。在本试验中，阀门应加压到操作压力，并监控在上升加压过程中是否有内部压力衰减。关于本段的例外情况，请参见附录 A：PG1-243；以及附录 B：PG2-106。

### 3.1.4.3 试验量级和持续时间

在三个正交轴的每个轴上的试验时间都不应少于 1min。验收试验频谱输入可以在元器件共振频率区进行调整，以将得到的元器件值降低到试验量级频谱范围内。元器件随机振动试验量级和频谱应包含如下范围：

（1）预期最大飞行数值和频谱减去 6dB，但不低于根据 135dB 整体声环境推导的数值（其定义由 NSTS 21000-IDD-ISS　4.1.1.5 节定义）。关于本要求的例外情况，请参见附录 A：PG1-185 和 PG1-188；附录 B：PG2-66；以及附录 D：GFE-79。

（2）在图 3-2 中给出的工艺筛选数值和频谱，或由主承包商批准的筛选数值和频谱。关于本要求的例外情况，请参见附录 A：PG1-137 和 PG1-243；附录 B：PG2-48 和 PG2-49；附录 C：PG3-42、PG3-91、PG3-98、PG3-107、PG3-146 和 PG3-214；以及附录 D：GFE-54。

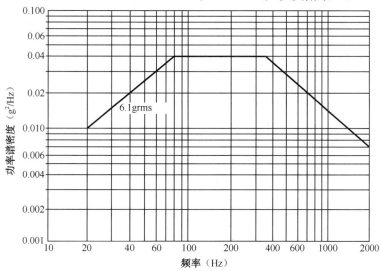

| 频率范围（Hz） | 最小功率谱密度（PS） |
|---|---|
| 20 | 0.01g²/Hz |
| 20～80 | 3dB/Oct斜率 |
| 80～350 | 0.04g²/Hz |
| 350～2000 | −3dB/Oct斜率 |
| 2000 | 0.007g²/Hz |
| **整体** | 6.1grms |

图 3-2　元器件随机振动工艺筛选试验量级

关于这些段落的例外情况，请参见附录 A：PG1-21、PG1-95、PG1-149、PG1-171、PG1-174、PG1-237 和 PG1-240；附录 B：PG2-45、PG2-75、PG2-112 和 PG2-140；附录 C：PG3-60、PG3-111、

PG3-120 和 PG3-222；附录 D：GFE-06、GFE-27、GFE-35、GFE-45、GFE-65、GFE-81、GFE-83、GFE-86 和 GFE-93。

### 3.1.4.4  补充要求

在随机振动试验过程中，电气和电子元器件应加电并进行监控，以确定是否有任何故障或中断。关于本段落的例外情况，请参见附录 A：PG1-21、PG1-95、PG1-149、PG1-171、PG1-174、PG1-230 和 PG1-244；附录 B：PG2-55、PG2-112、PG2-122 和 PG2-140；附录 C：PG3-53、PG3-60、PG3-66、PG3-67、PG3-74、PG3-75、PG3-76、PG3-87、PG3-89、PG3-96、PG3-105、PG3-111、PG3-120、PG3-123、PG3-133、PG3-139、PG3-144、PG3-160、PG3-174、PG3-180、PG3-206、PG3-209、PG3-222 和 PG3-224；以及附录 D：GFE-06、GFE-22、GFE-27、GFE-35、GFE-45、GFE-55、GFE-65、GFE-78、GFE-81、GFE-83、GFE-86 和 GFE-93。

## 3.1.5  声振动试验

### 3.1.5.1  目的

本试验可以检测表面积——重量比较大，可能对声激发比较敏感的元器件和组件的材料和工艺缺陷。

### 3.1.5.2  试验说明

元器件应安装在一个能够产生所需声压值的回响声学单元中。真空室内应具有均匀的声能密度。在发射过程中的元器件配置（比如展开或收起）应与飞行动力环境一样。首选的试验方法应该是元器件安装在飞行类支撑结构上，并拆下地面搬运设备。

### 3.1.5.3  试验量级和持续时间

元器件应承受的声压值等于预期最大值减去 6dB，不过不低于根据 135dB 整体声环境推导的数值（其频谱由 NSTS 21000-IDD-ISS  4.1.1.5 定义）。持续时间应不少于 1min。关于本节的例外情况，请参见附录 A：PG1-184。

### 3.1.5.4  补充要求

应在声学试验之前和之后进行功能试验。在试验过程中，电气和电子元器件应加电并进行监控。在试验过程中应监控参数，以确定是否有故障或中断。对于表面积与体积比较大的元器件（大天线和太阳能电池阵列），不能通过采用机械振动模拟操作动力环境叠加的方式来进行试验。对于这种元器件配置，应需要进行声学试验。如果需要进行声元器件试验，则不需要进行随机振动试验。关于本节的例外情况，请参见附录 A：PG1-184。

## 3.1.6  压力试验

### 3.1.6.1  目的

本试验检测可能导致压力容器或阀门出现故障的材料和工艺缺陷。

### 3.1.6.2　试验说明

1. 耐压

对于压力容器、压力线路和固件等项目，元器件温度应符合关键应用温度，并进行一个周期的耐压试验。在一个耐压周期中，应包括将内部压力（静水力学或气动方式）升高到耐压，在该压力下保持 5min，然后下降到环境压力。如果有任何永久形变、变形或故障迹象，则表示未通过试验。

2. 阀门的耐压

当阀门处于打开和闭合位置时，应至少为入口施加一个周期（5min）的耐压。在 5min 的加压期之后，入口压力应降低到环境压力。应目测检查试验件的内部和外部，如有变形迹象，则表示未通过试验。可以在室温下或更高温度下进行试验。

### 3.1.6.3　试验量级

1. 温度

温度应按照试验说明。另外，如果对耐压进行了合适的调整，从而可以反映温度对强度和断裂韧度的影响，则可以在室温下进行试验。

2. 耐压

耐压应按照 SSP 30559　第 3 章的说明。

关于这些段落的例外情况，请参见附录 A：PG1-149 和 PG1-261；附录 C：PG3-196；以及附录 D：GFE-13 和 GFE-110。

### 3.1.6.4　补充要求

在进行所有试验时应遵循所有相关的安全标准。关于本段的例外情况，请参见附录 C：PG3-196。

## 3.1.7　泄漏试验

### 3.1.7.1　目的

本试验旨在证明密封和加压元器件能够满足在元器件开发规范中规定的泄漏规格要求。

### 3.1.7.2　试验说明

应在开始进行元器件热真空、热循环和随机或声振动验收试验之前以及完成这些试验之后进行元器件泄漏试验。采用泄漏试验方法的灵敏度和精度应符合规定元器件允许的最大泄漏速度。要检测的最小泄漏速度值应至少是泄漏试验的灵敏度值的 2 倍，以确保测量数据的可靠性。如果温度可能影响密封材料或表面，则应评估硬件设计和操作特征。如果有技术保障，应在最低和最高温度限值进行泄漏试验。如果通过评估确定：是因为构成组件的一个或多个低层元器件的原因，可以为一个指定的组件级在温度限值下进行的泄漏试验提供技术保障。并证明所有的这些低层元器件都在低层验收试验中的温度限值下进行了合适的泄漏试验，那么较高层的组件不需要在温度限值下进行泄漏试验。只有在经过相关的安全组织批准之后，才能在元器件耐压试验之前进行泄漏试验，否则在所有情况下，都应在元器件耐压试验之后进行泄漏试验。应采用如下方法或者符合第 8 章标准的另外一种合适的泄漏试验方法。

1. 第一种方法——浸没，仅用作一种通过/未通过试验；本方法不对元器件泄漏速度进行量化测量

本方法可以用于加压元器件和系统的总体或局部的内部-外部泄漏试验。在试验液体接触外部表面之前，内部气体压力应施加在整个压力边界至少 15min。要检查区域的照明亮度至少为 1000lx（勒克斯）或 1000lm/m$^2$（流明/平方米）（100fc（尺烛光）。在被检查表面区的照明应没有阴影。观察者眼睛与被检查表面的距离应不超过 60cm（2ft）。可以使用放大镜来提高检查效果。元器件应完全浸没在液体中。元器件的关键侧或者相关侧应在一个水平面内并朝上。在浸没过程中不应出现泄漏（如果元器件发出一个或多个气泡则说明存在泄漏）。

2. 第二种方法——真空室

本方法可以用于加压元器件和系统的所有内部-外部泄漏试验。元器件应放在一个真空室（钟形容器）内，并使用一个适合所用示踪气体的泄漏检测器进行泄漏试验。真空室系统泄漏试验灵敏度应进行鉴定和记录，其标准泄漏不应超过元器件的最大允许泄漏要求。元器件应填充已知浓度的示踪气体，并达到所需的压力。应保持此压力，直到泄漏检测器输出达到稳定（稳定的定义：在间隔时间不短于 5min 的连续 3 次读数中，泄漏检测器测量输出结果差异不超过 10%，其中包括第一次和最后一次测量）。应记录校准数据和泄漏检测器初始和最终读数。应记录最终的元器件泄漏速度，在 15min 内至少应记录 3 个数据点，以证明满足了上述的稳定性要求。

3. 第三种方法——压力变化

在加压元器件和系统的所有内部-外部泄漏试验中可以使用压力衰减技术。为了提高这种技术的精度，可以将一个参考容器连接到加压元器件或系统。如果环境温度变化，应考虑元器件和参考容器容积变化。在密封元器件和系统的所有外部-内部泄漏试验中，可以使用升压技术。应在所需的时间内监控元器件内部压力、大气压力和环境温度（或元器件温度），以确定实际压降或升压以及相应的泄漏速度。压力表/传感器应有合适的精度和灵敏度，以便能测量所需的最低压力变化。应考虑计算泄漏速度时所用的受压元器件和试验固件总内部体积的相关公差/误差，并作为最大正值。

4. 第四种方法——化学指示剂，仅用作一种通过/未通过试验；本方法并不对元器件泄漏速度进行量化测量

所有可能泄漏操作液体的接缝、端子和夹管都应采用一种合适的指示剂，比如稀释的酚酞溶液，或符合 ASTM 1066.95（2000）版本要求的其他合适的变色指示剂，比如比色剂。如果指示剂颜色变化，则说明出现了泄漏。在试验之后，应除去指示剂（比如使用蒸馏水）。

5. 第五种方法——检测器探头，仅用作一种针对各接缝（比如焊缝和机械固件）的通过/未通过试验；本方法不对元器件泄漏速度进行定量测量

本方法使用的检测器探头是一种半定量技术，用来检测和定位加压元器件和系统内的内部-外部泄漏，但是不应视为定量技术。元器件应填充一种已知浓度的示踪气体，并达到所需的压力。在检查之前，耐压应至少保持 30min。在检查之前，应测量示踪气体背景，并校准泄漏试验设备，其方法将检测器探头末端穿过一个已校准泄漏锐孔（校准的泄漏幅度应等于或小于最大允许泄漏速度）。得到的泄漏检测器输出应至少比示踪气体背景高 40%。在所需的浸泡时间之后，检测器探头末端应在试验表面穿过，其扫描速度和距离与系统校准时一样。每隔60min 以及每次变更试验指挥/操作者时，都重复进行系统校准。任何泄漏检测器输出如果超过确定的失踪气体背景以及大气示踪气体变化和泄漏检测器漂移容差（两者相加不超过示踪气体背景的 40%），则表示存在泄漏。

6. 第六种方法——排气罩

本方法可以用于密封元器件和系统的所有外部-内部泄漏试验。元器件内部空间应泄压到足以满足一种示踪气体泄漏检测器要求的真空度。在确定系统灵敏度时，应在距离泄漏检测器的最远点安装一个标准泄漏缝隙。元器件的外部表面应承受其浓度经过验证的示踪气体。应保持压力，直到泄漏检测器输出达到稳定。应记录校准数据和泄漏检测器初始和最终读数。应记录最终的元器件泄漏速度，在 15min 内至少应记录 3 个数据点，以证明满足了上述的稳定性要求。

7. 第七种方法——示踪探头，本方法可以用来定位已知的外部-内部泄漏，不过不应用来验证飞行硬件指定的允许泄漏速度

元器件内部空间应泄压到足以满足一种示踪气体泄漏检测器要求的真空度。示踪探头连接到一个 100%示踪气体源，在另外一端带有一个阀门开口，以便使示踪气体流通过元器件。如果泄漏检测器发现示踪气体有任何高于背景的情况，都表示存在泄漏。

8. 第八种方法——累积

本方法可以用于加压元器件和系统的所有内部-外部泄漏试验。元器件应封闭在一个合适的外壳内。此外壳应进行校准，其方法是将一个标准泄漏装置放在外壳内并保持事先确定的时间，然后将一个检测器探头安放在外壳内，并记录最大泄漏检测器响应值。接下来，应使用氮气或空气净化外壳。元器件应填充一种已知浓度的示踪气体，并达到所需的压力。在检查之前，耐压应至少保持 30min。然后应使用氮气或空气净化外壳。在经过校准时间后，应将检测器探头放在外壳内。应记录校准数据以及泄漏检测器初始和最终读数，另外，还应记录最终元器件泄漏速度。

9. 第九种方法——体积排量

本方法可以用于加压元器件比如阀门的总内部-内部泄漏试验，比如压力调节器或热交换器。元器件的一侧应加压到所需的压力，而在内部屏障的另外一侧应与大气隔离，并连接到一个合适的设备，以便证明体积排量。为此，将采用一种液体排量，或者沿着测量设备的刻度移动一个液体弯月面。

10. 第十种方法——泄漏检测器直接连接

本方法可以用于加压元器件的所有内部-内部泄漏试验，比如阀门、压力调节器、或热交换器。元器件的一侧应填充一种已知浓度的示踪气体，并达到所需的压力，而内部屏障的另外一侧应与大气隔离，并连接到泄漏检测器。应保持压力，直到泄漏检测器输出达到稳定。应记录校准数据和泄漏检测器初始和最终读数。应记录最终的元器件泄漏速度，在15min内至少应记录3个数据点，以证明满足了上述的稳定性要求。

11. 第十一种方法——局部真空室

本方法可以用于加压元器件和系统的局部内部-外部泄漏试验。连接到示踪气体泄漏检测器的局部真空室（钟形容器）应安装在元器件区，以进行泄漏试验。应使用一个标准泄漏缝隙鉴定并记录局部真空室系统灵敏度，不超过元器件的最大允许泄漏速度要求。元器件应填充一种已知浓度的示踪气体，并达到所需的压力。应保持压力，直到泄漏检测器输出达到稳定。应记录校准数据和泄漏检测器初始和最终读数。应记录最终的元器件泄漏速度，在15min内至少应记录3个数据点，以证明满足了上述的稳定性要求。

注：关于在当前要求之前已经存在的例外情况，请参见附录A：PG1-193、PG1-208、PG1-213、PG1-215、PG1-217、PG1-224、PG1-225、PG1-226、PG1-247、PG1-253、PG1-267和PG1-269；附录B：PG2-69、PG2-77、PG2-108、PG2-115、PG2-117和PG2-119；以及附录C：PG3-176、PG3-182和PG3-201。

注：关于版本T的SSP 41172中所述以前的加压系统和元器件泄漏要求（第五种方法）的例外情况，请参见附录C：PG3-175和PG3-181。

### 3.1.7.3 试验量级和持续时间

在进行泄漏试验时，应将元器件加压到最大设计压力，然后再在最小设计压力下进行试验（如果密封效果取决于正确的密封压力），不管采用何种方法，试验时间都应足够长，以便检测任何明显的泄漏。

注：关于在当前要求之前已经存在的例外情况，请参见附录B：PG2-102。

关于版本T的SSP 41172中所述以前微弱泄漏试验要求的例外情况，请参见附录A：PG1-193、PG1-202、PG1-211、PG1-224、PG1-225、PG1-226、PG1-251、PG1-265和PG1-269；附录B：PG2-93、PG2-94、PG2-97和PG2-104；以及附录C：PG3-129、PG3-199和PG3-229。

注：关于版本T的SSP 41172中所述以前的加压系统和元器件泄漏要求的例外情况，请参见附录C：PG3-137、PG3-156和PG3-164。

关于这些段落的例外情况，请参见附录A：PG1-149、PG1-249、PG1-259和PG1-263；附录B：PG2-151；附录C：PG3-125、PG3-127、PG3-135、PG3-141、PG3-196、PG3-211、PG3-212、PG3-219和PG3-227；以及附录D：GFE-13和GFE-29。

### 3.1.7.4 补充要求

无。

## 3.1.8 老炼试验

### 3.1.8.1 目的

老炼试验的目的是检测可能导致元器件提前出现故障的材料和工艺缺陷。

### 3.1.8.2 试验说明

应通过本试验给电子和电气元器件施加应力，从而在其使用寿命内提前引发故障。本试验可以在环境温度、升高温度或循环温度条件下进行。在整个试验过程中应操作元器件（加电）并监控参数。关于本段落的例外情况，请参见附录C：PG3-216。

### 3.1.8.3 试验量级和持续时间

1. 压力

本试验可以在环境压力或真空条件下进行。

2. 温度

试验可以在固定温度、升高温度或循环温度条件下进行。应根据安装在元器件基板的控制温度传感器来确定温度。关于本段落的例外情况，请参见附录B：PG3-215。

（1）如果选择在固定温度下进行加速老炼试验，则温度不应超过与验收热循环试验过程中升高操作温度对应的数值。如果选择进行加速固定升温试验，应使用如下方程来确定时间加速度因子：

$$F = \exp\left[\frac{E_a}{K}\left(\frac{1}{T_a} - \frac{1}{T_{b_i}}\right)\right]$$

式中　$F$ = 时间加速度因子；

$E_a$ = 激活能量（eV）；

$K$ = 玻尔兹曼常数（8.625E−05 eV/K）；

$T_a$ = 环境温度（K）（在本应用中，环境温度应视为295.8K）；

$T_{b_i}$ = 升高老炼温度（K）。

（2）如果选择在循环温度下进行老炼操作，那么最低和最高试验温度应对应 3.1.3 节中所述的验收热循环试验过程中的最低和最高操作温度，但是扫描范围不应小于每小时 100℉。在温度极值之间的每次温度变化平均速度应为 9℉/min（5℃/min）或者更快。在每个周期中，都应在最高和最低温度下保持足够长的保持期（不少于 1h），以达到组件内部热平衡。

3. 持续时间

对于固定温度老炼（通过升温实现环境或加速老炼），总操作时间应等于环境温度下的300h。在这 300h 中，应包含在其他验收试验过程中的任何累计操作时间。对于升温老炼方法，应根据上述时间加速度因子方程来确定达到等效于环境温度下 300h 的剩余时间。比如，如果在完成所有验收试验（除了老炼以外）以后，元器件总累积操作时间为 60h，那么还需要 240h

（处于环境温度）才能完成老炼。如果在升温条件（比如 120℉）下加速老炼，那么可以缩短所需的剩余试验时间。借助上述方程（在本例中假设 $E_a = 0.6$），可以计算出时间加速度因子为 6.7。因此，为了达到 240h 的环境温度老炼效果，可以在 120℉ 下进行 36（240/6.7）h 的加速老炼。关于本节的例外情况，请参见附录 A：PG1-156。

如果进行循环温度老炼，则至少应执行 10 个温度周期。这些周期是 3.1.3 中规定的热循环验收试验以外所需的周期。元器件总累积操作时间至少为 100h。这个总时间包括在验收试验计划中记录的任何操作时间。在完成所有其他验收试验和本段中所述的额外老炼温度周期以后，可以在环境温度下实现达到 100h 所需的任何额外操作时间，也可以在上文所述的升温条件下通过加速试验实现这个目标。

关于这些段落的例外情况，请参见附录 A：PG1-233；以及附录 D：GFE-01，GFE-07，GFE-46 和 GFE-107。

注：关于当前要求之前存在的例外情况，请参见附录 B：PG2-47。

关于这些段落的例外情况，请参见附录 D：GFE-36。

### 3.1.8.4 补充要求

加速固定升温老炼方法只适用于在所有其他验收试验之后达到总操作时间要求（相关的 300h 或 100h）所需的剩余时间。时间加速度因子方程不适用于在任何验收热真空或热循环（包括本节所述的热循环老炼）试验过程中升温所花费的时间。

对于加速固定升温老炼方法，应使用权重平均方法计算元器件的激活能量。如果元器件一个指定类型的内部部件（$Q_i$）（如电阻器、电容器、二极管等）具有特殊的激活能量（$E_{a_i}$），则应使用如下公式，根据权重平均方法来确定元器件的激活能量（$E_a$）：

$$E_a = \frac{\sum (Q_i)(E_{a_i})}{\sum Q_i}$$

比如，如果一个元器件包含 4 种不同的部件，其激活能量如下：

| 部　　件 | 内部部件的数量（$Q_i$） | 部件激活能量（$E_{a_i}$） |
|---|---|---|
| A | 4 | 0.6 |
| B | 1 | 0.3 |
| C | 2 | 0.4 |
| D | 3 | 0.8 |

应根据如下权重平均方法来确定元器件的激活能量：

$$E_a = \frac{4(0.6) + 1(0.3) + 2(0.4) + 3(0.8)}{10} = 0.59$$

各种部件典型的激活能量如下：

| 部　　件 | $E_a$ |
|---|---|
| 双极数字集成电路 | 0.8 |
| 双极线性集成电路 | 0.7 |
| MOS 数字集成电路 | 0.6 |
| 电阻器 | 0.56 |

续表

| 部 件 | $E_a$ |
|-------|-------|
| 电容器 | 0.6 |
| 晶体管/二极管 | 0.96 |
| 变压器/电感器 | 0.5 |

对于没有部件列表的商业即用（COTS）元器件，要在加速度因子方程中使用的激活能量（$E_a$）应为 0.3。对于有部件列表的商业即用元器件，激活能量应为具有最低激活能量的栏中的部件对应的数值。

应在进行此老炼试验之前和之后根据 3.1.1 节的要求进行功能试验。

关于这些段落的例外情况，请参见附录 D：GFE-36。

### 3.1.9  氧气兼容性试验

氧气系统组件应进行表 3-2 所述的氧气兼容性验收试验。

表 3-2  需要进行验收试验的氧气元器件

| 元 器 件 | 试 验 |
|----------|-------|
| 硬线路（刚性金属管） | |
| 金属软管 | |
| 金属软管（≥3000psia） | × |
| 带所有金属密封件的金属流体管件 | |
| 自密封快速分断装置 | × |
| 阀门 | × |
| 减压阀 | × |
| 温度传感器 | × |
| 压力传感器 | × |
| 非金属内衬软管 | × |
| 带金属密封件的流体管件 | × |
| 压力调节器 | × |
| 金属压力容器 | |

#### 3.1.9.1  目的

本试验旨在检测使用氧气加压时可能导致元器件被点燃的材料和工艺缺陷。

#### 3.1.9.2  试验说明

氧气系统元器件应承受 SSP 30559 中定义的氧气最大设计压力（MDP）。元器件在 MDP 状态使用氧气加压的过程中进行功能试验（除了泄漏试验外）（功能试验包括打开和闭合阀门、连接和断开快速分断装置等）。应保持元器件规格中所述的清洁度。对于接触非氧气兼容性溶剂组件的元器件，应在验收试验之前进行 MSFC-PROC-404 所述的碳氢化合物检测分析。总碳氢化合物含量不应超过百万分之五。

每个元器件应在 100 毫秒内从环境压力（10～15psia）增压到 MDP，并经历 10 个氧气加压周期。在每个加压周期后，元器件应在 MDP 保持至少 30s。每个元器件都应承受正向和反向的氧气流，其中的反向氧气流在元器件的操作能力范围内。关于本要求的例外情况，请参见附录 D：GFE-108。

在氧气兼容性验收试验之后应进行目测检查，并根据元器件规格规定的数值进行检验。如果在氧气兼容性验收试验之后拆卸表 3-2 中所列元器件，则必须全面重新进行氧气兼容性验收试验。应在氧气兼容性验收试验之后进行功能试验和泄漏试验（在元器件规格中定义）。

### 3.1.10　电晕/起弧试验

#### 3.1.10.1　目的

本试验的目的是确保在上升/下降或泄压/复压活动期间所需的非密封电气/电子元器件不会出现有害的电晕/起弧。只有采用密封底盘设计的电气/电子元器件或在太空真空条件下启动的元器件不需要进行电晕/起弧试验。对于外部元器件，本试验应作为热真空验收试验的一部分。

#### 3.1.10.2　试验说明

元器件应在环境条件下放在一个真空室内。给元器件加电并进行监控，然后应将真空室压力降低到指定的低压力值。压力从 20Torr 变化到 0.001Torr（或相反）的时间至少应为 10min，以便为临界压力区提供足够多的时间。应在临界压力区复制最坏情况设计方案以及最有可能导致电晕/起弧的操作条件（通过元器件设计功能或外部感应瞬态条件）。除非为了验证是否存在电晕/起弧而需要在临界压力区对元器件进行全面功能试验，否则不需要进行这种试验。这种电晕/起弧监控可以在真空室泄压或复压过程中进行。最后，应让真空室返回到环境压力。

#### 3.1.10.3　试验量级和持续时间

1. 压力

压力应从环境压力降低到 0.001Torr 以下。

2. 温度

应采用环境温度。

#### 3.1.10.4　补充要求

应评估元器件的设计和操作特征，以确定合适的电晕监控技术。可以使用 MSFC-STD-531 作为参考。

## 3.2　飞行构件验收试验

飞行构件验收试验基线方案包括在表 3-3 中给出的所有所需的试验。飞行构件试验包含不将飞行构件作为一个整体进行发射的组件构件（即预集成桁架、节点、光伏组件）。如果无法对试验飞行构件进行整体试验，那么可以对构成飞行构件的主要组件进行试验，通过合适的分析、模拟和/或模拟器来满足此要求。如果飞行构件通过机载数据处理功能来控制，那么在这些试验中，飞行软件将驻留在机载计算机上。应演示如何验证操作要求。另外，还应验证功能要求。

表 3-3　飞行构件验收试验

| 试　　验 | 注 |
|---|---|
| 功能 | （1） |
| 有毒气体排放 | （2） |
| 声噪音 | （2） |
| 电磁兼容性 | — |
| 压力/泄漏 | — |
| 质量属性 | — |
| 注：<br>（1）应在压力/泄漏试验之后进行电气和机械功能试验。<br>（2）只适用于加压构件和机架。 | |

## 3.2.1　功能试验

### 3.2.1.1　目的

本试验验证飞行构件的电气和机械性能是否满足规定的性能要求，并检测任何异常情况。

### 3.2.1.2　机械功能试验

机械设备、阀门、可展开部件和可分离实体部件应与飞行构件一起在与功能相关的上升、轨道和回收配置中进行功能试验。应进行相关的对准检查。根据力学、时间和其他相关要求，确定可接受的最大和最小性能限值。对于每个机械操作，比如展开附属结构，应通过试验证明强度和力矩有正裕度，并且它们能在高于和低于指定操作限值的条件下正常操作。如果无法在1-G 环境中操作，则可以使用一个合适的地面-试验固件，以便能操作和评估设备。应使用标准计量或接口组件，对飞行构件与其他飞行构件和运载火箭的物理接口进行匹配检查，在这些匹配检查中，应检查最不利的公差累积值。除非在相关的主项目开发规范中另有规定，否则只需要在标称性能要求和环境条件下进行试验。

### 3.2.1.3　电气功能试验

飞行构件应处于其飞行配置，连接除了火工设备之外的所有元器件和子系统。本试验应验证飞行构件中所有电路的完整性，其中包括冗余路径，其方式是施加一个启动刺激信号，然后确认能够成功完成试验。设计的试验应能操作所有元器件，包括主元器件和冗余元器件，并应执行所有命令。所有热控制元器件的操作（比如加热器和恒温器）都应通过试验验证。试验应证明所有带有前提条件的命令（比如启用、禁用、特殊设备配置、特殊命令顺序等）都必须在满足前提条件的情况下才能执行。应能在整个规格范围内调整设备性能参数（比如功率、电压、增益、频率、命令和数据速率），以证明性能裕度。应在相关设计条件下验证自主功能。应能通过一个动力瞬态监视器系统连续监控飞行构件总线。所有遥测监视器都应进行验证，火工电路应加电，并进行监控。在本试验中，应通过一个上升和任务剖面操作飞行构件，考虑在实际飞行过程中的所有相关活动。除非在相关的主项目开发规范中另有规定，否则只需要在标称性能要求和环境条件下进行试验。

### 3.2.1.4 补充要求

应在每次飞行构件环境试验之前和之后进行机械和电气功能试验，以检测设备异常，并确保性能满足规格要求。这些试验不需要任务剖面的相关活动。应通过数据分析验证试验的合适性，并检验数据，然后再断开相关环境试验配置，从而可以随时完成任何所需的复验操作。

## 3.2.2 电磁兼容性试验

应对飞行构件进行有限电磁兼容性验收试验，以便对飞行构件电磁兼容性鉴定试验过程中给出的电磁兼容性结论进行检验（参见 2.4.2 节），并验证连续生产设备没有发生变化。此有限试验应包括测量电力总线纹波、峰值瞬态，并监控关键电路参数。

## 3.2.3 压力/泄漏试验

### 3.2.3.1 目的

本试验旨在证明加压结构和流体子系统能够满足在飞行构件规格中规定的流速、压力和泄漏速度要求。

### 3.2.3.2 试验说明

在操作相关的阀门、泵和电机时，应量度飞行构件的相关要求，其中包括流速、泄漏和调节要求。应通过流速检查来验证管道配置是否合适。应根据需要检查子系统的清洁度、湿度和pH 值。如果密封或加压子系统使用非铜焊或焊接连接，那么应在泄漏试验之前验证这些连接规定的力矩值。除了高压力试验外，推进剂储箱和助推器阀门应在推进剂操作条件下进行泄漏试验。应将系统泄压到正常使用推进剂装载的内部压力，并监控系统压力，以便发现任何泄漏迹象。

应根据第 8 章的要求采用一种合适的泄漏试验方法。

### 3.2.3.3 试验量级和持续时间

飞行构件应加压到耐压并保持在该压力，直到记录了所有应变和偏折数据。接下来，应将压力降低到最大设计压力。耐压应符合 SSP 30559 第 3 章的要求。在耐压试验之后的泄漏检查条件应不小于 14.7 psid。推进系统泄漏试验的排气时间不应超过推进剂装载过程中正常经受此条件的时间。这些构件级内部耐压和泄漏试验只适用于内部加压的飞行构件。

所有飞行构件加压流体系统应在最终系统组件级进行压力试验。所有飞行构件加压流体系统应在成功进行系统耐压试验后，在最终系统组件级的最大设计压力下进行泄漏试验。如果因为设计或制造限制而无法在最终组装配置下进行系统级耐压和泄漏试验，则需要在可能的最高组件级进行压力和泄漏试验。在这种情况下，耐压系数应适合试验过程中的组件级，整体流体系统耐压和泄漏试验策略需要由国际空间站计划批准。

关于这些段落的例外情况，请参见附录 B：PG2-151。

### 3.2.3.4 补充要求

在进行所有试验的过程中应遵循适用的安全标准。只有在顺利完成耐压试验之后，才能进行泄漏试验。为达到所需的精度，泄漏检测和测量流程可能需要使用真空室、整个飞行构件的外壳或局部区域，或其他特殊技术。

## 3.2.4 有毒气体排放试验

### 3.2.4.1 目的

有毒气体排放试验的目的是证明飞行构件在积累后不会排放出对人体构成危害的有毒气体。本试验适用于处于密封状态，在航天员进入之前没有大气清洗的可居住加压构件。

### 3.2.4.2 试验说明

应从构件内具有代表性的位置采集空气样本，并成对采集。如有可能，应从一个外部采样端口采集所有样本。在构件舱闭合（内部空间密封）后，应立即采集一对基线方案样本，表示试验开始。应提供无清洗功能的空气循环装置。如果有一个外部采样端口，则应在试验进行到一半时采集第二对样本。应在试验结束时以及进行任何空气清洗之前采集最后一对样本。如果通过一个外部采样端口来采集样本，则应提供不带清洗功能的内部大气循环系统，以确保空气样本的均质性。在采集第一个样本之前，应验证气压是否为一个标准大气压。如果没有可用的外部采样端口，则应采集两对样本：其中一对在马上就要关闭构件舱时采集，另外一对在构件马上就要结束试验时采集。所有样本都要从相同的位置采集。

### 3.2.4.3 试验量级和持续时间

试验时间应至少应为最终构件闭合和在轨航天员进入间隔时间的 1/5。如有可能，应采集三对样本。采集每两对样本之间的时间间隔不应超过 5min。从打开舱（打开密封）到采集最后一对样本的时间间隔不应超过 15s。

### 3.2.4.4 补充要求

飞行构件应尽最大可能提供本试验所需的所有配置。如果在试验时，构件缺少 25% 以上（按照重量）的硬件，那么应记录估算的缺失硬件重量，并与空气样本一起提供。在试验期间，应尽最大可能为飞行构件的系统、子系统和元器件提供动力。应使用 350 毫升或 500 毫升体积的内部表面钝化小筒来采集样本。每个小筒至少包含 3 个拟似标准品，以便评估采样和分析流程的精度。小筒应进行清洁，并检验采集样本时可能存在的每种污染物浓度是否超过十亿分之五。如果需要通过样本管线采集样本，则样本管线应用惰性材料制造，并在回收空气样本之前进行全面净化。应记录试验持续时间，如果时间达到五天或更长，则按小时数进行舍入；如果时间不到五天，则按分钟数进行舍入。

样本应在采集后的三天内返回给美国航空航天局/JSC 毒性试验室进行分析。分析方法至少应等效美国环保局 TO14 方法中所规定的标准。不过，在化合物列表中，应包含飞行样本分析目标列表中给出的所有内容。在样本中发现的任何污染物都应与在 JSC 20584 中给出的七天航天器最高允许浓度进行比较。在试验过程中，应针对每个试验点计算 $T$ 值。

### 3.2.5　声噪音产生试验

#### 3.2.5.1　目的

声噪音试验的目的是证明飞行硬件不会产生对航天员健康和安全有害的声噪音。

#### 3.2.5.2　试验说明

应操作载人舱的系统和子系统，以复制具有最严格的声噪音环境的任务剖面。声噪音测量应能复制在 MIL-STD-1474 "仪器和测量"一节中所规定的飞行条件。

### 3.2.6　质量属性试验

#### 3.2.6.1　目的

质量属性试验的目的是记录重量和重心数据。

#### 3.2.6.2　试验说明

每个集成子构件都应通过实际测量验证质量，测量精度为实际测量重量的±0.2%以内。每个集成子构件应通过实际测量验证（至少）两轴重心，其精度在距离坐标原点±0.5in 范围内。

#### 3.2.6.3　补充要求

在完成试验后，应进行一次误差分析，以记录测量精度。

# 第4章 原型飞行试验

## 4.1 用于飞行的鉴定组件（原型飞行）的使用

如果计划将鉴定组件/元器件用于飞行，则应修改组件/元器件鉴定试验计划，从为专用鉴定件制订的计划修改到更低的应力值。组件/元器件应进行相同的原型飞行试验。安装这些鉴定元器件（原型飞行）的飞行构件应根据本手册要求进行验收或原型飞行试验。

关于本段落的例外情况，请参见附录A：PG1-97、PG1-102、PG1-105、PG1-108、PG1-111、PG1-113、PG1-116、PG1-119、PG1-122、PG1-125、PG1-128 和 PG1-130；以及附录B：PG2-89。

### 4.1.1 组件/元器件原型飞行试验

如果没有专用鉴定试验件，所有生产件都将用于飞行，那么试验内容应相同（如 2.2 节中关于元器件鉴定的定义），只有如下情况例外：

（1）对于热真空试验，温度极值应比预期最低和最高温度高 10℉（5.6℃）。最小周期数应为 1 个周期。对于电气/电子元器件，最小操作温度范围应为 100℉（55.6℃）。关于本段落的例外情况，请参见附录A：PG1-141、PG1-206 和 PG1-239；附录B：PG2-113；附录E：BOE-01。

（2）对于热循环试验，温度极值应比预期最低和最高温度高 10℉（5.6℃）。最小周期数应为 8 个周期。对于电气/电子元器件，最小操作温度范围应为 100℉（55.6℃）。关于本段落的例外情况，请参见附录A：PG1-141、PG1-153、PG1-154、PG1-160 和 PG1-260；附录B：PG2-113、PG2-130、PG2-131、PG2-135、PG2-136 和 PG2-145；以及附录D：GFE-31、GFE-69、GFE-85 和 GFE-94。

（3）对于声振动试验，试验量级应为预期最大飞行数值，但不低于根据 141dB 整体声环境推导的数值（其频谱由 NSTS 21000-IDD-ISS 4.1.1.5 定义）。试验时间不应超过 1min。关于本段落的例外情况，请参见附录A：PG1-86、PG1-91、PG1-92、PG1-155 和 PG1-167；以及附录C：PG3-103 和 PG3-171。

（4）对于随机振动试验，试验量级和频谱应包含如下范围：

◇ 预期最大飞行数值，但不低于根据 141dB 整体声环境推导的数值（其频谱由 NSTS 21000-IDD-ISS 4.1.1.5 节定义）；

◇ 图 3-2 定义的最小工艺屏蔽数值和频谱。

在三个正交轴的每个轴上，试验时间应不超过 1min。关于本段落的例外情况，请参见附录E：BOE-02。

（5）对于热冲击试验，冲击频谱应比预期最大值高 3dB。关于本段落的例外情况，请参见附录A：PG1-162。

（6）对于压力试验，只应进行 2.2.10 节中规定的耐压试验。

原型飞行电气和电子元器件还应进行下文第 4.1.2 节规定的老炼试验。

关于这些段落的例外情况，请参见附录A：PG1-84、PG1-96、PG1-106、PG1-109、PG1-114、

PG1-117、PG1-120、PG1-123、PG1-126、PG1-131、PG1-134、PG1-142、PG1-143、PG1-144、PG1-145、PG1-146、PG1-150、PG1-151、PG1-161、PG1-163、PG1-164、PG1-165、PG1-166、PG1-175、PG1-176、PG1-177、PG1-178、PG1-179、PG1-197、PG1-198、PG1-199、PG1-200、PG1-238、PG1-271 和 PG1-272；附录 C：PG3-41、PG3-56、PG3-113、PG3-114、PG3-150、PG3-151、PG3-165、PG3-166、PG3-167、PG3-168、PG3-169、PG3-170、PG3-184、PG3-185、PG3-186、PG3-187、PG3-188、PG3-189、PG3-203 和 PG3-204；以及附录 D：GFE-30、GFE-47、GFE-48、GFE-70、GFE-71、GFE-72、GFE-73、GFE-74、GFE-84 和 GFE-95。

### 4.1.2 组件/元器件原型飞行老炼试验

#### 4.1.2.1 目的

老炼试验的目的是检测可能导致元器件提前出现故障的材料和工艺缺陷。

#### 4.1.2.2 试验说明

应通过本试验给电子和电气元器件施加应力，从而在其使用寿命内提前引发故障。本试验可以在环境温度、升高温度或循环温度条件下进行。在整个试验过程中应操作元器件（加电）并监控参数。

#### 4.1.2.3 试验量级和持续时间

1. 压力

本试验可以在环境压力或真空条件下进行。

2. 温度

试验可以在固定温度、升高温度或循环温度条件下进行。应根据安装在元器件基板的温度控制传感器来确定温度。

（1）如果选择在固定升温下进行加速老炼试验，则温度不应超过与原型飞行热循环试验过程中高操作温度等级对应的数值。如果选择进行加速固定升温试验，应使用如下方程来确定时间加速度因子：

$$F = \exp\left[\frac{E_a}{K}\left(\frac{1}{T_a} - \frac{1}{T_{b_i}}\right)\right]$$

式中　$F$ = 时间加速度因子；

　　　$E_a$ = 激活能量（eV）；

　　　$K$ = 玻尔兹曼常数（8.625E-05 eV/K）；

　　　$T_a$ = 环境温度（K）（在本应用中，环境温度应视为 295.8K）；

　　　$T_{b_i}$ = 升高老炼温度（K）。

（2）如果选择在循环温度下进行老炼操作，那么最低和最高试验温度应该对应 4.1.1B 中所述的原型飞行热循环试验过程中的最低和最高操作温度，但是扫描范围不应小于每小时 100℉。在温度极值之间的每次温度变化平均速度应为 9℉/min（5℃/min）或者更快。在每个周期中，都应在最高和最低温度下保持足够长的保持期（不少于 1h），以达到元器件内部热平衡。

### 3. 持续时间

对于固定温度老炼（通过升温实现环境或加速老炼），总操作时间应等于环境温度下的 300h。在这 300h 中，应包含在其他原型飞行试验过程中的所有累计操作时间。对于升温老炼方法，应根据上述时间加速度因子方程来确定达到等效于环境温度下 300h 的剩余时间。比如，如果在完成所有原型飞行试验（除了老炼以外）以后，元器件总累积操作时间为 60h，那么还需要 240h（处于环境温度）才能完成老炼。如果在升温条件（比如 120℉下）加速老炼，那么可以缩短所需的剩余试验时间。借助上述方程（在本例中假设 $E_a = 0.6$），可以计算出时间加速度因子为 6.7。因此，为了达到 240h 的环境温度老炼效果，可以在 120℉下进行 $36\left(\dfrac{240}{6.7}\right)$h 的加速老炼。

如果进行循环温度老炼，则至少应执行 10 个温度周期。这些周期是 4.1.1 节中规定的热循环原型飞行试验以外所需的周期。元器件总累积操作时间至少为 100h。这个总时间包括在原型飞行试验计划中记录的所有操作时间。在完成所有其他原型飞行试验和本段中所述的额外老炼温度周期以后，可以实现在环境温度下达到 100h 所需的所有额外操作时间，也可以在上文所述的升温条件下通过加速试验实现这个目标。

#### 4.1.2.4 补充要求

加速固定升温老炼方法只适用于在所有其他原型飞行试验之后达到总操作时间要求（相关的 300h 或 100h）所需的剩余时间。时间加速度因子方程不适用于在任何原型飞行热真空或热循环（包括本段所述的热循环老炼）试验过程中升温所花费的时间。

对于加速固定升温老炼方法，应使用权重平均方法计算元器件的激活能量。如果一个指定类型元器件中的内部部件（$Q_i$）（如电阻器、电容器、二极管等）具有特殊的激活能量（$E_{a_i}$），则应使用如下公式，根据权重平均方法来确定元器件激活能量（$E_a$）：

$$E_a = \frac{\sum (Q_i)(E_{a_i})}{\sum Q_i}$$

比如，如果一个元器件包含 4 种不同的部件，每个部件的激活能量如下所示：

| 部　件 | 内部部件的数量（$Q_i$） | 部件激活能量（$E_{a_i}$） |
|---|---|---|
| A | 4 | 0.6 |
| B | 1 | 0.3 |
| C | 2 | 0.4 |
| D | 3 | 0.8 |

应根据如下权重平均方法来确定元器件的激活能量：

$$E_a = \frac{4(0.6) + 1(0.3) + 2(0.4) + 3(0.8)}{10} = 0.59$$

各种部件典型的激活能量如下：

| 部　件 | $E_a$ |
|---|---|
| 双极数字集成电路 | 0.8 |
| 双极线性集成电路 | 0.7 |
| MOS 数字集成电路 | 0.6 |
| 电阻器 | 0.56 |
| 电容器 | 0.6 |
| 晶体管/二极管 | 0.96 |
| 变压器/电感器 | 0.5 |

对于没有部件列表的商业即用元器件，要在加速度因子方程中使用的激活能量（$E_a$）应为0.3。对于有部件列表的商业即用元器件，激活能量应为具有最低激活能量的栏中的部件对应的数值。

应在进行此老炼试验之前和之后进行功能试验。

### 4.1.3　用于飞行的原型飞行组件认证

在完成原型飞行试验计划后，应评估组件试验历史信息，以了解试验时间是否过长，是否存在疲劳类故障，从而确定该组件是否可以用于飞行，还是需要进行翻修。空间站结构和组件的原型飞行试验应符合 SSP 30559。

## 4.2　用于鉴定的飞行（原型飞行）构件的使用

如果将飞行构件用于鉴定试验（原型飞行），应按照要求缩短飞行构件鉴定试验量级和持续时间。应根据相关的原型飞行或鉴定数值，对在此飞行构件上安装的元器件进行鉴定，并应进行验收试验。

### 4.2.1　飞行构件原型飞行试验

如果要将飞行构件验收试验和鉴定试验结合在一起，则应放弃本手册所述的验收试验，并根据鉴定试验基线方案对每个飞行构件进行试验。

对于飞行构件的声振动鉴定试验，试验量级应为最大预测值加上（但不低于）整体 141dB值（其频谱由 NSTS 21000-IDD-ISS　4.1.1.5 节定义）。试验时间不应超过 1min。

### 4.2.2　用于飞行的飞行构件认证

在完成原型飞行试验计划后，应评估试验件的试验历史信息，以了解试验时间是否过长，是否存在疲劳类故障，从而确定是否用于飞行还是需要进行翻修。如果在原型飞行试验后采用了显著的修改方案，或者对大量元器件进行了翻修或者用新元器件代替，则应在发射认证之前进行 3.2 节所述的验收试验。

# 第 5 章　用于飞行的鉴定试验件的使用

如果一个用于鉴定试验的专用试验件随后又计划用于飞行，那么该试验件应具有详细的后续鉴定检查和分析结果，用已经通过验收试验的试验件代替该试验件。试验件顺利完成指定的验收试验后，即通过了飞行认证。

# 第6章 复 验

## 6.1 综述

在复验中，因为故障、设计或制造流程变化、制造源或设施变化或者预期操作环境变化，需要重复所有或一部分以前进行的试验。在鉴定或验收试验过程中或元器件使用寿命周期内的其他时间都可能出现差异。

应进行故障分析，以确定所有故障的原因，并确定是否存在会影响其他试验或飞行件的常规或与批次产品相关的问题。如果确定元器件（而不是试验设备等）出现故障，则应确定故障原因，并采取补救/纠正措施，应根据 SSP 30223 记录和处理硬件故障。

如果出现差异，应中断试验，并确定差异是源自试验元器件的故障还是试验系统的故障（试验设置、软件或设备）。如果试验元器件本身没有故障，则可能是因为试验设备的故障而给其施加了过大的应力。如果确定了试验件不再存在过大的应力，则可以在系统修复后继续进行试验。如果试验件出现故障（包括本身的故障或者应力过大导致的故障），那么只有在通过初步故障分析确定原因并采取了补救/纠正措施后，才能恢复试验活动。进行故障分析，采取补救/纠正措施以及恢复试验活动之前，都需要经过相关系统问题评估团队的批准。

最终故障分析应为一项长期功能，因为初步评估有时不包含相关内容，可能需要采取后续措施，尤其是在故障会导致常规或批次产品相关问题的情况下。对于长期纠正措施，应确定是否本应在组件层次或早期试验中检测到故障。

应根据具体情况来确定复验等级，并考虑如下因素：

（1）可能表明需要进行更全面功能试验的故障分析结果。

（2）任何制造流程或设计变化的具体内容以及它们对元器件性能或可靠性的影响。

（3）预期操作环境的变化，包括运输和存放。

（4）实现返工/重新设计目标所需的拆卸/重新组装等级。

（5）硬件严酷度和冗余。

被视为合理和具有技术依据的复验可以缩短以前的基线方案试验时间（如减少热循环数，或者只需一个轴的随机振动而不是三个轴等）。未经国际空间站计划事先批准，不得降低以前基线方案试验量级（如最低/最高试验温度、振动幅值等）。

在考虑验收随机振动复验时，应遵循 6.2 节中所述的流程，以确保元器件有足够的剩余使用寿命进行复验。如果因为硬件故障而决定进行复验，那么相关系统问题评审团队应负责确保遵循 6.2 节中定义的流程，并且相关物件在验收随机振动复验之前有足够的剩余寿命；否则相关承包商和美国航空航天局硬件所有方应负责确保遵循相关流程。

## 6.2 随机振动复验的特殊考虑因素

在 4.1 节中，要求有足够的鉴定试验量级和持续时间来完成验收复验。虽然该段没有要求任何具体元器件验收复验次的数，但是必须注意：飞行设备在其使用寿命过程中可能需要额外的验收随机振动试验（除了初始验收随机振动试验外）。因此，需要通过一种方法来确定已经进行了多次随机振动验收试验的元器件的剩余振动寿命，从而证明元器件有足够的可用寿命来进行复验以及后续操作。

有两种方法可以评估剩余的随机振动寿命。如果鉴定随机振动试验提供了合适的响应加速仪数据，则应使用第一种方法。在使用这种方法时，必须注意确保可用的响应加速仪数据能够代表元器件中的关键疲劳位置。比如，如果一个带内部电路板的电子元器件只有来自底盘位置的响应数据，那么这些数据不足以供第一种方法使用。在设计振动环境所用电子元器件时，一种常用的"经验规则"是在任何底盘共振和任何电路板共振之间至少保持一个Oct距离（所谓的"Oct规则"）。因此，使用这种方法，只能根据底盘共振给出使用寿命，不能为关键内部电路板提供合适的寿命数据。

如果没有合适的响应数据，应采用第二种方法。这种方法利用了相关环节的复合均方根（rms）加速度输入来确定剩余的使用寿命。

如果设备中只有一些（而不是所有）疲劳关键位置有合适的响应数据，那么应同时使用第一种方法（针对没有响应数据的位置）和第二种方法，通过更保守的结果确定设备使用寿命。

不管采用哪种方法，都应特别关注如何选择疲劳指数 $b$。这个指数值对使用寿命计算结果有显著影响，因而必须认真选择。如果使用的数值大于 4，应记录下来，并需要根据设备材料和设计方案进行技术证明。如果可用数据表明应使用小于4的数据，则应采用这个较低的数值。

一般来说，这种方案假定除了验收试验和发射（比如运输、在轨和返回/降落）外的使用寿命随机振动环境显著低于验收和发射数值，因此可以忽略。不过，应评估所有操作寿命环境，如果认为除了验收和发射环境以外的一个操作环境会导致疲劳损害的累积，则应按照本手册为飞行定义的方式考虑此环境，并在计算可用剩余验收试验时间时包含它。

如果按照本手册所述的方式定义试验环境，则可以使用在验收和鉴定试验流程中记录的标称试验量级和持续时间。不过，如果飞行设备承受设施中的随机振动试验或使用与进行鉴定试验不同的试验设备（如振动器台和/或试验固件），则应使用所有试验得到的已运行加速仪和试验时间数据来取代指定的标称试验量级和持续时间。如果在鉴定或验收试验过程中的任何时刻采用响应限制，则也使用已运行试验数据。

如果根据下文所述方法分析复验能力的结果表明剩余的使用寿命不够，那么工程人员应建议采用合适的应对方式，比如不进行振动试验，进行振动试验并接受使用寿命风险，通过对原鉴定试验件进行鉴定振动试验来延长已经证明的使用寿命，或者获取其他备件。此建议应提交给国际空间站试验和验证控制委员会并由其审核。如果通过额外的鉴定试验来验证已经证明的使用寿命，则应进行评估，并记录是否对鉴定试验件进行任何返工或修复，从而确保额外的鉴定试验能够有效延长设备验证过的使用寿命。

## 6.2.1　第一种方法

如果随机振动鉴定试验提供了元器件响应数据，则应通过如下方法，根据元器件在共振频率下的输入加速度频谱密度（功率频谱密度）来确定剩余使用寿命。

［第1步］

根据鉴定试验的可用响应数据确定元器件共振响应频率。

针对每个共振频率 $i$（根据峰值共振响应）确定每个如下环境的加速度频谱密度：飞行、验收以及鉴定。

[第 2 步]

使用如下关系将一次飞行的接触时间转化为验收试验量级的等效时间（一次飞行为 30s 接触）：

$$t_{ae} = t_f \left[ \frac{W_{fi}(f_i)}{W_{ai}(f_i)} \right]^{\frac{b}{2}}$$ [6.1]

式中　$t_{ae}$——等效验收试验时间；

　　　$t_f$——一次飞行的接触时间（30s）；

　　　$W_{fi}(f_i)$——共振频率 $i$ 下的飞行输入加速度频谱密度；

　　　$W_{ai}(f_i)$——在验收试验过程中共振频率 $i$ 下的输入加速度频谱密度；

　　　$b$——一个疲劳指数。

[第 3 步]

确定鉴定失败的总验收试验时间（每轴）：

$$t_a = \frac{t_q}{4} \left[ \frac{W_{qi}(f_i)}{W_{ai}(f_i)} \right]^{\frac{b}{2}}$$ [6.2]

式中　$t_a$——每个轴的随机振动鉴定验收试验时间；

　　　$t_q$——每个轴的随机振动鉴定试验时间；

　　　$W_{qi}(f_i)$——在鉴定试验过程中在共振频率 $i$ 下的输入加速度频谱密度；

　　　4——一个疲劳散射系数。

[第 4 步]

计算每个轴的剩余允许验收随机振动试验时间：

$$t_{ar} = t_a - (t_{ae}F + t_{au})$$ [6.3]

式中　$t_{ar}$——每个轴上的验收试验剩余时间；

　　　$t_a$——方程[6.2]给出的每个轴上的总鉴定验收试验时间；

　　　$t_{ae}$——方程[6.1]给出的一次飞行过程中每个轴上的等效验收试验时间；

　　　$F$——所需的飞行次数；

　　　$t_{au}$——每个轴上已经耗费的验收试验时间。

如果一个元器件有多个临界共振响应频率，则应针对每个共振频率采用上述流程，并根据得到的最短验收试验时间来确定元器件的剩余寿命。

[实例]

一个元器件有如下可用数据：

$f_1 = 150\text{Hz}$　　　　　　　　　元器件的第一个临界共振响应频率

$f_2 = 560\text{Hz}$　　　　　　　　　元器件的第二个临界共振响应频率

$W_{f_1}(f_1) = 0.04\text{G}^2/\text{Hz}$        在150Hz的飞行输入加速度频谱密度

$W_{f_2}(f_2) = 0.008\text{G}^2/\text{Hz}$        在560Hz的飞行输入加速度频谱密度

$W_{a_1}(f_1) = 0.04\text{G}^2/\text{Hz}$        在150Hz的验收试验输入加速度频谱密度

$W_{a_2}(f_2) = 0.025\text{G}^2/\text{Hz}$        在560Hz的验收试验输入加速度频谱密度

$W_{q_1}(f_1) = 0.08\text{G}^2/\text{Hz}$        在150Hz的鉴定试验输入加速度频谱密度

$W_{q_2}(f_2) = 0.05\text{G}^2/\text{Hz}$        在560Hz的鉴定试验输入加速度频谱密度

验收试验持续时间（每个轴）为60s

鉴定试验持续时间（每个轴）为180s

飞行持续时间（一次飞行）为30s

$b=4$

所需的飞行次数为2。

对于第一个共振频率（150Hz）（根据方程[6.1]）有

$$t_{ae} = 30 \times \left(\frac{0.04}{0.04}\right)^2 \text{s} = 30\text{s}$$

因此，一次飞行等效于30s的验收试验。

接下来，每个轴的总鉴定验收试验时间为（根据方程[6.2]）

$$t_{ae} = \frac{180}{4} \times \left(\frac{0.08}{0.04}\right)^2 \text{s} = 180\text{s}$$

假设元器件已经进行了2次随机振动验收试验，则保持两次发射能力的剩余验收试验时间可以根据方程[6.3]得到

$$t_{ar} = 180\text{s} - (30 \times 2 + 120)\text{s} = 0\text{s}$$

因此可知，没有验收振动复验能力。

可以使用相同的方法来计算560Hz共振的剩余时间。不过，根据150Hz共振的计算结果推断已经没有剩余寿命了，因此不需要再计算。

### 6.2.2　第二种方法

[第1步]

通过如下关系将一次飞行接触时间转换为验收试验量级的等效时间：

$$t_{ae} = t_f \left(\frac{G_f}{G_a}\right)^b \tag{[6.4]}$$

式中　$t_{ae}$——一次飞行的等效验收试验时间；

　　　$t_f$——一次飞行的接触时间（30s）；

　　　$G_f$——最大预期飞行环境的均方根（rms）加速度值（grms）；

　　　$G_a$——每个轴验收试验环境的rms加速度值（grms）。

[第2步]

确定鉴定设备的总验收试验持续时间（每个轴）：

$$t_a = \frac{t_q}{4} \left(\frac{G_q}{G_a}\right)^b \tag{[6.5]}$$

式中　　$t_a$——验收振动试验在每个轴上的鉴定时间；

　　　　$t_q$——鉴定随机振动试验在每个轴上的时间；

　　　　$G_q$——鉴定随机振动试验环境的 rms 加速度值（grms）。

[第 3 步]

计算在每个轴上的剩余允许验收随机振动试验时间：

$$t_{ar} = t_a - (t_{ae}F + t_{au}) \quad\quad [6.6]$$

式中　　$t_{ar}$——验收试验在每个轴上的剩余时间；

　　　　$t_a$——方程[6.5]给出的每个轴上的总鉴定验收试验时间；

　　　　$t_{ae}$——方程[6.4]给出的在所有操作环境下每个轴的总等效验收试验时间；

　　　　$F$——设备所需的飞行次数；

　　　　$t_{au}$——在每个轴上已经耗费的验收试验时间。

[实例]

机架安装的内部元器件具有如下鉴定、验收和飞行随机振动环境：

鉴定= 8.6 grms（所有轴）：每轴 180s；

验收= 6.1 grms（所有轴）每轴 60s；

飞行= 4.3 grms（所有轴）每次飞行 30s，需要 3 次发射；

$b$ =4。

一次飞行的等效验收试验时间（根据方程[6.4]）为

$$t_{ae} = 30 \times \left(\frac{4.3}{6.1}\right)^4 \text{s} = 7.5\text{s}$$

因此，一次飞行等效于 7.5s 的验收试验。

接下来，计算总鉴定验收试验时间（根据方程[6.5]）为

$$t_a = \frac{180}{4} \times \left(\frac{8.6}{6.1}\right)^4 \text{s} = 178\text{s}$$

假设元器件已经进行了 2 次随机振动验收试验（所有轴），则保持 3 次发射能力的剩余验收试验时间（根据方程[6.6]）为

$$t_{ar} = 178 - (7.5 \times 3 + 120)\text{s} = 35\text{s}$$

因此可知，无法在任何轴上进行另外一次全面的验收振动试验。

# 第7章  非关键元器件试验

本章确定非关键空间站硬件试验的计划要求。本章不适用于在 SSP 30234 中定义的严酷度为 1 或 2 的硬件，仅适用于严酷度为 3 的各项内容（根据可靠性和可维护性委员会或其设计人员的综合 FMEA 评估）。本章中确定了针对非关键硬件试验的特殊条款，以便能在较低严酷度允许的范围内，实现成本更低、速度更快的开发方案。本章定义了非关键硬件所需的最低和强制试验以及危险控制筛选，并给出了根据硬件实际情况增加额外可靠性筛选试验的准则。非关键元器件鉴定和验收试验要求和准则分别在表 7-1 和表 7-2 中定义。

**表 7-1　非关键元器件鉴定要求**

| 试　验 | 电子或电气设备 | 天线 | 活动机械组件 | 太阳能电池 | 蓄电池 | 流体或推进设备 | 压力容器 | 热设备 | 光学设备 |
|---|---|---|---|---|---|---|---|---|---|
| 功能[1] | R | R | R | R | R | R | R | R | R |
| 热真空[2] 1.5 个周期 | R[5] | R | R | R | R | R | | R | R |
| 热循环 6 个周期[5] | G | | | | H | | | G | |
| 泄压/复压 | G | | G | | | G | G | | G |
| 随机振动[7] | GH | G | G | | GH | G | G | G | G |
| 声振动 | | G | | | | | | | |
| 冲击 | G | | G | | GH | G | | G | G |
| 压力 | | | | | H[6] | H | H | | |
| 泄漏[6] | H[6] | | | | H[6] | H | H | H | H |
| 电磁兼容性 | R[3] H[4] G[4] | | | | | | | | |

图例：R—必需；

　　　H—危险筛选；

　　　G—可靠性筛选。

注：作为准则（G）列出的试验并不减少如下责任：验证严酷度为 3 的设备能够满足其在国际空间站上的预期应用要求。

（1）应在每次环境试验之前和之后进行功能试验。

（2）仅限于外部硬件。在进行 1.5 个周期操作的过程中，应有两次最高温度保持期和一次最低温度保持期。第一个周期的保持期需要达到 12h。

（3）仅限于发射。

（4）仅限于敏感度。

（5）至少需要 140℉ 的范围。

（6）针对密封或加压设备。

（7）振动试验应符合 2.2.5 节的要求。

表 7-2　非关键元器件验收要求

| 试验 | 电子或电气设备 | 天线 | 活动机械组件 | 太阳能电池 | 蓄电池 | 流体或推进设备 | 压力容器 | 热设备 | 光学设备 |
|---|---|---|---|---|---|---|---|---|---|
| 功能[1] | R | R | R | R | R | R | | R | R |
| 热真空[2]、[4]、[6] 1 个周期 | R | | R | | R | R | | R | R |
| 热循环 3 个周期[4] | G | | | | | G | | | |
| 随机振动 | G | G | G | | | G | | G | G |
| 声振动 | | G | G | G | | | | | |
| 压力 | | | | | | G | G | G | |
| 泄漏 | G[7] | | | | G[7] | G | G | G | G |
| 老炼 | G[3] | | | | | | | | |

图例：R—必需；

　　　H—危险筛选；

　　　G—可靠性筛选。

注：

(1) 应在每次环境试验之前和之后进行功能试验。

(2) 仅限于外部硬件。

(3) 老炼应为 300h 的环境温度或第 3 章中规定的等效时间。

(4) 至少需要 100℉的范围。

(5) 振动试验应符合 3.1.4 节的要求。

(6) 如果鉴定试验或分析表明没有真空敏感元器件或材料，则可以使用热循环来代替热真空。

(7) 针对密封或加压设备。

# 7.1　说明

　　针对供应商以及国际空间站的元器件计划主要责任办公室（OPR）提供的每个元器件，逐个确定非关键元器件的试验要求。在定义设计方案规范时以及在设计评审活动过程中需要修改规范的情况下，应调整具体非关键元器件的试验要求。在调整试验要求时，应包含 7.1.1 节和 7.1.2 节中所规定的必需试验，并增加 7.1.3 节中准则所规定的相关试验，这些试验应符合元器件的预期寿命、成本、复杂度以及维护策略。试验量级和流程与第 2 章（鉴定试验）和第 3 章（验收试验）中相同，参见表 7-1 和表 7-2。

　　未经美国航空航天局国际空间站计划主要责任办公室同意，本手册中的非关键元器件要求不适用于本手册中其他章节规定的需要进行试验的各项内容。

## 7.1.1　必需的试验

　　在表 7-1 和表 7-2 中确定为 R 的内容应为针对非关键元器件的最低和强制试验要求，只有在国际空间站计划批准相关例外情况、偏差或放弃项的情况下，才能放宽这些要求。

## 7.1.2 危险筛选

对于在表 7-1 和表 7-2 中确定为危险筛选（H）的试验，除非有经过审批的综合危险报告说明有合适的控制措施来消除风险并代替试验，否则必须进行这些试验。安全评审委员会应作为综合危险报告的指定审批机构。

## 7.1.3 可靠性筛选准则

根据需要将这些准则规定的试验添加到所需的最低试验和危险控制筛选方案中，从而通过在硬件供应商与美国航空航天局国际空间站计划主要责任办公室之间达成相关协议的方式，为具体非关键元器件组件的鉴定和验收试验定制合适的具体要求。下面给出了一些需要考虑的因素的实例，以便确定是否应添加准则规定的试验，从而强化元器件的整体可靠性筛选方案。

1. 尽量减少额外的可靠性试验的依据

（1）具有成熟记录的商业即用硬件。
（2）在类似环境中具有成熟的操作历史。
（3）具有随时可用的备件并且便于乘员维护。
（4）大量生产，供应商筛选过的项目。

2. 增加可靠性试验的依据

（1）与硬件相应的投资规模。
（2）与非关键硬件故障相关的操作影响。
（3）硬件的分析推导（计算）故障平均间隔时间。

在表 7-1 和表 7-2 中确定为可靠性筛选准则（G）的全套试验是针对复杂、昂贵、难以保持或替换的故障硬件的推荐试验。

# 第8章 注 释

本章术语表中的内容进一步解释了本手册所用的术语，反映了本手册出现的这些术语具体的使用方式。

## 8.1 政府提供的财产

合同管理员应安排提供合约内规定的财产。

## 8.2 定义

验收。通过验收流程来验证一个项目是根据设计方案制造的，采用了合适的工艺，其性能符合规格要求，并且可以达到交付要求。

验收限值。在一个构件、子系统或元器件规格中记录或者在本手册中以其他方式记录的预期最大值。

周围环境。地面试验的周围环境定义为正常室内条件（即温度为（78±18）℉；大气压力为（101-23）～（101+2）kPa［（29.9-6.8）～（29.9+0.6）（inHg）］；相对湿度为50%±30%。

分析。一种采用相关技术和工具的验证方法，如数学模型、编辑、相似度分析和记录检验，从而确认已经满足了验证要求。

天线。机械组件，用来向周围环境中发射或从周围环境中收集射频（RF）能量。

组装。一种流程，将两个或多个部件/元器件连接在一起；将国际空间站的各种构件（多单元航天器）放入到轨道并在轨道上布置好；将一个大航天器的各种构件安放到国际空间站并组装好飞行配置；安装共同操作的多种软件元器件；设置第三层软件结构（对应多轨道可替换单元层次）；设置包含两个或多个元器件的硬件结构。

背景。在泄漏试验中，因为有残余示踪气体或检测构件能够响应的其他物质，导致泄漏检测器产生稳定或有波动的输出。

蓄电池。电化学储能设备，用来存储电力，在太阳能电池阵不足以满足空间站需求时，使用这些存储的电力。

元器件。一个元器件是若干部件构成的一个功能件，为了分析、制造、维护或记录而将其视为一个整体；它们是一个分布式系统所指定的最小实体单位。相关实例包括液压启动器、阀门、蓄电池、电气线束、个体电子组件和在轨可更换单元。

检测器探头。在泄漏试验中，使用此设备从一个试验元器件区收集示踪气体，并在所需的泄压条件下将其送给泄漏检测器，也称探查探头。

偏差。一种特殊的提前授权方案，在有限的应用中允许偏离某一基线方案要求。

漂移。在泄漏试验中因为电子部件而非示踪气体浓度变化而导致泄漏检测器的背景输出值发生较慢的变化。

电磁兼容性。电子设备在常见电磁环境中按照设计功能操作情况下存在的主要条件。

电磁干扰。因为电磁能量而中断、阻碍或以其他方式影响或限制电气设备的有效性能。

电子或电气设备。用于转换、分配、操作的电力设备或在 SSP 30482 中定义的用电设备。

环境。国际空间站环境包括在元器件、组件以及支撑构件使用寿命内经历的设计环境条件。生命周期包括制造、试验、存放、运输、发射、轨道操作和着陆。环境包括振动、冲击、声噪音、声振动、有毒气体排放、加速度、电磁、静电、温度、湿度、泄压、压力、辐射、轨道密度和成分、轨道碎片、陨星、磁和重力场、等离子体与污染。

环境设计裕度。一个设计项的环境设计裕度表示通过扩大该项的设计（以及鉴定试验）环境范围来降低出现操作故障的风险。它可能包括增加最大预期值、降低最小预期值、增加接触预期极值的时间。环境设计裕度旨在提供如下作用：

（1）调整限定条件和飞行设备因为部件、材料、流程、制造、试验变化以及使用过程中性能退化而产生的差异。

（2）采用允许试验条件公差。

（3）避免鉴定试验值的严格度低于验收试验范围或操作范围。

（4）有助于重复试验和操作导致的疲劳故障。

外部-内部总泄漏。一种示踪气体通过所有存在的泄漏缝隙从一个被试验元器件外部向内部的综合泄漏速度。

飞行构件。国际空间站包含在轨舱段规格 SSP 41160～SSP 41167 中定义的飞行构件。本手册中使用的"构件"表示飞行构件。

飞行硬件。所有可识别国际空间站设备，包括组件构件、飞行构件、在轨可更换单元和分布式系统，它们将进行验收或原型飞行试验，并进行飞行认证。

飞行软件。国际空间站上在一个指定时间点的操作软件体。对于使用飞行软件的硬件的鉴定、验收或原型飞行试验，可以根据试验的需要修改软件。

流体或推进设备。用来控制、调节、分散、分配或排除流体和推进剂的流体力学设备。

功能性。通过在指定环境下对操作范围进行采样，证明相关项的功能符合规定。

内部-外部总泄漏。一种示踪气体通过所有存在的泄漏缝隙从一个被试验元器件内部向外部的综合泄漏速度。

内部-内部总泄漏。一种示踪气体通过一个元器件内部屏障内存在的已有泄漏缝隙的综合泄漏速度。

泄漏缝隙。在外壳壁上的一个孔或洞，能够使液体或气体在壁两侧的压力或浓度差（取决于流体数量）作用下，从壁的一侧到达另外一侧。

泄漏检测器。一种用来检测、定位和/或测量泄漏的设备。

泄漏速度。在一个指定温度下，一种液体或气体因为泄漏缝隙两侧存在指定的压力差而从一侧流动到另外一侧的速度。气体的标准条件为 77℉（25℃）和 100 kPa。可以用多种单位来表示泄漏速度，如 Pa·m$^3$/s（帕斯卡立方米/秒），或 sccs（标准立方厘米/秒）。

全周期环境。一个构件（包括操作和非操作）从出厂验收到完成配置所经历的全部环境。

载荷限值。结构在其使用寿命期内的最大预期载荷，其中包括制造、地面搬运和运输、来往于轨道的运输，包括中止条件和在轨操作。如本手册所述结构试验要求，应视为必须对结构进行认证的极限载荷。

最大设计压力。一个加压系统或元器件的最大设计压力是最大释放压力、最大调节器压力、最高温度和瞬态压力所定义的最高压力。

最大预期值。在一个元器件、组件或飞行构件的使用寿命内要承受并按照元器件规格所述操作要求操作的一个环境参数（温度、压力、振动等）的最大预期值。

最小预期值。在一个元器件、组件或飞行构件的使用寿命内要承受并按照元器件规格所述操作要求操作的一个环境参数（温度、压力、振动等）的最小预期值。

活动机械组件。一个机械或机电装置用来控制飞行器一个机械部件相对其他部件的运动。其实例包括万向节、启动器、分离装置、捕获装置、阀门、泵、电机、闭锁、离合器、弹簧、阻尼器轴承和仪表（属于机械组件的一部分）。

次级发射倍增。在一个真空内两个分离表面之间的二次电子往返共振流，这两个表面之间的距离使电子传输时间为表面交流电压周期半值的奇数倍。次级发射倍增需要由一个电子撞击表面以启动操作，并需要在每个表面二次发射一个或多个电子以维持操作。

非操作温度。元器件在元器件规定所记录的一个非操作状态下可能会承受的最高和最低温度。在接触所需的非操作环境后，元器件需要满足所有规定要求。

标称试验值。此数值为在验收公差带内的预期或计划值。

操作模式。在整个寿命期内可能出现的所有操作配置或条件组合。

光学设备。需要或利用一部分光谱或能谱的传感器或设备。

在轨可更换单元。指定的系统硬件级别，可以在轨道位置进行拆卸和更换。

部件。部件是一个单体结构，两块或多块结构连接在一起，一般在不破坏或损坏其设计方式的情况下无法进行拆卸。

被动热设备。热系统中的元器件，不包含活动部件，没有电气元器件或热传感器。

压力容器。一种容器，主要用来加压存放气体或液体，并且：

（1）根据完美气体绝热膨胀，含有 14 240ft・lb（19 307J）或更高的储能。

（2）含有超过 15psia（103.4kPa）的一种气体或液体，如果释放，会产生危险。

（3）存储一种气体，其 MDP 大于 100 psi（689.5kPa）。

加压元器件。一个用来在标准大气和正内部压力差条件下保持泄漏密封效果的元器件。

耐压。加压元器件、组件或构件须承受此压力才能满足验收要求，从而为合格的工艺和材料质量提供证据。耐压值为最大操作压力和相关耐压安全系数（根据断裂机制分析筛选最大允许缺陷）的乘积。

原型飞行。旨在将鉴定目标和验收试验计划结合在一起的一种试验计划，即兼顾操作应用可靠性与合适的工艺/质量。所有原型飞行元器件、组件和飞行构件都预期用于后续飞行。在原型飞行方案中，采用在标准鉴定试验要求基础上降低的试验量级、周期和/或持续时间，以便能将经过原型飞行试验的硬件用于飞行。与全面鉴定试验计划相比，原型飞行方案是一种高技术风险方案，因为没有经过验证的持续时间功能（即周期数或操作时间；或接触操作环境的时间），在某些情况下，在操作极限环境下的验证裕度较低。

原型飞行硬件。在鉴定试验中代替专用试验件的飞行硬件。在相关方案中，包括采用降低的试验量级和/或持续时间，以及根据需要进行试验后硬件翻修，从而能将经过试验的硬件用于后续飞行。

鉴定。通过鉴定过程来证明在环境条件下硬件和软件的设计、制造和组装符合设计要求。

鉴定试验件。鉴定试验件是对飞行件进行必要的修改以进行鉴定试验。

密封元器件。一个能够在标准大气和负内部压力差条件下都能保持密封效果的元器件。

泄漏试验的灵敏度。一种仪器、方法或系统在指定条件下能够检测的最小泄漏速度。

使用寿命。使用寿命为相关项的总预期寿命。使用寿命在完成相关项的组装时开始，并包含所有验收试验、搬运、存放、运输、发射操作、轨道操作、翻修、复验、重新进入或从轨道回收，以及需要或规定进行的重复使用等环节。

太阳能电池板。一组光伏电池，安装在结构材料上，用来将太阳能转换为电能。

规格。关于指定硬件/软件详细内容的说明，如性能、特征、要求和配置。

标准泄漏缝隙。一种装置，可以让示踪气体以已知的速度进入一个泄漏检测器或泄漏试验系统，以便于校准泄漏检测器。

子组件。两个或多个元器件连接在一起从而构成可以拆卸和更换元器件的整体包。子组件不一定都是一个在轨可更换单元，不过具有验证要求。

子系统。一组硬件和/或软件功能实体及其相关的互连，执行统一的一类功能（如数据存放和检索子系统、视频子系统）。位于系统级下层的功能层次。

合适的泄漏试验方法。一种合适的泄漏试验方法至少应提供如下功能：

（1）校准。一种合适的泄漏试验方法的定义应为：确定一种泄漏试验设置校准，使校准方法适合允许的检测泄漏速度。对于从标准科研产品供应商处购买的泄漏试验标准工具，如带刻度的烧瓶、柱和吸量管，应该具备可以接受校准的刻度。示踪气体泄漏标准应带有度量学或供应商提供的校准标准贴纸，并在规定日期范围内；如果带有压力表，还应在相关压力范围内。

（2）特征分析。一种合适的泄漏试验方法应能证明合适的操作时间，从而让相关人员对检测高于背景的泄漏速度的能力进行验证，并有稳定的时间进行渗透和多重泄漏路径等操作。确定校准泄漏试验设置并且能够验证泄漏检测能力的时间会被作为一个时间常数。为了证明在实际泄漏试验过程中的泄漏速度稳定性，应连续监控泄漏试验设置，直到测量的泄漏速度经过 3 个时间常数后的变化不超过 10%为止。

（3）文件记录。相关文件记录至少应包含如下内容：操作者、检查者、校准方法以及泄漏试验设置的灵敏度、泄漏试验设置的一份详图/说明、测量的试验数据点数以及测量的相关时间周期。试验报告和流程还应包括关于检查者和技术人员的所有培训和/或认证的信息。

温度周期。从某个初始温度变化到一个极值温度并达到稳定，然后变化到相反的温度极值点并达到稳定，然后返回到初始温度条件。

试验。一种验证方法，通过受控方式施加功能和环境刺激因素，并在此过程中和之后进行测量。这些测量可能需要使用试验室设备、记录的数据、流程、试验支持件或者相关操作。

验收试验。验收试验为正式试验，旨在确保组件或最终项满足指定的要求，并具有合适的质量。验收试验包括通过性能验证和环境接触来筛选那些通过正常检查技术或环境功能试验无法检测的制造缺陷、工艺错误、初始故障和其他性能异常。

耐压试验。耐压试验一般针对压力容器、各种结构元器件、结构组件或相关装置进行，以确保生产出的构件符合要求。

原型飞行试验。旨在证明设计方案能够可靠地用于操作环境，并且元器件或最终项具备合适的工艺/质量。原型飞行试验并不证明相关项在操作使用过程中的任何其他功能，因此是技术风险较高的方案。

鉴定试验。鉴定试验是在验证计划中进行的试验，其目的是证明能在指定条件下满足设计和性能要求。

试验条件公差。本手册所允许的试验条件公差适用于规定的标称试验值。

试验差异。试验差异是在试验过程中出现的一种功能或结构异常，表示试验件可能与规格要求相比出现了偏差。试验偏差可能是产生了短暂、不可重复或持续的故障方式，因此未能对指定的试验环境和功能试验刺激因素组合作出预期的响应。试验差异可能源自试验设备故障或其他原因，如试验设置，试验仪表、电源，试验流程或所用的计算机软件。

热平衡。如果根据试验温度和/或以前分析/试验数据外推确定：具有最大温度常数的元器件内部部分与其平衡温度相差在 5.4℉/h（3℃/h）范围内，并且其变化速度小于 5.4℉/h（3℃/h），则达到了热平衡。

热设备。用来收集或处置热能的机械或流体力学设备。

热稳定性。如果根据控制温度传感器确定的控制温度变化速度不超过 5.4℉/h（3℃/h），则达到了热稳定性。

示踪气体。一种气体，在通过泄漏缝隙后，可以被一种特定的泄漏检测器检测到，从而说明存在泄漏。

极限载荷。最大载荷为载荷限值与极限安全系数的乘积。在任何小于或等于极限载荷的任何载荷条件下，结构都不应断裂或坍塌。如本手册中结构试验要求所述，它应被视为必须进行结构认证的极限载荷。

极限压力。压力容器需要能够承受此压力，才能满足鉴定要求，从而证明设计质量令人满意。极限压力为最大压力和相关安全系数的乘积。

豁免。一份书面授权，允许接受在生产过程中或提交检查之后发现不符合指定要求，但是仍然被视为适合"保持现状"使用的指定项目。

# 8.3 缩略语

| AAA | 航空电子组件 |
|---|---|
| ACBM | 主动共用停靠装置 |
| ACBSP | 组件应急基带信号处理器 |
| ACRFG | 组件应急射频组 |
| ACS | 大气调节系统 |
| ALQT | 组件级鉴定试验 |
| APCU | 组件电力转换器单元 |
| AR | 再生通风 |
| AT | 验收试验 |
| ATCS | 主动热控制系统 |
| ATP | 验收试验流程 |
| AVT | 验收振动试验 |
| BBA | 基板镇流组件 |
| BCA | 电池充电器组件 |
| BCDU | 电池充电/放电单元 |
| BGA | Beta 万向节组件 |
| BMRRM | 轴承/电机辊环模块 |
| BSCCM | 电池信号调节器和控制模块 |
| ℃ | 摄氏度 |

| | |
|---|---|
| CAT | 计算机辅助试验 |
| CBM | 共用停靠装置 |
| CCA | 电路卡组件 |
| CCAA | 普通机舱空气组件 |
| CDRA | 二氧化碳清除组件 |
| CETA | 乘员和设备平移辅助装置 |
| CEU | 控制电子部件单元 |
| CLA | 捕捉闭锁组件 |
| cm | 厘米 |
| CMG | 控制力矩陀螺 |
| CTP | 命令和遥测处理器 |
| COTS | 商业即用 |
| CSA-CP | 化合物分析仪-燃烧产物 |
| dB | 分贝 |
| DC | 直流 |
| DDCU | 直流-直流转换单元 |
| DDP | 设计决策包 |
| DLA | 驱动锁组件 |
| EA | 电子组件 |
| ECU | 电子控制单元 |
| EDDA | 舱外机动设备穿/脱组件 |
| EEE | 电气、电子和机电 |
| EL | 高度 |
| EM | 工程模型 |
| EMC | 电磁兼容性 |
| EMI | 电磁干扰 |
| EPCS | 早期便携计算机系统 |
| EVA | 舱外活动 |
| ℉ | 华氏度 |
| FC | 固件控制器 |
| FDIR | 故障检测、隔离和恢复 |
| FHRC | 软管转动联轴器 |
| FLAP | 流体线路固定片 |
| FMEA | 故障模式和影响分析 |
| FQDC | 流体快速分断装置联轴器 |
| FRACA | 故障报告和纠正措施 |
| g | 重力 |
| GFE | 政府提供的设备 |
| GHe | 氦气 |
| GOx | 氧气 |

| grms | 重力均方根 |
|------|-----------|
| Hab | 住所 |
| HRFM | 高速率帧多路复用器 |
| HRM | 高速率调制器 |
| Hg | 汞 |
| HRS | 排热系统 |
| Hz | 赫兹 |
| IEA | 集成设备组件 |
| IMCA | 集成电机/控制器组件 |
| IMV | 舱间通风 |
| ISA | 内部采样适配器 |
| ISS | 国际空间站 |
| ITCS | 内部热控制系统 |
| IVA | 舱内活动 |
| JSC | 约翰逊航天中心 |
| K | 开氏度 |
| kPa | 千帕斯卡 |
| lbm | 磅质量 |
| LDU | 线性驱动单元 |
| LED | 发光二极管 |
| LHA | 灯罩组件 |
| LMMS | 洛克希德马丁导弹和航天公司 |
| LMSC | 洛克希德导弹和航天公司 |
| LNA | 低噪声放大器 |
| LTU | 载荷传递单元 |
| MBA | 电动螺栓组件 |
| MDA | 电机驱动组件 |
| MDM | 多路复用器/多路信号分离器 |
| MDP | 最大设计压力 |
| ml | 毫升 |
| MOP | 最大操作压力 |
| MPEV | 人工均压阀 |
| MRK | 除湿套件 |
| MT | 移动运输装置 |
| MTBF | 故障平均间隔时间 |
| MUA | 材料使用协议 |
| $N_2$ | 氮气 |
| $NH_3$ | 氨气 |
| NIA | 氮气接口组件 |
| NIV | 氮气隔离阀门 |

| NPRV | 负减压阀 |
| --- | --- |
| NPV | 非推进通风孔 |
| OASPL | 整体声压值 |
| OPR | 主要责任办公室 |
| ORU | 在轨可更换单元 |
| OWV | 舱外水通风孔 |
| Pa | 帕斯卡 |
| PAS | 被动连接系统 |
| PCBM | 被动共用停靠装置 |
| PCS | 便携计算机系统 |
| PCU | 等离子体接触器单元 |
| PCVP | 泵和控制阀门包 |
| PDA | 初步设计审查 |
| PDGF | 动力数据固定装置 |
| PDTA | 动力数据传输组件 |
| PFCS | 泵流速控制系统 |
| PGSC | 有效载荷地面支持计算机 |
| PIA | 预安装组件 |
| PIT | 预集成桁架 |
| PG | 产品组 |
| PMA | 加压对接适配器 |
| psi | 磅/平方英寸 |
| psia | 磅/平方英寸，绝对值 |
| psid | 磅/平方英寸，差值 |
| psig | 磅/平方英寸，相对值 |
| PVM | 光伏组件 |
| PVR | 光电散热器 |
| QAVT | 验收试验鉴定 |
| QD | 快速分断装置 |
| OIV | 氧气隔离阀门 |
| QTP | 鉴定试验流程 |
| RBVM | 散热器束阀门模块 |
| RF | 射频 |
| RFCA | 机架流速控制组件 |
| RFPDB | 射频配电箱 |
| RGA | 速度陀螺组件 |
| RJMC | 旋转接头电机控制器 |
| RMO | 远程人工操作器 |
| RPCM | 远程动力控制模块 |
| RSP | 呼吸维持套件 |

| rss | 和方根 |
|---|---|
| RSU | 悬辊单元（附录 A） |
| RSU | 远程传感器单元（附录 D） |
| RTAS | 洛克达因桁架连接系统 |
| RTD | 电阻温度检测器 |
| SARJ | 太阳能阿尔法旋转接头 |
| SAW | 太阳能电池阵列翼 |
| sccs | 标准立方厘米/秒 |
| SDMS | 结构动力测量系统 |
| SDS | 样本分配系统 |
| SFU | 火工单元 |
| SGANT | 太空-地面天线 |
| SGTRC | 太空-地面发射器/接收器控制器 |
| SPCE | 维护和性能检查设备 |
| SPDA | 二次配电组件 |
| SPF | 太空电力设施 |
| SRCA | 系统远程开/关控制组件 |
| SSBA | 空间站缓冲放大器 |
| SSFP | 空间站自由计划 |
| SSPA | 固态功率放大器 |
| STA | 结构试验件 |
| T&VCP | 试验和验证控制委员会 |
| T/C | 热循环 |
| TCCS | 痕量污染物控制子组件 |
| TCCV | 温度控制止回阀 |
| TDRSS | 跟踪和数据转发卫星系统 |
| TDM | 跟踪调制器驱动器 |
| Torr | 测量单位 |
| TRRJ | 散热器旋转接头 |
| TUS | 脐带式拖曳系统 |
| T/V | 热真空 |
| TVCIC | 电视摄像机接口转换器 |
| UHF | 超高频率 |
| UMA | 脐带缆装置组件 |
| UOP | 电源插座面板 |
| USL | 美国试验室 |
| UTA | 实用传输组件 |
| UUT | 试验单元 |
| V | 伏特 |
| VBSP | 视频基带信号处理器 |

| VSW | 外部视频开关 |
| VTR | 磁带录像机 |
| WIS | 无线信息系统 |
| XEL | 交叉高度 |
| XPNDR | 应答器 |

# 附录 A    PG-1 批准的例外情况

下面给出了第一产品组（PG）所采用的本手册例外情况。本手册的例外情况不以任何方式免除承包商的如下责任：证明相关规格符合 1.3.2 节的要求。

## PG1-01

项目：

移动运输装置

SSP 41172 要求：

鉴定部件或飞行构件所需的随机振动或声学试验，参见表 2-1 和表 2-2。

例外情况：

原型飞行移动运输装置（MT）组件没有规划振动或声学试验。在成本核算过程中去掉了本试验。

依据：

这是一种高风险方案，波音公司在成本收敛过程中考虑并接受了这种方案。一些移动装置的部件进行了部件级的振动试验，其他部件（制动装置、电缆）不进行部件级鉴定。目前的方案是在舱段 S0/移动运输装置声学试验过程中强化移动运输装置结构试验件（STA）并确认在轨可更换单元（ORU）层次。

## PG1-03

项目：

移动运输装置元器件

SSP 41172 要求：

根据表 3-1 的机械元器件的鉴定和验收需要进行的热真空试验。

例外情况：

移动装置部件（线性驱动单元（LDU）、载荷传递单元（LTU）和旋转制动单元（RSU））没有规划热真空验收试验，只有热循环试验。

依据：

活动机械组件的移动运输装置元器件要进行元器件级（线性驱动单元、悬辊单元（RSU）、载荷传递单元）的热真空鉴定试验，以鉴定设计方案。集成电机/控制器组件（IMCA）在组装到移动运输装置在轨可更换单元之前，通过热真空验收试验来检查供应商的工艺。与在轨可更换单元相关的机械硬件不需要通过热真空试验检验工艺，只需要进行检查、振动和热循环试验。

## PG1-04

项目：

移动运输装置

SSP 41172 要求：

部件和飞行构件鉴定需要进行电磁干扰/电磁兼容性试验，参见表 2-1 和表 2-2。

例外情况：

运输可再用航天器（Astro）不进行规划的元器件级或移动运输装置组件级电磁干扰/电磁兼容性试验。

依据：

移动运输装置在轨可更换单元采用集成电机/控制器组件作为机电设备。这些项目在交付给 Astro 之前已经进行了鉴定。移动运输装置组件将是移动运输装置/脐带式拖曳系统（TUS）/S0 电磁兼容性试验的一部分，而不是单独的电磁兼容性试验。

## PG1-05

项目：

散热器旋转接头（TRRJ）组件

SSP 41172 要求：

4.1 节，用于飞行的鉴定组件（原型飞行）的使用。

第一个进行原型飞行试验的组件的后续组件应进行相同的原型飞行试验。

例外情况：

将在 S1 结构试验件振动-声学试验过程中，在舱段级对第二个散热器旋转接头（用于 P1 的原型飞行单元）进行声和冲击试验。针对第一个散热器旋转接头（用于 S1 的原型飞行单元）的声和冲击试验将在安装在试验固件的状态下进行。其试验量级和持续时间与 S1 结构试验件试验类似。因此，两个散热器旋转接头单元不会进行相同的试验。

依据：

为了削减成本，散热器旋转接头采用了一种原型飞行计划。为了进一步降低成本，又删除了散热器旋转接头 S1 结构试验件模拟器。因此，因为成本和周期的原因，第一个和第二个散热器旋转接头单元不会以相同的方式进行声和冲击试验。

## PG1-06

项目：

轴承组件（属于散热器旋转接头，S1/P1）

SSP 41172 要求：

"活动机械组件"元器件鉴定和验收需要进行热真空试验，参见表 2-1 和表 3-1。

例外情况：

原型飞行散热器旋转接头轴承组件没有规划热真空试验。此试验在成本收敛过程中被删除。

依据：

轴承组件的热真空试验将在散热器旋转接头组件级进行。

## PG1-07

项目：

此例外情况被 PG1-260 替代。

## PG1-08

项目：

电力/数据传输组件（PDTA）（属于散热器旋转接头，S1/P1）

SSP 41172 要求：

元器件鉴定需要进行电磁干扰/电磁兼容性试验。将根据 SSP 30237 的试验要求进行试验，参见 SSP 30237 表 3.2-1 1C 列[1]。

例外情况：

将不进行 SSP 30237 中定义的 CS01 和 CS02 类试验。

依据：

动力/数据传输组件将在 S1 舱节级进行试验。

## PG1-10

项目：

旋转接头电机控制器（RJMC）（属于散热器旋转接头，S1/P1）

SSP 41172 要求：

"电子或电气设备"的元器件鉴定和验收需要进行热真空试验，参见表 2-1 和表 3-1。

例外情况：

在成本核算过程中，删除了旋转接头电机控制器质量和验收单元的热真空试验。

依据：

在成本收敛过程中删除。热循环试验足以满足要求。

## PG1-11

项目：

散热器旋转接头组件

SSP 41172 要求：

元器件鉴定需要进行电磁干扰/电磁兼容性试验。将根据 SSP 30237 的试验要求进行试验，参见 SSP 30237 表 3.2-1 1C 列。

例外情况：

不在散热器旋转接头组件级进行电磁干扰/电磁兼容性试验。

依据：

将对旋转接头电机控制器和驱动锁组件（DLA）进行电磁干扰/电磁兼容性试验，但是不对散热器旋转接头组件进行这些试验。因为这两项是散热器旋转接头组件上的主要电子设备，所以还将在 S1 ITA 级别进行一些电磁兼容性试验。

## PG1-12

项目：

散热器束发射锁和在轨固定

---

[1] 该表在 SSP 30237（空间站电磁发射和电磁兼容性敏感性要求）文件中。——译者注

SSP 41172 要求：

机械组件鉴定活动需要进行热真空试验，参见表 2-1。

例外情况：

散热器束发射锁和在轨散热器束固定装置的鉴定过程中不进行热真空试验。

依据：

只对散热器束发射锁和在轨固定装置进行热试验（而不是热/真空试验），从而验证设计方案在极值温度的适用性。要在真空条件下进行这些试验，会显著增加试验成本和复杂度，因为组件的功能和性能并未涉及真空敏感元器件，所以认为这些试验没有必要。

## PG1-13

项目：

S1/P1 结构试验件　　部件号 1T9000-501

SSP 41172 要求：

2.4.3 节，声振动试验。

2.4.3.3 节，试验量级和持续时间。

接触试验时间至少应为最大飞行环境下预期飞行接触时间的 3 倍或验收试验时间的 3 倍（如果此时间大于等于 3min）。

例外情况：

S1/P1 结构试验件声学试验件的试验总时间只有 60s。

依据：

S1/P1 结构试验件声学试验件包括模拟的（质量、动力或声）在轨可更换单元/元器件，3 个飞行排热系统散热器和 1 个飞行散热器旋转接头。S1/P1 鉴定声振动试验作为飞行排热系统散热器的验收声振动试验，散热器旋转接头的原型飞行声振动试验，所选的流体管线和线束夹的鉴定试验，以及验证在轨可更换单元/元器件鉴定随机振动试验环境的其他声结构试验件。经过美国航空航天局/约翰逊航天中心和波音亨廷顿比奇公司工作人员的协商，决定将所需的试验时间缩短到 1min。在 SSP 41172 中指定的 3min 最短试验时间中，假设对飞行构件进行 1min 的声振动验收试验。S1 或 P1 飞行构件没有声振动验收试验，因此，3min 的要求并不适用。通过 1min 试验时间采集必要的数据以检验在轨可更换单元/元器件鉴定随机振动环境，是排热系统散热器验收试验和散热器旋转接头原型飞行试验所需的试验时间。通过 1min 试验鉴定两次发射的流体管线和线束夹，现在已经表明：超高频率天线展开装置在空间试验室上发射，并通过一次元器件随机振动试验来鉴定。因此，1min 试验足以达到所有的 S1/P1 声振动试验目标，并且不会导致试验件上的飞行硬件耗费不必要的使用寿命。

## PG1-14

项目：

LVS 散热器组件在轨可更换单元冲击鉴定试验

SSP 41172 要求：

2.2.7.3 节，试验量级和接触时间。

在三个正交轴每个轴每个方向上的冲击谱至少应为该方向的预期最大值加上 6dB。

例外情况：

LVS 散热器在轨可更换单元鉴定可能不会达到所需的 6dB 裕度。

依据：

针对鉴定散热器在轨可更换单元所产生的冲击环境对其进行鉴定的计划：将捆带装置的预载荷增加到尽量高的强度，从而在不产生弯曲的情况下，努力实现良好的裕度，因为在轨可更换单元重量超过 2200psi。直到进行 S1 舱节试验（此时将使用标称预载荷将散热器释放装置激活）为止，才会知道实现的具体裕度。

## PG1-15

项目：

散热器旋转接头组件和流体管线

SSP 41172 要求：

4.1.1 节，组件/元器件原型飞行试验。

对于热冲击试验，冲击谱应比预期最大值高 3dB。

例外情况：

散热器在轨可更换单元释放装置将使用标称预载荷激活，它不会为散热器旋转接头或任何其他元器件产生裕度。

依据：

定义的散热器旋转接头原型飞行试验计划将冲击输入限制在飞行级。通过飞行散热器在轨可更换单元直接产生冲击。在成本收敛过程中，接受了与未验证与冲击环境相关裕度有关的风险。在此过程中，删除了原本在更高级别进行的散热器旋转接头组件级冲击试验。

## PG1-16

项目：

太阳能阿尔法旋转接头（SARJ）组件（原型飞行单元）

SSP 41172 要求：

电气和电子设备的热循环鉴定试验，参见表 2-1。

例外情况：

太阳能阿尔法旋转机构组件将不进行热循环鉴定试验。

依据：

在太阳能阿尔法旋转机构组件上安装的所有电气和电子在轨可更换单元都将进行在轨可更换单元级别的热循环鉴定试验。在太阳能阿尔法旋转接头组件上安装的电气和电子设备中，只有线束不进行热循环鉴定试验。麦道航空公司已经确定：太阳能阿尔法旋转接头组件的热循环鉴定试验不保证仅限于线束试验。

## PG1-17

项目：

太阳能阿尔法旋转接头组件（原型飞行单元）

SSP 41172 要求：

电气和电子设备和活动机械组件的声/随机振动鉴定试验，参见表 2-1。

例外情况：

在太阳能阿尔法旋转接头组件（原型飞行单元）上将不进行声/随机振动鉴定试验。

依据：

太阳能阿尔法旋转机构组件是主结构和装置，因此能够承载远超过振动载荷的载荷。太阳能阿尔法旋转接头组件将进行一次静力试验。

安装在太阳能阿尔法旋转接头组件上的所有电气和电子在轨可更换单元都将在在轨可更换单元级进行随机振动鉴定试验。在太阳能阿尔法旋转接头组件上安装的电气和电子设备中，只有线束不进行热循环鉴定试验。麦道航空公司将在一个有代表性的S3/P3舱节进行一次舱节级声振动鉴定试验，以检验鉴定太阳能阿尔法旋转接头在轨可更换单元的预期声振动值。因为这是一种非功能设备，所以将不进行功能试验。

## PG1-18

项目：

太阳能阿尔法旋转接头组件（原型飞行单元），旋转接头电机控制器和驱动锁组件

SSP 41172 要求：

电气和电子设备的电磁干扰/电磁兼容性鉴定试验，参见表2-1。

例外情况：

在太阳能阿尔法旋转机构组件（原型飞行单元）上将不进行电磁干扰/电磁兼容性鉴定试验。

依据：

电磁干扰/电磁兼容性鉴定试验将在一个屏蔽室内通过一个旋转接头电机控制器和一个驱动锁组件来完成，而不是在太阳能阿尔法旋转接头组件级进行。实用传输组件（UTA）将进行一次单独的电磁干扰/电磁兼容性鉴定试验。

电磁干扰/电磁兼容性验收试验将在太阳能阿尔法旋转接头整合试验进行，并在S3和P3舱节级验收试验进行。

## PG1-19

项目：

滚轮轴承组件

SSP 41172 要求：

电气和电子设备的电磁干扰/电磁兼容性鉴定试验，参见表2-1。

例外情况：

电磁干扰/电磁兼容性鉴定试验将不在滚轮轴承组件上进行。

依据：

在滚轮轴承组件上的唯一电子或电气设备是电阻器箱组件和限位开关，它们用于故障检测、隔离和恢复（FDIR）。

操作滚轮轴承组件所需的功率为0.5W，麦道航空公司确定：滚轮轴承组件不需要进行电磁干扰/电磁兼容性鉴定试验。

电磁干扰/电磁兼容性验收试验将在太阳能阿尔法旋转接头整合试验以及S3和P3的舱节级验收试验进行。

## PG1-20

项目：

此例外情况已经被删除。它被 PG1-222 所取代。

## PG1-21

项目：

太阳能阿尔法旋转接头发射固定装置　　部件号 1F83193

SSP 41172 要求：

3.1.2 节，热真空试验（元器件验收）。

3.1.2.3 节，试验量级和持续时间。所有要求。

3.1.2.4 节，补充要求。所有要求。

3.1.4 节，随机振动试验（元器件验收）。

3.1.4.3 节，试验量级和持续时间。所有要求。

3.1.4.4 节，补充要求。所有要求。

例外情况：

太阳能阿尔法旋转接头发射固定装置不进行验收热真空试验。

太阳能阿尔法旋转接头发射固定装置不进行验收随机振动试验。

依据：

太阳能阿尔法旋转接头发射固定装置是一个简单的夹固设备，仅包括很少部件。主要功能部件用相同材料制造，并具有相同的热膨胀系数。因为太阳能阿尔法旋转接头发射固定装置外壳结构和轴采用相同的材料制造，热膨胀和收缩系数相同，因此，不会产生热致黏合。通过在"MDC0H1298，太阳能阿尔法旋转接头发射固定装置（SLR）热/公差分析"中记录详细热分析情况，强制检查主要功能部件以确保符合图纸要求，以及成功完成地面安装（正确的操作力矩测量和最终预载荷以及合适的间隙测量），将确保顺利完成在轨拆除。

太阳能阿尔法旋转接头发射固定装置是一个施加了预载荷的夹固设备，并带有辅助防转动（锁定）功能。在研制和鉴定过程中的试验表明：发射振动环境不影响太阳能阿尔法旋转接头发射固定装置。硬件的技术评审表明：验收随机振动试验不会产生任何工艺缺陷。因此，验收筛选不需要进行个体元器件级验收试验。

## PG1-22

项目：

实用传输组件或驱动锁组件

SSP 41172 要求：

电气和电子设备的老炼验收试验，参见表 3-1。

例外情况：

实用传输组件或驱动锁组件将不进行老炼验收试验。

依据：

实用传输组件或驱动锁组件将不进行老炼验收试验，不过后续太阳能阿尔法旋转接头组件试验，太阳能阿尔法旋转接头联合试验和舱节级验收试验应让我们相信已经排除了初期故障。

# PG1-23

项目：
驱动锁组件

SSP 41172 要求：
电气和电子设备的热循环验收试验，参见表 3-1。

例外情况：
驱动锁组件将不进行热循环验收试验。

依据：
驱动锁组件将进行热真空验收试验。驱动锁组件还将安装在太阳能阿尔法旋转接头组件上进行热真空原型飞行试验。麦道航空公司已经确定：驱动锁组件的热循环验收试验对于检测工艺缺陷来说并不是必需的。

# PG1-24

项目：
旋转接头电机控制器

SSP 41172 要求：
电气和电子设备的热真空验收试验，参见表 2-1。

例外情况：
旋转接头电机控制器将不进行热真空验收试验。

依据：
旋转接头电机控制器将进行元器件级热循环验收试验。旋转接头电机控制器将在太阳能阿尔法旋转接头组件级进行热真空原型飞行试验。

# PG1-25

项目：
旋转接头电机控制器

SSP 41172 要求：
电气和电子设备的老炼验收试验，参见表 3-1。

例外情况：
旋转接头电机控制器将不进行老炼验收试验。

依据：
旋转接头电机控制器将在太阳能阿尔法旋转接头组件级满足 300h 老炼要求。将在环境温度条件下满足 300h 的要求。

# PG1-26

项目：
滚轮轴承组件

SSP 41172 要求：
电气和电子设备的老炼验收试验，参见表 3-1。

例外情况：

滚轮轴承组件将不进行老炼验收试验。

依据：

滚轮轴承组件上的唯一电子或电气设备是电阻器箱组件和限位开关，它们用于故障检测、隔离和恢复。在滚轮轴承组件上将不进行老炼验收试验，不过将在后续太阳能阿尔法旋转接头组件上进行此试验，太阳能阿尔法旋转接头集成试验和舱节级验收试验应让我们相信已经排除了初期故障。

## PG1-27

项目：

S3 结构试验件静载荷试验

SSP 41172 要求：

2.3.1.2 节，（静结构载荷）试验说明。

例外情况：

这属于需要澄清的问题。因为 S3 结构试验件与一个飞行集成设备组件（IEA）（由洛克达因提供）集成在一起，所以组合货舱构件只施加 1.1 倍的限值载荷，而不是极限载荷（1.4 倍的限值载荷）。

依据：

本试验方案仍然满足要求在 NSTS 14046B 中给出的要求，在其中定义了结构硬件验证选项。如 NSTS 14046B 所述，只要有若干个关键有效载荷构件和/或元器件在极限载荷下进行试验，这种选项就可以接受。

## PG1-29

项目：

资源节点

SSP 41172 要求：

2.4.3 节，声振动试验（飞行构件鉴定）。

例外情况：

节点将不进行飞行构件声振动试验。

依据：

将利用常用模块声学试验数据来验证节点元器件鉴定振动值。因为可能无法进行常用模块声学试验来及时提供数据以验证节点元器件振动值，所以此方案被视为具有中等风险。不过，对于飞行来说，在最小筛选鉴定值下的元器件试验应该可以接受。

## PG1-30

项目：

共用硬件、机械组件——包括紧固闭锁、展开装置、舱节间连接系统、舱体-桁架结构、脐带缆装置组件、脐带式拖曳系统、公共连接系统、在轨可更换单元适配器和移动运输装置/乘员与设备平移辅助装置（CETA）能量吸收器

SSP 41172 要求：

3.1.2 节，热真空试验（元器件验收）。

3.1.2.3 节，试验量级和持续时间。所有要求。

3.1.2.4 节，补充要求。所有要求。

例外情况：

将对指定的公共机械系统硬件进行一次热和冷功能试验，以代替正式的验收热真空试验。

依据：

可以不满足此要求的硬件：预计不会有任何需要进行热真空试验的材料或工艺缺陷。

所有此类公共机械系统硬件都将进行热和冷热极值功能试验，以筛选在热极值下影响性能的制造缺陷。

在每个产品验收试验的过程中，将使用鉴定热真空和热循环试验提供的数据来检验采用集成电机/控制器组件的硬件热接口。

集成电机/控制器组件将在安装硬件之前进行热真空验收试验。

## PG1-31

项目：

带电气元器件的共用硬件和移动运输装置机械组件——包括紧固闭锁、舱节间连接系统、舱体-桁架结构、脐带缆装置组件、脐带式拖曳系统、公共连接系统、线性驱动单元以及载荷传递单元

SSP 41172 要求：

2.2.5 节，随机振动试验（元器件鉴定）。

2.2.5.4 节，补充要求。所有要求。

3.1.4 节，随机振动试验（元器件验收）。

3.1.4.4 节，补充要求。所有要求。

例外情况：

需要澄清补充要求要点。

在随机振动试验过程中，机电硬件将不进行加电和监控。

依据：

可以不满足此要求的所有硬件都需要带有经过独立认证和验收试验的电气项。

## PG1-32

项目：

飞行构件

SSP 41172 要求：

2.4.2 节，电磁兼容性试验（飞行构件鉴定）。

例外情况：

构件级电磁兼容性试验将是验收试验，而不是鉴定试验。将通过试验确保：在能够实现的范围内或者在模拟的接口构件或在轨可更换单元精度所限定的范围内，被试验构件内安装的飞行电气/电子设备本身以及彼此间保持兼容。

依据：

因为每个构件都需要进行侵入式试验（信号注入），这种试验可能会给飞行硬件施加应力，因而无法实现系统验证。根据构件验收试验推导的数据会提供给主承包商，以便输入到计算机辅助试验数据库，从而进行系统鉴定的电磁兼容性系统分析（编号 SS-VE-058）。

## PG1-33

项目：

元器件综述

SSP 41172 要求：

2.2.12 节，电磁兼容性试验（元器件鉴定）。

例外情况：

综述澄清。

依据：

麦道航空公司将本节中所述的"元器件"一词理解为平均试验件或试验单元（UUT）。试验单元可以是一个单一在轨可更换单元（黑盒子），也可以是符合 SSP 30238 试验要求的一组互连在轨可更换单元。"元器件"一词不适用于子组件或部件。

## PG1-36

项目：

工具轨道（内部和外部）

SSP 41172 要求：

表 3-1，元器件验收试验。要求对电子和电气设备进行热真空、热循环和老炼试验。

例外情况：

工具轨道不进行热真空、热循环和老炼验收试验。

依据：

工具轨道是一种非常简单的电子设计，没有有源元器件，这些环境试验对于检测工艺缺陷而言不是必要的。

## PG1-37

项目：

散热器组件在轨可更换单元

SSP 41172 要求：

活动机械组件、流体设备以及热设备的热真空验收试验，参见表 3-1。

例外情况：

进行在轨可更换单元级热循环试验而不是热真空试验，以检验工艺。

依据：

因为展开组件尺寸较大，所以无法进行出厂试验。在普鲁布鲁克太空电力设施（SPF）鉴定在轨可更换单元。

## PG1-38

项目：

热交换器、冷板、氨气储箱、氮储箱和泵模块在轨可更换单元。

SSP 41172 要求：

流体设备和热设备的热真空和热循环鉴定试验，参见表 2-1。

例外情况：

在在轨可更换单元级进行的热循环鉴定试验，从而验证设计（冷板和热交换器在轨可更换单元不在任何环境下试验）。

依据：

功能件部件的热真空环境鉴定。在系统级（热试验件）的在轨可更换单元级热真空接触。安装所有传导硬件，辐射不是主要的热传输模式。

## PG1-39

项目：

热交换器、冷板、氨气储箱、氮储箱和泵模块在轨可更换单元。

SSP 41172 要求：

流体设备和热设备的热真空验收试验。热循环验收试验也用于流体设备，参见表 3-1。

例外情况：

不在在轨可更换单元级进行热真空或热循环试验，除了泵模块需要进行热循环试验。

依据：

在轨可更换单元所包含的功能项在热循环环境下进行验收试验，但是不在热真空下进行。安装所有传导硬件，辐射不是主要的热传输模式。热循环试验将检测制造缺陷。通过随机振动试验验证结构完整性。

## PG1-40

项目：

管道：舱节 S1、P1、S0、S3 和 P3；节点：1、2；热交换器、冷板、氨气储箱、氮储箱和泵模块在轨可更换单元

SSP 41172 要求：

流体设备的极限压力鉴定试验，参见表 2-1。

例外情况：

麦道航空公司制造过程中将使用样本焊接，其中包括各种直径和壁厚度的管件。

依据：

麦道航空公司将鉴定焊接工艺，而不是实际飞行硬件。

## PG1-41

项目：

LVS 散热器组件在轨可更换单元鉴定

SSP 41172 要求：

2.2.1.3 节，补充要求。

例外情况：

LVS 散热器组件鉴定试验包括一次静力屈服载荷试验（在收起配置）、一次热循环试验、一次电气集成试验和三次点火试验，然后进行一次展开和收缩功能检查。在后面的鉴定系列试验中，完成一次展开 MS、展开静力屈服载荷、耐压和泄漏压力以及导电试验，在它们之间不进行功能试验。

依据：

此方案受成本收敛和周期影响，是一个成功导向型试验计划。在试验后的展开/收回功能试验中如果出现故障，就需要重复一系列试验（时间可长达 6 个月），从而将故障原因隔离。因为可能影响研制进度，所以认为此方案具有中度风险。

## PG1-42

项目：

对 6 个在轨可更换单元中的 3 个进行 LVS 散热器组件在轨可更换单元声验收试验。

SSP 41172 要求：

3.1.5.3 节，试验量级和持续时间。

4.1.1 节，组件/元器件原型飞行试验。

例外情况：

在 S1 结构试验件声鉴定试验中将包含 3 个 LVS 散热器组件飞行单元。这些飞行散热器将进行原型飞行级试验，持续时间可达 120s。

依据：

在成本收敛过程中采用此方案，以便可以不使用散热器在轨可更换单元声模拟器。

## PG1-44

项目：

控制力矩陀螺（CMG）组件

SSP 41172 要求：

2.2.2.3 节，试验量级和持续时间。至少 3 个温度周期的热真空试验。

例外情况：

至少 2 个周期的热真空试验。

依据：

控制力矩陀螺需要 12h 才能达到全转速，还需要 12h 才能停止旋转，并需要 108h 达到热稳定。这符合给分包商规定的空间站自由计划（SSFP）要求。

## PG1-45

项目：

控制力矩陀螺组件

SSP 41172 要求：

2.2.3.3 节，试验量级和持续时间。

3.1.3.2 节，试验说明。

3.1.3.3 节，试验量级和持续时间。

热循环试验应关闭试验件，让其在冷温度下达到稳定，然后再启动。

例外情况：

应关闭控制力矩陀螺，让其在冷温度下达到稳定，然后在轴承温度达到 30℉时再启动。

依据：

控制力矩陀螺轴承/润滑剂系统的设计允许通过使用加热器，在超过 30℉的温度下操作。

## PG1-46

项目：

控制力矩陀螺机械组件

SSP 41172 要求：

最小筛选值为 6.1grms，参见图 3-2。

例外情况：

控制力矩陀螺机械组件筛选值将为 4.3grms（验收）和 8.6grms（鉴定）（即 6dB 的裕度）。

依据：

在最小筛选值下，控制力矩陀螺轴承在验收过程中的寿命以及鉴定过程中的轴承续存能力可能出现问题。电子组件（EA）将采用 6.1grms（验收）和 10.9grms（鉴定）的最小筛选值。这符合给分包商提出的空间站自由计划要求。

## PG1-47

项目：

速度陀螺组件（RGA）

SSP 41172 要求：

2.2 节，元器件鉴定。

3.1 节，元器件验收试验。

在每次环境试验之前和之后进行功能（性能）试验，以确保性能满足要求。

例外情况：

在每次环境试验之前和之后，将进行一次速度陀螺组件简短功能试验，其中包括一套功能（性能）试验。简短功能试验包括验证速度陀螺组件正常操作所需的必要参数。这其中包括故障和中断监控。

注：在 2.2.1 节中定义的功能试验被视为一种系统性能试验，根据规格性能要求验证参数输出。

依据：

将在任何环境试验之前以及完成环境试验时进行功能（性能）试验。这符合给分包商提出的 SSPF 要求。

## PG1-48

项目：

试验公差

SSP 41172 要求：

1.3.2 节，试验条件公差。

除非另有说明，否则试验条件应采用如下最大允许公差。

例外情况：

麦道航空公司为随机振动、声和热冲击试验指定了其他试验公差。这是一个需要澄清的要点，以确保仅在没有规定试验公差的情况下采用文中给出的试验公差。

依据：

在大多数情况下，麦道航空公司指定的试验公差都是最严格的，与 SSP 41172 中指定的公差相比，更符合现代试验设备的要求。

## PG1-49

项目：

线束

SSP 41172 要求：

对电气设备进行表 2-1 和表 3-1 所定义的环境鉴定和验收试验。

例外情况：

不对线束进行环境鉴定和验收试验。

依据：

将通过检查确保指定合适的材料和制造技术，从而满足环境要求。

## PG1-50

项目：

流体管线

SSP 41172 要求：

对流体设备进行表 2-1 和表 3-1 所定义的环境鉴定和验收试验。

例外情况：

不对流体管线进行环境鉴定和验收试验。

依据：

将通过检查确保指定合适的材料和制造技术，从而满足环境要求。若干典型的流体线路装置将进行鉴定声振动试验。

## PG1-53

项目：

飞行构件

SSP 41172 要求：

应对飞行构件进行压力/泄漏鉴定试验，参见表 2-2。

例外情况：

飞行构件不进行压力/泄漏鉴定试验。

依据：

飞行构件上使用的流体管线将在试样/元器件级进行压力鉴定。飞行构件将进行耐压验收试验。

## PG1-54

项目：

飞行构件

SSP 41172 要求：

应在电磁兼容性和压力/泄漏环境试验之前和之后进行功能试验，参见表 3-3 的注释。

例外情况：

将在电磁兼容性或压力/泄漏试验之前和之后对飞行构件进行功能试验。

依据：

将与功能验收试验同步进行飞行构件电磁兼容性试验。要进行的电磁兼容性试验不会影响飞行构件的性能。

流体管线的所有耐压试验都将在它们安装在舱节上之前进行。麦道航空公司将不会在耐压试验之前或之后进行功能试验。

在舱节验收试验过程中，将对飞行构件进行泄漏试验。麦道航空公司将不会在泄漏试验之前或之后进行功能试验。

## PG1-55

项目：

静力结构载荷试验

SSP 41172 要求：

2.3.1.2 节，试验说明。

结构鉴定试验。

例外情况：

针对最大飞行载荷（耦合载荷）而非设计载荷进行静力结构载荷试验。

依据：

如果采用设计载荷进行试验，则需要增加试验时间，以便处理 7 种额外的载荷工况（800h 的额外试验）。如果进行多次飞行，那么采用设计载荷进行试验是一种比较好的方案，不过因为只飞行一次，所以这种方案有些多余。

## PG1-56

项目：

飞行构件

SSP 41172 要求：

2.4.1 节，功能试验（飞行构件鉴定）。

机械和电气功能试验应超过指定的操作限值。

一个试验舱节应经历实际飞行过程中所有事件的任务剖面。

例外情况：

PG1-01 没有构件鉴定单元，因此试验唯一可用的试验件就是飞行单元。它们将不进行功能鉴定，只进行验收。

在构件级进行机械和电气功能试验，并满足标称性能要求，并且不超过指定的操作限值。不对实际飞行过程中的所有活动进行任务剖面规划。

依据：

将为电气和机械元器件在元器件级验证功能操作限值。将在验收试验过程中验证构件及其接口的全面功能性。可能根据实际任务剖面执行。但是，目前没有计划在整个任务剖面中正式执行此项实验。

## PG1-57

项目：

模态研究试验

SSP 41172 要求：

2.3.2 节，模态研究。

模态研究应获取足够的数据，以定义在关心的频率范围内出现的所有模式的正交模式形状、模式频率和模态阻尼比。

例外情况：

只有定义为有效质量超过 2%的目标模式才满足此标准。

依据：

目标模式将贡献总结构载荷的 90%以上，剩余的 10%对系统结构响应将不显著。

## PG1-58

项目：

加压对接适配器（PMA）

SSP 41172 要求：

2.4.2 节，电磁兼容性试验（飞行构件鉴定）。

例外情况：

构件级电磁兼容性试验将是验收试验，而不是鉴定试验。将通过试验确保：在能够实现的范围内或者在模拟的接口构件或在轨可更换单元精度所限定的范围内，被试验构件内安装的飞行电气/电子设备本身以及彼此间保持兼容。

依据：

因为每个构件都需要进行侵入式试验（信号注入），这种试验可能会给飞行硬件施加应力，因而无法实现系统验证。根据构件验收试验推导的数据会提供给主承包商，以便输入到计算机辅助试验数据库，从而进行系统鉴定的电磁兼容性系统分析（编号 SS-VE-058）。

## PG1-59

项目：

太阳能阿尔法旋转接头鉴定硬件——旋转接头电机控制器、驱动锁组件、实用传输组件和滚轮轴承组件

SSP 41172 要求：

2.1 节，验收和鉴定的关系。

应在鉴定试验之前或与鉴定试验同步对所有试验件进行验收试验，其中包括功能和环境

试验。

例外情况：

环境验收试验不在鉴定试验之前或与其同步进行。

依据：

洛克希德导弹和航天公司（LMSC）鉴定试验值将至少包含或超过所有环境验收试验值。洛克希德导弹和航天公司将在环境鉴定试验之前和之后进行功能试验。如果洛克希德导弹和航天公司不得不改变其试验理念，则会对成本和日程产生显著影响。

## PG1-62

项目：

太阳能阿尔法旋转接头——第二个原型飞行组件

SSP 41172 要求：

4.1 节，用于飞行的鉴定组件（原型飞行）的使用。

进行原型飞行试验的第一个组件的后续组件应进行相同的原型飞行试验。

例外情况：

第一个太阳能阿尔法旋转接头组件将在一个热真空环境中进行原型飞行试验，其温度超过最高和最低预期温度 10℉。将进行一次热平衡试验，以支持分析。第二个太阳能阿尔法旋转接头组件不进行热真空试验或热平衡试验。

依据：

所有太阳能阿尔法旋转接头在轨可更换单元（旋转接头电机控制器、实用传输组件、驱动锁组件和滚轮轴承）都将在热真空环境中进行验收试验。将在热真空环境中对在轨可更换单元进行鉴定试验，其温度超过最高和最低预期温度 20℉。在 ARJ 组件上唯一不在热真空环境中进行试验的剩余电气项是线束（PG1-49 例外情况不包括线束）。第一个飞行太阳能阿尔法旋转接头单元将在热真空环境进行原型飞行级试验（超过最高和最低预期温度 10℉）。此位置为成本收敛活动的内容。

## PG1-63

项目：

共用硬件——机械组件，其中包括展开装置（超高频率、大气调节系统天线和带电粒子定向光谱仪）、舱节间连接系统（SSAS）、舱体-桁架结构（可调支柱和连接系统）、脐带式拖曳系统电缆导向组件和公共连接系统（非加压后勤舱连接系统和被动连接系统）

SSP 41172 要求：

2.2.2 节，热真空试验（元器件鉴定）。

2.2.2.3 节，试验量级和持续时间。所有要求。

2.2.2.4 节，补充要求。所有要求。

例外情况：

将针对给定的公共机械系统硬件组件进行鉴定值热极值功能试验，以代替正式的鉴定热真空试验。

依据：

将只对共用硬件——机械组件进行一次热试验，而不进行热/真空试验，以验证在温度极值下的操作设计。如果在真空条件下进行这些试验，会显著增加试验成本和复杂度，这被视为没有必要，因为相关的子组件在热真空环境中进行独立验证，或这些组件不含有真空敏感元器件。

舱节间连接系统撞击组件和舱节间连接系统闭锁舱外活动延伸部件不会进行鉴定值热真空或热极值试验。在 PG1-257 中记录了此例外情况的依据。

## PG1-64

项目：

快速分断装置

SSP 41172 要求：

需要对热和流体设备进行的验收随机振动、热循环和热真空试验，参见表 3-1。

例外情况：

将不会进行验收随机振动、热循环和热真空试验。

依据：

每个快速分断装置（QD）联轴器都将在操作压力和温度极值下，在对接和分开状态下进行验收泄漏试验，并使用氦作为试验流体。在极值温度下的验收泄漏试验是筛选每个快速分断装置联轴器工艺缺陷过程中成本效益最高的试验，并满足 SSP 41172 的要求。

## PG1-65

项目：

热交换器在轨可更换单元和冷板在轨可更换单元

SSP 41172 要求：

热设备需要进行鉴定热真空试验，参见表 2-1。

例外情况：

热交换器在轨可更换单元和冷板在轨可更换单元不会进行鉴定热真空试验。

依据：

在轨可更换单元元器件的硬件（如冷板、阀门、热交换器）将进行鉴定热真空试验。包括在轨可更换单元的热试验件将进行一次真空试验（而不是热真空试验）。

## PG1-66

项目：

工具轨道

SSP 41172 要求：

SSP 30238 规定的设备级电磁兼容性鉴定试验要求，参见 SSP 41172 以及 2.2.12.2 节，试验说明。

例外情况：

不进行电磁兼容性鉴定试验。将提交数据总线（MIL-STD-1553）电磁兼容性所需测量信息，以便进行分析。

依据：

工具轨道不包含会产生电磁发射或响应干扰的有源电路。此单元不执行可以进行试验的确定功能，因此无法进行电磁兼容性试验。

# PG1-67

项目：

阻抗匹配单元

SSP 41172 要求：

SSP 30238 规定的设备级电磁兼容性鉴定试验要求，参见 SSP 41172 以及 2.2.12.2 节，试验说明。

例外情况：

不进行电磁兼容性鉴定试验。

依据：

阻抗匹配单元不包含会产生电磁发射或响应干扰的有源电路。此单元不执行可以进行试验的确定功能，因此无法进行电磁兼容性试验。

# PG1-69

项目：

信号调节单元

SSP 41172 要求：

电子和电气设备需要进行热真空验收试验，参见表 2-1。

例外情况：

信号调节单元不进行热真空试验。

依据：

将通过一次热真空鉴定试验来验证真空条件下的操作设计，热应力大于在轨条件下的应力。为了筛选制造和工艺缺陷，认为唯一有必要进行的热试验是信号调节单元的热循环验收试验。因为这个在轨可更换单元是一个非关键和非常简单的元器件，并且此在轨可更换单元的筛选不需要热真空试验，所以如果进行本试验，会增加成本，同时不会有额外的价值。

# PG1-70

项目：

阻抗匹配单元

SSP 41172 要求：

电子和电气设备需要进行热真空和老炼验收试验，参见表 2-1。

例外情况：

阻抗匹配单元不进行热真空和老炼试验。

依据：

将通过一次热真空鉴定试验来验证真空条件下的操作设计，热应力大于在轨条件下的应力。为了筛选制造和工艺缺陷，认为唯一有必要进行的热试验是阻抗匹配单元的热循环验收试验。因为这个在轨可更换单元的电气元器件只包含一个电容器和电阻器，所以筛选此在轨可更换单元既不需要进行热真空试验，也不需要进行老炼试验。如果进行本试验，会增加成本，同时不会有额外的价值。

## PG1-71

项目：

螺栓总线控制器

SSP 41172 要求：

电子和电气设备需要进行热真空验收试验，参见表 2-1。

例外情况：

螺栓总线控制器不进行热真空试验。

依据：

将通过一次热真空鉴定试验来验证真空条件下的操作设计，热应力大于在轨条件下的应力。为了筛选制造和工艺缺陷，认为唯一有必要进行的热试验是螺栓总线控制器的热循环验收试验。根据美国航空航天局环境验收试验规格 SP-T-0023 版本 B（1975 年 9 月发布），热/真空循环可以彻底清除陶器空隙和电晕等制造缺陷。螺栓总线控制器不担心这些问题，因为对所采用的流程非常有信心。删除本试验，可以显著降低验收试验的成本，同时对产品完整性没有或几乎没有影响。

## PG1-72

项目：

外部照明设备

SSP 41172 要求：

3.1.2.1 节，目的。

应在将其安装到飞行构件上之前，在热真空环境下进行热真空验收试验，以检测材料和工艺缺陷。

例外情况：

在安装到飞行构件上之前不进行热真空验收试验。

依据：

在鉴定试验过程中，外部照明设备将进行热真空以及热循环试验。在鉴定试验过程中，将通过照明设备性能和温度测量来证明照明设备设计方案与真空环境下的操作兼容，并且通过传导和辐射路径能实现良好的热控制，不必依赖于对流。验收试验的目的是筛选材料和工艺缺陷。热循环试验被视为检测热应力所致任何问题的最佳技术。预计各照明设备单元的结构具有很高的重复度。鉴定单元的真空性能应能代表飞行单元。因此，不需要进行热真空验收试验。

## PG1-73

项目：

脐带式拖曳系统舱内活动　　部件号 1F42993

SSP 41172 要求：

2.2.2.3 节，试验量级和持续时间。

2.2.2.4 节，补充要求。

元器件的鉴定热真空试验所有要求。

例外情况：

组合脐带式拖曳系统舱内活动不需要进行鉴定热真空试验。

依据：

脐带式拖曳系统舱内活动元器件的硬件（阻抗匹配单元和脐带式拖曳系统分断启动器）在热真空环境中进行独立认证。脐带式拖曳系统舱内活动不包含任何其他真空敏感元器件。如果在组件的脐带式拖曳系统舱内活动级进行额外的鉴定热真空试验，将以不必要的方式增加试验成本和复杂度。脐带式拖曳系统舱内活动将进行鉴定热极值试验，以验证是否符合设计要求。

## PG1-74

项目：

主动热控制系统（ATCS）在轨可更换单元

热交换器 部件号 1F28940

直流-直流转换器单元（DDCU）冷板 部件号 1F29200

MBSU 冷板 部件号 1F39990

氮气储箱 部件号 1F96000

氨气储箱 部件号 1F28801

泵模块 部件号 1F96100

SSP 41172 要求：

2.2.3.3 节，试验量级和持续时间。

持续时间应为验收试验所用热循环数的 3 倍，但时间不少于 24 个周期。

注：在 PG-1 例外情况 PG1-38 和 PG1-65 中，不要求麦道航空公司对主动热控制系统在轨可更换单元进行鉴定热真空试验。

例外情况：

主动热控制系统在轨可更换单元将不进行鉴定热循环试验。主动热控制系统在轨可更换单元将进行 3 个周期的鉴定热真空试验。

依据：

热循环试验的主要目的是给电子设备施加应力，以检测存在故障的元器件和电气连接（接头）。针对泵和控制阀门组件的电子控制器部分以及 Iso、Iso-泄压和旁通阀门的电子控制单元，通过规划确保全面满足指定的热循环数据要求。在轨可更换单元的热/机械部分对热循环导致的性能下降或故障不敏感。通过热真空试验在整个温度规格范围内操作，足以证明设计和工艺是否符合要求。3 个鉴定热真空周期将可以满足此要求。应为主动热控制系统在轨可更换单元添加加热器，所以最好通过热真空试验来验证其尺寸规格和操作。

## PG1-75

项目：

结构动力测量系统（SDMS）加速度仪 波音 部件号 SCD 1F08080-1

SSP 41172 要求：

2.2.2.3 节，试验量级和持续时间。

2.2.3.3 节，试验量级和持续时间。

在热循环的高温部分，元器件应处于最大验收限值加上一个 20℉（11.1℃）的裕度（最高设计温度）；在冷热循环的低温部分，元器件应处于最小验收试验值温度减去一个 20℉（11.1℃）的裕度（最低设计温度）。

例外情况：

对于结构动力测量系统加速度仪，鉴定热真空和热循环温度将为-85℉（验收温度减去 10℉）。

依据：

结构动力测量系统，其中包括在 5 个 PG-1 桁架舱节的加速度仪、应变片桥、信号调节单元、连接线和控制软件，不属于与乘员健康或空间站结构相关的关键部件。缺少结构动力测量系统或其中的任何部件都不会给乘员或空间站带来危险。

## PG1-76

项目：

太阳能阿尔法旋转接头滚轮轴承、洛克希德导弹和航天公司　　部件号 5846485-501

SSP 41172 要求：

3.1.2.3 节，试验量级和持续时间。

3.1.2.4 节，补充要求。

验收热真空试验元器件。所有要求。

例外情况：

飞行太阳能阿尔法旋转接头滚轮轴承将不进行验收热真空试验。

依据：

滚轮轴承将进行鉴定值热真空试验，以验证设计是否全面符合 SSP 41172 的要求。每个飞行元器件将进行一次温度极值试验，其中包括在热和冷极值下的一次功能试验。不需要通过验收热真空试验来验证工艺，因为滚轮轴承没有真空敏感元器件。在筛选元器件工艺缺陷的过程中，在温度极值下的功能试验是最具成本效益的试验。

## PG1-77

项目：

外部照明设备

乘员和设备平移辅助装置、照明设备　　部件号 1F03046-1

视频摄像机照明设备　　部件号 1F01194-1

SSP 41172 要求：

2.2.2.2 节，试验说明。

3.1.2.2 节，试验说明。

热真空试验，在开始温度周期时，真空室和元器件处于环境温度。通过降低真空室温度使元器件达到指定的低鉴定温度并达到稳定。当温度变化速度不超过 5.4℉/h（3℃/h）时，表示达到了温度稳定性。

2.2.2.3 节，试验量级和持续时间。

3.1.2.3 节，试验量级和持续时间。

热真空试验，变化速度应不小于 1.0℉/min（0.56℃/min）。

例外情况：

在开始温度周期时，真空室和元器件处于环境温度。降低真空室温度，使加电的元器件靠近其稳定温度，该温度高于指定的鉴定温度低值。在接下来向更低鉴定温度变化的过程中，使元器件处于断电状态，在达到该温度后保持稳定。当温度变化速度不超过 5.4℉/h（3℃/h）时，表示达到了温度稳定性。

外部照明设备组件热真空鉴定和验收试验过程中的温度平均变化速度将小于 1.0℉/min（0.56℃/min）。

依据：

根据试验前的热预测结果，在从环境温度向44℉变化的过程中，温度平均变化速度可能低至0.33℉/min；在从 180℉向-44℉变化的过程中，温度平均变化速度可能为 0.5℉/min。预测表明：在从冷到热状态变化的过程中，能够满足要求。主承包商和 PG-1 已经达成协议：1℉/min 的变化速度要求应只适用于热循环试验，不适用于热真空试验。因为有试验成本限制，所以变化速度保持在尽量高的数值。因此，在试验过程中的短期变化速度也将很高，一般比在轨硬件在同类温度变化下所经历的变化速度高得多。在两个极值之间的变化时间则较长，因为在硬件接近目标温度时，变化速度接近零。对于照明设备，短期变化速度会超过 4℉/min，不过整个变化过程的平均变化速度为 0.5℉/min 或更低。在同样的情况下，在轨硬件在两个温度极值之间的变化需要几个月。将通过验收热循环试验来满足 1.0℉/min（0.56℃/min）的要求。

## PG1-78

项目：

PMA-1 原型飞行热管/散热器组件试验　　部件号 1F93223 和 1F93224

SSP 41172 要求：

2.2.2.3 节，试验量级和持续时间。

3.1.2.3 节，试验量级和持续时间。

变化速度应不低于 1.0℉/min（0.56℃/min）。

例外情况：

在 PMA-1 原型飞行热管/散热器组件热真空原型飞行试验过程中的变化速度将不低于0.6℉/min。

依据：

麦道航空公司所进行的一次热分析确定了最坏情况在轨热变化速度为 0.6℉/min，热管/散热器组件将在此速度下进行试验。最大变化速度只适用于 52～60℉之间的有限温度范围。热真空试验将包含最坏情况轨道周期极值，并将满足预期飞行变化速度。因为热真空试验旨在模拟飞行条件，所以可以根据分析预测结果来进行试验是合理的。另外，PMA-1 热管/散热器组件将进行热循环原型飞行试验，并将满足所需的 1.0℉/min（0.56℃/min）的变化速度。在热循环试验过程中，1.0℉/min（0.56℃/min）的变化速度足以检测工艺缺陷。

## PG1-79

项目：

实用传输组件　　部件号 8259150-901

SSP 41172 要求：

2.2.2.3 节，试验量级和持续时间。

3.1.2.3 节，试验量级和持续时间。

变化速度应不低于 1.0℉/min（0.56℃/min）。

依据：

在实用传输组件热真空鉴定和验收试验过程中的平均变化速度将低于 1.0℉/min（0.56℃/min）。

依据：

麦道航空公司所进行的一次热分析确定了最坏情况在轨热变化速度为 0.29℉/min。最大变化速度只适用于 145℉ 至 136℉ 之间的有限温度范围。热真空试验将包含最坏情况轨道周期极值。因为热真空试验旨在模拟飞行条件，所以可以根据分析预测结果来进行试验是合理的。

另外，实用传输组件将进行热循环原型飞行试验和验收试验，并将满足所需的 1.0℉/min（0.56℃/min）的变化速度。在热循环试验过程中，1.0℉/min（0.56℃/min）的变化速度足以检测工艺缺陷。

## PG1-80

项目：

散热器在轨可更换单元，主动热控制系统　　部件号 83-39400-101

SSP 41172 要求：

流体和/或热元器件的鉴定和验收需要进行热循环试验，鉴定为 24 个周期，验收为 8 个周期，参考 SSP 41172 的表 2-1 和表 3-1 以及图 2-1 和图 3-1。

例外情况：

散热器在轨可更换单元不进行热循环试验（鉴定和验收）。

依据：

热循环试验的主要目的是给电子设备施加应力，以便检测有故障的元器件和电气连接（接头）。散热器在轨可更换单元电气/机械元器件（集成电机/控制器组件、火工单元/电气系统、齿轮/制动器组件和拔销器）将通过试验验证是否全面满足 SSP 41172 热循环要求。散热器面板试样（黏合并通过每个散热器面板进行矫正）将进行热循环试验。这样可以对面板进行有效的工艺筛选检查。散热器在轨可更换单元的机械部分对热循环导致的性能下降或故障不敏感。散热器在轨可更换单元在整个温度范围内进行鉴定热真空展开试验，足以证明操作设计是否符合要求。本试验将包含 3 个温度周期，并验证在温度梯度条件下的在轨可更换单元展开情况。

## PG1-81

项目：

多路复用器/多路信号分离器（MDM）　　部件号 8258906-911

SSP 41172 要求：

2.2.2.3 节，试验量级和持续时间。

元器件鉴定热真空试验需要元器件在第一个周期和热极值和冷极值条件下至少保持 12h 的热稳定（即保持期）。

例外情况：

所有周期的保持期都应足以确保元器件在指定的温度下达到内部热平衡，并且不低于 1h。将根据在鉴定试验之前进行的研制试验（而不是鉴定试验的第一个周期）来确定此最小保持期。

依据：

在鉴定试验第一个周期过程确定预期保持期的目的是测量元器件达到内部热平衡所需的时间。接下来，将此测量时间用作后续周期的保持期。多路复用器/多路信号分离器保持期将在鉴定试验之前的开发试验中测量，因此在第一个鉴定试验周期过程中延长保持期没有意义。

## PG1-82

项目：

控制力矩陀螺　　部件号 5080097-0001

SSP 41172 要求：

2.1 节，验收和鉴定的关系。

应在鉴定试验之前以及与鉴定试验同步对所有试验件进行验收试验，包括功能和环境试验。

例外情况：

一个鉴定单元的验收热真空试验可以通过两种方式之一来实现。鉴定单元可以在鉴定热真空试验之前进行验收热真空试验并与该试验分开。另外，鉴定单元也可以只进行所需周期数的鉴定热真空试验。在这种情况下，这些鉴定试验周期中的第一个周期也将"与鉴定试验一起"成为鉴定单元验收热真空试验的一部分。不需要进行单独的验收热真空试验。

依据：

元器件验收热真空试验和鉴定热真空试验是相同的，只不过鉴定试验包括更多的周期（3个周期而不是 SSP 41172 规定的 1 个周期），鉴定温度范围也更大。因此，第一个鉴定热真空试验周期包含验收热真空试验的要求。

如果在鉴定试验之前进行一个单独的验收试验周期，是不会确定那些也不能通过鉴定试验确定的任何设计或工艺缺陷。如果鉴定单元的验收试验时间早于鉴定试验，那么验收试验可能会更早面对这种缺陷，并降低鉴定计划的风险。不过，如果将验收试验的时间安排在马上就要进行鉴定试验之前（控制力矩陀螺就是这种情况），那么单独进行试验就没有意义。而且单独进行试验还会显著增加成本和时间。

根据类比分析依据，波音公司已经接受了 SSP 41172 对鉴定单元热循环试验的这种解释（在《PG1-1 主验证计划》中记录）。麦道航空公司相信此解释对热真空试验同样有效。

## PG1-83

项目：

散热器在轨可更换单元　　部件号 83-39400-101

SSP 41172B 要求：

2.2.2.3 节，试验量级和持续时间。

3.1.2.3 节，试验量级和持续时间。

变化速度应不低于每分钟 1.0℉。

例外情况：

散热器在轨可更换单元热真空鉴定试验过程中的热变化速度约为 0.5℉/min，这低于 1.0℉/min 的要求。

依据：

进行热真空试验的主要目的是确定元器件和在轨可更换单元在承受最坏情况在轨瞬态热

环境（加上鉴定裕度）的情况下是否能正常操作。当国际空间站进入和退出地球影时，会出现最恶劣的在轨瞬态热环境，此时的热环境会发生阶跃变化。在散热器在轨可更换单元热真空鉴定试验中，热环境变化速度为散热器在轨可更换单元表面时间常数的 1/10 或更低（通过一个红外灯功率的阶跃变化来实现）。因此，表面温度的变化速度条件与在轨环境下同样恶劣。在试验过程中，将在 2~3min 内使真空室环境从−125℉变为+125℉。

散热器在轨可更换单元的设计使其与操作环境保持热绝缘。因此，要尝试通过热环境阶跃变化难以或无法实现的一个任意变化速度使在轨可更换单元元器件从一个温度极值变化到另一个温度极值，是不切实际的。

散热器在轨可更换单元电气和机械元器件（集成电机/控制器组件、火工单元/电气系统、齿轮/制动器组件和拔销器）将进行热真空/周期试验，以检验是否全面满足 SSP 41172 的要求。因此，这些元器件将在元器件级承受至少 1.0℉/min 的变化速度。

## PG1-84

项目：

PMA-1 热管被动散热器　　部件号 1F93223 和 1F93224

SSP 41172B 要求：

4.1.1 节，组件/元器件原型飞行试验。

原型飞行热真空和热循环试验的最小周期数应与鉴定试验周期数系统相同（热真空试验为 3 个周期，热循环试验为 24 个周期）。

例外情况：

热真空试验的最小周期数应为 1 个周期，热循环试验的最小周期数应为 8 个周期。

注：规划 2 个热真空周期。

依据：

鉴定试验的最小周期数为验收试验周期数的 3 倍，以确保飞行硬件能够顺利承受必要的多次复验。对于原型飞行项，不需要这些额外的周期。

## PG1-85

项目：

热交换器在轨可更换单元　　部件号 1F28940-1

MBSU 冷板在轨可更换单元　　部件号 1F39990-501

直流-直流转换单元冷板在轨可更换单元　　部件号 1F29200-501

氦气储箱组件　　部件号 1F28801-1

氮气储箱组件　　部件号 1F96000-1

泵模块组件　　部件号 1F96100-1

SSP 41172B 要求：

2.2.2.3 节，试验量级和持续时间。至少应采用 3 个温度周期。在第一个周期，元器件应在高和低温度极值都至少保持 12h 的热稳定，在此过程中组件处于断电状态，接下来给组件加电。在后续周期中，可以采用更短的保持期，这些保持期等效于第一个周期达到内部热平衡所需的时间，不过要短于 1h。变化速度应不低于 1.0℉/min（0.56℃/min）。

例外情况：

持续时间。至少应采用一个热循环。元器件应在高和低温度极值都至少保持12h的热稳定，在此过程中组件处于断电状态，接下来给组件加电。

依据：

通过3个鉴定热真空试验周期，以便实现验收热真空试验所需的裕度，从而能够进行验收复验。通过这种理念，可以确保设计方案合适，并使相关人员相信硬件能够顺利通过验收试验。不需要进行主动热控制系统在轨可更换单元热真空验收试验。因此，不需要进行多周期热真空鉴定试验。

分析认为：一个周期的鉴定试验方案是可以接受的，能够验证热交换器、冷板、氮气储箱组件、氨气储箱组件和泵模块在轨可更换单元的被动设计方案。热真空试验不是一种应力筛选试验，因此，将通过一个周期来验证主动热控制系统在轨可更换单元在温度极值下的性能。在轨可更换单元元器件根据SSP 41172要求通过鉴定和验收试验进行热应力筛选（除了SSP 41172例外情况PG1-64规定的快速分断装置外）。

## PG1-86

项目：

PMA-1 热管被动散热器　　部件号 1F93223-1 和 1F93224-1

SSP 41172B 要求：

4.1.3 节，用于飞行的原型飞行组件认证。

对于声振动鉴定试验，试验值应为预期最大飞行值，但是不低于根据141dB的整体声环境推导的数值（其频谱在 NSTS 21000-IDD-ISS　4.1.1.5 节定义[1]）。

例外情况：

PMA-1 多路复用器/多路信号分离器、热管被动散热器将不在规定的31.5Hz、40Hz和50Hz波节进行声噪音试验。

依据：

有限元模型分析表明：多路复用器/多路信号分离器、热管散热器组件的第一种振动模式为77Hz。在3个频率波节缺少声能，并不会影响振动声学试验结果的有效性，因为在63Hz以下没有振动模式。因为设施有限制条件，所以不允许在更低波节进行试验。

## PG1-87

项目：

实用传输组件　　部件号 8259150-901

SSP 41172B 要求：

2.2.2.2 节，试验说明。

在温度变化速度不超过 5.4℉/min（3℃/min）的情况下达到温度稳定性。

例外情况：

在最坏情况下，允许温度稳定速度为 7.9℉/min。

---

[1] 在 NSTS 21000-IDD-ISS（国际空间站接口定义文件）文件中。——译者注

依据：

稳定要求旨在确保试验单元在热极值温度下沉浸。在 140min 周期内，实用传输组件温度在-62.5℉至-70.6℉之间变化。目标温度为-65℉。当温度低于-65℉时，实用传输组件每个周期大约需要 125min。当温度在-65℉左右时，温度变化速度/变化率较高，而在-70℉左右时，温度变化速度/变化率要低得多。最差速度出现在从-70.6℉到-64℉变化时，此过程持续 53min。

## PG1-88

项目：

实用传输组件　　部件号 8259150-901

SSP 41172B 要求：

2.2.2.3 节，试验量级和持续时间。

变化速度应不低于 1.0℉/min（0.56℃/min）。

例外情况：

允许平均变化速度大于或等于 0.29℉/min。

依据：

已经通过分析确定：最坏情况下的在轨热变化速度为 0.29℉/min。这个最大变化速度适用于 136℉至 145℉之间的有限温度范围。热真空变化速度将满足最坏情况下轨道温度极值的预期飞行变化速度要求。另外，热循环鉴定和验收试验将满足 1.0℉/min 的所需变化速度。

## PG1-89

项目：

实用传输组件　　部件号 8259150-901

SSP 41172B 要求：

2.2.3.2 节，试验量级和持续时间。

在部件温度不到 5.4℉/min（3℃/min）的变化速度达到稳定之后，应给试验件断电，使其在冷温度下稳定，然后再启动。

例外情况：

可以在第 2～11 个周期以及第 14～23 个周期的热启动和冷启动之前加电。

依据：

加电/断电状态下的保持期不影响实用传输组件性能。"加电"为给实用传输组件串通管线加电；"热/冷启动"为通过特殊试验设备使实用传输组件转动。加电不影响实用传输组件的分离力矩。

## PG1-90

项目：

实用传输组件　　部件号 8259150-901

SSP 41172B 要求：

2.2.3.3 节，试验量级和持续时间。

（1）在高温度值和低温度值下的保持期应足够长，以达到内部热平衡。

（2）变化速度应不低于 1.0℉/min（0.56℃/min）。

例外情况：

（1）在 24 个周期中，内部热电偶电阻温度检测器在 14 个周期中不必达到-45℉的冷温度极值，或者在 6 个周期中不必达到 177℉的高温极值。

（2）允许 3 次分别以 0.93℉/min、0.87℉/min 和 0.99℉/min 的速度从热到冷的状态变化，1 次以 0.81℉/min 的速度从冷到热的状态变化。

依据：

（1）虽然并不是所有周期的所有热电偶都到达了极值温度条件（包括全面元器件内部平衡），不过控制热电偶达到了极值温度条件。控制热电偶还提供了元器件最关键部分（轴承）的温度测量结果。因此，在所有周期中，热应力试验的主要目标的确达到了所需的热极值。与没有达到所需极值条件的不关键区域相关的风险被视为很小。

（2）在 24 个热到冷的变化过程中，有 21 个满足 1.0℉/min 的最低要求；在 24 个从冷到热的变化过程中，有 23 个满足 1.0℉/min 的最低要求。所有 48 个过程的平均热变化速度为 1.16℉/min。因为在鉴定实用传输组件进行了鉴定热循环或热真空试验或者在第一个飞行实用传输组件进行了验收热循环和热真空试验，所以没有出现硬件故障。

## PG1-91

项目：

散热器旋转接头 2 号；S1 舱节　　部件号 5839193-501 和 S/N 21413-1002

SSP 41172B 要求：

（1）4.1.1 节，组件/元器件原型飞行试验。

（2）附录 A：PG1-05，散热器旋转接头（TRRJ）组件的一种现有 PG-1 例外情况。

例外情况：

散热器旋转接头 2 号将不进行 SSP 41172 所要求的准飞行级声和热冲击试验。

依据：

组装到散热器旋转接头的在轨可更换单元（流体软管旋转联轴器、轴承组件）在组件级进行所有准飞行随机振动试验。第一个散热器旋转接头组件在散热器旋转接头级进行 30s 的声和热冲击环境试验，或者作为 S1/P1 结构试验件舱节的一部分进行 2min 的试验。对散热器旋转接头 2 号进行声学试验，从而验证散热器旋转接头在轨可更换单元所承受的数值。

## PG1-92

项目：

动力数据困扎固件（PDGF）刚性脐带缆；S0　　部件号 1F75432

SSP 41172B 要求：

4.1.1 节，组件/元器件原型飞行试验。

对于声振动鉴定试验，试验值应为预期最大飞行值，但是不低于根据 141dB 整体声环境推导的数值（其频谱由 NSTS 21000-IDD-ISS　4.1.1.5 节定义）。试验持续时间不应超过 1min。

例外情况：

波音/亨廷顿比奇公司目前使用在 3.1.1.3 节中定义的 SLP/2104 鉴定试验值。这些试验值是根据 139dB 的整体声压值（OASPL）推导的，而不是 SSP 41172B 所述的 141dB 值。原型飞行试验持续时间应仍然为 60s。

**依据：**

在 SLP/2104 中定义了 SLP 安装硬件的鉴定随机振动值。这些值包含托盘安装设备的声学试验和飞行数据。因为动力数据困扎固件刚性脐带缆是在 SLP 上发射的，所以波音公司按照这些值设计了脐带缆。

在 SLP/2104 中定义的鉴定声学试验量级最初是根据 145dB 的整体声压值确定的。根据从多个托盘位置以及多次发射中收集的数据，将这些值减少了 6dB。采用了 SLP 要求，因为它们在动力数据捆扎固件刚性脐带缆应用中更有针对性。因此，动力数据固定装置刚性脐带缆的鉴定值试验采用了 139dB 的整体声压值，而不是 SSP 41172B 所述的 141dB 值。

## PG1-93

**项目：**

舱外活动（EVA）机械臂和相应的固件如下：

◇ P3/S3 表面 3 和 5 舱体 1 斜梁组件（部件号 1F38649-1）以及舱体 1 舱壁装配组件（部件号 1F38628-1）

◇ P3/S3 表面 4 舱体 2 斜梁组件（部件号 1F26508-1）以及表面 4 舱内舱体 2 舱壁装配组件（部件号 1F26511-1）

◇ P3/S3 表面 4 舱体 1 斜梁组件（部件号 1F26475-1）以及表面 4 舱外舱体 1 舱壁装配组件（部件号 1F26480-1）

◇ P3/S3 表面 3 和 5 舱体 2 斜梁组件（部件号 1F38650-1）以及舱体 2 舱壁装配组件（部件号 1F38630-1）

◇ P3 表面 3/S3 表面 5 支撑梁组件（部件号 1F26604-1）以及表面 5 支撑舱壁装配组件（部件号 1F26609-1）

◇ P3 表面 5/S3 表面 3 支撑梁组件（部件号 1F26608-1）以及舱体 1 舱壁装配组件（部件号 1F26606-1）

◇ P3 表面 6/S3 表面 2 支撑梁组件（部件号 1F26604-1）以及表面 2 和 6 支撑舱壁装配组件（部件号 1F26615-1）

◇ P3 表面 2/S3 表面 6 支撑梁组件（部件号 1F26608-1）以及表面 2 和 6 支撑舱壁装配组件（部件号 1F26615-1）

**SSP 41172B 要求：**

2.2.2 节，热真空试验（元器件鉴定）。

（1）2.2.2.3 节，试验量级和持续时间。所有要求。

（2）2.2.2.4 节，补充要求。所有要求。

**例外情况：**

舱外活动机械臂和相应固件的鉴定热真空试验被一次热极值试验所取代。热极值试验包括在环境压力下的一个周期鉴定热极值试验。

**依据：**

将进行一次热极值试验来取代热真空试验，以便验证在热极值下的操作设计。这些展开组件不包含真空敏感元器件，其性能参数也对真空不敏感。

1F38649-1 斜梁和 1F38628-1 固件将为试验用例。选择这一对部件的原因是它们提供了最坏情况偏折、最大的轴向载荷和最高的舱外活动启动力。所有其他部件对（梁/固件）都将进行类似性鉴定。

在试验中，1F38649-1 斜梁和 1F38628-1 固件将用结构试验设备来代表，所有装置元器件都采用一个飞行配置。

大梁中的装置元器件包括：

◇ 主动锥体组件　　部件号 1F83036-1

◇ 被动锥体　　部件号 1F26491-1

◇ 大套管　　部件号 1F38632-1

◇ 0.7500-16 CRES 六角头安全螺栓　　部件号 1F26653-1

◇ 带槽销　　部件号 MS16562-219 或部件号 1F26665-1

◇ 重型外螺纹杆端轴承　　部件号 1F26650-1 或部件号 1F26651-1（将不包含在试验中）

大组件中的装置元器件：

◇ 大导轨　　部件号 1F26497-1

太阳能阿尔法旋转接头支撑梁中的装置元器件：

◇ 主动锥体组件　　部件号 1F83036-1

◇ 被动锥体　　部件号 1F26491-1

◇ 销套管　　部件号 1F26494-1

◇ 0.4375-20 CRES 六角头安全螺栓　　部件号 1F26655-1

◇ 带槽销　　部件号 1F26665-1

◇ 中型外螺纹杆端轴承　　部件号 1F26652-1

小固定组件中的装置元器件：

◇ 小导轨　　部件号 1F26482-1

## PG1-94

项目：

舱外活动展开梁和相应的固件如下：

◇ P3/S3 表面 3 和 5 舱体 1 斜梁组件（部件号 1F38649-1）以及舱体 1 舱壁装配组件（部件号 1F38628-1）

◇ P3/S3 表面 4 舱体 2 斜梁组件（部件号 1F26508-1）以及表面 4 舱内舱体 2 舱壁装配组件（部件号 1F26511-1）

◇ P3/S3 表面 4 舱体 1 斜梁组件（部件号 1F26475-1）以及表面 4 舱外舱体 1 舱壁装配组件（部件号 1F26480-1）

◇ P3/S3 表面 3 和 5 舱体 2 斜梁组件（部件号 1F38650-1）以及舱体 2 舱壁装配组件（部件号 1F38630-1）

◇ P3 表面 3/S3 表面 5 支撑梁组件（部件号 1F26604-1）以及表面 5 支撑舱壁装配组件（部件号 1F26609-1）

◇ P3 表面 5/S3 表面 3 支撑梁组件（部件号 1F26608-1）以及舱体 1 舱壁装配组件（部件号 1F26606-1）

◇ P3 表面 6/S3 表面 2 支撑梁组件（部件号 1F26604-1）以及表面 2 和 6 支撑舱壁装配组件（部件号 1F26615-1）

◇ P3 表面 2/S3 表面 6 支撑梁组件（部件号 1F26608-1）以及表面 2 和 6 支撑舱壁装配组

件（部件号 1F26615-1）

SSP 41172B 要求：

3.1.2 节，热真空试验（元器件验收）。

（1）3.1.2.3 节，试验量级和持续时间。所有要求。

（2）3.1.2.4 节，补充要求。所有要求。

例外情况：

舱外活动展开梁和相应固件将不进行验收热真空试验。

依据：

表 3-1 注（6）确定：对于需要精确调整严格公差的元器件或无法有效检查的元器件，热真空试验至少需要 100℉的范围。可以通过有效检查这些试验项来筛选工艺缺陷。通过检查，将验证装置的组装方式符合设计要求。在检查基础上还将增加一次公差分析，以验证最坏情况公差不会影响装置性能。

## PG1-95

项目：

舱外活动展开梁和相应的固件如下：

P3/S3 表面 3 和 5 舱体 1 斜梁组件（部件号 1F38649-1）以及舱体 1 舱壁装配组件（部件号 1F38628-1）

P3/S3 表面 4 舱体 2 斜梁组件（部件号 1F26508-1）以及表面 4 舱内舱体 2 舱壁装配组件（部件号 1F26511-1）

P3/S3 表面 4 舱体 1 斜梁组件（部件号 1F26475-1）以及表面 4 舱外舱体 1 舱壁装配组件（部件号 1F26480-1）

P3/S3 表面 3 和 5 舱体 2 斜梁组件（部件号 1F38650-1）以及舱体 2 舱壁装配组件（部件号 1F38630-1）

P3 表面 3/S3 表面 5 支撑梁组件（部件号 1F26604-1）以及表面 5 支撑舱壁装配组件（部件号 1F26609-1）

P3 表面 5/S3 表面 3 支撑梁组件（部件号 1F26608-1）以及舱体 1 舱壁装配组件（部件号 1F26606-1）

P3 表面 6/S3 表面 2 支撑梁组件（部件号 1F26604-1）以及表面 2 和 6 支撑舱壁装配组件（部件号 1F26615-1）

P3 表面 2/S3 表面 6 支撑梁组件（部件号 1F26608-1）以及表面 2 和 6 支撑舱壁装配组件（部件号 1F26615-1）

SSP 41172B 要求：

3.1.4 节，随机振动试验（元器件验收）。

（1）3.1.4.3 节，试验量级和持续时间。所有要求。

（2）3.1.4.4 节，补充要求。所有要求。

例外情况：

展开梁和相应的固件将不进行验收随机振动试验。

依据：

表 3-1 注（7）确定：对于需要精确调整严格公差的元器件或无法有效检查的元器件，需要

进行随机振动试验。通过检查，将验证装置的组装方式符合设计要求。在检查基础上还将增加一次公差分析，以验证最坏情况公差不会影响装置性能。舱外活动展开梁将通过振动-声学试验进行声鉴定，其中包括振动-声学试验之前和之后的功能试验。

## PG1-96

项目：

高速率帧多路复用器（HRFM）

高速率调制器（HRM）

视频基带信号处理器（VBSP）

SSP 41172 要求：

4.1.1 节，组件/元器件原型飞行试验。

如 2.2.3.3 节所述，热循环持续时间不应少于 24 个周期。

例外情况：

在原型飞行热循环试验过程中，应对高速率帧多路复用器、高速率调制器和视频基带信号处理器进行总共 8 个热循环的试验。

依据：

鉴定试验需要 24 个热循环，以便为验收试验所需的 8 个周期提供裕度。在原型飞行试验方案中，鉴定和验收试验结合在一起，从而消除了裕度。如果增加周期，只会让飞行硬件承受额外的应力。

## PG1-97

项目：

高速率帧多路复用器（HRFM）

高速率调制器（HRM）

视频基带信号处理器（VBSP）

SSP 41172 要求：

4.1 节，用于飞行的鉴定组件（原型飞行）的使用。

后续组件/元器件应进行相同的原型飞行试验。

例外情况：

对于高速率帧多路复用器、高速率调制器和视频基带信号处理器硬件组件，最初指定为飞行组件的第一组组件不应进行泄压/复压、冲击以及电磁干扰/电磁兼容性原型飞行试验。最初指定为鉴定组件的第二组组件应进行所有所需的原型飞行试验。

依据：

针对设计验证而非工艺验证进行泄压/复压、冲击和电磁干扰/电磁兼容性试验。因此，它们只需要进行一次。

## PG1-98

项目：

泵和控制阀门包（PCVP）　　　部件号 1F96451

<u>SSP 41172 要求：</u>

2.2.3 节，热循环试验（元器件鉴定）。

2.2.3.3 节，试验量级和持续时间。

持续时间应为验收试验热循环数的 3 倍，不过总时间不少于 24 个周期。如果热真空循环温度包含热循环所需的温度，那么可以在所需的 24 个周期中包含这些周期。

<u>例外情况：</u>

在热真空试验过程中，全部泵和控制阀门包（机械和电子部分）将进行 3 个热循环的鉴定试验。

<u>依据：</u>

热循环试验的主要目的是给电子设备施加应力，以检测存在故障的元器件和电气连接（接头）。泵和控制阀门包固件控制器将作为子组件进行试验，这样与组件级泵和控制阀门包试验结合起来，可以全面满足 SSP 41172 关于 24 个鉴定热循环的要求。泵和控制阀门包的机械部分包含相关结构、一个离心泵和一个混合阀。这些项对热循环导致的性能下降或故障不敏感。可以通过在整个温度规格范围内操作来验证其设计和工艺。通过 3 个热循环的鉴定试验可以满足此要求。

## PG1-99

<u>项目：</u>

泵和控制阀门包（PCVP）　　部件号 1F96451

<u>SSP 41172 要求：</u>

2.2.3.4 节，补充要求。

至少应在预期最高温度加上 20℉（11.1℃）的裕度和最低预期温度减去 20℉（11.1℃）的裕度以及元器件返回到环境温度后进行功能试验。

<u>例外情况：</u>

在鉴定热循环功能试验过程中的最高温度将为（110±5.4）℉。

<u>依据：</u>

泵和控制阀门包含一个电子固件控制器（FC），它在组装到泵和控制阀门包组件之前进行热循环试验。在此固件控制器热循环试验过程中，因为在组件的泵和控制阀门包级进行试验，所以冷板没有主动冷却。因此，考虑到电子部件的内部温度问题，不能按照要求对固件控制器在最大鉴定温度值（+140℉）进行全面功能试验。试验数据表明：泵载荷会导致内部电子部件温度大约升高 20~25℉。因此，将在最大鉴定温度值下对除了泵载荷以外的所有功能进行功能试验。在鉴定热循环试验过程中，将在 110℉ 验证泵载荷功能。在进行这种功能试验时，在较低温度下的内部电子部件升温将满足整体试验目标，同时不会使内部电子部件承受不切实际以及可能产生破坏的温度。

## PG1-100

<u>项目：</u>

泵和控制阀门包　　部件号 1F96451

<u>SSP 41172 要求：</u>

3.1.3 节，热循环试验（元器件验收）。

3.1.3.3 节，试验量级和持续时间。

最小温度周期数应为 8 个。本试验可以在热真空条件下进行，并与元器件验收热真空试验结合在一起，前提是温度限值、周期数、温度变化速度和保持期符合此试验要求。

例外情况：

全部泵和控制阀门包（机械和电子部分）将进行两个热循环的验收试验。

依据：

热循环试验的主要目的是给电子设备施加应力，以检测存在故障的元器件和电气连接（接头）。泵和控制阀门包固件控制器将作为子组件进行试验，这样与组件级泵和控制阀门包试验结合起来，可以全面满足 SSP 41172 关于 8 个验收热循环的要求。泵和控制阀门包的机械部分包含相关结构、一个离心泵和一个混合阀。这些项对热循环导致的性能下降或故障不敏感。可以通过在整个温度规格范围内操作来验证其设计和工艺。通过两个热循环的验收试验可以满足此要求。

## PG1-101

项目：

泵和控制阀门包　　部件号 1F96451

SSP 41172 要求：

3.1.3 节，热循环试验（元器件验收）。

3.1.3.4 节，补充要求。

应在第一个和最后一个热循环期间的最高和最低预期温度下以及元器件返回到环境温度之后进行功能试验。

例外情况：

在验收热循环功能试验期间的最高温度将为（90±5.4）℉。

依据：

泵和控制阀门包包含一个电子固件控制器（FC），它在组装到泵和控制阀门包组件之前进行热循环试验。在此固件控制器热循环试验过程中，因为在组件的泵和控制阀门包级进行试验，所以冷板没有主动冷却。因此，考虑到电子部件的内部温度问题，不能按照要求对固件控制器在最大鉴定温度值（+120℉）进行全面功能试验（参见附录 A：PG1-99 的例外情况）。为了在鉴定和验收试验温度之间保持裕度，将在最大鉴定温度值（+120℉）对除了泵载荷以外的所有功能进行功能试验。在固件控制器验收热循环试验过程中，将在 90℉ 验证泵载荷功能。在进行这种功能试验时，在较低温度下的内部电子部件升温将满足整体试验目标，对硬件工艺进行合适的筛选，并保持鉴定温度裕度。

## PG1-102

项目：

高速率帧多路复用器

SSP 41172 要求：

4.1 节，用于飞行的鉴定组件（原型飞行）的使用。

后续组件/元器件应进行相同的原型飞行试验。

例外情况：

对于高速率帧多路复用器，最初指定为飞行组件的第一组组件不应进行泄压/复压、冲击以及电磁干扰/电磁兼容性原型飞行试验。最初指定为鉴定组件的第二组组件应进行所有所需的原型飞行试验。

依据：

针对设计验证而非工艺验证进行泄压/复压、冲击和电磁干扰/电磁兼容性试验。因此，它们只需要进行一次。

## PG1-103

项目：

高速率帧多路复用器

SSP 41172 要求：

4.1 节，用于飞行的鉴定组件（原型飞行）的使用。

原型飞行试验需要 24 个热循环。

例外情况：

高速率帧多路复用器将进行 8 个热循环的试验。

依据：

鉴定试验需要 24 个热循环，以便为验收试验所需的 8 个周期提供裕度。在原型飞行试验方案中，鉴定和验收试验结合在一起，从而消除了裕度。如果增加周期，只会让飞行硬件承受额外的应力。

## PG1-104

项目：

组件应急基带信号处理器

SSP 41172 要求：

4.1 节，用于飞行的鉴定组件（原型飞行）的使用。

原型飞行试验需要 24 个热循环。

例外情况：

组件应急基带信号处理器将进行 8 个热循环的试验。

依据：

鉴定试验需要 24 个热循环，以便为验收试验所需的 8 个周期提供裕度。在原型飞行试验方案中，鉴定和验收试验结合在一起，从而消除了裕度。如果增加周期，只会让飞行硬件承受额外的应力。

## PG1-105

项目：

组件应急基带信号处理器

SSP 41172 要求：

4.1 节，用于飞行的鉴定组件（原型飞行）的使用。

后续组件/元器件应进行相同的原型飞行试验。

例外情况：

对于组件应急基带信号处理器，应只对一个单元进行冲击和电磁干扰/电磁兼容性原型飞行试验。

依据：

针对设计验证而非工艺验证进行冲击和电磁干扰/电磁兼容性试验。因此，它们只需要进行一次。

## PG1-106

项目：

组件应急基带信号处理器

SSP 41172 要求：

4.1 节，用于飞行的鉴定组件（原型飞行）的使用。

原型飞行试验需要 3 个热真空周期。

例外情况：

组件应急基带信号处理器将进行 1 个周期的热真空试验。

依据：

鉴定试验需要 3 个热真空周期，以便为验收试验所需的 1 个周期提供裕度。在原型飞行试验方案中，鉴定和验收试验结合在一起，从而消除了裕度。如果增加周期，只会让飞行硬件承受额外的应力。

## PG1-107

项目：

组件应急射频组

SSP 41172 要求：

4.1 节，用于飞行的鉴定组件（原型飞行）的使用。

原型飞行试验需要 24 个热循环。

例外情况：

组件应急射频组将进行 8 个热循环的试验。

依据：

鉴定试验需要 24 个热循环，以便为验收试验所需的 8 个周期提供裕度。在原型飞行试验方案中，鉴定和验收试验结合在一起，从而消除了裕度。如果增加周期，只会让飞行硬件承受额外的应力。

## PG1-108

项目：

组件应急射频组

SSP 41172 要求：

4.1 节，用于飞行的鉴定组件（原型飞行）的使用。

后续组件/元器件应进行相同的原型飞行试验。

例外情况：

对于组件应急射频组，应只对一个单元进行冲击和电磁干扰/电磁兼容性原型飞行试验。

依据：

针对设计验证而非工艺验证进行冲击和电磁干扰/电磁兼容性试验。因此，它们只需要进行一次。

## PG1-109

项目：

组件应急射频组

SSP 41172 要求：

4.1 节，用于飞行的鉴定组件（原型飞行）的使用。

原型飞行试验需要 3 个热真空周期。

例外情况：

组件应急射频组将进行 1 个热真空周期的试验。

依据：

鉴定试验需要 3 个热真空周期，以便为验收试验所需的 1 个周期提供裕度。在原型飞行试验方案中，鉴定和验收试验结合在一起，从而消除了裕度。如果增加周期，只会让飞行硬件承受额外的应力。

## PG1-110

项目：

高速率调制解调器

SSP 41172 要求：

4.1 节，用于飞行的鉴定组件（原型飞行）的使用。

原型飞行试验需要 24 个热循环。

例外情况：

高速率调制解调器将进行 8 个热循环的试验。

依据：

鉴定试验需要 24 个热循环，以便为验收试验所需的 8 个周期提供裕度。在原型飞行试验方案中，鉴定和验收试验结合在一起，从而消除了裕度。如果增加周期，只会让飞行硬件承受额外的应力。

## PG1-111

项目：

高速率调制解调器

SSP 41172 要求：

4.1 节，用于飞行的鉴定组件（原型飞行）的使用。

后续组件/元器件应进行相同的原型飞行试验。

例外情况：

对于高速率调制解调器，最初指定为飞行组件的第一组组件不应进行泄压/复压、冲击以及电磁干扰/电磁兼容性原型飞行试验。最初指定为鉴定组件的第二组组件应进行所有所需的准飞行试验。

依据：

针对设计验证而非工艺验证进行泄压/复压、冲击和电磁干扰/电磁兼容性试验。因此，它们只需要进行一次。

## PG1-112

项目：

摇移/倾斜单元

SSP 41172 要求：

4.1 节，用于飞行的鉴定组件（原型飞行）的使用。

原型飞行试验需要 24 个热循环。

例外情况：

摇移/倾斜单元将进行 8 个热循环的试验。

依据：

鉴定试验需要 24 个热循环，以便为验收试验所需的 8 个周期提供裕度。在原型飞行试验方案中，鉴定和验收试验结合在一起，从而消除了裕度。如果增加周期，只会让飞行硬件承受额外的应力。

## PG1-113

项目：

摇移/倾斜单元

SSP 41172 要求：

4.1 节，用于飞行的鉴定组件（原型飞行）的使用。

后续组件/元器件应进行相同的原型飞行试验。

例外情况：

对于摇移/倾斜单元，只应对一个单元进行冲击和电磁干扰/电磁兼容性原型飞行试验。

依据：

针对设计验证而非工艺验证进行冲击和电磁干扰/电磁兼容性试验。因此，它们只需要进行一次。

## PG1-114

项目：

摇移/倾斜单元

SSP 41172 要求：

4.1 节，用于飞行的鉴定组件（原型飞行）的使用。

原型飞行试验需要 3 个热真空周期。

例外情况：

摇移/倾斜单元将进行 1 个热真空周期的试验。

依据：

鉴定试验需要 3 个热真空周期，以便为验收试验所需的 1 个周期提供裕度。在原型飞行试验方案中，鉴定和验收试验结合在一起，从而消除了裕度。如果增加周期，只会让飞行硬件承受额外的应力。

## PG1-115

项目：

S-B 和应答器（XPNDR）

SSP 41172 要求：

4.1 节，用于飞行的鉴定组件（原型飞行）的使用。

原型飞行试验需要 24 个热循环。

例外情况：

S-B 和应答器将进行 8 个热循环的试验。

依据：

鉴定试验需要 24 个热循环，以便为验收试验所需的 8 个周期提供裕度。在原型飞行试验方案中，鉴定和验收试验结合在一起，从而消除了裕度。如果增加周期，只会让飞行硬件承受额外的应力。

## PG1-116

项目：

S-B 和应答器（XPNDR）

SSP 41172 要求：

4.1 节，用于飞行的鉴定组件（原型飞行）的使用。

后续组件/元器件应进行相同的原型飞行试验。

例外情况：

对于 S-B 和应答器，只应对一个单元进行冲击和电磁干扰/电磁兼容性原型飞行试验。

依据：

针对设计验证而非工艺验证进行冲击和电磁干扰/电磁兼容性试验。因此，它们只需要进行一次。

## PG1-117

项目：

S-B 和应答器（XPNDR）

SSP 41172 要求：

4.1 节，用于飞行的鉴定组件（原型飞行）的使用。

原型飞行试验需要 3 个热真空周期。

例外情况：

S-B 和应答器将进行 1 个热真空周期的试验。

依据：

鉴定试验需要 3 个热真空周期，以便为验收试验所需的 1 个周期提供裕度。在原型飞行试验方案中，鉴定和验收试验结合在一起，从而消除了裕度。如果增加周期，只会让飞行硬件承受额外的应力。

## PG1-118

项目：

太空-地面天线（SGANT）

SSP 41172 要求：

4.1 节，用于飞行的鉴定组件（原型飞行）的使用。

原型飞行试验需要 24 个热循环。

例外情况：

太空-地面天线将进行 8 个热循环的试验。

依据：

鉴定试验需要 24 个热循环，以便为验收试验所需的 8 个周期提供裕度。在原型飞行试验方案中，鉴定和验收试验结合在一起，从而消除了裕度。如果增加周期，只会让飞行硬件承受额外的应力。

## PG1-119

项目：

太空-地面天线（SGANT）

SSP 41172 要求：

4.1 节，用于飞行的鉴定组件（原型飞行）的使用。

后续组件/元器件应进行相同的原型飞行试验。

例外情况：

对于太空-地面天线，应只对一个单元进行冲击和电磁干扰/电磁兼容性原型飞行试验。

依据：

针对设计验证而非工艺验证进行冲击和电磁干扰/电磁兼容性试验。因此，它们只需要进行一次。

## PG1-120

项目：

太空-地面天线（SGANT）

SSP 41172 要求：

4.1 节，用于飞行的鉴定组件（原型飞行）的使用。

原型飞行试验需要 3 个热真空周期。

例外情况：

太空-地面天线将进行 1 个热真空周期的试验。

依据：

鉴定试验需要 3 个热真空周期，以便为验收试验所需的 1 个周期提供裕度。在原型飞行试验方案中，鉴定和验收试验结合在一起，从而消除了裕度。如果增加周期，只会让飞行硬件承受额外的应力。

## PG1-121

项目：

太空-地面发射器/接收器控制器（SGTRC）

SSP 41172 要求：

4.1 节，用于飞行的鉴定组件（原型飞行）的使用。

原型飞行试验需要 24 个热循环。

例外情况：

太空-地面发射器/接收器控制器将进行 8 个热循环的试验。

依据：

鉴定试验需要 24 个热循环，以便为验收试验所需的 8 个周期提供裕度。在原型飞行试验方案中，鉴定和验收试验结合在一起，从而消除了裕度。如果增加周期，只会让飞行硬件承受额外的应力。

## PG1-122

项目：

太空-地面发射器/接收器控制器（SGTRC）

SSP 41172 要求：

4.1 节，用于飞行的鉴定组件（原型飞行）的使用。

后续组件/元器件应进行相同的原型飞行试验。

例外情况：

对于太空-地面发射器/接收器控制器，只对一个单元进行冲击和电磁干扰/电磁兼容性原型飞行试验。

依据：

针对设计验证而非工艺验证进行冲击和电磁干扰/电磁兼容性试验。因此，它们只需要进行一次。

## PG1-123

项目：

太空-地面发射器/接收器控制器（SGTRC）

SSP 41172 要求：

4.1 节，用于飞行的鉴定组件（原型飞行）的使用。

原型飞行试验需要 3 个热真空周期。

例外情况：

太空-地面发射器/接收器控制器将进行 1 个热真空周期的试验。

依据：

鉴定试验需要 3 个热真空周期，以便为验收试验所需的 1 个周期提供裕度。在原型飞行试验方案中，鉴定和验收试验结合在一起，从而消除了裕度。如果增加周期，只会让飞行硬件承受额外的应力。

# PG1-124

项目：

电视摄像机接口转换器（TVCIC）

SSP 41172 要求：

4.1 节，用于飞行的鉴定组件（原型飞行）的使用。

原型飞行试验需要 24 个热循环。

例外情况：

电视摄像机接口转换器将进行 8 个热循环的试验。

依据：

鉴定试验需要 24 个热循环，以便为验收试验所需的 8 个周期提供裕度。在原型飞行试验方案中，鉴定和验收试验结合在一起，从而消除了裕度。如果增加周期，只会让飞行硬件承受额外的应力。

# PG1-125

项目：

电视摄像机接口转换器（TVCIC）

SSP 41172 要求：

4.1 节，用于飞行的鉴定组件（原型飞行）的使用。

后续组件/元器件应进行相同的原型飞行试验。

例外情况：

对于电视摄像机接口转换器，应只对一个单元进行冲击和电磁干扰/电磁兼容性原型飞行试验。

依据：

针对设计验证而非工艺验证进行冲击和电磁干扰/电磁兼容性试验。因此，它们只需要进行一次。

# PG1-126

项目：

电视摄像机接口转换器（TVCIC）

SSP 41172 要求：

4.1 节，用于飞行的鉴定组件（原型飞行）的使用。

原型飞行试验需要 3 个热真空周期。

例外情况：

电视摄像机接口转换器将进行 1 个热真空周期的试验。

依据：

鉴定试验需要 3 个热真空周期，以便为验收试验所需的 1 个周期提供裕度。在原型飞行试验方案中，鉴定和验收试验结合在一起，从而消除了裕度。如果增加周期，只会让飞行硬件承受额外的应力。

## PG1-127

项目：

视频基带信号处理器（VBSP）

SSP 41172 要求：

4.1 节，用于飞行的鉴定组件（原型飞行）的使用。

原型飞行试验需要 24 个热循环。

例外情况：

视频基带信号处理器将进行 8 个热循环的试验。

依据：

鉴定试验需要 24 个热循环，以便为验收试验所需的 8 个周期提供裕度。在原型飞行试验方案中，鉴定和验收试验结合在一起，从而消除了裕度。如果增加周期，只会让飞行硬件承受额外的应力。

## PG1-128

项目：

视频基带信号处理器（VBSP）

SSP 41172 要求：

4.1 节，用于飞行的鉴定组件（原型飞行）的使用。

后续组件/元器件应进行相同的原型飞行试验。

例外情况：

对于视频基带信号处理器，应只对一个单元进行泄压/复压、冲击和电磁干扰/电磁兼容性原型飞行试验。

依据：

针对设计验证而非工艺验证进行冲击和电磁干扰/电磁兼容性试验。因此，它们只需要进行一次。

## PG1-129

项目：

外部视频开关（VSW）

SSP 41172 要求：

4.1 节，用于飞行的鉴定组件（原型飞行）的使用。

原型飞行试验需要 24 个热循环。

例外情况：

外部视频开关将进行 8 个热循环的试验。

依据：

鉴定试验需要 24 个热循环，以便为验收试验所需的 8 个周期提供裕度。在原型飞行试验方案中，鉴定和验收试验结合在一起，从而消除了裕度。如果增加周期，只会让飞行硬件承受额外的应力。

## PG1-130

项目：

外部视频开关（VSW）

SSP 41172 要求：

4.1 节，用于飞行的鉴定组件（原型飞行）的使用。

后续组件/元器件应进行相同的原型飞行试验。

例外情况：

对于外部视频开关，应只对一个单元进行冲击和电磁干扰/电磁兼容性原型飞行试验。

依据：

针对设计验证而非工艺验证进行冲击和电磁干扰/电磁兼容性试验。因此，它们只需要进行一次。

## PG1-131

项目：

外部视频开关（VSW）

SSP 41172 要求：

4.1 节，用于飞行的鉴定组件（原型飞行）的使用。

原型飞行试验需要 3 个热真空周期。

例外情况：

外部视频开关将进行 1 个热真空周期的试验。

依据：

鉴定试验需要 3 个热真空周期，以便为验收试验所需的 1 个周期提供裕度。在原型飞行试验方案中，鉴定和验收试验结合在一起，从而消除了裕度。如果增加周期，只会让飞行硬件承受额外的应力。

## PG1-132

项目：

马罗塔阀门组件：

◇ 旁通阀门组件（5D 类阀门）　　　部件号 284243-9001

◇ 隔离 Relief 阀门组件（1D 类阀门）　　　部件号 284180-9001

◇ 储箱隔离阀门组件（4B 类阀门）　　　部件号 284187-9001

◇ 隔离阀门组件（2E 类阀门）　　　部件号 284185-9001

SSP 41172 要求：

3.1.3.3 节，试验量级和持续时间。

在每个周期中，试验件应在高温和低温下至少保持 1h，在此过程中试验件应处于断电状态，直到温度稳定，然后给其加电。在高温和低温下的保持期应足够长，以实现内部热平衡。

例外情况：

对于这些阀门，从第 2 到第 7 个周期，应至少有 1h 的保持期。保持期应足够长，足够长以实现元器件内部热平衡。

依据：

针对工艺筛选的验收热循环试验的主要内容包括：实现快速的温度变化，使硬件承受差动膨胀影响，并在温度极值下达到元器件内部热平衡（在进行功能试验之前或开始向相反温度极值变化之前）。分析认为：在热循环试验过程中使缺陷产生故障的应力主要源自材料差动膨胀和收缩所导致的温度变化速度和机械运动。马罗塔的热循环试验满足 SSP 41172 中关于温度变化速度的要求。马罗塔试验数据表明：阀门在关键活动球元器件达到内部温度平衡，并在试验过程中，在达到温度极值的 20min 内监控外壳温度。自动化试验软件将第一个和最后一个的保持期控制在 60min，其中包括阀门的加电功能试验。对于第 2 到第 7 周期，在温度稳定后可以有 20min 的保持期，从而为阀门内部元器件达到热平衡提供了足够的时间。

## PG1-133

项目：

支柱组件——气锁　　部件号 1F76242

结构装置——舱体-桁架-收起　　部件号 1F37747

结构组件——脐带缆、航空电子设备-左舷　　部件号 1F75285

结构组件——脐带缆、航空电子设备-右舷　　部件号 1F75210

结构组件——脐带缆、流体-左舷　　部件号 1F75281

结构组件——脐带缆、流体-右舷　　部件号 1F75208

装置——舱尾试验室　　部件号 1F76960

SSP 41172 要求：

2.2.2 节，热真空试验（元器件鉴定）。

（1）2.2.2.3 节，试验量级和持续时间。所有要求。

（2）2.2.2.4 节，补充要求。所有要求。

例外情况：

带球面轴承的组件的鉴定热真空试验被元器件球面轴承的热极值试验所取代。

依据：

将通过一次热极值元器件试验来取代热真空结构组件试验，以验证在热极值下的操作设计。这些旋转组件不包含真空敏感元器件，也没有对真空敏感的性能参数。

球面轴承 KPW9PD3、KPW8PD3、KPD8P 和 KPW16CRPD7 将为试验用例。选择这些轴承的原因是它们用于桁架构件活动机械组件，并为每个组件提供了最坏情况下的舱外活动启动力。将使用这些试验的结果来进行分析，从而鉴定舱头航空电子设备和流体脐带缆、舱尾试验室托盘、气锁乘员和设备平移辅助装置支柱铰链和移动运输装置系统支柱。

在试验中，将使用位于一个柄结构内的一组球面轴承。两个套管将在轴承每一侧都栓接在一起，通过一个校准的力矩扳手连接到螺栓，并通过力矩扳手测量转动轴承所需的最大力矩。

美国航空航天局将对如下组件进行一次热真空试验：支柱组件气锁（1F76242），结构装置舱体-桁架-收起装置（1F37747），结构组件、脐带缆、航空电子设备-左舷（1F75285），结构组件脐带缆、航空电子设备-右舷（1F75210），结构组件脐带缆、流体-左舷（1F75281）和结构组件脐带缆、流体-右舷（1F75208）。

这些组件将在温度极值（约为-150℉到170℉）下进行 1 个周期的热真空试验操作。美国航空航天局和波音-亨廷顿比奇公司将协调试验要求。将根据热真空试验的结果来进行详细分析，从而鉴定带球面轴承的组件。

## PG1-134

项目：

散热器旋转接头驱动锁组件（DLA）　　部件号 5846872

SSP 41172 要求：

4.1.1 节，组件/元器件原型飞行试验。

在要用于后续飞行的组件上进行组件/元器件鉴定试验时，试验内容应相同（按照 2.2 节中关于元器件鉴定的定义）。为此，要求原型飞行硬件热循环持续 24 个热循环，如 2.2.3.3 节所述。SSCN 1088 已经被授权将原型飞行硬件热循环时间缩短到 8 个热循环。

例外情况：

将不对全面散热器旋转接头驱动锁组件进行原型飞行热循环试验。

依据：

热循环试验的主要目的是筛选工艺缺陷。具体来说，在试验过程中，为电子设备施加应力，以检测存在故障的元器件和电气连接（接头）。驱动锁组件主要是一个机械组件，带有一些无源电气和电子元器件（即限位开关、驱动电机、旋转变压器、步进电机以及电阻器网络箱）。每个驱动锁元器件都在元器件级进行指定的热冲击试验。

（根据 MIL-STD-202，方法 107，试验条件 A 和 B）

| 元 器 件 | 周 期 数 | 低 温 | 高 温 | 保 持 期 |
|---|---|---|---|---|
| 限位开关 8263601<br>（HSSO） | 5 | −65℃ | 125℃ | 0.5h/0.026lb |
| 驱动电机 T2981054-1<br>（Honeywell） | 5 | −67℃ | 185℃ | 2h/16.5lb |
| 旋转变压器 5847054-G<br>（洛克希德马丁导弹和航天公司） | 5 | −67℃ | 185℃ | 2h/3.7lb |
| 步进电机 5847182-NC（洛克希德马丁导弹和航天公司） | 5 | −67℃ | 185℃ | 2h/10lb |

如下元器件根据 SSCN 1088，完全按照 SSP 41172 的要求进行热循环试验：

| 元 器 件 | 周 期 数 | 低 温 | 高 温 |
|---|---|---|---|
| 电阻器网络箱 G847281（洛克希德马丁导弹和航天公司） | 8 | −45℉ | 160℉ |

在将这些电气元器件组装到驱动锁组件时不产生焊接接缝。将完全按照 SSP 41172 的要求进行一次驱动锁组件原型飞行热真空试验，并包含 3 个温度周期（从−55℉到 170℉）。另外，太阳能阿尔法旋转机构驱动锁组件还进行一次鉴定热循环试验（从−65℉到+182℉），该试验完全根据 SSP 41172 要求来进行。太阳能阿尔法旋转接头驱动锁组件与电子和电气元器件相同，只是其驱动电机略大。驱动锁组件在散热器旋转接头级热真空试验过程中会经历一个额外的热循环。另外，散热器旋转接头驱动锁组件进行 8.9grms 的原型飞行随机振动试验，并进行 300h 的老炼试验。因此，将通过驱动锁元器件热冲击试验以及热真空、随机振动和老炼试验对散热器旋转接头驱动锁组件进行工艺筛选。

## PG1-135

项目：

提示和警告面板　　　　部件号 1F51710-1

SSP 41172 要求：

3.1.3.3 节，试验量级和持续时间。

在每个周期中，试验件应在高温和低温下至少保持 1h，在此过程中试验件应处于断电状态，直到温度稳定，然后给其加电。

例外情况：

提示和警告面板验收试验的最小保持期应为 25min。

依据：

因为采用了焊后结构的简单机电设计，所以如果热保持期超过达到内部热平衡的时间，并不会显著增加筛选过程中所产生的应力。

根据提示和警告面板子组件的组装图，要按照 NHB 5300.4（3A-1）进行焊接。这种焊接点按照 NHB 5300.4（3A-1）进行 200 个周期的鉴定试验，其温度范围（从-55℃到100℃）比提示和警告面板组件更大。在 NHB 5300.4（3A-1）中所述的鉴定焊接点的保持期为 15min。

在热循环试验和振动试验过程中的热变化足以检测工艺缺陷。虽然 SSP 41172 明确要求至少 1h 的保持期，其中还说明："在高温和低温的保持期应足够长，以实现内部热平衡。"在鉴定过程中得到的仪器读数表明：在第 25min 达到热平衡。因此，验收试验流程满足规格要求。

## PG1-136

项目：

组件电力转换器单元（APCU）　　　　部件号 1F67740。

SSP 41172 要求：

2.2.5 节，随机振动试验（元器件鉴定）。

2.2.5.3 节，试验量级和持续时间。

元器件随机振动试验量级和频谱应包含如下范围：

（1）预期最大飞行数值和频谱，但不低于根据 141dB 声环境推导的值（其频谱由 NSTS 21000-IDD-ISS　表 4.1.1.5-1 定义）。

（2）验收试验量级和频谱加上试验公差。

例外情况：

组件电力转换器单元输入鉴定频谱比 ICD-A-21321 航天飞机轨道器/组件电力转换器单元货舱构件 ICD 低 3dB，这是每个轴上 810s 总时间中第一个 180s 的预期最大飞行环境。因为组件电力转换器单元鉴定必须能满足 25 次飞行的要求，所以如果在包络预期最大飞行和验收环境下使其承受 810s 的试验，会使组件电力转换器单元面临不切实际和不合理的鉴定环境，并带来不必要的试验故障风险。因此，组件电力转换器单元最初使用带陷波的包络环境在每个轴进行了 3min 的标准随机振动试验，这样鉴定设备能够进行了 4 次飞行和 4 次验收试验。接下来，在 ICD-A-21321 定义的无陷波预期最大飞行值下，每轴又进行了 630s 的试验，鉴定组件电力转换器单元适合完成其他（21 次）所需的飞行。因为在侧壁安装如下项，所以在第一个 180s 振动过程中的鉴定输入频率都（在每个轴）低于预期最大飞行环境：

（1）电力变压器；源控制图纸 1F97557；版本 E；图纸号 1F97572-1；

（2）输入电力电感器；源控制图纸 1F64573；版本 D；图纸号 1F97573-1。

陷波深度低于其飞行环境值的最大值，近似最大输入陷波频率如下：

◇ *X*-轴　　205～300Hz

◇ *Y*-轴　　240～300Hz

◇ *Z*-轴　　160～350Hz

依据：

组件电力转换器单元承受了如下随机振动环境：

（1）组件电力转换器单元 CITE 单元，太空飞舱飞行 STS-91。

（2）组件电力转换器单元 CITE 单元，原型飞行随机振动试验，使用无陷波原型飞行谱，每轴持续时间 60s。

（3）组件电力转换器单元鉴定单元，在陷波鉴定随机振动谱为每轴 180s。

（4）组件电力转换器单元鉴定单元，在 ICD-A-21321 预期最大飞行谱为每轴 630s。

从清除应力和动力的角度来看，组件电力转换器单元 CITE 单元在 STS-91 原型飞行振动试验过程中承受的振动值等于（经常高于）预期最大飞行环境（在鉴定陷波低于预期最大飞行值的频率范围内）。另外，组件电力转换器单元鉴定单元每轴有 630s 的时间承受无陷波的预期最大飞行值。因此，不存在硬件无法检测到应力/动力清除问题的风险。

从疲劳的角度来看，任何组件电力转换器单元在实际操作中遇到最大预期飞行值的概率都极小。在 25 次任务中遇到最大飞行环境的概率是无限小的。因此，陷波低于预期最大飞行值的 180s 给硬件的验证疲劳寿命带来的风险很小。

## PG1-137

项目：

电子组件　　　部件号 5092021-9　　　序列号 0101、0102、0103 和 0104

SSP 41172 要求：

电子或电气设备应进行最小随机振动试验，参见表 3-1。

3.1.4.3 节，试验量级和持续时间。

元器件随机振动试验量级和频谱应包含如下范围：图 3-2 中给出的工艺筛选数值和频谱，或者由主承包商批准的筛选数值和频谱。

例外情况：

注释中提到的电子组件不需要满足图 3-2 所给出的工艺筛选数值和频谱。

依据：

在鉴定和验收随机振动试验过程中，电子组件安装在控制力矩陀螺上。在整个指定的频带内，在所有三个轴上都没有达到图 3-2 中指定的数值。后续试验数据分析表明：电子组件在 *X*-轴（与电路卡组件（CCA）平面垂直的轴）的 300～500Hz 频率范围内遇到了所需的最小工艺筛选输入值。因为电路卡组件一般会在 100～500Hz 频率范围内出现共振，并且与电路卡组件平面垂直的轴对工艺筛选而言是最关键的轴，所以结论是控制力矩陀螺电子组件得到了合理的工艺筛选。

因为在其他两个轴（*Y*-轴和 *Z*-轴）的其他频率下未能达到所需最小筛选值而导致工艺缺陷未被检测的风险被视为很小，再考虑到在最小工艺值下对电子组件进行复验所涉及的其他风险

（比如处理损害以及影响成本和日程的风险），并不能说明在此时进行重新筛选是合理的。如果重新进行筛选，可能使飞行硬件产生不必要的潜在疲劳累积，这对成本和日程都有显著影响，同时对提升筛选效果作用也很有限。如果有任何单位元被返回维修，则将通过时间兼容技术指令启动与电子组件部件等级相符合的验收振动试验。

## PG1-138

项目：

电子组件　　　部件号 5092021-9

SSP 41172 要求：

电子或电气设备应进行一次最小随机振动试验，参见表 2-1。

2.2.5.3 节，验收量级和持续时间。

元器件随机振动试验量级和频谱应包含如下范围：验收试验量级和频谱加上试验公差。

例外情况：

注释中给出的电子组件在如下频带内部满足验收随机振动的鉴定值。

| 轴 | 频率范围（Hz） | 振动差值 |
|---|---|---|
| X-轴 | 170～200 | 低 2dB |
| | 1300～2000 | 低 0～8dB |
| Y-轴 | 200～220 | 低 3dB |
| | 800～900 | 低 3dB |
| Z-轴 | 1300～2000 | 低 0～4.6dB |
| | 500～670 | 低 2.2dB |

依据：

在鉴定随机振动试验过程中，电子组件安装在控制力矩陀螺上。在所有三个轴上，在指定的整个频带内都没有达到单机配置下验收随机振动试验鉴定电子组件所需的数值。

不过，在电子电路卡组件的典型共振频带上，电子组件达到了所需的数值。在指定频带内的验收试验值缺少鉴定裕度所带来的风险被视为很小。

## PG1-139

项目：

多路复用器/多路信号分离器（MDM）第 8 类　　　部件号 8260525-905

SSP 41172 要求：

2.2.3.3 节，试验量级和持续时间。

在热循环的高温部分，元器件应处于最高验收限值加上 20℉（11.1℃）的裕度（最高设计温度）；在热循环的低温部分，元器件应处于最低验收温度减去 20℉ 的（11.1℃）裕度（最低设计限值温度）。

例外情况：

第 8 类多路复用器/多路信号分离器的鉴定热循环试验应在 140℉ 的最高基板温度下进行。这等于预期最高在轨温度。

依据：

按照 SSP 41172 要求，在 160℉ 下进行鉴定热真空试验，检验多路复用器/多路信号分离器在 140℉ 在轨条件下正常操作的能力。在飞行器前两年使用寿命中，第 8 类多路复用器/多路信号分离器超过 120℉ 的时间不会超过 37 天。另外，在 PV 舱的两个飞行多路复用器/多路信号分离器是全冗余的，因此任何一个多路复用器/多路信号分离器的故障都不会导致其失去功能。

## PG1-140

项目：

多路复用器/多路信号分离器（MDM）第 8 类　　　部件号 8260525-905

SSP 41172 要求：

3.1.3.3 节，试验量级和持续时间。

在热循环的高温部分，元器件应处于最大验收限值；在热循环的低温部分，元器件应处于最小验收限值。

例外情况：

应在 120℉ 的最高基板温度对第 8 类多路复用器/多路信号分离器进行验收热循环试验。这比预期最高在轨温度低 20℉。

依据：

按照 SSP 41172 要求，在 140℉ 下进行验收热真空试验，检验多路复用器/多路信号分离器在 140℉ 在轨条件下正常操作的能力。在飞行器前两年使用寿命中，第 8 类多路复用器/多路信号分离器超过 120℉ 的时间不会超过 37 天。另外，在 PV 舱的两个飞行多路复用器/多路信号分离器是全冗余的，因此任何一个多路复用器/多路信号分离器的故障都不会导致其失去功能。

在这些情况下，通过在 -45℉ 到 120℉ 温度范围内对第 8 类多路复用器/多路信号分离器进行验收热循环验收试验，可以提供合理的应力筛选，从而确保这些飞行多路复用器/多路信号分离器的工艺符合要求。此类试验超过了 100℉ 的最低温度范围要求，并超过了 32℉ 的所需最小热循环试验温度。没有必要在热循环的高温端再增加 20℉，并对 3 个飞行单元重复验收热循环试验以增加信心。这种例外情况也适用于可以在电路卡（车间可更换单元）级拆除/更换的后勤备件。

## PG1-141

项目：

太空-地面天线万向节电机　　　部件号 10033206-2　　　序列号 001 和 002

SSP 41172 要求：

4.1.1 节，组件/元器件原型飞行试验。

（1）对于热真空试验，温度极值应超过预期最低和最高温度 10℉（5.6℃）。

（2）对于热循环试验，温度周期应超过预期最低和最高温度 10℉（5.6℃）。

例外情况：

太空-地面天线组件高度（EL）和交叉高度（XEL）电机将在如下温度值下进行原型飞行热试验。

| 万向节<br>元器件 | 预期飞行<br>温度（℉） | SSP 41172<br>要求（℉） | 在 QM 万向节组件热<br>试验中达到的温度<br>（℉） | 在翻修 SGANT-QM 原型飞行<br>在轨可更换单元热真空试验<br>中达到的温度热真空（℉） | 在 SGANT_FM 原型飞行在<br>轨可更换单元热真空试验<br>中达到的温度热真空（℉） |
|---|---|---|---|---|---|
| XEL 电机 | 151 | 161 | 160 | 158 | 151 |
| EL 电机 | 151 | 161 | 156 | 151 | 144 |

因此，万向节电机不满足最小原型飞行热循环和热真空试验所需的高温。

依据：

将两个电机组装到太空-地面天线，需要进行如下试验：

（1）个体电机试验。

（2）在万向节组件级的试验。

（3）在太空-地面天线级的试验。

个体电机需要在 248℉ 下进行 96h 的老炼试验，并在 199℉ 下进行操作试验。在万向节组件级和太空-地面天线级的试验参照例外情况。通过所有这些试验，使 SGANT FM XEL 电机和 SGANT QM EL 电机可以承受最大飞行环境。另外，分析表明：在高达 170℉ 的温度下，能够满足力矩和功耗要求，并有一定的裕度。

因此，在电机试验过程中，所有电机都在高于 161℉ 的温度下操作。分析表明：在不超过 170℉ 的温度下，它们都能在要求范围内保持良好的功能，并且因为所有电机都相同，所以可以证明电机能在 151℉ 以内正常操作。

太空-地面天线万向节电机（部件号 10033206-2　序列号 003）将根据 SSP 41172 进行热试验。

## PG1-142

项目：

组件应急射频组　部件号 830699-551　序列号 001、002 和 003

SSP 41172 要求：

4.1.1 节，组件/元器件原型飞行试验。

在要用于后续飞行的组件上进行组件/元器件鉴定试验时，试验内容应相同（按照 2.2 节中关于元器件鉴定的定义），并有如下例外情况。

要求原型飞行硬件热循环温度在所有 8 个周期中都比预期最高温度高 10℉，如第 4.1.1 节所述。

例外情况：

在第 2 到第 7 个原型飞行热循环中，组件应急射频组应该达到 104℉ 的最高温度，仅在第一个热试验周期中达到 146℉ 的最高原型飞行温度。这些单元的任何后续热循环试验都需要完全按照 SSP 41172 的要求进行试验。

依据：

在组件应急射频组组件进行的试验并没有提供进行工艺筛选所需的局部化热应力。在第 1 和第 8 个原型飞行热循环中，组件应急射频组组件经历了足够长时间的 146℉ 最高原型飞行温度，能够达到内部热平衡。组件应急射频组组件在原型飞行热真空试验过程中也经历了最高原型飞行温度。在最高温度下进行并通过了全面功能试验。

组件应急射频组的两个内部电子元器件固态功率放大器（SSPA）和低噪声放大器（LNA）也进行了元器件级热试验。固态功率放大器在-41℉到146℉的范围内进行了大量元器件级热试验。在将元器件安装到更高层组件之前进行了此试验，从而确保在组件应急射频组级进行原型飞行热试验的过程中满足射频性能要求。低噪声放大器还出于相同的原因在其-41℉到104℉的预期温度范围内进行了元器件级热试验。两者都通过了元器件级性能试验（在这些元器件级试验过程中和之后）。

组件应急射频组验收试验流程已经进行了更新，以纠正此缺陷，从而确保未来按照流程进行的任何单元试验都符合 SSP 41172 的要求。

## PG1-143

项目：

组件应急射频组　　　部件号 830699-551　　　序列号 001、002 和 003

SSP 41172 要求：

4.1.1 节，组件/元器件原型飞行试验。

在要用于后续飞行的组件上进行组件/元器件鉴定试验时，试验内容应相同（按照 2.2 节中关于元器件鉴定的定义）。为此，要求在热循环试验的每个周期中，都给原型飞行硬件断电，直到温度达到稳定，然后再启动它，如 2.2.3.3 节所述。

例外情况：

仅在第一次热循环试验中，在第 2 到第 7 个原型飞行热循环内，此组件应急射频组组件不应进行加电和断电循环操作。这些单元的任何后续热循环试验都应完全符合 SSP 41172 的要求。

依据：

组件应急射频组组件 120V 直流操作和加热器电源在每个原型飞行热循环不进行加电和断电循环操作。在第一个原型飞行热循环中，操作电源在最低操作温度（-41℉）和最高操作温度（146℉）下关闭/开启；在第 8 个原型飞行热循环中，则在最低操作温度下开启和关闭。在第一个原型飞行热循环中，加热器电源在最小操作温度下关闭/开启。

按照说明，在原型飞行热循环试验过程中，组件应急射频组组件进行 3 次加电和断电循环操作。组件应急射频组组件还在原型飞行热真空试验过程中进行两次加电和断电循环操作。在温度极值下进行加电和断电循环操作的目的是筛选潜在的工艺缺陷。在第 2 到第 7 周期不进行加电和断电循环操作，并不会严重影响热循环试验的有效性。不过，组件应急射频组的验收试验流程会进行更新，以纠正此缺陷，从而确保未来按照流程进行的单元试验都符合 SSP 41172 的要求。

## PG1-144

项目：

组件应急射频组　　　部件号 830699-551　　　序列号 001

SSP 41172 要求：

4.1.1 节，组件/元器件原型飞行试验。

在要用于后续飞行的组件上进行组件/元器件鉴定试验时，试验内容应相同（按照 2.2 节中关于元器件鉴定的定义）。为此，要求在第一个和最后一个热循环过程中，在最高和最低原型飞行温度下，在元器件返回到环境温度之后，对原型飞行硬件进行功能试验，如 2.2.3.4 节所述。

例外情况：

仅在第一次热循环试验中，在第 8 个原型飞行热循环内，此组件应急射频组组件不应在最低温度进行加电和断电循环操作。这些单元的任何后续热循环试验都应完全符合 SSP 41172 的要求。

依据：

在第 1 个原型飞行热循环，此组件应急射频组组件在最高和最低原型飞行温度下通过了功能试验；在第 8 个原型飞行热循环，此组件应急射频组组件在最高温度下通过了功能试验。此后，在原型飞行热真空试验期间，此组件应急射频组组件在最高和最低原型飞行温度下通过了功能试验。因此，此单元在其在轨条件下无法正常操作的风险极小。另外，其他组件应急射频组组件也按照要求进行了功能试验，并顺利通过。这使相关人员对组件应急射频组组件的设计充满信心。

## PG1-145

项目：

组件应急基带信号处理器（ACBSP）　　　部件号 10033177-1

SSP 41172 要求：

4.1.1 节，组件/元器件原型飞行试验。

在要用于后续飞行的组件上进行组件/元器件鉴定试验时，试验内容应相同（按照 2.2 节中关于元器件鉴定的定义）。为此，要求在热循环试验的每个周期中关闭原型飞行硬件，直到温度达到稳定，然后再启动它，如 2.2.3.3 节所述。

例外情况：

仅在第一次热循环试验中，在第 2 到第 7 个原型飞行热循环内，此组件应急基带信号处理器组件不应进行加电和断电循环操作。这些单元的任何后续热循环试验都应完全符合 SSP 41172 的要求。

依据：

组件应急基带信号处理器组件 120V 直流操作电源在每个原型飞行热循环不进行加电和断电循环操作。在第一个原型飞行热循环中，操作电源在最低非操作温度（-58℉）和最低操作温度（-33℉）下关闭/开启，并在最高操作温度（138℉）下关闭/开启两次；在第 8 个原型飞行热循环中，则在最低操作温度和最高操作温度下开启和关闭。

按照说明，在原型飞行热循环试验过程中，组件应急基带信号处理器组件进行 6 次加电和断电循环操作。组件应急基带信号处理器组件还在原型飞行热真空试验过程中进行两次加电和断电循环操作。在温度极值下进行加电和断电循环操作的目的是筛选潜在的工艺缺陷。在第 2 到第 7 周期不进行加电和断电循环操作，并不会严重影响热循环试验的有效性。不过，组件应急基带信号处理器的验收试验流程会进行更新，以纠正此缺陷，从而确保未来按照流程进行的单元试验都符合 SSP 41172 的要求。

## PG1-146

项目：

组件应急基带信号处理器（ACBSP）　　　部件号 10033177-1

SSP 41172 要求：

4.1.1 节，组件/元器件原型飞行试验。

在要用于后续飞行的组件上进行组件/元器件鉴定试验时，试验内容应相同（按照 2.2 节中关于元器件鉴定的定义）。为此，要求原型飞行硬件在 0.001Torr（0.133Pa）或更低的外部耐压条件下进行微弱泄漏试验，试验时间为 4h，如 2.2.11.3 节所述。

例外情况：

组件应急基带信号处理器组件应使用一种回流泄漏检测方法进行微弱泄漏试验，采用的外部压力低于 0.050Torr，试验时间至少为 5min。

依据：

组件应急基带信号处理器组件采用回流泄漏检测方法（尺寸为 14in×8in×10in），扩散泵容量为 90L/s，并采用一个钟形容器（尺寸为 36in×$\Phi$24in）。使用商业即用型瓦里安 938-41 Porta——试验泄漏检测器监控组件应急基带信号处理器组件的微弱泄漏速度，其氦气检测灵敏度为 2×10E-10 atm cc/s，响应时间为 2s。在此配置下，5min 的试验时间足够检测器确定微弱泄漏速度是否低于元器件的允许泄漏速度，即 8×10E-05 atm cc/s 氦气。另外，在将外部压力降低到 0.050Torr 以下的过程中，还利用了密封功能。在实际中，微弱泄漏向检测器传播的时间要长得多（至少多 30min），从而确保能够检测精确的速度。因此，如果采用回流泄漏检测方法进行微弱泄漏试验，那么针对所述配置为外部试验压力和试验时间要求设置例外情况所产生的风险很小。

## PG1-147

项目：

流体线路固定片　　部件号 1F98569、1F98528 和 1F98570

SSP 41172 要求：

2.2.5 节，随机振动试验（元器件鉴定）。

2.2.5.3 节，试验量级和持续时间。所有要求。

2.2.5.4 节，补充要求。所有要求。

例外情况：

流体线路固定片不进行鉴定随机振动试验。

依据：

流体线路固定片的设计方案并不保证可以通过鉴定随机振动试验来进行验证，因为试验项没有随机振动敏感部件。所有流体线路固定片都将在在轨环境发射后安装，因此，部件在其操作配置下（连接到一个流体管线）肯定不会承受发射环境。另外，在发射过程中，流体线路固定片还会被收起来并固定好，以限制其接触相关环境。

## PG1-148

项目：

流体线路固定片　　部件号 1F98569、1F98528 和 1F98570

SSP 41172 要求：

2.2.10 节，压力试验（元器件鉴定）。

2.2.10.3 节，试验量级。

极限压力应如 SSP 30559 第 3 节所述。为此，要求对尺寸不到 1.5in 的管线和固件进行一次极限压力试验，其试验压力为最大设计压力的 4 倍。

例外情况：

流体线路固定片应进行一次鉴定极限压力试验，其试验压力为最大设计压力的 2 倍。

依据：

进行鉴定极限压力试验所采用的压力为最大设计压力的 2 倍而不是 4 倍，因为在进行永久性维修之前，流体线路固定片作为流体线路上的一个临时装置。因此，该单元的预期磨损比永久管线或结构要低。另外，流体线路固定片与其他管线、固件和软管不同，它在一个刚性体内采用了一个软密封件。在 1000psi 条件下进行爆裂试验，以验证设计。

## PG1-149

项目：

流体线路固定片 部件号 1F98569、1F98528 和 1F98570

SSP 41172 要求：

3.1.2 节，热真空试验（元器件验收）。

3.1.2.3 节，试验量级和持续时间。所有要求。

3.1.2.4 节，补充要求。所有要求。

3.1.3 节，热循环试验（元器件验收）。

3.1.3.3 节，试验量级和持续时间。所有要求。

3.1.3.4 节，补充要求。所有要求。

3.1.4 节，随机振动试验（元器件验收）。

3.1.4.3 节，试验量级和持续时间。所有要求。

3.1.4.4 节，补充要求。所有要求。

3.1.6 节，压力试验（元器件验收）。

3.1.6.3 节，试验量级。所有要求。

3.1.7 节，泄漏试验（元器件验收）。

3.1.7.3 节，试验量级和持续时间。所有要求。

例外情况：

流体管线固定片将不进行验收热真空、验收热循环、验收随机振动、验收压力和验收泄漏试验。

依据：

流体线路固定片为环境控制和生命保障系统以及热控制系统流体管线提供刚性流体线路泄漏维修功能。在进行永久性维修之前，流体线路固定片作为流体线路上的一个临时装置。流体线路固定片本身的设计采用了一个软密封件。在连接到流体管线之后，流体线路固定片密封件就被用掉，因此，该元器件是一次性单元。所以，不能在操作配置（连接到一个流体管线）下对用于飞行的流体线路固定片进行验收试验。所有用于飞行的流体线路固定片都应通过检查来进行验收。

# PG1-150

项目：

跟踪和数据转发卫星系统（TDRSS）应答机（XPDR）　　部件号 10039397-1

SSP 41172 要求：

4.1.1 节，组件/元器件原型飞行试验。

在要用于后续飞行的组件上进行组件/元器件鉴定试验时，试验内容应相同（按照 2.2 节中关于元器件鉴定的定义）。为此，要求在热循环试验的每个周期中，都给原型飞行硬件断电，直到温度达到稳定，然后再启动它，如 2.2.3.3 节所述。

例外情况：

仅在第一次热循环试验中，在第 2 到第 7 个原型飞行热循环内，跟踪和数据转发卫星系统 XPDR 不应进行加电和断电循环操作。这些单元的任何后续热循环试验都应完全符合 SSP 41172 的要求。

依据：

跟踪和数据转发卫星系统 XPDR 在 120V 直流操作电源下，每个原型飞行热循环不进行加电和断电循环操作。在第一个原型飞行热循环中，操作电源在最低非操作温度（-58℉）和最低操作温度（-33℉）下关闭/开启，并在最高操作温度（138℉）下关闭/开启两次；在第 8 个原型飞行热循环中，则在最低操作温度下关闭/开启，并在最高操作温度下开启和关闭两次。

在原型飞行热循环试验过程中，跟踪和数据转发卫星系统 XPDR 进行 7 次加电和断电循环操作。跟踪和数据转发卫星系统 XPDR 还在原型飞行热真空试验过程中进行两次加电和断电循环操作。在温度极值下进行加电和断电循环操作的目的是筛选潜在的工艺缺陷。在第 2 到第 7 周期不进行加电和断电循环操作，并不会严重影响热循环试验的有效性。不过，跟踪和数据转发卫星系统 XPDR 的验收试验流程会进行更新，以纠正此缺陷，从而确保未来按照流程进行的单元试验都符合 SSP 41172 的要求。

# PG1-151

项目：

跟踪和数据转发卫星系统（TDRSS）应答器（XPDR）　　部件号 10039397-1

SSP 41172 要求：

4.1.1 节，组件/元器件原型飞行试验。

在要用于后续飞行的组件上进行组件/元器件鉴定试验时，试验内容应相同（按照 2.2 节中关于元器件鉴定的定义）。为此，要求原型飞行硬件在 0.001Torr（0.133Pa）或更低的外部耐压条件下进行微弱泄漏试验，试验时间为 4h，如 2.2.11.3 节所述。

例外情况：

跟踪和数据转发卫星系统 XPDR 应使用一种回流泄漏检测方法进行微弱泄漏试验，采用的外部压力低于 0.050Torr，试验时间至少为 5min。

依据：

跟踪和数据转发卫星系统 XPDR 采用回流泄漏检测方法（尺寸为 14in×8in×10in），扩散泵容量为 90L/s，并采用一个钟形容器（尺寸为 36in×$\phi$24in）。使用商业即用型瓦里安 938-41 Porta ——试验泄漏检测器监控跟踪和数据转发卫星系统 XPDR 的微弱泄漏速度，其氦气检测灵敏度为 2×10E-10 atm cc/s，响应时间为两秒。在此配置下，5min 的试验时间足够检测器确定微弱泄漏速度是否低于元器件的允许泄漏速度，即 8×10E-05 atm cc/s 氦气。另外，在将外部压力降低到 0.050Torr 以下的过程中，还利用了密封功能。在实际中，微弱泄漏向检测器传播的时间要长得多（至少多 30min），从而确保能够检测精确的速度。因此，如果采用回流泄漏检测方法进行微弱泄漏试验，那么针对所述配置为外部试验压力和试验时间要求设置例外情况所产生的风险很小。

## PG1-152

项目：

捕捉闭锁组件（CLA）　　部件号 1F03095-1

脐带缆装置组件（UMA）——主动半结构　　部件号 1F05101-501

脐带缆装置组件（UMA）——被动半结构　　部件号 1F05104-501

电动螺栓组件（MBA）　　部件号 1F49180-1

SSP 41172 要求：

2.2.2 节，热真空试验（元器件鉴定）。

2.2.2.3 节，试验量级和持续时间。

至少应采用 3 个温度周期。

例外情况：

至少应采用 1 个热循环。

依据：

PG1-63 可以不对共用硬件机械组件进行热真空鉴定试验，并用至少 1 个热循环的共用硬件装置组件环境压力试验来代替。其所属的活动机械组件（包括捕捉闭锁组件、脐带缆装置组件和电动螺栓组件）也有相同通过的理由。通过 1 个热循环就足以确定热膨胀和收缩异常。因为加热器需要使内部集成电机控制器启动器（集成电机/控制器组件）的温度保持在-45℉以上，所以热真空试验需要在元器件上达到合适的热传输效果。应满足 SSP 41172 中关于第一个鉴定热真空周期的要求。捕捉闭锁组件、脐带缆装置组件和电动螺栓组件内部电子元器件（集成电机/控制器组件和螺栓电机启动器）在一个热真空环境中独立认证。

## PG1-153

项目：

太空-地面天线（SGANT）　　部件号 10033206-2

SSP 41172 要求：

4.1.1 节，组件/元器件原型飞行试验。

在要用于后续飞行的组件上进行组件/元器件鉴定试验时，试验内容应相同（按照 2.2 节中关于元器件鉴定的定义）。为此，需要在每个热循环试验周期中，在最低和最高温度下对组件进行加电和断电循环操作。

例外情况：

在热循环试验中，太空-地面天线组件只在第 1 次热循环试验的两个周期中进行加电和断电循环操作：在第 1 个热循环的最小和最大极值下，以及第 8 个周期的最大极值下。此单元的任何后续热循环试验都应完全符合 SSP 41172 的要求。

依据：

按照说明，在原型飞行热循环试验过程中，太空-地面天线进行3次加电和断电循环操作。太空-地面天线还在原型飞行热真空试验过程中进行两次加电和断电循环操作。在温度极值下进行加电和断电循环操作的目的是筛选潜在的工艺缺陷。在第2到第7周期以及在第8周期的最小极值下不进行加电和断电循环操作，并不会严重影响热循环试验的有效性。整体工艺筛选质量满足要求。不过，太空-地面天线的常规要求规格和验收试验流程会进行更新，以纠正此缺陷，从而确保未来按照流程进行的单元试验都符合SSP 41172的要求。

## PG1-154

项目：

太空-地面天线（SGANT）　　　部件号 10033206-2

SSP 41172 要求：

4.1.1 节，组件/元器件原型飞行试验。

在要用于后续飞行的组件上进行组件/元器件鉴定试验时，试验内容应相同（按照2.2节中关于元器件鉴定的定义），例外情况如下。

对于热循环试验，温度周期应超过最高和最低预期温度10°F（5.6℃）。最小周期数应为8个周期，如4.1.1节所述。

例外情况：

太空-地面天线元器件不满足给定的原型飞行热循环要求。

| | |
|---|---|
| 主反射器 | 最低预期温度为-116°F |
| | 原型飞行热循环已试验最低温度为-34°F |
| 最低预期温度 | 138°F |
| | 子反射器-原型飞行热循环已试验最低温度为-34°F |
| 跟踪调制器驱动器 | 预期最高温度为123°F |
| | 原型飞行热循环已试验最高温度为127°F |

依据：

通过内部太空-地面天线电机驱动放大器的在轨预期温度控制太空-地面天线组件的原型飞行热循环试验。太空-地面天线电机驱动放大器的预期最低在轨温度为-20°F；太空-地面天线电机驱动放大器的预期最高在轨温度为115°F。太空-地面天线组件的原型飞行热循环试验温度范围为-32°F到127°F。在此试验过程中，所有元器件没有遇到SSP 41172原型飞行环境试验所要求的极值温度。不过，在附加的热真空和热循环试验过程中施加了合适的应力。

在太空-地面天线原型飞行热真空试验的冷周期中，主反射器试验温度达到-178°F，子反射器试验温度达到-193°F。这超过了主反射器最低预期环境温度62°F，超过了子反射器最低预期环境温度55°F，因此提供了热设计裕度。另外，反射器不包括任何电气、电子和机电（EEE）或活动部件。

在太空-地面天线制造过程中，将跟踪调制器驱动器（TMD）组装到一个射频馈给装置，然后将射频馈给装置组装到太空-地面天线内。在将射频馈给装置组装到太空-地面天线之前，射频反馈装置进行1个周期的热试验。在此射频馈给装置热试验过程中，TMD承受147°F的温度，这超过其最高预期环境温度24°F。另外，在太空-地面天线原型飞行热真空试验过程中，TMD承受143°F的温度，这超过其最高预期环境温度20°F。此外，在TMD中的所有内部电气、电子和机电部件都按照筛选要求在-67℉到257℉温度范围内进行了试验。综合各种试验情况，TMD有足够的热设计裕度。

两个反射器和TMD在所有热试验中都至少承受了100℉的温度范围。

## PG1-155

项目：

太空-地面天线（SGANT）　　部件号 10033206-2

SSP 41172 要求：

4.1.1 节，组件/元器件原型飞行试验。

在要用于后续飞行的组件上进行组件/元器件鉴定试验时，试验内容应相同（按照 2.2 节中关于元器件鉴定的定义）。为此，要求在原型飞行声学试验过程中，给组件加电并进行监控。

对于声振动鉴定试验，试验值应为预期最大飞行值，不过不低于根据 141dB 整体声环境推导的数值，其频谱由 NSTS 21000-IDD-ISS　4.1.1.5 节定义）。试验时间应不超过 1min。

例外情况：

在声学试验过程中，太空-地面天线组件可以不加电和监控。

依据：

在元器件级振动试验过程中，个体太空-地面天线电气元器件（TRD 和电机驱动组件）按照如下数值进行加电和监控。

跟踪调制器驱动器　　$X$-轴和 $Y$-轴：10.48grms；　$Z$-轴：12.97grms

电机驱动放大器　　$X$-轴和 $Y$-轴：9.28grms；　$Z$-轴：12.07grms

万向节组件电机和编码器进行了未加电的元器件级振动试验，不过此后通过了功能试验。电机进行了额外的筛选试验，其包括直流电阻试验、介电耐压试验以及 MIL-STD-202 兼容热循环试验和老炼，而编码器（一个由电气、电子和机电部件构成的电路卡）进行了 8 个周期的热试验。

万向节组件在高于最低筛选值的条件下进行了元器件级振动试验，并在其后通过了功能试验。

接下来，将万向节组件组装到太空-地面天线组件，并进行了声振动试验。太空-地面天线组件在之前和之后通过了功能试验。

另外，在万向节组件进行了振动试验之后，对太空-地面天线组件进行了所有热试验。这些热试验是在加电状态下进行的，并进行了监控。

整体试验量级足够好，可以通过工艺筛选检测中断。

## PG1-156

项目：

集成电机控制器启动器　　部件号 1F03158

SSP 41172 要求：

3.1.8 节，老炼试验（元器件验收）。

3.1.8.3 节，试验量级和持续时间。

对于固定温度老炼（在环境温度下或者升温加速老炼条件下），总操作时间应等效于 300h 的环境温度老炼。

例外情况：

固定温度老炼时间将不少于67h。

依据：

通过足够的筛选收集了故障机制相关的时间/温度数据，其中包括扩散缺陷、介电强度、氧化和化学污染。以如下试验作为依据：

（1）S规格电气、电子和机电单件——部件级筛选和老炼。

◇ 所有电气、电子和机电部件都进行功能试验和升温试验；

◇ 所有部件都进行热冲击和元器件级老炼试验。

（2）集成电机/控制器组件卡级试验。

◇ 在-65℉、75℉和160℉下进行了功能试验；

◇ 集成电机/控制器组件进行了8周期的热循环试验，其温度从-65℉到160℉。

（3）箱级试验。

◇ 进行一次10周期的环境应力筛选试验，其温度从-24℉到128℉，温度变化速度为每分钟1.8℉；

◇ 箱体进行一次60s的三轴随机振动试验；

◇ 箱体进行一次8周期的热真空试验，其温度从-45℉到140℉，温度变化速度为每分钟1.8℉。

最后，在在轨可更换单元试验、舱节试验和MEIT过程中进行额外的筛选，进一步降低只能通过额外老炼试验确定的故障的概率。

## PG1-157

项目：

集成电机控制器启动器　　部件号1F03158

SSP 41172要求：

3.1.2节，热真空试验（元器件验收）。

3.1.2.3节，试验量级和持续时间。

在热循环的高温部分，元器件应处于最高预期温度；在热循环的低温部分，元器件应处于最低预期温度。

3.1.3节，热循环试验（元器件验收）。

3.1.3.3节，试验量级和持续时间。

在热循环的高温部分，元器件应处于最大验收限值温度；在热循环的低温部分，元器件应处于最小验收限值温度。

例外情况：

集成电机/控制器组件将在-34.5℉断电。

依据：

通过使用内部集成电机/控制器组件电阻温度检测器得到的热研究数据确认：虽然集成电机/控制器组件冷板和真空室环境达到了-45.0℉的最低预期温度，但是集成电机/控制器组件在比最低预期温度高10.5℉的温度（-34.5℉）断电。在向最低预期温度和内部热平衡变化的剩余时间内，该单元将不进行故障和中断性能监控。不过，将在第一个和最后一个周期中，在所需的断电保持期后通过功能试验确定故障。在中间的各周期（第2到第7周期），将在断电保持期后的冷启动过程中以及向预期最高温度变化的过程中筛选故障和中断性能。因此，目前的集成电机/控制器组件试验将能够发现任何工艺缺陷。

## PG1-158

项目：

集成电机控制器启动器　　部件号 1F03158

SSP 41172 要求：

2.2.2 节，热真空试验（元器件鉴定）。

2.2.2.3 节，试验量级和持续时间。

元器件保持期应足够长，以达到至少 1h 的内部热平衡。

2.2.3 节，热循环试验（元器件鉴定）。

2.2.3.3 节，试验量级和持续时间。

在每个周期中，在高温和低温下都至少有 1h 的保持时间，在此过程中，应将试验件关闭，直到温度稳定后再启动。

例外情况：

在最小鉴定温度的保持期应为 40min。

依据：

在集成电机/控制器组件验收试验热研究过程中，研究了内部电阻温度检测器数据（包括一个 4h 的保持期和一个 40min 的保持期）。数据表明：在这两个保持期之后，电阻温度检测器温度读数差异在 0.8℉范围内。此读数差值验证了已经达到内部热平衡的假设，并满足了 SSP 41172 中规定的热保持期要求。

## PG1-159

项目：

集成电机控制器启动器　　部件号 1F03158

SSP 41172 要求：

3.1.2 节，热真空试验（元器件验收）。

3.1.2.3 节，试验量级和持续时间。

部件应在高温和低温极值在断电状态下经历至少 1h 的保持期，或经历足够长的时间以达到鉴定试验所确定的内部热平衡（以两者中较长者为准），然后再启动。

3.1.3 节，热循环试验（元器件验收）。

3.1.3.3 节，试验量级和持续时间。

在每个周期中，在高温和低温下都至少有 1h 的保持时间，在此过程中，应将试验件关闭，直到温度稳定后再启动。

例外情况：

在最低预期温度的保持期应为 40min。

依据：

在集成电机/控制器组件验收试验热研究过程中，研究了内部电阻温度检测器数据（包括一个 4h 的保持期和一个 40min 的保持期）。数据表明：在这两个保持期之后，电阻温度检测器温度读数差异在 0.8℉范围内。此读数差值验证了已经达到内部热平衡的假设，并满足了 SSP

41172 中规定的热保持期要求。

## PG1-160

项目：

恒温器箱组件　　部件号 1F80434-1 和 1F80435-1

SSP 41172 要求：

4.1.1 节，组件/元器件原型飞行试验。

在要用于后续飞行的组件上进行组件/元器件鉴定试验时，试验内容应相同（按照 2.2 节中关于元器件鉴定的定义）。为此，要求根据 2.2.3 节的要求以及 4.1.1 节的修改内容进行原型飞行热循环试验。

例外情况：

全套恒温器箱组件将不进行原型飞行热循环试验。

依据：

恒温器箱组件是 1 个 S1/P1 特有组件，用来放置恒温器（部件号 1F97596），该恒温器控制散热器束流体线路加热器。需要通过此外壳来保护恒温器不受外部环境影响，并通过加热器（MIL-R-39009C RER75 型）保持一个热调节环境。所有恒温器都根据附录 K MIL-PRF-38534 的要求进行元器件级热筛选，此过程包括从-55℃到 125℃的 20 个热循环。另外，要使用每批次恒温器的 5 个样本进行 1 次 100 周期的热冲击试验，其温度从-55℃到 125℃，不允许出现缺陷。热真空试验将保留在原型飞行试验计划中。

不需要进行组件级的附加热循环试验，因为此组件只有 4 个焊接点。波音公司质量保证部门和 DCMC 会对焊接点进行目测检查。热循环不会对弯曲触点和拼接产生关键影响。

最后，恒温器箱组件级的原型飞行热真空试验将保留在原型飞行试验计划中。

## PG1-161

项目：

恒温器箱组件　　部件号 1F80434-1 和 1F80435-1

SSP 41172 要求：

4.1.1 节，组件/元器件原型飞行试验。

在要用于后续飞行的组件上进行组件/元器件鉴定试验时，试验内容应相同。为此，要求根据 3.1.8 节的要求对电子部件进行准飞行老炼试验。

例外情况：

全套恒温器箱组件的电子部件将进行至少 260h 的老炼试验。

依据：

恒温器箱组件是 1 个 S1/P1 特有组件，用来放置恒温器（部件号 1F97596），该恒温器控制散热器束流体线路加热器。需要通过此外壳来保护恒温器不受外部环境影响，并通过加热器（MIL-R-39009C RER75 型）保持一个热调节环境。每个恒温器都根据 MIL-STD-883 的要求进行 240h 的元器件级老炼试验。在原型飞行试验过程中，全套恒温器箱组件将累计达到 300h 的平衡。因为在功能试验过程中，恒温器经历"加电/断电循环"操作，所以某些恒温器操作时间可能不会达到 300h。在最恶劣情况下，每个恒温器将进行大约 260h 的操作。因为在整个使用寿命中的大多数故障都出现在早期操作阶节，所以此时间足以排除任何存在缺陷的元器件。

## PG1-162

项目：

恒温器箱组件　　部件号 1F80434-1 和 1F80435-1

SSP 41172 要求：

4.1.1 节，组件/元器件原型飞行试验。

在要用于后续飞行的组件上进行组件/元器件鉴定试验时，试验内容应相同（按照 2.2 节中关于元器件鉴定的定义）。为此，要求根据 2.2.7 节的要求以及 4.1.1 节的修改内容进行原型飞行火工冲击试验。

例外情况：

全套恒温器箱组件将不进行原型飞行火工冲击试验。

依据：

恒温器箱组件是一个 S1/P1 特有组件，用来盛放恒温器（部件号 1F97596），该恒温器控制散热器束流体线路加热器。需要通过此外壳来保护恒温器不受外部环境影响，并通过加热器（MIL-R-39009C RER75 型）保持一个热调节环境。在恒温器箱组件中使用的恒温器与 LVS 散热器组件中使用的相同，后者顺利完成了鉴定火工冲击试验。因为恒温器箱组件的安装位置使其比 LVS 散热器组件距离火工操作点更远，所以恒温器箱中的恒温器所承受的原型飞行火工冲击值要小得多。通过 LVS 散热器组件的鉴定火工冲击试验，全面鉴定恒温器设计。

## PG1-163

项目：

恒温器箱组件　　部件号 1F80434-1 和 1F80435-1

SSP 41172 要求：

4.1.1 节，组件/元器件原型飞行试验。

在要用于后续飞行的组件上进行组件/元器件鉴定试验时，试验内容应相同（按照 2.2 节中关于元器件鉴定的定义）。为此，需要根据 2.2.12 节的要求对电子部件进行原型飞行电磁干扰（电磁干扰）/电磁兼容性（电磁兼容性）试验。

例外情况：

全套恒温器箱组件将不进行原型飞行电磁干扰（电磁干扰）/电磁兼容性（电磁兼容性）试验。

依据：

恒温器箱组件是一个 S1/P1 特有组件，用来盛放恒温器（部件号 1F97596），该恒温器控制散热器束流体线路加热器。需要通过此外壳来保护恒温器不受外部环境影响，并通过加热器（MIL-R-39009C RER75 型）保持一个热调节环境。恒温器进行元器件级的鉴定电磁兼容性/电磁干扰试验。在组装的恒温器箱组件内没有任何其他会因为恒温器的电磁干扰/电磁兼容性属性而出现故障的有源元器件。因此，允许删除原型飞行电磁干扰/电磁兼容性试验。

## PG1-164

项目：

太空-地面发射器/接收器控制器（SGTRC）　　　部件号 1003317-501　　　序列号 002

SSP 41172 要求：

4.1.1 节，组件/元器件原型飞行试验。

在要用于后续飞行的组件上进行组件/元器件鉴定试验时，试验内容应相同（按照 2.2 节中关于元器件鉴定的定义）。为此，要求在热循环试验的每个周期中，都给原型飞行硬件断电，直到温度达到稳定，然后再启动它，如 2.2.3.3 节所述。

例外情况：

太空-地面发射器/接收器控制器在第 2 到第 7 个准飞行热循环中没有进行加电和断电循环操作。

在第 1 个准飞行热循环的最高温度极值期间，直到达到内部热稳定才给太空-地面发射器/接收器控制器加电；在第 8 个原型飞行热循环的最低温度极值期间，直到达到内部热稳定才给太空-地面发射器/接收器控制器加电。

注：此单元的任何后续热循环试验都应完全满足 SSP 41172 的要求。

依据：

太空-地面发射器/接收器控制器序列号002进行了 3 个热循环序列操作，对应 19 个热循环。其中有 6 个周期的热循环试验进行了加电和断电循环操作。除了热循环试验，热真空试验和复验还包含其他两个进行加电和断电循环操作的周期。热循环试验的第 1 和第 8 个周期满足具体的 SSP 41172 要求，在这两个周期中，在开始功能试验之前，在极值温度下浸泡在轨可更换单元并保持所需的时间，并进行加电和断电循环操作。在第 1 个周期的热阶段和第 8 个周期的冷阶段，加电和断电循环操作完全符合 SSP 41172 的要求。在这些阶段，该单元至少保持 2h 的断电。通过这些在轨可更换单元处于断电的 2h 时间内，使单元能够为所有内部电路放电。另外，在第 1 个周期的冷阶段和第 8 个周期的热阶段，将该单元关闭 30~60s。这足以为此单元的设计提供电路放电时间。

在温度极值下进行加电和断电循环操作的目的是筛选潜在缺陷。建议在第 2 到第 7 个热循环不进行加电和断电循环操作，这样并不会严重影响热循环试验的有效性。

## PG1-165

项目：

太空-地面发射器/接收器控制器（SGTRC）　　　部件号 1003317-501　　　序列号 002

SSP 41172 要求：

4.1.1 节，组件/元器件原型飞行试验。

在要用于后续飞行的组件上进行组件/元器件鉴定试验时，试验内容应相同（按照 2.2 节中关于元器件鉴定的定义）。为此，在热真空试验过程中，在高温和低温状态下，原型飞行硬件应有一个更长的保持期，该保持期不小于 12h，在此过程中应将试验件断电，直到温度达到稳定再启动，如 2.2.2.3 节所述。

例外情况：

在原型飞行热真空试验最低温度极值的保持期，太空-地面发射器/接收器控制器应保持加电状态。此单元的任何后续热真空试验都应完全满足 SSP 41172 的要求。

依据：

太空-地面发射器/接收器控制器序列号002进行了两次原型飞行热真空试验和 19 个周期的原型飞行热循环试验。因为本试验是与原型飞行热循环试验分开进行的，所以没有影响原型飞行热真空试验的质量。在 3 个原型飞行热循环试验序列中，每个序列的第 8 周期中，都在最低温度极值下至少保持 2h，在此过程中，在轨可更换单元处于断电状态。因此，在完成原型飞行热循环和原型飞行热真空试验后的功能试验过程中，可以检测任何材料和工艺缺陷。

## PG1-166

项目：

太空－地面发射器/接收器控制器（SGTRC）　　　部件号 1003317-501

SSP 41172 要求：

4.1.1 节，组件/元器件原型飞行试验。

在要用于后续飞行的组件上进行组件/元器件鉴定试验时，试验内容应相同（按照 2.2 节中关于元器件鉴定的定义）。为此，要求原型飞行硬件在 0.001Torr 或更低的外部耐压条件下进行微弱泄漏试验，如 2.2.11.3 节所述。

例外情况：

在原型飞行微弱泄漏试验过程中采用的外部耐压应不大于 0.005Torr。

依据：

通过在微弱泄漏环境试验过程中评估试验方法和单元性能，发现密封足够完整。在太空－地面发射器/接收器控制器中填充了氦气和氮气，并放在一个钟形容器内。通过一个真空泵，将钟形容器内的压力降到可能的最低值 0.005Torr，并保持 4h。在（73±1）℉下，泄漏检测器测量的微弱泄漏速度为 $6.0 \times 10E{-}08$ cm$^3$/s，小于 $8 \times 10E{-}05$ cm$^3$/s 的规定值。所有参数都在所用设备指定的能力范围内。因此，在采用传统试验方法的情况下，0.005Torr 的外部耐压值满足此硬件的要求。

## PG1-167

项目：

太空－地面发射器/接收器控制器（SGTRC）　　　部件号 1003317-501　　　序列号 001 和 002

SSP 41172 要求：

4.1.1 节，组件/元器件原型飞行试验。

在要用于后续飞行的组件上进行组件/元器件鉴定试验时，试验内容应相同（按照 2.2 节中关于元器件鉴定的定义），并有如下例外情况。对于声振动鉴定试验，试验值应为预期最大飞行值，但不低于根据 141dB 整体声环境推导的数值。试验时间不应超过 1min。

例外情况：

太空－地面发射器/接收器控制器序列号 001 和 002 应在修改后的 $Z_1$ 声值进行 $Y$-轴和 $Z$-轴试验，如下所示：

| $Y$-轴 | | $Z$-轴 | |
|---|---|---|---|
| 频率范围（Hz） | 功率谱密度（G$^2$/Hz） | 频率范围（Hz） | 功率谱密度（G$^2$/Hz） |
| 80～115 | 48dB/Oct | 2080 | 0.01 |
| 115 | 0.04 | 80 | 0.04 |
| 130 | 0.21 | 569.9 | 0.04 |
| 150 | 0.21 | 700 | 0.11 |

续表

| Y-轴 | | Z-轴 | |
|---|---|---|---|
| 频率范围（Hz） | 功率谱密度（G²/Hz） | 频率范围（Hz） | 功率谱密度（G²/Hz） |
| 170 | 0.04 | 840 | 0.11 |
| 170～225 | −48dB/Oct | 2000 | 0.014 |
| 复合值=3.0grms | | 复合值=9.6grms | |
| 持续时间=30s | | 持续时间=60s | |

依据：

太空-地面发射器/接收器控制器序列号002进行了3次分开的原型飞行随机振动试验。前两次试验的时间为每轴60s（所有三个轴），每个轴的功率谱密度包络都相同。在太空-地面发射器/接收器控制器序列号002电源返工之后，根据试验和验证控制委员会的建议，将在 Y-轴和 Z-轴根据说明完成原型飞行随机振动试验。

为了在有明显变更的情况下在 $Z_1$ 发射环境中鉴定太空-地面发射器/接收器控制器序列号001，应在这些相同的数值下对此单元进行复验。

太空-地面发射器/接收器控制器序列号003应在全面的 $Z_1$ 声原型飞行值下进行试验。

## PG1-168

项目：

控制力矩陀螺电气组件　　部件号5092021-9

SSP 41172 要求：

2.2.3 节，热循环试验（元器件鉴定）。

2.2.3.3 节，试验量级和持续时间。

在热循环的高温部分，元器件应处于最大验收限值加上20℉（11.1℃）的裕度（最高设计温度）；在热循环的低温部分，元器件应处于最小验收试验值温度减去20℉（11.1℃）的裕度（最小设计限值温度）。

例外情况：

在鉴定热循环试验的低温部分，控制力矩陀螺范围电气组件应处于最小验收操作温度减去5℉的裕度。

在鉴定热循环试验的低温部分，控制力矩陀螺范围电气组件应处于最小验收非操作温度减去13℉的裕度。

依据：

在控制力矩陀螺热真空试验中验证了20℉的鉴定裕度。在此试验过程中，电气组件壁的温度为-65℉，说明了在加电之前有20℉的非操作裕度。在进行功能试验时，电气组件壁处于-15℉，说明了在加电状态有20℉的操作裕度。另外，当电气组件壁温度处于-65℉时，将该单元加电。在加电以后，除了电机驱动器（没有启动）以外的所有电路都正常操作。在此加电条件下，至少有90%的电气组件功能被启动。因此，针对飞行热条件，充分鉴定了组件的电气设计。

## PG1-169

项目：

线性驱动单元　　部件号 D60699001-01

载荷传递单元　　部件号 D60695001-01、D60695001-02、D60695001-03 和 D60695001-04

悬辊单元　　部件号 D60698000-1

SSP 41172 要求：

3.1.2 节，热真空试验（元器件验收）。

3.1.2.4 节，补充要求。

应在第一个和最后一个热循环期间的最高和最低预期温度下的保持期之后以及元器件返回到环境温度之后进行功能试验。

例外情况：

在验收热真空试验过程中，不应使用线性驱动单元、载荷传递单元和悬辊单元的舱外活动启动装置。

依据：

飞行线性驱动单元、载荷传递单元和悬辊单元的舱外活动启动装置将通过检查飞行工艺、公差分析和环境试验结果来进行飞行验收。

飞行单元工艺检查已经进行了验证和记录。在环境压力和温度下的飞行验收试验表明：标称舱外活动装置在操作过程中没有黏合或磨痕，从而使相关人员更加相信不存在工艺相关缺陷。通过公差分析确保在温度极值下的设计裕度。另外，针对给定舱外活动启动装置鉴定单元的热真空试验也很成功。这些试验是在全面鉴定温度值（–65℉到160℉）下进行的。鉴定单元与飞行单元相同，唯一的不同是连接固定插件是经过人热真空鉴定的，采用了类似的硬件。

在计划中，假设此例外情况几乎不会带来额外风险，因为这些舱外活动启动装置都是一次性或者应急型。

最后，如果一个舱外活动启动装置没有正常地进行在轨操作，还提供了操作变通方案。为了防止硬件损害，可以限制宇航员电力工具的力矩，使其小于舱外活动启动装置的最大操作力矩。这些力矩值可以记录在在轨流程和检查清单中。另外，预期不会达到极端的热条件，因此可能会排除任何热导致的螺栓问题。

## PG1-170

项目：

放大器在轨可更换单元组件　　部件号 D60696200

SSP 41172 要求：

2.2.2 节，热真空试验（元器件鉴定）。

2.2.2.3 节，试验量级和持续时间。所有要求。

2.2.2.4 节，补充要求。所有要求。

2.2.3 节，热循环试验（元器件鉴定）。

2.2.3.3 节，试验量级和持续时间。所有要求。

2.2.3.4 节，补充要求。所有要求。

2.2.5 节，随机振动试验（元器件鉴定）。

2.2.5.3 节，试验量级和持续时间。所有要求。

2.2.5.4 节，补充要求。所有要求。

2.2.12 节，电磁兼容性试验（元器件鉴定）。

2.2.12.3 节，试验量级和持续时间。所有要求。

2.2.12.4 节，补充要求。所有要求。

例外情况：

全组装放大器在轨可更换单元组件不进行鉴定热真空、鉴定热循环、鉴定随机振动以及鉴定电磁兼容性试验。

依据：

放大器在轨可更换单元组件包括两个空间站缓冲放大器（SSBA）、电阻温度检测器（RTD）、加热器和恒温器。电阻温度检测器、加热器和恒温器根据 SSP 30312 的电气、电子和机电（EEE）部件要求进行了一项鉴定试验计划。内部空间站缓冲放大器根据 SPAR-SS-CAL-0519 的要求进行了一项美国航空航天局/加拿大航天局联合鉴定试验计划，以便能在空间站上单独使用远程操控器系统。通过鉴定低级元器件，足以包含放大器在轨可更换单元组件的鉴定内容，因为放大器在轨可更换单元组件包括这些个体元器件，它们采用经批准的规范和结构黏结方法栓接或粘接到一个平散热器板上。

## PG1-171

项目：

放大器在轨可更换单元组件　　部件号 D60696200

SSP 41172 要求：

3.1.4 节，随机振动试验（元器件验收）。

3.1.4.3 节，试验量级和持续时间。所有要求。

3.1.4.4 节，补充要求。所有要求。

例外情况：

全组装放大器在轨可更换单元组件将不进行验收随机振动试验。

依据：

放大器在轨可更换单元组件包括两个空间站缓冲放大器（SSBA）、电阻温度检测器（RTD）、加热器和恒温器。电阻温度检测器、加热器和恒温器根据 SSP 30312 的电气、电子和机电（EEE）部件要求进行了一次验收随机振动试验。内部空间站缓冲放大器根据 SPAR-SS-CAL-0519 的要求进行并通过了一次验收随机振动试验，它们都等效于 SSP 41172，并经美国航空航天局批准，可以在空间站上单独使用远程操控器系统。另外，分析表明：内部空间站缓冲放大器上的验收随机振动试验足以支持移动运输装置发射环境。最后，通过过程控制和检查方法进一步验证了放大器在轨可更换单元组件工艺。

## PG1-172

项目：

排热系统散热器在轨可更换单元齿轮制动器　　部件号 83-39512-109

SSP 41172 要求：

2.2.2 节，热真空试验（元器件鉴定）。

2.2.2.3 节，试验量级和持续时间。

在热循环的高温部分，元器件应处于最大验收限值加上一个 20℉（11.1℃）的裕度（最高设计温度）；在热循环的低温部分，元器件应处于最小验收试验值温度减去一个 20℉（11.1℃）的裕度（最低设计温度）。

例外情况：

进行的鉴定热真空试验不包含最坏情况验收热真空试验，不包含的范围：在最低温度为平均 3.5℉，在最高温度为平均 9.5℉。

依据：

在排热系统散热器在轨可更换单元齿轮制动器鉴定热真空试验过程中，相对平均温度的热真空裕度如下：

**排热系统散热器在轨可更换单元齿轮制动器热真空试验温度**

| 排热系统散热器<br>在轨可更换单元齿轮制动器单元 | 平均最低温度<br>（℉） | 平均最高温度<br>（℉） | 在平均最低温度<br>的裕度（℉） | 在平均最高<br>温度的裕度（℉） |
|---|---|---|---|---|
| SN 003 | −53 | 140 | 15.5 | 9 |
| SN 004 | −64 | 153 | 4.5 | −4 |
| SN 005 | −70 | 138 | −1.5 | 11 |
| SN 006 | −60.5 | 139.5 | 8 | 9.5 |
| SN 007 | −72 | 158.5 | −3.5 | −9.5 |
| SN 008 | −39.5 | 134 | 29 | 15 |
| 鉴定单元：<br>平均最低温度：−68.5℉<br>平均最高温度：149℉ | | | | |

根据 1999 年 9 月在普鲁布鲁克进行的第 4 次飞行热真空验证试验，以及在冷温度下的齿轮制动器元器件试验数据，电机驱动器和舱外活动驱动器的齿轮制动器组件性能裕度分别为 33% 和 29%。因为在面板滚柱轴承和试验仪表上有摩擦，所以在轨展开力矩要求低于进行的 1-G 试验 p。这样，就使性能裕度达到比地面试验验证值更高的水平。考虑到齿轮制动器的可用温度和性能裕度，可以减少在齿轮制动器热真空试验过程中与非合规温度裕度相关的风险。

齿轮制动器最小在轨温度为标称的加热器-受控最低温度（−40℉）。根据第 4 次飞行验证试验的试验数据，齿轮制动器的最大在轨温度为 104.2℉。在第 4 次飞行热真空试验中，在 124.2℉ 的峰值最高温度以及 117.7℉ 的平均最高温度下顺利操作了齿轮制动器单元（序列号 007）。因此，结合已经进行的鉴定试验，说明齿轮制动器具有可靠的设计，对温度极值不敏感。因为鉴定计划为超过在轨温度的齿轮制动器试验提供了足够的裕度，并且第 4 次飞行验证试验取得了成功，所以鉴定热真空试验满足要求。

## PG1-173

项目：

排热系统散热器在轨可更换单元齿轮制动器　　部件号 83-39512-109

<u>SSP 41172 要求：</u>

2.2.3 节，热循环试验（元器件鉴定）。

2.2.3.3 节，试验量级和持续时间。

在热循环的高温部分，元器件应处于最大验收限值加上 20℉（11.1℃）的裕度（最高设计温度）；在热循环的低温部分，元器件应处于最小验收试验值温度减去 20℉（11.1℃）的裕度（最低设计温度）。

<u>例外情况：</u>

进行的鉴定热循环试验不包含最坏情况验收热循环试验，不包含的范围：在最低温度为平均 4.5℉，在最高温度为平均 10.5℉。

<u>依据：</u>

在排热系统散热器在轨可更换单元齿轮制动器鉴定热循环试验过程中，相对平均温度的热真空裕度如下：

**排热系统散热器在轨可更换单元齿轮制动器热循环试验温度**

| 排热系统散热器<br>在轨可更换单元齿轮制动器单元 | 平均最低温度<br>（℉） | 平均最高温度<br>（℉） | 在平均最低温度<br>的裕度（℉） | 在平均最高温度<br>的裕度（℉） |
|---|---|---|---|---|
| SN 003 | −73 | 163.5 | −4.5 | −4.5 |
| SN 004 | −68.5 | 169.5 | 0 | −10.5 |
| SN 005 | −44 | 128 | 24.5 | 31 |
| SN 006 | −51 | 136.5 | 17.5 | 22.5 |
| SN 007 | −37.5 | 121 | 31 | 38 |
| SN 008 | −50 | 133 | 18.5 | 26 |
| 鉴定单元：<br>最低平均温度：−68.5℉<br>最高平均温度：159℉ | | | | |

内部电磁阀触发的制动器为齿轮制动器组件中的唯一电气元器件。因此，需要进行热循环试验，并在齿轮制动器组件鉴定和验收计划过程中进行。不过，在根据需要更改设计之前，通过对齿轮制动器进行一次鉴定热真空试验，在-147℉的最低工作温度下检验了此电磁阀元器件的性能。因此，电磁阀验证了至少 74℉ 的裕度（相对齿轮制动器序列号 003 所经历的最坏情况验收最低平均温度）。此试验还验证了电磁阀元器件在 200℉ 最高工作温度下的性能。同样，电磁阀证明了至少 30.5℉ 的裕度（相对齿轮制动器序列号 004 所经历的最坏情况验收最高平均温度）。

鉴定排热系统散热器在轨可更换单元齿轮制动器所经历的总热循环时间为 37 个周期。这其中包括 8 个验收值热循环，26 个鉴定值热循环，以及在周期真空条件下的额外 3 个鉴定值周期。因此，如果将其视为尚未更改配置或重新设计的电磁阀的有效鉴定试验计划的补充试验，可以证明此单一电子元器件的可靠性。

齿轮制动器最小在轨温度为标称的加热器-受控最低温度（-40℉）。根据第 4 次飞行验证试验的试验数据，齿轮制动器的最大在轨温度为 104.2℉。在第 4 次飞行热真空试验中，在124.2℉的峰值最高温度以及 117.7℉的平均最高温度下顺利操作了齿轮制动器单元（序列号

007）。因此，结合已经进行的鉴定试验，说明齿轮制动器具有可靠的设计，对温度极值不敏感。因为鉴定计划为超过在轨温度的齿轮制动器试验提供了足够的裕度，并且第 4 次飞行验证试验取得了成功，所以鉴定热真空试验满足要求。

## PG1-174

项目：

排热系统散热器在轨可更换单元齿轮制动器　　部件号 83-39512-109

SSP 41172 要求：

3.1.4 节，随机振动试验（元器件验收）。

3.1.4.3 节，试验量级和持续时间。所有要求。

3.1.4.4 节，补充要求。所有要求。

例外情况：

排热系统散热器在轨可更换单元齿轮制动器将不进行验收随机振动试验。

依据：

根据表 3-1 注（7），对于需要精确调整严格公差的元器件或无法有效检查的元器件，需要进行验收随机振动试验。此注释不适用于齿轮制动器，因为它设计了足够的侧隙，因此外壳内装置的齿轮中心公差不需要调整。通过检查齿轮制动器的最小侧隙来防止在工作温度下黏结。另外，飞行齿轮制动器还进行了验收热真空和热循环试验，试验温度超过了-40℉到 120℉的预期操作温度。齿轮制动器在这些温度下满足所有性能要求，从而进一步证明了没有严格公差。

鉴定齿轮制动器在 14.83grms 条件下进行了 3min 的随机振动试验。因此，在鉴定设计方案时尚未解决筛选飞行齿轮制动器的问题。齿轮制动器对随机振动不敏感，这是因为在组装该装置时，不使用会松动的内部固定器，并且所有内部部件都限定在其外壳内，不会导致明显的运动。

另外，每个散热器在轨可更换单元齿轮制动器都进行验收声学试验。在 ITS S1 结构试验件声学试验过程中，组装到排热系统散热器在轨可更换单元的 3 个齿轮制动器（要安装到 ITS P1 上）在 141dB 条件下进行了 60s 的声学试验。其他齿轮制动器则在 138dB 条件下在散热器在轨可更换单元级进行了 60s 的试验。在 141dB ITS S1 结构试验件声学试验过程中，齿轮制动器的输入为在轨可更换单元的最大预期飞行值。在 ITS S1 结构试验件声学试验中，对散热器在轨可更换单元进行了试验后功能试验，并且表现良好，说明它们顺利通过了最高飞行值条件下的筛选。

## PG1-175

项目：

高速率帧多路复用器　　部件号 10033171-1　　序列号 Q001 和 001

SSP 41172 要求：

4.1.1 节，组件/元器件原型飞行试验。

在要用于后续飞行的组件上进行组件/元器件鉴定试验时，试验内容应相同（按照 2.2 节中关于元器件鉴定的定义）。为此，要求在 0.001Torr（0.133Pa）或更低的外部耐压条件下进行原型飞行微弱泄漏试验，试验时间为 4h（对于在轨道操作多日的设备），如 2.2.11.3 节所述。

例外情况：

将进行高速率帧多路复用器原型飞行微弱泄漏试验，其外部耐压低于或等于0.050Torr，试验时间至少为5min。

依据：

高速率帧多路复用器是一个内部加压到8psia的隔绝-密封单元。在轨可更换单元将位于美国试验室内部，它具有14.7psia的环境压力。在轨可更换单元进行了压力试验，试验过程中的内部压力从2psia变化到20psia。因此，考虑到在高速率帧多路复用器的内部元器件因泄漏而承受美国试验室环境压力的情况下，不会影响其功能性，所以与所述高速率帧多路复用器微弱泄漏试验相关的风险很小。

## PG1-176

项目：

高速率帧多路复用器　　　部件号10033171-1　　　序列号Q001和001

SSP 41172要求：

4.1.1节，组件/元器件原型飞行试验。

在要用于后续飞行的组件上进行组件/元器件鉴定试验时，试验内容应相同（按照2.2节中关于元器件鉴定的定义）。为此，在每个周期的热循环试验中，需要给原型飞行硬件断电，直到温度达到稳定，然后再启动，如2.2.3.3节所述。

例外情况：

在第2到第7个原型飞行热循环中，高速率帧多路复用器将不进行加电和断电循环试验。

依据：

高速率帧多路复用器120VDC操作电源并没有在原型飞行热循环试验的每个周期进行加电和断电循环操作。在第一个原型飞行热循环，在最低非操作温度（-58℉）、最低操作温度（18℉）和最高温度（124℉）下进行断电/加电操作；在第8个原型飞行热循环，在最低操作温度和最高操作温度下进行断电/加电操作。

在温度极值下进行加电和断电循环操作的目的是筛选潜在的工艺缺陷。在第2到第7周期不进行加电和断电循环操作，并不会严重影响热循环试验的有效性，也没有必要进行硬件复验。不过，HFRM的验收试验流程会进行更新，以纠正此缺陷，从而确保未来按照流程进行的单元试验都符合SSP 41172的要求。

## PG1-177

项目：

高速率调制解调器　　　部件号10033169-1　　　序列号Q001和001

SSP 41172要求：

4.1.1节，组件/元器件原型飞行试验。

在要用于后续飞行的组件上进行组件/元器件鉴定试验时，试验内容应相同（按照2.2节中关于元器件鉴定的定义）。为此，要求原型在0.001Torr（0.133Pa）或更低的外部耐压条件下进行原型飞行微弱泄漏试验，试验时间为4h（对于在轨道操作多日的设备），如2.2.11.3节所述。

例外情况：

将进行高速率调制器原型飞行微弱泄漏试验，其外部耐压低于或等于0.050Torr，试验时间至少为 5min。

依据：

高速率调制器是一个内部加压到 8psia 的隔绝-密封单元。在轨可更换单元将被置于美国试验室内部，它具有 14.7psia 的环境压力。在轨可更换单元进行了压力试验，试验过程中的内部压力从 2psia 变化到 20psia。因此，考虑到在高速率调制器的内部元器件在因泄漏而承受美国试验室环境压力的情况下，不会影响其功能性，所以与所述高速率调制器微弱泄漏试验相关的风险很小。

## PG1-178

项目：

高速率调制解调器　　　部件号 10033169-1　　　序列号 Q001 和 001

SSP 41172 要求：

4.1.1 节，组件/元器件原型飞行试验。

在要用于后续飞行的组件上进行组件/元器件鉴定试验时，试验内容应相同（按照 2.2 节中关于元器件鉴定的定义）。为此，在每个周期的热循环试验中，需要给原型飞行硬件断电，直到温度达到稳定，然后再启动，如 2.2.3.3 节所述。

例外情况：

在第 2 到第 7 个原型飞行热循环中，高速率调制器将不进行加电和断电循环试验。

依据：

高速率调制器 120VDC 操作电源并没有在原型飞行热循环试验的每个周期进行加电和断电循环操作。在第一个原型飞行热循环，在最低非操作温度（-58℉）、最低操作温度（18℉）和最高温度（124℉）下进行断电/加电操作；在第 8 个原型飞行热循环，在最低操作温度和最高操作温度下进行断电/加电操作。

在温度极值下进行加电和断电循环操作的目的是筛选潜在的工艺缺陷。在第 2 到第 7 周期不进行加电和断电循环操作，并不会严重影响热循环试验的有效性，也没有必要进行硬件复验。不过，HFRM 的验收试验流程会进行更新，以纠正此缺陷，从而确保未来按照流程进行的单元试验都符合 SSP 41172 的要求。

## PG1-179

项目：

视频基带信号处理器　　　部件号 10033175-501　　　序列号 002

SSP 41172 要求：

4.1.1 节，组件/元器件原型飞行试验。

在要用于后续飞行的组件上进行组件/元器件鉴定试验时，试验内容应相同（按照 2.2 节中关于元器件鉴定的定义）。为此，在每个周期的热循环试验中，需要给原型飞行硬件断电，直到温度达到稳定，然后再启动，如 2.2.3.3 节所述。

例外情况：

在第 2 到第 7 个原型飞行热循环中，视频基带信号处理器（序列号 002）将不进行加电和断电循环试验。

依据：

两次视频基带信号处理器原型飞行热循环试验中，每次试验的第 1 和第 8 个周期都完成一次加电和断电循环周期。因为电源的返工和复验，所以视频基带信号处理器进行了两次热循环试验（16 个热循环），因此在热和冷极值条件下的 4 个热循环中，共进行了 8 次加电和断电循环操作。

在电源返工和复验过程中，视频基带信号处理器序列号 001 根据 SSP 41172 热循环要求进行了试验，在每个周期都进行了加电和断电循环操作。

在温度极值下进行加电和断电循环操作的目的是筛选潜在的工艺缺陷。在第 2 到第 7 周期不进行加电和断电循环操作，并不会严重影响热循环试验的有效性，也没有必要进行硬件复验。不过，视频基带信号处理器的验收试验流程会进行更新，以纠正此缺陷，从而确保未来按照流程进行的单元试验都符合 SSP 41172 的要求。

## PG1-180

项目：

控制力矩陀螺电子组件　　部件号 5080097-9

SSP 41172 要求：

3.1.2 节，热真空试验（元器件验收）。

3.1.2.3 节，试验量级和持续时间。

在热循环的高温部分，元器件应处于最高预期温度；在热循环的低温部分，元器件应处于最低预期温度。

3.1.3 节，热循环试验（元器件验收）。

3.1.3.3 节，试验量级和持续时间。

在热循环的高温部分，元器件应处于最高验收限值；在热循环的低温部分，元器件应处于最低验收限值。

例外情况：

控制力矩陀螺电子组件最大验收试验温度为 165℉。

依据：

控制力矩陀螺电子组件鉴定单元在 188℉的最高温度进行了热试验。飞行控制力矩陀螺电子组件单元在 165℉的最高温度下进行了热试验。不过，这个温度低于 168℉的预期最高温度。

168℉的预期最高温度对应 XPOP（在 5A 到 12A 阶段之间）和 XVV（在组装完成之后）的最高$\beta$角。在平均推进姿态下不出现。每年出现高$\beta$角的天数不超过 10 天。对于 168℉（高于验收试验温度 3℉），控制力矩陀螺电子组件的电气、电子和机电部件低于相关降额限值。飞行电子组件顺利通过 165℉下的热验收试验但是没有检测到其工艺缺陷，并且在 168℉的在轨温度条件下出现故障的风险被视为极低。

## PG1-181

项目：

恒温器外壳组件　　部件号 5205253-9

SSP 41172 要求：

2.2.5 节，随机振动试验（元器件鉴定）。

2.2.5.3 节，试验量级和持续时间。

组件随机振动试验量级和频谱应包含如下范围：验收试验量级和频谱加上试验公差。

例外情况：

对于恒温器外壳组件，在 85Hz 以下时，在所有三个轴，给定的鉴定值不包含验收值加上试验公差；在 1800Hz 以上时，在 $X$ 轴和 $Z$ 轴，给定的鉴定值不包含验收数值加上试验公差。

依据：

对于恒温器外壳组件，在 85Hz 以下时，在所有三个轴，给定的鉴定值不包含验收值加上试验公差；在 1800Hz 以上时，在 $X$ 轴和 $Z$ 轴，给定的鉴定值不包含验收值加上试验公差。在所有其他频率，鉴定值比验收值高 6dB。所有三个轴在 85Hz 的裕度为 1.0dB；在 20Hz 的裕度为 0dB。在 2000Hz，在 $X$ 轴和 $Z$ 轴上，鉴定和验收值之间的裕度只有 1.5dB（应为 3dB）。在试验过程中给恒温器外壳组件加电并进行监控。

根据联信公司数据，主恒温器外壳元器件共振范围为 900～1200Hz。在鉴定随机振动试验过程中，在此范围内，其电子元器件承受的鉴定值比验收值高 6dB。因为在 100Hz 以下没有元器件共振，所以在电子部件上的振动载荷应较低。在此频率范围内，飞行单元的验收振动试验类似于原型飞行试验（低于 100Hz）。另外，恒温器外壳组件内的所有电子元器件都在 MIL-STD-202 数值下进行筛选（15g 峰值-峰值，20min 从 10～2000Hz 的正弦扫描）。

因为作为恒温器外壳组件级试验依据的控制力矩陀螺机械组件鉴定振动的幅值高于 $Z_1$ 最大飞行值，所以恒温器外壳组件的结构完整性并不是一个问题，这是因为在发射过程中，恒温器外壳组件所承受的数值要比振动试验过程中低得多。

## PG1-182

项目：

脐带式拖曳系统卷盘组件　　　部件号 1F45002-501

SSP 41172 要求：

2.2.2 节，热真空试验（元器件鉴定）。

2.2.2.3 节，试验值和持续时间。

至少应采用 3 个温度周期。

例外情况：

脐带式拖曳系统卷盘组件将至少进行两个完整周期的鉴定热试验。

依据：

脐带式拖曳系统卷盘组件电子元器件的硬件（集成电机控制器启动器和视频信号转换器）进行独立的元器件级鉴定试验。脐带式拖曳系统卷盘组件不包含任何额外的真空敏感元器件。在脐带式拖曳系统卷盘组件级对组件进行额外的鉴定热真空试验，会毫无必要地增加试验成本。一个热循环就足以确定热膨胀/收缩异常情况。此方案与 PG1-63 和 PG1-152 一致，并采用例外情况，以删除热共用硬件机械组件的真空鉴定试验，并用至少一个周期的环境压力热循环试验来代替。鉴定脐带式拖曳系统卷盘组件将在"乘员接口和舱外活动启动装置"热极值试验中实际进行一个热循环的环境压力试验，并在两种不同功能试验的两种配置（"反向"和"卷盘到卷盘"）中进行两个完整的热真空周期试验。任何温度导致的公差故障都应在第一个周期中展示出来。

## PG1-183

项目：

线性驱动单元　　　部件号 D60699401

SSP 41172 要求：

2.2.2 节，热真空试验（元器件鉴定）。

2.2.2.3 节，试验量级和持续时间。

在热循环的高温部分，元器件应处于最大验收限值加上一个 $20℉$（$11.1℃$）的裕度（最高设计温度）；在热循环的低温部分，元器件应处于最小验收试验值温度减去一个 $20℉$（$11.1℃$）的裕度（最低设计温度）。

例外情况：

在鉴定热真空试验的最高温度下，不使用线性驱动单元的凸轮-复位功能。

依据：

在热极值温度下，通过试验冗余切换功能，部分鉴定了线性驱动单元凸轮-复位功能。切换功能在热极值下进行了合适的鉴定试验，除了三级中的一级（第一级）以及各级顺序不同以外，它采用了凸轮-复位功能的所有运动。第一级使主凸轮运动是一个未知度数（因为发射振动导致），其中有 $3.129°$ 是切换操作过程中达到硬止动正常咬合位置以外的度数。整个凸轮-复位功能已经在寒冷和正常环境温度下按照完整、正确的序列进行了鉴定试验。虽然凸轮-复位功能操作序列和第一级没有在极值高温下进行鉴定试验，但是线性驱动单元飞行单元已经使用全套凸轮-复位功能序列进行了全面的验收试验，并达到热极值验收值。

在发射之后的发射-激活过程中，使用了一次凸轮-复位功能。此后，只有在凸轮操作过程中因为电力或数据缺失而导致凸轮进入未知状态，或者在平移过程中出现驱动电力或数据故障而需要在主/冗余驱动轮之间进行切换的情况下，才使用此复位功能。在平移之前对线性驱动单元驱动轮进行常规切换（一般用来延长驱动轮的使用寿命）并不需要使用凸轮-复位功能。

无法完成第一级凸轮-复位操作的概率较低，这是因为在主凸轮转动的最后 $3.129°$ 之前，就完成了驱动轮定位运动，装置现在不承受机械载荷。通过切换功能试验证明：在主凸轮运动的整个热运动过程中（但是不包括最后 $3.129°$），该装置不会被黏结。不过，为了保证连续移动运输装置操作，实际上并不需要使凸轮运动到正常咬合位置（在试验过程中通过切换功能验证的位置）以外的硬止动位置，因此，如果完成末级试验时出现故障，不会对任务的成功产生不利影响。

## PG1-184

项目：

氩气储箱在轨可更换单元　　　部件号 1F96463

氮气储箱在轨可更换单元　　　部件号 1F96464

泵模块在轨可更换单元　　　部件号 1F96462

SSP 41172 要求：

3.1.5 节，声振动试验（元器件验收）。

3.1.5.3 节，试验量级和持续时间。所有要求。

3.1.5.4 节，补充要求。所有要求。

例外情况：

氨气储箱在轨可更换单元、氮气储箱在轨可更换单元和泵模块在轨可更换单元将不进行验收声学试验。

依据：

鉴定氨气储箱在轨可更换单元、鉴定氮气储箱在轨可更换单元和鉴定泵模块在轨可更换单元进行了验收值声学试验。传递给在轨可更换单元的激发值与 S1 结构试验件声学试验过程中（-6dB 试验值）给出的试验结果非常吻合。在轨可更换单元试验结果表明在轨可更换单元关键元器件的激发值远远低于 6.1grms 的最小工艺筛选值。氨气储箱值范围从 0.503grms 到 3.851grms（规格数值范围从 6.302grms 到 17.778grms）。氮气储箱数值范围从 0.052grms 到 5.262grms（规格数值范围从 3.563grms 到 17.766grms）。泵模块数值包括：流水为 0.092grms（规格数值为 8.097grms），储箱为 0.249grms（规格数值为 5.818grms），泵和控制阀门包为 0.255grms（规格数值为 4.910grms）。只有直接安装到微小陨石轨道碎片护罩的当前限制器承受了 10.621grms 的最大值（规格数值为 16.012grms）。

通过研究检测工艺缺陷所用的方法表明：现有方法（比如针对焊缝和管道进行耐压和泄漏试验，质量保证部门针对机械和"盲"电气固定件采用力矩分割方法进行力矩验证，以及在元器件振动试验过程中进行连续监控）更适合发现缺陷。通过分析确定：在在轨可更换单元上的关键元器件电气和机械连接便于技术人员和检查人员操作。最后，因为安装了微小陨石轨道碎片护罩，所以飞行配置不允许对内部在轨可更换单元元器件进行目测检查。在声学试验之后需要依靠功能试验，目前在包装和运输在轨可更换单元之前进行这些功能试验。简而言之，对于氨气储箱在轨可更换单元、氮气储箱在轨可更换单元和泵模块在轨可更换单元的工艺和材料缺陷，最好在其他试验和检查中检测，而不是在验收值声学试验中进行检测。

## PG1-185

项目：

电子部件控制单元马罗塔　　部件号 236805-9001

SSP 41172 要求：

3.1.4 节，随机振动试验（元器件验收）。

3.1.4.3 节，试验量级和持续时间。

元器件随机振动试验量级和频谱应包含如下范围：预期最大飞行数值和频谱减去 6dB，但不低于根据 135dB 整体声环境推导的数值。

例外情况：

在电子控制单元进行的验收随机振动试验在所有频率和所有三个轴上都不应包含最大预期试验量级和频谱减去 6dB。具体来说，应允许每个轴在如下频率范围内给定的幅值缺陷：

| 轴 | 频率范围（Hz） | 相对所需值的缺陷（dB）<br>（最坏情况@峰值） |
|---|---|---|
| X | 50～55 | 1 |
| X | 190～230 | 10 |
| Y | 130～270 | 15 |
| Z | 180～220 | 6 |
| Z | 320～380 | 6 |

依据：

电子控制单元已经在电子控制单元以及更高组件级进行了大量鉴定和验收试验，并且从未出现工艺故障。电子控制单元已经进行了二次鉴定试验，其试验量级包含最大飞行环境。在电子控制单元验收、鉴定以及 Delta-鉴定随机振动试验过程中，对电子控制单元加电并进行监控。每个电子控制单元都在 8.12grms 条件下进行验收振动试验，这足以筛选无法接受的单元，然后再进行彻底的的电气功能试验。在所有频率下，电子控制单元都在高于所需最小筛选值（6.1grms）的条件下进行试验。

在热交换器在轨可更换单元鉴定随机振动试验超过规定数值之前，电子控制单元已经进行了预期最大飞行环境（等效于 144dB）鉴定。即使电子控制单元没有在热交换器在轨可更换单元验收随机振动试验过程中加电，它们至少要承受最大飞行值减去 3dB（参见 SSCN 1000），它们都通过了其热交换器验收随机振动后续功能试验。因此，不进行在所有轴所有频率下包含预期最大飞行值减去 6dB 条件的电子控制单元元器件验收振动试验，其风险被视为很小。

## PG1-186

项目：

二次配电组件门　　　部件号 1F77021

SSP 41172 要求：

2.2.2 节，热真空试验（元器件鉴定）。

2.2.2.3 节，试验量级和持续时间。所有要求。

2.2.2.4 节，补充要求。所有要求。

例外情况：

二次配电组件门不进行鉴定热真空试验。

依据：

进行鉴定热真空试验的主要目的是确保硬件设计能通过验收热循环试验。二次配电组件门的功能不受真空和热极值影响，因为：①门及其通道都是铝制的，具有相同的热膨胀系数和②门和通道之间的间隙较大。

门可以保护远程动力控制模块在轨可更换单元，它与侧滚轮一起在轨道内滑动，从而露出在轨可更换单元，便于拆卸和更换。门和轨道之间的标称间隙为 0.120in 标称（0.100in 为最坏情况）。门和滚轮之间的标称间隙为 0.250in 标称（0.180in 为最坏情况）。在任何表面都没有润滑剂，因为摩擦仅限于垂直接触力。详细说明请参见 MDC99H0708 中的图纸检查和公差分析。

用来在发射过程中固定门的销件安装在一个这种硬件专用的标准尺寸孔内。销件不视为活动机械组件的一部分。

## PG1-187

项目：

| 捕捉闭锁组件 | 部件号 1F67908 | 序列号 01～04 |
| | 1F95819 | 序列号 02 |
| | 1F70143 | 序列号 01～02 |
| | 1F70147 | 序列号 01 |

1F95898　　　序列号 01

1F95896　　　序列号 01

<u>SSP 41172 要求：</u>

3.1.2 节，热真空试验（元器件验收）。

3.1.2.4 节，补充要求。

应至少在第一个和最后一个操作周期的保持期之后以及元器件返回到环境温度之后进行功能试验。

注：为此需要在机械试验中包括施加力矩，在 3.1.1.2 节试验说明中说明的相关载荷和运动、功能试验，元器件验收。

<u>例外情况：</u>

在验收热真空试验过程中，所述的捕捉闭锁组件单元没有通过人工舱外活动驱动进行功能试验。

<u>依据：</u>

捕捉闭锁组件是一个活动机械组件，用来捕获国际空间站上的结构构件。在所述的热验收试验期间，只通过集成电机/控制器组件，而不通过人工舱外活动驱动器来驱动捕捉闭锁组件。在环境条件下进行集成电机/控制器组件驱动操作的过程中，通过可见信号说明舱外活动驱动器处于转动状态。通过顺利完成验收试验，对捕捉闭锁组件（包括人工舱外活动驱动器装置），足以满足工艺筛选要求。试验数据表明：在类似预载荷级别（2500lb、4700lb 或 7500lb）下，所有捕捉闭锁组件单元环境舱外活动驱动器力矩和环境/热集成电机/控制器组件力矩之间的差异都在可接受范围内。虽然有闭锁和解锁预载荷，但是所有环境舱外活动驱动器力矩（30in·lb@ 3400lb，55in·lb@ 5700lb，108in·lb@ 8200lb）都低于 143in·lb 的最大值，所有环境/热集成电机/控制器组件力矩都低于 8in·lb 的最大值。另外，分析表明：只有 7500lb 的预载荷配置（单舱体-桁架舱节连接系统单元）出现了在温度下降时力矩增加的情况。因此，舱体-桁架舱节连接系统单元在-55℉冷热环境条件下顺利完成了原型飞行试验（通过舱外活动驱动器闭锁和解锁）。

另外应注意：在热极值条件下，四个捕捉闭锁组件单元（部件号 1F95921-1 序列号 01 和部件号 1F70147-1 序列号 02～04）包含并顺利通过了（不到 130in·lb）舱外活动驱动器操作试验。尚未制造完毕的两个单元（部件号 1F95921-501 序列号 01-02，S5/P5，2500lb 非集成电机/控制器组件配置）将在热试验过程中包含舱外活动驱动器操作。

## PG1-188

集成电机控制器启动器　　　部件号 1F03158-505、1F03158-513 和 1F03158-515

<u>SSP 41172 要求：</u>

3.1.4 节，随机振动试验（元器件验收）。

元器件随机振动试验量级和频谱应包含如下范围：预期最大飞行值和频谱减去 6dB，但不小于根据 135dB 整体声环境推导的数值（其频谱由 NSTS 210000-IDD-ISS　4.1.1.5 节定义）。

<u>例外情况：</u>

集成电机控制器启动器的验收随机振动频谱如下：

| 频率<br>（Hz） | 最小功率谱密度<br>$G^2/Hz$ |
|---|---|
| 20 | 0.01 |
| 60 | 0.12 |
| 400 | 0.12 |
| 2000 | 0.007 |
| 总体 | 9.3grms |

在 SSP 41172 所要求的所有频率下的所有轴上，此验收试验频谱并不包含预期最大飞行值减去 6dB。预期最大飞行值减去 6dB 是根据舱体-桁架结构连接系统的原型飞行随机振动试验确定的（下表中给出了预期最大飞行值减去 6dB 标准超过了集成电机/控制器组件验收试验值的轴、频率以及超出值）。

依据：

在舱体-桁架结构连接系统原型飞行随机振动试验过程中，在如下分散频率下给出了飞行值超过集成电机/控制器组件元器件级验收值的幅度：

| 轴 | 频率<br>（Hz） | 飞行集成电机/控制器组件<br>验收值（$G^2/Hz$） | 移动运输装置 SAS 捕捉锁定集成电机/控制器<br>组件验收值（最大飞行值-6dB）（$G^2/Hz$） | 超出值<br>（dB） |
|---|---|---|---|---|
| $X$-轴 | 125 | 0.12 | 3.77 | 14.9 |
| $Y$-轴 | 70 | 0.12 | 0.35 | 4.6 |
| $Y$-轴 | 95 | 0.12 | 0.38 | 5.0 |
| $Y$-轴 | 145 | 0.12 | 0.25 | 3.2 |
| $Y$-轴 | 1700 | 0.006 | 0.02 | 6.0 |
| $Z$-轴 | 70 | 0.12 | 0.21 | 2.5 |

针对包含此舱体-桁架结构连接系统紧固闭锁集成电机/控制器组件预期最大飞行环境的集成电机/控制器组件，对上述超出值进行了重新鉴定；不过，不计划进行额外的验收试验。

已经确定的集成电机/控制器组件将原封不动地用于舱体-桁架结构连接系统紧固闭锁应用。舱体-桁架结构连接系统紧固闭锁带有冗余集成电机/控制器组件（主件和备件）和一个舱外活动驱动器功能，可以人工操作闭锁。在集成电机/控制器组件验收试验之后或者相邻高层组件操作过程中没有发现集成电机/控制器组件故障。因此，目前的集成电机/控制器组件筛选值足以满足舱体-桁架结构连接系统紧固闭锁的应用需求，不需要进行其他验收试验。

## PG1-189

项目：

排热系统散热器在轨可更换单元齿轮制动器　　　部件号 0080-0039-4

SSP 41172 要求：

2.2.2 节，热真空试验（元器件鉴定）。

2.2.2.4 节，补充要求。

至少应在第一个和最后一个操作周期最大操作温度加上 20℉（11.1℃）的裕度和最低操作温度减去 20℉（11.1℃）的裕度的保持期以后以及元器件返回到环境温度后进行功能试验。

例外情况：

在第 3 个热循环的高温极值下，齿轮制动器未进行功能试验。

依据：

在 Delta-鉴定热真空试验过程中进行了舱外活动和集成电机/控制器组件驱动器功能试验。这些功能试验在前两个周期的 5700in·lb 条件下完成，以便完成 4 次 SSP 41172 所要求的功能试验（在第 3 个温度周期之前完成）。另外，在第 3 个热循环的冷温度极值下进行了两次功能试验。在这些功能试验中，将齿轮制动器人工和集成电机/控制器组件驱动器加到 7210in·lb 的输出力矩（在 1997 年普鲁布鲁克热真空鉴定试验过程中展开排热系统散热器所需的展开力矩）。这些 7210in·lb 功能试验专门在最后一次冷保持期进行，因为冷温度功能是决定设计的因素。硬件开发人员当时希望能够在开始 7210in·lb 功能试验和全周期功能试验之前完成 SSP 41172 所要求的热真空功能试验。相关人员认为：7210in·lb 的功能试验量级过大，并不能完全保证在齿轮制动器组件设计功能范围内。相关人员并不担心没有在最终热循环的高温下进行功能试验的问题，因为冷功能试验是决定齿轮制动器设计的因素（在这种条件下其效率最低）。4 号飞行排热系统散热器的普鲁布鲁克热真空试验在热和冷温度极值下都进行了功能试验（包括舱外活动和集成电机/控制器组件驱动器）。

## PG1-190

项目：

排热系统散热器在轨可更换单元齿轮制动器　　　部件号 0080-0039-4

SSP 41172 要求：

2.2.2 节，热真空试验（元器件鉴定）。

2.2.2.3 节，试验量级和持续时间。

压力应从大气压降低到 0.0001Torr 以下。

例外情况：

在温度变化过程中，真空室压力没有保持在 0.0001Torr 以下。

依据：

齿轮制动器在温度极值之间变化时，真空室内为 5psi 的气态氮。在温度保持期内进行齿轮制动器功能试验之前，将真空室泄压到 1.0E-04Torr 以下。在真空室内处于真空状态的情况下，齿轮制动器无法下降到温度极值。通过试验设置的三个旋转轴（舱外活动和电机输入、输出），与齿轮制动器之间产生大量热泄漏。需要通过对流生热和制冷来克服这些热泄漏，这是因为辐射生热和制冷不足以驱动齿轮制动器达到所需的温度极值。因为齿轮制动器主要是一个带简单电磁阀的装置，所以并不需要在温度变化过程中保持真空。唯一可能的真空敏感硬件为集成电机控制器组件（集成电机/控制器组件），它按照 SSP 41172 的要求进行了元器件级热真空鉴定试验。在齿轮制动器内没有承受热真空环境应力的其他热耗散电气元器件。因为在热真空条件下的温度极值对齿轮制动器进行功能试验，所以在温度变化过程中不保持所需的真空条件并不是一个问题。

## PG1-191

项目：

排热系统散热器在轨可更换单元齿轮制动器　　　部件号 0080-0039-4

SSP 41172 要求：

3.1.2 节，热真空试验（元器件验收）。

3.1.2.3 节，试验量级和持续时间。

压力应从大气压降低到 0.0001Torr 以下。

例外情况：

在温度变化过程中，真空室压力没有保持在 0.0001Torr 以下。

依据：

齿轮制动器在温度极值之间变化时，真空室内为 5psi 的气态氮。在温度保持期内进行齿轮制动器功能试验之前，将真空室泄压到 1.0E-04Torr 以下。在真空室内处于真空状态的情况下，齿轮制动器无法下降到温度极值。通过试验设置的三个旋转轴（舱外活动和电机输入、输出），与齿轮制动器之间产生大量热泄漏。需要通过对流生热和制冷来克服这些热泄漏，这是因为辐射生热和制冷不足以驱动齿轮制动器达到所需的温度极值。因为齿轮制动器主要是一个带简单电磁阀的装置，所以并不需要在温度变化过程中保持真空。唯一可能的真空敏感硬件为集成电机控制器组件（集成电机/控制器组件），它按照 SSP 41172 的要求在组件的元器件级进行了热真空鉴定试验。在齿轮制动器内没有承受热真空环境应力的其他热耗散电气元器件。因为在热真空条件下的温度极值对齿轮制动器进行功能试验，所以在温度变化过程中不保持所需的真空条件并不是一个问题。

## PG1-192

项目：

氢气储箱　　部件号 1F40057

SSP 41172 要求：

2.2.11 节，泄漏试验（元器件鉴定）。

2.2.11.2 节，试验说明。所有要求。

2.2.11.3 节，试验量级和持续时间。

外部耐压应为 0.001Torr（0.133Pa）或更低，试验持续时间应为 4h（针对在轨操作多日的设备）。

例外情况：

进行 SSP 41172 版本 T 的第六种方法所述的泄漏试验 30min，以代替版本 T 第二种方法所述的微弱泄漏试验。

依据：

在波音氢气储箱规格 1F40057 中记录的指定最大允许泄漏速度要求为 1E-05sccs 的氢气。不过，此泄漏速度在 500psig 的最大操作压力条件下有效。因为在 14.7psig 条件下进行泄漏试验，所以需要根据压力校正要求来检验泄漏速度。

假设分子流通过可用泄漏路径传播，在指定的最大允许泄漏速度下，采用的压力校正系数为 34（500psig/14.7psig）。这样压力校正的最大允许泄漏速度为 3E-07sccs 的氢气[（1E-05/34）sccs 的氢气]。在发布的鉴定试验流程 98-70293 中（根据该流程进行泄漏试验），采用了一个更严格的最大允许泄漏速度要求，即 1E-07sccs 的氢气。

针对鉴定泄漏试验，在泄漏试验之前和之后，使用一个 2E-10sccs 氢气的外部泄漏源校准了一个质谱仪泄漏检测器。储箱的氢气和氮气侧进行了泄漏和压力试验，所有焊缝都进行了染色渗透剂和超声检查。进行的 30min 试验时间足够检查所有储箱焊缝的泄漏，因为不存在可渗透的密封件。在氨气储箱鉴定泄漏试验过程中测量的泄漏速度为 2E-09sccs 的氦气。因为此数值低于压力校正的最大允许泄漏速度（3E-07sccs 的氦气）以及鉴定试验流程中更严格的最大允许泄漏速度（1E-07sccs 的氦气），所以在鉴定泄漏试验计划中的氨气储箱视为可以接受。

另外，鉴定试验件还成功完成了压力周期、耐压和爆裂试验。

最后，在声学试验之前将氨气储箱组件安装在 EAS 原型飞行声学试验件中。在声学试验之后根据 SSP 41172 的第二种方法进行了一次综合最终项真空室泄漏试验，以确保完整组装的 EAS 的完整性。在质谱仪泄漏检测器在 3 次连续读数（间隔 5min）达到稳定后，测量的泄漏速度为 2.5E-04sccs 的氦气。这满足组件级要求，即不超过 6.8E-04sccs 的氦气（RJ00342 3.2.1.1.3 节）。

因此，根据累积试验数据，氨气储箱可以接受。

## PG1-193

项目：

氨气储箱　　　部件号 1F40057　　　序列号 009

SSP 41172 要求：

3.1.7 节，泄漏试验（元器件验收）。

3.1.7.2 节，试验说明。所有要求。

3.1.7.3 节，试验量级和持续时间。

外部耐压应为 0.001Torr（0.133Pa）或更低，试验持续时间应为 4h（针对在轨操作多日的设备）。

例外情况：

进行 SSP 41172 版本 T 的第六种方法所述的泄漏试验 30min，以代替版本 T 第二种方法所述的微弱泄漏试验。

依据：

在波音氨气储箱规格 1F40057 中记录的指定最大允许泄漏速度要求为 1E-05sccs 的氦气。不过，此泄漏速度在 500psig 的最大操作压力条件下有效。因为在 14.7psig 条件下进行泄漏试验，所以需要根据压力校正要求来检验泄漏速度。

假设分子流通过可用泄漏路径传播，在指定的最大允许泄漏速度下，采用的压力校正系数为 34（500psig/14.7psig）。这样压力校正的最大允许泄漏速度为 3E-07sccs 的氦气[（1E-05/34）sccs 的氦气]。在发布的验收试验流程 AT 2351330 中（根据该流程进行泄漏试验），采用了此压力校正的最大允许泄漏速度。

针对验收泄漏试验，在泄漏试验之前和之后，使用一个 2E-10sccs 氦气的外部泄漏源校准了一个质谱仪泄漏检测器。储箱的氨气和氦气侧进行了泄漏和压力试验，所有焊缝都进行了染色渗透剂和超声检查。进行的 30min 试验时间足够检查所有储箱焊缝的泄漏，因为不存在可渗透的密封件。在氨气储箱（列号 009）鉴定泄漏试验过程中测量的泄漏速度为 2.3E-08sccs 的氦气。因为此数值低于压力校正的最大允许泄漏速度（3E-07sccs 的氦气），所以在验收泄漏试验计划中的氨气储箱的泄漏速度视为可以接受。

另外，此单元还完成了一次耐压试验。

最后，在声学试验之前将氨气储箱组件安装在 EAS 原型飞行声学试验件中。在声学试验之后根据 SSP 41172 的第二种方法进行了一次综合最终项真空室泄漏试验，以确保完整组装的 EAS 的完整性。在质谱仪泄漏检测器在 3 次连续读数（间隔 5min）达到稳定后，测量的泄漏速度为 2.5E-04sccs 的氦气。这满足组件级要求，即不超过 6.8E-04sccs 的氦气（RJ00342 3.2.1.1.3 节）。

因此，根据所有累积试验数据，指定的氦气储箱可以接受。

## PG1-194

项目：

太阳能电池阵列旋转接头驱动器/锁组件　　部件号 5847010

SSP 41172 要求：

2.2.2 节，热真空试验（元器件鉴定）。

2.2.2.3 节，试验量级和持续时间。所有要求。

2.2.2.4 节，补充要求。所有要求。

例外情况：

太阳能电池阵列旋转接头驱动器/锁组件的舱外活动从臂展开装置将在环境压力下进行一次鉴定热极值试验，以代替鉴定热真空试验。

依据：

此装置是一个可通过舱外活动展开的机械组件。从臂展开装置在环境温度和压力下顺利进行了试验。未来的试验将在热极值下进行，并在环境压力有相应的鉴定裕度，因为此组件内没有真空敏感元器件。

相关活动部件的详细设计如下：

◇　锁紧螺栓为带二硫化钼涂层的钛穿通不锈钢锁紧插件。

◇　牵引螺栓为带二硫化钼涂层的 15-5pH，带 Braycote 穿通氮化 15-5pH 从动块。

◇　转动螺栓为带二硫化钼涂层的不锈钢穿通不锈钢套管。

◇　安装螺栓为 A286，带二硫化钼穿通镀银 A286 螺帽片。

◇　齿轮为 303 不锈钢，无涂层和载荷。

◇　旋转部件之间的间隙为 0.003～0.007in。热收缩所减少的间隙不到 0.001in。

◇　所有类似材料部件（主要是不锈钢）都进行润滑，以避免在运动过程中发生黏结。所有润滑剂在真空中都稳定。所有润滑剂组合在环境压力和真空条件下都保持稳定。Braycote 和两种干薄膜润滑剂之间都不会发生相互作用。只有齿轮不进行润滑，因为它们没有载荷，所以不会发生黏结。因此，通过热极值试验代替热真空试验来鉴定和验证太阳能阿尔法旋转接头驱动锁组件从臂轴承舱外活动可展开装置的风险很小。

## PG1-195

项目：

太阳能电池阵列旋转接头驱动器/锁组件　　部件号 5847010

SSP 41172 要求：

3.1.2 节，热真空试验（元器件验收）。

3.1.2.3 节，试验量级和持续时间。所有要求。

3.1.2.4 节，补充要求。所有要求。

例外情况：

太阳能电池阵列旋转接头驱动器/锁组件将进行的舱外活动从臂展开装置将在环境压力下进行一次验收热极值试验，以代替验收热真空试验。

依据：

此装置是一个可通过舱外活动展开的机械组件。从臂展开装置在环境温度和压力下顺利进行了试验。未来的试验将在热极值下进行，因为此组件内没有真空敏感元器件。

相关活动部件的详细设计如下：

◇ 锁紧螺栓为带二硫化钼涂层的钛穿通不锈钢锁紧插件。

◇ 牵引螺栓为带二硫化钼涂层的 15-5pH，带 Braycote 穿通氮化 15-5pH 从动块。

◇ 转动螺栓为带二硫化钼涂层的不锈钢穿通不锈钢套管。

◇ 安装螺栓为 A286，带二硫化钼穿通镀银 A286 螺帽片。

◇ 齿轮为 303 不锈钢，无涂层和载荷。

◇ 旋转部件之间的间隙为 0.003~0.007in。热收缩所减少的间隙不到 0.001in。

◇ 所有类似材料部件（主要是不锈钢）都进行润滑，以避免在运动过程中发生黏结。所有润滑剂在真空中都稳定。所有润滑剂组合在环境压力和真空条件下都保持稳定。Braycote 和两种干薄膜润滑剂之间都不会发生相互作用。只有齿轮不进行润滑，因为它们没有载荷，所以不会发生黏结。因此，通过热极值试验代替热真空试验来鉴定和验证太阳能阿尔法旋转接头驱动锁组件从臂轴承舱外活动可展开装置的风险很小。

## PG1-196

项目：

泵和控制阀门包（PCVP）固件控制器　　部件号 SV819401

SSP 41172 要求：

2.2.5 节，随机振动试验（元器件鉴定）。

2.2.5.3 节，试验量级和持续时间。

元器件随机振动试验量级和频谱应包含如下范围：验收试验量级和频谱加上试验公差。

例外情况：

对于泵和控制阀门包内部的飞行固件控制器（序列号 0003），在所有频率下和所有轴上，泵和控制阀门包固件控制器鉴定随机振动试验量级和频谱都不包含验收试验量级和频谱加上试验公差。

依据：

泵和控制阀门包固件控制器（序列号 0003）在 SSP 41172，图 3-2 所定义的最小工艺筛选数值和频谱下，在所有三个轴上进行了单独工艺振动试验。在组件的泵和控制阀门包固件控制器级别没有进行正式的鉴定随机振动试验；固件控制器正式的鉴定随机振动试验在泵和控制阀门包组件级进行。泵和控制阀门包组件级鉴定和验收随机振动频谱在所有三个轴都有陷波，以避免对固件控制器电路卡组件（CCA）和泵和控制阀门包轴承造成不必要的损害。所有陷波都符合计划陷波标准；不过，因为随机振动固件控制器的正式鉴定在泵和控制阀门包组件级进行，鉴定频谱在所有三个轴都有陷波，所以对于序列号 0003 的单独验收试验，在所有频率下和所有三个轴上，在固件控制器输入的随机振动试验值的正式鉴定不包含验收值加上试验公差。所有其他飞行泵和控制阀门包固件控制器都作为整套泵和控制阀门包组件的一部分进行验收随机振动工艺筛选，不进行单独的振动试验；因此，所有其他飞行固件控制器都符合 SSP 41172 的要求。

固件控制器的关键轴为 $Z$ 轴，这是由于它与所有内部电路卡组件垂直。对于 $Z$ 轴，在从 360～630Hz 的频率范围内，鉴定试验不包含固件控制器（序列号 0003）验收值加上试验公差。

虽然在泵和控制阀门包组件级 $Z$ 轴试验过程中，在上述频率范围内，固件控制器的输入不包含序列号 0003 的单独验收值加上试验公差；但是在组件级 $Y$ 轴试验过程中，在大多数陷波频率范围内，固件控制器的交轴输入（$Z$ 轴）超过了最小工艺数值。因此，在陷波频率范围内，有一定的裕度。

另外，在最小工艺数值下，对单独鉴定固件控制器每轴进行了 1min 验收随机振动试验。虽然此试验仍然不能证明泵和控制阀门包内部飞行固件控制器（序列号 0003）在频谱复制或持续时间方面所需的鉴定裕度，不过它确保所有频率所有轴的裕度都不小于 0dB（即没有负裕度）。另外，还对泵和控制阀门包组件的每个轴进行了 6min 的正式鉴定随机振动试验，从而为组件提供了额外的试验时间裕度，并证明了额外的疲劳寿命。

因为相关技术风险很小，所以认为没有必要对于固件控制器鉴定单元进行单独的额外鉴定试验。如果通过无陷波的额外泵和控制阀门包组件级鉴定试验为固件控制器（序列号 0003）确定所需的裕度，有可能给泵和控制阀门包带来不必要的损害，因此理由不够充分。已有固件控制器（序列号 0003）的风险被视为很小。

## PG1-197

项目：

外部视频开关（VSW） 部件号 10033180-501 序列号 001～004

SSP 41172 要求：

4.1.1 节，组件/元器件原型飞行试验。

在要用于后续飞行的组件上进行组件/元器件鉴定试验时，试验内容应相同（按照 2.2 节中关于元器件鉴定的定义）。为此，要求在热循环试验的每个周期中，都给原型飞行硬件断电，直到温度达到稳定，然后再启动它，如 2.2.3.3 节所述。

例外情况：

仅在第 2 到第 7 个原型飞行热循环内，此外部视频开关组件不应进行加电和断电循环操作。另外，在第 8 个周期的热保持阶段，也不应对其进行加电和断电循环操作。这些单元的任何后续热循环试验都应完全符合 SSP 41172 的要求。

依据：

虽然希望在每个温度热保持阶段进行加电和断电循环操作，不过单元进行了足够多次数的加电启动操作，可以验证电路的完整性。另外，每个单元都在比指定低操作温度更低的温度下加电，从而提供了一个更严格的自诱导应力。

按照说明，每个外部视频开关（所有序列号）都在其原型飞行热循环试验期间进行 3 次加电和断电循环操作：

[热循环 1]

在 73°F 加电，在-30°F 断电（在冷非操作温度保持期之前），在-55°F 加电（在非操作温度的冷启动）；

在 130℉断电（在 170℉的热非操作温度保持期之前），在 130℉加电（在操作温度稳定和功能试验之前），然后进入环境条件（开始下一个周期）。

［热循环 2～7］

在 6 个温度周期中（每个周期从环境温度（73℉）到-30℉，再到 130℉，然后返回环境温度），外部视频开关始终保持加电状态。

［热循环 8］

从环境温度到-30℉，在-30℉断电，在-30℉加电，然后变化到热操作温度（稳定，保持期和功能试验，在 73℉断电（结束））。

外部视频开关序列号 001～003 还在飞行热循环复验过程中进行 3 次加电和断电循环操作（重复如上所述的第 1、2 和第 8 个热循环）。

在温度极值下进行加电和断电循环操作的目的是筛选潜在的工艺缺陷。在第 2 到第 7 周期不进行加电和断电循环操作，并不会严重影响热循环试验的有效性。不过，外部视频开关的验收试验流程会进行更新，以纠正此缺陷，从而确保未来按照流程进行的单元试验都符合 SSP 41172 的要求。

## PG1-198

项目：

外部视频开关（VSW）　　　部件号 10033180-501　　　序列号 001～004

SSP 41172 要求：

4.1.1 节，组件/元器件原型飞行试验。

在要用于后续飞行的组件上进行组件/元器件鉴定试验时，试验内容应相同（按照 2.2 节中关于元器件鉴定的定义）。为此，需要在热真空试验过程中对原型飞行硬件进行加电和断电循环操作，如 2.2.2.2 节所述。

例外情况：

在热真空试验过程中，外部视频开关组件不进行加电和断电循环操作。这些单元的任何后续热真空试验都应完全满足 SSP 41172 的要求。

依据：

虽然希望在每个温度热保持阶段进行加电和断电循环操作，不过单元进行了足够多次数的加电启动操作，可以验证电路的完整性。另外，每个单元都在比指定低操作温度更低的温度下加电，从而提供了一个更严格的自诱导应力。

对于所有外部视频开关序列号，操作电源在第一个原型飞行热循环的非操作温度（-55℉）和最高操作温度（130℉）下进行断电/加电操作，在第 8 个原型飞行热循环的最低操作温度（-30℉）下进行断电/加电操作。序列号 001～003 在后续电源返工、复验过程中额外进行 3 个周期的加电和断电循环操作（与初次热循环试验一样）。

按照说明，外部视频开关序列号 001～003 进行了 6 次加电和断电循环操作（在其原型飞行热循环试验和复验过程中）。序列号 004 按照上文所述断电/加电 3 次（不需要复验，因为在电源返工后进行组装），足以进行工艺筛选。

在温度极值下进行加电和断电循环操作的目的是筛选潜在的工艺缺陷。不进行加电和断电循环操作，并不会严重影响热真空试验的有效性。

另外，对于序列号 001～003，在热真空试验之后进行热循环复验，从而增加相关人员对工艺的信心。

不过，外部视频开关的验收试验流程会进行更新，以纠正此缺陷，从而确保未来按照流程进行的单元试验都符合 SSP 41172 的要求。

## PG1-199

项目：

外部视频开关（VSW）　　　部件号 10033180-501　　　序列号 002

SSP 41172 要求：

4.1.1 节，组件/元器件原型飞行试验。

在要用于后续飞行的组件上进行组件/元器件鉴定试验时，试验内容应相同（按照 2.2 节中关于元器件鉴定的定义）。为此，要求原型飞行硬件在 0.001Torr（0.133Pa）或更低的外部耐压条件下进行微弱泄漏试验，试验时间为 4h，如 2.2.11.3 节所述。

例外情况：

外部视频开关序列号 002 应使用一个质谱仪泄漏检测器进行微弱泄漏试验，在试验中采用回流配置，外部压力小于 0.01Torr，持续时间约为 5min。这些单元的任何后续微弱泄漏试验都需要完全满足 SSP 41172 的要求。

依据：

用于外部视频开关序列号 002 微弱泄漏试验的回流配置质谱仪泄漏检测器不需要 0.001Torr 的外部压力即可达到高于 4E-05sccs 氦气的灵敏度。

在更高的外部压力下（小于 0.01Torr，准确值未记录）并不影响试验结果的有效性。

外部视频开关允许最大泄漏速度为 8E-05sccs 的氦气（根据 90%氮气/10%氦气混合比）。外部视频开关序列号 002 记录的实际泄漏速度为 9.2E-06sccs 的氦气（单元内气体含有 10%的氦气）。

需要对泄漏检测器的读数进行校正，以模拟 100%的氦气，即将数值乘以一个 100%/10% 的比值。如果单元中包含 100%的氦气，那么计算的泄漏速度为 9.2E-05sccs 的氦气。

如果因为考虑不确定因素而额外增加一个"安全系数"——10，比如考虑到试验时间缩短（为 5min 而不是所需的 4h）以及泄漏检测器灵敏度的不确定性，那么最终计算的泄漏速度为 9.2E-04sccs 的氦气。根据 9.2E-04sccs 氦气或近似 1.0E-03sccs 氮气的泄漏速度，计算了在轨压力与时间的关系。

结果表明：外部视频开关序列号 002 的压力将至少在 15 年内保持在电晕起始点以上，即使泄漏速度测量值有一个量级的误差也是如此。

## PG1-200

项目：

外部视频开关（VSW）　　　部件号 10033180-501　　　序列号 001、003 和 004

SSP 41172 要求：

4.1.1 节，组件/元器件原型飞行试验。

在要用于后续飞行的组件上进行组件/元器件鉴定试验时，试验内容应相同（按照 2.2 节中关于元器件鉴定的定义）。为此，要求原型飞行硬件在 0.001Torr（0.133Pa）或更低的外部耐压条件下进行微弱泄漏试验，试验时间为 4h，如 2.2.11.3 节所述。

例外情况：

外部视频开关序列号 001、序列号 003 和序列号 004 应使用一个质谱仪泄漏检测器进行微弱泄漏试验，在试验中采用回流配置，外部压力小于 0.005Torr，持续时间为 4h。这些单元的任何后续微弱泄漏试验都需要完全满足 SSP 41172 的要求。

依据：

用于外部视频开关序列号 001、序列号 003 和序列号 004 微弱泄漏试验的回流配置质谱仪泄漏检测器不需要 0.001Torr 的外部压力即可达到高于 4E-05sccs 氦气的灵敏度。在更高的外部压力下（小于 0.005Torr）并不影响试验结果的有效性。

外部视频开关允许最大泄漏速度为 8E-05sccs 的氦气（根据 90%氮气/10%氦气混合比）。外部视频开关序列号 001 记录的实际泄漏速度为 3.2E-07sccs 的氦气，外部视频开关序列号 003 记录的实际泄漏速度为 2.5E-08sccs 的氦气，外部视频开关序列号 004 记录的实际泄漏速度为 3.0E-07sccs 的氦气（各单元内气体都含有 10%的氦气）。

需要对泄漏检测器的读数进行校正，以模拟 100%的氦气，即将数值乘以一个 100%/10% 的比值。如果单元中包含 100%的氦气，那么计算的泄漏速度为 3.2E-06sccs（序列号 001）、2.5E-07sccs（序列号 003）和 3.0E-06sccs（序列号 004）的氦气。

因为考虑到泄漏检测器灵敏度的不确定性而额外增加一个"安全系数"——2，那么最终计算的泄漏速度为 6.4E-06sccs（序列号 001）、5.0E-07sccs（序列号 003）以及 6.0E-06sccs（序列号 004）的氦气。这些值小于 8E-05sccs 氦气的允许最大泄漏速度。

## PG1-201

项目：

速度陀螺组件　　部件号 GG9534AC01

SSP 41172 要求：

2.2.11 节，泄漏试验（元器件鉴定）。

2.2.11.3 节，试验量级和持续时间。

第二种方法——微弱泄漏试验应在 0.001Torr（0.133Pa）或更低的外部耐压条件下进行试验，试验时间为 4h（对于在轨道操作多日的设备）。

例外情况：

对于 SSP 41172 版本 T 的第二种方法速度陀螺组件的泄漏试验，外部试验压力应为 0.010Torr 或更低，试验持续时间应足够长，以便让测量的泄漏速度稳定至少 5min±10%。

依据：

速度陀螺组件根据霍尼韦尔 ENV-1010 规格进行了鉴定试验。在速度陀螺组件中的 90%氮气/10%氦气混合气体的内部压力为 16.0psia±0.1psia。在真空室/钟形容器中的外部压力为 10E-03Torr 或更低。真空室/钟形容器排气时间约为 20min（根据日志记录），速度陀螺组件在外部压力低于 75E-03Torr 条件下的时间约为 10min（根据日志记录）。制造商指定的质谱仪泄漏检测器灵敏度为 6E-11sccs 的氦气。在泄漏速度读数保持稳定（5±10%）min 以后，记录读数。

更高的外部压力并不影响并不影响试验结果的有效性。在使用 Veeco MS-170 质谱仪泄漏检测器的情况下，指定试验真空室压力，以便使泄漏速度传感器的压力保持在或低于其操作压力 5E-04Torr（"微弱泄漏"模式）。Veeco MS-170 在"微弱泄漏"模式下校准，因此，只有当 Veeco 保持在此模式的情况下才会收集数据。只要传感器压力保持在或低于 5E-04Torr，更高的试验真空室压力就不会影响泄漏速度试验的结果。

速度陀螺组件规格的泄漏速度低于或等于 1.3E-05sccs 的氦气。在验收试验流程数据表上记录的速度陀螺组件最高泄漏速度为序列号 002 的 5.5E-06sccs 的氦气。速度陀螺组件使用氮气进行净化和加压，以便进行飞行。氮气的等效泄漏速度为（5.5E-06×1.12）sccs 或 6.16E-06sccs 的氮气。此泄漏速度乘以一个系数——10，以实现额外的安全裕度，并计算在轨压力随时间的变化。结果表明：即使泄漏速度结果的误差达到一个量级，速度陀螺组件寿命也能超过 15 年。因为验收试验流程有最坏情况数值，所以使用了验收试验流程值而非鉴定值。

只有在使用 Veeco MS-170 质谱仪泄漏检测器的情况下，此例外情况才适用。使用任何其他质谱仪泄漏检测器的泄漏试验都应符合 SSP 41172 的要求。

## PG1-202

项目：

速度陀螺组件　　　部件号 GG9534AC02

SSP 41172 要求：

3.1.7 节，泄漏试验（元器件验收）。

3.1.7.3 节，试验量级和持续时间。

第二种方法——微弱泄漏试验应在 0.001Torr（0.133Pa）或更低的外部耐压条件下进行试验，试验时间为 4h（对于在轨道操作多日的设备）。

例外情况：

对于 SSP 41172 版本 T 的第二种方法速度陀螺组件的泄漏试验，外部试验压力应为 0.010Torr 或更低，试验持续时间应足够长，以便让测量的泄漏速度稳定至少（5±10%）min。

依据：

速度陀螺组件根据霍尼韦尔 ENV-1010 规格进行了验收试验。在速度陀螺组件中的 90%氮气/10%氦气混合气体的内部压力为 16.0psia±0.1psia。在真空室/钟形容器中的外部压力为 10E-03Torr 或更低。真空室/钟形容器排气时间约为 20min（根据日志记录），速度陀螺组件在外部压力低于 75E-03Torr 条件下的时间约为 10min（根据日志记录）。制造商指定的质谱仪泄漏检测器灵敏度为 6E-11sccs 的氦气。在泄漏速度读数保持稳定（5±10%）min 以后，记录读数。

更高的外部压力并不影响试验结果的有效性。在使用 Veeco MS-170 质谱仪泄漏检测器的情况下，指定试验真空室压力，以便使泄漏速度传感器的压力保持在或低于其操作压力 5E-04Torr（"微弱泄漏"模式）。Veeco MS-170 在"微弱泄漏"模式下校准，因此，只有当 Veeco 保持在此模式的情况下才会收集数据。只要传感器压力保持在或低于 5E-04Torr，更高的试验真空室压力就不会影响泄漏速度试验的结果。

速度陀螺组件规格的泄漏速度低于或等于 1.3E-05sccs 的氦气。在验收试验流程数据表上记录的速度陀螺组件最高泄漏速度为序列号 002 的 5.5E-06sccs 的氦气。速度陀螺组件使用氮气进行净化和加压，以便进行飞行。氮气的等效泄漏速度为（5.5E-06×1.12）或 6.16E-06sccs 的氮气。此泄漏速度乘以一个系数——10，以实现额外的安全裕度，并计算在轨压力随时间的变化。结果表明：即使泄漏速度结果的误差达到一个量级，速度陀螺组件寿命也能超过 15 年。

只有在使用 Veeco MS-170 质谱仪泄漏检测器的情况下，此例外情况才适用。使用任何其他质谱仪泄漏检测器的泄漏试验都应符合 SSP 41172 的要求。

## PG1-203

项目：

P4 桁架舱节　　　部件号 R083500

包括 P3/P4 声学试验中的如下鉴定：

◇　阿尔法接头接口结构在轨支柱　　　部件号 R081799-1

◇　洛克达因桁架连接系统软停靠装置组件　　　部件号 R078857

P3 桁架舱节　　　部件号 1F83000

包括 P3/P4 声学试验中的如下鉴定：

◇　太阳能阿尔法旋转接头舱外活动可拆卸支柱　　　部件号 1F26604

◇　舱外活动对角　　　部件号 1F38649 和 1F26475

◇　绳系航天器止动装置　　　部件号 1F83123

◇　有效载荷连接系统/非加压后勤舱连接系统组件铰接部件　　　部件号 1F67209

◇　太阳能阿尔法旋转接头多层绝缘夹　　　部件号 1F83212

◇　舱节间连接系统准备好闭锁操作的指示器　　　部件号 1F70572

◇　龙骨螺母制动器　　　部件号 1F83308

SSP 41172 要求：

2.4.3 节，声振动试验（元器件鉴定）。

2.4.3.3 节，试验量级和持续时间。

接触试验时间至少应为最大飞行环境下预期飞行接触时间的 3 倍，或者验收试验时间的 3 倍（如果此时间较长），并且不超过 3min。

例外情况：

P3/P4 结构试验件（包括上述低级组件硬件）鉴定声学试验持续时间应为 60s。

依据：

P3/P4 结构试验件声学试验件包括 P3 结构试验件，一个原型飞行 P4 集成设备组件结构框架和模拟的（质量、动力或声）在轨可更换单元/元器件。

这些元器件都不是在轨可更换单元，因此，它们只需要针对两个任务进行 60s 的鉴定。在太阳能阿尔法旋转接头和有效载荷连接系统上的在轨可更换单元经过了元器件级随机振动试验的鉴定，因此，P3/P4 声学试验的目的是采集元器件接口振动值，以检验在轨可更换单元/元器件鉴定随机振动试验环境。通过 1min 的试验，足以收集检验在轨可更换单元/元器件鉴定随机振动环境所需的数据。美国航空航天局约翰逊航天中心，波音亨廷顿比奇和波音卡诺加园的工作人员一致同意将所需的试验时间缩短为 1min，因为这个时间足以实现所有 P3/P4 声振动试验目标，并且不会以不必要的方式影响试验的 S6 集成设备组件飞行硬件的使用寿命。

## PG1-204

项目：

太阳能阿尔法旋转接头滚轮轴承组件　　　部件号 5846485　　　序列号 1027 和 1028

SSP 41172 要求：

3.1.3 节，热循环试验（元器件验收）。

3.1.3.3 节，试验量级和持续时间。所有要求。

3.1.3.4 节，补充要求。所有要求。

例外情况：

所述的太阳能阿尔法旋转接头滚轮轴承组件不会进行验收热循环试验。

依据：

第 1 次飞行的滚轮轴承组件顺利通过了验收热循环试验。此后，两个 TBA 未能通过热分离试验（序列号 1017 和 1023），其电阻箱被拆除，并分别安装在序列号 1028 和 1027 上。此后，这些两个新滚轮轴承通过了分离试验。第 1 次飞行的新滚轮补充部件安装在太阳能阿尔法旋转接头 1 上进行功能和热真空试验。滚轮轴承采用一种防腐蚀的 Micronic 601 润滑脂进行润滑，这种润滑脂广泛用于航天领域，30 多年来展示了良好的性能，其操作温度范围从-120℉到400℉。

第一个单元的电阻箱在-5℉到 163℉ 条件下顺利完成了试验。电阻器设计的操作范围从-85℉到347℉，其连接线路的设计操作范围从-148℉到392℉。

因此，所有元器件都在高得多的温度范围下展现了令人满意的性能，并完成了筛选，唯一的例外是用于冗余颈轴承的微动开关，它没有像其他飞行单元一样通过元器件级热循环试验来验证连接功能和工艺。

TBA 序列号 1027 和 1028 在-15℉到148℉的条件下顺利通过了一个周期的热分离试验。在此过程中，对冗余轴承微动开关进行了监控。在太阳能阿尔法旋转接头系统级热真空试验过程中，这两个单元经历了 3 个冷周期和一个热循环。在-48℉和131℉进行的这些试验中，性能也令人满意。冷周期和热循环数不一样的原因在于冷试验过程中需要进行故障检修。必须让真空室返回到环境条件，然后打开两次，才能在冷温度下完成性能试验。在完成冷试验之后，通过在指定的一个热循环进行功能试验来恢复试验，然后在环境温度下结束，不再中断热真空条件。因此，TBA 序列号 1027 和 1028 进行了 4 个热循环和两个冷周期的试验。

微动开关连接功能在环境条件下通过其他方式验证。因此，与使用所述已批准滚轮轴承组件相关的风险很小。

## PG1-205

项目：

太阳能阿尔法旋转接头滚轮轴承组件　　部件号 5846485

SSP 41172 要求：

2.2.3 节，热循环试验（元器件鉴定）。

2.2.3.3 节，试验量级和持续时间。

在热循环的高温部分，元器件应处于最大验收限值加上一个 20℉（11.1℃）的裕度（最高设计温度）；在热循环的低温部分，元器件应处于最小验收温度减去一个 20℉的（11.1℃）裕度（最小设计限值温度）。

例外情况：

太阳能阿尔法旋转接头滚轮轴承组件的鉴定热循环试验的温度将在-51℉到163℉内进行。

依据：

飞行滚轮轴承组件和鉴定滚轮轴承组件共同在试验真空室的鉴定温度限值下进行了试验。

该温度包括试验时预期在轨热极值下的 20℉ 裕度。滚轮在如下温度下进行了热循环试验：

◇ 当前预期温度——-31℉ 到 118℉；

◇ 鉴定滚轮轴承组件——-51℉ 到 163℉；

◇ 第 1 次飞行的 TBA　序列号 1014、1015、1016、1018、1019、1020、1021、1022、1024 和 1025——-5℉ 到 163℉；

◇ 第 1 次飞行的 TBA　序列号 1014、1015、1016、1018、1019、1020、1021、1022、1024 和 1025——-48℉ 到 131℉（系统热真空试验）；

◇ 第 2 次飞行的 TBA　序列号 1017、1023、1026、1029、1030、1031、1032、1033、1034、1035、1036 和 1037——-51℉ 到 163℉；

◇ 备用 TBA——-31℉ 到 143℉。

计算的鉴定裕度为：

◇ 第 1 次飞行的 TBA 鉴定裕度=3℉（冷）、0℉（热）；

◇ 第 2 次飞行的 TBA 鉴定裕度=0℉（冷）、0℉（热）；

◇ 备用 TBA 裕度=20℉（冷）、20℉（热）。

不过，滚轮轴承组件所有元器件的额定限值都通过如下方式完全包含热循环试验：

◇ 鉴定滚轮轴承组件在-65℉ 到 180℉ 条件下进行了非操作试验。

◇ 电阻箱为额定温度-85℉ 到 347℉ 工作的电气、电子和机电部件。

◇ 微动开关在-85℉ 到 257℉ 下进行了试验。

◇ 连接器额定温度为-148℉ 到 392℉。

◇ 轴承润滑，Micronic 601 额定温度为-120℉ 到 400℉。

通过比较轴承试验温度与试验过程中的非操作鉴定滚轮轴承温度，得到如下裕度：

◇ 第 1 次飞行的裕度=17℃（冷）、7℃（热）；

◇ 第 2 次飞行的裕度=14℃（冷）、17℃（热）；

◇ 备件裕度=34℃（冷）、37℃（热）。

因此，通过重复试验以便所有 TBA 实现 20℉ 鉴定热裕度的价值很小。

## PG1-206

项目：

太阳能阿尔法旋转接头　　　部件号 5846485　　序列号 1001

太阳能阿尔法旋转接头滚轮轴承组件　　部件号 5846485　　序列号 1014、1015、1016、1018、1019、1020、1021、1022、1024、1025、1027 和 1028

太阳能阿尔法旋转接头驱动器/锁组件　　部件号 5847010-501　　序列号 1004 和 1005

太阳能阿尔法旋转接头旋转接头电机控制器　　部件号 5842400　　序列号 1002 和 1007

太阳能阿尔法旋转接头实用传输组件　　部件号 5839153　　序列号 9607010

SSP 41172 要求：

4.1.1 节，组件/元器件原型飞行试验。

对于热真空试验，温度极值应超过最低和最高预期温度 10℉（5.6℃）。

例外情况：

所述太阳能阿尔法旋转接头在轨可更换单元在系统原型飞行热真空试验中可以不满足10℉的原型飞行热裕度。

依据：

太阳能阿尔法旋转接头装置包括机电子组件或在轨可更换单元、相关结构以及连线。所有太阳能阿尔法旋转接头在轨可更换单元、驱动器/锁组件、滚轮轴承组件、实用传输组件和旋转接头电机控制器都在子系统级进行了鉴定和验收试验。鉴定试验包括温度循环和热真空试验，其鉴定裕度超过最高和最低预期操作温度20℉。

因为这些在轨可更换单元以前经过鉴定，所以针对第1次飞行太阳能阿尔法旋转接头设定了一个经过调整的原型飞行热剖面。此在轨可更换单元不会在以前验收热数值的基础上进一步扩展。

下面总结了得到的裕度。请注意每个在轨可更换单元在操作极值的鉴定都有20℉或更高的裕度。

| 在轨可更换单元 | 预测值（℉） | 太阳能阿尔法旋转接头热真空温度（℉） | 原型飞行裕度（冷/热）（℉） |
|---|---|---|---|
| 旋转接头电机控制器 | −25～140 | −25～150 | 0/10 |
| 驱动锁组件 | −38～153 | −45～162 | 7/9 |
| 实用传输组件 | −39～133 | −45～143 | 6/10 |
| 滚轮轴承组件 | −31～118 | −48～131 | 17/13 |

系统试验表明：在轨可更换单元和太阳能阿尔法旋转接头结构之间没有有害的热相互作用。在整个装置上，沿着径向、圆周和直线方向，在热和冷极值条件以及极值热梯度条件下对太阳能阿尔法旋转接头进行了试验。与极值条件下的热平衡相比，上述条件被视为更严格的环境条件（针对驱动锁组件力矩和整体太阳能阿尔法旋转接头系统性能）。

温度不会对机械相互作用产生不良影响。旋转接头电机控制器是一个固定箱体。它与其他太阳能阿尔法旋转接头结构的热相互作用并不相关。实用传输组件传输电力和数据，并有一个对系统级热相互作用不敏感的固定机械接口。带太阳能阿尔法旋转接头大齿轮（一个钢结构）的驱动锁组件接口采用了一定的公差，以适应热变形。驱动锁组件还进行了元器件级的热真空试验，其大齿轮STE没有出现性能故障。TBA在−51℉下进行了鉴定试验，并顺利通过了−48℉下的太阳能阿尔法旋转接头系统热真空试验。在试验过程中没有发现轴承失配或刮擦（通过电机力矩检测）。最后，圈环很清洁。

在所有热极值条件下，太阳能阿尔法旋转接头性能都在规格限值内。通过平均电机电流测量的电机力矩显著低于1.2A环境限值，并在所有温度下保持相对固定。瞄准精度保持在所有温度±0.58℉的范围内。通过将数据分别向更高温度和更低温度调整10℉后表明，太阳能阿尔法旋转接头仍然符合规格。

## PG1-207

项目：

热管散热器　　部件号 1F76566

SSP 41172 要求：

2.2.11 节，泄漏试验（元器件鉴定）。

2.2.11.2 节，试验说明。在每种功能模式下，元器件应加压到其最大操作压力。

例外情况：

在 SSP 41172 版本 T 第五种方法氦气鉴定泄漏试验过程中，热管散热器没有加压到最大操作压力。

依据：

开始时，在完成组件之前，传输管道和散热器板管道进行了一次 2min 的氦气泄漏试验。管道进行了所有泄漏试验，以便通过给管道放气以及在每个焊缝周围喷氦气，确定不存在大于 1E-08sccs 氦气的泄漏。在试验过程中，在每个焊缝周围放一只"握成杯形"的手，以便使氦气聚集在焊缝。使用一个经过认证的泄漏源（1E-08sccs 氦气）来校准一个质谱仪泄漏检测器。本试验是一个风险降低试验，其通过/未通过标准为 1E-08sccs 的氦气。不过，氨气（$NH_3$）泄漏试验为正式的泄漏试验。

在氨气泄漏试验过程中，所有焊缝都根据 ASTM E1066-85 进行最终泄漏试验，试验采用一种"气溶胶-比色显色剂"，判断标准为 1E-08sccs 的氨气的氨气。如果显色剂验收从黄色变为蓝色，则表示泄漏速度超过 1E-08sccs。在焊缝区至少使用 15min 的显色剂，并在 140psi 的压力下进行试验。根据 150℉ 的最大在轨温度，热管散热器最大操作压力为 437psi。在热管散热器子组件填充了氨气之后，进行两次氨气泄漏试验和一次热耐压试验。在 668psi 的最小压力下对每个硬件组件进行 20min 的热耐压试验，并在热耐压试验之前和之后进行一次环境氨气泄漏试验。

热管散热器子组件都采用焊接。因此，没有可渗透的密封件。子组件设计不允许进行传统的泄漏试验，因为它们是焊接密封管。在热耐压试验之后，对焊缝进行射线摄影检查和染色渗透剂检查。另外，还对其他太空计划硬件进行了这种方法的泄漏试验，其中包括哈伯太空望远镜（NICMDX）、FUSE（戈达德太空飞行中心）、欧洲之星（Hughes A2100（洛克希德马丁公司））和 NEC（MUSES）。因此，氦气和氨气泄漏试验可以确保热管散热器的气密性能够满足指定泄漏要求，即不超过 1E-07sccs 的氦气。

## PG1-208

项目：

热管散热器　　部件号 1F76566

SSP 41172 要求：

3.1.7 节，泄漏试验（元器件验收）。

3.1.7.2 节，试验说明。

应采用 2.2.11.2 节中所给出的方法之一。为此，要求在第五种方法的验收泄漏试验中，在每种功能模式下，将元器件加压到其最大操作压力，如 2.2.11.2 节所述。

例外情况：

在 SSP 41172 版本 T 第五种方法的氨气验收泄漏试验中，热管散热器没有加压到最大操作压力。

依据：

开始时，在完成组件之前，传输管道和散热器板管道进行了一次 2min 的氦气泄漏试验。管道进行了所有泄漏试验，以便通过给管道放气以及在每个焊缝周围喷氦气，确定不存在大于 1E-08sccs 氦气的泄漏。在试验过程中，在每个焊缝周围放一只"握成杯形"的手，以便使氦气聚集在焊缝。使用一个经过认证的泄漏源（1E-08sccs 氦气）来校准一个质谱仪泄漏检测器。本试验是一个风险降低试验，其通过/未通过标准为 1E-08sccs 的氦气。不过，氨气（NH$_3$）泄漏试验为正式的泄漏试验。

在氨气泄漏试验过程中，所有焊缝都根据 ASTM E1066-85 进行最终泄漏试验，试验采用一种"气溶胶-比色显色剂"，判断标准为 1E-08sccs 的氦气的氨气。如果显色剂验收从黄色变为蓝色，则表示泄漏速度超过 1E-08sccs。在焊缝区至少使用 15min 的显色剂，并在 140psi 的压力下进行试验。根据 150℉的最大在轨温度，热管散热器最大操作压力为 437psi。在热管散热器子组件填充了氨气之后，进行两次氨气泄漏试验和一次热耐压试验。在 668psi 的最小压力下对每个硬件组件进行 20min 的热耐压试验，并在热耐压试验之前和之后进行一次环境氨气泄漏试验。

热管散热器子组件都采用焊接。因此，没有可渗透的密封件。子组件设计不允许进行传统的泄漏试验，因为它们是焊接密封管。在热耐压试验之后，对焊缝进行射线摄影检查和染色渗透剂检查。另外，还对其他太空计划硬件进行了这种方法的泄漏试验，其中包括哈伯太空望远镜（NICMDX）、FUSE（戈达德太空飞行中心）、欧洲之星（Hughes A2100（洛克希德马丁公司））和 NEC（MUSES）。因此，氦气和氨气泄漏试验可以确保热管散热器的气密性能够满足指定泄漏要求，即不超过 1E-07sccs 的氨气。

热管散热器板进行一次原型飞行声学试验（141dB），设备板和二次配电组件热管散热器进行一次验收随机振动试验。在振动试验之后，组件进行一次热性能试验，在向波音运货的过程中，将一种比色显色剂插到密封塑料袋中，以确保没有泄漏。在货运过程中，显色剂至少接触热管散热器 24h，从而验证在验收试验计划之后没有泄漏。最后，制造商 Swales 迄今为止已经利用相同的制造和试验流程生产了 1400 多个热管散热器，并且尚未发现任何在轨泄漏。

## PG1-209

项目：

载荷传递单元　　　部件号 D60695403-1

SSP 41172 要求：

2.2.2 节，热真空试验（元器件鉴定）。

2.2.2.3 节，试验量级和持续时间。

在热循环的高温部分，元器件应处于最大验收限值加上一个 20℉（11.1℃）的裕度（最高设计温度）；在热循环的低温部分，元器件应处于最小验收试验值温度减去一个 20℉（11.1℃）的裕度（最低设计温度）。

例外情况：

在鉴定热真空试验的低温部分，载荷传递单元内部的滚轮连接轴承应处于最小验收温度减去一个 15℉的裕度。

依据：

滚轮连接轴承（部件号 D60695067）具有一个大力矩裕度，可以克服任何热诱导的摩擦增加。根据悬辊单元轮轴承试验数据，在温度从-75℉变为-80℉以后，滚珠丝杠载荷的增加幅度不超过 0.22lb 力。最小（力矩限制的集成电机控制器组件）滚珠丝杠能力为 314lb 力。

在-80℉下，通过轴承最坏情况分析计算发现：钢滚轮连接轴承可以实现在铝外壳（D60695004）中的过盈配合，不过强度裕度较大，在连接轴承外径和冷温度极值的外壳直径之间有 0.0005in 的过盈量。最大应力为 5956psi，允许值为 52000psi。安全强度裕度为 7.73psi。应力、疲劳和寿命影响可以忽略。在增加轴向载荷的情况下，所有载荷裕度都为正值，仍然满足寿命要求。

在计划中，假设此例外情况几乎没有额外风险，因为几乎不会额外增加摩擦力，并且增加的全周期疲劳和应力很小。

最后，如果滚轮连接无法正常进行在轨操作，还提供了操作变通方案。在载荷传递单元下颌装置的下部，有一个舱外活动应急下颌释放装置，可以在滚轮连接咬合的情况下独立释放载荷传递单元。另外，通过等待不太极端的热条件，可以避免热诱导的螺栓问题。

## PG1-210

项目：

氨气阀门如下：

◇ Iso 减压阀（热交换器）　　部件号 1F39986

◇ Iso 阀门（泵）　　部件号 1F39985

◇ Iso 阀门（储箱/BP 支脚）　　部件号 1F39991

◇ 旁通阀门（热交换器）　　部件号 1F40069

SSP 41172 要求：

2.2.11 节，泄漏试验（元器件鉴定）。

2.2.11.3 节，试验量级和持续时间。

应在 0.001Torr（0.133Pa）或更低的外部耐压条件下进行试验，试验时间为 4h（对于在轨道操作多日的设备）。

例外情况：

进行氨气阀门鉴定泄漏试验，其外部耐压为 0.1Torr 或更低，持续时间为 30min。

依据：

通过氨气阀门的外部泄漏试验，验证阀门组件的设计和工艺。阀门是焊接的组件，其中不包含能被渗透的密封件。进行的泄漏试验验证阀门中焊缝的完整性。泄漏试验在一个钟形容器真空室内进行。阀门和真空室之间 500psid 的压力会给氨气产生一个正压力，从而在存在"坏"焊缝的情况下（无外部环境密封件），使氨气通过焊缝泄露。真空室 0.1Torr 的压力足以让瓦里安质量光谱仪泄漏检测器在线进行泄漏试验。另外，30min 的试验时间足够了，因为通过焊缝的泄漏会在很短时间内发生（无可渗透的密封件）。因此，在 30min 之后进行一次读数就可以满足要求。所以能够验证密封件（焊缝）的完整性，从而满足 SSP 41172 的要求。

## PG1-211

项目：

氨气阀门如下：

◇ Iso 减压阀（热交换器）　　部件号 1F39986

◇ Iso 阀门（泵）　　部件号 1F39985

◇ Iso 阀门（储箱/BP 支脚）　　部件号 1F39991

◇ 旁通阀门（热交换器）　　部件号 1F40069

SSP 41172 要求：

3.1.7 节，泄漏试验（元器件验收）。

3.1.7.3 节，试验量级和持续时间。

应在 0.001Torr（0.133Pa）或更低的外部耐压条件下进行试验，试验时间为 4h（对于在轨道操作多日的设备）。

例外情况：

进行氨气阀门验收泄漏试验，其外部耐压为 0.1Torr 或更低，持续时间为 30min。

依据：

通过氨气阀门的外部泄漏试验，验证阀门组件的工艺。阀门是焊接的组件，其中不包含能被渗透的密封件。进行的泄漏试验验证阀门中焊缝的完整性。泄漏试验在一个钟形容器真空室内进行。阀门和真空室之间 500psid 的压力会给氨气产生一个正压力，从而在存在"坏"焊缝的情况下（无外部环境密封件），使氨气通过焊缝泄露。真空室 0.1Torr 的压力足以让瓦里安质量光谱仪泄漏检测器在线进行泄漏试验。另外，30min 的试验时间足够了，因为通过焊缝的泄漏会在很短时间内发生（无可渗透的密封件）。因此，在 30min 之后进行一次读数就可以满足要求。所以能够验证密封件（焊缝）的完整性，从而满足 SSP 41172 的要求。

# PG1-212

项目：

氨气/水热交换器　　部件号 1F28940

SSP 41172 要求：

2.2.11 节，泄漏试验（元器件鉴定）。

2.2.11.2 节，试验说明。

采用的试验方法的灵敏度和精度应符合 2.2.11.2 节第五种方法指定的最大允许泄漏速度。应使用合适的方法检测泄漏。

例外情况：

氨气/水热交换器鉴定泄漏试验方法没有提供满足验证热交换器泄漏要求所需的足够灵敏度和精度。

依据：

氨气/水热交换器的外部泄漏试验使用 SSP 41172 的第五种方法来验证在轨可更换单元组件的设计和工艺。热交换器是一个焊接组件，除了快速分断装置以外，不包含能被渗透的密封件，而这些快速分断装置进行了大量的元器件级试验。在制造这些在轨可更换单元的过程中，进行了大量泄漏试验，其中包括在将元器件组装到在轨可更换单元之前对其进行加压和吸气泄漏试验，进行在轨可更换单元级泄漏试验，以及在多构件集成试验中和用氨气填充锥端之前进行美国试验室系统级试验。通过对元器件进行泄漏试验（具有 500psi 压差的钟形容器试验），检验了元器件的泄漏要求；并通过在轨可更换单元泄漏试验检验了在轨可更换单元中元器件的焊缝的完整性。通过使用氨气的多构件集成试验以及使用氦气的预氨气填充泄漏试验，进一步从泄漏角度检验在轨可更换单元的完整性。因此，在鉴定计划中没有必要进行额外的泄漏试验。

## PG1-213

项目：

氨气/水热交换器　　　部件号 1F28940　　　序列号 02、03 和 04

SSP 41172 要求：

3.1.7 节，泄漏试验（元器件验收）。

3.1.7.2 节，试验说明。

采用的试验方法的灵敏度和精度应符合指定的最大允许泄漏速度。

例外情况：

氨气/水热交换器验收泄漏试验方法没有提供满足验证热交换器泄漏要求的灵敏度和精度。任何后续泄漏试验都应完全符合 SSP 41172 的要求。

依据：

氨气/水热交换器的外部泄漏试验使用 SSP 41172 的第五种方法来验证在轨可更换单元组件的和工艺。热交换器是一个焊接组件，除了快速分断装置以外，不包含能被渗透的密封件，而这些快速分断装置进行了大量的元器件级试验。在制造这些在轨可更换单元的过程中，进行了大量泄漏试验，其中包括在将元器件组装到在轨可更换单元之前对其进行加压和吸气泄漏试验，进行在轨可更换单元级泄漏试验，以及在多构件集成试验中和用氨气填充锥端之前进行美国试验室系统级试验。通过对元器件进行泄漏试验（具有 500psi 压差的钟形容器试验），检验了元器件的泄漏要求；并通过在轨可更换单元泄漏试验检验了在轨可更换单元中元器件的焊缝的完整性。通过使用氨气的多构件集成试验以及使用氢气的预氨气填充泄漏试验，进一步从泄漏角度检验在轨可更换单元的完整性。

此例外情况适用于在美国试验室上发射的热交换器（2 单元）以及在 5A.1 飞行中发射的热交换机器（1 个单元）。

## PG1-214

项目：

氨气直流-直流转换单元冷板在轨可更换单元　　　部件号 1F29200

SSP 41172 要求：

2.2.11 节，泄漏试验（元器件鉴定）。

2.2.11.2 节，试验说明。

采用的试验方法的灵敏度和精度应符合指定的最大允许泄漏速度。

2.2.11.2 节，第五种方法。

应使用合适的方法来检测泄漏。

例外情况：

氨气直流-直流转换单元冷板在轨可更换单元规格泄漏要求不应通过试验进行验证。

依据：

冷板是一个焊接组件，除了快速分断装置以外，不包含能被渗透的密封件，而这些快速分断装置进行了大量的元器件级试验。使用检测器探头（"吸入"）技术进行在轨可更换单元泄漏试验。不过，本方法并没有提供验证在轨可更换单元泄漏要求（3.15E-04sccs）所需的足够灵敏度和精度。在轨可更换单元的加压部分包括冷板芯和两个针式非 Nedox 快速分断装置。这些元器件在组装到在轨可更换单元之前进行一次可接受的元器件级泄漏试验。冷板芯进行一次第二种方法类试验，其时间为 20min，此试验足以验证其 1.0E-05sccs 的允许泄漏速度。快速分断装置在各种温度（冷、热和环境温度）下进行一次第二种方法类泄漏试验，此试验足以验证其 1.0E-04sccs 的允许泄漏速度。另外，在美国航空航天局约翰逊航天中心的热试验件试验期间使用了鉴定冷板在轨可更换单元。在本试验计划过程中，对系统进行了氨气压力衰减试验，试验结果表明冷板鉴定单元没有明显的泄漏。另外，在热试验件试验过程中，鉴定单元没有发现明显的氨气泄漏，从而进一步增强了相关人员对硬件设计的信心。根据进行的元器件级泄漏试验以及冷板鉴定单元的热试验件试验，相关人员对冷板设计有足够的信心，因此在鉴定计划中不需要进行额外的泄漏试验。

## PG1-215

项目：

氨气直流-直流转换单元冷板在轨可更换单元　　　部件号 1F29200　　　序列号 5、6、7 和 8

SSP 41172 要求：

3.1.7 节，泄漏试验（元器件验收）。

3.1.7.2 节，试验说明。

采用的试验方法的灵敏度和精度应符合指定的最大允许泄漏速度。

例外情况：

氨气直流-直流转换单元冷板在轨可更换单元规格泄漏速度不应通过试验进行验证。根据验收试验流程 1F29200-P0300 版本 B，这些单元的任何后续泄漏试验都需要满足 SSP 41172 的要求。

依据：

冷板是一个焊接组件，除了快速分断装置以外，不包含能被渗透的密封件，而这些快速分断装置进行了大量的元器件级试验。使用检测器探头（"吸入"）技术进行在轨可更换单元泄漏试验。不过，本方法并没有提供验证在轨可更换单元泄漏要求（3.15E-04sccs）所需的足够灵敏度和精度。在轨可更换单元的加压部分包括冷板芯和两个针式非 Nedox 快速分断装置。这些元器件在组装到在轨可更换单元之前进行一次可接受的元器件级泄漏试验。冷板芯进行一次第二种方法类试验，其时间为 20min，此试验足以验证其 1.0E-05sccs 的允许泄漏速度。快速分断装置在各种温度（冷、热和环境温度）下进行一次第二种方法类泄漏试验，此试验足以验证其 1.0E-04sccs 的允许泄漏速度。这些单元还在多构件集成试验中进行系统级试验。在此试验过程中，对系统进行了氨气压力衰减试验，试验结果表明这些冷板没有明显的泄漏。另外，在多构件集成试验过程中，这些单元没有发现明显的氨气泄漏，从而进一步增强了相关人员对这些飞行单元工艺的信心。

根据进行的元器件级泄漏试验以及这些冷板飞行单元的系统级试验，相关人员对这些飞行单元的工艺有足够的信心，因此不需要在验收试验计划中进行额外的泄漏试验。

## PG1-216

项目：

氨气 MBSU 冷板在轨可更换单元　　　部件号 1F39990

SSP 41172 要求：

2.2.11 节，泄漏试验（元器件鉴定）。

2.2.11.2 节，试验说明。

采用的试验方法的灵敏度和精度应符合指定的最大允许泄漏速度。

2.2.11.2 节，第五种方法。

应使用合适的方法来检测泄漏。

例外情况：

氨气 MBSU 冷板在轨可更换单元规格泄漏要求不应通过试验进行验证。

依据：

冷板是一个焊接组件，除了快速分断装置以外，不包含能被渗透的密封件，而这些快速分断装置进行了大量的元器件级试验。使用检测器探头（"吸入"）技术进行在轨可更换单元泄漏试验。不过，本方法并没有提供验证在轨可更换单元泄漏要求（3.15E-04sccs）所需的足够灵敏度和精度。在轨可更换单元的加压部分包括冷板芯和两个针式非 Nedox 快速分断装置。这些元器件在组装到在轨可更换单元之前进行一次可接受的元器件级泄漏试验。冷板芯进行一次第二种方法类试验，其时间为 20min，此试验足以验证其 1.0E-05sccs 的允许泄漏速度。快速分断装置在各种温度（冷、热和环境温度）下进行一次第二种方法类泄漏试验，此试验足以验证其 1.0E-04sccs 的允许泄漏速度。另外，在美国航空航天局约翰逊航天中心的热试验件试验期间使用了鉴定冷板在轨可更换单元。在本试验计划过程中，对系统进行了氨气压力衰减试验，试验结果表明冷板鉴定单元没有明显的泄漏。另外，在热试验件试验过程中，鉴定单元没有发现明显的氨气泄漏，从而进一步增强了相关人员对硬件设计的信心。根据进行的元器件级泄漏试验以及冷板鉴定单元的热试验件试验，相关人员对冷板设计有足够的信心，因此在鉴定计划中不需要进行额外的泄漏试验。

## PG1-217

项目：

氨气 MBSU 冷板在轨可更换单元　　　部件号 1F39990　　　序列号 2、4、5 和 6

SSP 41172 要求：

3.1.7 节，泄漏试验（元器件验收）。

3.1.7.2 节，试验说明。

采用的试验方法的灵敏度和精度应符合指定的最大允许泄漏速度。

例外情况：

氨气 MBSU 冷板在轨可更换单元规格泄漏速度不应通过试验进行验证。根据验收试验流程 1F39990-P0300 版本 A，这些单元的任何后续泄漏试验都需要满足 SSP 41172 的要求。

依据：

冷板是一个焊接组件，除了快速分断装置以外，不包含能被渗透的密封件，而这些快速分断装置进行了大量的元器件级试验。使用检测器探头（"吸入"）技术进行在轨可更换单元泄漏试验。不过，本方法并没有提供验证在轨可更换单元泄漏要求（3.15E-04sccs）所需的足够灵敏度和精度。在轨可更换单元的加压部分包括冷板芯和两个针式非 Nedox 快速分断装置。这些元器件在组装到在轨可更换单元之前进行一次可接受的元器件级泄漏试验。冷板芯进行一次第二种方法类试验，其时间为 20min，此试验足以验证其 1.0E-05sccs 的允许泄漏速度。快速分断装置在各种温度（冷、热和环境温度）下进行一次第二种方法类泄漏试验，此试验足以验证其 1.0E-04sccs 的允许泄漏速度。这些单元还在多构件集成试验中进行系统级试验。在此试验过程中，对系统进行了氦气压力衰减试验，试验结果表明这些冷板没有明显的泄漏。另外，在多构件集成试验过程中，这些单元没有发现明显的氦气泄漏，从而进一步增强了相关人员对这些飞行单元工艺的信心。

根据进行的元器件级泄漏试验以及这些冷板飞行单元的系统级试验，相关人员对这些飞行单元的工艺有足够的信心，因此不需要在验收试验计划中进行额外的泄漏试验。

## PG1-218

项目：

排热系统散热器在轨可更换单元加热器控制组件，LMVS 部件号 83-45547-119

SSP 41172 要求：

2.2.3 节，热循环试验（元器件鉴定）。

2.2.3.3 节，试验量级和持续时间。所有要求。

2.2.3.4 节，补充要求。所有要求。

例外情况：

排热系统散热器在轨可更换单元加热器控制组件将不进行鉴定热循环试验。

依据：

鉴定热循环试验的主要目的是确保硬件设计能通过验收热循环试验。所有飞行加热器控制组件都已经通过了其验收热循环（从-45℉到120℉）和验收随机振动试验。

恒温器是加热器控制组件中的唯一有源元器件，它们已经顺利通过了鉴定试验。恒温器筛选（根据 MIL-STD-883E，表 I）包括热循环（10 个周期，从-85℉到300℉）和固定加速度试验（加速度为 5000g，时间为 60s）。鉴定恒温器试验包括采用"筛选恒温器"以及进行鉴定热循环试验（200 周期，从-67℉到212℉）。还会重复固定加速度试验。

与恒温器不同，加热器控制组件是一个简单的设计，包括相关结构、连线和一个加热器。因此，即使单独的加热器控制组件鉴定热循环试验不符合要求，也不会限制验证加热器控制组件热设计方案的能力。

## PG1-219

项目：

排热系统散热器在轨可更换单元加热器控制组件，LMVS 部件号 83-45547-119

SSP 41172 要求：

2.2.2 节，热真空试验（元器件鉴定）。

2.2.2.3 节，试验量级和持续时间。

在热循环的高温部分，元器件应处于最大验收限值加上一个 20℉（11.1℃）的裕度（最高设计温度）；在热循环的低温部分，元器件应处于最小验收试验值温度减去一个 20℉（11.1℃）的裕度（最低设计温度）。

例外情况：

排热系统散热器在轨可更换单元加热器控制组件在普鲁布鲁克鉴定热真空试验过程中的最低温度应为-34.3℉。

依据：

在普鲁布鲁克的散热器在轨可更换单元鉴定热真空试验过程中，加热器控制组件经历了从-34.3℉到146℉的温度。在有20℉裕度的情况下，这些限值并不包含加热器控制组件验收热循环的最低-45℉。不过，恒温器是加热器控制组件中的唯一有源元器件。恒温器根据MIL-STD-883E，表I进行10个周期的热筛选，其温度从-85℉到300℉。因此，有源电子元器件的热筛选包含裕度最小验收热循环温度。

## PG1-220

项目：

排热系统散热器在轨可更换单元加热器控制组件，LMVS    部件号 83-45547-119

SSP 41172 要求：

3.1.2 节，热真空试验（元器件验收）。

3.1.2.3 节，试验量级和持续时间。所有要求。

3.1.2.4 节，补充要求。所有要求。

例外情况：

排热系统散热器在轨可更换单元加热器控制组件将不进行验收热真空试验。

依据：

验收热真空试验的主要目的是筛选工艺缺陷。所有飞行加热器控制组件都已经通过了其验收热循环（从-45℉到120℉）和验收随机振动试验。

恒温器是加热器控制组件中的唯一有源元器件。恒温器根据MIL-STD-883E，表I进行10个周期的热筛选，其温度从-85℉到300℉。

加热器控制组件操作温度限值从-45℉到120℉，并在恒温器从-85℉到300℉的能力范围内。因为通过基板的恒温器耗散只有1W，所以没有通过验收热真空试验发现的热耗散问题。分析表明在真空条件下的最高升温为5℉。因此，排热系统散热器在轨可更换单元加热器控制组件恒温器将肯定在300℉的试验能力范围内。

## PG1-221

项目：

排热系统散热器在轨可更换单元加热器控制组件，LMVS    部件号 83-45547-119

SSP 41172 要求：

2.2 节，元器件鉴定。

"需要"一词表示：如果元器件在其使用寿命内承受相关环境，则必须进行相关试验。

例外情况：

应该在2个分开的加热器控制组件试验件进行鉴定热真空和随机振动试验。

依据：

一个鉴定加热器控制组件试验单元已经经历了鉴定随机振动试验。此单元还在鉴定随机振动试验之前进行了验收热循环和随机振动试验。

另外一个鉴定加热器控制组件单元和一个飞行加热器控制组件还在普鲁布鲁克的在轨可更换单元鉴定与第4次飞行在轨可更换单元热真空试验过程中进行了热真空试验（在鉴定温度极值下分别进行3个和1个热循环的试验）。在普鲁布鲁克的散热器在轨可更换单元鉴定热真空试验过程中，加热器控制组件的温度从-34.3℉变化到146℉。

恒温器是加热器控制组件中的唯一有源元器件。恒温器根据 MIL-STD-883E，表 I 进行 10 个周期的热筛选，其温度从-85℉到300℉。与恒温器不同，加热器控制组件是一个简单的设计，包括相关结构、连线和一个加热器。因此，通过对鉴定加热器控制组件进行鉴定随机振动试验，并使其内部恒温器进行 MIL-STD-883E，表 I 所述的热筛选，可以对加热器控制组件设计进行合适的验证。通过进行的试验，已经有效证明了所有环境试验对一个试验件的预期影响。

## PG1-222

（此例外情况已经被 PG1-20 取代）

项目：

龙骨螺母制动器　　部件号 1F83308 和 1F83309

移动运输装置止动装置-舱外活动　　部件号 1F80512

能量吸收器发射固定夹　　部件号 1F75356 和 1F75357

便携工作平台 发射固定夹　　部件号 1F75718、1F75721、1F75723、1F75724 和 1F75796

螺栓锁组件　　部件号 1F82450

绳系航天器止动装置　　部件号 1F83123

移动运输装置止动装置——机器人　　部件号 1F83040

太阳能阿尔法旋转接头多层装置舱外活动夹　　部件号 1F83280

SSP 41172 要求：

2.2.2 节，热真空试验（元器件鉴定）。

2.2.2.3 节，试验量级和持续时间。所有要求。

2.2.2.4 节，补充要求。所有要求。

例外情况：

所述的活动机械组件将不进行鉴定热真空试验。

依据：

所述活动机械组件将不进行至少 3 个温度周期的鉴定热真空试验，而会在人热真空室中的鉴定温度下进行 1 个周期的热试验。

进行多周期的温度极值试验，并不会使这种简单舱外活动启动活动机械组件在温度极值下的性能有所下降。其性能取决于允许特定运动发生所需的间隙。因此，它具有全面的可重复性。通过组件公差分析验证相关温度下的间隙，以及在鉴定温度下进行单周期人热真空试验，足以证明每种设计在极值热环境下的操作能力。

公差分析报告如下：

◇ MDC 00H1963 舱节 S0 活动机械组件热分析；

◇ MDC 00H1964 舱节 S1/P1 活动机械组件热分析；

◇ MDC 00H1965 舱节 P3/S3 活动机械组件热分析。

在人热真空试验中的实际温度可能会偏离试验目标（预期最大在轨值加上 20℉），尤其是对于更小的元器件（因为真空室热损耗）。如果实际温度偏差超过 5℉，则将通过公差分析评估来进行验收。如下元器件在其人热真空试验中未能保持试验温度：

◇ 移动运输装置止动装置——舱外活动　　部件号 1F80512

● 鉴定温度：-140℉，156℉

- 实际温度：-125℉，160℉
◇ 太阳能阿尔法旋转接头多层安装舱外活动夹　　部件号 1F83280
  - 鉴定温度：-130℉，160℉
  - 实际温度：-82℉，124℉

## PG1-223

项目：

节点 3 托盘支柱　　部件号 1F76284

SSP 41172 要求：

2.2.2 节，热真空试验（元器件鉴定）。

2.2.2.3 节，试验量级和持续时间。所有要求。

2.2.2.4 节，补充要求，所有要求。

例外情况：

节点 3 托盘支柱不进行鉴定热真空试验。

依据：

通过对节点 3 托盘支柱进行人热真空试验，以及公差分析表明在最低温度下有足够的间隙（采用 20℉ 的裕度），足以验证节点 3 托盘支柱的设计满足热真空条件。

只要铰接销（螺栓）和支柱或与其相连的 U 形夹之间有间隙，展开节点 3 托盘支柱的简单铰接结构就能发挥作用。在最坏情况下，铰接销和支柱之间的室温公差提供了一个 0.0025in 的间隙。计算（MDC 00H1963，舱节 S0 活动机械组件热分析）表明：在-120℉（组件试验温度）和-140℉ 下的间隙都是 0.0022in，说明差值不到千分之一英寸。

下面的计算证明在-140℉（相对室温的偏差=210℉）下有足够的间隙：

◇ 螺栓，NAS1160-5，防锈钢，最大直径=0.3745in；

◇ U 形夹，1F76308，铝，最小直径=0.375in；

◇ 支柱，1F76306，铝，最小直径=0.377in。

应用 $a_1$=8.0E-06（防锈钢），在-120℉ 到 140℉ 的热系数。

应用 $a_2$=12.4E-06（铝）热系数，在-120℉ 到 140℉ 的热系数。

在室温下螺栓和支柱之间的最小间隙

=0.377-0.3745

=0.0025in

@-120℉

$D$ 直径（螺栓）=0.3745×8.0E-06×210

=0.000569

$D$ 直径（支柱）=0.377×12.4E-06×210

=0.000859

螺栓和支柱之间的最小间隙

=0.0025-（0.000859-0.000569）

=0.0025-0.00029

=0.0022in

@-140℉

*D* 直径（螺栓）=0.3745×8.0E-06×210

=0.000629

*D* 直径（支柱）=0.377×12.4E-06×210

=0.000950

螺栓和支柱之间的最小间隙

=0.0025-（0.000950-0.000629）

=0.0025-0.000321

=0.0022in

## PG1-224

项目：

氨气储箱　　部件号 1F96456　　序列号 D0001 和 D0002

SSP 41172 要求：

3.1.7 节，泄漏试验（元器件验收）。

3.1.7.2 节，试验说明。所有要求。

3.1.7.3 节，试验量级和持续时间。

应在 0.001Torr（0.133Pa）或更低的外部耐压条件下进行试验，试验时间为 4h（对于在轨道操作多日的设备）。

例外情况：

进行一次 SSP 41172（版本 U）第六种方法所述的泄漏试验，持续时间为 30min，以代替 SSP 41172 版本 T 第二种方法所述的微弱泄漏试验。

依据：

在波音氨气储箱规格 1F96456 中指定的最大允许泄漏速度要求为 1E-05 标准立方厘米/秒的氦气。不过，此泄漏速度只在 500psig 的最大操作压力条件下有效。因为泄漏试验是在 14.7psig 条件下进行的，所以需要根据压力校正的要求来检验泄漏速度。

假设分子流通过可用泄漏路径传播，在指定的最大允许泄漏速度下，采用的压力校正系数为 34（500psig/14.7psig）。这样压力校正的最大允许泄漏速度为 3E-07 标准立方厘米/秒的氦气 [（1E-05/34）标准立方厘米/秒的氦气]。在发布的验收试验流程 AT 2351650 中（根据该流程对这些单元进行泄漏试验），采用了此压力校正的最大允许泄漏速度。

针对鉴定泄漏试验，在泄漏试验之前和之后，使用一个 2E-10 标准立方厘米/秒氦气的外部泄漏源校准了一个质谱仪泄漏检测器。储箱的氨气和氮气侧进行了泄漏和压力试验，所有焊缝都进行了染色渗透剂和超声检查。进行的 30min 试验时间足够检查所有储箱焊缝的泄漏，因为不存在可渗透的密封件。在氨气储箱（序列号 D0001）验收泄漏试验过程中测量的泄漏速度为 6.8E-09 标准立方厘米/秒的氦气，在氨气储箱（序列号 D0002）验收泄漏试验过程中测量的泄漏速度为 5E-08 标准立方厘米/秒的氦气。因为这些数值至少为压力校正的最大允许泄漏速度（3E-07 标准立方厘米/秒的氦气）的 1/6，所以在验收泄漏试验计划中的氨气储箱的泄漏速度视为可以接受。

最后，在验收泄漏试验之前，这些飞行单元顺利完成了耐压试验。因此，根据所有累积试验数据，所述的氨气储箱可以接受。

## PG1-225

项目：

氨气储箱    部件号 1F96456    序列号 D0003、D0004、D0005 和 D0006

SSP 41172 要求：

3.1.7 节，泄漏试验（元器件验收）。

3.1.7.2 节，试验说明。所有要求。

3.1.7.3 节，试验量级和持续时间。

应在 0.001Torr（0.133Pa）或更低的外部耐压条件下进行试验，试验时间为 4h（对于在轨道操作多日的设备）。

例外情况：

进行一次 SSP 41172 版本 U 第六种方法所述的泄漏试验，持续时间为 60min，以代替 SSP 41172 版本 T 第二种方法所述的微弱泄漏试验。

依据：

在波音氨气储箱规格 1F96456 中指定的最大允许泄漏速度要求为 1E-05 标准立方厘米/秒的氦气。不过，此泄漏速度只在 500psig 的最大操作压力条件下有效。因为泄漏试验是在 14.7psig 条件下进行的，所以需要根据压力校正的要求来检验泄漏速度。

假设分子流通过可用泄漏路径传播，在指定的最大允许泄漏速度下，采用的压力校正系数为 34（500psig/14.7psig）。这样压力校正的最大允许泄漏速度为 3E-07 标准立方厘米/秒的氦气 [（1E-05/34）标准立方厘米/秒的氦气]。通过供应商合约，在验收试验流程 AT 2351650 中（根据该流程对这些单元进行泄漏试验），采用了更严格的允许泄漏速度（1E-07 标准立方厘米/秒的氦气）。验收试验流程包括至少 60min 的试验，在每隔 5min 的 3 次泄漏速度测量值差值不超过 10%的情况下，即证明泄漏速度达到稳定。

针对验收泄漏试验，在泄漏试验之前和之后，使用一个 2E-10 标准立方厘米/秒氦气的外部泄漏源校准了一个质谱仪泄漏检测器。储箱的氨气和氮气侧进行了泄漏和压力试验，所有焊缝都进行了染色渗透剂和超声检查。进行的 60min 试验时间足够检查所有储箱焊缝的泄漏，因为不存在可渗透的密封件。如果间隔 5min 的连续 3 次读数差值不超过 10%，可以证明泄漏速度达到稳定，此时如果测量的泄漏速度低于 1E-07 标准立方厘米/秒的氦气，则足以检验相对任何泄漏的氨气储箱工艺。

## PG1-226

项目：

氨气储箱    部件号 1F40057-2

氨气储箱    部件号 1F78210-1    序列号 008

SSP 41172 要求：

3.1.7 节，泄漏试验（元器件验收）。

3.1.7.2 节，试验说明。所有要求。

3.1.7.3 节，试验量级和持续时间。

应在 0.001Torr（0.133Pa）或更低的外部耐压条件下进行试验，试验时间为 4h（对于在轨道操作多日的设备）。

例外情况：

进行一次 SSP 41172 版本 U 第六种方法所述的泄漏试验，持续时间为 60min，以代替 SSP 41172 版本 T 第二种方法所述的微弱泄漏试验。

依据：

在波音氨气储箱规格 1F40057 中指定的最大允许泄漏速度要求为 1E-05 标准立方厘米/秒的氦气。不过，此泄漏速度只在 500psig 的最大操作压力条件下有效。因为泄漏试验是在 14.7psig 条件下进行的，所以需要根据压力校正的要求来检验泄漏速度。

假设分子流通过可用泄漏路径传播，在指定的最大允许泄漏速度下，采用的压力校正系数为 34（500psig/14.7psig）。这样压力校正的最大允许泄漏速度为 3E-07 标准立方厘米/秒的氦气〔（1E-05/34）标准立方厘米/秒的氦气〕。通过 SSCN 005213，在验收试验流程 AT 2351330 中（根据该流程对这些单元进行泄漏试验），采用了更严格的允许泄漏速度（1E-07 标准立方厘米/秒的氦气）。验收试验流程包括至少 60min 的试验，在每隔 5min 的 3 次泄漏速度测量值差值不超过 10%的情况下，即证明泄漏速度达到稳定。

针对验收泄漏试验，在泄漏试验之前和之后，使用一个 2E-10 标准立方厘米/秒氦气的外部泄漏源校准了一个质谱仪泄漏检测器。储箱的氨气和氮气侧进行了泄漏和压力试验，所有焊缝都进行了染色渗透剂和超声检查。进行的 60min 试验时间足够检查所有储箱焊缝的泄漏，因为不存在可渗透的密封件。如果间隔 5min 的连续 3 次读数差值不超过 10%，可以证明泄漏速度达到稳定，此时如果测量的泄漏速度低于 1E-07 标准立方厘米/秒的氦气，则足以检验相对任何泄漏的氨气储箱工艺。

## PG1-227

项目：

散热器在轨可更换单元火工单元　　　部件号 83-39387

SSP 41172 要求：

2.2.3 节，热循环试验（元器件鉴定）。

2.2.3.4 节，补充要求。

在剩余试验过程中，电气元器件（包括所有冗余电路）应循环经历各种操作模式，并监控参数以检测故障和中断。

例外情况：

在鉴定热循环试验的温度变化过程中，火工单元不进行加电和监控。

依据：

在火工单元的 3s 使用寿命中，中断导致故障的概率极低。如果出现了故障，则可以根据需要多次重复点火序列。已经在随机振动和热循环试验之间以及第一个和最后一个周期的热循环鉴定试验的热和冷温度极值条件下完成了火工单元组件级环境条件功能试验。另外，还在声振动鉴定试验之前和之后，在组件的散热器在轨可更换单元级的火工单元鉴定单元进行了环境条件功能试验。如果火工单元未能提供所需的电流脉冲，则可以提供一个舱外活动备用捆带释放装置。在 3 个飞行散热器在轨可更换单元（序列号 007、008 和 009）的散热器在轨可更换单元声学试验的过程中，对火工单元进行了加电和和监控。没有检测到电流漂移或中断。

## PG1-228

项目：

散热器在轨可更换单元火工单元　　　部件号 83-39387

SSP 41172 要求：

3.1.3 节，热循环试验（元器件验收）。

3.1.3.4 节，补充要求。

在剩余试验过程中，在元器件操作温度范围内，电气元器件（包括所有冗余电路）应循环经历各种操作模式，并监控参数以检测故障和中断。

例外情况：

在验收热循环试验的温度变化过程中，火工单元不进行加电和监控。

依据：

在火工单元的 3s 使用寿命中，中断导致故障的概率极低。如果出现了故障，则可以根据需要多次重复点火序列。已经在随机振动和热循环试验之间以及第一个和最后一个周期的热循环验收试验的热和冷温度极值条件下完成了火工单元组件级环境条件功能试验。另外，还在声振动验收试验之前和之后，在组件的散热器在轨可更换单元级的火工单元飞行单元进行了环境条件功能试验。如果火工单元未能提供所需的电流脉冲，则可以提供一个舱外活动备用捆带释放装置。在 3 个飞行散热器在轨可更换单元单元（序列号 007、008 和 009）的散热器在轨可更换单元声学试验的过程中，对火工单元进行了加电和监控。没有检测到电流漂移或中断。

## PG1-229

项目：

散热器在轨可更换单元火工单元　　　部件号 83-39387

SSP 41172 要求：

2.2.5 节，随机振动试验（元器件鉴定）。

2.2.5.4 节，补充要求。

在试验过程中电气和电子元器件应加电和监控。

例外情况：

在鉴定随机振动试验过程中，火工单元没有进行加电和监控。

依据：

在火工单元的 3s 使用寿命中，中断导致故障的概率极低。如果出现了故障，则可以根据需要多次重复点火序列。已经在随机振动和热循环试验之间以及第一个和最后一个周期的热循环鉴定试验的热和冷温度极值条件下完成了火工单元组件级环境条件功能试验。另外，还在声振动鉴定试验之前和之后，在组件的散热器在轨可更换单元级的火工单元鉴定单元进行了环境条件功能试验。如果火工单元未能提供所需的电流脉冲，则可以提供一个舱外活动备用捆带释放装置。在 3 个飞行散热器在轨可更换单元（序列号 007、008 和 009）的散热器在轨可更换单元声学试验的过程中，对火工单元进行了加电和监控。没有检测到电流漂移或中断。

## PG1-230

项目：

散热器在轨可更换单元火工单元　　部件号 83-39387

SSP 41172 要求：

3.1.4 节，随机振动试验（元器件验收）。

3.1.4.4 节，补充要求。

在试验过程中电气和电子元器件应加电和监控。

例外情况：

在验收随机振动试验过程中，飞行火工单元没有进行加电和监控。

依据：

在火工单元的 3s 使用寿命中，中断导致故障的概率极低。如果出现了故障，则可以根据需要多次重复点火序列。已经在随机振动和热循环试验之间以及第一个和最后一个周期的热循环验收试验的热和冷温度极值条件下完成了火工单元组件级环境条件功能试验。另外，还在声振动验收试验之前和之后，在组件的散热器在轨可更换单元级的火工单元飞行单元进行了环境条件功能试验。如果火工单元未能提供所需的电流脉冲，则可以提供一个舱外活动备用捆带释放装置。在 3 个飞行散热器在轨可更换单元（序列号 007、008 和 009）的散热器在轨可更换单元声学试验的过程中，对火工单元进行了加电和监控。没有检测到电流漂移或中断。

## PG1-231

项目：

散热器在轨可更换单元火工单元　　部件号 83-39387

SSP 41172 要求：

2.2.3 节，热循环试验（元器件鉴定）。

2.2.3.3 节，试验量级和持续时间。

在热循环的高温部分，元器件应处于最大验收限值加上一个 20℉（11.1℃）的裕度（最高设计温度）；在热循环的低温部分，元器件应处于最小验收温度减去一个 20℉ 的（11.1℃）裕度（最小设计限值温度）。

例外情况：

火工单元在从-65℉到 140℉的范围内进行鉴定热循环试验。

依据：

火工单元在从-65℉到 140℉的范围内进行鉴定热循环试验。不过，在验收试验过程中，6个飞行单元承受了从-65℉到 140℉的温度。因此，不存在鉴定热裕度。

所有火工单元电子元器件（电气、电子和机电部件）都在从-67℉到 257℉的范围内进行鉴定。在散热器在轨可更换单元鉴定热真空试验（在普鲁布鲁克进行）过程中，火工单元达到了-110℉，并通过了一次试验后的环境功能试验（热冲击试验，3 次点火）。另外，还在-79℉下成功进行了一次 Delta 鉴定热真空试验，并提供了 14℉的热裕度。因此，因进行-65℉验收试验而给飞行火工单元造成未检测损害的风险很小，并且降低了与没有鉴定热裕度相关的风险。

Delta 热真空试验还包括在 160℉的最高温度下检验火工单元的接触和操作功能。它也满足鉴定热裕度要求，并且降低了与没有鉴定热裕度相关的风险。

相对飞行单元来说,验收试验火工单元的140℉温度条件远远低于电子元器件试验的257℉。已经在随机振动和热循环试验之间以及第一个和最后一个周期的热循环验收试验的热和冷温度极值条件下完成了火工单元组件级环境条件功能试验。另外,还在声振动验收试验之前和之后,在组件的散热器在轨可更换单元级的火工单元飞行单元进行了环境条件功能试验。最后,如果有任何困难,除了可以根据需要重复进行火工点火(包括一个操作变通方案,可以根据需要在更合适的温度点火)之外,还提供了一个舱外活动备用捆绑释放装置。

## PG1-232

项目:

散热器在轨可更换单元火工单元　　部件号 83-39387

SSP 41172 要求:

3.1.2 节,热真空试验(元器件鉴定)。

3.1.2.3 节,试验量级和持续时间。所有要求。

3.1.2.4 节,补充要求。所有要求。

例外情况:

飞行火工单元不进行验收热真空试验。

依据:

在高温度极值下的热真空试验可以确保硬件能够通过辐射耗散热量,同时仍然保持操作功能。不过,在标称操作条件下,因为加电时间很短,只有 3s,所以不存在热耗散问题。

## PG1-233

项目:

散热器在轨可更换单元火工单元　　部件号 83-39387

SSP 41172 要求:

3.1.8 节,老炼试验(元器件鉴定)。

3.1.8.3 节,试验量级和持续时间。所有要求。

例外情况:

全组装火工单元不进行验收老炼试验。

依据:

火工单元电子部件包括电容器和两个电路板,它们带有固态继电器。固态继电器通过闭合产生点火电流,根据 MIL-SPEC-R-28750,其老炼时间为 160h。每个飞行火工单元至少进行 9 次功能试验。这其中包括在火工单元和散热器在轨可更换单元级的预先和后续环境功能试验,以及在火工单元验收热循环试验极值条件下的功能试验。

## PG1-234

项目:

散热器在轨可更换单元火工单元　　部件号 83-39387

SSP 41172 要求:

2.2.5 节,随机振动试验(元器件鉴定)。

2.2.5.3 节,试验量级和持续时间。

元器件随机振动试验量级和频谱应包含如下范围：

（1）预期最大飞行数值和频谱，但是不低于根据141dB声环境推导的数值；

（2）验收试验量级和频谱加上试验公差。

例外情况：

火工单元组件进行的鉴定随机振动试验没有包含预期最大飞行数值和650——Hz范围的频谱。

火工单元组件进行的鉴定随机振动试验没有包含验收试验量级和频谱加上试验公差。

依据：

鉴定火工单元和所有6个飞行火工单元在所有三个轴上进行了60s的验收随机振动试验，试验条件为7.8grms。鉴定火工单元后来安装在排热系统散热器在轨可更换单元鉴定单元中，并在138.5dB条件下进行了62s的声振动试验，在144.6dB条件下进行了190s的声振动试验，在141.8dB条件下进行了24min53s的声振动试验。进行141dB试验的原因是：没有在低于90Hz的试验公差范围内进行144dB试验。141dB试验时间是根据MIL-STD-810推导的，其中说明了144dB试验等效疲劳寿命为188s。此后，鉴定火工单元在所有三轴上在20～90Hz频率范围（5.28grms）进行了一次188s的鉴定随机振动试验，其条件为比验收值高6dB。增加本试验的目的是考虑低于80Hz的发射振动，但是没有考虑任何峰值应力挠度折问题。

在1993年，根据1F01920B，在一个火工单元开发单元的每个轴上进行了一次3min的开发试验，其条件比飞行火工单元进行的验收随机振动试验高3dB。这些试验结果记录在1993年6月15日的LM试验报告3-47300H/3DIR-029中。在开发单元和鉴定/飞行单元之间有较小的设计差异。

根据鉴定火工单元进行的累积振动试验证明了较长的疲劳寿命。根据已经进行的振动试验以及通过舱外活动进行人工解捆的能力，不需要重复鉴定随机振动试验。

## PG1-235

项目：

散热器在轨可更换单元火工单元　　　部件号 83-39387

SSP 41172 要求：

2.2.2节，热真空试验（元器件鉴定）。

2.2.2.3节，试验量级和持续时间。

至少应进行3个温度周期。

例外情况：

在鉴定热真空试验过程中，火工单元在非操作和操作温度极值下进行了1个温度周期的试验。

依据：

通过3个鉴定热真空周期为验收热真空试验提供裕度，以便满足验收复验情景要求。此理念可以确保设计方案合适，并使相关人员相信硬件能够顺利通过验收试验，并在必要的情况下重新进行验收试验。因为火工单元（SFU）飞行单元没有进行验收热真空试验，所以不需要多个鉴定热真空周期。在非操作温度极值和操作温度极值条件下进行1个热真空周期操作，即足以满足火工单元试验要求。本试验将验证设计能够顺利承受预期在轨热环境并正常操作。

## PG1-236

项目：

太阳能阿尔法旋转接头滚轮电阻器箱（电阻箱）　　　部件号 5847281-501

SSP 41172 要求：

2.2.5 节，随机振动试验（元器件鉴定）。

2.2.5.3 节，试验量级和持续时间。

在三个正交轴上每个轴的试验时间应为在预期最大值和频谱条件下的预期飞行接触时间的 3 倍，或元器件随机振动验收试验时间的 3 倍（如果此时间较长），但是每轴时间不能小于 3min。

元器件随机振动试验量级和频谱应包含如下范围：

（1）预期最大飞行数值和频谱，但是不小于根据 141dB 声环境推导的数值（其频谱由 NSTS-21000-IDD-ISS　4.1.1.5-1 定义）。

（2）验收试验量级和频谱加上试验公差。

例外情况：

应根据给定的数值，在 Z 轴对太阳能阿尔法旋转接头滚轮电阻箱进行一次额外的 60s 随机振动鉴定试验，其条件为比"错误"（X/Y 轴）验收值高 3dB。这是试验公差所要求的验收和鉴定值之间 6dB 差值的一种例外情况，也是持续时间为每轴 3min 的一种例外情况。

| 频率<br>（Hz） | X/Y 轴验收试验值<br>（错误 Z 轴值） | Z 轴<br>验收值（正确） | Z 轴<br>鉴定（Z 轴验收值+6dB） | Z 轴 Delta<br>验收（X/Y 轴验收值+3dB） |
|---|---|---|---|---|
| 20 | 0.01 | 0.01 | 0.04 | 0.02 |
| 50 | 0.075 | 0.075 | 0.3 | 0.15 |
| 100 | 0.075 | 0.075 | 0.3 | 0.15 |
| 200 | 0.075 | 0.25 | 1.0 | 0.15 |
| 350 | 0.075 | 0.25 | 1.0 | 0.15 |
| 500 | 0.25 | 0.25 | 1.0 | 0.5 |
| 600 | 0.25 | 0.25 | 1.0 | 0.5 |
| 800 | 0.25 | 0.1 | 0.4 | 0.5 |
| 1000 | 0.75 | 0.1 | 0.4 | 1.5 |
| 1700 | 0.75 | 0.1 | 0.4 | 1.5 |
| 2000 | 0.025 | 0.0125 | 0.05 | 0.05 |
| grms | 28.3 | 16.0 | 31.9 | 40.0 |
| 时间 | 60s | 60s | 180s | 60s |

依据：

太阳能阿尔法旋转接头 1 号飞行单元的两个滚轮电阻箱（序列号 1014 和 1015）将 X/Y 轴验收试验值无意间加在 Z 轴。在表中给出了"错误" Z 轴值以及合适的验收和鉴定值。接下来继续对序列号 1014 和 1015 的电阻箱飞行单元进行验收试验，并在所有三个轴上采用合适的数值。对太阳能阿尔法旋转接头滚轮电阻箱（序列号 1013）进行了额外的鉴定试验，以验证并补偿对太阳能阿尔法旋转接头 1 号飞行单元滚轮电阻箱（序列号 1014 和 1015）所进行的不合适 Z 轴试验。

如果在额外试验中，试验值和持续时间为高于验收试验值 6dB 以及 180s，则会给鉴定硬件带来更大的风险。专家认为：高于验收试验值 3dB 和 60s 试验就足够了，通过高周期疲劳计算也确认了这一点，该试验确认飞行部件使用寿命内的可消耗预期寿命可以满足要求。因为消耗的总验证疲劳寿命应低于 100%，所以这为计算中给出的材料属性不确定因素提供了一种缓冲。最后，部件不属于安全灾难或关键部件。

## PG1-237

项目：

太阳能阿尔法旋转接头驱动锁组件电阻器箱（电阻箱）　　　部件号 5847281-505

SSP 41172 要求：

3.1.4 节，随机振动试验（元器件验收）。

3.1.4.3 节，试验量级和持续时间。

在三个正交轴的每个轴的试验时间不应低于 1min。验收试验频谱输入可以在元器件共振频率区进行调整，以将元器件得到的数值降低到试验值频谱范围内。

元器件随机振动试验量级和频谱应包含如下范围：

（1）预期最大飞行数值和频谱减去 6dB，但不低于根据 135dB 整体声环境推导的数值（其频谱由 NSTS-21000-IDD-ISS　4.1.1.5 节）。

（2）图 3-2，元器件随机振动工艺筛选试验量级。一个工艺筛选数值和频谱，或由主承包商批准的筛选值和频谱。

例外情况：

应在低于工艺筛选值的条件下对太阳能阿尔法旋转接头驱动锁组件电阻箱进行验收随机振动试验。

依据：

在 1998 年 4 月 29 日，试验和验证控制委员会批准在 4.3grms 条件下对太阳能阿尔法旋转接头驱动锁组件进行验收随机振动试验。试验和验证控制委员会要求在安装在太阳能阿尔法旋转接头驱动锁组件的 3 个电阻箱，部件编号 5847281-505,（太阳能阿尔法旋转接头驱动锁组件）中监控振动响应。在太阳能阿尔法旋转接头驱动锁组件验收随机振动试验过程中，传输到电阻箱内的能量比预期要低。因此，太阳能阿尔法旋转接头驱动锁组件电阻箱验收随机振动试验值低于 6.1grms 的最低振动筛选值，但是高于 1.9grms 的预期最大飞行值。

注：太阳能阿尔法旋转接头驱动锁组件电阻箱不进行"单独的"验收随机振动试验；在太阳能阿尔法旋转接头驱动锁组件级进行电阻箱验收随机振动试验。

电阻箱是一个简单组件，包含一个加工铝结构、一个带 8 个电阻器的电路板以及一个电器连接。因此，可以通过目测检查和热循环验收试验合理检验电阻箱的工艺，从而最大限度降低与实际值低于所需验收随机振动试验量级相关的风险。太阳能阿尔法旋转接头驱动锁组件电阻箱顺利完成了检测材料和工艺缺陷的热循环和目测检查。

每个太阳能阿尔法旋转接头驱动锁组件包含 3 个电阻箱。两个电阻箱测量从臂位置，同时使用第 3 个电阻箱测量接合/分断装置步进电机的位置。两个微动开关与每个位置测量值相关联，从而提供了单故障容错监控功能。微动开关或电阻箱电路板故障会给出错误读数。软件/操作者能够检测所有故障情景。最坏情况的影响是关闭太阳能阿尔法旋转接头，直到确定故障为止。

## PG1-238

项目：

热管散热器　　部件号 1F93263 和 1F93264

SSP 41172 要求：

4.1.1 节，组件/元器件原型飞行试验。

如果没有专用鉴定试验件，所有生产件都预期用于飞行，那么试验内容应相同（如 2.2 节中关于元器件鉴定的定义）。为此，在原型飞行泄漏试验过程中，需要根据 2.2.11.2 节的要求，在每种功能模式下，将元器件加压到其最大操作压力。

例外情况：

在 SSP 41172　2.2.11.2 节第五种方法所述的氦气（氦气）泄漏试验过程中，热管散热器组件没有加压到最大操作压力。

依据：

开始时，在完成组件之前，散热器板组件热管道进行了一次 2min 的氦气泄漏试验。管道进行了所有泄漏试验，以便通过给管道放气以及在每个焊缝周围喷氦气，确定不存在大于 1E-08sccs 氦气的泄漏。在试验过程中，在每个焊缝周围放一只"握成杯形"的手，以便使氦气聚集在焊缝。使用一个经过认证的泄漏源（1E-08sccs 氦气）来校准一个质谱仪泄漏检测器。本试验是一个风险降低试验，其通过/未通过标准为 1E-08sccs 的氦气。不过，氦气泄漏试验为正式的泄漏试验。

在氦气泄漏试验过程中，所有焊缝都根据 ASTM E1066-95 进行最终泄漏试验，试验采用一种气溶胶比色显色剂，最小可检测泄露速度为 1E-07sccs 或更少，具体数值取决于试验时间和氦气浓度。如果显色剂验收从黄色变为蓝色，则表示泄漏速度超过最小可检测泄露速度。在焊缝区至少使用 15min 的显色剂，并在 140psi 的压力下进行试验，这对应 75℉ 的温度。因此，能够检验超过 6E-08sccs 氦气的泄漏速度。根据 150℉ 的最大在轨温度，热管散热器最大操作压力为 433psia。在 120℉ 温度下，不损害多路复用器/多路信号分离器情况下的最大操作压力为 287psia。在热管散热器子组件填充了氦气之后，进行两次氦气泄漏试验和一次热耐压试验。在 989psi 的最小压力下（在 221℉）对每个硬件组件进行 20min 的热耐压试验，并在热耐压试验之前和之后进行一次环境氦气泄漏试验。

热管散热器子组件都采用焊接。因此，没有可渗透的密封件。子组件设计不允许进行传统的泄漏试验，因为它们是焊接密封管。在热耐压试验之后，对焊缝进行射线摄影检查和染色渗透剂检查。另外，还对其他太空计划硬件进行了这种方法的泄漏试验，其中包括哈伯太空望远镜（NICMDX）、FUSE（戈达德太空飞行中心）、欧洲之星［Hughes A2100（洛克希德马丁公司）］和 NEC（MUSES）。因此，氦气和氦气泄漏试验可以确保热管散热器的气密性能够满足指定泄漏要求，即不超过 1E-07sccs 的氦气。

每个热管散热器组件都进行一次原型飞行随机振动试验。对于后续随机振动试验，组件进行一次热循环试验和一次最终热性能试验。在向波音运货的过程中，将一种比色显色剂插到密封塑料袋中，以确保没有泄漏。在货运过程中，显色剂至少接触热管散热器 24h，从而验证在原型飞行试验计划之后没有超过 1E-08sccs 氦气的泄漏。最后，制造商（Swales）迄今为止已经利用相同的制造和试验流程生产了 1400 多个热管散热器，并且尚未发现任何在轨泄漏。

## PG1-239

项目：

散热器旋转接头驱动器/锁组件　　部件号 5846872　　序列号 001、002、003 和 004

SSP 41172 要求：

4.1.1 节，组件/元器件原型飞行试验。

对于热真空试验，温度极值应超过预期最低和最高温度 10℉（5.6℃）。

例外情况：

散热器旋转接头驱动器/锁组件在原型飞行热真空试验过程中经历的最高温度为 150℉，因此裕度为零度。未来的散热器旋转接头驱动器/锁组件试验应符合 SSP 41172 的要求。

依据：

散热器旋转接头驱动器/锁组件在原型飞行热真空试验过程中经历的最高温度为 150℉。不过，因为预期在轨环境的变化，导致预期最大散热器旋转接头驱动器/锁组件温度从 140℉ 增加到 150℉。因此，在原型飞行热真空试验过程中的热裕度为 0℉。

经过试验验证的散热器旋转接头热模型针对散热器旋转接头驱动器/锁元器件的预测结果如下：

◇ 电机绕组从-31.5℉到 150℉。

● 外壳，电机旋转变压器从-31.6℉到 139℉；

● 外壳，内部，上方从-30.2℉到 120℉；

● 外壳，内部，下方从-30℉到 105℉。

◇ 舱尾框架从-23℉到 95℉。

◇ 舱头框架从-21℉到 84℉。

◇ 步进电机从-26℉到 99℉。

◇ 小齿轮外壳从-34℉到 90℉。

◇ 小齿轮从-39℉到 81℉。

◇ 整体预测范围从-39℉到 150℉。

在散热器旋转接头驱动器/锁组件中的最高高温出现在电机绕组中。因此，在这一点来监控和记录热试验过程中的最高温度。

在原型飞行热真空试验过程中，电机绕组经历 150℉ 的温度。在散热器旋转接头驱动器/锁组件中试验预期温度第二高的是电机旋转变压器外壳（139℉）。在原型飞行热真空试验过程中，在这里记录的温度是 154℉。这个温度以及所有剩余元器件所承受的温度都至少比原型飞行热真空试验过程中的预期在轨温度高 10℉。虽然电机绕组在散热器旋转接头驱动器/锁组件的热真空试验过程中并没有出现 10℉ 的裕度，但是在供应商老炼试验过程中，它达到了 257℉，源控制文件要求在 176℉ 下保持良好性能。因此，在供应商试验中，电机绕组承受的温度远远超过散热器旋转接头驱动器/锁组件的在轨预期条件。另外，预期温度是根据电机 50W 的最大功耗来确定的，但是在系统载荷下，平均驱动电机力矩为 8W。

在完成了基线方案热真空试验之后，散热器旋转接头驱动器/锁组件至少返工和复验了两次。在第二次复验中，在 160℉ 的最高温度下进行了一个周期的热极值试验，相对预期最高温度提供了 10℉ 的热裕度。因此，散热器旋转接头驱动器/锁组件的所有元器件都承受了比预期在轨环境至少高 10℉ 的高温。

## PG1-240

项目：

太阳能阿尔法旋转接头驱动器/锁组件　　部件号 5847010

实用传输组件　　部件号 8259150

SSP 41172 要求：

3.1.4 节，随机振动试验（元器件验收）。

3.1.4.3 节，试验量级和持续时间。

元器件随机振动试验量级和频谱应包含如下范围：

（1）预期最大飞行数值和频谱减去 6dB，但不低于根据 135dB 整体声环境推导的数值（其频谱由 NSTS-21000-IDD-ISS　4.1.1.5 节定义）。

（2）图 3-2，元器件随机振动工艺筛选试验量级。一个工艺筛选数值和频谱，或由主承包商批准的筛选值和频谱。

例外情况：

太阳能阿尔法旋转接头驱动器/锁组件和实用传输组件的验收随机振动试验应在 4.3grms 的最小工艺筛选值下进行。

依据：

在验收随机振动试验过程中，实用传输组件和太阳能阿尔法旋转接头驱动器/锁组件经历了 4.3grms 的工艺筛选值。这比 SSP 41172 要求以及 MDC 95H0215 记录的最小工艺筛选值 6.1grms 要小。

虽然实用传输组件飞行模型 1 和 2 的验收随机振动试验没有达到所需的输入数值，但是进行试验时的数值至少比 NASTRAN 和 SEA 模型预期的最大飞行值高 3dB。这使相关人员相信这些单元能够承受飞行条件。

在实用传输组件中使用的电气、电子和机电部件只有电阻温度检测器、连接角旋转变压器和舱外活动连接器。实用传输组件中没有电路板。因此，验收随机振动试验不一定是确定材料和工艺缺陷的最佳方法。在组装过程中的目测检查、热真空试验和功能试验可以满足这些筛选要求。

在 1998 年 4 月 29 日进行的试验和验证控制委员会会议期间，评估了内部太阳能阿尔法旋转接头驱动器/锁组件的元器件，以确定进行的随机振动筛选是否可以接受。驱动器/锁组件内的电气元器件包括驱动电机、整流旋转变压器、EDM 步进电机、SSQ 电气连接器、电阻温度检测器、SSQ 舱外活动连接器和太阳能阿尔法旋转接头驱动器/锁组件电阻箱。其中对于随机振动工艺筛选具有关键作用的板元器件是电阻箱。所有其他元器件都不是问题，因为它们或者经过了供应商的鉴定，或者质量很小，不会受到振动环境影响。这些元器件的工艺筛选可以通过热真空、功能试验和目测检查完成。

在太阳能阿尔法旋转接头驱动器/锁组件级试验过程中，电阻箱经历的振动值低于 6.1grms 的最小工艺筛选值。此前采用了 SSCN 2341，以验证为了确定工艺是否可以接受而进行的验收随机振动试验。

## PG1-241

项目：

散热器束阀门模块　　　部件号 1F28980-1 和 1F28980-501

SSP 41172 要求：

3.1.2 节，热真空试验（元器件验收）。

3.1.2.3 节，试验量级和持续时间。所有要求。

3.1.2.4 节，补充要求。所有要求。

例外情况：

散热器束阀门模块（RBVM）不应进行验收热真空试验（RBVM）。

依据：

在验收试验流程过程中进行的热真空试验的目的是检测因为在温度极值下接触真空环境而诱导或加重的材料和工艺缺陷。

散热器束阀门模块,集成电机/控制器组件的主要电子元器件在其自身的验收试验过程中进行热真空循环操作。在其验收试验流程过程中，集成电机/控制器组件经历 8 个热真空周期，其温度从-45℉到 140℉，其中包括功能试验。在此试验过程中，监控集成电机/控制器组件是否存在故障。另外，集成电机/控制器组件还进行 300h 的老炼试验，其中包括电气和机械操作。散热器束阀门模块的其他电气元器件包括线束、温度传感器、绝对压力传感器、限位开关和恒温器控制器。恒温器、电阻温度设备和集成电机/控制器组件启动器是密封的。另外，为了筛选电气故障，对散热器束阀门模块进行的验收试验流程包括一次黏结电阻检查和 1MΩ电气隔离试验。绝对压力传感器进行元器件级热真空试验，加热器在热浸泡的条件下进行真空试验，从而验证没有气泡或松解。最后，在齿轮箱中和齿轮驱动器上使用的润滑剂为 Braycote，这种润滑剂在真空条件下的气体泄漏速度较低。

在组装散热器束阀门模块的过程中,2-左舷和3-左舷球阀分别经历 100 个机械老炼周期的全开-闭或开-通风行程。此循环旨在检测可能源自热真空试验的机械黏结故障或润滑剂特征的任何明显变化。

散热器束阀门模块组件进行随机振动试验（在此过程监控中集成电机/控制器组件），并在执行的验收试验流程过程中进行热循环操作。另外，因为散热器束阀门模块在非加压环境下操作，所以在验收试验过程中进行外部泄漏试验，该试验旨在验证单元的密封功能没有在任何试验环境中下降。这几种针对已进行验收试验流程的筛选旨在检测可能源自热真空循环的任何故障，比如电气中断、潜在缺陷部件、泄漏的密封件或接头，或者泄漏气体或产生污染的材料。

## PG1-242

项目：

热交换器在轨可更换单元　　　部件号 1F28940-1

SSP 41172 要求：

2.2.5 节，随机振动试验（元器件鉴定）。

2.2.5.2 节，试验说明。

元器件应当通过元器件的垂直安装点安装到一个刚性固件。

元器件随机振动试验量级和频谱应包含如下范围：验收试验量级和频谱加上试验公差。

例外情况：

在飞行支撑结构上安装的热交换器在轨可更换单元的鉴定随机振动试验值应为根据141dB 声环境推导的预期最大飞行和频谱值（如下表所示）。这些数值不包含验收试验值加上试验公差（6.1grms 最小筛选加上 6dB 裕度）。

| 鉴定随机振动环境 | |
|---|---|
| 频率（Hz） | 鉴定值[1] |
| 20 | 0.004G$^2$/Hz |
| 20～40 | +11.5dB/Oct |
| 40～80 | 0.056G$^2$/Hz |
| 80～100 | +4.8dB/Oct |
| 100～200 | 0.08G$^2$/Hz |
| 200～2000 | −5.7dB/Oct |
| 2000 | 0.001G$^2$/Hz |
| 复合值 | 5.2grms |
| 时间 | 180 秒/轴 |
| 方向 | 三个正交轴 |

注：

（1）试验单元应安装在振动试验支柱 TD-1F98740-1ATP1 上。应在支撑结构的试验固件 U 形夹配件上施加鉴定振动值。

依据：

热交换器在轨可更换单元应当安装在鉴定支撑结构上，以证明热交换器在轨可更换单元能够承受最大飞行随机振动环境。在热交换器在轨可更换单元支撑结构以及美国试验室锥端接口定义飞行随机振动值，并在飞行配置下进行飞行鉴定。在最大飞行值条件下每轴 3min 的鉴定试验将不包含 6.1grms 的最小验收屏蔽试验值加上 6dB，因为支撑结构共振频率使在轨可更换单元元器件达到并超过其元器件鉴定试验值的振动值。选择最大飞行值的原因是避免给热交换器芯和在轨可更换单元管道接口以及电子控制单元和阀门施加过大的应力。另外，在刚性试验固件上不采用硬安装热交换器在轨可更换单元，以避免损害在轨可更换单元元器件。对输入频谱的陷波进行分析，不过不采用它，因为它会导致试验条件低于最大飞行随机振动环境。分析认为这足以从技术角度鉴定预期最大飞行值的设计，满足验收随机振动试验要求，同时不会给单元带来不必要的损害或故障。

## PG1-243

项目：

热交换器在轨可更换单元　　　部件号 1F28940-1

SSP 41172 要求：

3.1.4 节，随机振动试验（元器件验收）。

3.1.4.2 节，试验说明。

元器件应当通过元器件的垂直安装点安装到一个刚性固件。

元器件随机振动试验量级和频谱应包含如下范围：在图 3-2 中给出的一个工艺筛选数值和

频谱，或由主承包商批准的筛选值和频谱。

**例外情况：**

安装在鉴定支撑结构上的飞行热交换器在轨可更换单元的验收随机振动试验值将比 SSP 41172 例外情况 PG1-242 中所述的鉴定试验值低 3dB。这些数值不包含验收试验 6.1grms 的最小筛选值。

| 验收随机振动环境 | |
|---|---|
| 频　率（Hz） | 验收值[1] |
| 20 | $0.002G^2/Hz$ |
| 20～40 | 11.5dB/Oct |
| 40～80 | $0.028G^2/Hz$ |
| 80～100 | 4.8dB/Oct |
| 100～200 | $0.04G^2/Hz$ |
| 200～2000 | −5.70dB/Oct |
| 2000 | $0.0005G^2/Hz$ |
| 整体值 | 3.7grms |
| 时间 | 60 秒/轴 |
| 方向 | 三个正交轴 |

注：
（1）试验单元应安装在振动试验支柱 TD-1F98740-1ATP1 上。应在支撑结构的试验固件 U 形夹配件上施加鉴定振动值。

**依据：**

对于试验量级，鉴定要求是包含验收试验值加上试验公差。这样可以确保在所有控制频带，鉴定试验值始终等于或大于验收值（考虑各单元试验之间的实际试验公差）。在图 3-2 中定义的最小验收试验量级和频谱对应一个 6.1grms 的环境。它定义为确保通过合适环境应力筛选来检测工艺缺陷所需的基本最小验收值（不算预期飞行值如何）。对于热交换器，6.1grms 的最小工艺环境超过了预期最大飞行值。因此，针对热交换器的验收试验要求是最小 6.1grms 的环境。为此，最小鉴定值将比 6.1grms 高一些（一般高 3dB，或者约为 8.6grms），以便根据需要"包含验收值和频谱加上试验公差"。6.1grms 环境主要用于筛选电子部件箱。热交换器在轨可更换单元主要是流体设备，其中有两个电子控制箱。电子部件控制单元在集成到在轨可更换单元之前进行一次元器件级验收随机振动试验。它们的元器件试验值实际超过 6.1grms 的最小值，因此，在较低的组件级对电子部件进行合适的筛选。为了最大限度降低风险给良好在轨可更换单元造成不必要损害的风险，决定验收试验值可以低于 6.1grms 值，同时仍然对在轨可更换单元组件进行合适的筛选（因为其关键元器件在较低的组件级进行了合适的筛选）。

综上所述，考虑的问题是因为采用严格要求而给在轨可更换单元造成不必要的损害。相关人员决定：对于热交换器，可以通过降低验收值（从而降低所需的鉴定值），并将其安装到飞行支柱而不是刚性试验固件上，从而进行合适的飞行鉴定和工艺筛选。这两种措施可以共同避免对硬件造成不必要的损害或故障。

## PG1-244

项目：

热交换器在轨可更换单元　　部件号 1F28940-1

SSP 41172 要求：

2.2.5 节，随机振动试验（元器件鉴定）。

2.2.5.4 节，补充要求。

在试验过程中应给电气和电子元器件加电并进行监控。

例外情况：

在热交换器在轨可更换单元组件的鉴定随机振动试验中，可以不加电和监控。

依据：

用于中断的监控热交换器在轨可更换单元电子控制单元需要操作氨气阀门，这可能会导致损害。在元器件鉴定随机振动试验中，热交换器在轨可更换单元鉴定电子控制单元需要加电并进行中断监控。因此，减少了在热交换器在轨可更换单元组件试验过程中在电子控制单元加电和监控状态下进行鉴定随机振动试验的需要。

## PG1-245

项目：

热交换器在轨可更换单元　　部件号 1F28940-1

SSP 41172 要求：

3.1.4 节，随机振动试验（元器件验收）。

3.1.4.4 节，补充要求。

在试验过程中应给电气和电子元器件加电并进行监控。

例外情况：

在热交换器在轨可更换单元组件的验收随机振动试验中，可以不加电和监控。

依据：

用于中断的监控热交换器在轨可更换单元电子控制单元需要操作氨气阀门，这可能会导致损害。在元器件验收随机振动试验中，飞行电子控制单元需要加电并进行中断监控。因此，减少了在热交换器在轨可更换单元组件试验过程中在电子控制单元加电和监控状态下进行验收随机振动试验的需要。

## PG1-246

项目：

泵模块在轨可更换单元　　部件号 1F96100

SSP 41172 要求：

2.2.11 节，泄漏试验（元器件鉴定）。

2.2.11.2 节，试验说明。

采用的试验方法的灵敏度和精度应符合指定的最大允许泄漏速度。

例外情况：

不需要通过试验来验证泵模块在轨可更换单元规格泄漏要求。

依据：

使用检测器探头（"吸入"）技术来进行在轨可更换单元泄漏试验。不过，检测器探头没有进行校准。此外，采用检测器探头技术，只能通过定性方式说明被探测位置的泄漏情况，无法量化验证相关开发规范中定义的总在轨可更换单元泄漏。另外，在在轨可更换单元制造/组件所包含的总计48个焊缝中，有一个焊缝是完全无法接触的，有一个焊缝只能部分接触。因此，它们无法在制造之后进行全面的泄漏试验。这两个焊缝都不是与裂缝相关的关键焊缝。这些焊缝通过耐压试验来验证结构完整性。

泵模块在轨可更换单元的鉴定外部泄漏试验旨在验证在轨可更换单元组件的设计完整性。泵模块在轨可更换单元是一个焊接组件，除了快速分断装置以外，不包含能被渗透的密封件，而这些快速分断装置进行了大量的元器件级试验。这些元器件在组装到在轨可更换单元之前，进行了可接受的元器件级泄漏试验，因此只需要对在轨可更换单元焊缝进行试验。这些焊缝为轨道管焊缝，由专业焊接人员按照严格的焊接计划制作。经验表明：出现"坏"焊缝的几率很低，如果存在此类焊缝，则会有明显的整体泄漏。因此，泵模块出现任何明显泄漏的风险较低。

将在轨可更换单元加压到 500psig，在组装在轨可更换单元过程中制作的每个管焊缝（除了通风管路外）都进行泄漏试验。根据所有管道焊缝和元器件泄漏的总和来判断是否通过试验。在鉴定试验计划过程中，在耐压、声和热真空试验之后对在轨可更换单元进行泄漏试验。

## PG1-247

项目：

泵模块在轨可更换单元　　部件号 1F96100

SSP 41172 要求：

3.1.7 节，泄漏试验（元器件验收）。

3.1.7.2 节，试验说明。

采用的试验方法的灵敏度和精度应符合指定的最大允许泄漏速度。

例外情况：

不需要通过试验来验证泵模块在轨可更换单元规格泄漏要求。

依据：

使用检测器探头（"吸入"）技术来进行在轨可更换单元泄漏试验。不过，检测器探头没有进行校准。此外，采用检测器探头技术，只能通过定性方式说明被探测位置的泄漏情况，无法量化验证相关开发规范中定义的总在轨可更换单元泄漏。另外，在在轨可更换单元制造/组件所包含的总计48个焊缝中，有一个焊缝是完全无法接触的，有一个焊缝只能部分接触。因此，它们无法在制造之后进行全面的泄漏试验。这两个焊缝都不是与裂缝相关的关键焊缝。这些焊缝通过耐压试验来验证结构完整性。

泵模块在轨可更换单元的外部泄漏试验旨在验证在轨可更换单元组件的工艺。泵模块在轨可更换单元是一个焊接组件，除了快速分断装置以外，不包含能被渗透的密封件，而这些快速分断装置进行了大量的元器件级试验。这些元器件在组装到在轨可更换单元之前，进行了可接受的元器件级泄漏试验，因此只需要对在轨可更换单元焊缝进行试验。这些焊缝为轨道管焊缝，由专业焊接人员按照严格的焊接计划制作。经验表明：出现"坏"焊缝的几率很低，如果存在此类焊缝，则会有明显的整体泄漏。因此，泵模块出现任何明显泄漏的风险较低。

前两个飞行单元在多构件集成试验（MEIT）中使用氨气进行了试验，并没有发现这些单元在 MEIT 过程中有可测量的氨气泄漏。剩余单元将通过下文所述的改良检测器校准和泄漏检测技术进行试验。

在泄漏试验流程中，采用一个已知泄漏速度为 9.0E-06sccs 氦气的泄漏源。这样就可以将每个泵模块在轨可更换单元试验点的泄漏速度与一个已知的标准基线泄漏速度进行比较，并相对最大允许泄漏速度提供一个安全系数 2。将在轨可更换单元加压到 500psig，在组装在轨可更换单元过程中制作的每个管焊缝（除了通风管路外）都进行泄漏试验。根据每个管焊缝的泄漏测量值来判断是否通过试验（此前是通过所有管道焊缝和元器件泄漏的总和来判断是否通过试验）。另外，在修改后的方案中，还要求探头在每个在轨可更换单元试验点上都以相同的速度和距离运动（与在校准过程中探头在校准毛细泄漏源上的运动方式一样）。

因为有阻碍，所以无法完全接触两个管道焊缝以便使用泄漏检测器适配器进行泄漏试验。其中一个焊缝位于储箱的氨气入口侧，因而无法使用泄漏检测器适配器对焊缝周围的任何部分进行试验。为了对此焊缝进行试验，需要插入吸入器探头并尽量靠近每个焊缝，并监控探头响应 30min。在这些焊缝正上方的周围结构形状类似一个穹顶，能够捕获从焊缝释放的任何泄漏，从而通过 30min 的探头监控来进行可靠的检测。当然，此检测将不是一个计算值，因为毛细泄漏源校准基准取决于相对焊缝的距离和扫描速度。如果在这种情况下，探头检测到存在氦气，会通过可靠的方式说明泄漏，并要求更换管道焊缝。另外一个无法完全接触整个周围的管道焊缝大约有 75% 的部位可以接触。在对露出的焊缝周围部分进行泄漏试验之后，将探头定位在焊缝/结构交叉点并监控 2min。在这种情况下，探头可以直接放在焊缝上，因此进行 2min 的监控就足够了。

## PG1-248

项目：

氨气流量表　　　部件号 1F40070

SSP 41172 要求：

2.2.11 节，泄漏试验（元器件鉴定）。

2.2.11.3 节，试验量级和持续时间。

试验时间应足够长，以检测任何明显的泄漏。

例外情况：

氨气流量表鉴定外部泄漏试验每次进行 5min。

依据：

氨气流量表（流量传感器）的加压部分是一个直型的无缝 316L 防锈钢管。它没有可渗透的密封件、没有穿透部件和焊缝。进行的泄漏试验旨在验证流量传感器的完整性。流量传感器使用氦气泄漏检测器进行安放和吸入操作（即氦气累积泄漏试验），从而确定是否存在泄漏。通过一个 500psid 的压力差形成一个正压力，使氦气能够通过管道泄漏。通过一次 5min 的试验，足以满足流量传感器设计要求，因为经过管道的泄漏会在短时间内发生（无可渗透的密封件）。在鉴定泄漏试验过程中测量的最大速度为 3.8E-07sccs 的氦气（而要求的速度为 1.32E-04sccs 的氦气）。满足了 SSP 41172 要求。

## PG1-249

项目：

氦气流量表　　部件号 1F40070

SSP 41172 要求：

3.1.7 节，泄漏试验（元器件验收）。

3.1.7.3 节，试验量级和持续时间。

试验时间应足够长，以检测任何明显的泄漏。

例外情况：

氦气流量表验收外部泄漏试验每次进行 5min。

依据：

氦气流量表（流量传感器）的加压部分是一个直型的无缝 316L 防锈钢管。它没有可渗透的密封件、没有穿透部件和焊缝。进行的泄漏试验旨在验证流量传感器的完整性。流量传感器使用氦气泄漏检测器进行安放和吸入操作（即氦气累积泄漏试验），从而确定是否存在泄漏。通过一个 500psid 的压力差形成一个正压力，使氦气能够通过管道泄漏。通过一次 5min 的试验，足以满足流量传感器设计要求，因为经过管道的泄漏会在短时间内发生（无可渗透的密封件）。在鉴定泄漏试验过程中测量的最大速度为 6.0E-06sccs 的氦气（而要求的速度为 1.32E-04sccs 的氦气）。满足了 SSP 41172 要求。

## PG1-250

项目：

泵和控制阀门包　　部件号 1F96451

SSP 41172 要求：

2.2.11 节，泄漏试验（元器件鉴定）。

2.2.11.3 节，试验量级和持续时间。

应在 0.001Torr（0.133Pa）或更低的外部耐压条件下进行试验，试验时间至少应为 4h（对于在轨道操作多日的设备）。

例外情况：

进行 20min 的泵和控制阀门包鉴定外部泄漏试验，外部压力低于 0.05Torr。

依据：

泵和控制阀门包的外部泄漏试验旨在验证泵和控制阀门包组件的设计和工艺。泵和控制阀门包是一个焊接组件，不包含可渗透的密封件。进行的泄漏试验旨在验证单元内焊缝的完整性。泄漏试验在真空室内进行。通过单元和真空室之间的一个 500psid 压力差形成一个正压力，在存在"坏"焊缝的情况下（无外部环境密封件）使氦气能够通过管道泄漏。0.05Torr 的真空室压力足以使瓦里安质谱仪泄漏检测器在线进行泄漏试验。在经过 20～22min 之后，记录外部泄漏速度。20min 的试验足够了，因为经过管道的泄漏会在短时间内发生（无可渗透的密封件）。在鉴定泄漏试验过程中测量的速度为 5.4E-07sccs 的氦气（而要求的速度为 4E-04sccs 的氦气）。因此，在验证了密封件（焊缝）完整性的情况下，满足了 SSP 41172 要求。

## PG1-251

项目：

泵和控制阀门包　　　部件号 1F96451

SSP 41172 要求：

3.1.7 节，泄漏试验（元器件验收）。

3.1.7.3 节，试验量级和持续时间。

应在 0.001Torr（0.133Pa）或更低的外部耐压条件下进行试验，试验时间至少应为 4h（对于在轨道操作多日的设备）。

例外情况：

进行 20min 的泵和控制阀门包验收外部泄漏试验，外部压力低于 0.05Torr。

依据：

泵和控制阀门包的外部泄漏试验旨在验证泵和控制阀门包组件的工艺。泵和控制阀门包是一个焊接组件，不包含可渗透的密封件。进行的泄漏试验旨在验证单元内焊缝的完整性。泄漏试验在真空室内进行。通过单元和真空室之间的一个 500psid 压力差形成一个正压力，在存在"坏"焊缝的情况下（无外部环境密封件）使氦气能够通过管道泄漏。0.05Torr 的真空室压力足以使瓦里安质谱仪泄漏检测器在线进行泄漏试验。在经过 20～22min 之后，记录外部泄漏速度。20min 的试验足够了，因为经过管道的泄漏会在短时间内发生（无可渗透的密封件）。在验收泄漏试验过程中测量的最大速度为 8.0E-06sccs 的氦气（而要求的速度为 4E-04sccs 的氦气）。因此，在验证了密封件（焊缝）完整性的情况下，满足了 SSP 41172 要求。

## PG1-252

项目：

氨气储箱组件　　　部件号 1F28801-1

SSP 41172 要求：

2.2.11 节，泄漏试验（元器件鉴定）。

2.2.11.2 节，试验说明。

采用的试验方法的灵敏度和精度应符合指定的最大允许泄漏速度。

2.2.11.2 节，第五种方法。

应采用合适的方法检测泄漏。

例外情况：

不应通过试验来验证氨气储箱组件规格泄漏要求。

依据：

因为选择的泄漏检测方法为吸入器探头，所以无法准确确定焊缝周围的总泄漏速度。只能确定一个局部泄漏速度。应采用一个已知泄漏速度为 2.2E-06sccs 氦气的泄漏源。这样就可以将每个氨气储箱组件试验点的泄漏速度与一个已知的标准基线泄漏速度进行比较，并提供一个安全系数 2。在组装在轨可更换单元过程中制造的 47 个管道焊缝中，每个焊缝都使用此校准方法进行泄漏试验。

因为有阻碍，所以无法完全接触 47 个管道焊缝中的 9 个以便使用泄漏检测器适配器进行泄漏试验。在这 9 个焊缝中，有 2 个位于储箱的氨气入口侧，因而无法使用泄漏检测器适配器对焊缝周围的任何部分进行试验。为了对这些焊缝进行试验，需要在每个焊缝上方插入吸入器探头，并监控探头响应30min。如果探头过短无法安放在焊缝上方，则需要在探头上安装一个额外的聚乙烯管。在这些焊缝正上方的周围结构形状类似一个穹顶，能够捕获从焊缝释放的任何泄漏，因而通过30min的探头监控，可以进行比较可靠的检测。当然，此检测将不是一个计算值，因为毛细泄漏源校准基准取决于相对焊缝的距离和扫描速度。如果在这种情况下，探头检测到存在氦气，会通过可靠的方式说明泄漏，并要求更换管道焊缝。这9个焊缝中的其他7个无法完全接触整个焊缝周围，其中有4个大约可以接触75%的周长，有3个大约可以接触50%的周长。在对这7个焊缝露出的周长部分进行泄漏试验之后，将探头定位在焊缝/结构交叉点并监控2min。通过2min的监控，能够比较可靠地确保焊缝的不可接触部分的泄漏不会超过限值。

在本版中，通过每个管道焊缝的泄漏测量值来判断在轨可更换单元是否通过试验。而以前则是根据所有管道焊缝和元器件的泄漏总量来确定在轨可更换单元是否通过试验。另外，在修改后的方案中，还要求探头在每个氦气储箱组件试验点上都以相同的速度和距离运动（与在校准过程中探头在校准毛细泄漏源上的运动方式一样）。因为根据经验，轨道管道焊缝分为好（在氦气背景值上没有泄漏）和坏（有显著泄漏），所以此修订方法虽然是测量在轨可更换单元泄漏的半定量方法，但是能够比较可靠地说明在轨可更换单元泄漏速度。

## PG1-253

项目：

氦气储箱组件　　　部件号 1F28801-1

SSP 41172 要求：

3.1.7 节，泄漏试验（元器件验收）。

3.1.7.2 节，试验说明。

采用的试验方法的灵敏度和精度应符合指定的最大允许泄漏速度。

例外情况：

不应通过试验来验证氦气储箱组件规格泄漏要求。应根据采用通过/未通过标准的试验验证，来验收飞行硬件。

依据：

因为选择的泄漏检测方法为吸入器探头，所以无法准确确定焊缝周围的总泄漏速度。只能确定一个局部泄漏速度。应采用一个已知泄漏速度为 2.2E-06sccs 氦气的泄漏源。这样就可以将每个氦气储箱组件试验点的泄漏速度与一个已知的标准基线泄漏速度进行比较，并提供一个安全系数2。在组装在轨可更换单元过程中制造的47个管道焊缝中，每个焊缝都使用此校准方法进行泄漏试验。

因为有阻碍，所以无法完全接触47个管道焊缝中的9个以便使用泄漏检测器适配器进行泄漏试验。在这9个焊缝中，有2个位于储箱的氦气入口侧，因而无法使用泄漏检测器适配器对焊缝周围的任何部分进行试验。为了对这些焊缝进行试验，需要在每个焊缝上方插入吸入器探头，并监控探头响应30min。如果探头过短无法安放在焊缝上方，则需要在探头上安装一个额外的聚乙烯管。在这些焊缝正上方的周围结构形状类似一个穹顶，能够捕获从焊缝释放的任何泄漏，因而通过30min的探头监控，可以进行比较可靠的检测。当然，此检测将不是一个计算值，因为毛细泄漏源校准基准取决于相对焊缝的距离和扫描速度。如果在这种情况下，探头检测到存在氦气，会通过可靠的方式说明泄漏，并要求更换管道焊缝。这9个焊缝中的其他7个无法完全接触整个焊缝周围，其中有4个大约可以接触75%的周长，有3个大约可以接触50%的周长。在对这7个焊缝露出的周长部分进行泄漏试验之后，将探头定位在焊缝/结构交叉点并监控2min。通过2min的监控，能够比较可靠地确保焊缝的不可接触部分的泄漏不会超过限值。

在本版中，通过每个管道焊缝的泄漏测量值来判断在轨可更换单元是否通过试验。而以前则是根据所有管道焊缝和元器件的泄漏总量来确定在轨可更换单元是否通过试验。另外，在修改后的方案中，还要求探头在每个氦气储箱组件试验点上都以相同的速度和距离运动（与在校准过程中探头在校准毛细泄漏源上的运动方式一样）。因为根据经验，轨道管道焊缝分为好（在氦气背景值上没有泄漏）和坏（有显著泄漏），所以此修订方法虽然是测量在轨可更换单元泄漏的半定量方法，但是能够比较可靠地说明在轨可更换单元泄漏速度。

## PG1-254

项目：

太阳能电池阵列旋转接头滚轮轴承组件　　　部件号5846485

SSP 41172 要求：

2.2.2 节，热真空试验（元器件鉴定）。

2.2.2.4 节，补充要求。

至少应在第一个和最后一个操作周期最大操作温度加上 20℉（11.1℃）的裕度和最低操作温度减去 20℉（11.1℃）的裕度的保持期以后以及元器件返回到环境温度后进行功能试验。

例外情况：

在鉴定热真空试验过程中，太阳能阿尔法旋转接头滚轮轴承组件将不作为一个舱外活动可更换装置进行热极值功能试验。通过对类飞行硬件在低于-31℉预期热极值条件下进行分析和工程验证，来代替此要求。

依据：

在此例外情况中，将滚轮轴承组件作为一个无载荷装置。通过设计评估发现：

（1）此组件的主要功能满足 SP 41172 要求；

（2）分析表明，舱外活动替换过程中，所有活动部件彼此间有足够的间隙；

（3）不使用润滑脂或其他热真空敏感润滑剂；

（4）一个飞行类单元（因为接触潮湿环境而使飞行单元性能下降）在低于-51℉鉴定限值13℉的条件下通过了冷箱试验；

（5）在载荷比预期载荷高52%的最差条件下（320lb 压力）验证了拆卸和替换要求；

（6）验收试验的所有舱外活动螺栓力矩都处于环境条件下，在冷温度加载条件下的验证符合要求。

## PG1-255

项目：

太阳能电池阵列旋转接头滚轮轴承组件　　　部件号5846485

SSP 41172 要求：

3.1.1 节，功能试验（元器件验收）。

3.1.1.3 节，补充要求。所有要求。

例外情况：

在代替验收热真空试验的热极值试验过程中，太阳能阿尔法旋转接头滚轮轴承组件将不作为一个舱外活动可更换装置进行热极值功能试验（参见附录 A：PG1-76）。通过对类飞行硬件在低于-31℉预期热极值条件下进行分析和工程验证，来代替此要求。

依据：

在此例外情况中，将滚轮轴承组件作为一个无载荷装置。通过设计评估发现：

（1）此组件的主要功能满足 SP 41172 要求；

（2）分析表明，舱外活动替换过程中，所有活动部件彼此间有足够的间隙；

（3）不使用润滑脂或其他热真空敏感润滑剂；

（4）一个飞行类单元（因为接触潮湿环境而使飞行单元性能下降）在低于-51℉鉴定限值13℉的条件下通过了冷箱试验；

（5）在载荷比预期载荷高 52%的最差条件下（320lb 压力）验证了拆卸和替换要求；

（6）验收试验的所有舱外活动螺栓力矩都处于环境条件下，在冷温度加载条件下的验证符合要求。

## PG1-256

项目：

太阳能阿尔法旋转接头发射固定装置　　部件号 1F83193-1

SSP 41172 要求：

2.2.2 节，热真空试验（元器件鉴定）。

2.2.2.3 节，试验量级和持续时间。所有要求。

2.2.2.4 节，补充要求。所有要求。

例外情况：

太阳能阿尔法旋转接头发射固定装置将不进行鉴定热真空试验。

依据：

太阳能阿尔法旋转接头发射固定装置是一个简单的夹固设备，只包括若干部件。主要功能部件用相同材料制造，并具有相同的热膨胀系数。因为太阳能阿尔法旋转接头发射固定装置蛤壳结构和耳轴用相同的材料制造，热膨胀和收缩系数相同，因此，不会产生热致黏合。通过在"MDC0H1298，太阳能阿尔法旋转接头发射固定装置（SLR）热/公差分析"中记录详细热分析情况，强制检查主要功能部件以确保符合图纸，以及成功完成地面安装（正确的操作力矩测量和最终预载荷以及合适的间隙测量），将确保顺利完成在轨拆除。

## PG1-257

项目：

舱节间连接系统撞击组件　　部件号 1F70572-1

舱节间连接系统闭锁舱外活动延伸部件　　部件号 1F61303-1、1F70164-1 和 1F61275-1

SSP 41172 要求：

2.2.2 节，热真空试验（元器件鉴定）。

2.2.2.3 节，试验量级和持续时间。所有要求。

2.2.2.4 节，补充要求。所有要求。

例外情况：

舱节间连接系统撞击组件和舱节间连接系统闭锁舱外活动延伸部件将不进行鉴定热真空试验。这其中包括用鉴定值的热极值试验来代替热真空试验。

依据：

撞击组件因为间隙较大并采用铝结构，所以对热环境不敏感。闭锁舱外活动延伸部件因为其接口部件具有类似的热膨胀和收缩系数，所以对冷极值不敏感，图纸公差分析表明在冷和热极值下都有间隙。因此，在鉴定值下进行热试验的价值很小。

## PG1-258

项目：

排热子系统（HRS）散热器波音　　部件号 1F40032-1（LMMFC　　部件号 83-39400）

SSP 41172 要求：

2.2.11 节，泄漏试验（元器件鉴定）。

2.2.11.3 节，试验量级和持续时间。所有要求。

例外情况：

鉴定外部泄漏试验不需要通过试验进行验证。

依据：

除了匹配散热器流体入口和软管出口的 4 个散热器快速分断装置之外，在散热器上的所有其他流体线路连接都是焊接型。散热器的焊接元器件包括用于歧管或流体管路的固体管，或连接散热器板的软金属波纹软管。这些硬件都没有密封件。在制造排热系统散热器的过程中，进行若干外部泄漏试验，以便验证"好"焊缝。除了递增制造泄漏试验，在每一步都使用 MIL-STD-6866 第一类方法 A（灵敏度值 3）规定的染色渗透剂和 MIL-STD-453 方法规定的 X 射线方案来检查焊缝，并在下一步操作之前进行耐压试验。

对于底座管道、个体散热器管和软管组件，在递增制造数值下，使用一个吸入器探头完成一次氦气泄漏试验，试验限值为 3.0E-07sccs 的氦气，单纯通过试验设置可能无法验证该限值。在 525psig±25psig 以及 100%氦气的条件下进行泄漏试验。在组件完成之后，以相同的方式进行一次在轨可更换单元级泄漏试验，不过只对能够在在轨可更换单元级接触的接头进行吸入操作，试验要求限值为 3.0E-07sccs 的氦气。总在轨可更换单元允许泄漏速度为 2.0E-02sccs 的氦气。

应注意：因为检测方法采用吸入器探头，所以无法精确确定在轨可更换单元或某个焊缝的总泄漏速度，而只能检测局部泄漏速度。这是因为虽然泄漏检测器能够检测 3.0E-07sccs 范围的泄漏，但是只有在泄露部位直接接触泄漏检测器的真空系统时，才能在此数值下进行检测。如果考虑使用吸入器探头时起作用的所有氦气传播因素，就无法达到上述速度，因而可检测限值下降到 E-04～E-05 的范围。因为只能确定一个局部速度，所以很难通过关联此数值来验证在轨可更换单元的整体允许泄漏限值。只有通过估算焊缝数量，并推算个体接头的在轨可更换单元泄漏速度，才能判断是否会超过单元总泄漏速度（前提是局部限值仍然在吸入设备的检测范围之内）。如果每个散热器估计有 500 个焊缝，那么要超过排热系统散热器的总在轨可更换单元允许泄漏速度，每个焊缝的泄漏速度都必须约为 4.0E-05sccs。使用这种吸入器探头方法，可能会检测到这种泄漏速度。

综上所述，在制造过程中进行泄漏试验，其要求是每个焊缝为 3.0E-07sccs，实际可检测限值在 E-04～E-05 的范围内。如果记录的任何吸入器探头读数超过了 3.0E-07，则相关探头需要返工，重新检查，重新试验，直到通过了个体接头试验为止。如果散热器中所有接头的最大泄漏速度都刚好低于吸入器探头的可检测限值（可接受的试验标准），那么估计每个焊缝的平均可测量泄漏速度低于4.0E-05sccs。因此，可以满足散热器总泄漏速度要求（2.0E-02sccs）。

每个在轨可更换单元还进行一次氨气压降试验，并使用氨气加压到 500psig，其时间约为 7 天（针对每个独立的流体路径）。在本试验过程中，因为对快速分断装置试验有限制，所以没有安装氨气快速分断装置，不过此试验包括所有其他流体系统。在试验的任何飞行单元中，始终没有检测到特征氨气，也没有激活试验室氨气检测报警系统。

考虑到在制造过程中在轨可更换单元上所有焊缝的可检测能力，以及递增制造泄漏试验，表明散热器在轨可更换单元上的焊缝足以防止泄漏。

## PG1-259

项目：

排热子系统（HRS）散热器波音　　　部件号 1F40032-1（LMMFC　　　部件号 83-39400）

SSP 41172 要求：

3.1.7 节，泄漏试验（元器件验收）。

3.1.7.3 节，试验量级和持续时间。所有要求。

例外情况：

验收外部泄漏试验不需要通过试验进行验证。

依据：

除了匹配散热器流体入口和软管出口的 4 个散热器快速分断装置之外，在散热器上的所有其他流体线路连接都是焊接型。散热器的焊接元器件包括用于歧管或流体管路的固体管，或连接散热器板的软金属波纹软管。这些硬件都没有密封件。在制造排热系统散热器的过程中，进行若干外部泄漏试验，以便验证"好"焊缝。除了递增制造泄漏试验，在每一步都使用 MIL-STD-6866 第一类方法 A（灵敏度值 3）规定的染色渗透剂和 MIL-STD-453 方法规定的 X 射线方案来检查焊缝，并在下一步操作之前进行耐压试验。

对于底座管道、个体散热器管和软管组件，在递增制造数值下，使用一个吸入器探头完成一次氦气泄漏试验，试验限值为 3.0E-07sccs 的氦气，单纯通过试验设置可能无法验证该限值。在 525psig±25psig 以及 100%氦气的条件下进行泄漏试验。在组件完成之后，以相同的方式进行一次在轨可更换单元级泄漏试验，不过只对能够在在轨可更换单元级接触的接头进行吸入操作，试验要求限值为 3.0E-07sccs 的氦气。总在轨可更换单元允许泄漏速度为 2.0E-02sccs 的氦气。

应注意：因为检测方法采用吸入器探头，所以无法精确确定在轨可更换单元或某个焊缝的总泄漏速度，而只能检测局部泄漏速度。这是因为虽然泄漏检测器能够检测 3.0E-07sccs 范围的泄漏，但是只有在泄露部位直接接触泄漏检测器的真空系统时，才能在此数值下进行检测。如果考虑使用吸入器探头时起作用的所有氦气传播因素，就无法达到上述速度，因而可检测限值下降到 E-04～E-05 的范围。因为只能确定一个局部速度，所以很难通过关联此数值来验证在轨可更换单元的整体允许泄漏限值。只有通过估算焊缝数量，并推算个体接头的在轨可更换单元泄漏速度，才能判断是否会超过单元总泄漏速度（前提是局部限值仍然在吸入设备的检测范围之内）。如果每个散热器估计有 500 个焊缝，那么要超过排热系统散热器的总在轨可更换单元允许泄漏速度，每个焊缝的泄漏速度都必须约为 4.0E-05sccs。使用这种吸入器探头方法，可能会检测到这种泄漏速度。

综上所述，在制造过程中进行泄漏试验，其要求是每个焊缝为 3.0E-07sccs，实际可检测限值在 E-04～E-05 的范围内。如果记录的任何吸入器探头读数超过了 3.0E-07，则相关探头需要返工，重新检查，重新试验，直到通过了个体接头试验为止。如果散热器中所有接头的最大泄漏速度都刚好低于吸入器探头的可检测限值（可接受的试验标准），那么估计每个焊缝的平均可测量泄漏速度低于 4.0E-05sccs。因此，可以满足散热器总泄漏速度要求（2.0E-02sccs）。

每个在轨可更换单元还进行一次氨气压降试验，并使用氨气加压到 500psig，其时间约为 7 天（针对每个独立的流体路径）。在本试验过程中，因为对快速分断装置试验有限制，所以没有安装氨气快速分断装置，不过此试验包括所有其他流体系统。在试验的任何飞行单元中，始终没有检测到特征氨气，也没有激活试验室氨气检测报警系统。

考虑到在制造过程中在轨可更换单元上所有焊缝的可检测能力，以及递增制造泄漏试验，表明散热器在轨可更换单元上的焊缝足以防止泄漏。

## PG1-260

项目：
软管旋转联轴器在轨可更换单元（FHRC）　　部件号 5839202-501
SSP 41172 要求：
4.1.1 节，组件/元器件原型飞行试验。

如果没有专用鉴定试验件，所有生产件都预期用于飞行，那么试验内容应相同。为此，要求所有流体或推进设备（包括软管旋转联轴器在轨可更换单元）都根据 4.1.1 节的要求进行原型飞行热循环试验。

例外情况：
软管转动联轴器在轨可更换单元不应进行原型飞行热循环试验。
依据：

软管转动联轴器在轨可更换单元（序列号 1001 和 1002）在软管转动联轴器在轨可更换单元组件级进行了热循环试验，并在散热器旋转接头组件级进行了热真空试验。此设计、开发、试验和评估（DDT&E）试验方案以前是通过例外情况附录 A：PG1-07 批准的。因为备用软管转动联轴器（序列号 1003 和 1004）没有散热器旋转接头值热真空试验，所以为软管转动联轴器在轨可更换单元级试验计划增加了一次原型飞行热真空试验。未来任何软管转动联轴器在轨可更换单元的热真空试验都应在软管转动联轴器组件级进行。

进行热循环试验的目的是筛选电气和电子元器件的潜在制造缺陷。在软管转动联轴器在轨可更换单元中考虑的唯一电子部件在霍尼韦尔制造和试验的动力/数据传输组件（PDTA）内。动力/数据传输组件元器件在比当前软管转动联轴器试验计划更大的操作温度范围内进行验收热循环试验（在动力/数据传输组件值下的范围为-55℉～150℉，在软管转动联轴器值下的范围为-55℉～105℉）。此动力/数据传输组件值验收热循环试验符合 SSP 41172 试验要求，并且足以对软管转动联轴器电子部件进行工艺筛选。在组件的软管转动联轴器在轨可更换单元级进行热循环试验，对提升工艺筛选效果几乎没有作用，从技术角度来看，在此数值下进行试验，会影响计划成本和日程，所以没有必要进行此试验。在软管转动联轴器在轨可更换单元组件级进行热真空试验，就足以确保在轨可更换单元组件能够在相关温度极值下满足功能要求。

## PG1-261

项目：

散热器束阀门模块（RBVM） 部件号 1F28980（霍尼韦尔 部件号 3750098）

SSP 41172 要求：

3.1.6 节，压力试验（元器件验收）。

3.1.6.3 节，试验量级，所有要求。

例外情况：

不需要通过试验对内部散热器束阀门模块球阀进行验收耐压验证。

依据：

根据规格控制图纸 1F28980，散热器束阀门模块最大操作压力为 500psi。飞行单元在轨可更换单元在[（800-0）～（800+40）]psi 条件下进行了耐压试验，以便根据 SSP 41172 和 SSP 30559 要求提供 1.5 的安全系数。不过，根据一个散热器束阀门模块功能配置审查/物理配置审查问题进行的后续分析和试验结果确定：在 500psi 的管路压力下，散热器束阀门模块 2-左舷和 3-左舷阀门腔能达到 950psi 的压力，轴封腔压力可以达到 1620psi。因此，在这些位置，阀门没有在所需的安全系数下进行耐压试验。

当散热器束阀门模块入口氨气管路压力为 500psi 时，因为流体被捕获在阀门的球体密封之间，然后产生热瞬态，所以 2-左舷和 3-左舷散热器束阀门模块阀门的阀门腔将出现 950psi 的最大操作压力。另外，每个阀门的两个轴封都可能有类似的流体捕获。假设在这两个轴封之间有一些泄漏（在计算过程中使用飞行单元验收试验流程过程中测量的最小泄漏值进行分析），则将达到 1620psi 的最大操作压力。因为任何飞行单元都没有在此瞬态条件下进行安全系数为 1.5 的耐压试验，所以对鉴定单元进行了一次爆裂试验，以便降低风险，试验过程中向阀门腔施加相关压力（压力不能直接施加到轴封之间的区域）。

使此鉴定单元达到试验设备所限定的 5000psi 内部阀门流体压力，并保持 5min。在该单元释放压力之后，发现出现了永久变形，腔体和端口壁鼓起来。不过，没有流体从阀门的轴封中流出来。

阀门外壳材料的结构分析表明：虽然屈服强度较低，但是阀门的极限压力能力允许在发生任何断裂之前逐渐积累变形效果。通过在确定的 5000psi 值下设置极限强度，以及根据外壳材料屈服强度按比例推算极限强度确定：从耐压角度来看，试验结果可以证明阀门的设计操作能力可达 1187psi。对于主阀门腔来说，此数值超过了确定的 950psi 最大操作压力，因而说明此设计能够承受这些阀门腔的压力。

与此类似，对于轴封区，进行了一次结构分析，以确定其防爆和耐压功能。因为相同的机械属性也适用于外壳，所以确定屈服强度为限值因素。不过，因为阀门外壳在轴封区周围很结实，所以通过分析计算得到：此阀门区能够在超过 5700psi 的最大压力下操作（根据屈服强度）。这超过了计算的阀门轴封区 1620psi 最大操作压力。因此，阀门的强度能够承受这些压力。

因此，散热器束阀门模块可以不在计划要求的位置进行验收耐压试验。

## PG1-262

项目：

散热器束阀门模块（RBVM）　　　部件号 1F28980（霍尼韦尔　　部件号 3750098）

SSP 41172 要求：

2.2.11 节，泄漏试验（元器件鉴定）。

2.2.11.3 节，试验量级和持续时间。所有要求。

例外情况：

不应在元器件加压到最大操作压力的情况下对内部散热器束阀门模块球阀进行鉴定泄漏验证。

依据：

根据规格控制图纸 1F28980，散热器束阀门模块最大操作压力为 500psia。飞行单元组件在较低级别下进行了压力为 500psia 的泄漏试验，并根据 SSP 41172 的要求在验收试验流程过程中进行了压力为 ［（450-10）～（450+20）］psia 的试验。不过，根据一个散热器束阀门模块功能配置审查/物理配置审查问题进行的后续分析和试验结果确定：在 500psi 的管路压力下，在散热器束阀门模块 2-左舷和 3-左舷阀门腔中的热瞬态会导致 950psi 的压力，轴封腔会达到 1620psi 的压力。因此，在这些位置，阀门没有在所需压力下进行泄漏试验。

在主阀门腔中，流体压力的增加会导致球体密封接口压力下降，从而倾向于增加反向泄漏，这是在此条件下希望出现的效果。对于供气管路中的 3-左舷阀门，这种上升的腔体压力会导致通风孔密封的接口压力增加，从而倾向于减少其面向太空真空的泄漏，最大限度减少此轴封压力增加所导致的泄漏问题。球体密封反向泄漏增加的效果是限制了阀门腔达到的最大压力，通过鉴定单元的试验可以验证。此试验为 4 个球阀上的反向加压泄漏试验，它表明：在 450psid 的最大反向压力差下，个体球体密封会在 1.0E-1sccs 氨气的速度下泄漏。在 500psi 的最大操作压力下，这会在阀门内产生新的 950psi 最大压力。注意在两个球体密封并联的情况下，在反向的最弱密封将是控制最大腔压力的密封。因为这种情况会在球体密封上形成一个反向压力差，并且它们仅在正向进行了泄漏试验，所以在进行反向压力循环之后，关于其正向泄漏特征的可用数据很少。经过球体密封的额外正向泄漏不会影响系统操作性能，额外密封泄漏导致系统损失氨气的概率也很小。确定的方法是检查各阀门位置上必须增加泄漏量才能发现损失氨气（超过规格）的轴封的数量。另外，根据轴封供应商的说明，轴封将经历的压力差循环不太可能改变其正向密封泄漏能力。

在轴封腔内 1620psi 最大压力的作用下，会因为热瞬态而导致每个阀门中串联的两个轴封之间聚集压力。通过分析来确定此压力值，在推导过程中还假设存在面向球体阀门腔的反向泄漏，以及面向散热器束阀门模块在轨可更换单元内部区的外部泄漏。应注意：在飞行单元上不能试验这种情况，因为无法在预期操作模式下接触压力轴封腔区并检查泄漏。在轴封腔压力升高的情况下，会倾向于降低主轴封的密封能力，因为它会反向泄压；同时增加辅助轴封真空太空真空的密封能力。在不通过试验了解轴封腔压力的情况下，就无法了解轴封在接触预期压力差后的泄漏特征。当然，根据轴封供应商的说明，轴封要经历的压力差循环不太可能改变正向密封泄漏能力。因此，在最坏情况下，压力聚集所产生的影响是增加超标的外部氨气泄漏。如果外部泄漏增加，除了氨气存量损失速度超过预期以外，不会影响系统操作。

因此，散热器束阀门模块可以不按照 SSP 41172 要求在阀门腔内进行最大操作压力下的鉴定泄漏试验。

## PG1-263

项目：

散热器束阀门模块（RBVM）　　　部件号 1F28980（霍尼韦尔　　部件号 3750098）

SSP 41172 要求：

3.1.7 节，泄漏试验（元器件验收）。

3.1.7.3 节，试验量级和持续时间。所有要求。

例外情况：

不应在最大操作压力下对内部散热器束阀门模块球阀进行元器件加压的验收泄漏验证。

依据：

根据规格控制图纸 1F28980，散热器束阀门模块最大操作压力为 500psia。飞行单元组件在较低级别下进行了压力为 500psia 的泄漏试验，并根据 SSP 41172 的要求在验收试验流程过程中进行了压力为 [（450-10）～（450+20）] psia 的试验。不过，根据一个散热器束阀门模块功能配置审查/物理配置审查问题进行的后续分析和试验结果确定：在 500psi 的管路压力下，在散热器束阀门模块 2-左舷和 3-左舷阀门腔中的热瞬态会导致 950psi 的压力，轴封腔会达到 1620psi 的压力。因此，在这些位置，阀门没有在所需压力下进行泄漏试验。

在主阀门腔中，流体压力的增加会导致球体密封接口压力下降，从而倾向于增加反向泄漏，这是在此条件下希望出现的效果。对于供气管路中的 3-左舷阀门，这种上升的腔体压力会导致通风孔密封的接口压力增加，从而倾向于减少其面向太空真空的泄漏，最大限度减少此轴封压力增加所导致的泄漏问题。球体密封反向泄漏增加的效果是限制了阀门腔达到的最大压力，通过鉴定单元的试验可以验证。此试验为 4 个球阀上的反向加压泄漏试验，它表明：在 450psid 的最大反向压力差下，个体球体密封会在 1.0E-1sccs 氦气的速度下泄漏。在 500psi 的最大操作压力下，这会在阀门内产生新的 950psi 最大压力。注意在两个球体密封并联的情况下，在反向的最弱密封将是控制最大腔压力的密封。因为这种情况会在球体密封上形成一个反向压力差，并且它们仅在正向进行了泄漏试验，所以在进行反向压力循环之后，关于其正向泄漏特征的可用数据很少。经过球体密封的额外正向泄漏不会影响系统操作性能，额外密封泄漏导致系统损失氦气的概率也很小。确定的方法是检查各阀门位置上必须增加泄漏量才能发现损失氦气（超过规格）的轴封的数量。另外，根据轴封供应商的说明，轴封将经历的压力差循环不太可能改变其正向密封泄漏能力。

在轴封腔内 1620psi 最大压力的作用下，会因为热瞬态而导致每个阀门中串联的两个轴封之间聚集压力。通过分析来确定此压力值，在推导过程中还假设存在面向球体阀门腔的反向泄漏，以及面向散热器束阀门模块在轨可更换单元内部区的外部泄漏。应注意：在飞行单元上不能试验这种情况，因为无法在预期操作模式下接触压力轴封腔区并检查泄漏。在轴封腔压力升高的情况下，会倾向于降低主轴封的密封能力，因为它会反向泄压；同时增加辅助轴封真空太空真空的密封能力。在不通过试验了解轴封腔压力的情况下，就无法了解轴封在接触预期压力差后的泄漏特征。当然，根据轴封供应商的说明，轴封要经历的压力差循环不太可能改变正向密封泄漏能力。因此，在最坏情况下，压力聚集所产生的影响是增加超标的外部氦气泄漏。如果外部泄漏增加，除了氦气存量损失速度超过预期以外，不会影响系统操作。

因此，散热器束阀门模块可以不按照 SSP 41172 要求在阀门腔内进行最大操作压力下的鉴定泄漏试验。

## PG1-264

项目：

氮气储箱　　部件号 1F96201

SSP 41172 要求：

2.2.11 节，泄漏试验（元器件鉴定）。

2.2.11.3 节，试验量级和持续时间。

应在 0.001Torr（0.133Pa）或更低的外部耐压条件下进行试验，试验时间至少为 4h（对于在轨道操作多日的设备）。

例外情况：

氮气储箱鉴定外部泄漏试验每次进行 30min。

依据：

储箱是一个焊接组件（采用复合外层编织结构提升强度），不包含可发生泄漏的密封件。进行的泄漏试验旨在验证储箱中焊缝的完整性，并在真空室中进行试验。规格要求（1F96201 3.2.1.2 节）在 3000psid 条件下不超过 1E-06sccs 的氦气。使用 3000psig 的氦气给储箱加压，并将真空室泄压到 1E-04torr。在鉴定试验过程中进行 3 次外部泄漏试验（在加压体积耐压、随机振动和压力循环之后），每次试验 30min。在 SSP 41172　2.2.11.2 节中，要求在开始和完成元器件鉴定热和振动之前和之后进行泄漏检查。记录的稳定读数为 3.2E-09sccs 的氦气。

30min 的试验时间足够长，因为通过焊缝的泄漏是在短时间内发生的（无可渗透的密封件）。在试验中监控氦气质谱仪泄漏检测器 30min，以检测泄漏。因此在验证了密封件（焊缝）完整性的情况下，可以满足 SSP 41172 的要求（参考 2.2.11.3 节中"试验时间都应足够长，以便检测任何超标泄漏"）。

研究发现：使用相同制造方法生产的类似储箱的比较泄漏速度与林肯复合材料公司生产的国际空间站储箱类似。在制造过程中用来加工储箱的方法导致纤维缠绕储箱出现裂纹，而通过纤维包裹处理，使渗透性不再成为一个问题，因为泄漏很快就能被检测到。在具有类似设计的储箱中出现的泄漏被迅速检测到。另外，虽然泄漏试验持续时间为 30min 以便达到 3000psig 氦气的泄漏检查压力，但是储箱加压过程持续几小时，以便能在加压过程中让氦气冷却下来。因此，储箱经历加压气体的时间比 30min 长得多，从而为发生实际泄漏提供了更多的时间。

## PG1-265

项目：

氮气储箱　　部件号 1F96201

SSP 41172 要求：

3.1.7 节，泄漏试验（元器件验收）。

3.1.7.3 节，试验量级和持续时间。

应在 0.001Torr（0.133Pa）或更低的外部耐压条件下进行试验，试验时间至少为 4h（对于在轨道操作多日的设备）。

例外情况：

氮气储箱验收外部泄漏试验进行 30min。

依据：

储箱是一个焊接组件（采用复合外层编织结构提升强度），不包含可发生泄漏的密封件。进行的泄漏试验旨在验证储箱中焊缝的完整性，并在真空室中进行试验。规格要求（1F96201 3.2.1.2 节）在 3000psid 条件下不超过 1E-06sccs 的氦气。使用 3000psig 的氦气给储箱加压，并将真空室泄压到 1E-04torr。在鉴定试验过程中进行 30min 的外部泄漏试验。记录的稳定读数为 8E-08sccs 的氦气。

30min 的试验时间足够长，因为通过焊缝的泄漏是在短时间内发生的（无可渗透的密封件）。在试验中监控氦气质谱仪泄漏检测器 30min，以检测泄漏。因此在验证了密封件（焊缝）完整性的情况下，可以满足 SSP 41172 的要求（参考 2.2.11.3 节中"试验时间都应足够长，以便检测任何超标泄漏"）。

研究发现：使用相同制造方法生产的类似储箱的比较泄漏速度与林肯复合材料公司生产的国际空间站储箱类似。在制造过程中用来加工储箱的方法导致纤维缠绕储箱出现裂纹，而通过纤维包裹处理，使渗透性不再成为一个问题，因为泄漏很快就能被检测到。在具有类似设计的储箱中出现的泄漏被迅速检测到。另外，虽然泄漏试验持续时间为 30min 以便达到 3000psig 氦气的泄漏检查压力，但是储箱加压过程持续几小时，以便能在加压过程中让氦气冷却下来。因此，储箱经历加压气体的时间比 30min 长得多，从而为发生实际泄漏提供了更多的时间。

## PG1-266

项目：

氮气储箱在轨可更换单元　　部件号 1F96000

SSP 41172 要求：

2.2.11 节，泄漏试验（元器件鉴定）。

2.2.11.2 节，试验说明。

采用的试验方法的灵敏度和精度应符合指定的最大允许泄漏速度。

例外情况：

不应通过试验来验证氮气储箱在轨可更换单元规格泄漏要求。

依据：

使用检测器探头（"吸入"）技术来进行在轨可更换单元泄漏试验。不过，测器探头没有进行校准。此外，采用检测器探头技术，只能通过定性方式说明被探测位置的泄漏情况，无法量化验证相关开发规范中定义的总在轨可更换单元泄漏。另外，在在轨可更换单元制造/组件所包含的总计 28 个焊缝中，有 2 个焊缝只能接触 75%。不过，这些焊缝位于通风管路上，不需要检查泄漏。所有焊缝都通过耐压试验来验证结构完整性。

氮气储箱在轨可更换单元的鉴定外部泄漏试验旨在验证在轨可更换单元组件的设计完整性。氮气储箱在轨可更换单元是一个焊接组件，除了快速分断装置以外，不包含能被渗透的密封件，而这些快速分断装置进行了大量的元器件级试验。这些元器件在组装到在轨可更换单元之前，进行了可接受的元器件级泄漏试验，因此只需要对在轨可更换单元焊缝进行试验。这些焊缝为轨道管焊缝，由专业焊接人员按照严格的焊接计划制作。经验表明：出现"坏"焊缝的几率很低，如果存在此类焊缝，则会有明显的整体泄漏。因此，氮气储箱在轨可更换单元出现任何明显泄漏的风险较低。

将在轨可更换单元的高压侧加压到 3000psia，低压侧加压到 390psia。在组装在轨可更换单元过程中制作的每个管焊缝（除了通风管路外）都进行泄漏试验。根据所有管道焊缝和元器件泄漏的总和来判断是否通过试验。在鉴定试验计划过程中，在耐压、声和热真空试验之后对在轨可更换单元进行泄漏试验。

## PG1-267

项目：

氮气储箱在轨可更换单元　　　部件号 1F96000

SSP 41172 要求：

3.1.7 节，泄漏试验（元器件验收）。

3.1.7.2 节，试验说明。

采用的试验方法的灵敏度和精度应符合指定的最大允许泄漏速度。

例外情况：

不应通过试验来验证氮气储箱在轨可更换单元规格泄漏要求。

依据：

使用检测器探头（"吸入"）技术来进行在轨可更换单元泄漏试验。不过，测器探头没有进行校准。此外，采用检测器探头技术，只能通过定性方式说明被探测位置的泄漏情况，无法量化验证相关开发规范中定义的总在轨可更换单元泄漏。另外，在在轨可更换单元制造/组件所包含的总计 28 个焊缝中，有 2 个焊缝只能接触 75%。不过，这些焊缝位于通风管路上，不需要检查泄漏。所有焊缝都通过耐压试验来验证结构完整性。

氮气储箱在轨可更换单元的外部泄漏试验旨在验证在轨可更换单元组件的工艺。氮气储箱在轨可更换单元是一个焊接组件，除了快速分断装置以外，不包含能被渗透的密封件，而这些快速分断装置进行了大量的元器件级试验。这些元器件在组装到在轨可更换单元之前，进行了可接受的元器件级泄漏试验，因此只需要对在轨可更换单元焊缝进行试验。这些焊缝为轨道管焊缝，由专业焊接人员按照严格的焊接计划制作。经验表明：出现"坏"焊缝的几率很低，如果存在此类焊缝，则会有明显的整体泄漏。因此，氮气储箱在轨可更换单元出现任何明显泄漏的风险较低。

前两个飞行单元在多构件集成试验中进行了试验，并没有发现这些单元在试验过程中有可测量的氮气泄漏。剩余单元将通过下文所述的改良检测器校准和泄漏检测技术进行试验。

在泄漏试验流程中，采用一个已知泄漏速度等于或小于 1.5E-05sccs 氮气的泄漏源。这样就可以将每个氮气储箱组件试验点的泄漏速度与一个已知的标准基线泄漏速度进行比较。将在轨可更换单元在高压侧加压到 3000psia，在低压侧加压到 390psia。在组装在轨可更换单元过程中制作的每个管焊缝（除了通风管路外）都进行泄漏试验。根据每个管焊缝的泄漏测量值来判断是否通过试验（此前是通过所有管件焊缝和元器件泄漏的总和来判断是否通过试验）。另外，在修改后的方案中，还要求探头在每个在轨可更换单元试验点上都以相同的速度和距离运动（与在校准过程中探头在校准毛细泄漏源上的运动方式一样）。

## PG1-268

项目：

气体压力调节器阀门　　　部件号 1F40058

SSP 41172 要求：

2.2.11 节，泄漏试验（元器件鉴定）。

2.2.11.2 节，试验说明。

采用的试验方法的灵敏度和精度应符合指定的元器件最大允许泄漏速度。

2.2.11.3 节，试验量级和持续时间。

应在 0.001Torr（0.133Pa）或更低的外部耐压条件下进行试验，试验时间至少为 4h（对于在轨道操作多日的设备）。

例外情况：

气体压力调节器阀门鉴定外部泄漏试验每次进行 30min。

进行了 5min 的气体压力调节器阀口泄漏试验（入口到出口，通风孔和放气口）。

依据：

气体压力调节器阀门是一个全密封组件，不包含可发生泄漏的密封件。对于外部泄漏试验，入口、出口和通风孔加压，放气口被盖住。在此试验中不检验密封件。进行的外部泄漏试验旨在验证储箱中焊缝的完整性，并在真空室中进行试验。规格要求（1F40058 3.2.1.4 节）在 3000psid 条件下不超过 1E-06sccs 的氦气。使用 3000psig 的氦气给储箱加压，并将真空室泄压到 1E-04torr。在鉴定试验过程中进行 3 次外部泄漏试验，每次 30min。

30min 的试验时间足够长，因为通过焊缝的泄漏是在短时间内发生的（无可渗透的密封件）。在试验中监控氦气质谱仪泄漏检测器 30min，以检测泄漏。因此在验证了密封件（焊缝）完整性的情况下，可以满足 SSP 41172 的要求（参考 2.2.11.3 节中"试验时间都应足够长，以便检测任何超标泄漏"）。

在鉴定试验过程中，进行 10 次端口泄漏试验，其中包括在冲击，振动和阀门启动之后以及在热循环过程中进行的几次试验。规格要求（1F40058 3.2.1.4 节）通风孔和放气口不大于 2E-04sccs 的氦气，氦气入口到出口不大于 2E-03sccs 的氦气。这些试验每次 5min。在鉴定计划过程中测量的最大泄漏速度约为 1.8E-06sccs 的氦气。开发泄漏试验是在计划早期由联信公司进行的，其目的是验证阀座泄漏情况。在试验中选择了具有低泄漏特征的 Vespel 阀座。通过分析认为：5min 的时间足以达到稳定的泄漏速度。持续时间足够长，能够证明没有明显的泄漏问题。因此达到了 SSP 41172 的要求（参考 2.2.11.3 节中"试验时间都应足够长，以便检测任何超标泄漏"）。

在轨道上，在启动了主动热控制系统后，会在一侧将气体压力调节器阀门与氮气储箱隔离，在另外一侧与氦气储箱隔离。即使泄漏值比指定的气体压力调节器阀门通风孔和放气口高一个量级，也只会失去少量氮气。

## PG1-269

项目：

气体压力调节器阀门　　　部件号 1F40058

SSP 41172 要求：

3.1.7 节，泄漏试验（元器件验收）。

3.1.7.2 节，试验说明。

采用的试验方法的灵敏度和精度应符合指定的元器件最大允许泄漏速度。

3.1.7.3 节，试验量级和持续时间。

应在 0.001Torr（0.133Pa）或更低的外部耐压条件下进行试验，试验时间至少为 4h（对于在轨道操作多日的设备）。

例外情况：

气体压力调节器阀门验收外部泄漏试验每次进行 30min。

进行了 5min 的气体压力调节器阀口泄漏试验（入口到出口，通风孔和放气口）。

依据：

气体压力调节器阀门是一个全密封组件，不包含可发生泄漏的密封件。对于外部泄漏试验，入口、出口和通风孔加压，放气口被盖住。在此试验中不检验密封件。进行的外部泄漏试验旨在验证储箱中焊缝的完整性，并在真空室中进行试验。规格要求（1F40058 3.2.1.4 节）在 3000psid 条件下不超过 1E-06sccs 的氦气。使用 3000psig 的氦气给储箱加压，并将真空室泄压到 1E-04 torr。在验收试验过程中进行 2 次外部泄漏试验，分别在进行耐压和最终试验之后，每次 30min。飞行单元序列号 103 记录的稳定读数低于 3.2E-07sccs 的氦气。

30min 的试验时间足够长，因为通过焊缝的泄漏是在短时间内发生的（无可渗透的密封件）。在试验中监控氦气质谱仪泄漏检测器 30min，以检测泄漏。因此在验证了密封件（焊缝）完整性的情况下，可以满足 SSP 41172 的要求（参考 3.1.7.3 节中"试验时间都应足够长，以便检测任何超标泄漏"）。

在验收试验过程中、随机振动和热循环试验之前和之后，以及试验结束时进行若干次端口泄漏试验。规格要求（1F40058 3.2.1.4 节）通风孔和放气口不大于 2E-04sccs 的氦气，氦气入口到出口不大于 2E-03sccs 的氦气。飞行单元序列号 103 的最终泄漏读数分别是 4.2E-07sccs、3.8E-07sccs 和 2.4E-04sccs 的氦气。这些试验每次 5min。开发泄漏试验是在计划早期由联信公司进行的，其目的是验证阀座泄漏情况。在试验中选择了具有低泄漏特征的 Vespel 阀座。通过分析认为：5min 的时间足以达到稳定的泄漏速度。持续时间足够长，能够证明没有明显的泄漏问题。因此达到了 SSP 41172 的要求（参考 3.1.7.3 节中"试验时间都应足够长，以便检测任何超标泄漏"）。

在轨道上，在启动了主动热控制系统后，会在一侧将气体压力调节器阀门与氮气储箱隔离，在另外一侧与氦气储箱隔离。即使泄漏值比指定的气体压力调节器阀门通风孔和放气口高一个量级，也只会失去少量氮气。

## PG1-270

项目：

非加压载货结构连接系统（UCCAS）　　部件号 1F70156-1（铰链）

有效载荷被动连接系统（PAS）　　部件号 1F70157-1（铰链）

SSP 41172 要求：

2.2.2 节，热真空试验（元器件鉴定）。

2.2.2.3 节，试验量级和持续时间。所有要求。

例外情况：

UCCAS 和被动连接系统机械组件的铰链不进行鉴定热真空试验。

依据：

UCCAS 和被动连接系统机械组件的铰链不进行鉴定热真空试验。会用热分析来代替此试验。铰链是一个简单的铰接结构，允许 UCCAS 和被动连接系统平台在展开过程中旋转。在组装过程中，UCCAS 和被动连接系统结构组件彼此间以及相对铰链居中。因此，在环境温度，可以达到标称位置，并且没有明显的公差。在组装过程中，在每个 UCCAS/被动连接系统平台在收起和展开位置之间连接完毕以后，可以验证组件在环境温度下的转动。

对系统进行了一次详细的热分析（在备忘录 A3-J092-AAM-M-0100764 的版本 A 中记录），以确定系统是否能够在-140℉到160℉的温度环境下展开。热分析结果表明：在最大螺栓与最小孔尺寸（分别相对轭架/平台和平台/纵梁铰链）的极值公差范围内，至少存在 0.001 到 0.005in 的净直径间隙。因为螺栓和相连套管是用兼容或相同材料制造的，所以热效应很小。在轴向上，这些铰链在极值公差范围内的最小间隙为 0.068～0.005in。因为元器件是用兼容或相同材料制造的，所以热效应同样很小。因为两个铰链之间存在失配，所以还存在一个 0.032in 的正间隙。

不进行鉴定热真空试验是可以接受的，因为相关分析表明：UCCAS 和被动连接系统平台可以在-140℉到160℉的鉴定热范围内展开，其铰链转动点具有正直径和轴向间隙。另外，根据已建造设备的数据，在环境温度下，组件的轴向间隙和所需展开规格具有额外的裕度，从而进一步显著降低了风险。

## PG1-271

项目：

在轨固定装置　　部件号 1F82080-1（左侧）和 1F82088-1（右侧）

SSP 41172 要求：

4.1.1 节，组件/元器件原型飞行试验。

在要用于后续飞行的组件上进行组件/元器件鉴定试验时，试验内容应相同。为此，需要进行原型飞行功能、热真空和随机振动试验。

例外情况：

在轨固定装置将不进行原型飞行功能、热真空或随机振动试验。

依据：

在轨固定装置是一个"简单"的活动机械组件，包括 9 个紧固舱外活动螺栓和 1 个在轨可调接口。已经通过与所有最坏情况环境操作要求相关的保守热膨胀和收缩、强度和公差分析验证了设计裕度。

通过采用硬件验证、分析和检查的全面验证方案，确定性能并筛选工艺缺陷。其中包括：

（1）强度和振动-声分析，其安全系数为 2.0（在 MDC02H0987 中记录）；

（2）针对匹配和功能的在轨环境综合机械和热公差分析（在 MDC02H1009 中记录）；

（3）对已制造设备性能关键因素的检查（在分析报告 MDC02H1009 中使用）；

（4）针对 4 个在轨固定装置中的两个与 MDC02H0999 中所述的 ITS P1 飞行构件的匹配检查。

## PG1-272

项目：

可调抓杆　　部件号 1F82020-1

SSP 41172 要求：

4.1.1 节，组件/元器件原型飞行试验。

在要用于后续飞行的组件上进行组件/元器件鉴定试验时，试验内容应相同。为此，需要进行原型飞行功能、热真空和随机振动试验。

例外情况：

可调抓杆将不进行原型飞行功能、热真空或随机振动试验。

依据：

可调抓杆是一个"简单"的活动机械组件，包括一个滑动支柱、柱塞锁定销和单舱外活动螺栓（用来在安装到在轨可更换单元情况下控制间隙）。已经通过与所有最坏情况环境操作要求相关的保守热膨胀和收缩、强度和公差分析验证了设计裕度。

通过采用硬件验证、分析和检查的全面验证方案，确定性能并筛选工艺缺陷。其中包括：

（1）强度和振动-声分析，其安全系数为 2.0（在 MDC02H0987 中记录）；

（2）针对匹配和功能的在轨环境综合机械和热公差分析（在 MDC02H1004 中记录）；

（3）对已制造设备性能关键因素的检查；

（4）针对 MDC02H1000 和 MDC02H1001 中所述的每个在轨可更换单元（使用可调抓杆实现在轨平移）的一个备件的可调抓杆匹配检查。

# 附录 B　PG-2 批准的例外情况

下面给出了第二产品组所采用的本手册例外情况。本手册的例外情况不以任何方式免除承包商的如下责任：证明相关规格符合 1.3.2 节的要求。

## PG2-02a

项目：
PG-2 硬件的结构认证
SSP 41172 要求：
结构试验。
变化：
DDP-145 元器件验收试验。
依据：
DDP-145。

## PG2-02b

项目：
原型飞行 Beta 万向节组件鉴定单元
SSP 41172 要求：
原型飞行试验。
变化：
DDP-146。
依据：
DDP-146。

## PG2-02d

项目：
远程动力控制模块（RPCM）的鉴定试验
SSP 41172 要求：
鉴定试验。
变化：
删除远程动力控制模块的两个鉴定试验。
依据：
DDP-172。

## PG2-02e

项目：

翼部 3～8 的功能试验

SSP 41172 要求：

验收试验。

变化：

减少翼部 3～8 的功能试验。

依据：

DDP-173。

## PG2-02f

项目：

翼部 3～8 的功能试验

SSP 41172 要求：

验收试验。

变化：

删除翼部 3～8 的热真空试验。

依据：

DDP-174。

## PG2-03

项目：

洛克达因散热器

SSP 41172 要求：

表 3-1，元器件验收试验。随机振动。

变化：

放弃洛克达因散热器的振动验收试验。

依据：

最初由美国航空航天局空间站自由计划批准。根据表 3-1 的注（9），放弃洛克达因散热器的振动验收试验。

## PG2-06

项目：

散热器部件号 RE1894

SSP 41172 要求：

2.2.2 节，热真空试验（元器件鉴定）。

2.2.3 节，热循环试验（元器件鉴定）。

例外情况：

在鉴定热真空和热循环试验过程中，散热器超过验收热试验的热裕度可能不到 20℉。

依据：

因为包含流体的项目可能会遇到冷冻条件，所以在鉴定试验过程中可能无法实现 20℉ 的裕度。

## PG2-08

项目：

泵流速控制系统

SSP 41172 要求：

2.2.5.4 节，补充要求。

3.1.4.4 节，补充要求。

变化：

在鉴定和验收随机振动试验过程中，泵流速控制系统电气和电子部件将不会加电和监控。

依据：

在泵流速控制系统内的电子箱会在分离随机振动试验过程中进行加电和监控。

## PG2-09

（此例外情况已经被 **PG2-89** 取代）

项目：

洛克达因散热器

SSP 41172 要求：

2.2.2 节，热真空试验（元器件鉴定）。

2.2.3 节，热循环试验（元器件鉴定）。

3.1.2 节，热真空试验（元器件验收）。

图 2-1，元器件热/真空鉴定试验。

变化：

整个洛克达因散热器将不进行热真空（T/V）和热循环（T/C）。

依据：

整个洛克达因散热器将不进行热真空和热循环试验。在进行热试验时，流体将通过散热器流动。

## PG2-11

项目：

Beta 万向节轴承/电机辊环模块（BMRRM）

SSP 41172 要求：

表 3-1，元器件验收试验。活动机械组件的热真空和电气/电子组件。

变化：

Beta 万向节轴承/电机辊环模块单元 3～8 将不进行热真空验收试验。轴承/电机辊环模块不包含任何印刷电路板或传统电子部件，只有连接器和电缆。

依据：

轴承/电机辊环模块活动部件没有严格公差，可以进行有效的检查。电气部件进行元器件级环境试验。

## PG2-13

项目：

Beta 万向节组件

SSP 41172 要求：

2.3.1.4 节，补充要求（在草案 SSP 41172 中用红线标出）。

4.1 节，用于飞行的鉴定组件（原型飞行）的使用。

变化：

因为 Beta 万向节进行除结构试验以外的全面鉴定，所以后续飞行单元将不进行结构原型飞行试验，并被视为通过初步鉴定试验达到鉴定效果。

依据：

DDP 146 原型飞行 Beta 万向节组件鉴定单元的 Beta 万向节将根据 SSP 30559 进行原型飞行静力结构试验。所有其他环境试验都将采用全鉴定试验值，后续飞行单元将不进行原型飞行结构试验。

## PG2-14

项目：

集成设备组件

SSP 41172 要求：

2.3.1.4 节，补充要求（在草案 SSP 41172 中用红线标出）。

4.1 节，用于飞行的鉴定组件（原型飞行）的使用。

变化：

因为集成设备组件进行除结构试验以外的全面鉴定，所以后续飞行单元将不进行结构原型飞行试验，并被视为通过初步鉴定试验达到鉴定效果。

依据：

PG-2 硬件单元的集成设备组件 DDP 145 结构认证将根据 SSP 30559 进行原型飞行静力结构试验。所有其他环境试验都将采用全鉴定试验值，后续飞行单元将不进行原型飞行结构试验。

## PG2-15

项目：

轴承/电机辊环模块

SSP 41172 要求：

2.2.5.4 节，补充要求。

3.1.4.4 节，补充要求。

变化：

在鉴定和验收随机振动试验过程中，轴承/电机辊环模块电气部件将不进行加电和监控。

依据：

在轴承/电机辊环模块中没有电子箱。

## PG2-19

项目：

所有硬件都采用验收最小元器件随机振动工艺屏蔽试验值

SSP 41172 要求：

图 3-2，元器件随机振动工艺筛选试验量级。

变化：

可能需要根据具体情况减少 20～2000Hz 频率范围的试验量级。

依据：

在 20～2000Hz 频率范围的最小元器件随机振动工艺屏蔽试验量级过高，可能需要根据具体的情况来减低数值。根据试验固件和试验件的重量，试验设备可能难以在极值频率范围下保持控制功能。

# PG2-21

（此例外情况已经被 PG2-89 取代）

项目：

散热器

SSP 41172 要求：

表 3-1，元器件验收试验。热真空。

变化：

散热器不进行热真空验收试验。

依据：

表 3-1，元器件验收试验。热真空，注（6）。

# PG2-23

项目：

流体快速分断装置联轴器（FQDC）

SSP 41172 要求：

表 3-1，元器件验收试验。

图 3-1，元器件热/真空和热循环验收试验。

变化：

流体快速分断装置联轴器不进行验收热循环试验。

依据：

明确相关要求。

# PG2-24

项目：

流体快速分断装置联轴器

SSP 41172 要求：

3.1.2 节，热真空试验（元器件验收）。

变化：

流体快速分断装置联轴器热真空验收试验的真空和温度变化速度将比要求的速度低。

依据：

分包商的设备限制条件。

## PG2-25

项目：

蓄电池

SSP 41172 要求：

图 2-1，元器件热/真空鉴定试验。

图 3-1，元器件热/真空和热循环验收试验。

变化：

热真空和热循环不包含温度裕度。

依据：

电池限制条件。

## PG2-27

项目：

电晕监控

SSP 41172 要求：

2.2.2 节，热真空试验（元器件鉴定）。

3.1.2 节，热真空试验（元器件验收）。

变化：

假设可以调整相关试验要求（监控起弧和电晕，以及确保不出现次级发射倍增），从而采用替代技术。

依据：

在热真空试验过程中的电晕监控。明确需要调整相关要求，以避免影响重复试验和试验设备成本。

## PG2-28

项目：

太阳能电池阵列翼（SAW）

SSP 41172 要求：

2.2.12 节，电磁兼容性试验（元器件鉴定）。

变化：

应允许太阳能电池阵列翼的辐射发射超过 SSP 30237 的 RE02 要求。

依据：

电机驱动组件（MDA）效率比规格要求更高。如果要求电机驱动组件满足此要求，会导致系统效率降低。太阳能电池阵列翼位于自己的总线上。因此，它不会通过辐射影响其他系统。

## PG2-29

项目：

对电池充电/放电单元（BCDU）电池系统进行电磁兼容性鉴定

SSP 41172 要求：

表 2-1，元器件鉴定试验。

变化：

电池充电/放电单元/电池系统的电磁兼容性鉴定将通过两个工程模型（EM）电池充电/放电单元和鉴定电池在轨可更换单元来进行。

依据：

工程模型电池充电/放电单元的精度足以确保验证整体电磁干扰/电磁兼容性要求。

## PG2-30

项目：

电池热真空验收试验——3 鉴定单元和 48 飞行单元

SSP 41172 要求：

3.1.2 节，热真空试验（元器件验收）。

表 3-1，元器件验收试验。

变化：

不考虑电池在轨可更换单元 QM-02 的热真空试验（第 3 个鉴定电池在轨可更换单元到 FM-48）。

依据：

对 QM-00 和 QM-01 进行的热真空试验将证明在轨可更换单元(采用半自动功能试验和 EPI 电池单元）是否满足性能要求。在电池在轨可更换单元鉴定试验安装配置下，电池在轨可更换单元 QM-02～QM-04 将进行热真空试验。所有鉴定和飞行电池信号调节器和控制模块（BSCCM）都将在安装到电池在轨可更换单元之前进行热循环试验和热真空试验。

## PG2-31

项目：

光电散热器（PVR）

SSP 41172 要求：

鉴定和验收试验矩阵。

变化：

删除收起光电散热器在轨可更换单元的热/真空试验。这其中包括鉴定单元和 3 个飞行单元。

注：在普鲁布鲁克现今的飞行单元 1 试验过程中，将进行这些试验。

依据：

光电散热器在安装之前满足元器件级电气系统试验要求。分析普鲁布鲁克热真空试验的结果。飞行单元 1 的热循环试验将检测工艺和材料缺陷。

## PG2-32

项目：

泵流速控制系统随机振动验收试验

SSP 41172 要求：

3.1.4 节，随机振动试验（元器件验收）。

变化：

删除鉴定和飞行单元的随机振动验收试验。

依据：

同意用于全国太空运输系统的若干个汉密尔顿标准子系统不进行随机振动试验，通过跟踪检索，没有发现通过振动试验检测到不符合性能要求的工艺误差。所有电子元器件都在安装到泵流速控制系统之前进行随机振动试验。

## PG2-33

项目：

泵流速控制系统响应极限试验固件

SSP 41172 要求：

随机振动试验。

变化：

删除使用响应极限试验固件的要求。

依据：

需要试验固件（将使用陷波）。

## PG2-34

项目：

泵流速控制系统热循环验收试验

SSP 41172 要求：

热循环试验，元器件验收。

变化：

在 8 个飞行/鉴定和飞行单元所需的热循环试验中，删除 4 个。

依据：

第 1 个和第 8 个热循环是最严格的。通过这些周期和两个额外的周期，足以筛选泵流速控制系统飞行单元。

## PG2-36

项目：

太阳能电池阵列翼

SSP 41172 要求：

元器件验收试验，声振动。

变化：

太阳能电池阵列翼在翼部 1 和 2 之后将不进行声验收试验。

依据：

大多数元器件都在翼部级声学试验之前进行元器件级振动或声学试验。便于检查的结构元器件不在较低级进行试验。

## PG2-37

项目：

太阳能电池阵列翼

SSP 41172 要求：

表 3-1，元器件验收试验。注（1）。

变化：

将不在环境验收试验进行太阳能电池阵列翼桅杆/小筒功能试验。将在第一次环境试验之前以及最后一次环境试验之后进行一次功能试验。

依据：

不管在哪里出现任何损害，都将在飞行之前发现和纠正缺陷。

## PG2-38

项目：

电池热真空试验鉴定和验收

SSP 41172 要求：

2.2.2 节，热真空试验（元器件鉴定）。

3.1.2 节，热真空试验（元器件验收）。

变化：

将不达到 140℉ 变化试验和 100℉ 验收试验的鉴定要求。

依据：

鉴定试验将包括 4 个周期，其中 3 个周期将为 -13℉ ～+86℉ 的非操作试验；第 4 个周期将在 +32℉ 到 +50℉ 下进行鉴定要求。验收试验将在 +7℉ 到 +66℉ 条件下进行一个周期的试验。电池温度受电池设计的影响。

## PG2-39

项目：

太阳能电池阵列翼电机驱动组件　　　部件号 5843318

SSP 41172 要求：

2.2.2 节，热真空试验（元器件鉴定）。

2.2.2.3 节，试验量级和持续时间。

在热循环的高温部分，元器件应处于最大验收限值加上一个 20℉（11.1℃）的裕度（最高设计温度）；在热循环的低温部分，元器件应处于最小验收试验值温度减去一个 20℉（11.1℃）的裕度（最低设计温度）。

2.2.3 节，热循环试验（元器件鉴定）。

2.2.3.3 节，试验量级和持续时间。

在热循环的高温部分，元器件应处于最大验收限值加上一个 20℉（11.1℃）的裕度（最高设计温度）；在热循环的低温部分，元器件应处于最小验收试验值温度减去一个 20℉（11.1℃）的裕度（最低设计温度）。

例外情况：

太阳能电池阵列翼电机驱动组件在非操作条件下的鉴定热真空和热循环试验过程中，最低温度为-67℉。在验收试验过程中，在已试验最小非操作条件基础上的鉴定裕度为0℉。

依据：

通过如下方式，最大限度降低了缺少非操作温度验证鉴定热裕度的问题：

（1）通过大量在-65℉（操作）条件下的太空-质量电子部件鉴定试验，说明此温度值不会影响这些电子部件的性能。

（2）一个飞行精度电机驱动组件在如下条件下进行一次冷生存能力试验（参考德泰报告2990243 电机驱动组件热生存能力试验），在每个温度下，在如下条件下浸泡2个小时：

◇ 1个周期：从环境温度到-67℉；

◇ 1个周期：从环境温度到-87℉；

◇ 1个周期：从环境温度到-108℉；

◇ 6个周期：从环境温度到-128℉。

在每个周期承受这些温度极值后，飞行精度电机驱动组件通过了一次环境功能试验。另外，如果电机驱动组件电子部件出现故障，还可以通过人工舱外活动备用方法展开/收回电机驱动组件驱动的太阳能电池阵列翼装置。

## PG2-40

项目：

太阳能电池阵列翼电机驱动组件　　部件号 5843318

SSP 41172 要求：

2.2.2 节，热真空试验（元器件鉴定）。

2.2.2.3 节，试验量级和持续时间。

在热循环的高温部分，元器件应处于最大验收限值加上一个20℉（11.1℃）的裕度（最高设计温度）；在热循环的低温部分，元器件应处于最小验收试验值温度减去一个20℉（11.1℃）的裕度（最低设计温度）。

2.2.3 节，热循环试验（元器件鉴定）。

2.2.3.3 节，试验量级和持续时间。

在热循环的高温部分，元器件器应处于最大验收限值加上一个20℉（11.1℃）的裕度（最高设计温度）；在热循环的低温部分，元器件应处于最小验收试验值温度减去一个20℉（11.1℃）的裕度（最低设计温度）。

例外情况：

太阳能电池阵列翼电机驱动组件在操作条件下的鉴定热真空和热循环试验过程中，最低温度为-67℉。在验收试验过程中，在已试验最小操作条件基础上的鉴定裕度为18℉。

太阳能电池阵列翼电机驱动组件在非操作条件下的鉴定热真空和热循环试验过程中，最高温度为185℉。在验收试验过程中，在已试验最大非操作条件基础上的鉴定裕度为18℉。

太阳能电池阵列翼电机驱动组件在操作条件下的鉴定热真空和热循环试验过程中，最高温度为86℉。在验收试验过程中，在已试验最大操作条件基础上的鉴定裕度为18℉（在附录B：PG2-137 中记录）。

依据：

相关的美国航空航天局，波音和洛克希德马丁公司工程师认为：2℉的非合规鉴定裕度并不重要，尤其是考虑到电机驱动组件热试验数据。通过评估电机驱动组件热试验数据说明：有能力将试验公差控制到比 SSP 41172 所要求的 5.4℉更大的精度（一般低于 3.6℉）。这种能力（控制实际试验温度公差使其达到更严格的精度）为 18℉缩减鉴定裕度的例外情况提供了补充。

## PG2-41

项目：

太阳能电池阵列翼电机驱动组件　　部件号 5843318

SSP 41172 要求：

3.1.2 节，热真空试验（元器件验收）。

3.1.2.3 节，试验量级和持续时间。

在热循环的高温部分，元器件应处于最大验收限值；在热循环的低温部分，元器件应处于最小验收值。

例外情况：

太阳能电池阵列翼电机驱动组件在操作条件验收热真空试验的最低温度为-49℉。

依据：

太阳能电池阵列翼是根据空间站自由环境设计的，其元器件在为自由环境计算的温度范围内可以接受。国际空间站的环境比自由环境更恶劣，有若干个元器件的在轨温度都超过了其验收试验温度范围。太阳能电池阵列翼电机驱动组件预计会达到比其验收温度范围更恶劣的温度（根据空间站版本 D+分析，预期最低操作热环境温度为-80℉，最小非操作热环境温度为-94℉）。如果太阳能电池阵列翼电机驱动组件在承受在轨冷温度后无法正常操作，则会使用一个舱外活动工具来人工收缩和展开太阳能电池阵列翼。

另外，一个飞行精度电机驱动组件在如下条件下进行一次冷生存能力试验（参考德泰报告 2990243　电机驱动组件热生存能力试验），在每个温度下，在如下条件下浸泡 2 个小时：

◇ 1 个周期：从环境温度到-67℉；

◇ 1 个周期：从环境温度到-87℉；

◇ 1 个周期：从环境温度到-108℉；

◇ 6 个周期：从环境温度到-128℉。

在每个周期承受这些温度极值后，飞行精度电机驱动组件通过了一次环境功能试验。

## PG2-42

项目：

太阳能电池阵列翼电机驱动组件　　部件号 5843318

SSP 41172 要求：

3.1.3 节，热循环试验（元器件验收）。

3.1.3.3 节，试验量级和持续时间。

在热循环的高温部分，元器件应处于最大验收限值；在热循环的低温部分，元器件应处于最小验收值。

例外情况：

太阳能电池阵列翼电机驱动组件在操作条件验收热循环试验的最低温度为-49℉。

依据：

太阳能电池阵列翼是根据空间站自由环境设计的,其元器件在为自由环境计算的温度范围内可以接受。国际空间站的环境比自由环境更恶劣,有若干个元器件的在轨温度都超过了其验收试验温度范围。太阳能电池阵列翼电机驱动组件预计会达到比其验收温度范围更恶劣的温度(根据空间站版本D+分析,预期最低操作热环境温度为-80℉,最小非操作热环境温度为-94℉)。如果太阳能电池阵列翼电机驱动组件在承受在轨冷温度后无法正常操作,则会使用一个舱外活动工具来人工收缩和展开太阳能电池阵列翼。

另外,一个飞行精度电机驱动组件在如下条件下进行一次冷生存能力试验(参考德泰报告2990243 电机驱动组件热生存能力试验),在每个温度下,在如下条件下浸泡 2 个小时:

◇ 1 个周期:从环境温度到-67℉;

◇ 1 个周期:从环境温度到-87℉;

◇ 1 个周期:从环境温度到-108℉;

◇ 6 个周期:从环境温度到-128℉。

在每个周期承受这些温度极值后,飞行精度电机驱动组件通过了一次环境功能试验。

## PG2-43

项目:

太阳能电池阵列翼桅杆小筒　　　部件号 5818235　　　序列号 541FLT004、541FLT005、541FLT006、541FLT007、541FLT008、541FLT009 和 541FLT010

SSP 41172 要求:

3.1.3.3 节,试验量级和持续时间。

在热循环的高温部分,元器件应处于最大验收限值;在热循环的低温部分,元器件应处于最小验收值。

例外情况:

太阳能电池阵列翼桅杆小筒的验收热循环温度试验量级将为 142℉±5℉(热)和-92℉±5℉(冷)。

依据:

在 SSP 41172 元器件热循环验收试验中,要求元器件承受最高和最低预期操作温度。桅杆小筒是为设计空间站自由计划预期的环境温度设计的。根据新的热预测值,温度极值在自由环境的预期范围以外。桅杆小筒在自由环境的热预期温度 142℉±5℉(热)和-92℉±5℉(冷)下顺利进行了验收热循环试验。新的国际空间站热环境为 193℉±5℉(热)和-127℉±5℉(冷)。已经交付的桅杆小筒将不在国际空间站温度极值下进行元器件级验收热循环试验。

进行元器件级验收试验的主要目的是:在交付硬件或将硬件安装到更高级组件(在这些级别,故障对成本和日程的影响更大)之前,对硬件进行工艺筛选,并证明在操作环境极值下的性能可以接受。因为已经交付了一些桅杆小筒,所以如果重新进行元器件级筛选,不会有明显的效果。交付的桅杆小筒将在太阳能电池阵列 1 和 3 的翼部级原型飞行试验中承受原型飞行温度极值(最高和最低预期温度分别为±10℉裕度)。这将足以在飞行之前证明这些单元在操作环境极值条件下具有合适的工艺和性能。

桅杆小筒制造商 AEC Able 公司已经在-144℉条件下对 Bray 601 润滑油进行了试验(桅杆

滚轮热真空试验　报告号 AEC-93518R904）。该试验证明：该润滑剂功能正常，在桅杆小筒滚轮上没有发现过大的力矩、润滑脂迁移或其他不利特征。在洛克希德马丁导弹和航天公司（LMMS）的分析中，以自由环境要求（28℉）作为基础。初步总结（满足或超过）评估没有发现明显的偏离。在进行了更详细的分析之后，才发现问题。润滑剂试验只是 AEC Able 公司为了确保硬件质量而要进行的一系列评估、分析和试验内容之一。洛克希德马丁导弹和航天公司将把这些信息包含在其验证书面文件中。

AEC Able 正在新的温度（-101～+170℉）下进行软压条元器件验证。桅杆小筒飞行单元 8（序列号 541FLT011）将在国际空间站 203℉±5℉（热）和-137℉±5℉（冷）的热环境下进行原型飞行（最大和最小预期分别为±10℉裕度）试验。

## PG2-44

项目：

电池充电/放电单元　　部件号 RE1807

SSP 41172B 要求：

2.2.5 节，随机振动试验（元器件鉴定）。

2.2.5.3 节，试验量级和持续时间。所有要求。

例外情况：

电池充电/放电单元应按照如下数值进行鉴定随机振动试验：

| 频率范围（Hz） | 功率谱密度 |
| --- | --- |
| 20 | 0.02G$^2$/Hz |
| 20～45 | 3.0dB/Oct |
| 45～100 | -3.9dB/Oct |
| 100～140 | 0.016G$^2$/Hz |
| 140～200 | 13.6dB/Oct |
| 200～500 | 0.08G$^2$/Hz |
| 500～2000 | -3.8dB/Oct |
| 2000 | 0.014G$^2$/Hz |
| 复合 | 8.72grms |

依据：

具有高箱体共振的频带的输入减少，在在轨可更换单元存在衰减的频带的输入增加。在降低超过元器件结构裕度风险的同时，保持了一个合适的鉴定试验值。

## PG2-45

项目：

电池充电/放电单元　　部件号 RE1807

SSP 41172B 要求：

3.1.4 节，随机振动试验（元器件验收）。

3.1.4.3 节，试验量级和持续时间。所有要求。

例外情况：

电池充电/放电单元应按照如下数值进行验收随机振动试验：

| 频率范围（Hz） | 功率谱密度 |
|---|---|
| 20 | $0.01G^2/Hz$ |
| 20～45 | 3.0dB/Oct |
| 45～100 | −3.9dB/Oct |
| 100～140 | $0.008G^2/Hz$ |
| 140～200 | 15.5dB/Oct |
| 200～500 | $0.05G^2/Hz$ |
| 500～2000 | −4.3dB/Oct |
| 2000 | $0.007G^2/Hz$ |
| 复合 | 6.65grms |

依据：

具有高箱体共振的频带的输入减少，在在轨可更换单元存在衰减的频带的输入增加。在降低超过元器件结构裕度风险的同时，保持了一个合适的鉴定试验值。

## PG2-46

项目：

远程动力控制模块　第一类　　部件号 R077416

远程动力控制模块　第二类　　部件号 R077417

远程动力控制模块　第三类　　部件号 R077418

远程动力控制模块　第四类　　部件号 R072702

远程动力控制模块　第五类　　部件号 R077419

远程动力控制模块　第六类　　部件号 R077420

SSP 41172B 要求：

3.1.2 节，热真空试验（元器件验收）。

3.1.2.2 节，试验说明。

对于需要在上升、下降和泄压/复压过程中操作的元器件，应在首次将压力降到指定最低值的过程中进行操作并监控起弧和电晕情况。

例外情况：

在验收热真空试验过程中，远程动力控制模块将在断电和不监控电晕放电的情况下进行泄压。

依据：

已经通过物理分析［通过 1997 年 4 月 16 日的第一个飞行远程动力控制模块（第五类部件号 R077419　序列号 X751150）提供支持］确定：在标称或瞬态操作过程中，第五类远程动力控制模块不会出现电晕放电。因此，生产单元验收不需要进行专项试验。

## PG2-47

项目：

电源 A 到 E　　部件号 R075730

开关齿轮控制组件　　　部件号 R072526

电压分配器继电器驱动器组件　　部件号 R078224 和 R078226

远程动力控制模块　第一类　　部件号 R077416

远程动力控制模块　第二类　　部件号 R077417

远程动力控制模块　第三类　　部件号 R077418

远程动力控制模块　第四类　　部件号 R072702

远程动力控制模块　第五类　　部件号 R077419

远程动力控制模块　第六类　　部件号 R077420

<u>SSP 41172B 要求：</u>

3.1.8 节，老炼试验（元器件验收）。

3.1.8.3 节，试验量级和持续时间。

电子和电气元器件的总操作老炼时间应为 300h,包括在操作过程中进行的任何试验的操作时间。

<u>例外情况：</u>

应通过给定的加速老炼公式来修改元器件验收老炼试验的时间。此公式可以将室温老炼小时数与加速老炼小时数（在更高的温度下实现）结合起来，从而得到 300h 的"老炼等效时间"。

比如，对于在 115℉ 下的加速老炼，其加速因子为 5.83。因此，在 115℉ 下每小时的操作等效于在 72℉ 下 5.83h 的试验。

<u>依据：</u>

加速老炼的特征描述如下：

$$F = \exp\left[\frac{E_a}{K} \cdot \left(\frac{1}{T_a} - \frac{1}{T_{b_i}}\right)\right]$$

式中　$F$ = 加速因子

$E_a$ = 激活能量（eV）（典型值 0.3～1.2）

$K$ = 玻尔兹曼常数（8.625E-05eV/K）

$T_a$ = 正常操作过程中的设备温度（K）

$T_{b_i}$ = 老炼过程中的设备温度（K）

如果激活能量为 0.6eV（根据所用电子元器件的结构进行选择），加速老炼温度为 115℉，则得到的加速因子为 5.83。换言之，在 115℉ 下每小时的操作等效于在 72℉ 下 5.83h 的试验。

可以根据所述每项的情况调整老炼温度。

## PG2-48

<u>项目：</u>

电池在轨可更换单元　　部件号 RE1804

<u>SSP 41172 要求：</u>

3.1.4.3 节，试验量级和持续时间。

元器件随机振动试验量级和频谱应包含如下范围：在图 3-2 中给出的工艺筛选数值和频谱或由主承包商批准的筛选数值和频谱。

<u>例外情况：</u>

电池在轨可更换单元将在 3.9grms 的验收随机振动频谱下进行试验。

依据：

电池在轨可更换单元通过在轨可更换单元和模块级验收试验，对其集成元器件进行合适的工艺筛选。这其中包括 12 个周期的热循环性能验证，6 个周期的轨道额定容量试验，6 个周期的电荷保持试验、参考容量试验、在轨可更换单元级的验收随机振动筛选以及在电池信号调节器和控制模块级进行的 16 个周期的热循环性能验证和 1 个周期的热真空性能验证。

电池信号调节器和控制模块是电池在轨可更换单元基础的唯一电气/电子元器件。在此级别进行的验收随机振动筛选效果有限，因为电池信号调节器和控制模块的结构（2 个电路卡组件通过 12 个安装点固定在一个外壳上）不足以通过激励产生工艺缺陷。电池信号调节器和控制模块的故障并不会导致电池在轨可更换单元失去操作功能。电池在轨可更换单元会继续在性能下降的模式下进行操作，并丢失在轨可更换单元温度和电池压力数据。电池充电/放电单元功能会继续使用冗余电池在轨可更换单元。

## PG2-49

项目：

远程动力控制模块　第一类　　部件号 R077416

远程动力控制模块　第二类　　部件号 R077417

远程动力控制模块　第三类　　部件号 R077418

远程动力控制模块　第四类　　部件号 R072702

远程动力控制模块　第五类　　部件号 R077419

远程动力控制模块　第六类　　部件号 R077420

SSP 41172 要求：

3.1.4.3 节，试验量级和持续时间。

元器件随机振动试验量级和频谱应包含如下范围：在图 3-2 中给出的工艺筛选数值和频谱或由主承包商批准的筛选数值和频谱。

例外情况：

在 $X$ 轴和 $Y$ 轴的远程动力控制模块验收随机振动频谱不满足 SP 41172 最低工艺标准（低于 30Hz 和高于 500Hz）。通过此例外情况，可以在 $X$ 轴和 $Y$ 轴实现如下远程动力控制模块验收随机振动频谱：

| 验收（5.9grms） | |
| --- | --- |
| 20Hz | $0.00625G^2/Hz$ |
| 20～64Hz | +6.0dB/Oct |
| 64～366Hz | $0.0625G^2/Hz$ |
| 366～2000Hz | −7.5dB/Oct |
| 2000Hz | $0.0009G^2/Hz$ |

依据：

在远程动力控制模块验收随机振动频谱超过最小 SSP 41172 工艺标准的频率范围内，存在明显的远程动力控制模块响应频率。因此，远程动力控制模块进行了可接受的工艺筛选。在存在非合规情况的频率下，没有明显的远程动力控制模块响应模式。所以，未检测到工艺缺陷的风险被视为很小。

自然频率包括 150Hz、473Hz、673Hz 和 1262Hz。针对主频率和二级频率（150Hz 和 473Hz），在超过图 3-2 中所述的最低要求的情况下进行了工艺筛选。因为在剩余自然频率（673Hz 和 1262Hz）下的基本响应模式不关键，所以超过 500Hz 的能量数值为设计提供了合适的工艺筛选。

## PG2-50

项目：

电池充电/放电单元　　部件号 RE1807

SSP 41172 要求：

2.2.3.3 节，试验量级和持续时间。

变化速度应不低于每分钟 1.0℉（0.56℃）。

例外情况：

从热到冷的温度变化速度至少应为每分钟 0.4℉。

依据：

在 SSP 41172 允许的情况下，在热真空条件下完成了鉴定热循环试验。不过，飞行翅片的传导率限制了温度最大变化速度，使其不超过每分钟 0.6℉。因为温度从冷到热的变化速度超过每分钟 1℉，所以该试验方法提供了合适的工艺变化速度。高功率电路因为有自生热效应，所以其温度变化速度超过每分钟 1.6℉。另外，高功率电路从热到冷共经历了 260℉ 的温度范围，而低功耗电路经历的温度范围则为 140℉。

## PG2-51

项目：

电池充电/放电单元　　部件号 RE1807

SSP 41172 要求：

3.1.3.3 节，试验量级和持续时间。

在低温和高温之间的变化速度应不低于每分钟 1.0℉（0.56℃）。

例外情况：

从热到冷的温度变化速度至少应为每分钟 0.4℉。

依据：

在 SSP 41172 允许的情况下，在热真空条件下完成了验收热循环试验。不过，飞行翅片的传导率限值了温度最大变化速度，使其不超过每分钟 0.6℉。因为温度从冷到热的变化速度超过每分钟 1℉，所以该试验方法提供了合适的工艺变化速度。高功率电路因为有自生热效应，所以其温度变化速度超过每分钟 1.6℉。另外，高功率电路从热到冷共经历了 260℉ 的温度范围，而低功耗电路经历的温度范围则为 140℉。

## PG2-52

项目：

顺序并联单元　　部件号 RE1806

SSP 41172 要求：

2.2.3.3 节，试验量级和持续时间。

变化速度应不低于每分钟 1.0℉（0.56℃）。

例外情况：

在热循环中从热到冷的变化速度不应低于每分钟 0.5℉。

依据：

在分包商热真空试验真空室进行顺序并联单元的热循环试验。试验效果取决于热真空真空室罩体的辐射冷却性能。不过，这些罩体的物理属性限制了从热到冷的变化速度，使其不超过每分钟 0.6℉。

在每个热循环从冷到热的变化过程中，顺序并联单元经历了每分钟从 1.0℉ 到 1.6℉ 的变化速度。该单元大约经历了 200℉ 的温度范围（以最大限度增加从热到冷的变化速度），这远远超过了最小热范围。因此，考虑到设备的限制条件，该试验方法优化了该单元的热变化速度，是一种合适的工艺筛选方法。

## PG2-53

项目：

顺序并联单元　　　部件号 RE1806

SSP 41172 要求：

3.1.3.3 节，试验量级和持续时间。

变化速度应不低于每分钟 1.0℉（0.56℃）。

例外情况：

在热循环中从热到冷的变化速度不应低于每分钟 0.5℉。

依据：

在分包商热真空试验真空室进行顺序并联单元的热循环试验。试验效果取决于热真空真空室罩体的辐射冷却性能。不过，这些罩体的物理属性限制了从热到冷的变化速度，使其不超过每分钟 0.6℉。

在每个热循环从冷到热的变化过程中，顺序并联单元经历了每分钟从 1.0℉ 到 1.6℉ 的变化速度。该单元大约经历了 200℉ 的温度范围（以最大限度增加从热到冷的变化速度），这远远超过了最小热范围。因此，考虑到设备的限制条件，该试验方法优化了该单元的热变化速度，是一种合适的工艺筛选方法。

## PG2-54

项目：

太阳能电池阵列翼电机驱动组件　　　部件号 5843317

SSP 41172 要求：

2.2.5.4 节，补充要求。

在试验过程中，电气和电子元器件应加电和监控。

例外情况：

在鉴定随机振动试验过程中，太阳能电池阵列翼电机驱动组件不应加电和监控。

依据：

太阳能电池阵列翼电机驱动组件包含一个故障安全型制动器，在目前设计方案中加电的情况下，该制动器会被松开。在随机振动试验过程中加电，会使电机在试验中进入非飞行配置，有可能损害电机。在鉴定随机振动试验过程中，这是一个不希望出现的状态。在飞行振动环境过程中，这些电机不加电和操作。另外，电机驱动组件的在轨寿命有限。桅杆小筒电机驱动组件的在轨寿命为 10 个周期，每个周期不超过 26min（13min 展开，13min 收回）。光伏毯和控制箱电机驱动组件的在轨寿命为 10 个周期，每个周期不超过 1min 20s（20s 解锁，20s 张紧，20s 松开，20s 重新闭锁）。因此，与此例外情况相关的额外风险有限。

## PG2-55

项目：

太阳能电池阵列翼电机驱动组件　　部件号 5843317

SSP 41172 要求：

3.1.4.4 节，补充要求。

在试验过程中，电气和电子元器件应加电和监控。

例外情况：

在验收随机振动试验过程中，太阳能电池阵列翼电机驱动组件不应加电和监控。

依据：

太阳能电池阵列翼电机驱动组件包含一个故障安全型制动器，在目前设计方案中加电的情况下，该制动器会被松开。在随机振动试验过程中加电，会使电机在试验中进入非飞行配置，有可能损害电机。在验收随机振动试验过程中，这是一个不希望出现的状态。在飞行振动环境过程中，这些电机不加电和操作。另外，电机驱动组件的在轨寿命有限。桅杆小筒电机驱动组件的在轨寿命为 10 个周期，每个周期不超过 26min（13min 展开，13min 收回）。光伏毯和控制箱电机驱动组件的在轨寿命为 10 个周期，每个周期不超过 1min20s（20s 解锁，20s 张紧，20s 松开，20s 重新闭锁）。因此，与此例外情况相关的额外风险有限。

## PG2-56

项目：

远程动力控制模块　　第一类　　部件号 R077416

远程动力控制模块　　第二类　　部件号 R077417

远程动力控制模块　　第三类　　部件号 R077418

远程动力控制模块　　第四类　　部件号 R072702

远程动力控制模块　　第五类　　部件号 R077419

远程动力控制模块　　第六类　　部件号 R077420

顺序并联单元　　部件号 RE1806

电池充电/放电单元　　部件号 RE1807

电子控制单元　　部件号 R072341

等离子体接触器单元　　部件号 R078480

功率电子单元　　部件号 R076855

直流开关单元　　部件号 R072610

直流/直流转换器单元内部　　部件号 R076500

直流/直流转换器单元外部　　部件号 R076522

直流/直流转换器单元高功率　　部件号 R079903

主总线开关单元　　　部件号 R072591

局部数据接口　　　部件号 R072491

初始化二极管组件　　　部件号 R078486

开关齿轮控制组件　　　部件号 R072526

电源 A/E　　部件号 R075730

<u>SSP 41172 要求：</u>

3.1.3.3 节，试验量级和持续时间。

应采用环境压力。

<u>例外情况：</u>

可以在低于环境压力的条件下进行验收热循环。

<u>依据：</u>

因为在较低的空气密度下会通过对流减少热传输，从而导致应力更大的热试验，所以在较低压力下的热循环试验至少等于在环境压力下进行的试验，或者比其更严格。另外，在不到环境压力的条件下，也允许进行鉴定热循环试验。

注：最低温度变化速度需要达到每分钟 1℉。

## PG2-57

<u>项目：</u>

远程动力控制模块　　第一类　　　部件号 R077416

远程动力控制模块　　第四类　　　部件号 R072702

远程动力控制模块　　第五类　　　部件号 R077419

远程动力控制模块　　第六类　　　部件号 R077420

<u>SSP 41172 要求：</u>

2.2.3.2 节，试验说明。所有要求。

2.2.3.3 节，试验量级和持续时间。

温度在热循环的高温部分，元器件应处于最大验收限值加上一个 20℉（11.1℃）的裕度（最高设计温度）；在热循环的低温部分，元器件应处于最小验收试验值温度减去一个 20℉（11.1℃）的裕度（最低设计限值温度）。

2.2.3.3 节，试验量级和持续时间。

持续时间在高温和低温下的保持期应足够长，以实现内部热平衡。

2.2.3.4 节，补充要求。

应至少在第一个和最后一个热循环内以及元器件返回到环境温度之后进行功能试验，试验温度至少达到最高预期操作温度加 20℉（11.1℃）的裕度以及最低预期操作温度减 20℉（11.1℃）的裕度。

<u>例外情况：</u>

（1）在鉴定热循环试验过程中，不在鉴定单元上安放热电偶。

（2）单元没有在全功率下操作，没有达到最高预期温度极值，因此没有证明 20℉ 的裕度。

（3）保持期足够长，可以达到内部热平衡。

<u>依据：</u>

在单元上安装了热电偶的情况下对所有鉴定单元进行的 Delta 鉴定热真空试验达到了预期

最高温度极值和 20℉ 裕度，其保持期足够长，可以达到内部热平衡。还在鉴定温度极值下进行了热和冷重新启动。热真空试验比环境试验更严格，这是因为远程动力控制模块取决于排热传导。虽然在 Delta 热真空试验中采用的周期数更少，但是鉴定设计足以满足要求。因为在环境试验过程中采用更多周期的主要目的是通过热变化速度检验电气、电子和机电部件，所以在以前已经进行的鉴定热循环试验中满足了这个要求。

## PG2-58

项目：

远程动力控制模块　第一类　　　部件号 R077416

序列号 C020002、C020003、C235321、X751346、X751347 和 X800558

远程动力控制模块　第二类　　　部件号 R077417

序列号 C109000、X751457、X751458、X751459、C024154 和 B968160

远程动力控制模块　第三类　　　部件号 R077418

序列号 C108998、B968161、X751349、X751350、X751351、X751461 和 X751462

远程动力控制模块　第四类　　　部件号 R072702

序列号 C113568、C171123、C250617、X751463、X751464、B968202 和 B968203

远程动力控制模块　第五类　　　部件号 R077419

序列号 C024243、C024244、C024245、C024246、C113615、C206340、C235298、X751390、
　　　　X800390、X800391、X800392、B956621、C024088、C024090、C024091、C024092、
　　　　C024094、C024095、C024096、C024097、C024098、C024100、C024239、C024240、
　　　　C024241、C024242、C051591、C070987、C070988、C070989、C070990、X751149、
　　　　X751150、X751151、X751153、X751154、X751155、X751156、X751157、X751158、
　　　　X751159、X751160、X751389、X751391、X751392、X751393、X751394、X751395、
　　　　X751422、X751423、X751424、X751427、X751428、X751432、X751433、X751434、
　　　　X751435、X751436、X751437、X751438、X751439、Z075729、Z076719、Z076720、
　　　　Z076721、Z076722、Z076724、Z093969、Z093970、C206338 和 C206337

远程动力控制模块　第六类　　　部件号 R077420

序列号 C024235、C171178、X800489、X800490、C024236、X751232、X751431、Z063025、
　　　　Z087176、Z087177、Z087178 和 C251951

SSP 41172 要求：

3.1.2 节，热真空试验（元器件验收）。

3.1.2.2 节，试验说明。所有要求。

3.1.2.3 节，试验量级和持续时间。

温度在热循环的高温部分，元器件应处于预期最高温度；在热循环的低温部分，组件应处于预期最低温度。

3.1.2.3 节，试验量级和持续时间。

元器件应在高温和低温极值在断电状态下经历至少 1h 的保持期，或经历足够长的时间以达到鉴定试验所确定的内部热平衡（以两者中较长者为准），然后再启动。

3.1.2.4 节，补充要求。

应在第一个和最后一个操作热循环的最高和最低预期操作温度保持期后以及元器件返回

到环境温度之后进行功能试验。

3.1.3 节，热循环试验（元器件验收）。

3.1.3.2 节，试验说明。所有要求。

3.1.3.3 节，试验量级和持续时间。

在热循环的高温部分，元器件应处于最大验收限值；在热循环的低温部分，元器件应处于最小验收限值。

3.1.3.3 节，试验量级和持续时间。

在高温和低温值下应保持足够长时间，以实现内部热平衡。

3.1.3.4 节，补充要求。

应在第一个和最后一个操作热循环的最高和最低预期操作温度保持期后以及元器件返回到环境温度之后进行功能试验。

例外情况：

（1）在单元上不安放热电偶。

（2）在验收热循环和验收热真空试验过程中实现的温度极值没有达到预期最低和最高值。

（3）在进行全功能试验的时候，并没有通过足够长的保持时间实现内部热平衡。

（4）进行冷和热重新启动试验的温度并没有达到预期最低和最高温度极值。

依据：

远程动力控制模块验收热循环/热真空试验没有达到 SSP 41172 要求导致未检测到工艺缺陷的风险很小。

在热筛选过程中，在低温发现的问题往往比高温更多，实现的低温公差很接近 5.4℉试验公差。没有发现能够将可量化验收筛选强度下降与高温试验限值下降彼此关联的故障模式。另外，在单元的操作寿命内任何子元器件出现绝对最高（最坏情况）预期温度的概率很小。在预测这种最高温度时，采用的最坏情况场景将若干极值条件结合在一起，其中每个条件出现的概率都较低，因此总概率极低。这些因素包括：使用所有通道、达到最大输出功率，命令长期存在，以及都处于最大环境温度条件。在谨慎的工程规程中，将不采用如下系统设计方案：在不对元器件单元和/或冗余部件进行降额的情况下使用远程动力控制模块。

通过热分析来评估远程动力控制模块验收热试验是否能检测制造缺陷，比如安装导热贴失败的情况。通过这种研究的结果来确定远程动力控制模块的设计是否足够结实，从而确保制造异常不会导致超标条件，不会导致远程动力控制模块性能下降。

虽然无法通过量化方式分析因未达到最高预期温度而影响的筛选效果，不过相关人员认为它给计划带来的风险很小，尤其是在考虑重新试验给成本和日程带来的影响的情况下。

## PG2-59

项目：

Beta 万向节组件（BGA）电子控制单元（ECU）　　　部件号 R072341

SSP 41172 要求：

2.2.2 节，热真空试验（元器件鉴定）。

2.2.2.3 节，试验量级和持续时间。

在热循环的高温部分，元器件应处于最大验收限值加上一个 20℉（11.1℃）的裕度（最高设计温度）；在热循环的低温部分，元器件应处于最小验收试验值温度减去一个 20℉（11.1℃）

的裕度（最低设计温度）。

2.2.2.4 节，补充要求。

至少应在第一个和最后一个操作周期最大操作温度加上 20℉（11.1℃）的裕度和最低操作温度减去 20℉（11.1℃）的裕度的保持期以后以及元器件返回到环境温度后进行功能试验。

例外情况：

在元器件鉴定热真空试验过程中，Beta 万向节组件电子控制单元将证明操作和启动的热裕度为最低验收温度减去 14℉。

依据：

Beta 万向节组件电子控制单元包含的电子部件中包括电气、电子和机电和 S 规格部件，在其预期操作寿命内加电状态下的最低操作温度为-65℉。通过对电子控制单元的在轨散热器温度变化进行分析评估（包括修改最小有效耗散值），发现其操作裕度下降-6℉到-51℉。为了实现全面的鉴定裕度，电子控制单元组件需要承受-71℉的温度，这样会导致其性能下降，并可能使内部电气、电子和机电部件承受过高的应力。

## PG2-60

项目：

Beta 万向节组件（BGA）电子控制单元（ECU）　　　部件号 R072341

SSP 41172 要求：

2.2.3 节，热循环试验（元器件鉴定）。

2.2.3.3 节，试验量级和持续时间。

在热循环的高温部分，元器件应处于最大验收限值加上一个 20℉（11.1℃）的裕度（最高设计温度）；在热循环的低温部分，元器件应处于最小验收试验值温度减去一个 20℉（11.1℃）的裕度（最低设计温度）。

2.2.3.4 节，补充要求。

至少应在第一个和最后一个操作周期最大操作温度加上 20℉（11.1℃）的裕度和最低操作温度减去 20℉（11.1℃）的裕度的条件下以及元器件返回到环境温度后进行功能试验。

例外情况：

在元器件鉴定周期试验过程中，BGA 电子控制单元将证明操作和启动的热裕度为最低验收温度减去 14℉。

依据：

Beta 万向节组件电子控制单元包含的电子部件中包括电气、电子和机电及 S 规格部件，在其预期操作寿命内加电状态下的最低操作温度为-65℉。通过对电子控制单元的在轨散热器温度变化进行分析评估（包括修改最小有效耗散值），发现其操作裕度下降-6℉到-51℉。为了实现全面的鉴定裕度，电子控制单元组件需要承受-71℉的温度，这样会导致其性能下降，并可能使内部电气、电子和机电部件承受过高的应力。

## PG2-61

项目：

洛克达因桁架连接系统（RTAS）

Z1 螺栓组件　　　部件号 R074940-1

S6/P6 螺帽组件　　　部件号 R078813-1、R078813-11 和 R078813-21

S5/P5 螺栓组件　　　部件号 R074940-1、R074940-11 和 R074940-12

S4/P4 螺帽组件　　　部件号 R078860-1、R078860-11、R078860-21 和 R078860-31

SSP 41172 要求：

2.2.2 节，热真空试验（元器件鉴定）。

2.2.2.3 节，试验量级和持续时间。所有要求。

2.2.2.4 节，补充要求。所有要求。

例外情况：

鉴定热真空试验被一次鉴定热循环试验取代。

依据：

洛克达因桁架连接系统是一个活动机械组件，没有电子或电气元器件。在此硬件元器件级进行一次从-100℉到 135℉的鉴定热循环试验，以验证设计。在-100℉到 135℉的热真空试验中，在全载荷条件下（385in•lb±39 in•lb）对一对洛克达因桁架连接系统螺栓和螺帽进行功能试验，从而验证性能在轨。另外，通过检查验证组件间隙达到元器件级分析预期的要求。

## PG2-62

项目：

洛克达因桁架连接系统（RTAS）

Z1 螺栓组件　　　部件号 R074940-1

S6/P6 螺帽组件　　　部件号 R078813-1、R078813-11 和 R078813-21

S5/P5 螺栓组件　　　部件号 R074940-1、R074940-11 和 R074940-12

S4/P4 螺帽组件　　　部件号 R078860-1、R078860-11、R078860-21 和 R078860-31

SSP 41172 要求：

3.1.2 节，热真空试验（元器件验收）。

3.1.2.3 节，试验量级和持续时间。所有要求。

3.1.2.4 节，补充要求。所有要求。

例外情况：

洛克达因桁架连接系统将不进行验收热真空试验。

依据：

洛克达因桁架连接系统是一个活动机械组件，没有电子或电气元器件。在此硬件组件级进行一次从-100℉到 135℉的鉴定热循环试验，以验证设计。在-100℉到 135℉的热真空试验中，在全载荷条件下（385in•lb±39in•lb）对一对洛克达因桁架连接系统螺栓和螺帽进行功能试验，从而验证性能在轨。另外，通过检查验证组件间隙达到元器件级分析预期的要求。

## PG2-63

项目：

洛克达因桁架连接系统（RTAS）

Z1 螺栓组件　　　部件号 R074940-1

S6/P6 螺帽组件　　　部件号 R078813-1、R078813-11 和 R078813-21

S5/P5 螺栓组件　　　部件号 R074940-1、R074940-11 和 R074940-12

S4/P4 螺帽组件　　　部件号 R078860-1、R078860-11、R078860-21 和 R078860-31

SSP 41172 要求：

2.2.3 节，热循环试验（元器件鉴定）。

2.2.3.3 节，试验量级和持续时间。

在热循环的高温部分，元器件应处于最大验收限值加上一个 20℉（11.1℃）的裕度（最高设计温度）；在热循环的低温部分，元器件应处于最小验收试验值温度减去一个 20℉（11.1℃）的裕度（最低设计限值温度）。

2.2.3.4 节，补充要求。

至少应在第一个和最后一个操作周期最大操作温度加上 20℉（11.1℃）的裕度和最低操作温度减去 20℉（11.1℃）的裕度的条件下以及元器件返回到环境温度后进行功能试验。

例外情况：

在鉴定热循环试验过程中，洛克达因桁架连接系统的裕度应比国际空间站组件序列版本 D+预期的最坏情况最高在轨温度高 5℉。

依据：

洛克达因桁架连接系统是一个活动机械组件，没有电子或电气元器件。在此硬件元器件级进行一次从-100℉到135℉的鉴定热循环试验，以验证设计。通过国际空间站组件序列版本 B 分析确定：在其 P6 位置的最高温度为125℉，通过国际空间站组件序列版本 D+分析确定：在其 P6 位置的最高温度为130℉。不过，不需要进行额外的鉴定试验，因为分析表明有足够的间隙和强度裕度，可以确保硬件构件的精密对准。

在 P6 位置，在最高温度下的关键间隙为应急轨道球体内径到应急球体外径之间的间隙。在版本 B 预期的最高温度下，分析表明该间隙将为 0.00084in；另外，分析还进一步推导了在 140℉ 保守高温条件下的合适间隙为 0.000792in。另外，在 140℉ 的温度下评估了具有最小强度裕度的内部元器件。具有最小元器件裕度的滚珠轴承部件仍然会在 0.08 的极限值下保持一个安全裕度，并在 0.23 的水平下保持一个安全裕度。

最后，国际空间站组件序列版本 D+的最高温度 130℉会出现在 XPOP 飞行——配置、热偏移环境、高$\beta$角（±75°）以及一个窄姿态范围的组合条件下。仅就高$\beta$角而言，预计其出现的概率低于每年 3%（每年 12 天）。在存在这些最坏情况间隙和强度裕度的情况下，出现上述组合条件的概率非常小。因此，将鉴定计划与所述分析结合起来，足以验证设计。

## PG2-64

项目：

轴承电机和辊环模块（BMRRM）　　　部件号 R074030-11

SSP 41172 要求：

2.2.5 节，随机振动试验（元器件鉴定）。

2.2.5.3 节，试验量级和持续时间。

在三个正交轴上每个轴的试验时间应为在预期最大值和频谱条件下的预期飞行接触时间的 3 倍，或元器件随机振动验收试验时间的 3 倍（如果此时间较长），但是每轴时间不能小于 3min。

例外情况：

鉴定级轴承/电机辊环模块随机振动试验的时间应为 1min。

依据：

此鉴定试验使用的轴承/电机辊环模块是一个飞行单元（8号飞行组）。轴承/电机辊环模块鉴定随机振动鉴定的每轴时间缩短到 1min，以便最大限度减少轴承/电机辊环模块单元使用寿命内性能下降的情况，并减少可能给飞行硬件造成的损害。在振动环境下的总累计时间为每周2min30s，其中包括在鉴定值试验之前经历的较低 PSD 数值（旨在确保正确描述试验设置特征）。在相关计划中考虑了检查和必要的翻修，以及飞行所需的合适二次验证试验。

## PG2-65

项目：

电池充电/放电单元　　　部件号 RE1807

SSP 41172 要求：

2.2.2 节，热真空试验（元器件鉴定）。

2.2.2.3 节，试验量级和持续时间。

在热循环的高温部分，元器件应处于最大验收限值加上一个 20℉（11.1℃）的裕度（最高设计温度）；在热循环的低温部分，元器件应处于最小验收试验值温度减去一个 20℉（11.1℃）的裕度（最低设计温度）。

2.2.3 节，热循环试验（元器件鉴定）。

2.2.3.3 节，试验量级和持续时间。

在热循环的高温部分，元器件应处于最大验收限值加上一个 20℉（11.1℃）的裕度（最高设计温度）；在热循环的低温部分，元器件应处于最小验收试验值温度减去一个 20℉（11.1℃）的裕度（最低设计限值温度）。

例外情况：

在最高和最低温度的鉴定热裕度应不低于 15℉。

依据：

在 SSP 41172 允许的情况下，在真空条件下进行了鉴定热试验（热真空和热循环）。在-31℉到 109℉（包含一个 140℉的温度变化范围）的温度限值下进行了电池充电/放电单元鉴定热试验。为了满足 SSP 41172 鉴定热裕度要求，验收试验温度限值本应为-11℉到 89℉（包含一个 100℉的温度变化范围）。不过，在进行了电池充电/放电单元鉴定试验之后，与美国航空航天局试验以及验证控制委员会针对是否符合 SSP 41172 要求的问题进行了探讨，罗拉公司和波音-卡诺加园的相关人员因此修改了验收热试验温度限值，以缓解与满足最小 100℉温度变化要求相关的问题。这样一来，验收试验温度限值被扩展到-16.6℉到 94.3℉（包含一个 110.9℉的温度变化范围）。通过修改温度限值，可以确保在采用最坏情况（±5.4℉）试验温度公差的情况下满足 100℉温度变化范围的要求（即在采用最坏情况试验公差的情况下，可以在-11.2℉到88.9℉的范围内进行试验，因而温度变化范围为 100.1℉温度）。不过，在修改温度限值之后，导致最低和最高温度下的 20℉鉴定裕度都减少了 5℉。

不过，试验所采用的温度使飞行电池充电/放电单元的验收试验筛选更为保守，并确保能在最坏情况试验温度条件下满足 100℉温度变化要求。试验不会导致任何内部元器件受到损害或应力过大的风险。在验收试验过程中，在电池充电/放电单元鉴定和验收试验温度之间保持了一个 15℉的裕度，从而验证了这一点。

## PG2-66

项目：

电池子组件在轨可更换单元　　　部件号 RE1804

SSP 41172 要求：

3.1.4 节，随机振动试验（元器件验收）。

3.1.4.3 节，试验量级和持续时间。

元器件随机振动试验量级和频谱应包含如下范围：预期最大飞行数值和频谱减去 6 dB，但不低于根据 135 dB 整体声环境推导的数值（其频谱由 NSTS 21000-IDD-ISS　4.1.1.5 节定义）。

例外情况：

电池子组件在轨可更换单元在 Z 轴的验收随机振动试验应采用如下数值：

| 频率范围<br>（Hz） | 功率谱<br>密度（g/cm³） | 公差<br>（±dB） | 注 |
|---|---|---|---|
| 20 | 0.001250 | 3.0 | |
| 64 | 0.013256 | 3.0 | |
| 68 | 0.010858 | 3.0 | 带陷波 |
| 84～112 | 0.001700 | 3.0 | 带陷波 |
| 152 | 0.025000 | 3.0 | 带陷波 |
| 450 | 0.025000 | 3.0 | |
| 500 | 0.019200 | 3.0 | |
| 2000 | 0.000600 | 3.0 | |
| 复合值 = 3.87grms；AT 值的 94.4% | | | |

依据：

电池子组件在轨可更换单元硬件 QM-00 和 QM-01 在无陷波的飞行配置下，在鉴定随机振动试验值下顺利完成了试验。在这些电池子组件在轨可更换单元的此初次鉴定随机振动试验中，发现了由后顶柱运动所导致的一个高频设备控制问题。为了使振动试验设备控制在公差范围内，缩短试验时间，以及减少相关的硬件疲劳寿命损耗（减小 40%～90%），将后顶柱直接栓接到振动固件，以进行 QM-02 以及后续飞行电池子组件在轨可更换单元硬件的验收试验。此配置变化（参考试验配置变化 PG-2-160）防止顶柱运动和干扰设备控制。这样一来，有更多能量被传送到试验硬件，并达到响应限制效果。

因为飞行硬件不会包含响应限制加速仪，为了防止可能给飞行硬件造成的损害，借助 QM-02～QM-04 电池子组件在轨可更换单元的在轨可更换单元基板上的响应限制加速仪（在其 AT 筛选过程中），开发了一个带陷波的随机振动功率谱密度。在后顶柱锁定，陷波试验输入低于预期最大飞行值减去 6dB 的情况下，内部响应约等于飞行配置下未锁定后顶柱时的内部响应。

以前曾经批准了 SSP 41172 针对电池信号调节和控制模块（BSCCM）验收随机振动试验环境的一种例外情况（参考 SSCN 1933）。

## PG2-67

项目：

电池信号调节器和控制模块（BSCCM）　　　部件号 E006400

SSP 41172 要求：

2.2.2 节，热真空试验（元器件鉴定）。

2.2.2.3 节，试验量级和持续时间。所有要求。

2.2.2.4 节，补充要求。所有要求。

例外情况：

电池信号调节器和控制模块将不进行鉴定热真空试验。

依据：

电池信号调节器和控制模块在-31℉到122℉条件下进行了一次验收热真空试验。电池信号调节器和控制模块没有进行独立的鉴定热真空试验，不过在较高级的电池子组件在轨可更换单元鉴定热真空试验中，电池信号调节器和控制模块经历了从-13℉到86℉的温度。这些温度不包含进行的独立验收热真空试验。

电池信号调节器和控制模块在-31℉到122℉条件下进行了一次验收热循环试验。另外，电池信号调节器和控制模块还在-51℉到142℉进行了一次鉴定热循环试验。按照说明，在环境压力条件下的鉴定计划过程中，电子部件进行了应力操作，并具有 20℉的温度裕度。

电池信号调节器和控制模块是一个低功率电子部件箱，其最大功耗为 8.4W，标称功耗为3.9W。在这些数值下，在操作真空条件下内部电池信号调节器和控制模块电子部件的任何升温幅度都很小（与在大气压力下达到的温度相比）。因此，电池信号调节器和控制模块的鉴定热循环试验足以证明电池信号调节器和控制模块设计有足够的热裕度。

另外，电池信号调节器和控制模块故障不会导致其电池在轨可更换单元功能性出现故障。

## PG2-68

项目：

等离子体接触器单元（PCU）　　　部件号 R078480-11

SSP 41172 要求：

2.2.11 节，泄漏试验（元器件鉴定）。

2.2.11.2 节，试验说明。

应在开始进行元器件鉴定热和振动试验之前以及完成试验之后进行元器件泄漏检查。

例外情况：

在鉴定振动试验和鉴定热真空试验之间不进行泄漏试验。

依据：

将进行一次最终后续环境泄漏试验，从而确保元器件能够顺利通过所有环境试验。在鉴定热真空试验之前将真空室降低到真空压力时，会在难以达到和/或保持真空的情况下检测到任何明显的泄漏。根据 2.2.11.2 节进行的泄漏试验的性能要求清除元器件的氙气，这个过程不仅成本较高，而且比较耗费时间。虽然在鉴定振动和鉴定热真空试验之间进行泄漏试验，会在出现故障的情况下简化调查故障原因的操作，不过如果不进行这种泄漏试验，给国际空间站计划带来的风险非常小。

## PG2-69

项目：

等离子体接触器单元（PCU）　　　部件号 R078480-1

SSP 41172 要求：

3.1.7 节，泄漏试验（元器件验收）。

3.1.7.2 节，试验说明。

应在进行每次环境验收试验元器件之前和之后检查泄漏情况。

例外情况：

在验收振动试验和验收热真空试验之间不进行泄漏试验。

依据：

将进行一次最终后续环境泄漏试验，从而确保元器件能够顺利通过所有环境试验。在验收热真空试验之前将真空室降低到真空压力时，会在难以达到和/或保持真空的情况下检测到任何明显的泄漏。根据 3.1.7.2 节进行的泄漏试验的性能要求清除元器件的氙气，这个过程不仅成本较高，而且比较耗费时间。虽然在鉴定振动和验收热真空试验之间进行泄漏试验，会在出现故障的情况下简化调查故障原因的操作，不过如果不进行这种泄漏试验，给国际空间站计划带来的风险非常小。

## PG2-70

项目：

氨气储箱　　　部件号 SV809903-5

SSP 41172 要求：

2.2.2 节，热真空试验（元器件鉴定）。

2.2.2.3 节，试验量级和持续时间。所有要求。

2.2.2.4 节，补充要求。所有要求。

例外情况：

氨气储箱将不进行鉴定热真空试验。

依据：

Z1 氨气储箱电子部件和活动元器件位于储箱内部。在真空试验过程中，这些元器件的操作环境不受外部压力影响。因此，不需要对储箱进行鉴定热真空试验，因为在鉴定热循环试验过程中将包含最坏情况潜在应力条件。

## PG2-71

项目：

氨气储箱　　　部件号 SV809903-5

SSP 41172 要求：

3.1.2 节，热真空试验（元器件验收）。

3.1.2.3 节，试验量级和持续时间。所有要求。

3.1.2.4 节，补充要求。所有要求。

例外情况：

氨气储箱不会进行验收热真空试验。

依据：

Z1 氨气储箱电子部件和活动元器件位于储箱内部。在真空试验过程中，这些元器件的操作环境不受外部压力影响。因此，不需要对储箱进行验收热真空试验，因为在验收热循环试验过程中将包含最坏情况潜在应力条件。

## PG2-72

项目：

氨气储箱　　　部件号 SV809903-5

SSP 41172 要求：

2.2.3 节，热循环试验（元器件鉴定）。

2.2.3.3 节，试验量级和持续时间。

在热循环的高温部分，元器件应处于最大验收限值加上一个 20℉（11.1℃）的裕度（最高设计温度）；在热循环的低温部分，元器件应处于最小验收试验值温度减去一个 20℉（11.1℃）的裕度（最低设计温度）。

例外情况：

Z1 氨气储箱在与验收热循环试验相同的温度频谱下进行鉴定热循环试验。

依据：

在验收热循环试验过程中，Z1 氨气储箱在-85℉到120℉的温度范围内完成了 8 个热循环。在鉴定热循环试验过程中，储箱在相同的温度范围下完成了 32 个热循环。因此，在鉴定计划过程中，没有根据 2.2.3.3 节的要求展示 20℉ 的热裕度。

Z1 氨气储箱要承受的最低非操作温度为-60℉。储箱将承受的操作温度极值为-2℉到 105℉。在鉴定和验收过程中，所有储箱都在-67℉和 120℉下进行功能试验。电位计是储箱内的唯一电气设备。在-85℉下成功启动了 4 个飞行电位计（拉缆试验），以验证在冷温度下的电缆弹簧和电位计润滑脂可以接受。另外，所有电位计都根据 MIL-STD-202 条件 107 方法 B 的要求，在-67℉到 257℉（-55℃到 125℃）下进行了 5 个非操作热循环的操作。因此，通过进行的所有试验，可以视为对氨气储箱及其内部电位计设计进行了合适的验收试验。

## PG2-73

项目：

Beta 万向节组件（BGA）　　　部件号 R075800

SSP 41172 要求：

2.2.2 节，热真空试验（元器件鉴定）。

2.2.2.3 节，试验量级和持续时间。所有要求。

2.2.2.4 节，补充要求。所有要求。

例外情况：

在鉴定热真空试验过程中，不包含 Beta 万向节组件内部的 Beta 万向节展开过渡结构（4 杆展开结构）。

依据：

Beta 万向节展开过渡结构（4 杆展开结构）包括 4 个铝杆和一个横杆。4 个铝杆通过凸轮

U 形夹连接到集成设备组件。4 杆展开结构为唯一的活动装置。在 Beta 万向节组件的鉴定热真空试验之前，试验团队对凸轮 U 形夹进行了一次单独的热循环试验。因此，在 Beta 万向节组件鉴定热真空试验中未包含 Beta 万向节展开过渡结构硬件。

不过，凸轮 U 形夹热循环试验是一个更严格的试验，因为在每个温度限值下，试验单元都操作到锁定和解锁位置，以验证在极值条件下的性能。在没有操作此装置所需的复杂功能的鉴定热真空试验中，无法验证此操作能力。另外，在美国航空航天局约翰逊航天中心进行的热真空试验的第 5 种试验用例中，对 4 杆展开装置在真空条件下进行了试验。

## PG2-74

项目：

顺序并联单元　　部件号 RE1806

SSP 41172 要求：

2.2.5.3 节，试验量级和持续时间。所有要求。

例外情况：

在 SSU 鉴定单元 QM-01 上应允许振动剖面的响应限制。应修改相关流程，以确保能对控制加速仪进行试验后的数据评估，从而保证 SSU 的响应限制输入不应低于预期最大飞行值。

依据：

响应限制需要限制内部振动响应，以避免超过设计裕度和可能损害 SSU。各单元之间的 SSU 振动试验数据不同，因而无法保证符合经过调整的陷波试验剖面，从而提供合适的试验。所述的控制输入限制条件可以确保不会违反飞行值，从而提供合适的工艺筛选。

## PG2-75

项目：

顺序并联单元　　部件号 RE1806

SSP 41172 要求：

3.1.4.3 节，试验量级和持续时间。所有要求。

例外情况：

在所有 SSU 飞行单元上应允许振动剖面的响应限制。应修改相关流程，以确保能对控制加速仪进行试验后的数据评估，从而保证 SSU 的响应限制输入不应低于预期最大飞行值减去 6dB。

在有响应限制的情况下，SSU 需要满足重力均方根±3.0dB 的整体能量值。

依据：

响应限制需要限制内部振动响应，以避免超过设计裕度和可能损害 SSU。各单元之间的 SSU 振动试验数据不同，因而无法保证符合经过调整的陷波试验剖面，从而提供合适的试验。所述的控制输入限制条件可以确保不会违反飞行值，从而提供合适的工艺筛选。

## PG2-76

项目：

电源 A/E　　部件号 R075730

开关齿轮控制器组件　　部件号 R072526、R078224 和 R078226

SSP 41172 要求：

2.2.5 节，随机振动试验（元器件鉴定）。

2.2.5.3 节，试验量级和持续时间。所有要求。

2.2.5.4 节，补充要求。所有要求。

例外情况：

开关齿轮控制器组件和电源 A/E 不应进行元器件级鉴定随机振动试验。

依据：

在波音-卡诺加园主验证计划（RI/RD94-637）中记录了开关齿轮控制器组件和电源 A/E 的设计认证方案。根据该计划，虽然在开关齿轮控制器组件和电源 A/E 级进行电气功能、随机振动、热循环和老炼试验以提升可靠度，不过这些元器件是作为主总线开关单元（部件号 R072591）或直流开关单元（部件号 R072610）在轨可更换单元的一部分进行鉴定和验收试验的。目前仍然担心在轨可更换单元级的鉴定随机振动试验不能充分包含在可靠度试验和验收试验阶段对飞行开关齿轮控制器组件和电源 A/E 进行的随机振动试验。

在开发试验过程中，一个工程模型开关齿轮控制器组件没有在此元器件级进行随机振动试验（参考 EID-01479）。在试验过程中，工程模型开关齿轮控制器组件在所有三个轴分别承受了 3min 的整体随机振动值，即 16.5grms，如下表所述：

| 飞行 SCA 随机振动可靠度试验值 | | 工程模型 SCA 随机振动开发试验值 | |
|---|---|---|---|
| 频率（Hz） | 数值 | 频率（Hz） | 数值 |
| 20 | $0.01G^2/Hz$ | 20 | $0.05g^2/Hz$ |
| 20～80 | +3dB/Oct | 20～64 | +6dB/Oct |
| 80～350 | $0.04g^2/Hz$ | 64～366 | $0.5g^2/Hz$ |
| 350～2000 | −3dB/Oct | 366～2000 | −7.5dB/Oct |
| 2000 | $0.007g^2/Hz$ | 2000 | $0.0072g^2/Hz$ |
| 整体 | 6.1grms | 整体 | 16.5grms |
| 时间 | 1min/轴 | 时间 | 3min/轴 |

工程模型 SCA 随机振动值能够有效鉴定飞行 SCA 随机振动可靠度试验值。

在一个工程模型主总线开关单元的开发试验过程中（如 EID-05181 所述），将一个三轴加速仪和一个 Y 轴加速仪安放到在轨可更换单元基板上的电源 A/E 位置。三轴加速仪记录的 X 轴随机振动值为 12.1grms，Y 轴随机振动值为 16.3grms，Z 轴随机振动值为 32.2grms。Y 轴加速仪记录的 Y 轴值为 12.3grms。这些值等于或大于在顶接口的控制加速仪所记录的 12.1grms 的 MBSU 在轨可更换单元值。因此，在在轨可更换单元能够有效鉴定在轨可更换单元级的电源，因为在此试验过程中记录的刺激信号等于或大于鉴定振动试验过程中在在轨可更换单元上记录的数值。

## PG2-77

项目：

等离子体接触器单元（PCU）　　　部件号 R078480-1

SSP 41172 要求：

3.1.7 节，泄漏试验（元器件鉴定）。

3.1.7.2 节，试验说明。

应在进行每次环境验收试验之前和之后进行元器件泄漏检查。

例外情况：

在完成换届试验之后，不在等离子体接触器单元的高压侧进行泄漏试验。

依据：

在等离子体接触器单元的高压侧进行泄漏试验，不会传播在以前的耐压和泄漏试验中没有筛选的工艺故障。因此，进行本试验几乎没有额外的价值。将在所有环境试验之后在等离子体接触器单元的低压侧进行泄漏试验，此试验采用 SSP 41172 第六种方法的泄漏方法。此试验要清空等离子体接触器单元调节器下游的等离子体接触器单元内部组件，在此过程中，加热器控制器组件 Swagelok 固件被盖住。

## PG2-78

项目：

泵流速控制系统（PFCS）　　　部件号 RE2814

SSP 41172 要求：

2.2.2 节，热真空试验（元器件鉴定）。

2.2.2.3 节，试验值和持续时间。

至少要采用 3 个温度周期。

2.2.3 节，热循环试验（元器件鉴定）。

2.2.3.3 节，试验量级和持续时间。

持续时间应为验收试验所用热循环数的 3 倍，但是总时间不能少于 24 个周期。

例外情况：

至少应采用一个热真空周期。

依据：

通过评估最初的泵流速控制系统鉴定热真空和热循环试验，认为两个试验都不满足高温条件。泵流速控制系统鉴定试验报告 SVSHER 1818370（1997 年 9 月 18 日）记录了此试验的结果。通过评估对全面重复热真空和热循环鉴定试验的影响，认为需要通过一个周期的热真空试验来证明泵流速控制系统能够在最坏情况预期热在轨条件下操作。本试验顺利完成。泵流速控制系统 Delta 鉴定试验报告 SVHSER19573（1999 年 3 月 30 日）记录了此试验的结果。

## PG2-79

项目：

泵流速控制子组件　　　部件号 RE2814　　　序列号 00003～00008

SSP 41172 要求：

3.1.2 节，热真空试验（元器件验收）。

3.1.2.3 节，试验量级和持续时间。所有要求。

3.1.2.4 节，补充要求。所有要求。

例外情况：

在这些序列号的第一次验收试验中不需要进行验收热真空试验。序列号 00003～00008 的任何后续验收热试验都应符合 SSP 41172 验收热真空试验的要求。

依据：

泵流速控制系统序列号 00003～00008 应按照工艺筛选所采用的 100℉ 最低范围要求，进行电子元器件和泵流速控制系统在轨可更换单元层级热循环试验，以代替验收热真空试验。进行了一次泵流速控制系统传导路径分析（E.M. CSS-P-EM-414）和一次设计制造记录评估。结果表明：在最坏情况国际空间站热环境下进行的泵流速控制系统操作都充分在此在轨可更换单元所有电子元器件的设计裕度内。此试验方案以及相关的泵流速控制系统序列号 00003～00008 分析足以验收这些在轨可更换单元。

泵流速控制系统序列号 00009～00012 将根据 SSP 41172 的要求，在国际空间站等效环境中进行热真空试验。

## PG2-80

项目：

泵流速控制子组件　　　部件号 RE2814

SSP 41172 要求：

2.2.10 节，压力试验（元器件鉴定）。

2.2.10.2 节，试验说明。

极限压力：对于压力容器、压力管线和固件等项目，元器件温度应符合关键应用温度，元器件应加压到设计的极限压力或更大值。应匀速施加内部压力，以避免施加冲击载荷产生的应力。实际飞行件不进行极限试验。

例外情况：

泵流速控制系统在轨可更换单元不需要根据 SSP 41172 的要求进行极限压力试验。泵流速控制系统的储箱压力容器和流体快速分断装置联轴器元器件应根据 SSP 41172 的鉴定值要求进行极限压力试验。

依据：

一般情况下，因为流体管线具有足够的裕度，所以它们不进行试验。通过结构泵流速控制系统爆裂分析和试验结果（E.M.CSS-P-EM-392，1999 年 8 月 31 日）表明：最坏情况泵流速控制系统元器件（铜焊 歧管，部件号 SV809925）有足够的裕度，根据在 1465 psi 爆裂压力下具有 1.1 的安全系数，其最小安全裕度为 0.02。

## PG2-81

项目：

太阳能电池阵列翼毯箱电机驱动组件人工备用组件　　　部件号 5836788

SSP 41172 要求：

2.2.2 节，热真空试验（元器件鉴定）。

2.2.2.3 节，试验量级和持续时间。所有要求。

2.2.2.4 节，补充要求。所有要求。

例外情况：

太阳能电池阵列翼毯箱电机驱动组件人工备用组件的鉴定热真空试验被环境压力下的热试验所取代，在该试验中，在每个温度极值下的保持期至少为 1h。

依据：

装置中没有真空敏感元器件。因为没有降低试验的有效性，所以不需要增加真空试验的成本。

人工备用组件是一个机械设备，主要由铝和钢制造，其质量不到10lb。因为保持期旨在确保单元已经在所需的温度条件下达到内部热平衡状态，所以由导热材料制造的小质量物体会迅速达到温度。在热试验过程中，1h的保持期足以达到平衡，因此风险很小。

## PG2-82

项目：

Beta万向节组件辊环组件　　　部件号RE1822-02

SSP 41172要求：

2.2.2节，热真空试验（元器件鉴定）。

2.2.2.3节，试验量级和持续时间。

在热循环的高温部分，元器件应处于最大验收限值加上一个20℉（11.1℃）的裕度（最高设计温度）；在热循环的低温部分，元器件应处于最小验收试验值温度减去一个20℉（11.1℃）的裕度（最低设计温度）。

2.2.3节，热循环试验（元器件鉴定）。

2.2.3.3节，试验量级和持续时间。

在热循环的高温部分，元器件应处于最大验收限值加上一个20℉（11.1℃）的裕度（最高设计温度）；在热循环的低温部分，元器件应处于最小验收试验值温度减去一个20℉（11.1℃）的裕度（最低设计限值温度）。

例外情况：

Beta万向节组件辊环组件最小鉴定试验温度为-65℉。

依据：

最小预期Beta万向节组件辊环组件在轨操作温度为-48℉。

Beta万向节组件鉴定单元在-67℉的最小操作温度下进行了热试验。在此试验过程中，测量的最低辊环组件温度也是-67℉。因此在辊环组件上只有19℉的鉴定裕度，而不是所需的20℉。根据SSP 41172　3节，允许的最大试验温度公差为±5.4℉。超标1℉的幅度在此公差范围内，因此可以接受。

## PG2-83

项目：

Beta万向节组件辊环组件　　　部件号RE1822-02

SSP 41172要求：

3.1.2节，热真空试验（元器件验收）。

3.1.2.3节，试验量级和持续时间。

在热循环的高温部分，元器件应处于最高预期温度；在热循环的低温部分，元器件应处于最低预期温度。

3.1.3节，热循环试验（元器件验收）。

3.1.3.3节，试验量级和持续时间。

在热循环的高温部分，元器件应处于最高验收限值；在热循环的低温部分，元器件应处于最低验收限值。

例外情况：

Beta 万向节组件辊环组件最小验收试验温度为-45℉。

依据：

最小预期 Beta 万向节组件辊环组件在轨操作温度为-48℉。不过，所有飞行辊环组件都在-45℉进行了验收热试验。

第一个两个 Beta 万向节组件飞行单元经历了-45℉的最低验收热试验温度（3～8 号飞行 Beta 万向节组件没有根据 SSP 41172 附录 B：PG2-11 的要求进行任何热验收试验）。在此试验过程中，测量的辊环组件温度为-45℉。因此，在验收试验温度和最坏情况在轨预期环境之间有 3℉的超标值。

P6 构件-48℉的最低预期Beta万向节组件操作温度对应第4A 到第 3A 级 XVV 飞行姿态之间的极值高$\beta$角，此时 P6 位于 $Z_1$ 上，这种状态在平均推进姿态下不会出现。每年出现高$\beta$角（60°～70°）的时间小于 20 天。

SSP 41172 3节允许的最大试验温度公差为±5.4℉。3℉的超标值在此允许公差值范围内，因此可以接受。

## PG2 84

项目：

太阳能电池阵列翼桅杆小筒人工越控装置 AEC-Able    部件号 541K600

SSP 41172 要求：

3.1.2 节，热真空试验（元器件验收）。

3.1.2.3 节，试验量级和持续时间。所有要求。

3.1.2.4 节，补充要求。所有要求。

3.1.3 节，热循环试验（元器件验收）。

3.1.3.3 节，试验量级和持续时间。所有要求。

3.1.3.4 节，补充要求。所有要求。

例外情况：

太阳能电池阵列翼桅杆小筒人工越控装置将不通过舱外活动接口进行验收热真空或验收热循环试验。

依据：

飞行翼部 1 到飞行翼部 8 的桅杆小筒进行了热验收试验，在此过程中通过电机驱动组件反向驱动装置。除了一个套管（AEC-Able 图纸 541K600 上的 11 号外），所有旋转面都进行了操作。在驱动器从自动转换到人工模式时，在小齿轮上的一个套管在输入轴的一个埋头孔内转动。对此接口进行了公差累计分析，并考虑预期最大温度变化值（260℉）的影响。结果表明：温度裕度足够大，可以防止黏结。

另外，在元器件级进行的启动力矩鉴定试验（AEC-Able 1059D1520）为通过舱外活动接口驱动的装置的强度提供了很高的可靠度。在试验中，为处于失速位置的人工越控惰轮施加 160in·lb 的力矩，然后进行一次功能试验，模拟在环境温度下每个轴 50 次展开和收缩周期操作以及在热、冷和环境温度下的 3 个周期操作。单元的性能不受启动力矩影响，在初次和最终环境功能试验过程中测量的性能基本相同，就可以证明这一点。齿轮在相关温度下的效率表明舱外活动驱动器的力矩裕度足够大。

## PG2-85

项目：

太阳能电池阵列翼毯箱人工备用组件（洛克希德导弹和太空系统公司）　　部件号 5836788

SSP 41172 要求：

3.1.2 节，热真空试验（元器件验收）。

3.1.2.3 节，试验量级和持续时间。所有要求。

3.1.2.4 节，补充要求。所有要求。

3.1.3 节，热循环试验（元器件验收）。

3.1.3.3 节，试验量级和持续时间。所有要求。

3.1.3.4 节，补充要求。所有要求。

例外情况：

太阳能电池阵列翼毯箱人工备用组件不通过舱外活动接口进行验收热真空或验收热循环试验。

依据：

针对太阳能电池阵列翼闭锁装置的每个接口进行一次累计公差分析，其中包括人工备用组件。针对每个接口，计算预期最大温度变化（从环境温度到冷温度为70℉）的影响。

另外，还评估现有试验数据、制造流程和组件工艺，以补充公差分析。美国航空航天局、波音以及洛克希德导弹和太空系统公司结构和装置部门的工程师通过对此类信息进行分析得出结论：人工备用组件有足够的设计裕度，能够承受飞行单元中的潜在工艺缺陷。

## PG2-86：

项目：

直流-直流转换器单元——热管　　部件号 R079903-1

SSP 41172 要求：

2.2.2 节，热真空试验（元器件鉴定）。

2.2.2.3 节，试验量级和持续时间。

在热循环的高温部分，元器件应处于最大验收限值加上一个 20℉（11.1℃）的裕度（最高设计温度）；在热循环的低温部分，元器件应处于最小验收试验值温度减去一个 20℉（11.1℃）的裕度（最低设计温度）。

例外情况：

在鉴定热真空试验过程中进行的电气功能试验的最低温度应为-31℉。

依据：

直流-直流转换器单元仪表精度的最小在轨热规格要求为-11℉。在鉴定热真空试验中，在-31℉下顺利完成了一次电气功能试验。不过，在验收热真空试验过程中，在-45℉下顺利完成了序列号 X8821267 和 X8821268 的电气功能试验（尽管在-11℉以下并不需要进行此试验）。根据 SSP 41172，因为对确定的飞行单元在-45℉下进行了一次电气功能试验，所以需要在鉴定试验过程中在-65℉下进行一次电气功能试验，以便为此试验得到 20℉的裕度。

在鉴定试验过程中，在-65℉进行了一次冷重启试验。此试验包括在 Monitor-Hi 模式下从

-65℉热平衡状态的一次启动。Monitor-Hi 启动试验包括一次突然启动以及在全功率状态下的长期操作。因此，认为该试验比电气功能试验（所有电路在各种操作模式之间快速变化）的热条件更为恶劣。

因为针对直流-直流转换器单元仪表精度规格要求鉴定了设计，并在-65℉下进行了冷重启试验，所以与此例外情况相关的风险很小，不需要通过额外的鉴定试验来鉴定已进行电气功能试验的设计方案。

## PG2-87

项目：

直流-直流转换器单元（DDCU-E/HP）　　　　部件号 R076522

SSP 41172 要求：

2.2.2 节，热真空试验（元器件鉴定）。

2.2.2.3 节，试验量级和持续时间。

在热循环的高温部分，元器件应处于最大验收限值加上一个 20℉（11.1℃）的裕度（最高设计温度）；在热循环的低温部分，元器件应处于最小验收试验值温度减去一个 20℉（11.1℃）的裕度（最低设计温度）。

2.2.3 节，热循环试验（元器件鉴定）。

2.2.3.3 节，试验量级和持续时间。

在热循环的高温部分，元器件应处于最大验收限值加上一个 20℉（11.1℃）的裕度（最高设计温度）；在热循环的低温部分，元器件应处于最小验收值温度减去一个 20℉（11.1℃）的裕度（最低设计限值温度）。

例外情况：

在直流-直流转换器单元 E/HP 鉴定热真空和热循环试验过程中的最高温度应为 201℉。

依据：

DDCU-E 鉴定单元已经在 201℉的平均基板温度条件下，在热循环和热真空环境根据所需的 3 kW 连续载荷条件顺利进行了试验。减去所需的 20℉鉴定裕度，确定 DDCU-HP 的最大操作温度为 181℉。组件序列版本 D+目前预期的最坏情况 DDCU-HP 操作温度为 193℉（备用SASA）。此状态出现在连续 3 kW 载荷条件下，每年只有 5～6 天会出现，此时的 $\beta$ 角超过-68°，并且站点位于 TEA 范围外包络上特定的方向。此条件的相关鉴定温度为 213℉。

为肯尼迪航天中心提供的两个 DDCU-HP 单元最初在 188℉的平均基板温度下进行了全面的验收试验和 Delta 验收试验（一个热真空周期），试验依据版本 B 的最坏情况条件以及更新后的热模型。此条件的相关鉴定温度原本应为 208℉。

在 208℉所需的 3 kW 条件下累积操作 18.8h 后，DDCU-E/HP 在 201℉进行了全面的功能操作。根据 SSP　41172 鉴定和验收环境试验要求，元器件试验温度应为最大验收限值加上一个 20℉的裕度。在试验中实现了这个目标，不过在将平均基板温度从 201℉增加到 208℉之后，在进行加电和断电循环（关闭/启动）的过程中，正常电气功能试验失败。在鉴定试验过程中，DDCU-HP 将在 201℉以上的温度下操作，但是在进行加电和断电循环（关闭/启动）操作时，电气功能试验会失败。因此，DDCU-HP 只能在 201℉下进行鉴定试验，这样其裕度只有 13℉。

| | 最大操作温度（℉） | 鉴定温度（℉） | 鉴定裕度（℉） |
| --- | --- | --- | --- |
| 当前鉴定 | 181 | 201 | 20 |
| 版本 B 的要求（批准操作温度不超过 188℉） | 188 | 201 | 13 |
| 版本 D+的要求 | 193 | 201 | 8 |

DDCU-E/HP 热试验（近似平均基板温度）见下表。

| | 热循环 | 热真空 |
| --- | --- | --- |
| 初次验收 | 8 周期 138℉ | 1 周期 138℉ |
| 第一次 Delta 验收 | 8 周期 181℉ | 1 周期 181℉ |
| Delta 验收 | | 1 周期 188℉ |
| 初次鉴定 | 24 周期 203℉ | 3 周期 203℉ |
| Delta 鉴定 | 3 周期 201℉ | 3 周期 195℉ |
| Delta 鉴定复验 | | 3 周期 201℉ |

在基板温度大于 181℉ 的情况下操作直流-直流转换器单元，对硬件本身无害。DDCU-E/HP 已经证明在 201℉ 下具有全面功能操作。在基板温度为 188℉ 的情况下，预计不会对其寿命或性能产生不良影响。

## PG2-88

项目：

光电散热器软管 部件号 83-36860

SSP 41172 要求：

3.1.2 节，热真空试验（元器件验收）。

3.1.2.3 节，试验量级和持续时间。所有要求。

3.1.2.4 节，补充要求。所有要求。

例外情况：

光电散热器软管不进行验收热真空试验。

依据：

光电散热器软管没有电气或电子元器件或对热真空环境敏感的任何材料。因为软管承受热真空温度范围同时采用一个外部真空而导致的几何形状变化很小，不会产生任何物理干扰。软管图纸 83-36860 表明软管周围的最小间隙约为 1/4in。因为软管为 Inconel 718 材料，其最大外径约为 1in，所以它们在 300℉ 下的尺寸变化为 0.002in（$1\text{in}\times300℉\times6.6\times10^{-6}\text{in}\times℉$），这相对任何间隙都很小。

热真空环境导致弯曲和拉直光电散热器软管所需力矩发生变化，不会使光电散热器展开/收缩力矩高于光电散热器电机所提供的数值。所有光电散热器电机都将提供足够大的在轨力矩，从而克服如下问题：

（1）光电散热器鉴定热真空试验和在轨应用之间的差异；

（2）各单元之间的变化。

LMMFC 报告 3-47300/1999DIR-004 解决了这两个问题，表明电机有较大的设计裕度。下面总结报告的关键分析内容：

当光电散热器处于冷环境时，电机力矩出现最坏情况条件。在普鲁布鲁克进行光电散热器鉴定热真空试验的过程中，在-110℉和 250psi 下，展开光电散热器所需的最大测量力矩为 1531in·lb。在测量光电散热器电机力矩时的最高温度是在光电散热器处于环境温度下进行试验前检查过程中出现的。在此试验前检查过程中，展开光电散热器的测量力矩为 1302in·lb。假设各单元之间的力矩增加幅度为 10%，则所需的最大力矩为 1684in·lb。从保守的角度考虑，假设滚轮在轨摩擦力为地面滚轮摩擦力的 25%，而不是零，这样力矩就会减少 545in·lb。另外，在轨铰接摩擦力会减少 50%，这是因为地面滚轮摩擦力会感应铰接载荷，而在轨条件下则不会出现这种情况。较低的铰接摩擦力会使力矩下降 86in·lb。在普鲁布鲁克进行光电散热器鉴定热真空试验时，软管没有盖上。根据分析试验数据表明：在不盖上软管的情况下展开一个光电散热器所需的力矩为盖上软管情况下展开该光电散热器所需力矩的 78.2%。针对上述因素调整在普鲁布鲁克策略的最大力矩，得到展开光电散热器所需的最大在轨力矩为 823in·lb。

在采购规格 304-PVR-006F-1 中，要求的最小力矩为 2290in·lb。从保守的角度考虑，将此力矩降低到所需最小值的 90%，得到的最小可用力矩为 2061in·lb。

通过将所需的最大力矩与最小可用力矩进行比较，发现电机的最小设计裕度为 1238in·lb，或 150%，如下表所示。这个较大的设计裕度基于保守的假设，它表明软管需要通过验收热真空试验来证明一个光电散热器能够顺利完成在轨展开或收回。

| 光电散热器电机转矩设计裕度 | |
| --- | --- |
| 分析/试验项 | 电机转矩（英寸·磅） |
| 地面： | |
| 普鲁布鲁克鉴定热真空试验 | 1531（最大测量值） |
| 普鲁布鲁克 + 单位之间变化幅度 10% | 1684 |
| | |
| 相对地面差值的在轨调整： | |
| 滚轮摩擦力 | -545 |
| 铰链摩擦力 | -86 |
| 封盖 | -230 =（78.2-100）÷100×（1684-545-86） |
| 所需的最大在轨值 | 823 =1684-545-86-230 |
| | |
| 可用最小在轨值 | 2061[1]（采购规格 304-PVR-006F-1 所需的最小值的 90%） |
| 设计裕度 | 1238 =（2061-823）（所需的最大在轨力矩的 150%） |
| 注：[1]在元器件鉴定热真空试验过程中测量的力矩约为 2400in·lb（在冷温度下）以及 2800in·lb（在高温下）。 | |

进行的工艺筛选：

通过 880psi（耐压试验的 4.4 倍）的耐压试验对软管进行工艺筛选，并通过染色渗透剂和 X 射线检查焊缝。

## PG2-89

**（如下例外情况已经被 PG2-09、PG2-21 和 PG2-89 取代）**

项目：

光电散热器（部件号 RE1894）及其机械元器件如下：

◇ 散热器展开/收回装置　　部件号 83-36884-101
◇ 舱外活动驱动器　　部件号 2941062-1/-501
◇ 绞车装置　　部件号 83-42110-1
◇ 捆带　　部件号 83-42090-107
◇ 总体分类　　部件号 83-42-012

SSP 41172 要求：

4.1 节，用于飞行的鉴定组件（原型飞行）的使用。

后续组件/元器件应进行相同的原型飞行试验。

例外情况：

只有一个光电散热器（及其所有机械元器件）应进行原型飞行热真空试验。后续单元不需要进行原型飞行热真空试验。

依据：

原型飞行光电散热器（序列号 0001）在美国航空航天局——普鲁布鲁克顺利进行了热真空试验。本试验成功确认光电散热器设计方案能够在模拟的在轨热真空条件下正常操作。

通过一次热膨胀系统分析以及在 LMMFC 文件 3-47300/2000R-006 中记录的热效应，表明光电散热器能够在公差、组件公差、调整公差和热极值的"最初组合条件下"按照设计功能正操作。

报告记录了一次光电散热器机械系统的综合分析，还记录了针对相关机械接口的单独分析，其目的是确定光电散热器针对尺寸变化和热变形综合作用的灵敏度。针对光电散热器的这种机械评估主要分成 5 个部分：

（1）散热器展开/收回装置；

（2）舱外活动驱动器；

（3）绞车装置；

（4）捆带；

（5）总体分类。

在每个分类下，都确定具体的机械元器件。然后再将这些子类别进一步划分为个体元器件和接口。根据需要包含实际的算术分析。

对光电散热器机械系统进行分析，并分析各机械接口，以确定光电散热器针对尺寸变化和热变形综合作用的灵敏度。在相关分析过程中，通过标称部件尺寸、对准和调整数据，确定所有机械接口的间隙裕度。接下来，针对部件公差变化、对准和调整的极值，确定环境条件下的最坏情况间隙裕度。最后，还计算了在部件公差变化、对准和调整极值情况下（包括最坏情况热、冷和温度梯度热极值对机械接口对准的影响）最坏情况间隙裕度。

此评估涉及了机械评估矩阵中确定的每一行项目。根据整体分析结果，通过详细分析和/或已制造飞行硬件测量值，解决了所有发现的问题（发现的对展开和收回操作的有害影响）。

虽然仅通过分析不能完全取代通过热真空试验实现的制造筛选，但分析表明：该装置很结实，因为具有较大的间隙裕度，所以对热和制造公差不敏感。此分析以及进行的环境功能展开试验表明：因为制造/组件超出公差条件而导致功能故障的风险非常低。

## PG2-90

项目：

Beta 万向节组件（BGA）　　　部件号 R075800

SSP 41172 要求：

2.2.2 节，热真空试验（元器件鉴定）。

2.2.2.3 节，试验量级和持续时间。所有要求。

2.2.2.4 节，补充要求。所有要求。

例外情况：

全组装 Beta 万向节组件将不进行鉴定热真空试验。

依据：

Beta 万向节组件及其内部电子控制单元进行独立的鉴定热真空试验环境，并在环境条件下对全组装的单元进行一次功能试验。

主要担心的问题是 Beta 万向节组件或电子控制单元电气参数在热极值下的漂移是否会导致异常性能。下面的分析表明：在热条件下，这种漂移不存在，或者漂移在可以接受的范围内（即虽然偏离标称条件，但是仍然满足规格要求），不会影响 Beta 万向节组件的操作。

如下文件中所述的所有个体硬件元器件都在热极值下满足指定的要求：

（1）Beta 万向节组件（不包括电子控制单元）EID-03897；

（2）辊环子组件，霍尼韦尔报告#DR55-T-404-23-004；

（3）电子控制单元 EID-03846 用于鉴定单元，EID-03835 用于工程模型电子控制单元，后者用于 Beta 万向节组件鉴定试验（在这份后来的报告中，还说明了工程模型和飞行电子控制单元之间的差异）。

电子控制单元和 Beta 万向节组件主要有两个接口功能。

（1）涉及防转动闭锁（RE2757）的防转动闭锁功能，其中包括如下硬件接口：

◇　限位开关；

◇　15V 电源。

（2）定位功能，涉及电机（RE2739）和旋转变压器（RE1822 的一部分），包括如下硬件接口：

◇　电机电流管线（3 个，每相一个）；

◇　旋转变压器激发和余弦/正弦反馈。

下面的分析表明：针对具体的相关硬件接口，在热条件下的漂移是可以接受的。

（1）防转动闭锁限位开关接口：在热条件下对限位开关电阻（闭路时<10Ω，开路时>10MΩ）进行试验并满足要求（如闭锁验收数据包所述）。电子控制单元在热条件下进行最大规格电阻试验（即 10Ω 和 10MΩ），以确保即使两个硬件都处于热极值，限位开关功能也能正常操作。

（2）防转动闭锁电源（电压和电流）：因为采用生热条设计（较低电压会导致时间较长，不过仍然保持操作功能），所以即使有电压变化，防转动闭锁仍然能正常操作。在 Beta 万向节组件热真空试验过程中，在 13.5VDC 的最小规格电压条件（即最长时间线）下给闭锁加电，并通过了试验。关于时间线和低电压条件的说明，请参见 EID-03897。电子控制单元在 EID-03846 和 EID-03835 所述的热极值条件下进行了电压输出试验。根据这两个报告的说明，电子控制单元在热极值下的最小电压始终大于在热极值条件下闭锁上施加的电压。另外，还有很多电流裕度。在 13.5V 下，闭锁的流耗约为 1.20A，而电子控制单元则需要拥有相关功能，并在热条件下进行试验以满足 1.8A 的最低要求。

（3）电机电流、电压和定相：可用的电机力矩与电子控制单元可用的输出电流成正比。电子控制单元可用的输出电流取决于电机电阻、电压输入和内部电子控制单元的电压降。产生的标称力矩为 403in·lb。在最坏情况下（热、电压以及电阻极值），预期最小电子控制单元输出为 1.2A，Beta 万向节组件电机产生的最小力矩为 348in·lb（参见 EID-05139　7.2.5 节）。最小的 348in·lb 电机力矩超过了系统的最大摩擦力（峰值拖曳力矩低于 50in·lb）。在热极值、低电压输入极值和电阻（80Ω）极值试验过程中，电子控制单元输出始终大于所需的 1.2A（始终高于 1.35A），如 EID-03846 所述。因此，在最坏情况的热、电压和寿命条件下，电子控制单元/电机综合力矩大于最低要求。

（4）旋转变压器：旋转变压器误差会影响瞄准精度、闭锁功能和电机力矩。

◇ 瞄准精度如 EID-05139　表 6 所述。此分配表包含旋转变压器绕组、旋转变压器温度、对流器（在温度极值下）和发条的总误差为 0.305℉。即使有这些热极值误差，Beta 万向节组件也将满足 1.0℉ 的瞄准精度要求，其裕度为 0.289℉（参见表 6）。关于旋转变压器的绕组和温度，请参见辊环霍尼韦尔报告#DR55-T-404-32-004。关于对流器在相关温度下的误差，请参见 EID-03846。这两项都满足温度要求。

◇ 闭锁功能：这是一组瞄准精度。旋转变压器与闭锁 1（一）位置对准。在热真空试验过程中，在每次闭锁操作过程中，都会监控此位置，在极值之间的变化幅度不超过 0.02℉。允许的误差为 0.7℉。因此，在热极值条件下存在裕度。

◇ 电机力矩：定相电机力矩与旋转变压器误差有关。力矩下降值由方程 Cos（误差×32）决定。在 0.305℉ 的误差下，在热极值下的力矩为 98.6%，或者下降 1.4%（约为 5in·lb）。从上面（3）中的 348in·lb 最小值减去相关值，得到 343in·lb，因此有足够的裕度。

## PG2-91

项目：

Beta 万向节组件（BGA）　　　部件号 R075800

SSP 41172 要求：

3.1.2 节，热真空试验（元器件验收）。

3.1.2.3 节，试验量级和持续时间。所有要求。

3.1.2.4 节，补充要求。所有要求。

例外情况：

全组装 Beta 万向节组件不会进行验收热真空试验。

依据：

Beta 万向节组件及其内部电子控制单元进行独立的验收热真空试验环境，并在环境条件下对全组装的单元进行一次功能试验。

主要担心的问题是 Beta 万向节组件或电子控制单元电气参数在热极值下的漂移是否会导致异常性能。下面的分析表明：在热条件下，这种漂移不存在，或者漂移在可以接受的范围内（即虽然偏离标称条件，但是仍然满足规格要求），不会影响 Beta 万向节组件的操作。

如下文件中所述的所有个体硬件元器件都在热极值下满足指定的要求：

（1）Beta 万向节组件（不包括电子控制单元）EID-03897；

（2）辊环子组件，霍尼韦尔报告#DR55-T-404-23-004；

（3）电子控制单元 EID-03846 用于鉴定单元，EID-03835 用于工程模型电子控制单元，后者用于 Beta 万向节组件鉴定试验（在这份后来的报告中，还说明了工程模型和飞行电子控制单元之间的差异）。

电子控制单元和 Beta 万向节组件主要有两个接口功能。

（1）涉及防转动闭锁（RE2757）的防转动闭锁功能，其中包括如下硬件接口：

◇ 限位开关；

◇ 15V 电源。

（2）定位功能，涉及电机（RE2739）和旋转变压器（RE1822 的一部分），包括如下硬件接口：

◇ 电机电流管线（3 个，每相一个）；

◇ 旋转变压器激发和余弦/正弦反馈。

下面的分析表明：针对具体的相关硬件接口，在热条件下的漂移是可以接受的。

（1）防转动闭锁限位开关接口：在热条件下对限位开关电阻（闭路时<10Ω，开路时>10MΩ）进行试验并满足要求（如闭锁验收数据包所述）。电子控制单元在热条件下进行最大规格电阻试验（即 10Ω 和 10MΩ），以确保即使两个硬件都处于热极值，限位开关功能也能正常操作。

（2）防转动闭锁电源（电压和电流）：因为采用生热条设计（较低电压会导致时间较长，不过仍然保持操作功能），所以即使有电压变化，防转动闭锁仍然能正常操作。在 Beta 万向节组件热真空试验过程中，在 13.5VDC 的最小规格电压条件（即最长时间线）下给闭锁加电，并通过了试验。关于时间线和低电压条件的说明，请参见 EID-03897。电子控制单元在 EID-03846 和 EID-03835 所述的热极值条件下进行了电压输出试验。根据这两个报告的说明，电子控制单元在热极值下的最小电压始终大于在热极值条件下闭锁上施加的电压。另外，还有很多电流裕度。在 13.5V 下，闭锁的流耗约为 1.20A，而电子控制单元则需要拥有相关功能，并在热条件下进行试验以满足 1.8A 的最低要求。

（3）电机电流、电压和定相：可用的电机力矩与电子控制单元可用的输出电流成正比。电子控制单元可用的输出电流取决于电机电阻、电压输入和内部电子控制单元的电压降。产生的标称力矩为 403in·lb。在最坏情况下（热、电压以及电阻极值），预期最小电子控制单元输出为 1.2A，Beta 万向节组件电机产生的最小力矩为 348in·lb（参见 EID-05139 7.2.5 节）。最小的 348in·lb 电机力矩超过了系统的最大摩擦力（峰值拖曳力矩低于 50in·lb）。在热极值、低电压输入极值和电阻（80Ω）极值试验过程中，电子控制单元输出始终大于所需的 1.2A（始终高于 1.35A），如 EID-03846 所述。因此，在最坏情况的热、电压和寿命条件下，电子控制单元/电机综合力矩大于最低要求。

（4）旋转变压器：旋转变压器误差会影响瞄准精度、闭锁功能和电机力矩。

◇ 瞄准精度如 EID-05139 表 6 所述。此分配表包含旋转变压器绕组、旋转变压器温度、对流器（在温度极值下）和发条的总误差为 0.305℉。即使有这些热极值误差，Beta 万向节组件也将满足 1.0℉ 的瞄准精度要求，其裕度为 0.289℉（参见表 6）。关于旋转变压器的绕组和温度，请参见辊环霍尼韦尔报告#DR55-T-404-32-004。关于对流器在相关温度下的误差，请参见 EID-03846。这两项都满足温度要求。

◇ 闭锁功能：这是一组瞄准精度。旋转变压器与闭锁 1（一）位置对准。在热真空试验过程中，在每次闭锁操作过程中，都会监控此位置，在极值之间的变化幅度不超过 0.02℉。

允许的误差为 0.7℉。因此，在热极值条件下存在裕度。

◇ 电机力矩：定相电机力矩与旋转变压器误差有关。力矩下降值由方程 Cos（误差×32）决定。在 0.305℉ 的误差下，在热极值下的力矩为 98.6%，或者下降 1.4%（约为 5in •lb）。从上面（3）中的 348in • lb 最小值减去相关值，得到 343in • lb，因此有足够的裕度。

## PG2-92

项目：

泵流速控制子组件　　部件号 RE2814

SSP 41172 要求：

2.2.11 节，泄漏试验（元器件鉴定）。

2.2.11.3 节，试验量级和持续时间。

第二种方法。应在 0.001Torr（0.133Pa）或更低的外部耐压条件下进行试验，试验时间应为 4h（对于在轨道操作多日的设备）。

例外情况：

外部耐压应为 0.050Torr（6.67Pa）或更低，试验时间至少为 15min。

依据：

泵流速控制系统的最大允许泄漏速度为每秒 4E-04 标准立方厘米的氦气。真空室的压力对于试验单元潜在泄漏路径的真空干燥以及实现合适质谱仪灵敏度值都具有重要作用。0.05Torr 的压力足以进行真空干燥，并能为泵流速控制系统指定的泄漏速度提供足够的质谱仪灵敏度值。

要求进行 4h 试验的目的是确保试验单元在正加压状态下保持足够长的时间，以便使所有泄漏路径的流体达到稳定的状态。根据泵流速控制系统泄漏试验流程和试验设施的性能，在第一次测量泄漏速度之前，泵流速控制系统会在较高的正压力（超过 240psia）下保持大约 11h。此时间足以使所有可能泄漏路径的流体达到稳定的状态。

## PG2-93

项目：

泵流速控制子组件　　部件号 RE2814

SSP 41172 要求：

3.1.7 节，泄漏试验（元器件验收）。

3.1.7.3 节，试验量级和持续时间。

第二种方法。应在 0.001Torr（0.133Pa）或更低的外部耐压条件下进行试验，试验时间应为 4h（对于在轨道操作多日的设备）。

例外情况：

外部耐压应为 0.050Torr（6.67Pa）或更低，试验时间至少为 15min。

依据：

泵流速控制系统的最大允许泄漏速度为每秒 4E-04 标准立方厘米的氦气。真空室的压力对于试验单元潜在泄漏路径的真空干燥以及实现合适质谱仪灵敏度值都具有重要作用。0.05Torr 的压力足以进行真空干燥，并能为泵流速控制系统指定的泄漏速度提供足够的质谱仪灵敏度值。

要求进行 4h 试验的目的是确保试验单元在正加压状态下保持足够长的时间，以便使所有泄漏路径的流体达到稳定的状态。根据泵流速控制系统泄漏试验流程和试验设施的性能，在第一次测量泄露速度之前，泵流速控制系统会在较高的正压力（超过 240psia）下保持大约 11h。此时间足以使所有可能泄漏路径的流体达到稳定的状态。

## PG2-94

项目：

泵流速控制子组件　　　部件号 RE2814　　　序列号 00007

SSP 41172 要求：

3.1.7 节，泄漏试验（元器件验收）。

3.1.7.3 节，试验量级和持续时间。

第二种方法。应在 0.001 Torr（0.133Pa）或更低的外部耐压条件下进行试验，试验时间应为 4h（对于在轨道操作多日的设备）。

例外情况：

不应记录外部耐压，试验持续时间至少为 10min。任何后续泄漏试验都应符合 PG2-93 的要求。

依据：

泵流速控制系统的最大允许泄漏速度为每秒 4E-04 标准立方厘米的氦气。真空室的压力对于试验单元潜在泄漏路径的真空干燥以及实现合适质谱仪灵敏度值都具有重要作用。泵流速控制系统泄漏试验后在真空室进行的真空试验表明：0.025Torr（6.67Pa）或更低的真空功能足以进行真空干燥，并能为泵流速控制系统指定的泄漏速度提供足够的质谱仪灵敏度值。

要求进行 4h 试验的目的是确保试验单元在正加压状态下保持足够长的时间，以便使所有泄漏路径的流体达到稳定的状态。根据泵流速控制系统泄漏试验流程和试验设施的性能，在第一次测量泄漏速度之前，泵流速控制系统会在较高的正压力（超过 240psia）下保持大约 3～5h（包括在此次泄漏速度测量之前在真空下的 30～60min）。此时间足以使所有可能泄漏路径的流体达到稳定的状态。

汉胜公司使用相同的真空室和质谱仪所进行的额外氦气灵敏度试验表明：进行 10min 的试验，误差约为 7.85。通过此系数向更保守的数值进行调整以后，泵流速控制系统序列号 00007 的泄漏速度（0.50E-04sccs 和 0.53E-04sccs 的氦气）与所有其他泵流速控制系统组件处于相同的数据离散范围（平均泄漏速度为 1.34E-04sccs 的氦气）。

验收试验流程符合要求，将不进行修改。

## PG2-95

项目：

流速控制阀门（FCV）　　　部件号 SV809907-2

SSP 41172 要求：

2.2.13 节，使用寿命试验（元器件鉴定）。

2.2.13.3 节，试验量级和持续时间。

一次元器件寿命试验的总操作时间或操作周期数应为使用寿命（包括地面试验）过程中预期值的两倍，以证明有足够的裕度。

例外情况：

流速控制阀门使用寿命不应进行 SSP 41172 规定的全时间寿命试验。

寿命试验要求如下表：

| 项　　目 | RC2814 规格所述寿命的两倍 | 在试验过程中完成的百分比 |
|---|---|---|
| FCV 启动/停止周期 | 5 451 200 | 33% |
| FCV 方向变化 | 2 550 400 | 31% |
| FCV 转动角度 | 119 536 000 | 36% |

依据：

RC2814 3.7.11.2.1 FCV 行进角度——FCV 应能至少进行 59 768 000 度的转动。

RC2814 3.7.11.2.2 FCV 方向变化——FCV 应能至少进行 1 275 200 次方向变化。

RC2814 3.7.11.2.3 FCV 启动/停止周期——FCV 应能至少进行 2 725 600 次启动/停止操作。

EID-05051 中的流速控制阀门试验数据和分析数据支持热控制系统级的 FCV 寿命末期泄漏要求。在早期外部主动热控制系统温度控制算法分析 EID-03003 中，记录了支持 FCV 使用末期计算的技术依据。根据流速控制阀门规格，要求进行 2 725 600 次停止/启动操作，1 275 200 次方向变化，以及行进 59 768 000 度。这些数值包含最坏情况 FCV 使用寿命要求。因为后来增加一次泵流速控制系统一类鉴定试验和后续功能配置审查导致计划日程出现问题，所以提前终止了流体控制阀门寿命试验。完成 FCV 元器件寿命试验并没有为第一类泵流速控制系统鉴定试验提供支持。两个第一类泵流速控制系统单元在国际空间站 4A 飞行过程中进行飞行。

用来验证泵流速控制系统 FCV 寿命末期使用寿命的方法包括 by 试验和分析。根据汉胜公司鉴定试验报告 SVSHER 18514 版本 A（附录 A）（题目为"泵流速控制系统鉴定耐久性试验报告设计分析"），无法从已经进行的试验中以任何方式说明 FCV 不满足其使用寿命和周期要求。在报告中提到了如下依据：

◇ 在组装 FCV 之后的固定滞后表明齿轮没有磨损。

◇ 密封泄漏较低，表明密封件按照预期操作。

◇ 在寿命试验结束时的流体滞后比例从 2% 增加到 2.9%，明显低于 8% 的限值。

关于 FCV 滞后的试验数据仅限于试验开始和试验结束时的数据点。在试验过程中记录滞后数据的能力受试验设备配置的限制。目前没有计划通过拆卸 FCV 来检查磨损情况。根据计划，安装了相关 FCV 单元的泵流速控制系统鉴定单元将在国际空间站维持工程合约中用来支持解决在轨异常问题。

1. 光伏组件热控制系统泵流速控制系统 FCV 应用

在泵流速控制系统规格中的周期要求是根据最坏情况的情景确定的，因此非常保守。FCV 计算基于连续（每个轨道）防冻保护功能。因此，阀门在低功耗/冷环境中具有最大运动。此条件为最坏情况操作情景。在标称光伏组件热控制系统操作（全电力系统功率）条件下，FCV 阀门运动约为泵流速控制系统 FCV 规格要求的 50%。

2. 早期外部主动热控制系统泵流速控制系统 FCV 应用

在早期外部主动热控制系统应用中,针对阀门运动泵流速控制系统 FCV 规格要求存在 10% 的裕度。

泵流速控制系统只有一个 FCV，如果性能下降幅度过大，会导致过大的滞后和/或密封泄漏。在此状态下，会导致在标称条件下损失一些温度控制功能。在最坏情况条件下，可以采用低功率/冷环境，软件修改或操作变通方案，从而在 FCV 控制限值超过要求的情况下确保热控制系统温度控制的稳定性。在 5A 飞行后，也可以采用一种泵流速控制系统拆除和替换方案。

泵流速控制系统将拥有在轨备件。在国际空间站 4A～12A 飞行过程中，将把一个泵流速控制系统作为在轨备件。在经过 12A 之后，热控制系统将有两个早期外部主动热控制系统泵流速控制系统在轨可更换单元作为在轨备件。在 12A 之后用作在轨备件的两个早期外部主动热控制系统泵流速控制系统将在早期外部主动热控制系统上使用过程中耗尽其 FCV 设计寿命。它们作为备件的使用超过了其 FCV 设计寿命。为此，在库存备件中，采购了两个安装了 FCV 的全套泵流速控制系统歧管组件，以及用于泵流速控制系统在轨可更换单元翻修的两个额外备用 FCV 单元。

## PG2-96

项目：

流体快速分断装置联轴器　　部件号 RE2800

SSP 41172 要求：

2.2.11 节，泄漏试验（元器件鉴定）。

2.2.11.3 节，试验量级和持续时间。

第二种方法。应在 0.001Torr（0.133 Pa）或更低的外部耐压条件下进行试验，试验时间应为 4h（对于在轨道操作多日的设备）。

例外情况：

对于流体快速分断装置联轴器，外部耐压应为 0.001Torr（0.133 Pa）或更低，试验时间至少应为 1h。

依据：

要求进行 4h 试验的目的是确保试验单元在正加压状态下保持足够长的时间，以便使所有泄漏路径的流体达到稳定的状态。根据试验流程，要求每 15min 记录一次泄漏速度。最后 3 次连续读数值间的差异不能超过每秒 0.0001sccs 的氦气，否则应继续进行 15min 间隔的试验，直到满足此条件为止。只有在满足条件后，才能记录最后的读数。

质谱仪读数的稳定可以有效证明所有可能的泄漏路径达到了稳态流速。

## PG2-97

项目：

流体快速分断装置联轴器　　部件号 RE2800

SSP 41172 要求：

3.1.7 节，泄漏试验（元器件验收）。

3.1.7.3 节，试验量级和持续时间。

第二种方法。应在 0.001Torr（0.133Pa）或更低的外部耐压条件下进行试验，试验时间应为 4h（对于在轨道操作多日的设备）。

例外情况：

对于流体快速分断装置联轴器，外部耐压应为 0.001Torr（0.133Pa）或更低，试验时间至少应为 1h。

依据：

要求进行 4h 试验的目的是确保试验单元在正加压状态下保持足够长的时间，以便使所有泄漏路径的流体达到稳定的状态。根据试验流程，要求每 15min 记录一次泄漏速度。最后 3 次连续读数值间的差异不能超过每秒 0.0001sccs 的氦气，否则应继续进行 15min 间隔的试验，直到满足此条件为止。只有在满足条件后，才能记录最后的读数。

质谱仪读数的稳定可以有效证明所有可能的泄漏路径达到了稳态流速。

## PG2-98

项目：

流体快速分断装置联轴器　　部件号 RE2800

SSP 41172 要求：

2.2.2 节，热真空试验（元器件鉴定）。

2.2.2.3 节，试验量级和持续时间。

在热循环的高温部分，元器件应处于最大验收限值加上一个 20℉ 的裕度；在热循环的低温部分，元器件应处于最小验收试验值温度减去一个 20℉ 的裕度。

例外情况：

在流体快速分断装置联轴器的鉴定热真空试验过程中，将超过最低和最高操作温度 20℉ 的鉴定热裕度。可以接受 0℉ 的裕度。

依据：

流体快速分断装置联轴器规格要求如下：

RC2800 3.2.1.47 温度-非操作——流体快速分断装置联轴器应能在 180psid 的条件下承受 -107℉ 的温度范围，在 300psid 的条件下承受 120℉ 的温度范围。

RC2800 3.2.1.48 温度-操作——流体快速分断装置联轴器应能在 180psid 的条件下在 -107℉ 的温度范围内连续操作；以及在 280psid 的条件下在 85℉ 的温度范围内连续操作。

注：要求仅在-80℉ 到 85℉ 的范围内启动流体快速分断装置联轴器。

流体快速分断装置联轴器根据 SSP 41172 的要求进行 3 个周期的鉴定热真空试验，只不过没有在最低和最高最大操作验收温度值下达到相关裕度。在完成低温和高温值试验之后，在 -80℉ 和 85℉ 下进行了功能试验（匹配/解配）。在-117℉ 到 140℉ 进行了非功能（即无匹配/解配）试验。在操作条件下（匹配/解配），预期在轨温度为-107℉ 到 118℉；在非操作条件下，预期在轨温度为-102℉ 到 79℉。

在鉴定热真空试验过程中实现 20℉ 裕度的目的是证明在最坏情况操作温度条件下的硬件设计裕度（其中包括包括验收热真空试验），并包含任何飞行件和鉴定件单元之间的差异。这样一来，可以最大限度降低因为验收温度环境采用边际设计而导致过量验收热真空试验故障的风险。所有流体快速分断装置联轴器都已经在最坏情况预期温度下通过了验收热真空试验。因此，在一定程度上缓解了因为缺少验证鉴定裕度而导致的风险。

在基线方案组件序列中，在地面上只对流体快速分断装置联轴器进行一次匹配操作，进入在轨状态后再进行一次，以便重新定位光伏组件 P6。在主动半结构和被动半结构匹配完毕，并使用氦气给流体快速分断装置联轴器加压之后，开始操作分断装置联轴器。在匹配/解配功能操作过程中，在使用氦气给流体管线加压的情况下，流体快速分断装置联轴器处于非操作状态。

## PG2-99

项目：

流体快速分断装置联轴器　　　部件号 RE2800

SSP 41172 要求：

2.2.3 节，热循环试验（元器件鉴定）。

2.2.3.3 节，试验量级和持续时间。

在热循环的高温部分，元器件应处于最大验收限值加上一个 20℉ 的裕度；在热循环的低温部分，元器件应处于最小验收试验值温度减去一个 20℉ 的裕度。

例外情况：

在流体快速分断装置联轴器的鉴定热循环试验过程中，不会达到超过最低和最高操作温度 20℉ 的鉴定热裕度。可以接受 0℉ 的裕度。

依据：

流体快速分断装置联轴器规格要求如下：

RC2800 3.2.1.47 温度-非操作——流体快速分断装置联轴器应能在 180psid 的条件下承受 −107℉ 的温度范围，在 300psid 的条件下承受 120℉ 的温度范围。

RC2800 3.2.1.48 温度-操作——流体快速分断装置联轴器应能在 180 psid 的条件下在 −107℉ 的温度范围内连续操作；以及在 280 psid 的条件下在 85℉ 的温度范围内连续操作。

注：要求仅在 −80℉ 到 85℉ 的范围内启动流体快速分断装置联轴器。

流体快速分断装置联轴器根据 SSP 41172 的要求进行 24 个周期的鉴定热循环试验，只不过没有在最低和最高最大在轨操作温度值下达到相关裕度。在完成低温和高温值试验之后，在 −80℉ 和 85℉ 下进行了功能试验（匹配/解配）。在 −117℉ 到 140℉ 进行了非功能（即无匹配/解配）试验。在操作条件下（匹配/解配），预期在轨温度为 −107℉ 到 118℉；在非操作条件下，预期在轨温度为 −102℉ 到 79℉。

在鉴定热循环试验过程中实现 20℉ 裕度的目的是证明在最坏情况操作温度条件下的硬件设计裕度（其中包括包括验收热循环试验），并包含任何飞行件和鉴定件单元之间的差异。这样一来，可以最大限度降低因为验收温度环境采用边际设计而导致过量验收热循环试验故障的风险。流体快速分断装置联轴器不进行验收热循环试验，因此与不达到所需鉴定裕度相关的风险很小。通过验收热循环试验对最坏情况预期温度进行验收验证。

在基线方案组件序列中，在地面上只对流体快速分断装置联轴器进行一次匹配操作，进入在轨状态后再进行一次，以便重新定位光伏组件 P6。在主动半结构和被动半结构匹配完毕，并使用氮气给流体快速分断装置联轴器加压之后，开始操作分断装置联轴器。在匹配/解配功能操作过程中，在使用氮气给流体管线加压的情况下，流体快速分断装置联轴器处于非操作状态。

## PG2-100

项目：

直流-直流转换器单元——外部（DDCU-E）　　　部件号 R076522-121　　　序列号 X650373 和 X650374

SSP 41172 要求：

2.2.5 节，随机振动试验（元器件鉴定）。

2.2.5.3 节，试验量级和持续时间。

元器件随机振动试验量级和频谱应包含如下范围：验收试验量级和频谱加上试验公差。

例外情况：

DDCU-E 的鉴定随机振动试验值不需要包含 DDCU-E 序列号 X650373 和序列号 X650374 在 2000 年 8 月 10 日之前进行的验收试验的 X 轴和 Y 轴验收试验值。未来如果对序列号 X650373 和序列号 X650374 进行任何验收振动试验，都需要采用与截至到 2000 年 8 月 10 日的验收试验流程的基线方案相同的试验配置和试验控制策略。

依据：

在进行正式的鉴定振动试验之前，DDCU-E 序列号 X650373 和序列号 X650374 进行了验收振动试验。在这两个单元每个单元的 Y 轴振动验收试验过程中，在振动器和在轨可更换单元之间的一个动力联轴器导致在 580Hz 下在高值端略超过公差条件。为了顺利完成这些单元的试验，修改了此共振附近的允许公差频带。在后来完成了正式的鉴定试验之后，决定通过在滑动板和连接在轨可更换单元的固件之间增加一个额外的固件，从而不需要再使用此动力联轴器。通过采用这个额外的固件，解决了 Y 轴控制器联轴器问题。为了尽量缩短试验时间，还将此额外固件用于 X 轴振动（虽然即使不使用它，也不会出现控制问题）。借助此额外固件，在 X 轴和 Y 轴顺利完成了鉴定。所有后续 DDCU-E 飞行单元都使用此固件在 X 轴和 Y 轴进行了验收试验。

为了确定现有鉴定配置是否充分包含序列号 X650373 和 X650374 的验收配置，将 1997 年 6 月进行的一次开发振动试验的数据与内部响应加速仪数据与正式鉴定试验的等效内部响应加速仪数据进行比较。开发试验是在 DDCU-E 的一个高精度工程模型（EM07）上进行的，没有在 X 轴和 Y 轴增加额外的固件。另外，在比正式鉴定值略高的输入振动值下进行了开发试验。用于比较的横轴数据有限。不过，根据已有的横轴数据，倾向于说明在轨可更换单元的总体内部响应对是否增加额外的固件并不敏感。因为缺少在所有轴所有关键内部位置的足够的内部横轴数据，所以无法得出关于两个试验配置之间的可靠结论。

根据上述分析结果，需要决定是否因为试验固件配置差异而需要进行额外的鉴定试验。最终考虑到如下因素，认为进行额外的鉴定试验并不是必要或谨慎的方案：鉴定 DDCU-E 的总累积鉴定试验时间；可能很难确定（甚至无法确定）一个故障是否源自试验固件差异而非正常的寿命末期故障；以及针对可用内部响应数据的评估。分析认为：对单元序列号 X650373 和 X650374 进行验收试验导致过度消耗这些单元疲劳寿命的概率很小，因此可以可靠地使用"已有"配置。未来对这些单元进行任何验收试验，都需要周密考虑，以避免进行不必要的试验，这些试验还将在 X 轴和 Y 轴增加额外的固件，以确保其符合已鉴定的配置。

## PG2-101

项目：

软管　　部件号 RE4324-01 和 RE4324-06

SSP 41172 要求：

2.2.11 节，泄漏试验（元器件鉴定）。

2.2.11.3 节，试验量级和持续时间。

在每个压力下的浸没时间应为 60min。

例外情况：

RE4324-01 软管浸没持续时间应为 1min。

RE4324-06 软管浸没持续时间应为 15min。

依据：

RE4324-01：Senior Flexonics 鉴定软管（部件号 1812519-90，序列号 0001）600lb/平方英寸±20lb/平方英寸标准条件（psig）下进行了 1min 的泄漏试验，并根据 RE4324 版本 A 的要求，通过了当时有效的"无可见泄漏"标准（试验报告 QTR 12-3401）。与此类似，飞行 RE4324-01 软管也进行了 1min 的泄漏试验。

在声学试验之前，将飞行 RE4324-01 软管安装在 EAS 原型飞行声学试验件中。在声学试验之后，根据 SSP 41172 第二种方法，进行了一次综合最终项真空室泄漏试验，以确保全组装 EAS 在交付之前的完整性。在质谱仪泄漏检测器 5min 间隔的连续 3 次读数达到稳定后，测量的泄漏速度为 2.5E-04sccs 的氦气。这满足组件级要求，即不超过 6.8E-04sccs 的氦气（RJ00342 3.2.1.1.3 节）。

RE4324-06：在鉴定试验流程 QTP 19055 4.2.4 节中说明："FMH 公司应提供一份填写完毕的验收试验流程 19055 数据表以满足洛克达因源控制图纸 RE4324 所定义的泄漏试验的鉴定试验要求。"根据适用于部件号 RE4234-01 和 RE4234-06 的 RE4324 总体注释 32（由 EOR 修订）的要求："软管组件应浸没在水中，并用 600 psig 的氦气加压，至少保持 15min 并且没有泄漏。在去离子水中浸没之前加压。"

技术依据如下：10min 的时间足以形成一个平均尺寸为 0.06cc 的气泡，因此足以验证 1E-04 标准立方厘米/秒（sccs）氦气的泄漏速度。15min 的浸没试验时间足以检测指定的每秒 1E-04sccs 氦气的泄漏速度。15min 比形成一个气泡所需的 10min 长 50%。如果在 10min 内释放一个 0.06 cc 的气泡，则等效氦气泄漏速度为 1E-04sccs 的氦气。

根据《无损试验手册》（第二版，1985 年，第一卷，泄漏试验，美国无损试验协会）以及《泄漏试验手册》（修订版，1969 年 7 月，美国航空航天局-CR-106139），气泡排放泄漏试验是一种可以检测每秒 1E-04sccs 氦气的有效方法。因此，为了进行总泄漏试验，所采用的试验时间是可以接受的。

## PG2-102

项目：

软管      部件号 RE4324-01 和 RE4324-06

SSP 41172 要求：

3.1.7 节，泄漏试验（元器件验收）。

3.1.7.3 节，试验量级和持续时间。

在每个压力下应浸没 60min。

例外情况：

RE4324-01 软管的浸没时间为 1min。

RE4324-06 软管的浸没时间为 15min。

依据：

RE4324-01：Senior Flexonics 飞行软管 RE4324-01 作为一个元器件，在 600psig±20psig 条件下进行了 1min 的泄漏试验。

在声学试验之前，将飞行 RE4324-01 软管安装在 EAS 原型飞行声学试验件中。在声学试验之后，根据 SSP 41172，第二种方法，进行了一次综合最终项真空室泄漏试验，以确保全组装 EAS 在交付之前的完整性。在质谱仪泄漏检测器 5min 间隔的连续 3 次读数达到稳定后，测量的泄漏速度为 2.5E-04sccs 的氦气。这满足组件级要求，即不超过 6.8E-04sccs 的氦气（RJ00342 3.2.1.1.3 节）。

未来为 RE4324-01 软管开发的替换软管将采用新的零件号。它们的软管源控制图纸 RE4324 将包含 15min 的泄漏试验时间。

在 RE4324-06：验收试验流程验收试验流程 19055　4.2.2 节（1）中，针对 RE4324-06 组件采用了 RE4324 总体注释 32 的泄漏试验要求（由 EOR 修订），其中提到："在 70℉±10℉ 的温度范围下，软管组件应使用气态氦加压到 600psig±20psig。在加压之后，将整个组件浸泡在去离子水中，用手轻轻搅动，以除去组件外表被困住的所有气泡。等待 3min，以便让所有被困气泡释放出去，然后开始进行 15min 的观测。在此过程中，如果发现一个或多个气泡，则视为出现 4.2.2 节泄漏试验所述的故障。如果出现故障，应重复整个泄漏试验流程。如果因为观测到气泡而出现第二次故障，则视为验收试验故障。"

技术依据如下：10min 的时间足以下形成一个平均尺寸为 0.06 立方厘米（cc）的气泡，因此足以验证 1E-04sccs 氦气的泄漏速度。15min 的浸没试验时间足以检测指定的 1E-04sccs 氦气的泄漏速度。15min 比形成一个气泡所需的 10min 长 50%。如果在 10min 内释放一个 0.06 cc 的气泡，则等效氦气泄漏速度为 1E-04sccs 的氦气。

根据《无损试验手册》（第二版，1985 年，第一卷，泄漏试验，美国无损试验协会）以及《泄漏试验手册》（修订版，1969 年 7 月，美国航空航天局-CR-106139），气泡排放泄漏试验是一种可以检测 1E-04sccs 氦气的有效方法。

因此，为了进行总泄漏试验，所采用的试验时间是可以接受的。

## PG2-103

项目：

通风孔阀门　　　部件号 RE4301-01

SSP 41172 要求：

2.2.11 节，泄漏试验（元器件鉴定）。

2.2.11.3 节，试验量级和持续时间。

应在 0.001Torr（0.133Pa）或更低的外部压力条件下进行试验，试验时间应为 4h（对于在轨道操作多日的设备）。

例外情况：

根据 SSP 41172 版本 T 第二种方法进行的通风孔阀门泄漏试验至少应为 9min。

依据：

要求进行 4h 试验的目的是确保试验单元在正加压状态下保持足够长的时间，以便使所有泄漏路径的流体达到稳定的状态，并且泄漏到真空外壳的氦气达到了平衡，质谱仪泄漏检测器给出了稳定、精确的读数。质谱仪读数的稳定可以有效证明所有可能的泄漏路径达到了稳态流速。

装有早期氦气操作通风孔阀门的真空外壳的净排气体积不到 2 立方英寸。在启动质谱仪泄漏检测器之前，将真空外壳排气到稳定真空状态，其压力小于 1E-08Torr。对泄漏速度数据进行监控，直到达到稳定的泄漏速度，此时采集 9min 的泄漏速度数据，以得到泄漏结果，并根据低于 1E-05sccs 氦气泄漏速度的要求进行评估。

根据下文所述进行了一次通风孔阀门泄漏试验系统灵敏度试验，此试验表明：使用此泄漏试验系统结构，9min 的时间就足以达到稳定的泄漏试验。

试验方法：将试验单元组装到试验固件内，试验单元入口施加 0psig 的压力，并取下阀门出口的盖子，清空试验单元以外的试验固件外部空间，使用一个质谱仪泄漏检测器进行检测。验证背景泄漏速度。让背景泄漏速度稳定下来。确认背景泄漏速度在 3min 的时间内变化不超过 10%，从而达到稳定。在背景验证之后，开始进行泄漏试验。在固件入口处施加 550psig 的压力，并监控阀门外部泄漏速度 15min。每分钟记录一次泄漏速度。根据结果绘图。验证泄漏速度的稳定性。释放入口压力。释放质谱仪泄漏检测器压力，并将试验单元从固件上拆下来。

Balzer HLT270 质谱仪泄漏检测器的最低可检测泄漏速度为 4.93E-12sccs。在使用上述方法进行通风孔阀门泄漏试验的过程中，通风孔阀门记录的结果为 4.93E-12sccs。按照说明，在 550psig 条件下进行试验，这个压力是 300psig 最大操作压力的 1.8 倍。

## PG2-104

项目：

通风孔阀门　　　部件号 RE4301-01

SSP 41172 要求：

3.1.7 节，泄漏试验（元器件验收）。

3.1.7.3 节，试验量级和持续时间。

应在 0.001Torr（0.133Pa）或更低的外部耐压条件下进行试验，试验时间应为 4h（对于在轨道操作多日的设备）。

例外情况：

根据第二种方法进行的通风孔阀门泄漏试验至少应为 9min。

依据：

要求进行 4h 试验的目的是确保试验单元在正加压状态下保持足够长的时间，以便使所有泄漏路径的流体达到稳定的状态，并且泄漏到真空外壳的氦气达到了平衡，质谱仪泄漏检测器给出了稳定、精确的读数。质谱仪读数的稳定可以有效证明所有可能的泄漏路径达到了稳态流速。

装有早期氦气操作通风孔阀门的真空外壳的净排气体积不到 2 立方英寸。在启动质谱仪泄漏检测器之前，将真空外壳排气到稳定真空状态，其压力小于 1E-08Torr。对泄漏速度数据进行监控，直到达到稳定的泄漏速度，此时采集 9min 的泄漏速度数据，以得到泄漏结果，并根据低于 1E-05sccs 氦气泄漏速度的要求进行评估。

根据下文所述进行了一次通风孔阀门泄漏试验系统灵敏度试验，此试验表明：使用此泄漏试验系统结构，9min 的时间就足以达到稳定的泄漏试验。

试验方法：将试验单元组装到试验固件内，试验单元入口施加 0psig 的压力，并取下阀门出口的盖子，清空试验单元以外的试验固件外部空间，使用一个质谱仪泄漏检测器进行检测。验证背景泄漏速度。让背景泄漏速度稳定下来。确认背景泄漏速度在 3min 的时间内变化不超过 10%，从而达到稳定。在背景验证之后，开始进行泄漏试验。在固件入口处施加 550psig 的压力，并监控阀门外部泄漏速度 15min。每分钟记录一次泄漏速度。根据结果绘图。验证泄漏速度的稳定性。释放入口压力。释放质谱仪泄漏检测器压力，并将试验单元从固件上拆下来。

Balzer HLT270 质谱仪泄漏检测器的最低可检测泄漏速度为 4.93E-12sccs。在使用上述方法进行通风孔阀门泄漏试验的过程中，通风孔阀门记录的结果为 4.93E-12sccs。按照说明，在 550psig 条件下进行试验，这个压力是 300psig 最大操作压力的 1.8 倍。

未来开发的通风孔阀门将采用一个新零件号。它们的通风孔阀门验收试验流程 HTP-7346-01 将包含 15min 的泄漏试验时间。

## PG2-105

项目：

通风孔阀门　　部件号 RE4301-01

SSP 41172 要求：

2.2.5 节，随机振动试验（元器件鉴定）。

2.2.5.2 节，试验说明。

在此试验中，阀门应加压到操作压力，并监控在上升过程中加压状态下的内部压力衰减。

例外情况：

在鉴定随机振动试验过程中，通风孔阀门没有加压。

依据：

RE4301-01 通风孔阀门使用足够的氮气填充气体进行加压（不到 80psig），以防止在地面处理过程中的内部大气泄漏。这种加压不足以克服阀座弹簧压力（提升压力为 270psig）。因此，它不足以影响通风孔阀门的随机振动试验，所以没有包含相关内容，以便简化阀门固件设计和试验结构。

带飞行 RE4301-01 通风孔阀门的飞行早期氨气操作装置已经在最终项级完成了原型飞行声学试验（141dB）。在此试验过程中，使用氮气填充气体给通风孔阀门及其相关管道加压，以代表飞行配置（RL01543A），从而满足 SSP 41172 针对随机振动试验的原型飞行试验要求。

在原型飞行声学试验过程中，在早期氨气操作装置级，使用氮气填充气体给通风孔阀门加压（低于 80psig），并在试验之前和之后进行检查。即使通风孔阀门损失压力，在试验或发射过程中也不用担心大气压力通风问题，因为加压的目的只是为了防止在地面处理过程中的内部大气泄漏。

根据声功能试验流程之前/之后的要求，EAS 氨气管道（包括通风孔阀门 VV-02）被加压到 95lb/平方英寸绝对压力（psia），以便正确模拟这些管线的发射条件。

结果如下：

（1）在发射配置下，在声学试验之前，使用 95.1psia 的氮气对从 QD-M02 到 QD-F4 的线轴进行加压。

（2）对这些管线的后续声验证表明：氮气压力为 94.9psia。

通风孔阀门 VV-02 承受了声学试验环境，没有自动释放内部压力，因而阀门保持良好的密封，此参数顺利满足声学试验要求。

## PG2-106

项目：

通风孔阀门　　部件号 RE4301-01

SSP 41172 要求：

3.1.4 节，随机振动试验（元器件验收）。

3.1.4.2 节，试验说明。

在此试验中，阀门应加压到操作压力，并监控在上升过程中加压状态下的内部压力衰减。

例外情况：

在验收随机振动试验过程中，通风孔阀门没有加压。

依据：

RE4301-01 通风孔阀门使用足够的氮气填充气体进行加压（不到 80psig），以防止在地面处理过程中的内部大气泄漏。这种加压不足以克服阀座弹簧压力（提升压力为 270psig）。因此，它不足以影响通风孔阀门的随机振动试验，所以没有包含相关内容，以便简化阀门固件设计和试验结构。

带飞行 RE4301-01 通风孔阀门的飞行早期氨气操作装置已经在最终项级完成了原型飞行声学试验（141dB）。在此试验过程中，使用氮气填充气体给通风孔阀门及其相关管道加压，以代表飞行配置（RL01543A），从而满足 SSP 41172 针对随机振动试验的原型飞行试验要求。

在原型飞行声学试验过程中，在早期氨气操作装置级，使用氮气填充气体给通风孔阀门加压（低于 80psig），并在试验之前和之后进行检查。即使通风孔阀门损失压力，在试验或发射过程中也不用担心大气压力通风问题，因为加压的目的只是为了防止在地面处理过程中的内部大气泄漏。

根据声功能试验流程之前/之后的要求，EAS 氨气管道（包括通风孔阀门 VV-02）被加压到 95lb/平方英寸绝对压力（psia），以便正确模拟这些管线的发射条件。

结果如下：

（1）在发射配置下，在声学试验之前，使用 95.1psia 的氮气对从 QD-M02 到 QD-F4 的线轴进行加压。

（2）对这些管线的后续声验证表明：氮气压力为 94.9psia。

通风孔阀门 VV-02 承受了声学试验环境，没有自动释放内部压力，因而阀门保持良好的密封，此参数顺利满足声学试验要求。

## PG2-107

项目：

氮气储箱　　部件号 RE4302-01

SSP 41172 要求：

2.2.11 节，泄漏试验（元器件鉴定）。

2.2.11.2 节，试验说明。

采用的试验方法的灵敏度和精度应符合指定的最大允许泄漏速度。

例外情况：

对氮气储箱进行鉴定泄漏试验时，没有足够的灵敏度和精度来验证最大允许泄漏速度。

依据：

氮气储箱进行了一次一分钟的鉴定泄漏试验。此时间不足以验证 1E-07sccs 氦气的泄漏速度。

在声学试验之前，将飞行氮气储箱安装在 EAS 原型飞行声学试验件中。在声学试验之后，根据 SSP 41172 第二种方法，进行了一次综合最终项真空室泄漏试验，以确保全组装 EAS 在交付之前的完整性。在质谱仪泄漏检测器 5min 间隔的连续 3 次读数达到稳定后，测量的泄漏速度为 2.5E-04sccs 的氦气。这满足组件级要求,即不超过 6.8E-04sccs 的氦气(RJ00342　3.2.1.1.3 节)。

## PG2-108

项目:

氦气储箱　　部件号 RE4302-01　　序列号 8833906 和 8833907

SSP 41172 要求:

3.1.7 节,泄漏试验(元器件验收)。

3.1.7.2 节,试验说明。

采用的试验方法的灵敏度和精度应符合指定的最大允许泄漏速度。

例外情况:

对氦气储箱进行验收泄漏试验时,没有足够的灵敏度和精度来验证最大允许泄漏速度。

依据:

氦气储箱进行了一次一分钟的验收泄漏试验。此时间不足以验证 1E-07sccs 氦气的泄漏速度。

在声学试验之前,将飞行氦气储箱安装在 EAS 原型飞行声学试验件中。在声学试验之后,根据 SSP 41172 第二种方法,进行了一次综合最终项真空室泄漏试验,以确保全组装 EAS 在交付之前的完整性。在质谱仪泄漏检测器 5min 间隔的连续 3 次读数达到稳定后,测量的泄漏速度为 2.5E-04sccs 的氦气。这满足组件级要求,即不超过 6.8E-04sccs 的氦气(RJ00342　3.2.1.1.3 节)。

## PG2-109

项目:

捕获组件装置　　部件号 RH000232

SSP 41172 要求:

2.2.2 节,热真空试验(元器件鉴定)。

2.2.2.3 节,试验量级和持续时间。

压力应从大气压力降低到 0.001 Torr(0.133 Pa)以下。

2.2.2.3 节,试验量级和持续时间。

应通过预鉴定分析或试验来确定时间达到热平衡所需的时间,或通过如下方式来确定:在第一个鉴定热真空周期每个温度极值下不小于 12h 的延长保持期内测量元器件的内部热响应。

例外情况:

在鉴定热真空试验过程中,捕获组件装置应处于环境压力,第一个周期的保持期应为 1h。

依据:

捕获组件装置(早期氦气操作装置的部件号 RH000232)是带 P6 纵梁耳轴的早期氦气操作装置的机械接口。捕获组件装置没有电子部件或需要精密调整的严格公差,可以有效进行检查。

捕获组件装置的热试验采用了 SSP 41172 鉴定热真空试验要求,只不过在大气压力下进行试验,并且第一个周期的每个保持期都为 1h。试验进行了 3 个周期。此装置没有电源,因为它具有较小的尺寸以及开放结构,所以能在真空室内在 20~30min 达到热稳定。在不采用真空的情况下进行热试验,可以达到合适的匹配和间隙试验效果,并且风险很小。所有热稳定时间都是 1h。

真空并不影响所用的材料。捕获组件装置根据 MIL-L-46010 的要求采用干膜润滑剂，针对热试验，使用 Braycote 601EF 润滑舱外活动应急螺钉（RE112-1016-0023　4 个位置）。在试验中测量了运行力矩并与飞行配置进行了比较（即干膜润滑螺钉）并认为其可以接受。

## PG2-110

项目：

捕获组件装置　　　部件号 RH000232

SSP 41172 要求：

3.1.2 节，热真空试验（元器件验收）。

3.1.2.3 节，试验量级和持续时间。

压力应从大气压力降低到 0.001Torr（0.133Pa）以下。

例外情况：

在热真空试验过程中，捕获组件装置应处于环境压力。

依据：

捕获组件装置（早期氨气操作装置的部件号 RH000232）是带 P6 纵梁耳轴的早期氨气操作装置的机械接口。捕获组件装置没有电子部件或需要精密调整的严格公差，可以有效进行检查。

捕获组件装置的热试验采用了 SSP 41172 验收热真空试验要求，只不过在大气压力下进行试验。试验进行一个周期。根据在鉴定热真空试验过程中达到的平衡来确定单周期验收试验的热稳定时间。在不采用真空的情况下进行热试验，可以达到合适的匹配和间隙试验效果，并且风险很小。所有热稳定时间都是 1h。

真空并不影响所用的材料。捕获组件装置根据 MIL-L-46010 的要求采用干膜润滑剂，针对热试验，使用 Braycote 601EF 润滑舱外活动应急螺钉（RE112-1016-0023　4 个位置）。在试验中测量了运行力矩并与飞行配置进行了比较（即干膜润滑螺钉）并认为其可以接受。

## PG2-111

项目：

捕获组件装置　　　部件号 RH000232

SSP 41172 要求：

2.2.5 节，随机振动试验（元器件鉴定）。

2.2.5.3 节，试验量级和持续时间。所有要求。

2.2.5.4 节，补充要求。所有要求。

例外情况：

捕获组件装置将不进行元器件级鉴定随机振动试验。

依据：

捕获组件装置（早期氨气操作装置的部件号 RH000232）是带 P6 纵梁耳轴的早期氨气操作装置的机械接口。捕获组件装置没有电子部件或需要精密调整的严格公差，可以有效进行检查。在早期氨气操作装置轨道支持设备级进行的原型飞行声学试验将达到合适的试验效果，并且风险很小。

捕获组件装置是原型飞行声学试验内容的一部分，并在早期氨气操作装置级进行验证。对捕获组件装置顺利进行了声学试验后的功能试验，从而验证了如下内容：

（1）驱动螺栓运行力矩——25in·lb 或更低；

（2）驱动螺栓固定力矩——306in·lb 或更低；

（3）软停靠装置闭锁启动力——在每个方向 10lb 或更低；

（4）插销拆卸/更换力——按下按钮的力小于 5lb，将插销插入孔内/从孔内取出的力小于 5lb。

## PG2-112

项目：

捕获组件装置　　部件号 RH000232

SSP 41172 要求：

3.1.4 节，随机振动试验（元器件验收）。

3.1.4.3 节，试验量级和持续时间。所有要求。

3.1.4.4 节，补充要求。所有要求。

例外情况：

捕获组件装置将不进行元器件级验收随机振动试验。

依据：

捕获组件装置（早期氨气操作装置的部件号 RH000232）是带 P6 纵梁耳轴的早期氨气操作装置的机械接口。捕获组件装置没有电子部件或需要精密调整的严格公差，可以有效进行检查。在早期氨气操作装置轨道支持设备级进行的原型飞行声学试验将达到合适的试验效果，并且风险很小。

捕获组件装置是原型飞行声学试验内容的一部分，并在早期氨气操作装置级进行验证。对捕获组件装置顺利进行了声学试验后的功能试验，从而验证了如下内容：

（1）驱动螺栓运行力矩——25in·lb 或更低；

（2）驱动螺栓固定力矩——306ib·lb 或更低；

（3）软停靠装置闭锁启动力——在每个方向 10lb 或更低；

（4）插销拆卸/更换力——按下按钮的力小于 5lb，将插销插入孔内/从孔内取出的力小于 5lb。

## PG2-113

项目：

氮气压力表　　部件号 RE4323-01　　序列号 9E001 和 9E002

SSP 41172 要求：

4.1.1 节，组件/元器件原型飞行试验。

在要用于后续飞行的组件上进行组件/元器件鉴定试验时，试验内容应相同（按照 2.2 节中关于元器件鉴定的定义），并有如下例外情况：

（1）对于热真空试验，温度极值应超过最低和最高预期温度 10℉（5.6℃）。周期数至少为 1 个周期。

（2）对于热循环试验，温度周期的温度应超过最高和最低预期温度 10℉（5.6℃）。周期数应为 8 个周期。

例外情况：

所述氮气压力表的热试验应在 -126℉ 到 167℉ 的范围内进行。

依据：

最初压力表（根据 SLG 39128229）的设计热环境范围从 11℉到 120℉。氮气压力表的设计和结构足够结实，因为它采用了全金属铜焊和焊接结构，可以针对源控制图纸 RE4323 总体注释 10 中所述的-105℉到 140℉最坏情况非操作热要求进行复验。

在变化试验过程中，选择了两个单元（序列号 9E001 和 9E002），并在-126℉到 167℉的范围内，在加压到 600psia 的状态下进行了 3 个周期的原型飞行热真空试验。这超过了 SSP 41172 4.1.1 节（1）和 4.1.1 节（2）原型飞行试验要求所定义的热裕度。不过，通过试验后的检查、仪表精度试验和泄漏试验，没有发现因为此热试验所导致的任何应力过大的情况。

未来开发的氮气压力表将采用一个新零件号。它们的试验流程将包含从-115℉到 150℉的热试验。

## PG2-114

项目：

管路过滤器组件　　部件号 RH000474

SSP 41172 要求：

2.2.11 节，泄漏试验（元器件鉴定）。

2.2.11.2 节，试验说明。

采用的试验方法的灵敏度和精度应符合指定的最大允许泄漏速度。

例外情况：

对管路过滤器组件进行鉴定泄漏试验时，没有足够的灵敏度和精度来验证最大允许泄漏速度。

依据：

管路过滤器组件的鉴定泄漏试验是根据罗克韦尔国际公司 RA0115-105　总体规格"氦气质谱仪泄漏检测器的泄漏试验"进行的。

"注 16：根据 RA0115-105 进行组件氦气泄漏试验，采用 IV 流程，内表面使用氦气加压到 550psig±10psig。在试验之前，系统背景需要保持稳定 15min，并且不超过每秒 9E-7STD cc。在采用氦气之后，MSLD 读数必须固定或下降（不超过背景）至少 10min。"

不过，在使用"吸入器"的情况下，质谱仪泄漏检测器没有足够的灵敏度和精度来验证最大允许泄漏。

对管路过滤器组件进行了无损试验（射线摄影检查、染色渗透剂和超声检查）。

另外，在声学试验之前，将管路过滤器组件安装在 EAS 原型飞行声学试验件中。在声学试验之后，根据 SSP 41172 第二种方法，进行了一次综合最终项真空室泄漏试验，以确保全组装 EAS 在交付之前的完整性。在质谱仪泄漏检测器 5min 间隔的连续 3 次读数达到稳定后，测量的泄漏速度为每秒 2.5E-04sccs 的氦气。这满足组件级要求，即不超过 6.8E-04sccs 的氦气（RJ00342　3.2.1.1.3 节）。

## PG2-115

项目：

管路过滤器组件　　部件号 RH000474

SSP 41172 要求：

3.1.7 节，泄漏试验（元器件验收）。

3.1.7.2 节，试验说明。

采用的试验方法的灵敏度和精度应符合指定的元器件最大允许泄漏速度。

例外情况：

对管路过滤器组件进行验收泄漏试验时，没有足够的灵敏度和精度来验证最大允许泄漏速度。

依据：

管路过滤器组件的验收泄漏试验是根据罗克韦尔国际公司 RA0115-105　总体规格"氢气质谱仪泄漏检测器的泄漏试验"进行的。

"注 16：根据 RA0115-105 进行组件氢气泄漏试验，采用 IV 流程，内表面使用氢气加压到 550psig±10psig。在试验之前，系统背景需要保持稳定 15min，并且不超过每秒 9E-7STD cc。在采用氢气之后，MSLD 读数必须固定或下降（不超过背景）至少 10min。"

不过，在使用"吸入器"的情况下，质谱仪泄漏检测器没有足够的灵敏度和精度来验证最大允许泄漏。

对管路过滤器组件进行了无损试验（射线摄影检查、染色渗透剂和超声检查）。

另外，在声学试验之前，将管路过滤器组件安装在 EAS 原型飞行声学试验件中。在声学试验之后，根据 SSP 41172 第二种方法，进行了一次综合最终项真空室泄漏试验，以确保全组装 EAS 在交付之前的完整性。在质谱仪泄漏检测器 5min 间隔的连续 3 次读数达到稳定后，测量的泄漏速度为 2.5E-04sccs 的氢气。这满足组件级要求，即不超过 6.8E-04sccs 的氢气（RJ00342 3.2.1.1.3 节）。

未来开发的管路过滤器组件将采用一个新零件号。它们的试验流程将包含 SSP 41172 所要求的一次验收泄漏试验。

## PG2-116

项目：

早期氢气操作装置配置项 FSE0108A

SSP 41172 要求：

2.2.11 节，泄漏试验（元器件鉴定）。

2.2.11.2 节，试验说明。

采用的试验方法的灵敏度和精度应符合指定的最大允许泄漏速度。

例外情况：

早期氢气操作装置内部的 Gamah 固件所进行的鉴定泄漏试验没有足够的灵敏度和精度来验证最大允许泄漏。

依据：

Gamah 装配组件的鉴定泄漏试验是根据罗克韦尔国际公司 RA0115-105　总体规格"氢气质谱仪泄漏检测器的泄漏试验"进行的。

"注 16：根据 RA0115-105 进行组件氢气泄漏试验，采用 IV 流程，内表面使用氢气加压到 550psig±10psig。在试验之前，系统背景需要保持稳定 15min，并且不超过 9E-7STD ccs。在采用氢气之后，MSLD 读数必须固定或下降（不超过背景）至少 10min。"

不过，在使用"吸入器"的情况下，质谱仪泄漏检测器没有足够的灵敏度和精度来验证最大允许泄漏。

通过如下文件为鉴定试验报告 Gamah JS14402-2 提供补充：汉密尔顿标准 SVHSER 19908（1999 年 6 月）"氨气操作装置 Gamah 固件的外部泄漏要求"，以便鉴定在 550psid 压力下不超过 1E-06sccs 氨气的外部泄漏要求。在 5min 时间内测量的泄漏速度为 2E-08sccs 的氨气。

在声学试验之前，将 Gamah 装配组件安装在 EAS 原型飞行声学试验件中。在声学试验之后，根据 SSP 41172 第二种方法，进行了一次综合最终项真空室泄漏试验，以确保全组装 EAS 在交付之前的完整性。在质谱仪泄漏检测器 5min 间隔的连续 3 次读数达到稳定后，测量的泄漏速度为 2.5E-04sccs 的氨气。这满足组件级要求，即不超过 6.8E-04sccs 的氨气（RJ00342 3.2.1.1.3 节）。

## PG2-117

项目：

早期氨气操作装置配置项目 FSE0108A

SSP 41172 要求：

3.1.7 节，泄漏试验（元器件验收）。

3.1.7.2 节，试验说明。

采用的试验方法的灵敏度和精度应符合指定的元器件最大允许泄漏速度。

例外情况：

早期氨气操作装置内部的 Gamah 固件所进行的验收泄漏试验没有足够的灵敏度和精度来验证最大允许泄漏。

依据：

Gamah 装配组件的验收泄漏试验是根据罗克韦尔国际公司 RA0115-105 总体规格"氨气质谱仪泄漏检测器的泄漏试验"进行的。

"注 16：根据 RA0115-105 进行组件氨气泄漏试验，采用 IV 流程，内表面使用氨气加压到 550psig±10psig。在试验之前，系统背景需要保持稳定 15min，并且不超过每秒 9E-7STD cc。在采用氨气之后，MSLD 读数必须固定或下降（不超过背景）至少 10min。"

根据 RA0115-105 流程 IV 来进行验收泄漏试验，即在 200psig 的压力下，泄漏的氨气不超过 9E-07sccs，并保持至少 10min。在使用"吸入器"的情况下，质谱仪泄漏检测器没有足够的灵敏度和精度来验证最大允许泄漏。

在声学试验之前，将 Gamah 装配组件安装在 EAS 原型飞行声学试验件中。在声学试验之后，根据 SSP 41172 第二种方法，进行了一次综合最终项真空室泄漏试验，以确保全组装 EAS 在交付之前的完整性。在质谱仪泄漏检测器 5min 间隔的连续 3 次读数达到稳定后，测量的泄漏速度为 2.5E-04sccs 的氨气。这满足组件级要求，即不超过 6.8E-04sccs 的氨气（RJ00342 3.2.1.1.3 节）。

## PG2-118

项目：

氨气储箱气体填空管　　部件号 SV809903

SSP 41172 要求：

2.2.11 节，泄漏试验（元器件鉴定）。

2.2.11.2 节，试验说明。

采用的试验方法的灵敏度和精度应符合指定的最大允许泄漏速度。

例外情况：

氨气储箱气体填充管不应通过试验来验证是否满足 6.67E-08sccs 氢气的泄漏速度要求。

依据：

根据 SSP 30559 中针对断裂关键硬件的要求进行设计。

储箱气体填充管具有可靠的设计，它采用了一个弯曲和焊接填充管，并有一个焊接盖（双焊缝）。此设计在高于规定值的速度下产生泄漏的概率极低。

通过 MSFC-STD-1249 无损试验方法检查所有焊缝。对进行此特殊焊缝缺陷检测方法的工作人员和相关设备进行认证，并证明能在 95% 的置信度下达到 90% 的检测概率。

使用 SSP 41172 第二种方法，对一个 PIO 40 备件单元（序列号 044）进行了一次储箱气体填充管泄漏试验，得到的泄漏速度好于规定值。

## PG2-119

项目：

氨气储箱气体填空管　　部件号 SV809903-4　　序列号 17、30、31、33、36、37、38、39、40 和 41

氨气储箱气体填空管　　部件号 SV809903-5　　序列号 12、13、14、18、21、22、24、25、28、29、34 和 35

SSP 41172 要求：

3.1.7 节，泄漏试验（元器件验收）。

3.1.7.2 节，试验说明。

采用的试验方法的灵敏度和精度应符合指定的元器件最大允许泄漏速度。

例外情况：

氨气储箱气体填充管不应通过试验来验证是否满足 6.67E-08sccs 氢气的泄漏速度要求。未来对氨气储箱气体填充管所进行的任何验收泄漏试验都应符合 SSP 41172 的要求。

依据：

根据 SSP 30559 中针对断裂关键硬件的要求进行设计。

储箱气体填充管具有可靠的设计，它采用了一个弯曲和焊接填充管，并有一个焊接盖（双焊缝）。此设计在高于规定值的速度下产生泄漏的概率极低。

通过 MSFC-STD-1249 无损试验方法检查所有焊缝。对进行此特殊焊缝缺陷检测方法的工作人员和相关设备进行认证，并证明能在 95% 的置信度下达到 90% 的检测概率。

使用 SSP 41172 第二种方法，对一个 PIO 40 备件单元（序列号 044）进行了一次储箱气体填充管泄漏试验，得到的泄漏速度好于指定值。

## PG2-120

项目：

电机/电机控制器　　部件号 83-36884-101

SSP 41172 要求：

2.2.2 节，热真空试验（元器件鉴定）。

2.2.2.3 节，试验量级和持续时间。

在热循环试验的高温区，元器件应处于最大验收限值加上一个 20℉（11.1℃）的裕度（最高设计温度）；在热循环试验的低温区，元器件应处于最小验收试验值温度减去一个 20℉（11.1℃）的裕度（最低设计温度）。

2.2.3 节，热循环试验（元器件鉴定）。

2.2.3.3 节，试验量级和持续时间。

在热循环的高温区，元器件应处于最大验收限值加上一个 20℉（11.1℃）的裕度（最高设计温度）；在热循环的低温区，元器件应处于最小验收试验值温度减去一个 20℉（11.1℃）的裕度（最低设计限值温度）。

<u>例外情况：</u>

对于热操作和非操作条件以及冷非操作条件，光电散热器电机和电机控制器在鉴定和验收热试验之间应有 0℉的裕度。对于冷操作条件，光电散热器电机和电机控制器应有-36℉的裕度（在验收热试验过程中为-67℉，在鉴定热试验过程中为-31℉）。

<u>依据：</u>

电机和电机控制器电气、电子和机电部件不在低于-67℉（-55℃）的温度下操作。

### 1. 冗余备用

电机和电机控制器带有舱外活动展开冗余装置。在 PVR-1 的普鲁布鲁克热真空试验过程中，顺利完了舱外活动驱动器试验。当温度处于环境温度-100℉以及 120℉时，它用来展开和收回散热器。在温度为-110℉时，舱外活动驱动器温度约为 0℉。在 4 个光电散热器的验收试验过程中，在环境温度下顺利对舱外活动驱动器进行了试验。

### 2. 电气、电子和机电部件寿命和电气缺陷检测

电气、电子和机电部件将不受-67℉下的验收试验的影响，因为它们指定在-67℉下操作。在-67℉进行的电机和电机控制器元器件功能试验应能发现电气缺陷，比如原有的开裂焊接点，或者由元器件热或振动试验产生的开裂焊接点。

### 3. 证明相对最小在轨操作温度的裕度近似为 67℉

在验收热真空和热循环试验过程中，在-67℉下进行元器件级电机和电机控制器功能试验。在非操作状态下，电机和电机控制器仅处于冷温度（不到 0℉），这种状态出现在重新布置 P6 或光电散热器的活动中，或发射到激活活动中。在进行这些活动之后，会恢复加热器的电力，电机和电机控制器在进行展开/收回光电散热器操作时温度约为 0℉。

### 4. 证明相对最小在轨非操作温度的裕度近似为 20℉

仅在加热器处于非操作状态的情况下（在光伏组件 P4 或光电组件 P6 发射到激活过程中或者重新布置光电组件 P6 或早期光电散热器的过程中），才会出现-47℉的最小电机和电机控制器非操作在轨温度。在发射到激活或重新布置活动过程中，因为不展开或收回光电散热器，所以没有操作电机和电机控制器。

5. 相对最小电气、电子和机电部件非操作温度的裕度为 18℉

按照说明，在不超过-85℉（-65℃）的非操作温度下，电气、电子和机电部件都能保持正常功能。这比-67℉的最小验收热真空和热循环试验温度低 18℉。

## PG2-121

项目：

组件级——电机/电机控制器　　部件号 83-36884-101

子组件——电机德泰　　部件号 2961062-001

电机控制器德泰　　部件号 2961062-501

SSP 41172 要求：

2.2.5 节，随机振动试验（元器件鉴定）。

2.2.5.4 节，补充要求。

在随机振动试验过程中，应给电气和电子元器件加电，并监控是否有故障或中断。

例外情况：

在鉴定随机振动试验过程中，光电散热器电机和电机控制器不需要加电和监控。未来的电机控制器（德泰部件号 2961062-501）试验将符合 SSP 41172 要求。对于尚未安装在光电散热器 1、2、3 和 4 的电机控制器、任何返工的已安装电机控制器以及任何备件，都需要在鉴定（如果因为硬件修改而需要鉴定）以及验收随机振动试验过程中给电机控制器加电并进行监控。

依据：

在元器件级鉴定热真空和热循环试验之前进行元器件级鉴定振动试验。电机和电机控制器在随后的鉴定热真空和热循环试验中进行加电。

热试验应该能检测原有的或在振动试验过程中产生的电气缺陷（比如开裂焊接点）。因为电机和电机控制器在较大温度范围内进行热试验，所以可以实现这个目标。在鉴定和验收热试验过程中，"非操作"高温范围从-67℉到257℉。在鉴定和验收热试验过程中，"操作"温度范围为-31～129℉。

电机/电机控制器带有舱外活动展开冗余装置。

在任何振动试验过程中，光电散热器电机都不需要加电和监控，因为这样可能会导致假故障指示信号。在振动试验过程中，操作电机可能产生不可靠的连续条形图。在振动过程中，制动器会产生摇摆。因为电机无法进行"超功率"制动，所以条形图上的运行电流值会产生"尖峰"，从而使电流值停顿。因此，在振动过程中，无法区分制动器部分接合以及"故障"所导致的电流尖峰。

## PG2-122

项目：

组件级——电机/电机控制器　　部件号 83-36884-101

子组件——电机德泰　　部件号 2961062-001

电机控制器德泰　　部件号 2961062-501

SSP 41172 要求：

3.1.4 节，随机振动试验（元器件验收）。

3.1.4.4 节，补充要求。

在随机振动试验过程中，应给电气和电子元器件加电，并监控是否有故障或中断。

例外情况：

在验收随机振动试验过程中，光电散热器电机和电机控制器不需要加电和监控。未来的电机控制器（德泰部件号 2961062-501）试验将符合 SSP 41172 要求。对于尚未安装在光电散热器 1、2、3 和 4 的电机控制器、任何返工的已安装电机控制器以及任何备件，都需要在鉴定（如果因为硬件修改而需要鉴定）以及验收随机振动试验过程中给电机控制器加电并进行监控。

依据：

在元器件级验收热真空和热循环试验之前进行元器件级验收振动试验。电机和电机控制器在随后的验收热真空和热循环试验中进行加电。

热试验应该能检测原有的或在振动试验过程中产生的电气缺陷（比如开裂焊接点）。因为电机和电机控制器在较大温度范围内进行热试验，所以可以实现这个目标。在鉴定和验收热试验过程中，"非操作"高温范围从-67℉到 257℉。飞行单元在-67℉下操作。在鉴定和验收热试验过程中，"操作"温度范围为-31～129℉。

电机/电机控制器带有舱外活动展开冗余装置。

在任何振动试验过程中，光电散热器电机都不需要加电和监控，因为这样可能会导致假故障指示信号。在振动试验过程中，操作电机可能产生不可靠的连续条形图。在振动过程中，制动器会产生摇摆。因为电机无法进行"超功率"制动，所以条形图上的运行电流值会产生"尖峰"，从而使电流值停顿。因此，在振动过程中，无法区分制动器部分接合以及"故障"所导致的电流尖峰。

## PG2-123

项目：

电机/电机控制器　　部件号 83-36884-101　　序列号 002、003、004 和 005

SSP 41172 要求：

2.2.5 节，随机振动试验（元器件鉴定）。

2.2.5.3 节，试验量级和持续时间。

在三个正交轴上每个轴的试验量级和时间应为在预期最大值和频谱条件下的预期飞行接触时间的 3 倍，或元器件随机振动验收试验时间的 3 倍（如果此时间较长），但是每轴时间不能小于 3min。

例外情况：

光电散热器电机和电机控制器鉴定随机振动试验的时间应与验收随机振动试验时间相同，即每轴 3min。

依据：

所述的光电散热器电机和电机控制器每轴进行了 3min 的验收振动试验。另外，还进行了每轴 3min 的鉴定振动试验。疲劳分析（EID-05680）表明：该电子部件没有受到损害，并且具有足够的使用寿命。分析表明：

◇ 电机——最小剩余寿命为 165min（在飞行级）；

◇ 电机控制器——剩余寿命为 141min（在飞行级）。

对于电机，一次飞行等效于 7s 的验收试验时间（Z 轴最坏情况）。165min 的最小剩余寿命等于硬件剩余330次飞行或38次验收试验。对于电机控制器，一次飞行等效于8s的验收试验时间（Z轴最坏情况）。141min的最小剩余寿命等于硬件剩余282次飞行或37次验收试验。

另外，在每轴还进行了3min的鉴定级开发试验（针对一个开发件）。在高于飞行值1dB的条件下进行了1min的额外试验，在高于飞行值2dB的条件下进行了1min的额外试验，在高于飞行值3dB的条件下进行了0.38min的额外试验（中止试验的原因并不是试验单元的故障）。没有发现试验单元出现支架断裂、环氧树脂裂开或其他故障。

电机和电机控制器元器件级振动后功能试验应能发现电气缺陷，比如原有的开裂焊接点，或者由元器件级振动试验产生的开裂焊接点。

电机和电机控制器验收试验流程已经被更新，将每周的验收振动试验时间缩短为1min。

## PG2-124

项目：

电机/电机控制器　　部件号83-36884-101

SSP 41172要求：

2.2.2节，热真空试验（元器件鉴定）。

2.2.2.4节，补充要求。

应至少在第一个和最后一个操作周期的最高操作温度加上20℉（11.1℃）的裕度和最低操作温度减去20℉（11.1℃）的裕度的保持期之后以及元器件返回到环境温度之后进行功能试验。

2.2.3节，热循环试验（元器件鉴定）。

2.2.3.4节，补充要求。

应至少在第一个和最后一个热循环的预期最高温度加上20℉（11.1℃）的裕度和预期最低温度减去20℉（11.1℃）的裕度条件下以及元器件返回到环境温度之后进行功能试验。

例外情况：

在鉴定热真空和热循环试验过程中，电机的舱外活动驱动器没有在第一个和最后一个操作周期的预期最高和最低操作温度（20℉裕度）的保持期之后进行功能试验。在鉴定热真空和热循环试验过程中，舱外活动驱动器仅在环境温度下进行了功能试验。

依据：

电机和电机控制器带有舱外活动展开冗余装置。在PVR-1的普鲁布鲁克热真空试验过程中，顺利完了舱外活动驱动器试验。当温度处于环境温度-100℉以及120℉时，它用来展开和收回散热器。在温度为-100℉时，使用加热器将舱外活动驱动器温度控制在0℉左右。在4个光电散热器的验收试验过程中，在环境温度下顺利对舱外活动驱动器进行了试验。

在德泰的一个类飞行组件（根据飞行要求制造，不过指定为"空转"固件的部件）中，对涡轮组进行了电机和电机控制器空车试验（称为第5级试验）。5级齿轮头的前4级属于非飞行等效部件，它们被STE所取代。4个行星齿轮被WT61770 STE所取代，后者连接到第5级的环形齿轮，并将力矩传输到输出轴。在空车试验中，行星齿轮被取代，以确保所有齿轮力矩数据和计算的系数只是针对涡轴-齿轮（不包括行星齿轮-环形齿轮网）。

在空车试验设置过程中，通过垫片将涡轴和涡轮/环形齿轮对齐。通过目测检查在涡轮齿上涂抹的干膜润滑油的无载空车磨损形状。在试验中记录垫片信息，并使垫片与合副涡轴和涡轮保持在一起。在最终组装过程中，将飞行涡轮外壳接口的尺寸与空车试验外壳尺寸进行比较，并根据需要调整垫片。迄今为止尚未进行任何垫片调整。

涡轮在环境温度和温度极值下进行空车操作（第 5 级数值）和试验。在组装了电机和电机控制器以后，在验收试验流程中，在环境温度下检验涡轮效率。在效率计算中，包括对目前起作用的第 5 级行星齿轮组的效率进行工程估算。如果效率基本相同，则会将温度极值下的效率数据传送到电机和电机控制器验收试验流程数据表。在普鲁布鲁克的光电散热器值试验过程中，电机和电机控制器操作温度范围从 0℉ 到 120℉。温度相对有利，对舱外活动的功能基本不会产生热影响。虽然在 5 级试验中，并不在温度极值下操作行星齿轮，但是会在极值温度下进行全启动电机试验。第 5 级热试验主要关注涡轴-涡轮接口。因此，在全启动电机试验以及第 5 级试验中，都在极值温度下检验整个舱外活动驱动器串的功能。

## PG2-125

项目：

电机/电机控制器　　　部件号 83-36884-101

SSP 41172 要求：

3.1.2 节，热真空试验（元器件验收）。

3.1.2.4 节，补充要求。

应在第一个和最后一个操作周期的最高和最低预期温度的保持期之后以及元器件返回到环境温度之后进行功能试验。

3.1.3 节，热循环试验（元器件鉴定）。

3.1.3.4 节，补充要求。

应在第一个和最后一个操作热循环的最高和最低预期温度的保持期之后以及元器件返回到环境温度之后进行功能试验。

例外情况：

在验收热真空和热循环试验过程中，电机的舱外活动驱动器没有在第一个和最后一个操作周期的预期最高和最低操作温度的保持期之后进行功能试验。在验收热真空和热循环试验过程中，舱外活动驱动器仅在环境温度下进行了功能试验。

依据：

电机和电机控制器带有舱外活动展开冗余装置。在 PVR-1 的普鲁布鲁克热真空试验过程中，顺利完成了舱外活动驱动器试验。当温度处于环境温度-100℉ 以及 120℉ 时，它用来展开和收回散热器。在温度为-100℉ 时，使用加热器将舱外活动驱动器温度控制在 0℉ 左右。在 4 个光电散热器的验收试验过程中，在环境温度下顺利对舱外活动驱动器进行了试验。

在德泰的一个类飞行组件（根据飞行要求制造，不过指定为"空转"固件的部件）中，对涡轮组进行了电机和电机控制器空车试验（称为第 5 级试验）。5 级齿轮头的前 4 级属于非飞行等效部件，它们被 STE 所取代。4 个行星齿轮被 WT61770 STE 所取代，后者连接到第 5 级的环形齿轮，并将力矩传输到输出轴。在空车试验中，行星齿轮被取代，以确保所有齿轮力矩数据和计算的系数只是针对涡轴-齿轮（不包括行星齿轮-环形齿轮网）。

在空车试验设置过程中，通过垫片将涡轴和涡轮/环形齿轮对齐。通过目测检查在涡轮齿上涂抹的干膜润滑油的无载空车磨损形状。在试验中记录垫片信息，并使垫片与合副涡轴和涡轮保持在一起。在最终组装过程中，将飞行涡轮外壳接口的尺寸与空车试验外壳尺寸进行比较，并根据需要调整垫片。迄今为止尚未进行任何垫片调整。

涡轮在环境温度和温度极值下进行空车操作（第 5 级数值）和试验。在组装了电机和电机控制器以后，在验收试验流程中，在环境温度下检验涡轮效率。在效率计算中，包括对目前起作用的第5级行星齿轮组的效率进行工程估算。如果效率基本相同，则会将温度极值下的效率数据传送到电机和电机控制器验收试验流程数据表。在普鲁布鲁克的光电散热器值试验过程中，电机和电机控制器操作温度范围从 0℉ 到 120℉。温度相对有利，对舱外活动的功能基本不会产生热影响。虽然在 5 级试验中，并不在温度极值下操作行星齿轮，但是会在温度极值下进行全启动电机试验。第 5 级热试验主要关注涡轴-涡轮接口。因此，在全启动电机试验以及第 5 级试验中，都在温度极值下检验整个舱外活动驱动器串的功能。

## PG2-126

项目：

加热器控制器组件　　部件号 83-48368-101

SSP 41172 要求：

2.2.2 节，热真空试验（元器件鉴定）。

2.2.2.3 节，试验量级和持续时间。所有要求。

2.2.2.4 节，补充要求。所有要求。

例外情况：

加热器控制器组件将不进行鉴定热真空试验。

依据：

对工程模型加热器控制器组件，进行 SSP 41172 鉴定热真空试验要求的热真空试验。

工程模型加热器控制器组件与飞行精度加热器控制器组件相同，只不过增加了读取内部电压的电气连线，并在封盖上增加了一个孔，以便给试验仪表布线。增加的连线和相关监控电路对加热器控制器组件的电气/电子性能基本没有影响。增加连线的开孔不应该影响加热器控制器组件的热响应，只不过会略微改变电子部件的热响应速度。在真空温度变化时，开口会倾向于增加响应（变化）速度，使应力增加。在热和冷浸泡温度下，开口基本没有影响，因为它很小，通过穿过孔的线来完成插入操作。

增加试验仪表是空间站硬件试验的典型做法，一直都没有什么问题。

## PG2-127

项目：

加热器控制器组件　　部件号 83-48368-101

SSP 41172 要求：

3.1.2 节，热真空试验（元器件验收）。

3.1.2.3 节，试验量级和持续时间。所有要求。

3.1.2.4 节，补充要求。所有要求。

例外情况：

光电散热器加热器控制器组件不进行验收热真空试验。未来的试验将符合 SSP 41172 要求。对于尚未安装在光电散热器 1、2、3 和 4 的加热器控制器组件、任何返工的已安装加热器控制器组件以及任何备件，采购时都应使用不同的部件号。对于新部件号，需要对加热器控制器组件进行验收热真空试验。

依据：

根据对加热器控制器组件的工程评估，唯一需要进行筛选热真空试验的特性是加热器黏结。下面的依据支持所述的验收热真空试验例外情况。

在"与导热环氧树脂黏合剂黏结的工艺规格"（编号508-8-44）中规定了如何使用环氧树脂黏合剂底漆（Hysol EA9205）和环氧树脂黏合剂（TRA-BOND 2151）制作加热器和电阻温度检测器表面并黏合到平面和曲面上。环氧树脂底漆不用来黏结电阻温度检测器。在该规格中，要求在连接黏合表面之前，通过目测检查来验证所用的黏合剂中没有气泡或孔隙。

根据在3-47300/2000DIR-008中记录的洛克希德马丁导弹和点火控制分析内容，在第3阶段试验环境中操作一个加热器控制器组件加热器（保守），如3-47300/9R-005"光电散热器加热器系统热-真空鉴定试验最终试验报告"（1999年3月）所述，可以在加热器表面区产生52%的脱粘，同时仍然满足加热要求，在最小电源电压下的加热器功率裕度为20%。

另外，波音-亨廷顿比奇还在一个真空环境中试验了与光电散热器加热器控制器组件类似的一个加热器，在产生40%加热器脱粘的情况下没有发生故障。综合考虑加热器控制器组件加热器和波音-亨廷顿比奇加热器之间的差值可以发现：加热器控制器组件加热器的脱粘区不会像波音-亨廷顿比奇加热器试验那么热。在比较加热器过程中最大的贡献因素就是功率密度，根据试验，加热器控制器组件加热器的功率密度不到波音-亨廷顿比奇加热器的1/2。因此，加热器控制器组件加热器的脱粘区不应像试验的波音-亨廷顿比奇加热器那么热，根据波音-亨廷顿比奇加热器试验，加热器控制器组件加热器至少应该能够顺利承受加热器脱粘比例达到40%的情况。

另外，在出现一个全面的加热器控制器组件加热器故障后，不会影响光电散热器排热功能，因为它不会导致任何一个光电散热器氨气环路中的歧管冻结。如果一个光电散热器氨气环路不流动（出现故障），排热功能仍然会保持完好。除非两个氨气环路都不流动（两个故障），否则不会失去排热功能。

因为损失HCA加热器可能导致损失HCA（用来控制电机/电机控制器加热器），所以可能会危及使用电机/电机控制器的光电散热器展开/收回功能。通过非常的保守分析表明：在完全失去电机/电机控制器加热器后，电机/电机控制器电子部件可能会达到-100℉以下的温度。舱外活动驱动器也许能在冷温度下正常操作，如果不能，则需要在温度变暖之后重新获取功能。

## PG2-128

项目：

短隔离片 P5　　部件号 R081200

短隔离片 S5　　部件号 R081200

SSP 41172 要求：

2.4节，飞行构件鉴定。

飞行构件鉴定试验基线方案包括表2-2中给出的所有所需试验。

表2-2，飞行构件鉴定试验。将静力结构载荷试验确定为一种所需的试验。

例外情况：

短隔离片 P5 和短隔离片 S5 将不进行鉴定静结构载荷试验。

依据：

短隔离片 P5 和 S5 属于桁架结构，其设计理念与 P6 长隔离片结构类似。它没有连接的在轨可更换单元，只有一个 230 lb 的固定装置。它必须独自承载其重量。它的结构很结实，因为它设计了 2.0 的极限安全系数。在设计中采用的载荷为保守载荷，它采用一个 8010lb 的失配载荷，或者约相当于总耳轴载荷的 1/3。最近的载荷分析表明：将一个短隔离片与轨道器模型连接起来，可以将失配载荷减少到 4800lb。根据所述裕度与峰值弯曲应力的关系，采用断裂模量方法（目前的分析中尚未使用此方法）表明其有额外的强度能力。

将 P6 长隔离片关联系统静力试验总结的经验应用于短隔离片。在设计中消除或减少了桁架接头的偏心度，以改良载荷路径。利用桁架接头的高精度局部模型来更好地定义接头的刚度，它是 P6 长隔离片关联系统的一个薄弱区。使用一个标准的 1.4 安全系数以及最差 P6 长隔离片关联系数进行了一次替代评估。此评估得到一个正裕度，从而可以对 P6 进行比较检查。

将进行一次 P5 模态试验。通过创建有限元模型，方便验证接头刚度值。通过模态试验，能确保有限元模型的整体健康状态。通过灵敏度研究表明：在轨载荷对 P5 刚度不敏感。P5 短隔离片舱节的刚度增加一倍或减半都不会显著影响在轨频率响应。频率响应在在轨模型验证指定的公差范围内（±10%），其附属结构（即在轨关键）频率变化不到 1%，桁架频率变化不到 4%。

## PG2-129

项目：

短隔离片 P5　　部件号 R081200

短隔离片 S5　　部件号 R081200

SSP 41172 要求：

2.4 节，飞行构件鉴定。

飞行构件鉴定试验基线方案包括表 2-2 中给出的所有所需试验。

表 2-2，飞行构件鉴定试验。将声振动试验确定为一种所需的试验。

例外情况：

短隔离片 P5 和短隔离片 S5 将不进行鉴定声振动试验。

依据：

短隔离片 P5 和 S5 属于桁架结构，其设计理念与 P6 长隔离片结构类似。它没有连接的在轨可更换单元，只有一个 230lb 的固定装置。P6 长隔离片作为 P6 货舱构件进行了声学试验。P6 长隔离片结构包括两个光电散热器和两个泵流速控制系统单元，而短隔离片则不包括。P6 长隔离片上的这些部件显著增加了与声场相互作用的表面积。在 P6 长隔离片上测量得到的任何较大值都与相连散热器的机械能量传递有关，否则其数值就会很低。因为短隔离片 P5 和 S5 不包含此硬件，所以短隔离片的表面积与体积之比显著低于长隔离片的表面积与体积之比。这使短隔离片具有明显的声透明特性。

结合 SSP 30559，对各组载荷进行结构分析。在所需的方法中，对剩余载荷进行声载荷均方根处理。因此小的声载荷在总载荷中的影响非常小。

所以不需要进行声学试验。

## PG2-130

项目：

太阳能电池阵列翼桅杆小筒末端/枢轴组件　　部件号 5838844

SSP 41172 要求：

4.1.1 节，组件/元器件原型飞行试验。

对于热循环试验，温度极值应超过最高和最低预期温度 10℉（5.6℃）。

例外情况：

对于太阳能电池阵列翼桅杆小筒末端/枢轴组件，在原型飞行热循环试验过程中，在非操作条件下的最高温度应为 158℉。

依据：

太阳能电池阵列翼桅杆小筒末端/枢轴组件在非操作条件下的最高预期温度为 151℉。因此，在原型飞行热循环试验过程中的非操作条件下，末端/枢轴组件承受了超过预期最高温度 7℉ 的温度。

最大非操作条件不是一种硬件性能条件。因此，唯一的问题是硬件承受非操作温度情况下的设计完整性。在采用不同材料的所有接口，其间隙足以保证材料热膨胀和收缩。在试验过程中，超过了硬件的预期最大操作条件 55℉，硬件仍然保持正常功能。因此，在原型飞行热循环试验过程中与所需的最大非操作温度差 3℉ 所导致的风险较小。

## PG2-131

项目：

太阳能电池阵列翼枢轴固件　　部件号 5835853

SSP 41172 要求：

第 4.1.1 节，组件/元器件原型飞行试验。

对于热循环试验，温度极值应超过最高和最低预期温度 10℉（5.6℃）。

例外情况：

对于太阳能电池阵列翼桅杆小筒枢轴固件，在原型飞行热循环试验过程中，在非操作条件下的最高温度应为 166℉。

依据：

太阳能电池阵列翼枢轴固件在非操作条件下的最高预期温度为 163℉。因此，在原型飞行热循环试验过程中的非操作条件下，枢轴固件承受了超过预期最高温度 3℉ 的温度。

最大非操作条件不是一种硬件性能条件。因此，唯一的问题是硬件承受非操作温度情况下的设计完整性。在采用不同材料的所有接口，其间隙足以保证材料热膨胀和收缩。在试验过程中，超过了硬件的预期最大操作条件 15℉，硬件仍然保持正常功能。因此，在原型飞行热循环试验过程中与所需的最大非操作温度差 7℉ 所导致的风险较小。

## PG2-132

项目：

太阳能电池阵列翼锁定支柱　　部件号 5851331

SSP 41172 要求：

2.2.3 节，热循环试验（元器件鉴定）。

2.2.3.3 节，试验量级和持续时间。

在热循环的高温部分，元器件应处于最大验收限值加上一个 20℉（11.1℃）的裕度（最高设计温度）；在热循环的低温部分，元器件应处于最小验收试验值温度减去一个 20℉（11.1℃）

的裕度（最低设计限值温度）。

例外情况：

对于太阳能电池阵列翼桅杆小筒锁定支柱，在鉴定热循环试验过程中，在非操作条件下的最高温度应为212℉。

依据：

太阳能电池阵列翼锁定支柱在非操作条件下的最高预期在轨温度（最坏情况）为218℉。因此，在鉴定热循环试验过程中的非操作条件下，锁定支柱承受了比预期最高温度低6℉的温度。

热非操作条件不是一种硬件性能条件。因此，唯一的问题是硬件承受非操作温度情况下的设计完整性。在采用不同材料的所有接口，其间隙足以保证材料热膨胀和收缩。在试验过程中，超过了硬件的预期最大操作条件29℉，硬件仍然保持正常功能。因此，在鉴定热循环试验过程中与所需的最大非操作在轨温度（最恶劣情况）差26℉所导致的风险较小。

## PG2-133

项目：

太阳能电池阵列翼拉伸装置　　部件号5836966

SSP 41172 要求：

2.2.2 节，热真空试验（元器件鉴定）。

2.2.2.3 节，试验量级和持续时间。

在热循环的高温部分，元器件应处于最大验收限值加上一个20℉（11.1℃）的裕度（最高设计温度）；在热循环的低温部分，元器件应处于最小验收试验值温度减去一个20℉（11.1℃）的裕度（最低设计温度）。

例外情况：

对于太阳能电池阵列翼桅杆小筒拉伸装置，在鉴定热循环试验过程中，在非操作条件下的最高温度应为240℉。

对于太阳能电池阵列翼桅杆小筒拉伸装置，在鉴定热循环试验过程中，在操作条件下的最高温度应为176℉。

对于太阳能电池阵列翼桅杆小筒拉伸装置，在鉴定热循环试验过程中，在非操作条件下的最低温度应为-118℉。

依据：

太阳能电池阵列翼拉伸装置在非操作条件下的预期最高在轨温度（最坏情况）为229℉。太阳能电池阵列翼拉伸装置在操作条件下的预期最高在轨温度（最坏情况）为194℉。因此，在鉴定热循环试验过程中，在非操作条件下，拉伸装置承受的温度比最高预期温度高11℉；在操作条件下，拉伸装置承受的温度比最高预期温度高16℉（比所需的最高鉴定热循环操作温度低36度）。

另外，太阳能电池阵列翼拉伸装置在非操作条件下的最低预期在轨温度（最坏情况）为-102℉。因此，在鉴定热循环试验的非操作条件下，拉伸装置承受的温度比预期最低非操作温度低16℉。

低温区和高温区非操作条件不是一种硬件性能条件。因此，唯一的问题是硬件承受非操作温度情况下的设计完整性。在采用不同材料的所有接口，其间隙足以保证材料热膨胀和收缩。

在试验过程中，超过了硬件的低温区操作条件 6℉，硬件仍然保持正常功能。因此，在鉴定热循环试验过程中与所需的最低操作在轨温度（最恶劣情况）差 4℉所导致的风险较小。

针对太阳能电池阵列翼闭锁装置的每个接口进行了一次累积公差分析 EID-05787，其中包括拉伸装置，以便了解在从环境温度到低温区变化过程中最大预期温度变化速度的影响。在评估了设计方案之后，美国航空航天局、波音和洛克希德马丁公司决定：在采用不同材料的所有接口，间隙都会随着温度而升高。因此，在鉴定热循环试验过程中与所需的最高非操作在轨温度（最恶劣情况）差 9℉以及与所需的最高操作在轨温度差 38℉所导致的风险较小。

## PG2-134

项目：

太阳能电池阵列翼导绳装置　　部件号 5851246

SSP 41172 要求：

2.2.2 节，热真空试验（元器件鉴定）。

2.2.2.3 节，试验量级和持续时间。

在热循环的高温部分，元器件应处于最大验收限值加上一个 20℉（11.1℃）的裕度（最高设计温度）；在热循环的低温部分，元器件应处于最小验收试验值温度减去一个 20℉（11.1℃）的裕度（最低设计温度）。

例外情况：

对于太阳能电池阵列翼桅杆小筒导绳装置，在鉴定热循环试验过程中，在非操作条件下的最高温度应为 256℉。

对于太阳能电池阵列翼桅杆小筒导绳装置，在鉴定热循环试验过程中，在非操作条件下的最低温度应为-130℉。

依据：

太阳能电池阵列翼导绳装置在非操作条件下的最高预期在轨温度（最恶劣情况）为 260℉。因此，在鉴定热循环试验的非操作条件下，导绳装置承受的温度比预期最高非操作温度低 4℉（比所需的最高非操作鉴定热循环温度低 24℉）。

另外，太阳能电池阵列翼导绳装置在非操作条件下的最低预期在轨温度（最坏情况）为 -119℉。因此，在鉴定热循环试验的非操作条件下，导绳装置承受的温度比预期最低非操作温度低 11℉。

低温区和高温区非操作条件不是一种硬件性能条件。因此，唯一的问题是硬件承受非操作温度情况下的设计完整性。在采用不同材料的所有接口，其间隙足以保证材料热膨胀和收缩。在试验过程中，超过了硬件的最小操作条件 3℉（包括 20℉的鉴定裕度），超过了最大操作条件 16℉（包括 20℉的鉴定裕度）。在上述两种情况下，硬件都仍然保持正常功能。因此，与所需的最低非操作温度（最恶劣情况）差 9℉以及与所需的最高非操作温度（最恶劣情况）差 24℉所导致的风险较小。

## PG2-135

项目：

太阳能电池阵列翼闭锁挂钩组件　　部件号 5851286

SSP 41172 要求：

4.1.1 节，组件/元器件原型飞行试验。

对于热循环试验，温度极值应超过最高和最低预期温度 10℉（5.6℃）。

例外情况：

对于太阳能电池阵列翼闭锁挂钩组件，在原型飞行热循环试验过程中，在非操作条件下的最低温度应为-113℉。

对于太阳能电池阵列翼闭锁挂钩组件，在原型飞行热循环试验过程中，在操作条件下的最低温度应为-70℉。

依据：

太阳能电池阵列翼闭锁挂钩组件在非操作条件下的最低预期在轨温度（最坏情况）为-106℉。因此，在原型飞行热循环试验的非操作条件下，导绳装置承受的温度比预期最低非操作温度低 7℉。

另外，太阳能电池阵列翼闭锁挂钩组件在操作条件下的最低预期在轨温度（最坏情况）为-91℉。因此，在原型飞行热循环试验的操作条件下，导绳装置承受的温度比预期最低非操作温度高 21℉（比所需的最小操作原型飞行热循环温度高 31℉）。

低温区非操作条件不是一种硬件性能条件。因此，唯一的问题是硬件承受非操作温度情况下的设计完整性。因为在原型飞行热循环试验过程中在非操作条件下的裕度为 7℉，所以相关的美国航空航天局、波音和洛克希德马丁工程师认为其给计划带来的风险很小。

在试验中，与操作条件下所需的最低原型飞行热循环温度差 31℉。针对太阳能电池阵列翼闭锁装置的每个接口进行了一次累积公差分析 EID-05787，其中包括闭锁挂钩组件。计算了每个接口的预期最大温度变化（从环境温度到低温区的范围为 170℉）的影响。在相关的美国航空航天局、波音和洛克希德马丁结构和装置工程师评估了此类信息之后，认为太阳能电池阵列翼闭锁挂钩组件有足够的设计裕度。

因此，在原型飞行热循环试验过程中与所需的最低非操作温度（最坏情况）差 3℉以及与所需的最高非操作温度（最坏情况）差 31℉所导致的风险视为可以接受。

## PG2-136

项目：

太阳能电池阵列翼闭锁装置　　部件号 5851286

SSP 41172 要求：

4.1.1 节，组件/元器件原型飞行试验。

对于热循环试验，温度极值应超过最高和最低预期温度 10℉（5.6℃）。

例外情况：

对于太阳能电池阵列翼闭锁装置，在原型飞行热循环试验过程中，在非操作条件下的最低温度应为-77℉。

依据：

太阳能电池阵列翼闭锁装置在操作条件下的最低预期在轨温度（最坏情况）为-73℉。因此，在原型飞行热循环试验的操作条件下，闭锁装置承受的温度比预期最低非操作温度低 4℉。

在试验中，与操作条件下所需的最低原型飞行热循环温度差 6℉。针对太阳能电池阵列翼闭锁装置的每个接口进行了一次累积公差分析 EID-05787。计算了每个接口的预期最大温度变化（从环境温度到低温区的范围为 170℉）的影响。在相关的美国航空航天局、波音和洛克希德马丁结构和装置工程师评估了此类信息之后，认为太阳能电池阵列翼闭锁装置有足够的设计裕度。

## PG2-137

项目：

太阳能电池阵列翼电机驱动组件　　部件号 5843318

SSP 41172 要求：

3.1.2 节，热真空试验（元器件验收）。

3.1.2.3 节，试验量级和持续时间。

在热循环试验的高温区，元器件应处于预期最高温度；在热循环试验的低温区，元器件应处于预期最低温度。

3.1.3 节，热循环试验（元器件验收）。

3.1.3.3 节，试验量级和持续时间。

在热循环试验的高温区，元器件应处于最大验收限值；在热循环试验的低温区，元器件应处于最小验收限值。

例外情况：

在验收热真空和热循环试验过程中，太阳能电池阵列翼电机驱动组件在操作条件下的最高温度应为 68℉。

依据：

太阳能电池阵列翼电机驱动组件在操作条件下的预期最高温度为 118℉。不过，在后续试验中，电机驱动组件承受了 185℉ 的非操作温度，并且性能没有下降。相关的美国航空航天局、波音和洛克希德马丁工程师认为：在 118℉ 下的操作处于现有硬件设计能力范围内。

## PG2-138

项目：

光电散热器固定装置　　部件号 RH000043

SSP 41172 要求：

2.2.2 节，热真空试验（元器件鉴定）。

2.2.2.3 节，试验量级和持续时间。所有要求。

2.2.2.4 节，补充要求。所有要求。

例外情况：

光电散热器固定装置将不进行鉴定热真空试验。

依据：

完成了光电散热器 002、003 和 004 光电散热器固定装置匹配检查。在进行匹配检查的过程中，光电散热器处于预加载状态下，以模拟最坏情况的在轨热环境。在研究过程中根据实际尺寸，分析了光电散热器固定装置与散热器的匹配情况，每个散热器和固定装置的温度都在 -107℉ 到 150℉ 之间变化。通过光电散热器 001、002、003 和 004 的数字预组装测量，通过热/公差分析确定温度和预载荷的在轨操作包络。（EID-05781 版本 B）

热公差分析表明：没有会影响 4 个轴承操作功能的紧密匹配和/或严格公差，这 4 个轴承在一个有限的范围内进行连接，以便于光电散热器固定装置的匹配和解配。轴承已经进行了批次试验，以确定在-180℉和235℉之间的热极值分离力矩（参考 RE3328，注（6））。

另外，根据源控制图纸 RE3095，PIP 插销按照如下验收要求及其存档验收数据包进行了元器件级试验：

当试验件处于-120℉到 260℉的验收试验温度时，每个插销都满足驱动力要求。通过一次功能试验，验证了在环境温度下，试验前后在温度极值下的驱动力要求。在热试验中，当试验件的温度变化速度不超过每小时5.4℉时，表示温度达到稳定。在进行功能试验之前，至少需要1h 的保持期。

因此，光电散热器固定装置不需要进行热真空试验。

## PG2-139

项目：

光电散热器固定装置　　　部件号 RH000043

SSP 41172 要求：

2.2.4 节，随机振动试验（元器件鉴定）。

2.2.5.3 节，试验量级和持续时间。所有要求。

2.2.5.4 节，补充要求。所有要求。

例外情况：

光电散热器固定装置将不进行鉴定随机振动试验。

依据：

P6 长隔离片作为 P6 货舱构件的一部分进行了声学试验。P6 长隔离片结构包括很多在轨可更换单元，其中有 3 个光电散热器，而短隔离片则没有。P6 长隔离片上的这些部件显著增加了与声场相互作用的表面积。在 P6 长隔离片上测量得到的任何较大值都与相连散热器的机械能量传递有关，虽然有这些影响，但是能量传输值仍然很低。因此，P6 货舱构件不是一个随机振动载荷源。

根据上述情况，并考虑到 P5 和 S5 短隔离片的设计与 P6 长隔离片类似（只是没有在轨可更换单元，并且与声场相互作用的表面积很小），短隔离片不会成为一个明显的随机振动载荷源。

光电散热器固定装置组件的设计与短隔离片类似，与光电散热器以及 P5 和 S5 短隔离片相比，其表面积较小。它的随机振动载荷会很小。另外，在发射过程中，通过 P5 和 S5 4 个连接点的舱外活动螺栓固定光电散热器固定装置。

另外，根据表 3-1 的注（7），"只有需要精确调整严格公差的元器件或无法有效检查的元器件才需要进行随机试验。"此硬件不需要精确调整，所有元器件都可以接触检查，从而筛选任何工艺缺陷。另外，将通过检查验证装置的组装和设计无误。

根据上述情况，光电散热器固定装置不需要进行随机振动试验。

## PG2-140

项目：

光电散热器固定装置　　　部件号 RH000043

SSP 41172 要求：

3.1.4 节，随机振动试验（元器件验收）。

3.1.4.3 节，试验量级和持续时间。所有要求。

3.1.4.4 节，补充要求。所有要求。

例外情况：

光电散热器固定装置将不进行验收随机振动试验。

依据：

P6 长隔离片作为 P6 货舱构件的一部分进行了声学试验。P6 长隔离片结构包括很多在轨可更换单元，其中有 3 个光电散热器，而短隔离片则没有。P6 长隔离片上的这些部件显著增加了与声场相互作用的表面积。在 P6 长隔离片上测量得到的任何较大值都与相连散热器的机械能量传递有关，虽然有这些影响，但是能量传输值仍然很低。因此，P6 货舱构件不是一个随机振动载荷源。

根据上述情况，并考虑到 P5 和 S5 短隔离片的设计与 P6 长隔离片类似（只是没有在轨可更换单元，并且与声场相互作用的表面积很小），短隔离片不会成为一个明显的随机振动载荷源。

光电散热器固定装置组件的设计与短隔离片类似，与光电散热器以及 P5 和 S5 短隔离片相比，其表面积较小。它的随机振动载荷会很小。另外，在发射过程中，通过 P5 和 S5 4 个连接点的舱外活动螺栓固定光电散热器固定装置。

另外，根据表 3-1 的注（7），"只有需要精确调整严格公差的元器件或无法有效检查的元器件才需要进行随机试验。"此硬件不需要精确调整，所有元器件都可以接触检查，从而筛选任何工艺缺陷。另外，将通过检查验证装置的组装和设计无误。

根据上述情况，光电散热器固定装置不需要进行随机振动试验。

## PG2-141

项目：

光电散热器固定装置　　　部件号 RH000043

SSP 41172 要求：

2.2.7 节，热冲击试验（元器件鉴定）。

2.2.7.3 节，试验量级和接触时间。所有要求。

2.2.7.4 节，补充要求。所有要求。

例外情况：

光电散热器固定装置将不进行鉴定热冲击试验。

依据：

此元器件不需要根据 SSP 41172 表 4-1 的要求进行热冲击鉴定试验。已经针对位于 P5/S5 的结构元器件，验证了被接受的例外情况（至少通过 10in 的结构和 3 个结构接头将冲击源和相关组件分离开）。在根据 1F80001 安装在 ITS S1 和 P1 上的散热器捆带装置（美国航空航天局标准启动器）与 S3/S4 阿尔法接头接口结构和 P3/P4 阿尔法接头接口结构之间有超过 7 个主结构接头，其范围超过 46ft。此依据也适用于 ITS P5 及其 S5，因为它们比阿尔法接头接口结构更靠近舱外。

# PG2-142

项目：

光电散热器固定装置　　部件号 RH000043

SSP 41172 要求：

2.3.1 节，静态结构载荷试验（元器件鉴定）。

2.3.1.3 节，试验量级和持续时间。所有要求。

2.3.1.4 节，补充要求。所有要求。

例外情况：

光电散热器固定装置将不进行鉴定静态结构载荷试验。

依据：

根据对光电散热器固定装置/短隔离片配置的两个提升点连接配置方案分别进行的模态操作，表明在前 5 个模态频率下满足了 0.2Hz 的最小频率要求：

| 提升点 1（Hz） | 提升点 2（Hz） |
|---|---|
| 0.44 | 0.43 |
| 1.72 | 1.69 |
| 2.50 | 2.44 |
| 7.24 | 7.43 |
| 7.66 | 7.48 |

通过如下极限安全系数（2.0）和屈服安全系数（1.25）进行结构分析，可以得到如下安全裕度。

**发射载荷安全裕度表**

| 部 件 号 | 部 件 名 称 | 屈服安全裕度 | 极限安全裕度 |
|---|---|---|---|
| RH000045 | 箱支撑梁 | 0.76 | 0.46 |
| RH000047 | 横梁支撑 | 无 | 0.09 |
| RH000048 | 支撑臂 | 0.28 | 0.08 |
| RH000049 | 中心支撑 | 0.28 | 0.08 |
| RH000051 | 适配器板 | 100 | 83 |
| RE3328 | 球面轴承 | 无 | 1.36 |

**SEE 和 Kick*载荷的安全裕度表**

| 部 件 号 | 部 件 名 称 | 屈服安全裕度 | 极限安全裕度 |
|---|---|---|---|
| RH000045 | 箱支撑梁 | 5.00 | 3.97 |
| RH000047 | 横梁支撑 | 无 | 6.19 |
| RH000048 | 支撑臂 | 0.49 | 0.26 |
| RH000049 | 中心支撑 | 0.49 | 0.26 |
| RH000051 | 适配器板 | 0.73 | 0.46 |
| RH000145* | 存放托架 | 0.40 | 0.06 |
| RE3095* | 锁定插销 | 无 | 16.97 |
| RE3328 | 球面轴承 | 无 | 6.16 |

因此，光电散热器固定装置不需要进行静力结构试验。

## PG2-143

项目：

桅杆小筒组件　　部件号 5818235

SSP 41172 要求：

2.2.2 节，热真空试验（元器件鉴定）。

2.2.2.3 节，试验量级和持续时间。

压力应从大气压降低到 0.0001 Torr（0.0133Pa）以下。

例外情况：

在鉴定热真空计划过程中，太阳能电池阵列翼桅杆小筒组件进行了环境压力热试验以替代真空试验。

依据：

唯一的真空敏感材料为桅杆滚轮润滑脂（Braycote 601），它在桅杆滚轮热真空试验过程中进行了试验（AEC95518R904）。电机驱动组件中的电气、电子和机电部件是唯一的电子元器件。通过一次元器件级热真空试验来单独鉴定电机驱动组件。另外，在飞行翼级热真空试验过程中，在热真空条件下对飞行翼 1 和 2 桅杆小筒进行了试验。因此，与不对太阳能电池阵列翼桅杆小筒组件进行热真空试验相关的风险较低。

## PG2-144

项目：

桅杆小筒组件　　部件号 5818235

SSP 41172 要求：

3.1.2 节，热真空试验（元器件验收）。

3.1.2.3 节，试验量级和持续时间。

压力应从大气压降低到 0.0001 Torr（0.0133Pa）以下。

例外情况：

在验收热真空计划过程中，太阳能电池阵列翼桅杆小筒组件进行了环境压力热试验以替代真空试验。

依据：

唯一的真空敏感材料为桅杆滚轮润滑脂（Braycote 601），它在桅杆滚轮热真空试验过程中进行了试验（AEC95518R904）。电机驱动组件中的电气、电子和机电部件是唯一的电子元器件。通过一次元器件级热真空试验来单独筛选电机驱动组件。另外，在飞行翼级热真空试验过程中，在热真空条件下对飞行翼 1 和 2 桅杆小筒进行了试验。因此，与不对太阳能电池阵列翼桅杆小筒组件进行热真空试验相关的风险较低。

## PG2-145

项目：

桅杆小筒组件　　部件号 5818235

SSP 41172 要求：

4.1.1 节，组件/元器件原型飞行试验。

对于热循环试验，应在超过最高和最低预期温度 10℉（5.6℃）的情况下进行温度循环试验。

例外情况：

在太阳能电池阵列 1 和 2 行进行原型飞行的飞行翼试验过程中，太阳能电池阵列翼桅杆小筒组件在展开操作时承受的最低温度为-113℉，最高温度为 104℉；在收回操作时承受的最高温度为 195℉。

依据：

如 PG2-43 所述，对于交付的桅杆小筒，计划在太阳能电池阵列 1 和 2 的翼级原型飞行试验过程中进行原型飞行高低温试验（预期最高和最低温度±10℉裕度），以确保在空间站版本 D+预期温度 193℉±5℉（非操作高温）和-127℉±5℉（非操作冷温度）下进行合适的工艺筛选。按照说明，在此原型飞行的飞行翼试验过程中，桅杆小筒组件所承受的温度不满足原型飞行热循环试验要求。

非操作条件不是一种硬件性能条件。因此，唯一的问题是硬件承受非操作温度情况下的设计完整性。相关的波音和美国航空航天局工程师认为在翼级试验中承受的试验温度不会对桅杆小筒组件设计完整性筛选的质量产生不良影响。另外，在热试验过程中达到了版本 D+规定的预期操作条件 94℉（热）和-95℉（冷），并且顺利操作硬件。

## PG2-146

项目：

电机驱动组件　　部件号 5843318

SSP 41172 要求：

2.2.3 节，热循环试验（元器件鉴定）。

2.2.3.2 节，试验说明。

在元器件操作状态（加电），在监控参数的过程中，应降低真空室温度，以使元器件达到指定的低鉴定温度，在元器件上有代表性的位置测量这个温度，比如基板上的安装点（以传导为主的内部设计）或者外壳上有代表性的位置（辐射控制设计）。

例外情况：

在鉴定热循环试验过程中，不直接测量电机驱动组件。仪表位于试验固件上。

依据：

电机驱动组件是一个很小的组件（6.375in×10.5in×7.25in），重量不到 16lb。从机械组件基板（在试验过程中进行测量）到电气组件底座的热传导路径是一个 4in 的全铝制路径结构。因此，在机械组件基板和电气组件基板之间的任何延迟都很小，不会影响进行的检验热循环试验。

## PG2-147

项目：

电机驱动组件　　部件号 5843318

SSP 41172 要求：

3.1.3 节，热循环试验（元器件验收）。

3.1.3.2 节，试验说明。

在元器件操作状态（加电），在监控参数的过程中，应降低真空室温度，以使元器件达到指定的低验收温度，在元器件上有代表性的位置测量这个温度，比如基板上的安装点（以传导为主的内部设计）或者外壳上有代表性的位置（辐射控制设计）。

例外情况：

在验收热循环试验过程中，不直接测量电机驱动组件。仪表位于试验固件上。

依据：

电机驱动组件是一个很小的组件（6.375in×10.5in×7.25in），重量不到 16lb。从机械组件基板（在试验过程中进行测量）到电气组件底座的热传导路径是一个 4in 的全铝制路径结构。因此，在机械组件基板和电气组件基板之间的任何延迟都很小，不会影响进行的检验热循环试验。

## PG2-148

项目：

电机驱动组件　　部件号 5843318

SSP 41172 要求：

2.2.2 节，热真空试验（元器件鉴定）。

2.2.2.3 节，试验量级和持续时间。

保持期应足够长，以使元器件达到内部热平衡并保持至少 1h。

2.2.3 节，热循环试验（元器件鉴定）。

2.2.3.3 节，试验量级和持续时间。

在每个周期中，试验件应在高温和低温下经历至少 1h 的保持期，在此过程中应将其关闭，直到温度达到稳定再启动。

例外情况：

对于太阳能电池阵列翼电机驱动组件，在鉴定热真空和热循环试验过程中，在最小和最大操作条件下进行能够试验之前，至少要有 30min 的保持期。

依据：

在所有情况下，在进行热和冷功能试验之前，电机驱动组件都从一个更恶劣的非操作温度条件开始变化（即在鉴定过程中，在+86℉的最高温度进行功能试验之前，电机驱动组件从+185℉的最高非操作温度开始变化。在鉴定过程中，在-49℉的最低温度进行功能试验之前，电机驱动组件从-67℉的最低非操作温度开始变化）。因为保持期旨在确保单元在所需的温度条件下达到了内部热平衡状态，所以如果 30min 不足以使其达到内部热平衡，电机驱动组件会处在比所需温度更极端的温度条件下（即比所需温度更热或更冷）。因此，在电机驱动组件热试验过程中测量的 30min 最小保持期风险很小。

## PG2-149

项目：

电机驱动组件　　部件号 5843318

SSP 41172 要求：

3.1.2 节，热真空试验（元器件验收）。

3.1.2.3 节，试验量级和持续时间。

元器件应在高温和低温极值在断电状态下经历至少 1h 的保持期，或经历足够长的时间以达到鉴定试验所确定的内部热平衡（以两者中较长者为准），然后再启动。

3.1.3 节，热循环试验（元器件验收）。

3.1.3.3 节，试验量级和持续时间。

在每个操作周期中，在高温和低温下都至少有 1h 的保持时间，在此过程中，应将试验件关闭，直到温度稳定后再启动。

例外情况：

对于太阳能电池阵列翼电机驱动组件，在验收热真空和热循环试验过程中，在最小和最大操作条件下进行功能试验之前，至少要有 30min 的保持期。

依据：

在所有情况下，在进行热和冷功能试验之前，电机驱动组件都从一个更恶劣的非操作温度条件开始变化（即在验收过程中，在+68℉的最高温度进行功能试验之前，电机驱动组件从+167℉的最高非操作温度开始变化。在鉴定过程中，在-49℉的最低温度进行功能试验之前，电机驱动组件从-67℉的最低非操作温度开始变化）。因为保持期旨在确保单元在所需的温度条件下达到了内部热平衡状态，所以如果 30min 不足以使其达到内部热平衡，电机驱动组件会处在比所需温度更极端的温度条件下（即比所需温度更热或更冷）。因此，在电机驱动组件热试验过程中测量的 30min 最小保持期风险很小。

## PG2-150

项目：

集成桁架舱节 Z1 桁架集成组件配置项目 R074480

光伏组件 P4 集成设备组件配置项目 R083499

光伏组件 S4 集成设备组件配置项目 R082499

光伏组件 P6 集成设备组件配置项目 R075300

光伏组件 S6 集成设备组件配置项目 R083300

早期氨气操作装置配置项目 RH000186

SSP 41172 要求：

2.2.11 节，泄漏试验（元器件鉴定）。

2.2.11.3 节，试验量级和持续时间。所有要求。

2.4.4 节，压力/泄漏试验（飞行构件鉴定）。

2.4.4.3 节，试验量级和持续时间。所有要求。

例外情况：

对于所述配置项以及作为所述配置项替换件的备用光电散热器及其元器件上的管道焊缝，不需要证明其符合 SSP 41172 鉴定泄漏试验方法的要求。

依据：

在 ITS Z1、光伏组件 P4、光伏组件 S4、光伏组件 P6、光伏组件 S6 和早期氨气操作装置上完成的管道焊缝以及光电散热器和光电散热器备用部件管道上的焊缝为"良好"焊缝，因为其焊接过程可靠，无需进行差焊缝验收。相关过程经过了多年的开发和实践，其中包括：

　　◇ 设计可检查的管道；

　　◇ 从经过认证的供应商那里采购管道；

　　◇ 检查管道原件库存［通过 X 射线（波音-卡诺加园）、涡电流（洛克希德马丁导弹和发

射控制）以及超声学试验（汉胜）];

◇ 确定焊接工艺模式，并通过焊接清单来记录它；

◇ 为焊接人员和检查人员提供培训；

◇ 通过刻蚀和染色渗透剂方法来检查焊缝；

◇ 使用 X 射线检查焊缝（对非供应商的波音-卡诺加园热与环境控制系统管道焊缝进行多视角检查和实时 X 射线检查）；以及鉴定硬件的耐压试验和爆裂试验。

除了上述过程，波音-卡诺加园热和环境控制系统硬件上的焊缝还在肯尼迪航天中心的试验和最终填充过程中承受了加压氨气。氨气检测器要检测的泄漏面积足以产生百万分之 1 到 2 的氨气浓度。光伏组件 P6 集成设备组件和长隔离片氨气制冷剂系统顺利操作了 1 年左右，并且没有检测到氨气损失，所以证明波音-卡诺加园热和环境控制系统管道的焊缝质量"良好"。此硬件包含 1000 多个管道焊缝。

保守计算表明：因为在寿命末期的氨气库存量较低，所以在不违反使用寿命要求的情况下，每个焊缝的泄漏速度可能高达每秒 1E-04sccs 的氨气。另外，此表述还假设所有焊缝都以每秒 1E-04sccs 的速度泄漏氨气，而这是概率极低的情况，因为在安装了散热器的光伏组件 P4，光伏组件 S4 和光伏组件 S6 的每个集成设备组件构件上有 300 多个焊缝，"良好"焊缝的密封效果与管道一样。虽然所用的探头检测方法没有通过校准证明它能检测每秒 1E-05sccs 氨气的点泄漏，但是它应该具有这种功能。

## PG2-151

项目：

集成桁架舱节 Z1 桁架集成组件配置项目 R074480

光伏组件 P4 集成设备组件配置项目 R083499

光伏组件 S4 集成设备组件配置项目 R082499

光伏组件 P6 集成设备组件配置项目 R075300

光伏组件 S6 集成设备组件配置项目 R083300

早期氨气操作装置配置项目 RH000186

SSP 41172 要求：

3.1.7 节，泄漏试验（元器件验收）。

3.1.7.3 节，试验量级和持续时间。所有要求。

3.2.3 节，压力/泄漏试验（飞行构件验收）。

3.2.3.3 节，试验量级和持续时间。所有要求。

例外情况：

对于所述配置项以及作为所述配置项替换件的备用光电散热器元器件上的管道焊缝，不需要证明其符合 SSP 41172 鉴定泄漏试验方法的要求。任何返工焊缝都应符合 SSP 41172 验收泄漏试验方法的要求。

依据：

在 ITS Z1、光伏组件 P4、光伏组件 S4、光伏组件 P6、光伏组件 S6 和早期氨气操作装置上完成的管道焊缝以及光电散热器和光电散热器备用部件管道上的焊缝为"良好"焊缝，因为其焊接过程可靠，无需进行差焊缝验收。相关过程经过了多年的开发和实践，其中包括：

◇ 设计可检查的管道；

◇ 从经过认证的供应商那里采购管道；

◇ 检查管道原件库存［通过 X 射线（波音-卡诺加园）、涡电流（洛克希德马丁导弹和发射控制）以及超声学试验（汉胜）］；

◇ 确定焊接工艺模式，并通过焊接清单来记录它；

◇ 为焊接人员和检查人员提供培训；

◇ 通过刻蚀和染色渗透剂方法来检查焊缝；使用 X 射线检查焊缝（对非供应商的波音-卡诺加园热与环境控制系统管道焊缝进行多视角检查和实时 X 射线检查）。

除了上述过程，波音-卡诺加园热和环境控制系统硬件上的焊缝还在肯尼迪航天中心的试验和最终填充过程中承受了加压氨气。氨气检测器要检测的泄漏面积足以产生百万分之 1 到 2 的氨气浓度。光伏组件 P6 集成设备组件和长隔离片氨气制冷剂系统顺利操作了 1 年左右，并且没有检测到氨气泄漏，所以证明波音-卡诺加园热和环境控制系统管道的焊缝质量"良好"。此硬件包含 1000 多个管道焊缝。

保守计算表明：因为在寿命末期的氨气库存量较低，所以在不违反使用寿命要求的情况下，每个焊缝的泄漏速度可能高达 1E-04sccs 的氨气。另外，此表述还假设所有焊缝都以 1E-04sccs 的速度泄漏氨气，而这是概率极低的情况，因为在安装了散热器的光伏组件 P4，光伏组件 S4 和光伏组件 S6 的每个集成设备组件构件上有 300 多个焊缝，"良好"焊缝的密封效果与管道一样。虽然所用的探头检测方法没有通过校准证明它能检测 1E-05sccs 氨气的点泄漏，但是它应该具有这种功能。

# 附录 C   PG-3 批准的例外情况

下面给出了第 3 产品组所采用的本手册例外情况。本手册的例外情况不以任何方式免除承包商的如下责任：证明相关规格符合 1.3.2 节的要求。

## PG3-01

项目：

氮气接口组件（NIA），热真空和热循环

SSP 41172 要求：

元器件的热真空和热循环试验，参见表 2-1 和表 3-1。

例外情况：

并不对氮气接口组件整体热真空和热循环试验。氮气接口组件所包含的电子元件均应进行这两个试验，主动机械元件进行热循环（而不是热真空）试验。

依据：

氮气接口组件的一对电磁阀门是组件中唯一的电子部件。因为这些阀门作为在轨可更换单元可在空间站的其他地方独立使用，所以它们已经进行了全面的试验项目。在氮气接口组件中包含的其他部件只剩下结构、一个线束、一个机械减压阀和一个机械压力调节器。由于阀门和调节器为密封单元，所以除了压力应力（在耐压和和极限压力试验过程中会考虑这个问题），真空环境对它们没有影响。因此，它们只进行热循环。结构和线束对热真空或热循环试验产生的故障不敏感。

## PG3-3A

项目：

热真空和循环

SSP 41172 要求：

3.1.2.1 节，目的。

通过使试验件承受热真空环境，从而在安装到飞行构件之前，检测出材料和工艺缺陷。

例外情况：

航空电子组件不需要对任何飞行单元进行热真空验收试验。

依据：

将对鉴定单元进行相关试验。这是因为空气轴承不需要在 9psia 以下操作。空气量不足将无法支持轴承润滑。因此会损害空气轴承。在验收时，此试验为"有损试验"。

## PG3-10

项目：

节点结构

SSP 41172 要求：

飞行构件的声振动鉴定试验，参见表 2-2。

例外情况：

节点结构组件将不进行声振动鉴定试验。

依据：

（1）节点验证取决于美国试验室试验。美国试验室（USL）删除了声振动试验（通过设计决策包（DDP）），以节约成本。

（2）飞行关键的外部安装设备采用了保守设计。

（3）对于陨星/轨道碎片防护罩固定件，将通过声振动试验验证其完整性。

（4）在分析验证过程中，将使用衰减数据。

## PG3-13

项目：

二次配电组件（SPDA），热真空试验、鉴定和验收

SSP 41172 要求：

电子或电气设备的热真空鉴定和验收试验，参见表 2-1 和表 3-1。

例外情况：

整个二次配电组件子组件将不进行热真空试验。

依据：

二次配电组件结构和线束将通过分析进行鉴定。主要元器件（远程动力控制模块和电气连接器）将进行元器件级鉴定以满足此要求。RPCM 和电气连接器也将进行验收试验以满足此要求。

## PG3-14

项目：

二次配电组件，热循环试验、鉴定和验收

SSP 41172 要求：

电气/电子设备的热循环鉴定和验收试验，参见表 2-1 和表 3-1。

例外情况：

二次配电组件将不在子组件级进行热循环试验。

依据：

二次配电组件结构和电气线束将通过分析进行鉴定。主要元器件（远程动力控制模块和电气连接器）将进行元器件级鉴定以满足此要求。PCM 和电气连接器也将进行验收试验以满足此要求。

## PG3-15

项目：

电磁干扰/电磁兼容性试验（鉴定）

SSP 41172 要求：

电气/电子设备的电磁干扰/电磁兼容性鉴定试验，参见表 2-1。

例外情况：

二次配电组件将不在子组件级进行电磁干扰/电磁兼容性试验。

依据：

二次配电组件包括的远程动力控制模块为政府提供的设备或承包商提供的设备。根据远程动力控制模块标准，洛克达因所交付的远程动力控制模块将满足 SSP 30237 的所有发射和敏感性要求（根据 SSP 30238 中所述方法进行验证）。在二次配电组件级重复电磁干扰试验将会是多余的。将对政府提供的设备的远程动力控制模块元器件电磁干扰试验数据进行分析，以验证满足了 SSP 30237 所指定的电磁干扰要求。

## PG3-17

项目：

紧急出口照明系统

SSP 41172 要求：

2.2.2.3 节，试验量级和持续时间。

2.2.3.3 节，试验量级和持续时间。

3.1.2.3 节，试验量级和持续时间。

3.1.3.3 节，试验量级和持续时间。

热真空，包括泄压/复压、热循环鉴定和验收。

例外情况：

试验温度将不超过 16~140℉ 的范围，泄压速度为每分钟 25psi，复压速度为每分钟 3.1psi，压力范围为（15.2E-07~1.9E-07）psia。

## PG3-19

项目：

电源插座面板（UOP）

SSP 41172 要求：

第 3.1.2 节，热真空试验（元器件验收）。热真空验收试验，参见表 3-1。

例外情况：

将只在设计限值范围内进行试验，工作温度范围为 30~140℉，非工作温度范围为 15~150℉，无真空操作。

依据：

电源插座面板可以在指定的温度范围内操作，不需要进行真空操作。电源插座面板只需要承受泄压/复压。

## PG3-20

项目：

电源插座面板

SSP 41172 要求：

2.2 节，元器件鉴定。热真空鉴定试验，参见表 2-1。

例外情况：

将只在设计限值范围内进行试验，工作温度范围为30～142℉，非工作温度范围为15～150℉，无真空操作。

依据：

电源插座面板可以在指定的温度范围内操作，不需要进行真空操作。电源插座面板只需要承受泄压/复压。

## PG3-23

项目：

冷藏库/冷藏箱原型飞行试验

SSP 41172 要求：

4.1 节，用于飞行的鉴定组件（原型飞行）的使用。

进行原型飞行试验的第一个组件的后续组件将进行相同的试验。

例外情况：

在第一个组件之后的冷藏库/冷藏箱机架组件不需要进行与第一个组件相同的试验。后续组件将不再重复第一个组件已经进行的冷藏库/冷藏箱组件设计检验试验，其包括电磁干扰、声（自身噪声）、最大振动（自身产生的振动）以及泄压/复压。

依据：

将对第一个单元进行相关试验，以检验冷藏库/冷藏箱机架组件设计。对后续单元重复这些试验，并不会增加额外的价值。所有单元都将重复进行工艺验证试验，其中包括声振动、热循环和功能试验。

## PG3-26

项目：

整体照明组件

SSP 41172 要求：

2.2.2 节，热真空试验（元器件鉴定）。

热真空鉴定/热循环。

例外情况：

根据包络图纸 683-10044 版本 J  4 节所述，对整体照明组件进行非操作和操作热条件下的验证，以代替 SSP 41172 中所述的试验。

依据：

照明设备只需要顺利承受非工作温度即可，它们只在指定的工作温度范围内开启并测量性能。

## PG3-29

项目：

真空系统元器件

SSP 41172 要求：

2.2.5 节，随机振动试验（元器件鉴定）。

4.1.1 节，组件/元器件原型飞行试验。

热循环试验。

例外情况：

歧管、导管、波纹管、法兰或联轴器将不进行热循环试验。

依据：

真空系统的有源元器件将根据 ED 683-18005 的要求进行热试验。上述元器件没有能用热试验检测出来的故障模式。

## PG3-34

项目：

二氧化碳清除组件（CDRA）

例外情况：

热循环试验将包括在设备工作情况下 8 个指定工作范围内并留有 $\pm10^\circ F$ 的裕度的热循环以及 24 个非工作范围内的循环。

依据：

SSP 41172 并不区分工作和非工作温度。这些元件在这两个范围之间的差别较大。两个循环试验（工作和非工作）都应采用所需的裕度。例外情况 PG3-37 已与本例外情况合并。

## PG3-38

项目：

美国试验室结构

SSP 41172 要求：

表 2-2，飞行构件鉴定试验（声振动）。

例外情况：

美国试验室/居住（Hab）结构组件将不进行声振动鉴定试验。

依据：

在美国试验室/HAB 结构试验范围内已将美国试验室声振动结构单元试验移除（参见 DDP 149R1：作为一项项目节约成本）。飞行关键、外部安装设备采用了保守设计。通过陨星/碎片防护罩固定件的外部元件声振动试验，将确保其环境的完整性。将采用衰减数据进行分析验证的过程。

## PG3-39

项目：

机架复合结构

SSP 41172 要求：

2.4.3 节，声振动试验（飞行构件鉴定）。

例外情况：

删除机架结构的振动-声学试验。

依据：

删除了美国试验室振动-声学试验（通过 DDP 149），以节约成本。在此活动过程中，将安装并检验机架。将通过系统工程和分析方法，分析机架对输入振动-声载荷的响应。分析结果将与通过试验验证的响应情况彼此关联起来。这可验证模型的准确性。然后，将利用得到的动力载荷来计算等效静载荷和应力。静载荷将应用到详细的有限元模型中来获取局部应力。得到的载荷数据会被添加（或叠加）到发射瞬态分析载荷中，以得到航天飞机发射时的总载荷。随后会使用得到的应力值来验证静力强度裕度和疲劳寿命裕度以及静载荷试验的有效性。

## PG3-40

项目：

机架复合结构

SSP 41172 要求：

表3-3，飞行构件验收试验。

（1）有毒气体排放；

（2）声噪音；

（3）电磁兼容性；

（4）质量属性。

例外情况：

删除：

（1）有毒气体排放；

（2）声噪音；

（3）电磁兼容性；

（4）只测量质量，而不是2轴重心。将分析每个机架结构的重心。

依据：

（1）机架材料已经满足或超过了所有气体排放要求；

（2）机架不产生任何噪声；

（3）机架不产生任何电磁波；

（4）在验收之后以及飞行之前，因为用户安装了设备/有效载荷，所以机架结构的重心会发生变化。届时将确定机架整体重心。

## PG3-41

项目：

散热器旋转接头　　部件号 5839193-501

SSP 41172 要求：

根据第4章的要求，原型飞行试验应包括与2.2.2节所述鉴定试验同样数量的热真空周期，即3个周期。

例外情况：

散热器旋转接头#1 和#2 将进行1个热真空循环的原型飞行热真空试验，而不是 SSP 41172 所要求的3个周期。

依据：

在鉴定试验过程中，试验件进行3倍于飞行件验收试验过程中的循环数。其目的是当飞行硬件需要重复试验时，保证设备能够承受多次验收试验。进行3个循环的鉴定热真空试验，以便提供验收热真空试验所需的 1 个循环的裕度，以及验收复验。借助这种理念，可以确保设计方案满足要求，并使相关人员相信硬件能够顺利通过验收试验。因为散热器旋转接头进行一次原型飞行试验，而不是一次传统的鉴定/验收热真空试验计划，所以不需要进行复验。硬件将在正常活动过程中进行必要的复验。

## PG3-42

项目：

| 舱间通风（IMV）阀门波音 | 部件号 235-3024-2-1 | 序列号 D0022 |
| --- | --- | --- |
| | 235-3024-4-1 | 序列号 D0016、D0017、D0019、D0021、D0025 和 D0027 |
| | 235-3024-5-1 | 序列号 D0012、D0023 和 D0024 |
| | 235-3024-6-1 | 序列号 D0020 |
| | 235-3024-7-1 | 序列号 D0018 和 D0026 |
| | 235-3024-8-1 | 序列号 D0029 |

SSP 41172B 要求：

3.1.4.3 节，试验量级和持续时间。

元器件随机振动试验量级和频谱应包含如下范围：在图 3-2 中给出的是工艺筛选数值和频谱或由主承包商批准的筛选值和频谱。

例外情况：

随机振动工艺筛选频谱（参见图 3-2）仅适用于 50～500Hz 的频率范围。

依据：

已经通过如下试验对舱间通风阀门筛选：

（1）在控制器级进行的一次可靠性验收试验，包括在每分钟 10℉ 变化速度下的 3 个热循环，并在第 3 个循环时在线路板的垂直轴方向加入 6grms 的随机振动激励；

（2）一次控制器级老化试验，其中包含在每分钟 10℉ 变化速度下的 7 个热循环；

（3）SSP 41172 所要求的验收试验，除了偏离了低于 50Hz 和高于 500Hz 的振动试验。根据在每个轴上的正弦扫描数据，如下频率所产生的位移最大：216.95Hz、503.96Hz 和 501.34Hz。这些数值的峰值约为 10.2g。

另外，还有很多其他共振，不过，其中大多数共振都在 200～500Hz 之间，其响应数值至少比最大共振响应低两倍。根据这些结果，在采用正确振动值条件下，舱间通风阀门试验响应应变会在阀门中诱发产生足够的工艺应力值。

舱间通风阀门采用的如下设计和操作功能可以减轻故障的影响：

（1）舱间通风阀门可以通过远程人工操作器（RMO）由一位舱内活动（IVA）乘员佩戴手套借助一个灵活机械驱动器来操作；

（2）通过两个阀门实现冗余，每个模块上有一个，但是气闸只有一个阀门；

（3）阀门保持在上次选定的位置；

（4）可以在轨拆卸和替换；

（5）蝶阀带有双重阀座，可以实现真空防护。

## PG3-43

项目：

共用停靠装置（CBM）启动系统波音配置最终项编号 683D27A

SSP 41172B 要求：

2.2.5.3 节，试验量级和持续时间。

元器件随机振动试验量级和频谱应包含如下范围：验收试验量级和频谱加上试验公差。

例外情况：

共用停靠装置启动系统将在最大飞行值下进行鉴定振动试验。在所有频率下和所有轴上，这些数值都不包含验收试验值加上图 3-2 中定义的试验公差。

依据：

$X$ 轴和 $Z$ 轴：仅在大于 900Hz 的频率下，最大飞行值未能包含验收振动试验量级加上试验公差。这超过了电子硬件通常的临界共振频率的范围（小于 500Hz）。因为在较高频率下的位移一般较小，所以诱发的应变也较小。更高的频率并不会显著增加累积疲劳，因此，在鉴定试验未包含的频率范围内进行最小工艺筛选值下的验收试验，其风险很少。

$Y$ 轴：元器件在最大飞行环境进行试验。虽然最大飞行环境未包含验收环境，不过，在目前重新飞行这些元器件的计划中，不包含额外的验收振动试验。由于发射环境而造成疲劳损害的风险约为 1.0%。因为 $Y$ 轴与电路板平面平行，所以不是工艺筛选的关键轴。如果 $Y$ 轴需要额外增加一次验收振动试验，并且硬件通过试验，则出于上述原因，在飞行过程中的故障风险很小。

## PG3-44

项目：

0.125in 馈通安装，装配联轴器（波音）　　部件号 683-19363-1、683-19364-1、683-19485-3、683-19485-4 和 683-19485-6

SSP 41172B 要求：

2.2.3.3 节，试验量级和持续时间。

（1）持续时间应为验收试验所用循环数的 3 倍，但是总时间不少于 24 个周期。

（2）在每个周期中，在高温和低温下应至少有 1h 的保持期，在此过程中，应关闭试验件，直到温度稳定再启动。

例外情况：

0.125in 馈通安装装配联轴器热循环试验仅限于 2 个周期的热极值试验。

依据：

在鉴定试验过程中进行一次 2 个周期的热极值试验，以代替一次热循环试验。进行该试验的目的是模拟馈通元器件的实际受热情况。在试验过程中，通过在 35℉ 和 129℉ 的温度极值以及单元加压到 15.2psia 的条件下对联轴器进行匹配和解配操作，从而完成操作试验。本试验还包括一次非工作试验，使联轴器承受 30min 的 -50℉ 温度以及 30min 的 170℉ 温度。在每种情况下，都在完成温度极值试验以及联轴器通过试验之后进行功能试验。

0.125in 馈通安装的装配联轴器具有简单、结实、耐用的结构。

相似设计的快速分断装置（波音　部件号 683-16348）的预期故障平均间隔时间（MTBF）

为 48 710h。

0.125in 馈通安装的装配联轴器的严酷度值为 3。

## PG3-45

项目：

0.125in 馈通安装，装配联轴器（波音）　　部件号 683-19363-1、683-19364-1、683-19485-3、683-19485-4 和 683-19485-6

SSP 41172B 要求：

3.1.3 节，热循环试验（元器件验收）。

（1）3.1.3.3 节，试验量级和持续时间。所有要求。

（2）3.1.3.4 节，补充要求。所有要求。

例外情况：

0.125in 馈通安装装配联轴器不需要进行验收热循环试验。

依据：

0.125in 馈通安装装配联轴器具有简单、结实、耐用的结构。

相似设计的快速分断装置（波音　部件号 683-16348）的预期故障平均间隔时间（MTBF）为 48 710h。

0.125in 馈通安装的装配联轴器的严酷度为 3。

## PG3-46

项目：

系统开/关远程控制器（波音）　　部件号 219006

SSP 41172B 要求：

2.2.2.2 节，试验说明。

对于需要在上升、下降和泄压/复压过程中工作的元器件，应在首次将压力降到指定最低值的过程中进行操作并监控起弧和电晕情况。

例外情况：

系统开/关远程控制器不需要监控电晕。

依据：

系统开/关远程控制器的电涌电压为直流 12V。在文件 AFAPL-TR-65-122 和 50M05189 中说明：在此电压值下不会出现电晕。

系统开/关远程控制器的严酷度数值为 3。

## PG3-47

项目：

冷板　　部件号 683-10041-01 AES　　序号 235 1410-1

冷板　　部件号 683-10041-04 AES　　序号 235 1440-1

冷板　　部件号 683-10041-10 AES　　序号 235 1500-1

有效载荷再生热交换器　　部件号 683-10042-01 AES　　序号 215 1340-1

SPCU 热交换器　　部件号 683-10042-02 AES　　序号 235 1350-1

SSP 41172 要求：

流体或推进设备的随机振动/振动声鉴定和验收试验，参见表 2-1 和表 3-1。

例外情况：

3 个联信冷板和两个热交换器将不进行随机振动和振动声学试验。

依据：

（1）根据这些项目的鉴定和验收要求，进行了一次耐压试验。相对这些项目的内部结构，压力试验所产生的压力将大于在随机振动试验过程中能达到的压力。因此，压力试验将作为"筛选"制造缺陷的最佳方式。

（2）这些项目设计的屈服安全系数为 1.25，极限安全系数为 2.0，根据综合高频和低频加速度来确定设计载荷。这样可以为未试验的硬件提供额外的保守机制。

（3）这些项目中没有对振动环境敏感的元器件。没有可能因为随机振动而折断或是失配的电子部件或高精度装置。

## PG3-48

项目：

0.125in 手控阀（波音） 部件号 683-19393-1

SSP 41172B 要求：

2.2.3.3 节，试验量级和持续时间。

（1）持续时间应为验收试验所用热循环的 3 倍，但是总时间不少于 24 个周期。

（2）在每个周期中，在高温和低温下应至少有 1h 的保持期，在此过程中，应关闭试验件，直到温度稳定再启动。

例外情况：

0.125in 手控阀鉴定热循环试验仅限于一次在环境温度、操作极值和非操作极值之间的热极值试验，通过均热达到稳定的温度，在每个极值下有 1h 的保持期，并在环境和操作极值下进行功能试验，在最大操作和非操作极值下的裕度为+20℉，在最小操作和非操作极值下的裕度为-20℉。

依据：

在鉴定试验中对 0.125in 手控阀进行 24 个热循环的复验以及在验收试验中对其进行 8 个热循环的复验，不会提高阀门的可维护性或可靠性。

1/8in 阀门的载荷轴承部件用不锈钢制造，其外壳为 6061-T6 铝结构，简单、结实、耐用，可以人工操作。

根据在最小极值操作温度（55℉）减去 20℉ 以及正极值操作温度（109℉）加上 20℉ 下进行的泄漏和功能检查，确定阀门符合操作规格。

热极值试验包含最低非操作温度-30℉减去 20℉ 以及最高非操作温度 150℉加上 20℉。

在鉴定阀门的过程中，进行了一次爆裂压力（系数为 4）试验，此后对阀门进行了功能和泄漏试验，并且没有发现变形或影响操作能力。泄漏完全在规格范围内。在经过 10 000 个开/闭周期和 10 000 个操作压力周期（压力从 1.0psia 增加到 15.2psia（最大操作压力））后测量的外部和内部泄漏值为 3.77E-09sccs 和 1.6E-08sccs 的氦气（相关要求分别为 1E-06sccs 和 1E-03sccs 的氦气）。

在极值压力和温度下或在压力周期之后，EPR 密封件没有出现变形，所有测量的泄漏值都完全在指定范围之内。

此阀门功能和物理设计的与供氧阀门（Moog 部件号 1-4-00-51-27）类似，后者是在由 Carlton 公司以类似的方式开发的，并用于航天飞机（在每个轨道飞行器上有 31 个阀门）。它已经完成了 87（飞行）×31（阀门）= 2697 次任务，没有出现一次故障。因此，这个类似的阀门目前具有可靠的操作性能。在阿波罗土星飞行器中也采用了类似设计，并且没有出现任何故障。

## PG3-49

项目：

0.125in 手控阀（波音）　　部件号 683-19393-1

SSP 41172B 要求：

3.1.3 节，热循环试验（元器件验收）。

3.1.3.3 节，试验量级和持续时间。所有要求。

3.1.3.4 节，补充要求。所有要求。

例外情况：

0.125in 手控阀不需要进行验收热循环试验。

依据：

在鉴定试验中对 0.125in 手控阀进行 24 个热循环的复验以及在验收试验中对其进行 8 个热循环的复验，不会提高阀门的耐用性或可靠性。

1/8in 阀门的载荷轴承部件用不锈钢制造，其外壳为 6061-T6 铝结构，简单、结实、耐用，可以人工操作。

根据在最小极值操作温度（55℉）减去 20℉ 以及正极值操作温度（109℉）加上 20℉ 下进行的泄漏和功能检查，确定阀门符合操作规格。

热极值试验包含最低非操作温度-30℉ 减去 20℉ 以及最高非操作温度 150℉ 加上 20℉。

在鉴定阀门的过程中，进行了一次爆裂压力（系数为 4）试验，此后对阀门进行了功能和泄漏试验，并且没有发现变形或影响操作能力。泄漏完全在规格范围内。在经过 10 000 个开/闭周期和 10 000 个操作压力周期［压力从 1.0psia 增加到 15.2psia（最大操作压力）］后测量的外部和内部泄漏值为每秒 3.77E-09scc 和 1.6E-08scc 的氦气（相关要求分别为每秒 1E-06scc 和 1E-03scc 的氦气）。

在极值压力和温度下或在压力周期之后，EPR 密封件没有出现变形，所有测量的泄漏值都完全在指定范围之内。

此阀门功能和物理设计的与供氧阀门（Moog 部件号 1-4-00-51-27）类似，后者是在由 Carlton 公司以类似的方式开发的，并用于航天飞机（在每个轨道飞行器上有 31 个阀门）。它已经完成了 87（飞行）×31（阀门）= 2697 次任务，没有出现一次故障。因此，这个类似的阀门目前具有可靠的操作性能。在阿波罗土星飞行器中也采用了类似设计，并且没有出现任何故障。

## PG3-50

项目：

负减压阀（NPRV）（波音）　　部件号 683-16322-3

SSP 41172B 要求：

2.2.2 节，热真空试验（元器件鉴定）。

2.2.2.3 节，试验量级和持续时间。所有要求。

2.2.2.4 节，补充要求。所有要求。

2.2.2.5 节，真空泄压/复压的要求。所有要求。

例外情况：

负减压阀的鉴定热真空试验被温度极值下最大压力变化条件下的功能试验所取代。

依据：

在鉴定过程中，通过质量光谱仪将 PRV 外部保持在 1E-05Torr，以便测量泄漏。负减压阀的内部则保持在 15.3psia±0.01psia（对应一个内部高压）。在进行周期试验的过程中，温度会上升和下降到鉴定值。外部和内部压力基本保持不变，以检测导致故障的任何泄漏。

因为负减压阀是一个压力控制设备，所以不能在两端都保持所需真空条件的情况下对负减压阀进行功能试验。如果在阀门两端根据热真空要求进行试验，则无法对设备进行合适的功能试验，无法让负减压阀经历最大应力剖面。

在功能试验中，负减压阀将经历最大应力情景（即在温度极值下的最大压力变化速度）。在功能试验中，并不能使设备在泄压/复压任务中像在轨状态一样两端同时承受真空条件。不过，设备两端都处于真空条件下的情况对应一个应力更低的非工作剖面。通过元件材料的《材料使用协议》（MUA），说明材料能够顺利承受此热真空剖面，该协议说明接触真空并不会影响材料的完整性。

## PG3-51

项目：

负减压阀（波音）　　　部件号 683-16322-3

SSP 41172B 要求：

3.1.2 节，热真空试验（元器件验收）。

3.1.2.3 节，试验量级和持续时间。所有要求。

3.1.2.4 节，补充要求。所有要求。

例外情况：

负减压阀的验收热真空试验被温度极值下最大压力变化条件下的功能试验所取代。

依据：

在验收过程中，通过质量光谱仪将 PRV 外部保持在 1E-05Torr，以便测量泄漏。负减压阀的内部则保持在 15.3psig±0.01psia（对应一个内部高压）。在进行周期试验的过程中，温度会上升和下降到验收值。外部和内部压力基本保持不变，以检测导致故障的任何泄漏。

因为负减压阀是一个压力控制设备，所以不能在两端都保持所需真空条件的情况下对负减压阀进行功能试验。如果在阀门两端根据热真空要求进行试验，则无法对设备进行合适的功能试验，无法让负减压阀经历最大应力剖面。

在功能试验中，负减压阀将经历最大应力剖面（即在温度极值下的最大压力变化速度）。在功能试验中，并不能使设备在泄压/复压任务中像在轨状态一样两端同时承受真空条件。不过，设备两端都处于真空条件下的情况对应一个应力更低的非工作剖面。通过元件材料的《材料使用协议》，说明材料能够顺利承受此热真空剖面，该协议说明接触真空并不会影响材料的完整性。

## PG3-52

项目：

共用停靠装置控制委员会组件　　部件号 2355260-1-1、2355260-2-1 和 2355260-3-1

共用停靠装置螺栓启动器　　　部件号 2357650-2-1

共用停靠装置闭锁启动器　　　部件号 2357660-2-1

SSP 41172B 要求：

2.2.5.4 节，补充要求。

应在完成随机振动试验之前和之后进行一次功能试验。在试验过程中，应给电气和电子元器件加电并进行监控。在试验过程中。应监控参数以检测故障或中断。如果元器件要安装在航天器中的动力隔离器上，则元器件应当在鉴定试验过程中安装在这些隔离器上，并在隔离器的输入控制振动试验值。

例外情况：

在鉴定随机振动试验时，可以不加电和监控。

依据：

根据如下各类的性能来评估每个硬件项的制造和筛选过程：

（1）额外筛选；

（2）制造；

（3）可靠性；

（4）设计/功能；

（5）严酷度。

此评估的结果（如下所述）表明：因为在不加电和监控状态下的随机振动而导致无法检测潜在缺陷的风险很低。

（1）与验收试验流程（ATP）/鉴定试验流程（QTP）相关的故障。在随机振动试验过程中，鉴定试验流程电感器因为错误的等级而出现故障。现在，所有单元的电感器电路板都采用了环氧树脂涂层，并重新在正确的等级下进行了试验。

（2）SSP 41172 的两个例外情况已经被批准：

CR1030——在频谱低于高频和低频要求的情况下进行随机振动试验。

CR1085——允许只在最后一个热循环收集性能数据，而不是第一个和最后一个周期。

（3）共用停靠装置元器件计算的故障平均间隔时间如下：

控制委员会组件　　　　　　57 000h

闭锁启动器　　　　　　　　195 000h

螺栓启动器　　　　　　　　162 000h

（4）制造流程包含针对组件每个级别（板箱级、箱级和组件级）的缺陷的大量筛选。

（5）所有项目都归为严酷度 2R 类。

（6）项目在出现故障之后能够保持的在轨功能包括：

控制器面板组件——控制器面板设计采用了主机-从机关系。在 4 个控制器面板中，每个面板都拥有主机功能和一个单独的 1553 馈线。与此类似，设计采用了一种冗余 485 总线结构，可以从主机箱向所有 20 个从机控制器传送命令。

使用每个主动共用停靠装置上 4 个紧固闭锁中的任何 3 个，都可以实现紧固闭锁启动器的捕获功能。

使用每个主动共用停靠装置上 16 个电源螺栓组件中的任何 15 个，都可以实现螺栓启动器的匹配和刚性化功能。

（7）可以在在轨状态下恢复上述各项的功能。在匹配和刚性化操作之后，可以通过舱内活动拆下启动器和控制器面板组件。因此，在匹配 CMB 上的任何缺陷部件都可以在轨更换。

## PG3-53

项目：

共用停靠装置控制委员会组件　　部件号 2355260-1-1、2355260-2-1 和 2355260-3-1

共用停靠装置螺栓启动器　　部件号 2357650-2-1

共用停靠装置闭锁启动器　　部件号 2357660-2-1

SSP 41172B 要求：

3.1.4.4 节，补充要求。

应在完成随机振动试验之前和之后进行一次功能试验。在试验过程中，应给电气和电子元器件加电并进行监控。在试验过程中。应监控参数以检测故障或中断。如果元器件要安装在航天器中的动力隔离器上，则元器件应当在鉴定试验过程中安装在这些隔离器上，并在隔离器的输入控制振动试验值。

例外情况：

在验收随机振动试验时，可以不加电和监控。

依据：

根据如下各类的性能来评估每个硬件项的制造和筛选过程：

（1）额外筛选；

（2）制造；

（3）可靠性；

（4）设计/功能；

（5）严酷度。

此评估的结果（如下所述）表明：因为在不加电和监控状态下的随机振动而导致无法检测潜在缺陷的风险很低。

（1）与验收试验流程/鉴定试验流程相关的故障。在随机振动试验过程中，鉴定试验流程电感器因为错误的等级而出现故障。现在，所有单元的电感器电路板都采用了环氧树脂涂层，并重新在正确的等级下进行了试验。

（2）SSP 41172 的两个例外情况已经被批准：

CR1030——在频谱低于高频和低频要求的情况下进行随机振动试验。

CR1085——允许只在最后一个热循环收集性能数据，而不是第一个和最后一个周期。

（3）共用停靠装置元器件计算的故障平均间隔时间如下：

控制委员会组件　　　　　　57 000h

闭锁启动器　　　　　　　　195 000h

螺栓启动器　　　　　　　　162 000h

（4）制造流程包含针对组件每个级别（板箱级、箱级和组件级）的缺陷的大量筛选。

（5）所有项目都归为严酷度 2R 类。

（6）项目在出现故障之后能够保持的在轨功能包括：

控制器面板组件——控制器面板设计采用了主机-从机关系。在 4 个控制器面板中，每个面板都拥有主机功能和一个单独的 1553 馈线。与此类似，设计采用了一种冗余 485 总线结构，可以从主机箱向所有 20 个从机控制器传送命令。

使用每个主动共用停靠装置上 4 个紧固闭锁中的任何 3 个，都可以实现紧固闭锁启动器的捕获功能。

使用每个主动共用停靠装置上 16 个电源螺栓组件中的任何 15 个，都可以实现螺栓启动器的匹配和刚性化功能。

（7）可以在在轨状态下恢复上述各项的功能。在匹配和刚性化操作之后，可以通过舱内活动拆下启动器和控制器面板组件。因此，在匹配 CMB 上的任何缺陷部件都可以在轨更换。

## PG3-54

项目：

航空电子组件（AAA）　　部件号 SV809992-5

舱间通风机　　部件号 SV809111-6

SSP 41172B 要求：

2.2.3.3 节，试验量级和持续时间。

持续时间应为验收试验所用热循环数的 3 倍，但是总时间不能少于 24 个周期。

例外情况：

AAA 和舱间通风机在非工作温度范围下的鉴定热循环试验时间应为 3 个热循环。

依据：

通过非工作热循环试验来验证相关项目能够顺利承受非工作温度范围。可以通过更少的热循环数来验证生存能力。将通过在工作温度范围的 24 个周期的鉴定热循环试验来继续验证工艺。

## PG3-55

项目：

航空电子组件　　部件号 SV809992-5

舱间通风机　　部件号 SV809111-6

SSP 41172B 要求：

3.1.3.3 节，试验量级和持续时间。

最小温度周期数应为 8 个。

例外情况：

AAA 和舱间通风机在非工作温度范围下的验收热循环试验时间应为 1 个热循环。

依据：

通过非工作热循环试验来验证相关项目能够顺利承受非工作温度范围。可以通过更少的热循环数来验证生存能力。将通过在工作温度范围内的 8 个循环数的验收热循环试验来继续验证工艺。

## PG3-56

项目：

普通机舱空气组件（CCAA）　　部件号 SV806610-3

入口在轨可更换单元组件　　部件号 SV811840-3 和 SV811840-4

SSP 41172B 要求：

4.1.1 节，组件/元器件原型飞行试验。

在要用于后续飞行的组件上进行组件/元器件鉴定试验时，试验内容应相同（按照 2.2 节中关于元器件鉴定的定义）。为此，原型飞行硬件的热循环试验时间应为 24 个热循环，如 2.2.3.3 节所述。

例外情况：

普通机舱空气组件和入口在轨可更换单元组件的原型飞行热循环试验时间应为 8 个工作热循环和 1 个非工作热循环。

依据：

通过非工作热循环试验来验证相关项目能够顺利承受非工作温度范围。可以通过比鉴定热循环要求更少的热循环数来验证生存能力。将通过在工作温度范围内 8 个热循环数的热循环试验来继续验证工艺。

## PG3-57

项目：

内部热控制系统冷板（波音）　　　部件号 683-10041-1、683-10041-4、683-10041-5、683-10041-6、683-10041-7、683-10041-8、683-10041-9 和 683-10041-10

SSP 41172B 要求：

2.2.3 节，热循环试验（元器件鉴定）。

2.2.3.3 节，试验量级和持续时间。所有要求。

例外情况：

内部热控制系统冷板的鉴定热循环试验被一次热冲击试验所取代。热冲击试验包括如下内容：

当冷板热真空室处于环境温度时，进行冷板功能试验。将热真空室温度降低到-45℉，并使真空室保持在此温度 1h，直到冷板温度达到-45℉±5℉，其瞬态变化速度小于每小时 4.5℉。当温度处于 74～80℉ 之间时，以每小时 300～306lb 的流速向冷板入口内注入制冷剂，其压力低于 100psia。在经过保持期之后，将温度增加到环境温度，并进行操作能力试验以及坍塌压力试验。

依据：

根据内部热控制系统冷板的设计特征和确定的应用功能，进行热循环试验不会增强冷板的可维护能力或可靠性。

冷板设计对其正常操作环境下的热应力不敏感。最坏情况非工作环境为节点 1 的干燥状态。

为了鉴定而进行了最大工作压力、耐压、内部部分真空和低压泄漏速度试验。在这些试验过程中，为冷板的铜焊接头施加了超过鉴定热循环试验所施加的应力。没有出现变形或故障。

在进行冷板 683-10041-6 热冲击试验的情况下，冷板和翅片经历了 5s 的热瞬态，其变化速度约为 23℉/s（每分钟 1380℉）。热瞬态没有对冷板安装表面、铜焊接头或翅片产生不利影响（无变形或故障）。

冷板热冲击试验的试验目标是给应力冷板铜焊接头施加热应力，以确保冷板能顺利承受极低温度，同时不会产生变形或故障。由此产生的热传输力使冷板承受如下热瞬态：

顶板——在大约 20s 内变化 101℉；

底板——在大约 20s 内变化 115℉。

只进行低温试验的原因是：在高温下进行铜焊时，各部件在平衡（或松弛）状态下进行铜焊，即没有载荷。在完成高温铜焊过程之后，接头几乎没有应力，一直到铜焊项温度开始下降。在温度下降时，铜焊接头所承受的应力会不断增加，直到达到正常操作温度。此标准应力会出现正常的波动，直到环境条件发生变化为止，比如压力或温度变化。在极值温度变化下，应力值会随着温度的升高而下降，随着温度的降低而上升。因此，-45℉的低温热极值将是冷板铜焊接头的最坏情况应力。

## PG3-58

项目：

内部热控制系统冷板（波音）　　部件号 683-10041-1、683-10041-4、683-10041-5、683-10041-6、683-10041-7、683-10041-8、683-10041-9 和 683-10041-10

SSP 41172B 要求：

3.1.3 节，热循环试验（元器件验收）。

3.1.3.3 节，试验量级和持续时间。所有要求。

例外情况：

内部热控制系统冷板不需要进行验收热循环试验。

依据：

根据热控制系统冷板的设计特征和确定的应用功能，进行热循环试验不会增强冷板的可维护能力或可靠性。

冷板设计对其正常工作环境下的热应力不敏感。最坏情况非工作环境为节点 1 的干燥状态。

为了验收而进行了最大操作压力、耐压、内部部分真空和低压泄漏速度试验。在这些试验过程中，为冷板的铜焊接头施加了超过验收热循环试验所施加的应力。没有出现变形或故障。另外，还在耐压试验之后检查了每个冷板的平坦度，以确保没有变形。

铜焊过程是在鉴定试验过程中验证的过程，能够保证可重复性。在联信规格 WBS49 "过程规格-焊接、铜焊和焊接-铜焊空间站自由计划" 中，定义了铜焊过程的应用和检查，其中包含了无损检查方法和要求。

## PG3-59

项目：

磁带录像机（VTR）　　部件号 683-51020-1

SSP 41172 要求：

2.2.5 节，随机振动试验（元器件鉴定）。

2.2.5.3 节，试验量级和持续时间。所有要求。

2.2.5.4 节，补充要求。所有要求。

例外情况：

磁带录像机将不进行鉴定随机振动试验。

依据：

磁带录像机在发射时装载，封装在泡沫中，并处于良好振动环境下。因此，验收振动试验只是一种工艺筛选，通过鉴定试验来验证在验收试验环境下的裕度。磁带录像机的结构分析表明：因为需要修改商业即用磁带录音机子组件的设计方案，所以单元将不承受最小验收筛选环境。电路卡将进行卡级随机振动筛选。磁带录像机组件将通过检查、功能试验和热循环试验来验证工艺。另外，此硬件严酷度为 3，并有在轨冗余单元。因此，在磁带录像机可不进行验收随机振动试验的例外情况下，不需要通过鉴定随机振动试验验证磁带录像机的裕度。

## PG3-60

项目：

磁带录像机　　　部件号 683-51020-1

SSP 41172 要求：

3.1.4 节，随机振动试验（元器件验收）。

3.1.4.3 节，试验量级和持续时间。所有要求。

3.1.4.4 节，补充要求。所有要求。

例外情况：

磁带录像机将不进行验收随机振动试验。

依据：

磁带录像机在发射时装载，封装在泡沫中，并处于良好振动环境下。因此，验收振动试验只是一种工艺筛查。磁带录像机的结构分析表明：因为需要修改商业即用磁带录音机子组件的设计方案，所以单元将不承受最小验收筛选环境。电路卡将进行卡级随机振动排查。磁带录像机组件将通过检查、功能试验和热循环试验来验证工艺。另外，此硬件关键度为 3，并有在轨冗余单元。因此，进行排查基本没有价值，所以允许磁带录像机不进行验收随机振动试验的例外情况。

## PG3-61

项目：

螺栓启动器　　　部件号 2357650-2-1

闭锁启动器　　　部件号 2357660-2-1

SSP 41172B 要求：

3.1.2.4 节，补充要求。

应在第一个和最后一个周期的最高和最低预期温度下以及元器件返回到环境温度之后进行功能试验。在试验的其他时间内，应监控电气和电子元器件（包括冗余电路和路径）是否有故障和中断。如果元器件带有使用空气作为润滑剂的设备，那么在除去空气移除后不应旋转。

例外情况：

在第一个热真空周期中不需要收集性能数据。螺栓启动器和紧固闭锁启动器将进行 8 个周期的热真空操作，并监控电子元器件是否有故障和中断。将在 8 个热真空循环结束后，在预期最高和最低温度下进行一次功能试验并收集性能数据。

依据：

启动器对热循环不敏感。通过使用寿命鉴定表明：在第一个和最后一个循环之间，性能没有变化。鉴定启动器在真空下进行了热循环使用寿命试验，时间约为 270 个工作周期，其性能没有变化。最初的鉴定启动器在返工之后又进行了 200 个寿命周期的试验，以验证返工过程没有影响使用寿命性能。鉴定启动器没有出现任何故障，在增加额外使用寿命试验后性能没有变化。

## PG3-62

项目：

螺栓启动器　　　部件号 2357650-2-1

闭锁启动器 部件号 2357660-2-1

SSP 41172B 要求：

3.1.3.4 节，补充要求。

应在第一个和最后一个周期的最高和最低预期温度下以及元器件返回到环境温度之后进行功能试验。在试验的其他时间内，应对电气元器件进行各种模式的周期操作，以监控故障和中断。

例外情况：

在第一个热循环中不需要收集性能数据。螺栓启动器和紧固闭锁启动器将进行 8 个周期的热真空操作，并监控电子元器件是否有故障和中断。将在 8 个热真空周期结束后，在预期最高和最低温度下进行一次功能试验并收集性能数据。

依据：

启动器对热循环不敏感。通过使用寿命鉴定表明：在第一个和最后一个周期之间，性能没有变化。鉴定启动器在真空下进行了热循环使用寿命试验，时间约为 270 个操作周期，其性能没有变化。最初的鉴定启动器在返工之后又进行了 200 个寿命周期的试验，以验证返工过程没有影响使用寿命性能。鉴定启动器没有出现任何故障，在增加额外使用寿命试验后性能没有变化。

## PG3-63

项目：

共用停靠装置紧固闭锁 部件号 683-13434-6

SSP 41172B 要求：

3.1.3 节，热循环试验（元器件验收）。

3.1.3.3 节，试验量级和持续时间。所有要求。

3.1.3.4 节，补充要求。所有要求。

例外情况：

共用停靠装置紧固闭锁不需要进行验收热循环试验。

依据：

共用停靠装置紧固闭锁主要是一个活动机械组件，带有一个 5 V 直流开关。在验收热真空试验过程中，只进行了一个温度周期，这足以验证紧固闭锁开关装置（双手焊接头）的制造工艺。本试验将筛查由于材料扩展或收缩所导致的任何"黏结"。

## PG3-64

项目：

舱间通风阀门 部件号 2353024-2-1、2353024-4-1、2353024-5-1、2353024-6-1、2353024-7-1 和 2353024-8-1

SSP 41172B 要求：

2.2.5.4 节，补充要求。

应在完成随机振动试验之前和之后进行一次功能试验。在试验过程中，应给电气和电子元器件加电并进行监控。在试验过程中。应监控参数以检测故障或中断。如果元器件要安装在航天器中的动力隔离器上，则元器件应当在鉴定试验过程中安装在这些隔离器上，并在隔离器的输入控制振动试验值。

例外情况：

在鉴定随机振动试验时，可以不加电和监控。

依据：

根据如下各类的性能来评估每个硬件项的制造和筛选过程：

（1）额外筛选；

（2）制造；

（3）可靠性；

（4）设计/功能；

（5）严酷度。

此评估的结果（如下所述）表明：因为在不加电和监控状态下的随机振动而导致无法检测潜在缺陷的风险很低。

（1）在鉴定试验流程（QTP）/验收试验流程（ATP）中检测到的故障检测和采取的纠正措施。在鉴定试验过程中，启动了6个故障报告和纠正措施（FRACA）。其中有4个都涉及到热循环试验过程中的超标泄漏。在更换了法兰密封件、密封体和蝶阀密封件之后，单元顺利通过了复检。当无法在20℉启动阀门时，发布了一个故障报告和纠正措施。通过故障分析总结了试验问题，继续进行试验后没有再出现故障。当在振动试验（Z轴）过程中目测检查和电气位置指示器不吻合的情况下，启动了最终故障报告和纠正措施。通过故障分析得出结论：在更改Y轴和Z轴之间试验设置时，人工操作器（RMO）和电缆相对阀门扭转了180°。此后重新调整了阀门，并顺利完成了试验。

（2）其他SSP 41172例外情况：

CR 1029——前14个阀门在振动频谱低于高频和低频筛选频谱的情况下进行了验收随机振动试验。其余阀门在全振动频谱和量级下进行了试验。

（3）舱间通风阀门计算的故障平均间隔时间为109 000h。

（4）在阀门设计中的一个人工远程操作器为阀门操作提供了冗余机制。

（5）阀门设计基于成熟的技术和制造流程。空间站的其他阀门上采用阀门控制器。在二氧化碳清除组件泵风机电机控制器、通风孔和减压阀、共用停靠装置启动器和内部热控制系统（ITCS）阀门中使用控制器。控制器组件包含小型低密度刚性安装板。电磁干扰板采用柔性陶瓷混合物进行表面处理。

（6）除了所需的SSP 41172试验，还包含如下筛选试验：

◇ 在全SSP 41172规定的频谱和值试验之前进行了额外的较低级鉴定振动试验。通过较低级的鉴定试验产生了累积应力，为检测潜在缺陷创造了额外的机会。

◇ 在舱间通风控制器组件级，在6.0grms条件下进行了3个循环的可靠性验收试验，其温度从0℉到140℉，在最大和最小振动值下有90min的保持期。在舱间通风控制器组件级进行了可靠性验收试验，在第3个周期有随机振动。

◇ 阀门进行了100个周期的电气启动开/关操作。

（7）在轨可以通过阀门替换，为匹配模块在轨恢复舱间活动阀门功能。

## PG3-65

项目：

0.125in 三通阀门　　部件号 683-19446-1

SSP 41172B 要求：

2.2.5.4 节，补充要求。

应在完成随机振动试验之前和之后进行一次功能试验。在试验过程中，应给电气和电子元器件加电并进行监控。在试验过程中。应监控参数以检测故障或中断。如果元器件要安装在航天器中的动力隔离器上，则元器件应当在鉴定试验过程中安装在这些隔离器上，并在隔离器的输入控制振动试验值。

例外情况：

在鉴定随机振动试验时，可以不加电和监控。

依据：

根据如下各类的性能来评估每个硬件项的制造和筛选过程：

（1）额外筛选；

（2）制造；

（3）可靠性；

（4）设计/功能；

（5）严酷度。

此评估的结果（如下所述）表明：因为在不加电和监控状态下的随机振动而导致无法检测潜在缺陷的风险很低。

（1）在鉴定试验流程/验收试验流程中开展了故障检测和纠正措施。通过验收试验流程检测到了一次故障。在第 5 个飞行阀门的验收试验流程中，在随机振动后的功能试验过程中检测到一根线被夹住。后来进行了设计修改，修改了所有阀门以防止再次发生这种异常情况。

（2）0.125in 三通阀门的故障平均间隔时间为 311 000h。

（3）阀门设计基于成熟的技术和制造流程。电磁阀和闭锁启动器的电气连接采用硬连线，组件中没有电路板。

（4）在轨功能包括故障后果。样本分配系统（SDS）是一度故障容许系统。如果一个节点 1 的 0.125in 三通阀门出现故障，卡在位置 A 或 B，则再生通风（AR）样本分配系统仍然能够从所有相连模块中采集样本。

（5）0.125in 三通阀门功能可以在轨恢复。阀门是一个配置维护项，可以在轨替换。

## PG3-66

项目：

舱间通风阀门　　部件号 2353024-2-1、2353024-4-1、2353024-5-1、2353024-6-1、2353024-7-1和 2353024-8-1

SSP 41172B 要求：

3.1.4.4 节，补充要求。

应在完成随机振动试验之前和之后进行一次功能试验。在试验过程中，应给电气和电子元器件加电并进行监控。在试验过程中。应监控参数以检测故障或中断。如果元器件要安装在航天器中的动力隔离器上，则元器件应当在鉴定试验过程中安装在这些隔离器上，并在隔离器的输入控制振动试验值。

例外情况：

在鉴定随机振动试验时，可以不加电和监控。

依据：

根据如下各类的性能来评估每个硬件项的制造和筛选过程：

（1）额外筛选；

（2）制造；

（3）可靠性；

（4）设计/功能；

（5）严酷度。

此评估的结果（如下所述）表明：因为在不加电和监控状态下的随机振动而导致无法检测潜在缺陷的风险很低。

（1）在鉴定试验流程/验收试验流程中开展了故障检测和纠正措施。在鉴定试验过程中，启动了 6 个故障报告和纠正措施（FRACA）。其中有 4 个都涉及到热循环试验过程中的超标泄漏。在更换了法兰密封件、密封体和蝶阀密封件之后，单元顺利通过了复验。当在 20℉ 无法启动阀门时，发布了一个故障报告和纠正措施。通过故障分析总结了试验问题，继续进行试验后没有再出现故障。当在振动试验（$Z$ 轴）过程中目测检查和电气位置指示器不吻合的情况下，实施了最后一个故障报告和纠正措施。通过故障分析得出结论：在更改 $Y$ 轴和 $Z$ 轴之间试验设置时，人工操作器和电缆相对阀门扭转了 180°。此后重新调整了阀门，并顺利完成了试验。

（2）其他 SSP 41172 例外情况：

CR 1029——前 14 个阀门在振动频谱低于高频和低频筛选频谱的情况下进行了验收随机振动试验。其余阀门在全振动频谱和数值下进行了试验。

（3）舱间通风阀门计算的故障平均间隔时间为 109 000h。

（4）在阀门设计中的一个人工远程操作器为阀门操作提供了冗余机制。

（5）阀门设计基于成熟的技术和制造流程。阀门控制器也用于空间站的其他阀门上。在二氧化碳清除组件泵风机电机控制器、通风孔和减压阀、共用停靠装置启动器和内部热控制系统（ITCS）阀门中使用控制器。控制器组件包含小型低密度刚性安装板。电磁干扰板采用柔性陶瓷混合物进行表面处理。

（6）除了所需的 SSP 41172 试验，还包含如下筛选试验：

◇ 在全 SSP 41172 规定的频谱和值试验之前进行了额外的较低量级鉴定振动试验。通过较低量级的鉴定试验产生了累积应力，为检测潜在缺陷创造了额外的机会。

◇ 在舱间通风控制器组件级，在 6.0grms 条件下进行了 3 个周期的可靠性验收试验，其温度从 0℉ 到 140℉，在最大和最小振动值下有 90min 的保持期。在舱间通风控制器组件级进行了可靠性验收试验，在第 3 个周期有随机振动。

◇ 阀门进行了 100 个周期的电气启动开/关操作。

（7）活动阀门功能可以通过阀门替换，为匹配模块进行在轨恢复。

## PG3-67

项目：

0.125in 三通阀门　　部件号 683-19446-1

SSP 41172B 要求：

3.1.4.4 节，补充要求。

应在完成随机振动试验之前和之后进行一次功能试验。在试验过程中，应给电气和电子元器件加电并进行监控。在试验过程中。应监控参数以检测故障或中断。如果元器件要安装在航天器中的动力隔离器上，则元器件应当在鉴定试验过程中安装在这些隔离器上，并在隔离器的输入控制振动试验值。

例外情况：

在鉴定随机振动试验时，可以不加电和监控。

依据：

根据如下各类的性能来评估每个硬件项的制造和筛选过程：

（1）额外筛选；

（2）制造；

（3）可靠性；

（4）设计/功能；

（5）严酷度。

此评估的结果（如下所述）表明：因为在不加电和监控状态下的随机振动而导致无法检测潜在缺陷的风险很低。

（1）在鉴定试验流程/验收试验流程中开展了故障检测和纠正措施。通过验收试验流程检测到了一次故障。在第 5 个飞行阀门的验收试验流程中，在随机振动后的功能试验过程中检测到一根线被夹住。后来采用了一个修改的设计方案，修改了所有阀门，以防止这种异常情况再次发生。

（2）0.125in 三通阀门的故障平均间隔时间为 311 000h。

（3）阀门设计基于成熟的技术和制造流程。电磁阀和闭锁启动器的电气连接采用硬连线，组件中没有电路板。

（4）在轨功能包括故障的影响。样本分配系统是一度故障容错系统。如果一个节点 1 的 0.125in 三通阀门出现故障，卡在位置 A 或 B，则再生通风样本分配系统仍然能够从所有相连模块中采集样本。

（5）0.125in 三通阀门功能可以在轨恢复。阀门是一个配置维护项，可以在轨替换。

## PG3-68

项目：

内部热控制系统冷板　波音　　部件号 683-10041-1、683-10041-4、683-10041-5、
683-10041-6、683-10041-7、683-10041-8、
683-10041-9 和 683-10041-10

SSP 41172B 要求：

2.2.2 5 节，所有要求。

例外情况：

内部热控制系统冷板不需要进行鉴定热真空泄压/复压试验。

依据：

因为冷板是被动式的，所以热真空泄压/复压操作仅限于保证冷板能够承受设计变化压力。冷板用金属制造（镍合金、不锈钢和铜焊）。

冷板没有会在热真空泄压/复压过程中出现故障的嵌入电子部件。

设计的冷板在其正常操作限值内在 100psi（大约 7 个大气压）下进行了操作试验。它们还在 200psi（大约 14 个大气压）下进行了爆裂试验。因此，在压力/试验过程中（2.2.10 节和 2.2.11

节）的冷板表面压力变化条件比泄压/复压试验更恶劣。

因为压力/泄漏试验和泄压/复压试验之间的差别在于：泄压/复压试验是在真空中进行的，而压力/泄漏试验的压力变化幅度更大，所以通过压力试验数据来确定能够承受180天的硬真空条件，从而达到了泄压/复压试验的目的。分析表明：冷板设计足以在硬真空环境下承受180天，然后返回到环境条件并操作。分析还表明：在-30psid的坍塌压力条件（冷板内部压力）下，安全裕度为3.25。

应力分析（根据压力试验）还表明：因为在所有操作条件（包括泄压）下经历的最大应力小于屈服强度，所以冷板可以经历30次泄压而不出现任何永久变形。通过分析发现：泄压操作的安全裕度为1.96。

## PG3-69

项目：

可变风量阻尼器组件　　部件号683-15144-003

SSP 41172B 要求：

2.2.2节，热真空试验（元器件鉴定）。

2.2.2 5节，真空泄压/复压的要求。所有要求。

例外情况：

可变风量阻尼器组件将不进行鉴定泄压/复压试验。可变风量阻尼器组件将通过分析进行鉴定。

依据：

可变风量阻尼器组件包括可变风量阻尼器和一个启动器。组件启动器部分根据 SSP 41172 的要求进行鉴定和验收。

可变风量阻尼器包括一个铝管道矩形区，其中有一个活动挡板叶片，在闭合时会挡住空气。活动挡板叶片通过一个轴连接到外壳。叶片是一个单体式加工铝部件，在中心下方有一个孔，可以插入轴部件。轴通过一个弹簧销固定。弹簧销是一个"C"型部件，压缩后插入到孔内。弹簧销会对孔的内径施加一个作用力，防止其退回去。可以通过目测检查来验证弹簧安装是否合适，在正确安装之后，弹簧会固定在一个凹陷区，从而避免其在振动载荷作用下掉出来。

在分析过程中采用的3个载荷条件包括：

（1）发射/着陆，最大23.9g；

（2）内部导管压力，0.4 psig；

（3）乘员施加载荷，$T = 11\text{in} \cdot \text{lb}$ 和 50lb（推力或拉力）。

在分析过程中使用的安全系数为2.0（极限载荷）、1.25（屈服载荷）以及1.15（仅通过分析验证的结构）。

此单元包含在舱体通风导管内，其中的最坏情况温度约为45～85℉。热分析和累积公差表明：此单元能够承受比零度低很多的温度，同时不会产生影响阀门正常操作的干扰。

0.4 psig压力是根据零流量压力确定的。在泄压过程中，空气流动会停止，因此相关问题变为通风分析。根据导管内的等效孔尺寸，在舱体压力约为1.0E-03psia，导管压力约为1.0E-02psia时，压力变化速度最大（因为通风）。此压力值远远低于0.4psig值。

## PG3-70

项目：

可变风量阻尼器组件　　部件号683-15144-003

SSP 41172B 要求：

2.2.4 节，随机振动试验（元器件鉴定）。

2.2.5.3 节，试验量级和持续时间。所有要求。

2.2.5.4 节，补充要求。所有要求。

例外情况：

可变风量阻尼器组件将不进行鉴定随机振动试验。可变风量阻尼器组件将通过分析进行鉴定。

依据：

可变风量阻尼器组件包括可变风量阻尼器和一个启动器。组件启动器部分根据 SSP 41172 的要求进行鉴定和验收。

可变风量阻尼器包括一个铝管道矩形区，其中有一个活动挡板叶片，在闭合时会挡住空气。活动挡板叶片通过一个轴连接到外壳。叶片是一个单体式加工铝部件，在中心下方有一个孔，可以插入轴部件。轴通过一个弹簧销固定。弹簧销是一个"C"型部件，压缩后插入到孔内。弹簧销会对孔的内径施加一个作用力，防止其退回去。可以通过目测检查来验证弹簧安装是否合适，在正确安装之后，弹簧会固定在一个凹陷区，从而避免其在振动载荷作用下掉出来。

在分析过程中采用的 3 个载荷条件包括：

（1）发射/着陆，最大 23.9g；

（2）内部导管压力，0.4psig；

（3）乘员施加载荷，$T=11$in·lb 和 50lb（推力或拉力）。

在分析过程中使用的安全系数为 2.0（极限载荷）、1.25（屈服载荷）以及 1.15（仅通过分析验证的结构）。

根据在分析未试验结构过程中采用的安全系数，使相关人员非常相信可变风量阻尼器可以在承受发射环境以后按照设计操作。

此单元包含在舱体通风导管内，其中的最坏情况温度约为 45～85℉。热分析和累积公差表明：此单元能够承受比零度低很多的温度，同时不会产生影响阀门正常操作的干扰。

## PG3-71

项目：

紧急出口灯——带 57in 灯条　　部件号 683-26007-2

紧急出口灯——带 36in 灯条　　部件号 683-26007-3

SSP 41172B 要求：

2.2.5.4 节，补充要求。

应在完成随机振动试验之前和之后进行一次功能试验。在试验过程中，应给电气和电子元器件加电并进行监控。在试验过程中。应监控参数以检测故障或中断。如果元器件要安装在航天器中的动力隔离器上，则元器件应当在鉴定试验过程中安装在这些隔离器上，并在隔离器的输入控制振动试验值。

例外情况：

在鉴定随机振动试验时，可以不加电和监控。

依据：

紧急出口灯包含一个电源和灯条。目前正在重新设计电源，并将在加电和监控状态下进行随机振动试验。此例外情况仅适用于紧急出口灯的灯条部分。

根据如下各类的性能来评估每个硬件单元的制造和筛选过程：

（1）额外筛选；

（2）制造；

（3）可靠性；

（4）设计/功能；

（5）严酷度。

此评估的结果（如下所述）表明：因为在不加电和监控状态下进行随机振动而导致无法检测出潜在缺陷的风险很低。

（1）在鉴定试验流程/验收试验流程检测到了故障并采取了纠正措施。在鉴定湿度验证试验过程中发现有一个发光二极管（LED）没有亮。通过分析照片，发现该灯条在弯曲半径试验过程中在一个方向弯曲，在安放到湿度鉴定试验固件的时候沿着相反的方向弯曲。两个灯条都被已经通过了验收试验的飞行硬件所取代。所有鉴定试验都是用新灯条完成的。

（2）包含 57in 灯条的紧急出口灯计算的故障平均间隔时间为 704 000h；包含 36in 灯条的紧急出口灯计算的故障平均间隔时间为 1 111 600h。

（3）灯条是焊接到一个总线的一系列发光二极管。此设计简单、结实、方便检查。

（4）紧急出口灯被归为严酷度 1R。

（5）能够在出现一个故障的情况下能够保持在轨功能。每个出口都有灯条，其中包含 130 到 214 个用线并联的发光二极管。如果有一个或多个发光二极管出现故障，不会影响出口灯条的照明功能。另外，每个灯条亮度都能达到 150% 的设计要求。

（6）紧急出口灯功能可以在轨恢复。灯条可以在轨替换。已经购买了相关备件。目前提供一种专用工具以及详细的替换说明。

## PG3-72

<u>项目：</u>

常规照明灯组件　　部件号 219003

<u>SSP 41172B 要求：</u>

2.2.5.4 节，补充要求。

应在完成随机振动试验之前和之后进行一次功能试验。在试验过程中，应给电气和电子元器件加电并进行监控。在试验过程中。应监控参数以检测故障或中断。如果元器件要安装在航天器中的动力隔离器上，则元器件应当在鉴定试验过程中安装在这些隔离器上，并在隔离器的输入控制振动试验值。

<u>例外情况：</u>

在鉴定随机振动试验时，可以不加电和监控。

<u>依据：</u>

根据如下各类的性能来评估每个硬件项的制造和筛选过程：

（1）额外筛选；

（2）制造；

（3）可靠性；

（4）设计/功能；

（5）严酷度。

此评估的结果（如下所述）表明：因为在不加电和监控状态下的随机振动而导致无法检测潜在缺陷的风险很低。

（1）在鉴定试验流程/验收试验流程检测到了故障和并采取了纠正措施。在常规照明灯组件灯罩组件（LHA）和基板镇流组件（BBA）的鉴定和验收试验过程中，供应商总共在振动和振动后试验中遇到了 6 次故障/异常。故障和分析结果如下：

◇ 在振动试验之后，发现鉴定单元上的固定件被折断，这是因为在将基板镇流组件固定到振动台之前振动台表面没有做埋头孔。

◇ 因为 Q6 晶体管线折断，所以未能启动基板镇流组件鉴定单元。分析认为这种情况是工艺原因导致的。此线被重新布置，并使用环氧树脂固定。在所有飞行单元都采用了这种修改方案。

◇ 因为供应商的外部试验室未能合适的增加到所需的振动"g"值，导致一根灯丝线折断，从而使灯罩组件鉴定单元未能启动。灯罩组件单元进行了一次冲击水平试验，而不是随机振动试验。

◇ 因为操作者的错误，导致在 450Hz 下灯罩组件和基板镇流组件飞行单元承受的振动值比验收试验所需的值更大。不过，此数值并没有超过灯罩组件和基板镇流组件的鉴定试验值。

◇ 在振动试验过程中，灯罩组件飞行单元螺帽和垫圈从灯罩组件中掉出来。在硬件上没有施加合适的力矩，分析认为这种情况是工艺原因导致的。在振动试验过程中没有出现其他故障。

◇ 因为晶体管（Q1）故障，导致基板镇流组件飞行单元在振动试验之后未能启动。Q1 被拆下和替换，重复进行了验收试验，没有再出现故障。

（2）常规照明灯组件元器件计算的故障平均间隔时间为 3 000 000h（灯罩组件）和 1 929 000h（基板镇流组件）。

（3）设计结实、可靠、方便检查。

（4）常规照明灯组件被归为严酷度 2R。

（5）在轨功能包括故障的后果。常规照明灯组件具有在轨冗余的特点（在节点 1 和意大利节点 2 分别有 8 个，在美国试验室和意大利节点 3 分别有 12 个，在气闸有 4 个）。任何一个常规照明灯组件出现故障，都不会导致剩余常规照明灯组件出现灾难性的故障。只有在失去了空间站提供所需 120V 直流输入电压的电源（电源总线 A 和 B）的情况下，它们才会同时失去功能。

（6）常规照明灯组件功能可以在轨恢复。常规照明灯组件包括一个灯罩组件和一个基板镇流组件。灯罩组件和基板镇流组件都被确定为在轨可更换单元，需要具有可拆卸和可替换的特征，以便在出现故障时在轨恢复功能。

## PG3-73

项目：

系统远程开/关控制　　部件号 219006-1

SSP 41172B 要求：

2.2.5.4 节，补充要求。

应在完成随机振动试验之前和之后进行一次功能试验。在试验过程中，应给电气和电子元器件加电并进行监控。在试验过程中。应监控参数以检测故障或中断。如果元器件要安装在航天器中的动力隔离器上，则元器件应当在鉴定试验过程中安装在这些隔离器上，并在隔离器的输入控制振动试验值。

例外情况：

在鉴定随机振动试验时，可以不加电和监控。

依据：

根据如下各类的性能来评估每个硬件项的制造和筛选过程：

（1）额外筛选；

（2）制造；

（3）可靠性；

（4）设计/功能；

（5）严酷度。

此评估的结果（如下所述）表明：因为在不加电和监控状态下的随机振动而导致无法检测潜在缺陷的风险很低。

（1）在鉴定试验流程/验收试验流程检测到的故障和采取的纠正措施。在系统远程开/关控制组件（SRCA）的鉴定和验收振动试验中没有出现故障。

（2）已经按照 SSP 41172 的要求进行了鉴定和验收试验，并有如下经过批准的例外情况：

CR 1052——系统远程开/关控制组件因为其电源电压低（12V 直流），所以可以不进行电晕监控。根据文件 AFAPL-TR-65-122 和 50M05189，在此电压值下不会出现电晕。

（3）系统远程开/关控制组件计算的故障平均间隔时间为 48 840 000h。

（4）系统远程开/关控制组件被归为严酷度 3。

（5）在轨功能包括故障的后果。系统远程开/关控制组件为开启和关闭构件照明提供了一种远程方法。如果出现故障，则不能使用远程控制的便利性，将在常规照明灯组件进行照明控制。

（6）系统远程开/关控制组件功能可以在轨恢复。系统远程开/关控制组件属于在轨可更换单元，需要具有可拆卸和可替换的特征，以便在出现故障时在轨恢复功能。

## PG3-74

项目：

紧急出口灯——带 57in 灯条　　　部件号 683-26007-2

紧急出口灯——带 36in 灯条　　　部件号 683-26007-3

SSP 41172B 要求：

3.1.4.4 节，补充要求。

应在完成随机振动试验之前和之后进行一次功能试验。在试验过程中，应给电气和电子元器件加电并进行监控。在试验过程中。应监控参数以检测故障或中断。如果元器件要安装在航天器中的动力隔离器上，则元器件应当在鉴定试验过程中安装在这些隔离器上，并在隔离器的输入控制振动试验值。

例外情况：

在鉴定随机振动试验时，可以不加电和监控。

依据：

紧急出口灯包含一个电源和灯条。目前正在重新设计电源，并将在加电和监控状态下进行随机振动试验。此例外情况仅适用于紧急出口灯的灯条部分。

根据如下各类的性能来评估每个硬件项的制造和筛选过程：

（1）额外筛选；

（2）制造；

（3）可靠性；

（4）设计/功能；

（5）严酷度。

此评估的结果（如下所述）表明：因为随机振动在不加电和监控状态下而导致无法检测出潜在缺陷的风险很低。

（1）在鉴定试验流程/验收试验流程检测到的故障和采取的纠正措施。在鉴定湿度验证试验过程中发现有一个发光二极管（LED）没有亮。通过分析照片，发现该灯条在弯曲半径试验过程中在一个方向弯曲，在安放到湿度鉴定试验固件的时候沿着相反的方向弯曲。两个灯条都被已经通过了验收试验的飞行硬件所取代。所有鉴定试验都是用新灯条完成的。

（2）包含 57in 灯条的紧急出口灯计算的故障平均间隔时间为 704 000h；包含 36in 灯条的紧急出口灯计算的故障平均间隔时间为 1 111 600h。

（3）灯条是焊接到一个总线的一系列发光二极管。此设计简单、结实、方便检查。

（4）紧急出口灯被归为严酷度 1R。

（5）能够在出现一个故障的情况下保持在轨功能。每个出口都有灯条，其中包含 130～214 个用线并联的发光二极管。如果有一个或多个发光二极管出现故障，不会影响出口灯条的照明功能。另外，每个灯条亮度都能达到 150% 的设计要求。

（6）紧急出口灯功能可以在轨恢复。灯条可以在轨替换。已经购买了相关备件。目前提供一种专用工具以及详细的替换说明。

## PG3-75

项目：

常规照明灯组件　　部件号 219003

SSP 41172B 要求：

3.1.4.4 节，补充要求。

应在完成随机振动试验之前和之后进行一次功能试验。在试验过程中，应给电气和电子元器件加电并进行监控。在试验过程中。应监控参数以检测故障或中断。如果元器件要安装在航天器中的动力隔离器上，则元器件应当在鉴定试验过程中安装在这些隔离器上，并在隔离器的输入控制振动试验值。

例外情况：

在鉴定随机振动试验时，可以不加电和监控。

依据：

根据如下各类的性能来评估每个硬件项的制造和筛选过程：

（1）额外筛选；

（2）制造；

（3）可靠性；

（4）设计/功能；

（5）严酷度。

此评估的结果（如下所述）表明：因为随机振动在不加电和监控状态下而导致无法检测出潜在缺陷的风险很低。

（1）在鉴定试验流程/验收试验流程检测到的故障和采取的纠正措施。在常规照明灯组件灯罩组件和基板镇流组件的鉴定和验收试验过程中，供应商总共在振动和振动后试验中遇到了 6 次故障/异常。故障和分析结果如下：

◇ 在振动试验之后，发现鉴定单元上的固定件被折断，这是因为在将基板镇流组件固定到振动台之前振动台表面没有做埋头孔。

◇ 因为 Q6 晶体管线折断，所以未能启动基板镇流组件鉴定单元。分析认为这种情况是工艺原因导致的。此线被重新布置，并使用环氧树脂固定。在所有飞行单元都采用了这种修改方案。

◇ 因为供应商的外部试验室未能合适的增加到所需的振动"g"值，导致一根灯丝线折断，从而使灯罩组件鉴定单元未能启动。灯罩组件单元进行了一次冲击水平试验，而不是随机振动试验。

◇ 因为操作者的错误，导致在 450Hz 下灯罩组件和基板镇流组件飞行单元承受的振动值比验收试验所需的值更大。不过，此数值并没有超过灯罩组件和基板镇流组件的鉴定试验值。

◇ 在振动试验过程中，灯罩组件飞行单元螺帽和垫圈从灯罩组件中掉出来。在硬件上没有施加合适的力矩，分析认为这种情况是工艺原因导致的。在振动试验过程中没有出现其他故障。

◇ 因为晶体管（Q1）故障，导致基板镇流组件飞行单元在振动试验之后未能启动。Q1 被拆下和替换，重复进行了验收试验，没有再出现故障。

（2）常规照明灯组件元器件计算的故障平均间隔时间为 3 000 000h（灯罩组件）和 1 929 000h（基板镇流组件）。

（3）设计结实、可靠、方便检查。

（4）常规照明灯组件被归为严酷度 2R。

（5）在轨功能包括故障的后果。常规照明灯组件具有在轨冗余的特点（在节点 1 和意大利节点 2 分别有 8 个，在美国试验室和意大利节点 3 分别有 12 个，在气闸有 4 个）。任何一个常规照明灯组件出现故障，都不会导致剩余常规照明灯组件出现灾难性的故障。只有在失去了空间站提供所需的 120V 直流输入电压的电源（电源总线 A 和 B）的情况下，它们才会同时失去功能，该电源提供所需的 120 V 直流输入电压。

（6）常规照明灯组件功能可以在轨恢复。常规照明灯组件包括一个灯罩组件和一个基板镇流组件。灯罩组件和基板镇流组件都被确定为在轨可更换单元，需要具有可拆卸和可替换的特征，以便在出现故障时在轨恢复功能。

## PG3-76

项目：

系统远程开/关控制　　　部件号 219006-1

<u>SSP 41172B 要求：</u>

3.1.4.4 节，补充要求。

应在完成随机振动试验之前和之后进行一次功能试验。在试验过程中，应给电气和电子元器件加电并进行监控。在试验过程中。应监控参数以检测故障或中断。如果元器件要安装在航天器中的动力隔离器上，则元器件应当在鉴定试验过程中安装在这些隔离器上，并在隔离器的输入控制振动试验值。

<u>例外情况：</u>

在鉴定随机振动试验时，可以不加电和监控。

<u>依据：</u>

根据如下各类的性能来评估每个硬件项的制造和筛选过程：

（1）额外筛选；

（2）制造；

（3）可靠性；

（4）设计/功能；

（5）严酷度。

此评估的结果（如下所述）表明：因为随机振动在不加电和监控状态下而导致无法检测出潜在缺陷的风险很低。

（1）在鉴定试验流程/验收试验流程检测到的故障和采取的纠正措施。在系统远程开/关控制组件的鉴定和验收振动试验中没有出现故障。

（2）已经按照 SSP 41172 的要求进行了鉴定和验收试验，并有如下经过批准的例外情况：

CR 1052：系统远程开/关控制组件因为其电源电压低（12V 直流），所以可以不进行电晕监控。根据文件 AFAPL-TR-65-122 和 50M05189，在此电压值下不会出现电晕。

（3）系统远程开/关控制组件计算的故障平均间隔时间为 48 840 000h。

（4）系统远程开/关控制组件被归为严酷度 3。

（5）在轨功能包括故障的后果。系统远程开/关控制组件为开启和关闭构件照明提供了一种远程方法。如果出现故障，则不能使用远程控制的便利性，将在常规照明灯组件进行照明控制。

（6）系统远程开/关控制组件功能可以在轨恢复。系统远程开/关控制组件属于在轨可更换单元，需要具有可拆卸和可替换的特征，以便在出现故障时在轨恢复功能。

## PG3-77

<u>项目：</u>

热支座　　部件号 683-13580

<u>SSP 41172 要求：</u>

2.2 节，元器件鉴定。

根据表 2-1 中试验类别和元器件类别，给出了计划要求进行的元器件鉴定试验。

表 2-1，元器件鉴定试验。

元器件鉴定试验矩阵要求活动机械组件进行热真空试验。

<u>例外情况：</u>

将通过分析尺寸和公差来进行热支座鉴定，并通过在热真空极值下的验证来支持相关材料。

依据：

热支座组件是一个金属结构的简单活动机械组件，包括一个外壳和一个弹簧柱塞设备。通过分析间隙和热系数证明：在温度极值下没有黏结或干扰。材料评估和公差分析还证明：材料和弹簧性能将不受温度极值影响。

## PG3-78

项目：

闭锁就绪组件　　部件号 683-13729

SSP 41172 要求：

第 2.2.5.3 节，试验量级和持续时间。

元器件随机振动试验量级和频谱应包含如下范围：验收试验量级和频谱加上试验公差。

例外情况：

鉴定和验收采用相同的功率谱密度。因此，鉴定值不包含验收值加上试验公差。

依据：

在鉴定试验过程中，闭锁就绪组件（序列号 0000001）在每个轴上进行总共 9min 的振动试验（6min 鉴定和 3min 验收）。在振动后续功能试验中没有发现差异。通过检查试验件，没有发现震颤或间隙干扰的迹象。飞行件在相同数值下进行验收试验，不过在每个轴上只进行 3min。在鉴定试验中，试验件在 Z 轴承受 13.64grms，在 X 轴和 Y 轴承受 9.5grms。预期飞行环境则分别为 11.9grms 和 3grms。因为验收单元在与鉴定试验相同的数值下进行振动试验，所以不存在幅值裕度。不过，施加应力的时间足以有效筛选因为进行疲劳试验而给闭锁就绪组件造成的故障，并有可以接受的鉴定裕度。迄今为止已经对 20 个闭锁就绪飞行单元进行了验收试验，没有发现任何震颤或间隙问题的迹象。

## PG3-79

项目：

动力螺栓螺帽组件　　部件号 683-13503

SSP 41172 要求：

2.2.5.3 节，试验量级和持续时间。

元器件随机振动试验量级和频谱应包含如下范围：验收试验量级和频谱加上试验公差。

例外情况：

鉴定和验收试验采用了相同的功率谱密度。因此，鉴定值未包含验收值加上试验公差。

依据：

在验收过程中，鉴定动力螺栓螺帽组件进行了 1min 的随机振动试验；在鉴定过程中进行了 13.5min 的随机振动试验（总计 14.5min）。

因为鉴定和验收试验在相同值进行的振动试验，不存在幅值裕度，所以施加应力的时间足以有效筛选因为进行疲劳试验而给动力螺栓螺帽组件造成的故障，并有可以接受的鉴定裕度。另外，在随机振动过程中如果出现任何异常情况，都能通过试验后的目测检查以及试验后的功能试验检测出来。

动力螺栓螺帽组件是一个便于检查的简单机械组件。如果动力螺栓螺帽组件不返回地面进行检查（PMA3），那么它们的使用寿命不超过 6 个周期。动力螺栓螺帽组件使用一个开口销槽形螺帽来保持组件的完整性。此保持装置可以避免因为组件松动而产生振动。迄今为止，已经对 202 个动力螺栓螺帽组件飞行单元进行了验收试验，并且没有发现震颤或间隙问题的迹象。

## PG3-80

项目：

捕捉闭锁组件　　部件号 683-13434-6

SSP 41172 要求：

2.2.5.3 节，试验量级和持续时间。

元器件随机振动试验量级和频谱应包含如下范围：验收试验量级和频谱加上试验公差。

例外情况：

鉴定和验收试验采用了相同的功率谱密度。因此，鉴定值未包含验收值加上试验公差。

依据：

捕捉闭锁组件 delta 鉴定单元（部件号 683-13434-2，序列号 000002）进行了 3 次随机振动验收试验，每次试验中每轴时间为 1min（每轴时间总计 3min）。在使用一个飞行启动器的情况下进行了一次随机振动鉴定试验，每轴 1min；并在使用一个质量模拟器的情况下进行了一次随机振动鉴定试验，每轴 4min。鉴定单元的总振动时间为每轴 8min。迄今为止已经对 20 个紧固闭锁组件进行了验收试验，没有发现震颤或间隙问题。

因为鉴定和验收试验在相同值进行的振动试验，不存在幅值裕度，所以施加应力的总时间（8min）足以有效筛选因为进行疲劳试验而给捕捉闭锁组件造成的故障，并有可以接受的鉴定裕度。

## PG3-81

项目：

可展开陨星碎片装置　　部件号 683-14599-3

SSP 41172 要求：

2.1 节，验收和鉴定的关系。

在所有情况下，鉴定试验量级和持续时间都应包含最坏情况使用寿命环境，其中包括验收试验量级和持续时间（包括试验公差），并包括验收复验。

例外情况：

鉴定和验收声振动试验采用了相同的功率谱密度。因此，鉴定值未包含验收值加上试验公差。

依据：

可展开陨星碎片装置鉴定单元（序列号 000001）进行了 1min 的声振动验收试验，进行了一次 3min 的声振动鉴定试验，并进行了一次 3min 的额外 Delta 声振动二次鉴定试验。鉴定单元在 141dB 整体声压值下的总声振动试验时间为 7min。

因为鉴定和验收试验在相同值进行的振动试验，不存在幅值裕度，所以施加应力的总时间（7min）足以有效筛选因为进行疲劳试验而给可展开陨星碎片盖造成的故障。

## PG3-82

项目：

动力螺栓组件　　部件号 683-13450

动力螺栓螺帽组件　　部件号 683-13503

<u>SSP 41172 要求：</u>

2.2.2.3 节，试验量级和持续时间。

鉴定热真空，试验量级和持续时间：至少应采用 3 个温度周期。

例外情况：

进行一个周期的鉴定热真空试验，其范围从所需的高温极值（170℉非操作，150℉操作）到所需的冷温度极值（-50℉非操作和操作）。

依据：

进行 3 个鉴定周期操作的目的是通过两次额外的验收热真空试验鉴定硬件。动力螺栓组件和动力螺栓螺帽组件不包含任何对热极值循环敏感的内部软产品或其他材料，通过在热极值下对它们进行一个周期的操作，证明不存储机械干扰。另外，润滑剂性能数据表明：其最坏情况是在环境温度范围内，因此不需要在热极值下使用驱动润滑剂。

另外，共用停靠装置元器件已经进行了如下试验。

（1）在真空条件下，在各种温度范围内进行了 69 个功能周期的组件级鉴定试验（ALQT），其中包括一个组件级鉴定试验热极值周期 [主动共用停靠装置（ACBM）法兰温度为-50～150℉（螺栓）和主动共用停靠装置（PCBM）法兰温度为-90～190℉（螺帽）]。

（2）已经在 ACBM 法兰温度等于或高于 120℉ 的条件下进行了 5 个功能周期（75 个螺栓）的试验。鉴定单元满足所有目标，没有出现故障。

| CBM 组件鉴定试验 动力螺栓周期 | 主动环温度/被动环温度 |
|---|---|
| 15 个螺栓进行了预加载 | 120℉/119℉ |
| 14 个螺栓进行了预加载 | 120℉/70℉ |
| 16 个螺栓进行了预加载 | 150℉/190℉ |
| 16 个螺栓进行了预加载 | 130℉/170℉ |
| 14 个螺栓进行了预加载 | 130℉/-70℉ |

（3）已经在 ACBM 法兰温度等于或低于-10℉ 的条件下进行了 6 个功能周期（88 个螺栓）的试验，包括在低于-30℉ 下进行的 4 个功能周期（59 个螺栓）试验。鉴定单元满足所有目标，没有出现故障。

| CBM 组件鉴定试验 动力螺栓周期 | 主动环温度/被动环温度 |
|---|---|
| 15 个螺栓进行了预加载 | -23℉/84℉ |
| 14 个螺栓进行了预加载 | -30℉/-67℉ |
| 14 个螺栓进行了预加载 | -10℉/90℉ |
| 16 个螺栓进行了预加载 | -50℉/-90℉ |
| 16 个螺栓进行了预加载 | -30℉/170℉ |
| 13 个螺栓进行了预加载 | -30℉/-70℉ |

分析预测以及动力螺栓组件级鉴定试验的已测温度数据表明：动力螺栓的极值温度接近法兰的极值温度，此元器件没有表现出对重复热循环的敏感（如组件级鉴定试验所验

证）。因此，认为在没有通过鉴定试验验证周期功能的情况下对动力螺栓重新进行热真空验收试验的风险很小。因此，基于所述的依据和额外试验，一个鉴定热真空周期足以满足要求。

## PG3-83

项目：

动力螺栓组件　　部件号 683-13450

SSP 41172 要求：

3.1.2.2 节，试验说明。所有要求。

例外情况：

在安装校准测压元器件的微调电阻器之后，将不进行验收热真空试验。因为有此例外情况，所以可以在不对全组装单元进行本试验的情况下使用动力螺栓组件。

依据：

在安装调节测压元器件所需的微调电阻器之前，对动力螺栓组件进行热真空试验。电阻器焊接到电路，便于检查。本要求的目的是：对带真空敏感和/或热装置（比如柔性涂层、很多焊接表面或者黏结应用）的更复杂电子或电气组件进行筛选和应力试验。在组件级鉴定试验过程中，经过 69 个热真空周期，没有发现带微调电阻器的测压元器件出现任何故障。

另外，已经对 ACBM 元器件进行了如下试验：

（1）已经在 ACBM 法兰温度等于或高于 120℉ 的条件下进行了 5 个功能周期（75 个螺栓）的试验。

| CBM 组件鉴定试验 动力螺栓周期 | 主动环温度/被动环温度 |
| --- | --- |
| 15 个螺栓进行了预加载 | 120℉/119℉ |
| 14 个螺栓进行了预加载 | 120℉/70℉ |
| 16 个螺栓进行了预加载 | 150℉/190℉ |
| 16 个螺栓进行了预加载 | 130℉/170℉ |
| 14 个螺栓进行了预加载 | 130℉/-70℉ |

（2）已经在 ACBM 法兰温度等于或低于-10℉ 的条件下进行了 6 个功能周期（88 个螺栓）的试验，其中包括在等于或低于-30℉ 的条件下进行的 4 个功能周期（59 个螺栓）的试验。

| CBM 组件鉴定试验 动力螺栓周期 | 主动环温度/被动环温度 |
| --- | --- |
| 15 个螺栓进行了预加载 | -23℉/84℉ |
| 14 个螺栓进行了预加载 | -30℉/-67℉ |
| 14 个螺栓进行了预加载 | -10℉/90℉ |
| 16 个螺栓进行了预加载 | -50℉/-90℉ |
| 16 个螺栓进行了预加载 | -30℉/170℉ |
| 13 个螺栓进行了预加载 | -30℉/-70℉ |

分析预测以及动力螺栓组件级鉴定试验的已测温度数据表明：动力螺栓的极值温度接近法

兰的极值温度，因此，在不采用微调电阻器的情况下，动力螺栓的一个验收热真空周期足以满足要求。

## PG3-84

项目：

动力螺栓组件　　部件号 683-13450　　序列号 001-165、169-170、172-174、176-189、191-194、209-218 和 248-252

SSP 41172 要求：

2.2.2.3 节，试验量级和持续时间。

在热循环的高温部分，元器件应处于最大验收限值加上一个 20℉（11.1℃）的裕度（最高设计温度）；在热循环的低温部分，元器件应处于最小验收试验值温度减去一个 20℉（11.1℃）的裕度（最低设计温度）。

例外情况：

所述动力螺栓组件可以在鉴定热真空试验低温部分的 10℉范围内进行验收热真空试验。

依据：

所述动力螺栓在-40～130℉的范围内进行了验收热真空试验，在-50～150℉的范围内进行了鉴定热真空试验。对于上述动力螺栓组件，鉴定试验限值应为-60～150℉，以保持指定的 20℉裕度。

在动力螺栓组件鉴定和验收过程中进行的大量热试验表明：动力螺栓对温度不敏感。另外，没有与温度相关的故障。因此，在试验低温部分的 10℉裕度被视为风险很小。

将修改从-30℉到 130℉的验收试验流程。通过此修改，将提供所需的 20℉鉴定裕度，并包含预期最低和最高在轨操作温度（-30℉到 120℉）。因此，在修改后的验收试验中，将包含这些最坏情况操作环境。

## PG3-85

项目：

动力螺栓组件　　部件号 683-13450　　序列号 001-165、169-170、172-174、176-189、191-194、209-218 和 248-252

SSP 41172 要求：

3.1.3.3 节，试验量级和持续时间。

在热循环的高温部分，元器件应处于最大验收限值；在热循环的低温部分，元器件应处于最小验收限值。

例外情况：

所述动力螺栓组件承受的温度范围为 0～100℉，这不包含其验收试验流程所确定的冷和热验收限值（-40℉和 130℉）。

依据：

在热真空试验过程专用，所述动力螺栓组件（除了微调电阻器外）在添加微调电阻器之前承受了一个温度周期，其温度从-40℉到 130℉。微调电阻器焊接到电路，便于检查。

包含预期最低和最高飞行温度（使用电子部件的 100℉最小工艺温度范围）的目的是：证明每个飞行单元在飞行之前都能在其预期最低和最高温度下操作。已经在热真空试验过程中针对动力螺栓组件验证了这种情况，微调电阻器装置为例外情况。电阻器及其焊接点不承受预期最低和最高在轨温度极值，其风险被视为很小。

将修改从-30℉到130℉的验收试验流程。通过此修改，将提供所需的20℉鉴定裕度，并包含预期最低和最高在轨操作温度（-30℉到120℉）。因此，在修改后的验收试验中，将包含这些最坏情况操作环境。

## PG3-86

项目：

二次配电组件　　　部件号 683-27000

SSP 41172 要求：

2.2.5.4 节，补充要求。

在试验过程中，应给电气和电子元器件加电并进行监控，以检测故障或中断性能。

例外情况：

在鉴定随机振动试验过程中，全组装二次配电组件不需要进行加电和监控。

依据：

二次配电组件是美国试验室锥端内安装远程动力控制模块的一个机械外壳。二次配电组件内部的所有远程动力控制模块都进行个体在轨可更换单元-值鉴定随机振动试验。在二次配电组件内，除了远程动力控制模块以外的唯一额外电气/电子元器件就是连线和连接器。这些线束要根据 NHB 5300.4 进行连续性和隔离试验、500V 直流下的绝缘电阻试验以及 1500V 直流下的非传导性耐压试验。这些试验是在组装以后以及安装到二次配电组件以后进行的。二次配电组件在安装了远程动力控制模块的情况下进行随机振动试验。这些远程动力控制模块在振动之前和振动之后都顺利完成了试验和操作。

## PG3-87

项目：

二次配电组件　　　部件号 683-27000

SSP 41172 要求：

3.1.4.4 节，补充要求。

在试验过程中，应给电气和电子元器件加电并进行监控，以检测故障或中断性能。

例外情况：

在验收随机振动试验过程中，全组装二次配电组件不需要进行加电和监控。

依据：

二次配电组件是美国试验室锥端内安装远程动力控制模块的一个机械外壳。二次配电组件内部的所有远程动力控制模块都进行个体在轨可更换单元-值鉴定随机振动试验。在二次配电组件内，除了远程动力控制模块以外的唯一额外电气/电子元器件就是连线和连接器。这些线束要根据 NHB 5300.4 进行连续性和隔离试验、500V 直流下的绝缘电阻试验以及 1500V 直流下的非传导性耐压试验。这些试验是在组装以后以及安装到二次配电组件以后进行的。二次配电组件在安装了远程动力控制模块的情况下进行随机振动试验。这些远程动力控制模块在振动之前和振动之后都顺利完成了试验和操作。

## PG3-88

项目：

音频总线联轴器（ABC）　　　部件号 3000005-301

视频开关单元（VSU）　　　　部件号 3000008-301

SSP 41172 要求：

2.2.5 节，随机振动试验（元器件鉴定）。

2.2.5.4 节，补充要求。

在试验过程中，应给电气和电子元器件加电并进行监控。

例外情况：

在鉴定随机振动试验过程中，ABC 和 VSU 不需要加电和监控。

依据：

在完成验收随机振动试验以后，对这些元器件进行了功能试验，试验具有一定的工艺筛选作用。不对 ABC 和 VSU 进行加电和监控带来的性能风险很小，因为在飞行振动环境中，硬件不会加电和操作。在这两种情况下，提供可用的冗余或额外机载单元，为出现故障以后的关键操作提供必要的操作功能。因此，与此例外情况相关的额外风险很小。

## PG3-89

项目：

音频总线联轴器（ABC）　　　部件号 3000005-301

视频开关单元（VSU）　　　　部件号 3000008-301

SSP 41172 要求：

3.1.4 节，随机振动试验（元器件验收）。

3.1.4.4 节，补充要求。

在试验过程中，应给电气和电子元器件加电并进行监控。

例外情况：

在验收随机振动试验过程中，ABC 和 VSU 不需要加电和监控。

依据：

在完成验收随机振动试验以后，对这些元器件进行了功能试验，试验具有一定的工艺筛选作用。不对 ABC 和 VSU 进行加电和监控带来的性能风险很小，因为在飞行振动环境中，硬件不会加电和操作。在这两种情况下，都提供可用的冗余或额外机载单元，为出现故障以后的关键操作提供必要的操作功能。因此，与此例外情况相关的额外风险很小。

## PG3-90

项目：

音频总线联轴器（ABC）　　　部件号 3000005-301

视频开关单元（VSU）　　　　部件号 3000008-301

SSP 41172 要求：

第 2.2.4 节，随机振动试验（元器件鉴定）。

第 2.2.5.3 节，试验量级和持续时间。

元器件随机振动试验量级和频谱应包含如下范围：验收试验量级和频谱加上试验公差。

例外情况：

应在 4.4grms 条件下对 ABC 和 VSU 进行鉴定随机振动试验，其最大谱密度为 $0.04G^2/Hz$。

依据：

对于美国的相关应用，鉴定随机振动环境包含了 4.3grms 的预期最大飞行值。通过设计和分析 ABC 和 VSU，使其能够承受 4.4grms 的环境。承包商哈里斯公司采用了保守设计方案，其中包括采用自添加的偏折和疲劳系数来进行刚度设计。所有固定件都具有锁定功能，在组装过程中进行支撑和检查。另外，所有电路组件都带有柔性涂层，这些涂层可以防止因为单元内导电硬件松动导致短路而出现故障。在这两种情况下，都提供可用的冗余或额外机载单元，为出现故障以后的关键操作提供必要的操作功能。因此，与此例外情况相关的额外风险很小。

## PG3-91

项目：

音频总线联轴器（ABC）　　部件号 3000005-301

视频开关单元（VSU）　　部件号 3000008-301

SSP 41172 要求：

3.1.4 节，随机振动试验（元器件验收）。

3.1.4.3 节，试验量级和持续时间。

元器件随机振动试验量级和频谱应包含如下范围：　　图 3-2（元器件随机振动工艺筛选试验量级）工艺筛选数值和频谱或由主承包商批准的筛选数值和频谱。

例外情况：

应在 3.1grms 条件下对 ABC 和 VSU 进行验收随机振动试验，其最大谱密度为 $0.02G^2/Hz$。

依据：

由承包商哈里斯公司进行的验收随机振动试验不满足图 3-2 中所要求的工艺筛选值，不过它提供了工艺筛选值。通过设计和分析 ABC 和 VSU，使其能够承受 4.4grms 的环境，这超过了美国相关应用中的 4.3grms 预期最大飞行值。哈里斯公司采用了保守设计方案，其中包括采用自添加的偏折和疲劳系数来进行刚度设计。所有固定件都具有锁定功能，在组装过程中进行支撑和检查。另外，所有电路组件都带有柔性涂层，这些涂层可以防止因为单元内导电硬件松动导致短路而出现故障。在这两种情况下，都提供可用的冗余或额外机载单元，为出现故障以后的关键操作提供必要的操作功能。因此，与此例外情况相关的额外风险很小。

## PG3-92

项目：

音频总线联轴器（ABC）　　部件号 3000005-301

视频开关单元（VSU）　　部件号 3000008-301

SSP 41172 要求：

3.1.3 节，热循环试验（元器件验收）。

3.1.3.3 节，试验量级和持续时间。

在热循环的高温部分，元器件应处于最大验收限值；在热循环的低温部分，元器件应处于最小验收限值。

例外情况：

在验收热循环试验过程中，ABC 和 VSU 不承受 125℉的预期最高非操作温度。

依据：

在 ABC 和 VSU 使用寿命中的最高温度是根据转场飞行条件推导的。在这些条件下的此预期最高非操作温度为 125℉。不过，这些在轨可更换单元的实际操作环境比较有利，因为它们处于加压空间内，并通过冷板安装，冷板可以控制其遇到的操作环境。只有在返回补给站的活动中，或者在中止发射和紧急着陆的情况下，才会出现最坏情况的预期最高温度。

在热循环试验的热部分，在 90℉冷板温度下进行了验收热循环试验。分析表明：在热部分期间，操作试验导致内部电气、电子和机电部件外壳温度从 126℉上升到 178℉。因此，内部电气元器件的试验温度超过了要求的验收非操作限值。在这两种情况下，都提供可用的冗余或额外机载单元，为出现故障以后的关键操作提供必要的操作功能。因此，与此例外情况相关的额外风险很小。

## PG3-93

项目：

音频总线联轴器（ABC）　　　部件号 3000005-301

视频开关单元（VSU）　　　部件号 3000008-301

SSP 41172 要求：

2.2.3 节，热循环试验（元器件鉴定）。

2.2.3.3 节，试验量级和持续时间。

对于验收限值±裕度不包含最低范围（3.1.3.3 节）的电气/电子设备，最低鉴定范围应为 140℉。

例外情况：

ABC 和 VSU 应在最低和最高冷板安装鉴定热循环操作温度之间经历 97℉的温度范围。

依据：

在鉴定热循环试验过程中的冷板安装操作温度从 13℉到 110℉。这个范围包含在轨可更换单元的预期操作温度，并有所需的 20℉裕度。另外，在从-30℉到 110℉的非工作状态验收热循环试验中，非工作状态温度范围符合要求。在这两种情况下，都提供可用的冗余或额外机载单元，为出现故障以后的关键操作提供必要的操作功能。因此，与此例外情况相关的额外风险很小。

## PG3-94

项目：

音频总线联轴器（ABC）　　　部件号 3000005-301

视频开关单元（VSU）　　　部件号 3000008-301

SSP 41172 要求：

3.1.3 节，热循环试验（元器件验收）。

3.1.3.3 节，试验量级和持续时间。

对于在表 3-1 中确定的元器件，根据注（4），在最低和最高试验温度之间的温度范围应至少为 100℉（55.6℃），如有可能，最小试验温度应低于 30℉（-1.1℃）。

例外情况：

ABC 和 VSU 在最低和最高冷板安装验收热循环操作温度之间应经历 57℉的温度范围。

最小冷板安装试验温度应为 33℉。

依据：

在验收热循环试验过程中的冷板安装操作温度从 33℉ 到 90℉。这个范围包含在轨可更换单元的预期操作温度。另外，在从-10℉ 到 90℉ 的非操作验收热循环试验中，非操作温度范围符合要求。在这两种情况下，都提供可用的冗余或额外机载单元，为出现故障以后的关键操作提供必要的操作功能。因此，与此例外情况相关的额外风险很小。

## PG3-95

项目：

音频终端单元　　部件号 3000001-301

SSP 41172 要求：

2.2.4 节，随机振动试验（元器件鉴定）。

2.2.5.4 节，补充要求。

在试验过程中，应给电气和电子元器件加电并进行监控。

例外情况：

在鉴定随机振动试验过程中，音频终端单元不需要加电和监控。

依据：

在完成验收随机振动试验后进行了功能试验，试验具有一定的工艺筛选作用。不对音频终端单元进行加电和监控带来的性能风险很小，因为在飞行振动环境中，硬件不会加电和操作。为了避免未检测的工艺缺陷导致故障，安装了多个单元（包括在美国试验室每个锥端各安装一个），以实现功能冗余，并在航空电子设备机架 3 上提供一个机载备件。此外，还将对额外的乘员通信耳机延长线进行飞行试验，以便能在一个音频终端单元出现故障的情况下将功能切换到另外一个单元。因此，与此例外情况相关的额外风险很小。

## PG3-96

项目：

音频终端单元　　部件号 3000001-301

SSP 41172 要求：

3.1.4 节，随机振动试验（元器件验收）。

3.1.4.4 节，补充要求。

在试验过程中，应给电气和电子元器件加电并进行监控。

例外情况：

在验收随机振动试验过程中，音频终端单元不需要加电和监控。

依据：

在完成验收随机振动试验后进行了功能试验，试验具有一定的工艺筛选作用。不对音频终端单元进行加电和监控带来的性能风险很小，因为在飞行振动环境中，硬件不会加电和操作。为了避免未检测的工艺缺陷导致故障，安装了多个单元（包括在美国试验室每个锥端各安装一个），以实现功能冗余，并在航空电子设备机架 3 上提供一个机载备件。此外，还将对额外的乘员通信耳机延长线进行飞行试验，以便能在一个音频终端单元出现故障的情况下将功能切换到另外一个单元。因此，与此例外情况相关的额外风险很小。

## PG3-97

项目：

音频终端单元　　部件号 3000001-301

SSP 41172 要求：

第 2.2.5 节，随机振动试验（元器件鉴定）。

元器件随机振动试验量级和频谱应包含如下范围：验收试验量级和频谱加上试验公差。

例外情况：

应在 4.4grms 条件下对音频终端单元进行鉴定随机振动试验，其最大谱密度为 $0.04G^2/Hz$。

依据：

对于美国的相关应用，鉴定随机振动环境包含了 4.3grms 的预期最大飞行值。通过设计和分析音频终端单元，使其能够承受 4.4grms 的环境。音频终端单元的设计复杂度较低，因为它包含 4 个电路卡组件、1 个电源模块以及若干个面板安装元器件。承包商哈里斯公司采用了保守设计方案，其中包括采用自添加的偏折和疲劳系数来进行刚度设计。所有固定件都具有锁定功能，在组装过程中进行支撑和检查。另外，所有电路组件都带有柔性涂层，这些涂层可以防止因为单元内导电硬件松动导致短路而出现故障。为了避免未检测的工艺缺陷导致故障，安装了多个单元（包括在美国试验室每个锥端各安装一个），以实现功能冗余，并在航空电子设备机架 3 上提供一个机载备件。此外，还将对额外的乘员通信耳机延长线进行飞行试验，以便能在一个音频终端单元出现故障的情况下将功能切换到另外一个单元。因此，与此例外情况相关的额外风险很小。

## PG3-98

项目：

音频终端单元　　部件号 3000001-301

SSP 41172 要求：

3.1.4 节，随机振动试验（元器件验收）。

3.1.4.3 节，试验量级和持续时间。

元器件随机振动试验量级和频谱应包含如下范围：图 3-2（元器件随机振动工艺筛选试验量级）所示的工艺筛选数值和频谱或由主承包商批准的筛选数值和频谱。

例外情况：

应在 3.1grms 条件下对音频终端单元进行验收随机振动试验，其最大谱密度为 $0.02G^2/Hz$。

依据：

由承包商哈里斯公司进行的验收随机振动试验不满足图 3-2 中所要求的工艺筛选值，不过它提供了工艺筛选值。通过设计和分析音频终端单元，使其能够承受 4.4grms 的环境，这超过了美国相关应用中的 4.3grms 预期最大飞行值。音频终端单元的设计复杂度较低，因为它包含 4 个电路卡组件、1 个电源模块和若干个面板安装元器件。哈里斯公司采用了保守设计方案，其中包括采用自添加的偏折和疲劳系数来进行刚度设计。所有固定件都具有锁定功能，在组装过程中进行支撑和检查。另外，所有电路组件都带有柔性涂层，这些涂层可以防止因为单元内导电硬件松动导致短路而出现故障。为了避免未检测的工艺缺陷导致故障，安装了多个单元（包括在美国试验室每个锥端各安装一个），以实现功能冗余，并在航空电子设备机架 3 上提供一个机载备件。此外，还将对额外的乘员通信耳机延长线进行飞行试验，以便能在一个音频终端单元出现故障的情况下将功能切换到另外一个单元。因此，与此例外情况相关的额外风险很小。

## PG3-99

项目：

音频终端单元　　部件号 3000001-301

SSP 41172 要求：

3.1.3 节，热循环试验（元器件验收）。

3.1.3.3 节，试验量级和持续时间。

在热循环的高温部分，元器件应处于最大验收限值；在热循环的低温部分，元器件应处于最小验收限值。

例外情况：

在验收热循环试验过程中，音频终端单元不承受 125℉ 的预期最高非操作温度。

依据：

在音频终端单元使用寿命中的最高温度是根据转场飞行条件推导的。在这些条件下的此预期最高非操作温度为 125℉。不过，这些在轨可更换单元的实际操作环境比较有利，因为它们处于加压空间内，并通过冷板安装，冷板可以控制其遇到的操作环境。只有在返回补给站的活动中，或者在中止发射和紧急着陆的情况下，才会出现最坏情况的预期最高温度。

在热循环试验的热部分，在 90℉ 冷板温度下进行了验收热循环试验。分析表明：在热部分期间，操作试验导致内部电气、电子和机电部件外壳温度从 126℉ 上升到 178℉。因此，内部电气元器件的试验温度超过了要求的验收非操作限值。为了避免未检测的工艺缺陷导致故障，安装了多个单元（包括在美国试验室每个锥端各安装一个），以实现功能冗余，并在航空电子设备机架 3 上提供一个机载备件。此外，还将对额外的乘员通信耳机延长线进行飞行试验，以便能在一个音频终端单元出现故障的情况下将功能切换到另外一个单元。因此，与此例外情况相关的额外风险很小。

## PG3-100

项目：

音频终端单元　　部件号 3000001-301

SSP 41172 要求：

2.2.3 节，热循环试验（元器件鉴定）。

2.2.3.3 节，试验量级和持续时间。

对于验收限值±裕度不包含最低范围（3.1.3.3 节）的电气/电子设备，鉴定的最低范围应为 140℉。

例外情况：

音频终端单元应在最低和最高冷板安装鉴定热循环操作温度之间经历 98℉ 的温度范围。

依据：

在鉴定热循环试验过程中的冷板安装操作温度从 12℉ 到 110℉。这个范围包含在轨可更换单元的预期操作温度，并有所需的 20℉ 裕度。另外，在从-30℉ 到 110℉ 的非操作验收热循环试验中，非操作温度范围符合要求。为了避免未检测的工艺缺陷导致故障，安装了多个单元（包括在美国试验室每个锥端各安装一个），以实现功能冗余，并在航空电子设备机架 3 上提供一个机载备件。此外，还将对额外的乘员通信耳机延长线进行飞行试验，以便能在一个音频终端单元出现故障的情况下将功能切换到另外一个单元。因此，与此例外情况相关的额外风险很小。

## PG3-101

项目：

音频终端单元　　部件号 3000001-301

SSP 41172 要求：

3.1.3 节，热循环试验（元器件验收）。

3.1.3.3 节，试验量级和持续时间。

对于在表 3-1 中确定的元器件，根据注（4），在最低和最高试验温度之间的温度范围应至少为 100℉（55.6℃），如有可能，最小试验温度应低于 30℉（-1.1℃）。

例外情况：

音频终端单元在最低和最高冷板安装验收热循环操作温度之间应经历 58℉ 的温度范围。

最小冷板安装试验温度应为 32℉。

依据：

在验收热循环试验过程中的冷板安装操作温度从 32℉ 到 90℉。这个范围包含在轨可更换单元的预期操作温度。另外，在从-10℉到 90℉ 的非操作验收热循环试验中，非操作温度范围符合要求。为了避免未检测的工艺缺陷导致故障，安装了多个单元（包括在美国试验室每个锥端各安装一个），以实现功能冗余，并在航空电子设备机架 3 上提供一个机载备件。此外，还将对额外的乘员通信耳机延长线进行飞行试验，以便能在一个音频终端单元出现故障的情况下将功能切换到另外一个单元。因此，与此例外情况相关的额外风险很小。

## PG3-102

项目：

MBM 人工螺栓组件　　部件号 683-55217-003

SSP 41172 要求：

3.1.2 节，热真空试验（元器件验收）。

3.1.2.3 节，试验量级和持续时间。所有要求。

3.1.2.4 节，补充要求。所有要求。

例外情况：

MBM-1 上使用的 16 个 MBM 人工螺栓组件没有进行验收热真空试验。

依据：

将根据共用停靠装置动力螺栓验收热真空试验的情况，对 MBM 人工螺栓组件进行飞行验收。

共用停靠装置动力螺栓在 1E-04Torr 压力下以及 0～+100℉ 的温度范围内进行验收热真空试验，共 24 个操作周期。共用停靠装置动力螺栓的大量验收热试验（迄今为止对大约 200 个螺栓进行了试验）证明动力螺栓对温度不敏感，因为没有出现与温度相关的故障。MBM 人工螺栓的如下部件不驻留在共用停靠装置动力螺栓内：人工螺栓驱动器（部件号 683-55217-002）、2 个垫圈（部件号 683-55220-004）、1 个螺钉（部件号 NAS1351N3-8）、2 个螺钉（部件号 NAS1351N5-14）以及一个缓冲夹（部件号 NAS1715CT16IW）。这些变化只是机械变化，因此不影响使用共用停靠装置动力螺栓热真空试验结果的有效性。

人工螺栓组件进行了一次热分析，以确保在 MBM 操作温度极值下保持部件间隙。在分析中，考虑了因为尺寸变化而产生的转动间隙、因为尺寸变化和位置变化而产生的轴向间隙。通过分析确定：在温度极值下保持了足够的间隙，在这些温度下，人工螺栓组件会保持正常功能。

## PG3-103

项目：

人工停靠装置（MBM-1 和 MBM-2）　　　部件号 683-55226-003 和 683-55226-004

SSP 41172 要求：

4.1.1 节，组件/元器件原型飞行试验。

在要用于后续飞行的组件上进行组件/元器件鉴定试验时，试验内容应相同（按照 2.2 节中关于元器件鉴定的定义），并有如下例外情况：对于声振动鉴定试验，试验值应为预期最大飞行值，但是不应少于根据 141dB 整体声环境推导的数值（其频谱由 NSTS 21000-IDD-ISS　4.1.1.5 节定义）。试验时间不应超过 1min。

例外情况：

MBM-1 和 MBM-2 原型飞行振动试验的时间为 4min20s。

依据：

根据以前的鉴定试验和相关分析，在所有 MBM 元器件进行验收后，仍然有较多的疲劳寿命。在 MBM 设计中，借用了鉴定共用停靠装置（CBM）的若干功能，该装置在超过 MBM 预期飞行环境的条件下进行了随机振动试验。对内部人员为共用停靠装置开发的两个活动机械组件进行了调整，以便能用于 MBM、捕获闭锁和动力螺栓。在开发、鉴定和验收共用停靠装置螺栓和闭锁硬件的过程中进行了很多试验，证明它们对振动灵敏度导致的疲劳损害不敏感。简而言之，没有证据表明共用停靠装置鉴定环境导致疲劳临界或较强振动感应应力。因此，这些部件在 MBM 原型飞行环境中不需要担心疲劳问题，即便试验时间为 4min20s 也是如此。

在 MBM 疲劳和断裂分析(D683-34973　MBM 结构分析　第 7 节)中，还全面分析了 MBM 结构和机械元器件的其他部分（蜘蛛网横梁、驱动器和闭锁连杆、中心曲柄和传动螺杆）。根据对原型飞行振动声学试验过程中承受飞行级周期载荷的设备的结构分析，得出了如下结论：在经过 4min20s 的接触之后（比要求的时间多 3min），并没有显著降低 MBM 硬件的疲劳寿命。试验给 MBM 硬件施加的应力不足以导致明显的断裂或疲劳效果。

## PG3-104

项目：

共用视频接口单元（CVIU）　　　部件号 3000028-301

SSP 41172 要求：

2.2.5 节，随机振动试验（元器件鉴定）。

2.2.5.4 节，补充要求。

在试验过程中，应给电气和电子元器件加电并进行监控。

例外情况：

在鉴定随机振动试验过程中，CVIU 不进行加电和监控。

依据：

在完成验收随机振动试验以后，对这些元器件进行了功能试验，试验具有一定的工艺筛选作用。不对 CVIU 进行加电和监控带来的性能风险很小，因为在飞行振动环境中，硬件不会加电和操作。对于 CVIU，提供可用的冗余或额外机载单元，为出现故障以后的关键操作提供必要的操作功能。因此，与此例外情况相关的额外风险很小。

## PG3-105

项目：

共用视频接口单元　　部件号 3000028-301

SSP 41172 要求：

3.1.4 节，随机振动试验（元器件验收）。

3.1.4.4 节，补充要求。

在试验过程中，应给电气和电子元器件加电并进行监控。

例外情况：

在验收随机振动试验过程中，CVIU 不进行加电和监控。

依据：

在完成验收随机振动试验以后，对这些元器件进行了功能试验，试验具有一定的工艺筛选作用。不对 CVIU 进行加电和监控带来的性能风险很小，因为在飞行振动环境中，硬件不会加电和操作。对于 CVIU，提供可用的冗余或额外机载单元，为出现故障以后的关键操作提供必要的操作功能。因此，与此例外情况相关的额外风险很小。

## PG3-106

项目：

共用视频接口单元　　部件号 3000028-301

SSP 41172 要求：

2.2.4 节，随机振动试验（元器件鉴定）。

2.2.5.3 节，试验量级和持续时间。

元器件随机振动试验量级和频谱应包含如下范围：验收试验量级和频谱加上试验公差。

例外情况：

应在 4.4grms 条件下对 CVIU 进行鉴定随机振动试验，其最大谱密度为 $0.04G^2/Hz$。

依据：

对于美国的相关应用，鉴定随机振动环境包含了 4.3grms 的预期最大飞行值。通过设计和分析 CVIU，使其能够承受 8.6grms 的环境。承包商哈里斯公司采用了保守设计方案，其中包括采用自添加的偏折和疲劳系数来进行刚度设计。所有固定件都具有锁定功能，在组装过程中进行支撑和检查。另外，所有电路组件都带有柔性涂层，这些涂层可以防止因为单元内导电硬件松动导致短路而出现故障。对于 CVIU，提供可用的冗余或额外机载单元，为出现故障以后的关键操作提供必要的操作功能。因此，与此例外情况相关的额外风险很小。

## PG3-107

项目：

共用视频接口单元　　部件号 3000028-301

SSP 41172 要求：

3.1.4 节，随机振动试验（元器件验收）。

第 3.1.4.3 节，试验量级和持续时间。

元器件随机振动试验量级和频谱应包含如下范围：图 3-2（元器件随机振动工艺筛选试验量级）所示的工艺筛选数值和频谱或由主承包商批准的筛选数值和频谱。

例外情况：

应在 3.1grms 条件下对 CVIU 进行验收随机振动试验，其最大谱密度为 $0.02G^2/Hz$。

依据：

由承包商哈里斯公司进行的验收随机振动试验不满足图 3-2 中所要求的工艺筛选值，不过它提供了工艺筛选值。通过设计和分析 CVIU，使其能够承受 4.4grms 的环境，这超过了美国相关应用中的 4.3grms 预期最大飞行值。哈里斯公司采用了保守设计方案，其中包括采用自添加的偏折和疲劳系数来进行刚度设计。所有固定件都具有锁定功能，在组装过程中进行支撑和检查。另外，所有电路组件都带有柔性涂层，这些涂层可以防止因为单元内导电硬件松动导致短路而出现故障。在这两种情况下，都提供可用的冗余或额外机载单元，为出现故障以后的关键操作提供必要的操作功能。因此，与此例外情况相关的额外风险很小。

## PG3-108

项目：

共用视频接口单元　　部件号 3000028-301

SSP 41172 要求：

3.1.3 节，热循环试验（元器件验收）。

3.1.3.3 节，试验量级和持续时间。

在热循环的高温部分，元器件应处于最大验收限值；在热循环的低温部分，元器件应处于最小验收限值。

例外情况：

在验收热循环试验过程中，CVIU 不承受 125℉ 的预期最高非操作温度。

依据：

在 CVIU 使用寿命中的最高温度是根据转场飞行条件推导的。在这些条件下的此预期最高非操作温度为 125℉。不过，CVIU 的实际操作环境比较有利，因为它们处于加压空间内，并通过冷板安装，冷板可以控制其遇到的操作环境。只有在返回补给站的活动中，或者在中止发射和紧急着陆的情况下，才会出现最坏情况的预期最高温度。

在热循环试验的热部分，在 90℉ 冷板温度下进行了验收热循环试验。分析表明：在热部分期间，操作试验导致内部电气、电子和机电部件外壳温度从 126℉ 上升到 178℉。因此，内部电气元器件的试验温度超过了要求的验收非操作限值。另外，在 CVIU 中的所有部件和材料都经过了非操作限值以外的验证。对于 CVIU，提供可用的冗余或额外机载单元，为出现故障以后的关键操作提供必要的操作功能。因此，与此例外情况相关的额外风险很小。

## PG3-109

项目：

共用视频接口单元　　部件号 3000028-301

SSP 41172 要求：

2.2.3 节，热循环试验（元器件鉴定）。

2.2.3.3 节，试验量级和持续时间。

对于验收限值±裕度不包含最低范围（3.1.3.3 节）的电气/电子设备，鉴定的最低范围应为 140℉。

例外情况：

CVIU 应在最低和最高冷板安装鉴定热循环操作温度之间经历 97℉ 的温度范围。

依据：

在鉴定热循环试验过程中的冷板安装操作温度从 13℉ 到 110℉。这个范围包含在轨可更换单元的预期操作温度，并有所需的 20℉ 裕度。另外，在从-30℉ 到 110℉ 的非操作鉴定热循环试验中，非操作温度范围符合要求。对于 CVIU，提供可用的冗余或额外机载单元，为出现故障以后的关键操作提供必要的操作功能。因此，与此例外情况相关的额外风险很小。

## PG3-110

项目：

共用视频接口单元 部件号 3000028-301

SSP 41172 要求：

3.1.3 节，热循环试验（元器件验收）。

3.1.3.3 节，试验量级和持续时间。

对于在表 3-1 中确定的元器件，根据注（4），在最低和最高试验温度之间的温度范围应至少为 100℉（55.6℃），如有可能，最小试验温度应低于 30℉（-1.1℃）。

例外情况：

CVIU 在最低和最高冷板安装鉴定热循环操作温度之间应经历 57℉ 的温度范围。

最低冷板安装试验温度应为 33℉。

依据：

在验收热循环试验过程中的冷板安装操作温度从 33℉ 到 90℉。这个范围包含在轨可更换单元的预期操作温度。另外，在从-10℉ 到 90℉ 的非操作验收热循环试验中，非操作温度范围符合要求。对于 CVIU，提供可用的冗余或额外机载单元，为出现故障以后的关键操作提供必要的操作功能。因此，与此例外情况相关的额外风险很小。

## PG3-111

项目：

航空电子组件 部件号 SV809992

SSP 41172 要求：

3.1.4 节，随机振动试验（元器件验收）。

3.1.4.3 节，试验量级和持续时间。所有要求。

3.1.4.4 节，补充要求。所有要求。

例外情况：

将不进行 AAA 组件级的验收随机振动试验。

依据：

航空电子组件包括一个热交换器、声盖/入口消音器组件、出口消音器、风机组件（包括一个无刷直流电机，并带一个安装的霍尔效应设备板）以及一个控制器和包含电子部件的滤波器板。AAA 中的机械组件不被视为具有需要精密调整或无法正确检查的严格公差，因此不需要进行验收随机振动试验。机械子组件工艺试验包括热交换器耐压和氦气泄漏试验。

控制器和电磁干扰滤波器板根据 SSP 41172 的要求承受了 7.0grms 的验收随机振动值，在此过程中处于加电和监控状态。简单霍尔效应设备板（安装在无刷直流电机上）是一个单层板，安装了 4 个有源部件，具有搭接焊接结构，可以在焊接之后进行全面检查。另外，在子组件试验过程中，板件还进行等电位联结、热循环、300h 老炼和性能试验。无刷直流电机采用了空气轴承设计，可以在 0 或 1G 环境下操作，而不是振动条件下。在制造过程中检查电机，并进行电气连续性、介电耐压、隔离电阻、加电周期和老炼工艺试验。

在制造过程中，通过 89 次分开的检查，对风机组件（带无刷直流电机和 HED）进行筛选。接下来，进行等电位联结以一次 8h 老炼试验，以产生最大亚同步振动，从而检验电机轴承组件是否合适。这些过程符合汉胜公司的航天飞机硬件工艺和材料筛选（航天飞机不使用空气轴承电机，因此振动/空车试验不一样）。

考虑到设计方案、与航天飞机硬件的共性以及相关的筛选和检查过程，此例外情况不应影响与确定的严酷度 1 故障模式（JSC 48532-5A 中确定的中度温度环路泄漏和变通方案）相关的风险。另外，AAA 成功通过了鉴定随机振动试验，证明设计可以接受。因此，飞行 AAA 被视为可以用于飞行。

## PG3-112

项目：

航空电子组件　　部件号 SV809992

SSP 41172 要求：

2.2.5 节，随机振动试验（元器件鉴定）。

2.2.5.4 节，补充要求。

在随机振动试验过程中，应给电气和电子硬件加电并进行监控，以检测故障或中断。

例外情况：

在组件级鉴定随机振动试验过程中，AAA 将不进行加电和电气监控。

依据：

航空电子组件包括一个热交换器、声盖/入口消音器组件、出口消音器、风机组件（包括一个无刷直流电机，并带一个安装的霍尔效应设备板）以及一个控制器和包含电子部件的滤波器板。AAA 在 8.57grms 的整体值下进行了鉴定随机振动试验，试验中没有出现故障。不过，在此试验过程中该单元并没有加电。

控制器和电磁干扰滤波器板在 10grms 的整体鉴定振动值下进行了子组件级试验，在此过程中处于加电和监控状态。简单霍尔效应设备板（安装在无刷直流电机上）在 8.33grms 条件下进行了子组件级鉴定随机振动试验，在此过程中处于加电和监控状态。另外，使用可以随时检查的搭接焊接方式制造了简单的单层霍尔效应设备板，它只有 4 个有源部件。该板件进行了等电位联结、热循环、300h 老炼和性能试验。

无刷直流电机采用了空气轴承设计，可以在 0 或 1G 环境下操作，不过如果在鉴定振动试验过程中操作，可能会受到损害。在制造过程中检查电机，并进行电气连续性、介电耐压、隔离电阻、加电周期和老炼工艺试验。这些过程符合汉胜公司的航天飞机硬件工艺和材料筛选（航天飞机不使用空气轴承电机，因此振动/老炼试验不一样）。所有焊接连接都采用涂层或陶瓷，从而确保与导电件彼此隔离。最后，在振动活动中（发射和转场——飞行环境），航空电子组件不会加电。因此，振动后的功能试验能够以最佳方式代表操作应用。

## PG3-113

项目：

入口在轨可更换单元　　部件号 SV811840

SSP 41172 要求：

4.1.1 节，组件/元器件原型飞行试验。

在要用于后续飞行的组件上进行组件/元器件鉴定试验时，试验内容应相同。为此，要求原型飞行硬件随机振动试验量级和频谱包含预期最大飞行数值和频谱减去 6dB，但是不小于在 SSP 41172 中定义的工艺筛选值 6.1grms。

例外情况：

入口在轨可更换单元的原型飞行随机振动试验应包含 4.3Grms 的最大飞行值。

依据：

入口在轨可更换单元包括一个舱体空气风机子组件（舱体风机电机控制器和电机，带安装的霍尔效应板）以及一个 Delta 压力传感器。入口在轨可更换单元舱体空气风机外壳组件不视为需要精确调整的机械组件，也不视为因为无法通过验收振动试验进行正确检查所以不需要进行该试验的机械组件。不过，风机外壳组件进行了一系列目测和试验检查，以确保符合工艺和材料要求。包括主要电子部件在内的所有电机控制器都在 8.7grms 条件下进行了 1min 的振动试验，在试验过程中处于加电和监控状态，这个条件远远高于最小筛选要求。电机在加电状态以及 6.9grms 振动值条件下分别进行了 20min 的试验，并在子组件级进行了加电和检查，以验证工艺。另外，每个 Delta 压力传感器都由制造商进行了加电温度周期/加电老炼试验，并在 5.4grms 条件下在所有三个轴进行了 4min 的鉴定试验，在试验之后还进行了泄漏试验。从以前的情况来看，在伊顿（制造商）或汉胜进行的试验过程中，没有发现这些传感器存在工艺问题。最后，在入口在轨可更换单元振动之后进行了相关试验，以确保单元具有合适的操作功能。

另外，通过提供在轨冗余备件，为出现故障以后的关键操作提供必要的操作功能。因此，与此例外情况相关的额外风险很小。

## PG3-114

项目：

热交换器在轨可更换单元　　部件号 SV813900

SSP 41172 要求：

4.1.1 节，组件/元器件原型飞行试验。

在要用于后续飞行的组件上进行组件/元器件鉴定试验时，试验内容应相同。为此，要求原型飞行硬件随机振动试验量级和频谱包含预期最大飞行数值和频谱减去 6dB，但是不小于 SSP 41172 中定义的 6.1grms 工艺筛选值。

例外情况：

热交换器在轨可更换单元的原型飞行随机振动试验应包含 4.3grms 的最大飞行值。

依据：

热交换器在轨可更换单元包括一个温度控制止回阀（TCCV）在轨可更换单元（其中包括电气/电子启动器子组件和开/关一个导管的铰链门）、温度传感器在轨可更换单元（带铂丝缠绕陶瓷温度传感器）和机械热交换器冷凝子组件。所有电气/电子子组件都在更高级组件试验之前进行振动试验。温度控制止回阀在轨可更换单元启动器子组件在加电和监控状态下在所有三个轴进行 3min 的随机振动试验，其试验条件为 8.7grms（验收）和 9.8grms（鉴定），这种条件远远高于最小筛选要求。温度传感器在轨可更换单元在加电和监控状态下在所有三个轴进行 1min 的原型飞行振动试验，其试验条件为 15.4grms。一个温度传感器在加电和监控状态下进行了 20min 的鉴定振动，其试验条件为 16.8grms。温度控制止回阀在轨可更换单元和热交换器冷凝器的机械组件不视为需要精确调整的机械组件，也不视为因为无法通过验收工艺振动试验进行正确检查所以不需要进行该试验的机械组件。这些机械组件在最终组件级进行试验，以包含飞行振动环境。在所有试验过程中，都没有出现因为热交换器在轨可更换单元工艺问题而导致的故障。

另外，通过在轨冗余或温度控制止回阀备件，为出现故障以后的关键操作提供必要的操作功能。因此，与此例外情况相关的额外风险很小。

## PG3-115

项目：

内部自密封流体快速分断装置（QD）联轴器（波音）　　部件号 683-16348 和 683-15179

SSP 41172 要求：

2.2.3 节，热循环试验（元器件鉴定）。

2.2.3.3 节，试验量级和持续时间。

持续时间应为验收试验热循环数的 3 倍，但是不小于 24 个周期。

例外情况：

内部自密封流体快速分节装置联轴器鉴定热循环试验的时间应为两个周期。

依据：

进行鉴定热循环试验的目的是模拟隔离壁安装的针式和相应孔式半结构的实际受热情况。在试验过程中，通过在 33℉ 和 160℉ 的温度极值下对联轴器进行匹配和解配操作，完成分断装置联轴器的操作试验，在此过程中，单元加压到 14.7psia。此外，在鉴定试验中，还使快速分断装置联轴器承受 30min 的 -50℉ 非操作温度。通过泄漏试验证明：接触这个较低的温度极值，并不会影响快速分断装置联轴器密封的完整性。

除了上述试验，还通过评估派克 Symetrics 航天飞机快速分断装置联轴器（部件号MC276-0020，在设计、材料和鉴定流程方面等效于派克 Symetrics 国际空间站快速分断装置联轴器 683-16348）鉴定历史和使用寿命发现：在空间站快速分断装置联轴器上进行的鉴定热循环试验满足 SSP 41172 的目的。在航天飞机快速分断装置联轴器鉴定计划过程中，高压快速分断装置联轴器进行了 5 个热循环的试验，低压快速分断装置联轴器进行了 3 个热循环的试验，以鉴定 1000 个匹配和解配周期。根据航天飞机快速分断装置联轴器故障历史报告：在过去的 20 年中，有 85% 以上的快速分断装置联轴器故障都是与热环境应力无关的泄漏和解配问题。在空间站上的 QD 联轴器的匹配/解配寿命要求为 250 个匹配/解配周期，使用寿命要求为 10 年。考虑到在轨预期热环境和标称快速分断装置联轴器应用，上述两个关于空间站 QD 联轴器的要求都比航天飞机 QD 联轴器的要求更为严格。因此，通过两个鉴定热循环，足以鉴定国际空间站快速分断装置联轴器的设计。

## PG3-116

项目：

内部自密封流体快速分断装置联轴器（波音）　　部件号 683-16348（所有）和 683-15179（所有部件，除了 683-15179-11、683-15179-15、683-15179-21 和 683-15179-25 外）

SSP 41172 要求：

2.2.2.5 节，真空泄压/复压的要求。

应根据 2.2.2.5 节中（1）或（2）的要求，对内部元器件进行一次泄压和复压试验。可以通过 2.2.2.1 节到 2.2.2.4 节所述的一次热真空鉴定试验来代替此泄压/复压鉴定试验。

例外情况：

内部自密封流体快速分断装置联轴器不需要进行鉴定泄压/复压试验。此试验只适用于模块内部 QD。

依据：

通过综合试验和分析，快速分断装置联轴器满足了泄压/复压要求。在验收试验过程中，在从 30.4psia 到 500psia 的范围内，通过两倍最大操作压力下的匹配和解配配置试验对飞行 QD 进行了耐压试验。通过进行的试验证明：没有与 QD 联轴器相关的结构问题。额外的泄压/复压试验不会增加筛选过程的有效性。因此，快速分断装置联轴器视为通过飞行验收。

## PG3-117

项目：

内部自密封流体快速分断装置联轴器（波音）　　部件号 683-16348

SSP 41172 要求：

2.2.10 节，压力试验（元器件鉴定）。

2.2.10.2 节，试验说明。

对于压力容器、压力线路和固件等项目，元器件温度应符合关键应用温度，并至少进行 1 个周期的耐压。1 个耐压周期应包括：将内部压力（通过静水力学或气动方式）升高到耐压，保持该压力 5min，然后将压力降低到环境压力。如果有任何永久形变、变形或故障的基线，则表示未能通过试验。

例外情况：

内部自密封流体快速分断装置联轴器的鉴定压力试验时间应为 3min。

依据：

根据 SSP 41172 和 SSP 30559，耐压试验需要进行 5min，其压力为最大操作压力（MOP）的 1.5 倍。在鉴定过程中，在 2 倍最大操作压力下对快速分断装置联轴器进行 3min 的耐压试验。不过，根据指定的要求，在 2 倍最大操作压力下对飞行 QD 联轴器进行了 5min 的试验。另外，鉴定的快速分断装置联轴器通过了指定的爆裂压力试验。因此，通过对鉴定内部自密封流体快速分断装置联轴器进行额外的耐压试验来完全达到所需的耐压试验时间，并不会有任何明显的价值。

## PG3-118

项目：

内部自密封流体快速分断装置联轴器（波音）　　　　部件号 683-16348 和 683-15179

SSP 41172 要求：

3.1.2 节，热真空试验（元器件验收）。

3.1.2.3 节，试验量级和持续时间。所有要求。

3.1.2.4 节，补充要求。所有要求。

例外情况：

内部自密封流体快速分断装置联轴器将不进行验收热真空试验。

依据：

每个 QD 联轴器都将在匹配和解配条件下进行操作压力的验收泄漏试验，并使用氦气作为试验流体。在评估了航天飞机故障历史的情况下，验收泄漏试验是筛选每个 QD 联轴器工艺缺陷的最具成本效益的方式。根据航天飞机快速分断装置联轴器故障历史报告：在过去的 20 年中，有 85%以上的快速分断装置联轴器故障都是与热环境应力无关的泄漏和解配问题。另外，还在差压条件以及从 33℉ 到 160℉ 的温度下连接和试验了飞行低压快速分断装置联轴器，试验采用了联轴器半结构、匹配以及解配的配置；在-50℉ 到 160℉ 的温度下试验了压力 QD，试验采用了联轴器半结构、匹配以及解配的配置。此方案与航天飞机计划中所采用的派克 Symetrics 快速分断装置联轴器的环境筛选方案相同，该方案的派克 Symetrics 航天飞机快速分断装置联轴器（部件号 MC276-0020）在设计、材料和鉴定流程方面等效于派克 Symetrics 国际空间站 QD 联轴器 683-16348。因此，因为验收热真空试验不会增加筛选过程的有效性，所以允许忽略上述试验。

## PG3-119

项目：

内部自密封流体快速分断装置联轴器（波音）　　　　部件号 683-16348 和 683-15179

SSP 41172 要求：

3.1.3 节，热循环试验（元器件验收）。

3.1.3.3 节，试验量级和持续时间。所有要求。

3.1.3.4 节，补充要求。所有要求。

例外情况：

内部自密封流体快速分断装置联轴器将不进行验收热循环试验。

依据：

每个 QD 联轴器都将在匹配和解配条件下进行操作压力的验收泄漏试验，并使用氦气作为试验流体。在评估了航天飞机故障历史的情况下，验收泄漏试验是筛选每个 QD 联轴器工艺缺陷的最具成本效益的方式。根据航天飞机快速分断装置联轴器故障历史报告：在过去的 20 年中，有 85%以上的快速分断装置联轴器故障都是与热环境应力无关的泄漏和解配问题。另外，还在差压条件以及从 33℉ 到 160℉ 的温度下连接和试验了飞行低压快速分断装置联轴器，试验采用了联轴器半结构、匹配以及解配的配置；在-50℉ 到 160℉ 的温度下试验了压力 QD，试验采用了联轴器半结构、匹配以及解配的配置。此方案与航天飞机计划中所采用的派克 Symetrics

快速分断装置联轴器的环境筛选方案相同，该方案的派克 Symetrics 航天飞机快速分断装置联轴器（部件号 MC276-0020）在设计、材料和鉴定流程方面等效于派克 Symetrics 国际空间站 QD 联轴器 683-16348。因此，因为验收热真空试验不会增加筛选过程的有效性，所以允许忽略上述试验。

## PG3-120

项目：

内部自密封流体快速分断装置联轴器（波音）　　　部件号 683-16348 和 683-15179

SSP 41172 要求：

3.1.4 节，随机振动试验（元器件验收）。

3.1.4.3 节，试验量级和持续时间。所有要求。

3.1.4.4 节，补充要求。所有要求。

例外情况：

内部自密封流体快速分断装置联轴器将不进行验收随机振动试验。

依据：

每个 QD 联轴器都将在匹配和解配条件下进行操作压力的验收泄漏试验，并使用氦气作为试验流体。验收泄漏试验是筛选每个 QD 联轴器工艺缺陷的最具成本效益的方式。因为派克 Symetrics 航天飞机快速分断装置联轴器（部件号 MC276-0020）在设计、材料和鉴定流程方面等效于派克 Symetrics 国际空间站 QD 联轴器 683-16348，所以对航天飞机快速分断装置进行了故障历史分析。根据航天飞机快速分断装置联轴器故障历史报告：在过去的 20 年中，有 85% 以上的快速分断装置联轴器故障都是与热环境应力无关的泄漏和解配问题。另外，因为没有活动机械部件，所以验收随机振动试验不是一种有效的工艺筛选计划。最后，因为不进行验收随机振动试验，所以此例外情况符合派克 Symetrics 航天飞机快速分断装置联轴器筛选要求。因此，因为验收热真空试验不会增加筛选过程的有效性，所以允许忽略上述试验。

## PG3-121

项目：

氧气/氮气隔离阀门

氮气隔离阀门（NIV）　　　部件号 2353052-2-1

双重密封氧气隔离阀门（OIV）　　　部件号 2365618-1-1

SSP 41172 要求：

2.2.5 节，随机振动试验（元器件鉴定）。

2.2.5.3 节，试验量级和持续时间。

在三个正交轴的每个轴上，试验时间至少应为在预期最大值和频谱下的预期飞行接触时间的 3 倍，或元器件随机振动验收试验时间的 3 倍（如果此时间更长），但是每轴时间不短于 3min。

例外情况：

氧气隔离阀门/氮气隔离阀门鉴定单元在 Z 轴的试验时间应与飞行元器件随机振动验收试验时间（3min）相同。

依据：

飞行氧气隔离阀门/氮气隔离阀门在开始验收试验之前，进行了一次流程内可靠性验收试验。在鉴定试验之前，鉴定试验单元进行了可靠性验收试验和验收试验（AT）。不过，在鉴定试验计划过程中没有包含额外的操作时间以针对飞行单元已经进行的可靠性验收试验提供 $Z$ 轴验证裕度。

所有 3 个试验都是在氧气隔离阀门/氮气隔离阀门相同的组件级进行的（即在 RAT、验收试验流程和 QTP 之间没有配置变化或更高级组件）。分析表明：在第一次飞行之前，飞行氧气隔离阀门/氮气隔离阀门所消耗的剩余验证疲劳寿命超过了 80%。因此，在鉴定试验过程中出现的整体随机振动值（12.1grms）比验收试验流程数值高 6dB（而不是标准的 3dB）。氧气隔离阀门/氮气隔离阀门在此数值下通过了鉴定随机振动试验。

## PG3-122

项目：

氧气/氮气隔离阀门

氮气隔离阀门（NIV）　　　部件号 2353052-2-1

双重密封氧气隔离阀门（OIV）　　部件号 2365618-1-1

SSP 41172 要求：

2.2.5.4 节，补充要求。

在随机振动试验过程中，应给电气和电子元器件加电并进行监控，以检测故障或中断。

例外情况：

在鉴定随机振动试验过程中，氧气/氮气隔离阀门将不进行加电和监控。

依据：

验收试验流程和 QTP 试验是在氧气隔离阀门/氮气隔离阀门相同的组件级进行的（即没有配置变化或更高级组件）。在鉴定试验过程中，振动试验量级比正常使用的数值高 3 dB，因此得到的数值为 12.2grms，并且没有检测到故障。监控唯一可用的参数是输入电流和阀门位置。这些数据对于提高检测中断的技术可靠度几乎没有作用。不过，在随机振动试验之后，在极值温度下进行了额外的全面功能试验，这显著提升了检测到中断故障的概率。

因此，在鉴定随机振动试验过程中启动和监控氧气/氮气隔离阀门以检测中断的价值可能不大。

## PG3-123

项目：

氧气/氮气隔离阀门

氮气隔离阀门（NIV）　　　部件号 2353052-2-1

双重密封氧气隔离阀门（OIV）　　部件号 2365618-1-1

SSP 41172 要求：

3.1.4.4 节，补充要求。

在随机振动试验过程中，应给电气和电子元器件加电并进行监控，以检测故障或中断。

例外情况：

在验收随机振动试验过程中，氧气/氮气隔离阀门将不进行加电和监控。

依据：

可靠性验收试验是在与验收试验流程相同的组件级进行的，在最大偏折轴分别有 1min 的高温和低温振动。验收试验流程和 QTP 试验是在与氧气隔离阀门/氮气隔离阀门相同的组件级进行的（即没有配置变化或更高级组件）。监控唯一可用的参数是输入电流和阀门位置。这些数据对于提高检测中断的技术可靠度几乎没有作用。不过，在随机振动试验之后，在极值温度下进行了额外的全面功能试验，这显著提升了检测到中断故障的概率。

因此，在验收随机振动试验过程中启动和监控氧气/氮气隔离阀门以检测中断的价值可能不大。

## PG3-124

项目：

冷阴极传感器　　部件号 220F01083-001

SSP 41172 要求：

2.2.11 节，泄漏试验（元器件鉴定）。所有要求。

例外情况：

冷阴极传感器将不进行鉴定泄漏试验。

依据：

冷阴极传感器属于严酷度 3 的硬件，只在真空系统操作过程中进行操作。进行了有限的在轨可更换单元级泄漏试验。不过，鉴定单元进行的在轨可更换单元级试验无法得出结论，因为在试验过程中（3min），记录的氦气数值没有超过质谱仪背景值。

在 1999 年 11～12 月在肯尼迪航天中心进行真空系统退化试验之前，完成了一次系统级真空保持试验。测量了系统级真空保持速度，并与真空系统包络图纸所记录的允许泄漏速度进行了比较。

测量的真空排气系统速度为 4.1E-06sccs，真空资源系统速度为 4.5E-05sccs。这些数据都明显高于每个系统 4.0E-04sccs 的允许系统级泄漏速度。

在评估了试验流程和此系统级泄漏数据之后，波音和美国航空航天局认为真空系统的在轨可更换单元可以接受，不需要进行额外的泄漏试验。

## PG3-125

项目：

冷阴极传感器　　部件号 220F01083-001

SSP 41172 要求：

3.1.7 节，泄漏试验（元器件验收）。所有要求。

例外情况：

冷阴极传感器将不进行验收泄漏试验。飞行单元的任何后续泄漏试验都应完全满足 SSP 41172 的要求。

依据：

冷阴极传感器属于严酷度 3 的硬件，只在真空系统操作过程中进行操作。进行了有限的在轨可更换单元级泄漏试验。不过，鉴定单元进行的在轨可更换单元级试验无法得出结论，因为在试验过程中（3min）记录的氦气数值没有超过质谱仪背景值。

在 1999 年 11～12 月在肯尼迪航天中心进行真空系统退化试验之前，完成了一次系统级真空保持试验。测量了系统级真空保持速度，并与真空系统包络图纸所记录的允许泄漏速度进行了比较。

测量的真空排气系统速度为 4.1E-06sccs，真空资源系统速度为 4.5E-05sccs。这些数据都明显高于每个系统 4.0E-04sccs 的允许系统级泄漏速度。

在评估了试验流程和此系统级泄漏数据之后,波音和美国航空航天局认为真空系统的在轨可更换单元可以接受,不需要进行额外的泄漏试验。

飞行单元的任何后续泄漏试验或额外采购装置的试验都应完全满足 SSP 41172 的要求。

## PG3-126

项目:

2.5in 真空阀门　　部件号 220F01082-003

SSP 41172 要求:

2.2.11 节,泄漏试验(元器件鉴定)。所有要求。

例外情况:

2.5in 真空阀门将不进行鉴定泄漏试验。

依据:

虽然缺乏全面鉴定的 2.5in 真空阀门泄漏设计方案会导致风险,但是飞行单元已经进行的试验增强了相关人员对设计的信心。在 1999 年 11~12 月在肯尼迪航天中心进行真空系统退化试验之前,完成了一次系统级真空保持试验。测量了系统级真空保持速度,并与真空系统包络图纸所记录的允许泄漏速度进行了比较。

测量的真空排气系统速度为 4.1E-06sccs,真空资源系统速度为 4.5E-05sccs。这些数据都明显高于每个系统 4.0E-04sccs 的允许系统级泄漏速度。

在计划中接受了安装的飞行单元,并且认为不需要进行额外的鉴定试验。对于未来的飞行单元,通过更新验收试验流程,可以借助符合 SSP 41172 要求的第二种泄漏试验方法来进行泄漏试验,从而降低相关风险。

## PG3-127

项目:

2.5in 真空阀门　　部件号 220F01082-003

SSP 41172 要求:

第 3.1.7 节,泄漏试验(元器件验收)。所有要求。

例外情况:

2.5in 真空阀门将不进行验收泄漏试验。飞行单元的任何后续泄漏试验或额外采购装置的试验都应完全满足 SSP 41172 的要求。

依据:

在 1999 年 11~12 月在肯尼迪航天中心进行真空系统退化试验之前,完成了一次系统级真空保持试验。测量了系统级真空保持速度,并与真空系统包络图纸所记录的允许泄漏速度进行了比较。

测量的真空排气系统速度为 4.1E-06sccs,真空资源系统速度为 4.5E-05sccs。这些数据都明显高于每个系统 4.0E-04sccs 的允许系统级泄漏速度。

在评估了试验流程和此系统级泄漏数据之后,波音和美国航空航天局认为真空系统的在轨可更换单元可以接受,不需要进行额外的泄漏试验。对于未来的飞行单元,通过更新验收试验流程,可以借助符合 SSP 41172 要求的第二种泄漏试验方法来进行泄漏试验。

## PG3-128

项目：

非推进通风孔（NPV）　　　部件号 220F01009

SSP 41172 要求：

2.2.11 节，泄漏试验（元器件鉴定）。

2.2.11.3 节，试验量级和持续时间。

应在 0.001Torr（0.133Pa）或更低压力下进行外部耐压试验，试验时间应为 4h（对于在轨道操作多日的设备）。

例外情况：

非推进通风孔鉴定泄漏试验的时间应为 5min。

依据：

鉴定非推进通风孔连接到一个压力调节氦气源，并安放在一个钟形容器下方，该容器通过管道连接到一个氦气泄漏检测器。使用一个辅助真空泵将钟形容器排气到低压（1E-03Torr）。此时，辅助泵阀门关闭，泄漏检测器阀门打开，系统可以达到稳定。在系统压力达到稳定之后，在指定的压力下向非推进通风孔输送氦气，此压力保持指定的持续时间。在试验时间结束时，记录泄漏检测器给出的泄漏速度。

可以根据系统的时间常数来确定所述泄漏试验的合理持续时间。所述系统的时间常数为：

$$T = V/S$$

式中　$T$——时间常数；

　　　$V$——钟形容器的体积；

　　　$S$——泄漏检测器以及它与钟形容器之间管道的有效抽运速度。

试验时间设置为 3 倍时间常数是可以接受的。在 3 倍时间常数之后，在钟形容器中的氦气部分压力将达到其最终（平衡）值的 95%。在 3 倍时间常数的基础上增加试验持续时间基本没有作用。不过，如果将试验时间缩短至 3 倍时间常数以下，会减少泄漏检测器所报告的泄漏速度，使其低于实际泄漏速度。

非推进通风孔计算的试验系统时间常数为 234s。非推进通风孔的试验时间为 300s。

根据试验，非推进通风孔给出的泄漏速度为 1.0E-07sccs 氦气，这远远低于 1.0E-04sccs 氦气的最大允许泄漏速度 1.0E-04sccs。在考虑美国试验室舱体空气总允许泄漏速度的情况下，在系统计算的最佳时间常数与实际试验时间之间的泄漏速度的任何变化都可以忽略。

## PG3-129

项目：

非推进通风孔（NPV）　　　部件号 220F01009

SSP 41172 要求：

3.1.7 节，泄漏试验（元器件验收）。

3.1.7.3 节，试验量级和持续时间。

应在 0.001Torr（0.133Pa）或更低压力下进行外部耐压试验，试验时间应为 4h（对于在轨道操作多日的设备）。

例外情况：

非推进通风孔验收泄漏试验的时间应为 5min。

依据：

飞行非推进通风孔连接到一个压力调节氦气源，并安放在一个钟形容器下方，该容器通过管道连接到一个氦气泄漏检测器。使用一个辅助真空泵将钟形容器排气到低压（1E-03Torr）。此时，辅助泵阀门关闭，泄漏检测器阀门打开，系统可以达到稳定。在系统压力达到稳定之后，在指定的压力下向非推进通风孔输送氦气，此压力保持指定的持续时间。在试验时间结束时，记录泄漏检测器给出的泄漏速度。

可以根据系统的时间常数来确定所述泄漏试验的合理持续时间。所述系统的时间常数为：

$$T = V/S$$

式中　　$T$——时间常数；

　　　　$V$——钟形容器的体积；

　　　　$S$——泄漏检测器以及它与钟形容器之间管道的有效抽运速度。

试验时间设置为 3 倍时间常数是可以接受的。在 3 倍时间常数之后，在钟形容器中的氦气部分压力将达到其最终（平衡）值的 95%。在 3 倍时间常数的基础上增加试验持续时间基本没有作用。不过，如果将试验时间缩短到 3 倍时间常数以下，会减少泄漏检测器所报告的泄漏速度，使其低于实际泄漏速度。

非推进通风孔计算的试验系统时间常数为 234s。非推进通风孔的试验时间为 300s。

根据试验，非推进通风孔给出的平均泄漏速度为 6.2E-07sccs 氦气，这远远低于 1.0E-04sccs 氦气的最大允许泄漏速度 1.0E-04sccs。在考虑美国试验室舱体空气总允许泄漏速度的情况下，在系统计算的最佳时间常数与实际试验时间之间的泄漏速度的任何变化都可以忽略。

## PG3-130

项目：

1.0in 真空阀门组件　　部件号 220F01087-001 和 220F01087-003

SSP 41172 要求：

2.2.3 节，热循环试验（元器件鉴定）。

2.2.3.3 节，试验量级和持续时间。

在热循环的高温部分，元器件应处于最大验收限值加上一个 20℉（11.1℃）的裕度（最高设计温度）；在热循环的低温部分，元器件应处于最小验收试验值温度减去一个 20℉（11.1℃）的裕度（最小设计限值温度）。如有可能，最小试验温度应低于 30℉（-1.1℃）。

例外情况：

1.0in 真空阀门组件鉴定热循环试验的最小冷热限值应为 33℉。

依据：

1.0in 真空阀门组件在 140℉ 温度范围内成功操作。鉴定试验温度范围为 33~173℉。鉴定试验最低温度没有包含 30℉ 的实际验收试验流程最低温度。另外，它也不包含-40℉ 的最低运输非操作要求温度。

1.0in 真空阀门组件只在标称美国试验室环境下操作，其操作温度范围从 55℉ 到 109℉。鉴定试验温度范围包含了在轨预期操作温度，并有一个 22℉ 的裕度（冷）/ 64℉ 的裕度（热）。该试验包含了实际验收试验流程温度，并有一个 43℉ 的裕度（在最高温度下）。

在较低的非操作运输温度下，没有通过试验来验证 1.0in 真空阀门的 S383-70 型密封是否具有耐温特性。不过，根据军用规格 ZZ-R-765B、S383-70 型密封能够承受低温和压缩形变，并且经过验证能够用于 103～400℉ 的温度范围。此范围包括潜在的非操作运输和发射环境。

1.0in 真空阀门组件计算的故障平均间隔时间为 226 623h。1.0in 真空阀门组件在标准情况下闭合，只在机架有效载荷试验泵关闭或排气的情况下才会操作。此操作仅出现在标准的美国试验室环境条件下。1.0in 真空阀门组件是一个严酷度为 3 的在轨可更换单元。通过加入 2.5in 阀门组件和非推进通风孔，实现真空排气系统冗余机制，从而使系统能在 1.0in 真空阀门组件出现故障的情况下保持正常功能。

## PG3-131

项目：

1.0in 真空阀门组件　部件号 220F01087-001 和 220F01087-003

SSP 41172 要求：

3.1.3 节，热循环试验（元器件验收）。

3.1.3.3 节，试验量级和持续时间。

在热循环的高温部分，元器件应处于最大验收限值；在热循环的低温部分，元器件应处于最小验收限值（参见图 3-1）。对于在表 3-1 注（4）中确定的元器件，最低和最高试验温度之间的温度范围至少应为 100℉（55.6℃）。如有可能，最低试验温度应低于 30℉（-1.1℃）。

例外情况：

1.0in 真空阀门组件验收热循环试验的最低冷热限值温度应为 30℉。

1.0in 真空阀门组件验收热循环试验的最高冷热限值温度应为 130℉。

依据：

1.0in 真空阀门组件在 100℉ 的温度范围内顺利操作了 9 个周期。试验的温度范围从 +30℉ 到 130℉。试验的最低验收温度并不是比最低鉴定温度高 20℉，也没有满足 -40℉ 的最小运输非操作要求。最高验收温度不满足 160℉ 的最高运输非操作要求。不过，1.0in 真空阀门组件只在标准的美国试验室环境中操作。美国试验室操作温度范围从 55℉ 到 109℉。因此，温度范围试验包含阀门的操作环境。

在较低的非操作运输温度下，没有通过试验来验证 1.0in 真空阀门的 S383-70 型密封是否具有耐温特性。不过，根据军用规格 ZZ-R-765B、S383-70 型密封能够承受低温和压缩形变，并且经过验证能够用于 103～400℉ 的温度范围。此范围包括潜在的非操作运输和发射环境。

1.0in 真空阀门组件计算的故障平均间隔时间为 226 623h。1.0in 真空阀门组件在标准情况下闭合，只在机架有效载荷试验泵关闭或排气的情况下才会操作。此操作仅出现在标准的美国试验室环境条件下。通过加入 2.5in 阀门组件和非推进通风孔，实现真空排气系统冗余机制，从而使系统能在 1.0in 真空阀门组件出现故障（阀门被卡住处于打开状态）的情况下保持正常功能。

## PG3-132

项目：

1.0in 真空阀门组件　部件号 220F01087-001 和 220F01087-003

<u>SSP 41172 要求：</u>

2.2.5 节，随机振动试验（元器件鉴定）。

2.2.5.4 节，补充要求。

在随机振动试验过程中，应给电气和电子元器件加电并进行监控，以检测故障或中断。

<u>例外情况：</u>

在鉴定随机振动试验过程中，1.0in 真空阀门组件将不进行加电和监控。

<u>依据：</u>

1.0in 真空阀门组件包含的电子部件只包含电机。1.0in 真空阀门组件电气试验连接器只包含很少量的电子元器件，并且不使用带卡边缘连接器的印刷电路板。电气元器件内部经过瓷处理，以抑制激发。此电气激发为阀门提供了 7s 的启动时间，并提供了一个输出信号（开/闭）。阀门位于美国试验室支座内，每个阀门专门用于一个 ISPR 机架。借助真空排气系统冗余机制，在 1.0in 真空阀门组件出现故障的情况下，不会影响排出废气。2.5in 真空阀门和非推进通风孔也必须在美国试验室失去通风孔有效载荷排气功能之前停止操作。

1.0in 真空阀门组件计算的故障平均间隔时间为 226 623h，它在标准情况下闭合，只在机架有效载荷试验泵关闭或排气的情况下才会操作。此操作仅出现在标准的美国试验室环境条件下。通过加入 2.5in 阀门组件和非推进通风孔，实现真空排气系统冗余机制，从而使系统能在 1.0in 真空阀门组件出现故障（阀门被卡住处于打开状态）的情况下保持正常功能。1.0in 真空阀门组件的严酷度为 3。考虑到硬件严酷度以及 1.0in 真空阀门组件在鉴定随机振动试验之后顺利完成了功能试验，在鉴定随机振动试验过程中给 1.0in 真空阀门组件加电和监控中断可能没有多大价值。

## PG3-133

<u>项目：</u>

1.0in 真空阀门组件　　部件号 220F01087-001 和 220F01087-003

<u>SSP 41172 要求：</u>

3.1.4 节，随机振动试验（元器件验收）。

3.1.4.4 节，补充要求。

在随机振动试验过程中，应给电气和电子元器件加电并进行监控，以检测故障或中断。

<u>例外情况：</u>

在验收随机振动试验过程中，1.0in 真空阀门组件将不加电和监控。

<u>依据：</u>

1.0in 真空阀门组件包含的电子部件只有电机，它们不需要在随机振动环境中操作。1.0in 真空阀门组件没有电气试验连接器，只包含很少量的电子元器件，并且不使用带卡边缘连接器的印刷电路板。

因为电气部件数量较少，所以指定的项目出现中断缺陷的概率极低。因为 1.0in 真空阀门组件没有电气试验连接器，在随机振动试验过程中不需要证明机械功能性，所以在试验过程中，只会检测到少量的中断缺陷。因此，在验收随机振动试验过程中给指定的项目加电和监控中断可能没有多大价值。所以此例外情况给计划增加的风险很小。

1.0in 真空阀门组件在标准情况下闭合，只在机架有效载荷试验泵关闭或排气的情况下才会操作。此操作仅出现在标准的美国试验室环境条件下。通过加入 2.5in 阀门组件和非推进通风孔，实现真空排气系统冗余机制，从而使系统能在 1.0in 真空阀门组件出现故障（阀门被卡住处于打开状态）的情况下保持正常功能。1.0in 真空阀门组件的严酷度为 3。考虑到硬件严酷度以及 1.0in 真空阀门组件在验收随机振动试验之后顺利完成了功能试验，在验收鉴定随机振动试验过程中给 1.0in 真空阀门组件加电和监控中断可能没有多大价值。

## PG3-134

项目：

1.0in 真空阀门组件      部件号 220F01087-001 和 220F01087-003

SSP 41172 要求：

2.2.11 节，泄漏试验（元器件鉴定）。所有要求。

例外情况：

1.0in 真空阀门将不进行鉴定泄漏试验。

依据：

虽然缺乏全面鉴定的 1.0in 真空阀门泄漏设计方案会导致风险，但是飞行单元已经进行的试验增强了相关人员对设计的信心。在 1999 年 11～12 月在肯尼迪航天中心进行真空系统退化试验之前，完成了一次系统级真空保持试验。测量了系统级真空保持速度，并与真空系统包络图纸所记录的允许泄漏速度进行了比较。

测量的真空排气系统速度为 4.1E-06sccs，真空资源系统速度为 4.5E-05sccs。这些数据都明显高于每个系统 4.0E-04sccs 的允许系统级泄漏速度。

在计划中接受了安装的飞行单元，并且认为不需要进行额外的鉴定试验。对于未来的飞行单元，通过更新验收试验流程，可以借助符合 SSP 41172 要求的第一种泄漏试验方法来进行泄漏试验，从而降低相关风险。

在美国试验室的 13 个 1.0in 真空阀门组件中，只有一个在指定时间操作。通过加入 2.5in 阀门组件和非推进通风孔，实现真空排气系统冗余机制，从而使系统能在 1.0in 真空阀门组件出现故障（阀门被卡住处于打开状态）的情况下保持正常功能。因此，1.0in 真空阀门组件元器件的严酷度为 3。根据真空系统退化试验和真空保持试验所显示的整体性能，额外增加 1.0in 真空阀门组件的试验不会有任何明显价值。

## PG3-135

项目：

1.0in 真空阀门组件      部件号 220F01087-001 和 220F01087-003

SSP 41172 要求：

3.1.7 节，泄漏试验（元器件验收）。所有要求。

例外情况：

1.0in 真空阀门将不进行验收泄漏试验。飞行单元的任何后续泄漏试验都需要完全符合 SSP 41172 的要求。

依据：

在 1999 年 11～12 月在肯尼迪航天中心进行真空系统退化试验之前，完成了一次系统级真空保持试验。测量了系统级真空保持速度，并与真空系统包络图纸所记录的允许泄漏速度进行了比较。

测量的真空排气系统速度为 4.1E-06sccs，真空资源系统速度为 4.5E-05sccs。这些数据都明显高于每个系统 4.0E-04sccs 的允许系统级泄漏速度。

在评估了试验流程和此系统级泄漏数据之后，波音和美国航空航天局认为真空系统的在轨可更换单元可以接受，不需要进行额外的泄漏试验。通过更新验收试验流程，将来可以借助符合 SSP 41172 要求的第一种泄漏试验方法对进行泄漏试验。

在美国试验室的 13 个 1.0in 真空阀门组件中，只有一个在指定时间操作。通过加入 2.5in 阀门组件和非推进通风孔，实现真空排气系统冗余机制，从而使系统能在 1.0in 真空阀门组件出现故障（阀门被卡住处于打开状态）的情况下保持正常功能。因此，1.0in 真空阀门组件元器件的严酷度为 3。根据真空系统退化试验和真空保持试验所显示的整体性能，额外增加 1.0in 真空阀门组件的试验不会有任何明显价值。

## PG3-136

项目：

通风孔和减压阀　　　部件号 2353026-1-1

SSP 41172 要求：

2.2.11 节，泄漏试验（元器件鉴定）。

2.2.11.3 节，试验量级和持续时间。

第六种方法。试验时间不应少于 60min。

例外情况：

通风孔和减压阀鉴定泄漏试验的时间至少应为 15min。

依据：

已经进行的鉴定通风孔和减压阀（序列号 D0001）泄漏试验时间为 15min。为了确认这个时间足以让泄漏速度达到稳定，根据一份经过修改的验收试验流程，对一个备用通风孔和减压阀（序列号 D0008）进行了 60min 的试验，试验过程中使用了一个与条带记录器相连的瓦里安泄漏检测器。对于通风孔和减压阀内的隔离和控制阀门，都在不到 15min 的时间内观测到了稳定的泄漏速度。另外，在 D0008 备用在轨可更换单元中的每个阀门都满足了小于每秒 1.8E-02sccs 氢气的泄漏要求，测量的速度分别为每秒 2.3E-03sccs 的氢气以及每秒 3.4E-05sccs 的氢气。因此，累积数据表明：15min 的泄漏试验足以满足通风孔和减压阀的要求。

## PG3-137

项目：

通风孔和减压阀　　　部件号 2353026-1-1　　　序列号 D0003、D0004、D0005 和 D0007（备用单元）

SSP 41172 要求：

3.1.7 节，泄漏试验（元器件验收）。

3.1.7.3 节，试验量级和持续时间。

第六种方法。试验时间应小于 60min。

例外情况：

通风孔和减压验收泄漏试验时间至少应为 15min。

依据：

已经进行的飞行和备用通风孔和减压阀泄漏试验时间为 15min。为了确认这个时间足以让泄漏速度达到稳定，根据一份经过修改的验收试验流程，对一个备用通风孔和减压阀（序列号 D0008）进行了 60min 的试验，试验过程中使用了一个与条带记录器相连的瓦里安泄漏检测器。对于通风孔和减压阀内的隔离和控制阀门，都在不到 15min 的时间内观测到了稳定的泄漏速度。另外，在 D0008 备用在轨可更换单元中的每个阀门都满足了小于每秒 1.8E-02sccs 氦气的泄漏要求，测量的速度分别为每秒 2.3E-03sccs 的氦气以及每秒 3.4E-05sccs 的氦气。因此，累积数据表明：15min 的泄漏试验足以满足通风孔和减压阀的要求。

## PG3-138

项目：

正压力传感器　　　部件号 220F01101

SSP 41172 要求：

2.2.5 节，随机振动试验（元器件鉴定）。

2.2.5.4 节，补充要求。

在随机振动试验过程中，应给电气和电子元器件加电并进行监控，以检测故障或中断。

例外情况：

在正压力传感器的鉴定随机振动试验过程中，可以不加电和监控。

依据：

正压力传感器只包含一个机电压力传感器。它只包含很少量进行内部瓷处理（从而最大限度降低中断缺陷的概率）的电子元器件，并且不使用带卡边缘连接器的印刷电路板。在结束随机振动试验以后顺利进行了正压力传感器功能试验，没有检测到异常情况。正压力传感器后续备件将在加电和监控状态下进行随机振动试验，从而进一步提高相关人员对正压力传感器制造流程的信心。因此，在随机振动试验过程中在加电和监控状态下对正压力传感器鉴定单元进行复验以检测中断，可能没有多大价值。

正压力传感器出现故障，只会导致失去测量真空压力上段范围的能力。美国试验室将仍然能够使用皮拉尼仪表和冷阴极传感器测量真空系统压力的中段和低段范围。

## PG3-139

项目：

正压力传感器　　　部件号 220F01101　　　序列号 102 和 103

SSP 41172 要求：

3.1.4 节，随机振动试验（元器件验收）。

3.1.4.4 节，补充要求。

在随机振动试验过程中，应给电气和电子元器件加电并进行监控，以检测故障或中断。

例外情况：

在正压力传感器的验收随机振动试验过程中，可以不加电和监控。

依据：

正压力传感器只包含一个机电压力传感器。它只包含很少量进行内部瓷处理（从而最大限度降低中断缺陷的概率）的电子元器件，并且不使用带卡边缘连接器的印刷电路板。在结束随机振动试验以后顺利进行了正压力传感器功能试验，没有检测到异常情况。正压力传感器后续备件将在加电和监控状态下进行随机振动试验，从而进一步提高相关人员对正压力传感器制造流程的信心。因此，在随机振动试验过程中将正压力传感器从安装位置拆下，并在加电和监控状态下进行复验以检测中断，可能没有多大价值。

正压力传感器出现故障，只会导致失去测量真空压力上段范围的能力。美国试验室将仍然能够使用皮拉尼仪表和冷阴极传感器测量真空系统压力的中段和低段范围。

## PG3-140

项目：

正压力传感器　　　部件号 220F01101

SSP 41172 要求：

2.2.11 节，泄漏试验（元器件鉴定）。所有要求。

例外情况：

正压力传感器将不进行鉴定泄漏试验。

依据：

正压力传感器属于严酷度 3 的硬件，只在真空系统操作过程中进行操作。进行了有限的在轨可更换单元级泄漏试验。不过，鉴定单元进行的在轨可更换单元级试验无法得出结论，因为在试验过程中（3min），记录的氦气数值没有超过质谱仪背景值。

在 1999 年 11～12 月在肯尼迪航天中心进行真空系统退化试验之前，完成了一次系统级真空保持试验。测量了系统级真空保持速度，并与真空系统包络图纸所记录的允许泄漏速度进行了比较。

测量的真空排气系统速度为 4.1E-06sccs，真空资源系统速度为 4.5E-05sccs。这些数据都明显高于每个系统 4.0E-04sccs 的允许系统级泄漏速度。

在评估了试验流程和此系统级泄漏数据之后，波音和美国航空航天局认为真空系统的在轨可更换单元可以接受，不需要进行额外的泄漏试验。

## PG3-141

项目：

正压力传感器　　　部件号 220F01101　　　序列号 102 和 103

SSP 41172 要求：

3.1.7 节，泄漏试验（元器件验收）。所有要求。

例外情况：

正压力传感器将不进行验收泄漏试验。所述单元的任何后续泄漏试验都需要完全满足 SSP 41172 的要求。

依据：

正压力传感器属于严酷度 3 的硬件，只在真空系统操作过程中进行操作。进行了有限的在轨可更换单元级泄漏试验。不过，鉴定单元进行的在轨可更换单元级试验无法得出结论，因为在试验过程中（3min），记录的氦气数值没有超过质谱仪背景值。

在 1999 年 11～12 月在肯尼迪航天中心进行真空系统退化试验之前，完成了一次系统级真空保持试验。测量了系统级真空保持速度，并与真空系统包络图纸所记录的允许泄漏速度进行了比较。

测量的真空排气系统速度为 4.1E-06sccs，真空资源系统速度为 4.5E-05sccs。这些数据都明显高于每个系统 4.0E-04sccs 的允许系统级泄漏速度。

在评估了试验流程和此系统级泄漏数据之后，波音和美国航空航天局认为真空系统的在轨可更换单元可以接受，不需要进行额外的泄漏试验。

所述单元的任何后续泄漏试验或额外采购装置的试验都需要完全满足 SSP 41172 的要求。

## PG3-142

项目：

三通混合阀　　部件号 2365504-1-1

SSP 41172 要求：

2.2.3 节，热循环试验（元器件鉴定）。

2.2.3.3 节，试验量级和持续时间。

在热循环的高温部分，元器件应处于最大验收限值加上一个 20℉（11.1℃）的裕度（最高设计温度）；在热循环的低温部分，元器件应处于最小验收试验值温度减去一个 20℉（11.1℃）的裕度（最小设计限值温度）。

例外情况：

在鉴定热循环试验过程中，三通混合阀的最低温度应为 33℉。

依据：

三通混合阀的预期最低操作温度为 55℉。三通混合阀在 33℉ 的最低操作温度下进行了试验。鉴定单元同样在 33℉ 的温度限值下进行了试验。因为三通混合阀采用水作为操作流体，所以如果在低于 32℉ 的温度下进行环境试验，会导致流体结冻。由此产生的热膨胀会损害三通混合阀。不过，因为鉴定热循环温度包含（无裕度）验收热循环最低温度限值，所以与风险此例外情况相关的风险很小。

根据《材料标识和使用列表》，此组件的机械部分对 0℉ 的低非操作温度不敏感。

如果存在可以通过单元非操作冷试验筛选相关来源的操作故障，应注意在热控制系统内的元器件具有人工操作能力。另外，已经拟定并记录了一份操作变通方案，以便在阀门卡住的情况下恢复部分功能。在变通方案中，需要乘员将载荷转换到中温环路。此变通方案已经得到了证明，被美国航空航天局所接受，并记录在 JSC 48532-5A 中。最后，还有一个预先定位的在轨备件。

## PG3-143

项目：

音频接口单元　　部件号 3000002-301

内部音频控制器　　部件号 3000016-301

组件应急系统/超高频率通信子系统接口单元　　部件号 3000022-301

SSP 41172 要求：

2.2.5 节，随机振动试验（元器件鉴定）。

2.2.5.4 节，补充要求。在试验过程中，应对电气和电子元器件加电并进行监控。

例外情况：

在鉴定随机振动试验过程中，音频接口单元、内部音频控制器和组件应急系统/超高频率通信子系统接口单元不应加电和监控。

依据：

在完成验收随机振动试验以后，对这些元器件进行了功能试验，试验具有一定的工艺筛选作用。不对内部音频系统在轨可更换单元进行加电和监控带来的性能风险很小，因为在飞行振动环境中，硬件不会加电和操作。在所有情况下（除了飞行 5A.1 之前的音频接口单元外），都提供可用的冗余或额外机载单元，为出现故障以后的关键操作提供必要的操作功能。因此，与此例外情况相关的额外风险很小。

## PG3-144

项目：

音频接口单元　　部件号 3000002-301

内部音频控制器　　部件号 3000016-301

组件应急系统/超高频率通信子系统接口单元　　部件号 3000022-301

SSP 41172 要求：

3.1.4 节，随机振动试验（元器件验收）。

3.1.4.4 节，补充要求。

在试验过程中，应对电气和电子元器件加电并进行监控。

例外情况：

在验收随机振动试验过程中，音频接口单元、内部音频控制器和组件应急系统/超高频率通信子系统接口单元不应加电和监控。

依据：

在完成验收随机振动试验以后，对这些元器件进行了功能试验，试验具有一定的工艺筛选作用。不对内部音频系统在轨可更换单元进行加电和监控带来的性能风险很小，因为在飞行振动环境中，硬件不会加电和操作。在所有情况下（除了飞行 5A.1 之前的音频接口单元外），都提供可用的冗余或额外机载单元，为出现故障以后的关键操作提供必要的操作功能。因此，与此例外情况相关的额外风险很小。

## PG3-145

项目：

音频接口单元　　部件号 3000002-301

内部音频控制器　　部件号 3000016-301

组件应急系统/超高频率通信子系统接口单元　　部件号 3000022-301

SSP 41172 要求：

第 2.2.5 节，随机振动（元器件鉴定）。

2.2.5.3 节，试验量级和持续时间。

元器件随机振动试验量级和频谱应包含如下范围：验收试验量级和频谱加上试验公差。

例外情况：

音频接口单元、内部音频控制器以及组件应急系统/超高频率通信子系统接口单元的鉴定随机振动试验应采用 4.4grms 的数值，其最大谱密度为 $0.04G^2$/Hz。

依据：

对于美国的相关应用，鉴定随机振动环境包含了 4.3grms 的预期最大飞行值。通过设计和分析内部音频系统在轨可更换单元，使其能够承受 4.4grms 的环境。承包商哈里斯公司采用了保守设计方案，其中包括采用自添加的偏折和疲劳系数来进行刚度设计。所有固定件都具有锁定功能，在组装过程中进行支撑和检查。另外，所有电路组件都带有柔性涂层，这些涂层可以防止因为单元内导电硬件松动导致短路而出现故障。在所有情况下（除了飞行 5A.1 之前的音频接口单元外），都提供可用的冗余或额外机载单元，为出现故障以后的关键操作提供必要的操作功能。因此，与此例外情况相关的额外风险很小。

## PG3-146

项目：

音频接口单元　　部件号 3000002-301

内部音频控制器　　部件号 3000016-301

组件应急系统/超高频率通信子系统接口单元　　部件号 3000022-301

SSP 41172 要求：

第 3.1.4 节，随机振动（元器件验收）。

第 3.1.4.3 节，试验量级和持续时间。

元器件随机振动试验量级和频谱应包含如下范围：图 3-2（元器件随机振动工艺筛选试验量级）所示的工艺筛选数值和频谱，或者由主承包商批准的筛选数值和频谱。

例外情况：

音频接口单元、内部音频控制器以及组件应急系统/超高频率通信子系统接口单元的验收随机振动试验条件应采用 3.1grms 的数值，最大谱密度为 $0.02G^2/Hz$。

依据：

由承包商哈里斯公司进行的验收随机振动试验不满足图 3-2 中所要求的工艺筛选值，不过它提供了工艺筛选值。通过设计和分析内部音频系统在轨可更换单元，使其能够承受 4.4grms 的环境，这超过了美国相关应用中的 4.3grms 预期最大飞行值。哈里斯公司采用了保守设计方案，其中包括采用自添加的偏折和疲劳系数来进行刚度设计。所有固定件都具有锁定功能，在组装过程中进行支撑和检查。另外，所有电路组件都带有柔性涂层，这些涂层可以防止因为单元内导电硬件松动导致短路而出现故障。在所有情况下（除了飞行 5A.1 之前的音频接口单元外），都提供可用的冗余或额外机载单元，为出现故障以后的关键操作提供必要的操作功能。因此，与此例外情况相关的额外风险很小。

## PG3-147

项目：

音频接口单元　　部件号 3000002-301

内部音频控制器　　部件号 3000016-301

组件应急系统/超高频率通信子系统接口单元　　部件号 3000022-301

SSP 41172 要求：

3.1.3 节，热循环试验（元器件验收）。

3.1.3.3 节，试验量级和持续时间。

在热循环的高温部分，元器件应处于最大验收限值；在热循环的低温部分，元器件应处于最小验收限值。

例外情况：

在验收热循环试验过程中，音频接口单元、内部音频控制器和组件应急系统/超高频率通信子系统接口单元不应承受 125℉的预期最高非操作温度。

依据：

在内部音频系统在轨可更换单元使用寿命中的最高温度是根据转场飞行条件推导的。在这些条件下的此预期最高非操作温度为 125℉。不过，这些在轨可更换单元的实际操作环境比较有利，因为它们处于加压空间内，并通过冷板安装，冷板可以控制其遇到的操作环境。只有在返回补给站的活动中，或者在中止发射和紧急着陆的情况下，才会出现最坏情况的预期最高温度。

在热循环试验的热部分，在 90℉冷板温度下进行了验收热循环试验。分析表明：在热部分期间，操作试验导致内部电气、电子和机电部件外壳温度从 126℉上升到 178℉。因此，内部电气元器件的试验温度超过了要求的验收非操作限值。另外，内部音频系统在轨可更换单元中的所有部件和材料都在非操作限值以外进行了验证。在所有情况下（除了飞行 5A.1 之前的音频接口单元外），都提供可用的冗余或额外机载单元，为出现故障以后的关键操作提供必要的操作功能。因此，与此例外情况相关的额外风险很小。

## PG3-148

项目：

音频接口单元　　部件号 3000002-301

内部音频控制器　　部件号 3000016-301

组件应急系统/超高频率通信子系统接口单元　　部件号 3000022-301

SSP 41172 要求：

2.2.3 节，热循环试验（元器件鉴定）。

2.2.3.3 节，试验量级和持续时间。

对于验收限值±裕度不包含最低范围（3.1.3.3 节）的电气/电子设备，最低鉴定范围应为140℉。

例外情况：

音频接口单元、内部音频控制器和组件应急系统/超高频率通信子系统接口单元应在最低和最高冷板安装鉴定热循环操作温度之间经历 98℉的温度范围。

依据：

在鉴定热循环试验过程中的冷板安装操作温度从 12℉到 110℉。这个范围包含在轨可更换单元的预期操作温度，并有所需的 20℉裕度。另外，在从-30℉到 110℉的非操作鉴定热循环试验中，非操作温度范围符合要求。在所有情况下（除了飞行 5A.1 之前的音频接口单元），都提供可用的冗余或额外机载单元，为出现故障以后的关键操作提供必要的操作功能。因此，与此例外情况相关的额外风险很小。

## PG3-149

项目：

音频接口单元　　部件号 3000002-301

内部音频控制器　　　部件号 3000016-301

组件应急系统/超高频率通信子系统接口单元　　　部件号 3000022-301

SSP 41172 要求：

第 3.1.3 节，热循环试验（元器件验收）。

第 3.1.3.3 节，试验量级和持续时间。

对于在表 3-1 注（4）中确定的元器件，最低和最高试验温度之间的温度范围至少应为 100℉（55.6℃）。如有可能，最低试验温度应低于 30℉（-1.1℃）。

例外情况：

音频接口单元、内部音频控制器和组件应急系统/超高频率通信子系统接口单元应在最低和最高冷板安装鉴定热循环操作温度之间经历 57℉ 的温度范围。

最小冷板安装试验温度应为 33℉。

依据：

在验收热循环试验过程中的冷板安装操作温度从 33℉ 到 90℉。这个范围包含在轨可更换单元的预期操作温度。另外，在从-10℉ 到 90℉ 的非操作验收热循环试验中，非操作温度范围符合要求。在所有情况下（除了飞行 5A.1 之前的音频接口单元外），都提供可用的冗余或额外机载单元，为出现故障以后的关键操作提供必要的操作功能。因此，与此例外情况相关的额外风险很小。

# PG3-150

项目：

水分离器在轨可更换单元　　　部件号 SV813920

SSP 41172 要求：

4.1.1 节，组件/元器件原型飞行试验。

在要用于后续飞行的组件上进行组件/元器件鉴定试验时，试验内容应相同。为此，要求原型飞行硬件随机振动试验量级和频谱包含预期最大飞行数值和频谱减去 6dB，但是不小于在 SSP 41172 中定义的工艺筛选值 6.1grms。

例外情况：

水分离器在轨可更换单元的原型飞行随机振动试验应包含 4.3grms 的最大飞行值。

依据：

水分离器在轨可更换单元包括一个空气止回阀、液体止回阀、水分离器和电气/电子子组件，这些组件包含一个电磁阀阀门、控制器、电机、压力传感器和液体传感器。飞行单元进行了原型飞行振动试验，以包含根据 141dB 整体声压值确定的预期最大飞行值（按照 ECP-068 的机架安装设备定义）。序列号 0002 已在 X、Y 和 Z 轴进行的试验数据未包含 200～2000Hz 的最小 SSP 41172 筛选值。不过，根据试验结果，此在轨可更换单元的自然谐波出现在 190Hz 左右以及更低频率，因此在 200Hz 以上的变化被视为很小。

因为水分离器不包含需要精确调校或者无法正确检查的机械组件，所以机械元器件不需要进行振动-筛选试验。电机控制器子组件及其电子部件在加电和监控状态下进行 1min 的原型飞行随机振动试验，试验条件为 11.8grms，远远高于最小筛选要求。电磁阀阀门、电机和压力传感器分别在 6.1grms 以上的振动值进行了鉴定。飞行元器件在其子组件级进行了材料和工艺缺陷试验和检查。液体传感器带有一个线束，该线束接在一个机械外壳上，线焊接到一个端子接线片，该接线片以铜焊方式连接到一个电极。它还便于检查工艺缺陷。另外，所有在轨可更换单元的焊接部位都带有涂层或瓷保护，以确保与导电物体绝缘。

对水分离器在轨可更换单元的测试期间未出现任何故障。通过在轨冗余机制或可用备件，为出现故障以后的关键操作提供必要的操作功能。因此，与此例外情况相关的额外风险很小。

## PG3-151

项目：

水分离器在轨可更换单元　　部件号 SV813920

SSP 41172 要求：

4.1.1 节，组件/元器件原型飞行试验。

在要用于后续飞行的组件上进行组件/元器件鉴定试验时，试验内容应相同。为此，要求原型飞行硬件至少进行 8 个热循环的试验。

例外情况：

普通机舱空气组件水分离器在轨可更换单元的原型飞行热循环试验时间应为 1 个周期。

依据：

普通机舱空气组件水分离器在轨可更换单元包括一个空气止回阀、液体止回阀、水分离器和电气/电子子组件，这些组件包含一个电磁阀阀门、控制器、电机、压力传感器和液体传感器。在在轨可更换单元级，只进行一个非操作热循环试验，以证明在承受非操作温度后仍然保持操作能力。

活动机械子组件不需要精确调整，可以在子组件级进行有效的检查和试验，因此不需要通过温度循环来检测工艺或材料缺陷。控制器及其电子部件根据 SSP 41172 的要求进行了 8 个热循环的试验。电磁阀阀门、电机和压力传感器在其元器件级进行了 24 个热循环的鉴定试验。另外，电磁阀具有简单结构，便于检查。电机通过子组件级的老炼、开/关周期、功能、介电耐压和绝缘电阻试验进行了工艺筛选。压力传感器由制造商进行热循环、老炼和温度极值试验。在试验过程中没有发现工艺问题。液体传感器带有一个线束，该线束接在一个机械外壳上，线焊接到一个端子接线片，该接线片以铜焊方式连接到一个电极。它还便于检查。因此，根据已经进行的所有低级试验，通过一个周期的原型飞行热循环试验来验证非操作温度要求下的生存能力，足以满足要求。

## PG3-152

项目：

1.75in 三通阀门（部件号 B40205-1）　　波音（部件号 683-13024）

SSP 41172 要求：

2.2.3 节，热循环试验（元器件鉴定）。

2.2.3.3 节，试验量级和持续时间。

在热循环的高温部分，元器件应处于最大验收限值加上一个 20℉（11.1℃）的裕度（最高设计温度）；在热循环的低温部分，元器件应处于最小验收试验值温度减去一个 20℉（11.1℃）的裕度（最小设计温度）。

例外情况：

在鉴定热循环试验过程中，1.75in 三通阀门的最低温度应为 10℉。

依据：

1.75in 三通阀门的鉴定热循环试验温度范围从 10℉的最低温度到 180℉的最高温度。以前进行的验收热循环试验温度范围从 20℉的最低温度到 160℉的最高温度限值。阀门在这些温度极值下进行周期操作。如相关数据所述，在鉴定热循环试验过程中，在低温端只证明了 10℉的裕度。

在进行验收试验时，最低温度值并没有在鉴定试验值基础上提供所需的 20℉裕度，这并不影响阀门完整性。1.75in 三通阀门的在轨操作温度环境为 55～109℉。在轨非操作温度环境为 40～125℉。密封材料为硅（S614-80，AMS 3305），其温度性能规格从-85℉到 300℉，其中包含已试验和预期在轨操作温度。

另外，0.125in 三通阀门（部件号 B40204-11 和 B40402-12）在-60℉下顺利进行了鉴定热试验，在-40℉下顺利进行了验收热试验。采用相同阀门设计和材料的 1.75in 三通阀门也可以通过类比进行鉴定。它们都是由相同的供应商制造的，采用完全相同的电气、电子和机电部件（即二极管、定位传感器开关和连线）、相同型号的电磁阀电机、相同材料制造的铝主体结构以及相同型号的硅密封件。它们的阀门设计也相同：通过封闭环形密封并通过一个中央轴来控制。

阀门的占空因子非常低，故障平均间隔时间非常长。三通阀门通常处于断电状态，保持在一个打开位置或另外一个位置（阀门没有闭合位置），以便使气流连续通过导管系统。在阀门进行周期操作的过程中，其加电时间只有 100 毫秒。如果阀门未能执行电子启动操作，可以进行人工配置。

最后，1.75in 三通阀门在 10℉或 20℉的周期操作并不关键，因为最小操作温度环境为 55℉。

## PG3-153

项目：

1.75in 三通阀门（部件号 B40205-1）　　　　波音（部件号 683-13024）

SSP 41172 要求：

2.2.3 节，热循环试验（元器件鉴定）。

2.2.3.3 节，试验量级和持续时间。

变化速度应不低于 1.0℉（0.56℃）。

例外情况：

在鉴定过程中监控了安装在试验单元上的热电偶（但没有记录实际试验数据），从而通过分析验证了 1.75in 三通阀门在鉴定热循环试验过程中的过渡阶段变化速度。

依据：

通过与一个非常保守的类似热循环试验进行比较来分析，在该试验中，监控了真空室和硬件变化速度，其试验对象为流体系统操作装置（FSS）。可以使用常规瞬态热响应方程来表述：

$$\frac{\Delta T}{\Delta t} = \frac{Q}{mc_p}$$

其中，$Q$ =真空室的热输入=$\frac{BTU}{min}$。

因此，即使是类似的真空室变化速度：

$$\left(\frac{Q}{mc_{\mathrm{p}}}\right)_{\text{阀门}} \gg \left(\frac{Q}{mc_{\mathrm{p}}}\right)_{\text{FSS}}$$

质量 = $(m)_{\text{阀门}}$ = 24lb，铝的热容量 = $(c_{\mathrm{p}})_{\text{阀门}}$ = 0.22

质量 = $(m)_{\text{FSS}}$ = 114lb，钛的热容量 = $(c_{\mathrm{p}})_{\text{FSS}}$ = 0.15

从直观角度以及通过物理定律分析，在给定的背景温度变化速度下，更小的热质量温度变化更快。

阀门比流体系统操作装置要小得多。

阀门材料铝的 $c_{\mathrm{p}}$ 或热容量略高。

试验阀门所用的真空室要小得多。

阀门的真空室变化速度要快得多：每分钟 15～30℉，而流体系统操作装置则为每分钟 3～4℉。

因此，阀门变化速度超过流体系统操作装置的变化速度。因为流体系统操作装置硬件满足了要求（每分钟 1.4℉），所以阀门也肯定满足了要求。

## PG3-154

项目：

1.75in 三通阀门（部件号 B40205-1）    波音（部件号 683-13024）

SSP 41172 要求：

3.1.3 节，热循环试验（元器件验收）。

3.1.3.3 节，试验量级和持续时间。

变化速度应不低于 1.0℉（0.56℃）。

例外情况：

在验收过程中监控了安装在试验单元上的热电偶（但没有记录实际试验数据），从而通过分析验证了 1.75in 三通阀门在验收热循环试验过程中的过渡阶段变化速度。

依据：

通过与一个非常保守的类似热循环试验进行比较来分析，在该试验中，监控了真空室和硬件变化速度，其试验对象为流体系统操作装置（FSS）。可以使用常规瞬态热响应方程来表述：

$$\frac{\Delta T}{\Delta t} = \frac{Q}{mc_{\mathrm{p}}}$$

其中，$Q$ =真空室的热输入= $\dfrac{\mathrm{BTU}}{\min}$。

因此，即使是类似的真空室变化速度：

$$\left(\frac{Q}{mc_{\mathrm{p}}}\right)_{\text{阀门}} \gg \left(\frac{Q}{mc_{\mathrm{p}}}\right)_{\text{FSS}}$$

质量 = $(m)_{\text{阀门}}$ = 24lb，铝的热容量 = $(c_{\mathrm{p}})_{\text{阀门}}$ = 0.22

质量 = $(m)_{\text{FSS}}$ = 114lb，钛的热容量 = $(c_{\mathrm{p}})_{\text{FSS}}$ = 0.15

从直观角度以及通过物理定律分析，在给定的背景温度变化速度下，更小的热质量温度变化更快。

阀门比流体系统操作装置要小得多。

阀门材料铝的 $c_p$ 或热容量略高。

试验阀门所用的真空室要小得多。

阀门的真空室变化速度要快得多：每分钟 15～30℉，而流体系统操作装置则为每分钟 3～4℉。

因此，阀门变化速度超过流体系统操作装置的变化速度。因为流体系统操作装置硬件满足了要求（每分钟 1.4℉），所以阀门也肯定满足了要求。

## PG3-155

项目：

1.75in 三通阀门（部件号 B40205-1）　　波音（部件号 683-13024）

SSP 41172 要求：

2.2.11.3 节，试验量级和持续时间。

第六种方法。试验时间至少应为 60min。

例外情况：

1.75in 阀门的试验时间应持续到泄漏速度达到稳定（小于或等于 30min）。

依据：

1.75in 阀门的设计泄漏要求低于 1E-03sccs 的氦气。在验证分析中的预期阀门泄漏速度值为 2E-05sccs 的氦气（外部泄漏）以及 2E-04sccs 的氦气（内部泄漏）。鉴定泄漏试验的结果（外部泄漏为 3E-05sccs 的氦气，内部泄漏为 2E-05sccs 的氦气）符合分析的预期值。与此类似，验收试验的平均结果（外部泄漏为 6E-06sccs 的氦气，内部泄漏为 2E-05sccs 的氦气）符合分析的预期值。验证分析、鉴定试验和验收试验泄漏结果都远远低于阀门要求，与其相差 10～100 倍。

在本试验所采用的流程中，包括使用一个经过校准的氦气泄漏检测器观测泄漏速度，等待速度稳定后，记录稳定的泄漏速度。此方法采用了 ASME 标准。泄漏试验时间取决于允许密封件全面渗透氦气的接触时间。试验时间只能通过分析质谱仪读数来实时确定，因为实际的密封件渗透时间取决于密封件和主体结构材料、长度、直径、温度和压力系数。在试验过程中，发现某些密封件会在 10min 内渗透，而另外一些密封件则可能需要 3～4h。对于 1.75in 阀门，在飞行单元验收试验过程中泄漏速度达到稳定的平均时间（外部泄漏为 20min，内部泄漏为 23min）证明：在鉴定试验过程中观测到的 25min 稳定时间具有可重复性。从美国试验室舱的舱空气总允许泄漏值来看，在速度达到稳定之后的任何泄漏速度变化以及第六种方法所需的 60min 持续时间都可以忽略。

国际空间站泄漏试验专家同意：这些项目所使用的方法仅在 30min 或更短试验时间下有效，并满足 SSP 41172 的要求。

## PG3-156

项目：

1.75in 三通阀门（部件号 B40205-1）　　波音（部件号 683-13024）

SSP 41172 要求：

3.1.7.3 节，试验量级和持续时间。

第六种方法。试验时间至少应为 60min。

例外情况：

1.75in 阀门的试验时间应持续到泄漏速度达到稳定（小于或等于 30min）。

依据：

1.75in 阀门的设计泄漏要求低于 1E-03sccs 的氦气。在验证分析中的预期阀门泄漏速度值为 2E-05sccs 的氦气（外部泄漏）以及 2E-04sccs 的氦气（内部泄漏）。鉴定泄漏试验的结果（外部泄漏为 3E-05sccs 的氦气，内部泄漏为 2E-05s 的氦气）符合分析的预期值。与此类似，验收试验的平均结果（外部泄漏为 6E-05sccs 的氦气，内部泄漏为 2E-05sccs 的氦气）符合分析的预期值。验证分析、鉴定试验和验收试验泄漏结果都远远低于阀门要求，与其相差 10～100 倍。

在本试验所采用的流程中，包括使用一个经过校准的氦气泄漏检测器观测泄漏速度，等待速度稳定后，记录稳定的泄漏速度。此方法采用了 ASME 标准。泄漏试验时间取决于允许密封件全面渗透氦气的接触时间。试验时间只能通过分析质谱仪读数来实时确定，因为实际的密封件渗透时间取决于密封件和主体结构材料、长度、直径、温度和压力系数。在试验过程中，发现某些密封件会在 10min 内渗透，而另外一些密封件则可能需要 3～4h。对于 1.75in 阀门，在飞行单元验收试验过程中泄漏速度达到稳定的平均时间（外部泄漏为 20min，内部泄漏为 23min）。证明：在鉴定试验过程中观测到的 25min 稳定时间具有可重复性。从美国试验室舱的舱空气总允许泄漏值来看，在速度达到稳定之后的任何泄漏速度变化以及第六种方法所需的 60min 持续时间都可以忽略。

国际空间站泄漏试验专家同意：这些项目所使用的方法仅在 30min 或更短试验时间下有效，并满足 SSP 41172 的要求。

## PG3-157

项目：

0.5in 阀门、电磁阀双线圈　　部件号 B40202-1 和 B40202-2

SSP 41172 要求：

2.2.3 节，热循环试验（元器件鉴定）。

2.2.3.3 节，试验量级和持续时间。

在热循环的高温部分，元器件应处于最大验收限值加上一个 20℉（11.1℃）的裕度（最高设计温度）；在热循环的低温部分，元器件应处于最小验收试验值温度减去一个 20℉（11.1℃）的裕度（最小设计温度）。

例外情况：

0.5in 电磁阀双线圈阀门的鉴定热循环试验最高温度为 150℉。此温度不包含如下序列号的 160℉ 最高验收热循环试验温度：

B40202-1——001001、001002、001003、001004 和 001005；

B40202-2——001001、001002、001003 和 001004。

依据：

0.5in 阀门的初次鉴定温度周期试验是在 180℉ 的最高温度下进行的。不过，如故障分析 12085-002（鉴定试验报告磁带录像机-12085）所述，因为有累积公差，所以鉴定阀门在此温度下不会闭合。分析表明：在阀门温度降低到 165℉ 之前，鉴定阀门不会对闭合阀门的电子命令作出响应。鉴定单元在 165℉ 下正常操作。后来修改了鉴定试验参数，以便在周期热部分的 150℉ 下进行剩余试验。不过，此温度并不包含 5 个二氧化碳通风孔（1 类）阀门和 4 个水通风孔（2

类）阀门在 160℉ 最高温度下进行的验收热循环试验。

在进行验收试验时，最高温度没有在鉴定试验值以下提供所需的 20℉ 裕度，并不影响阀门材料的完整性。0.5in 阀门的最大在轨操作环境温度为 109℉。最大在轨非操作温度为 125℉。密封件材料为硅（S614-80　AMS 3305），其温度性能规格从-85℉到 300℉，其中包含已试验和预期的在轨操作温度。

阀门的占空因子非常低，故障平均间隔时间非常长。二氧化碳通风孔阀门通常处于断电状态，保持在打开位置，以便从 AR 机架连续排出二氧化碳。水通风孔阀门通常处于断电状态，保持在闭合位置（除了废水的非操作通风孔外）。阀门采用串联配置，并提供功能冗余和人工越控功能，这样如果阀门未能进行电子启动操作，可以进行人工配置。最后，还有两个排水通风孔管线，为水通风孔功能提供了另外一个路径。

## PG3-158

项目：

0.5in 阀门、电磁阀双线圈　　　部件号 B40202-2

SSP 41172 要求：

2.2.10 节，压力试验（元器件鉴定）。

2.2.10.3 节，试验量级。

阀门的极限压力，极限压力应为 SSP 30559　3 节中规定的数值（2.5 倍最大设计压力）。

例外情况：

应通过在 2.5 倍最大操作压力（MOP）条件下的分析，来验证水通风孔阀门的极限压力。

依据：

B40202-1 和 B40202-2 的鉴定试验都采用了一个二氧化碳通风孔阀门（B40202-1），该阀门具有一个铝阀门主体结构。水通风孔阀门（B40202-2）具有相同的设计和内部元器件，并带有一个钛阀门主体结构。通过与-1 鉴定单元进行类比来鉴定 B40202-2 阀门，没有生产-2 鉴定单元。

B40202-1 部件的最大设计压力为 15.2psia。鉴定单元在 30.4psig（最大设计压力的 2 倍）下顺利进行了耐压试验，在 70 psig（最大设计压力的 4 倍）下顺利进行爆裂压力试验。SSP 30559 表 3.3.1-1C.3d 中的气动和液压阀门耐压试验的最小安全系数为最大设计压力的 1.5 倍，极限压力为最大设计压力的 2.5 倍。

B40202-2 最初的最大设计压力要求为 60psig，后来在制造阀门之后修改为 85 psig（当时 JEM 确定：泵出现的一个故障会增加最大设计压力）。

所有 4 个安装的 B40202-2 飞行单元都在 123psig 下进行了耐压验收试验，该试验基于最初的最大设计压力要求，并采用 2.0 的安全系数。B40202-2 阀门验收试验在 85 psig 最大设计压力要求的基础上提供了一个 1.45 的安全系数，这在 SSP 41172 要求的 1.5 倍最大设计压力的公差范围内。-2 阀门的耐压试验满足鉴定耐压试验要求，其中至少有一个压力周期处于最小安全系数。

在最大设计压力 60psig 的四倍压力（240psig）条件下对 B40202-2 阀门进行了最初的设计爆裂分析。所需的极限试验/分析压力只有 212.5psig。因此，最初分析范围包含此数值。

B40202-2 部件的标称废水排放操作压力范围为 0~8psig，因此，对于可能导致 85psig 条件的低概率故障情景，在验证过程中，可以将 2.5 倍最大设计压力的极限压力分析视为合理的例外情况。

## PG3-159

项目：

0.5in 阀门、电磁阀双线圈　　部件号 B40202-1 和 B40202-2

SSP 41172 要求：

2.2.5 节，随机振动试验（元器件鉴定）。

2.2.5.4 节，补充要求。

在随机振动试验过程中，应给电气和电子元器件加电并进行监控，以检测故障或中断。

例外情况：

在随机振动试验过程中，0.5in 阀门元器件将不进行加电和监控以检测故障或中断。

依据：

0.5in 阀门是一个简单的电磁阀启动器设备，不包含任何电路。该阀门通过一个远程计算机来控制。该电磁阀具有 100 毫米的行程，因此基本不可能检测到故障或中断故障。该阀门只进行在轨操作。它不需要在发射或着陆环境下操作。阀门一般处于非加电状态（除了改变阀门位置时外）。

阀门的占空因子非常低，故障平均间隔时间非常长。二氧化碳通风孔阀门通常处于断电状态，保持在打开位置，以便从 AR 机架连续排出二氧化碳。水通风孔阀门通常处于断电状态，保持在闭合位置（除了废水的非操作通风孔外）。阀门采用串联配置，并提供功能冗余和人工越控功能，这样如果阀门未能进行电子启动操作，可以进行人工配置。最后，还有两个排水通风孔管线，为水通风孔功能提供了另外一个路径。

## PG3-160

项目：

| 0.5in 阀门、电磁阀双线圈 | 部件号 B40202-1 | 序列号 001001、001002、001003、001004 和 001005 |
| 0.5in 阀门、电磁阀双线圈 | 部件号 B40202-2 | 序列号 001001、001002、001003 和 001004 |

SSP 41172 要求：

3.1.4 节，随机振动试验（元器件验收）。

3.1.4.4 节，补充要求。

在随机振动试验过程中，应给电气和电子元器件加电并进行监控，以检测故障或中断。

例外情况：

在随机振动试验过程中，0.5in 阀门元器件将不进行加电和监控以检测故障或中断。

依据：

0.5in 阀门是一个简单的电磁阀启动器设备，不包含任何电路。该阀门通过一个远程计算机来控制。该电磁阀具有 100 毫米的行程，因此基本不可能检测到故障或中断故障。该阀门只进行在轨操作。它不需要在发射或着陆环境下操作。阀门一般处于非加电状态（除了改变阀门位置时外）。

阀门的占空因子非常低，故障平均间隔时间非常长。二氧化碳通风孔阀门通常处于断电状态，保持在打开位置，以便从 AR 机架连续排出二氧化碳。水通风孔阀门通常处于断电状态，保持在闭合位置（除了废水的非操作通风孔外）。阀门采用串联配置，并提供功能冗余和人工越控功能，这样如果阀门未能进行电子启动操作，可以进行人工配置。最后，还有两个排水通风孔管线，为水通风孔功能提供了另外一个路径。

## PG3-161

项目：

0.5in 阀门、电磁阀双线圈　　部件号 B40202-1 和 B40202-2

SSP 41172 要求：

2.2.3 节，热循环试验（元器件鉴定）。

2.2.3.3 节，试验量级和持续时间。

温度变化速度应不低于每分钟 1.0℉（0.56℃）。

例外情况：

通过分析符合要求的真空室变化速度数据（而不是在温度变化过程中记录温度传感器读数）来验证温度变化。

依据：

使用仪表测量阀门，以得到试验单元温度读数，但是并没有连续监控和记录温度。不过，因为单元质量较小，真空室温度变化速度较快，所以可以合理预期：试验单元能够满足每分钟 1.0℉ 的变化速度要求。

通过一个校准过的温度传感器来得到验证热循环试验的试验真空室变化速度所需的数据。在试验报告中给出了这些速度。

比较所述 0.5in 阀门的真空室变化速度以及另外一个在轨可更换单元在保守类似热循环试验中的变化速度，由此分析证明：0.5in 阀门的温度变化速度肯定超过了每分钟 1.0℉ 的要求。

考虑流体系统操作装置（FSS）的保守类似热循环试验数据，并与已知 0.5in 阀门和其他 ValveTech 阀门的真空室温度扫描速率进行比较。

使用常规瞬态热响应方程：

$$\frac{\Delta T}{\Delta t} = \frac{Q}{mc_p}$$

其中，$Q$ =真空室的热输入= $\dfrac{BTU}{min}$。

即使对类似真空室变化速度：

$$\left(\frac{Q}{mc_p}\right)_{阀门} \gg \left(\frac{Q}{mc_p}\right)_{FSS}$$

质量 ＝（$m$）$_{阀门}$＝ 24lb，铝的热容量 ＝（$c_p$）$_{阀门}$＝ 0.22

质量 ＝（$m$）$_{FSS}$＝ 114lb，钛的热容量 ＝（$c_p$）$_{FSS}$＝ 0.15

从直观角度，在给定的背景温度变化速度下，更小的热质量温度变化更快。

阀门比流体系统操作装置要小得多。

阀门材料铝的 $c_p$ 或热容量略高比流体系统操作装置的钛略高。

试验阀门所用的真空室比流体系统操作装置所用的大真空室要小得多。

在小真空室中的阀门的真空室变化速度要快得多。

因此，阀门变化速度超过流体系统操作装置的变化速度。因为流体系统操作装置硬件满足了要求（每分钟 1.3℉），所以 0.5in 阀门也肯定满足了要求。

## PG3-162

项目：

0.5in 阀门、电磁阀双线圈　　部件号 B40202-1 和 B40202-2

SSP 41172 要求：

3.1.3 节，热循环试验（元器件验收）。

3.1.3.3 节，试验量级和持续时间。

温度变化速度应不低于每分钟 1.0℉（0.56℃）。

例外情况：

通过分析符合要求的真空室变化速度数据（而不是在温度变化过程中记录温度传感器读数）来验证温度变化。

依据：

使用仪表测量阀门，以得到试验单元温度读数，但是并没有连续监控和记录温度。不过，因为单元质量较小，真空室温度变化速度较快，所以可以合理预期：试验单元能够满足每分钟 1.0℉ 的变化速度要求。

通过一个校准过的温度传感器来得到验证热循环试验的试验真空室变化速度所需的数据。在试验报告中给出了这些速度。

比较所述 0.5in 阀门的真空室变化速度以及另外一个在轨可更换单元在保守类似热循环试验中的变化速度，由此分析证明：0.5in 阀门的温度变化速度肯定超过了每分钟 1.0℉ 的要求。

考虑流体系统操作装置（FSS）的保守类似热循环试验数据，并与已知 0.5in 阀门和其他 ValveTech 阀门的真空室温度扫描速率进行比较。

使用常规瞬态热响应方程：

$$\frac{\Delta T}{\Delta t} = \frac{Q}{mc_{\mathrm{p}}}$$

其中，$Q$ =真空室的热输入= $\dfrac{\mathrm{BTU}}{\mathrm{min}}$。

即使对类似真空室变化速度：

$$\left(\frac{Q}{mc_{\mathrm{p}}}\right)_{\text{阀门}} \gg \left(\frac{Q}{mc_{\mathrm{p}}}\right)_{\text{FSS}}$$

质量 =（$m$）$_{\text{阀门}}$= 24lb，铝的热容量 =（$c_{\mathrm{p}}$）$_{\text{阀门}}$= 0.22

质量 =（$m$）$_{\text{FSS}}$= 114lb，钛的热容量 =（$c_{\mathrm{p}}$）$_{\text{FSS}}$= 0.15

从直观角度，在给定的背景温度变化速度下，更小的热质量温度变化更快。

阀门比流体系统操作装置要小得多。

阀门材料铝的 $c_{\mathrm{p}}$ 或热容量略高比流体系统操作装置的钛略高。

试验阀门所用的真空室比流体系统操作装置所用的大真空室要小得多。

在小真空室中的阀门的真空室变化速度要快得多。

因此，阀门变化速度超过流体系统操作装置的变化速度。因为流体系统操作装置硬件满足了要求（每分钟 1.3℉），所以 0.5in 阀门也肯定满足了要求。

## PG3-163

项目：

0.5in 阀门、电磁阀双线圈　　部件号 B40202-1 和 B40202-2

SSP 41172 要求：

第 2.2.11 节，泄漏试验（元器件鉴定）。

第 2.2.11.3 节，试验量级和持续时间。

第六种方法。试验时间至少应为 60min。

例外情况：

0.5in 阀门的试验时间应持续到泄漏速度达到稳定（小于或等于 30min）。

依据：

0.5in 阀门的设计泄漏要求低于 1E-03sccs 的氦气。在验证分析中的预期阀门泄漏速度值为 2E-05sccs 的氦气（外部泄漏）以及 2E-04sccs 的氦气（内部泄漏）。鉴定泄漏试验的结果（外部泄漏为 3E-05sccs 的氦气，内部泄漏为 2E-05sccs 的氦气）符合分析的预期值。与此类似，验收试验的平均结果（外部泄漏为 6E-05sccs 的氦气，内部泄漏为 2E-05sccs 的氦气）符合分析的预期值。验证分析、鉴定试验和验收试验泄漏结果都远远低于阀门要求，与其相差 10～100 倍。

在本试验所采用的流程中，包括使用一个经过校准的氦气泄漏检测器观测泄漏速度，等待速度稳定后，记录稳定的泄漏速度。此方法采用了 ASME 标准。泄漏试验时间取决于允许密封件全面渗透氦气的接触时间。试验时间只能通过分析质谱仪读数来实时确定，因为实际的密封件渗透时间取决于密封件和主体结构材料、长度、直径、温度和压力系数。在试验过程中，发现某些密封件会在 10min 内渗透，而另外一些密封件则可能需要 3～4h。对于 0.5in 阀门，在飞行单元验收试验过程中泄漏速度达到稳定的平均时间（外部泄漏为 20min，内部泄漏为 23min）证明：在鉴定试验过程中观测到的 25min 稳定时间具有可重复性。从美国试验室舱的舱空气总允许泄漏值来看，在速度达到稳定之后的任何泄漏速度变化以及第六种方法所需的 60min 持续时间都可以忽略。

国际空间站泄漏试验专家同意：这些项目所使用的方法仅在 30min 或更短试验时间下有效，并满足 SSP 41172 的要求。

## PG3-164

项目：

0.5in 阀门、电磁阀双线圈　　部件号 B40202-1 和 B40202-2

SSP 41172 要求：

3.1.7 节，泄漏试验（元器件验收）。

3.1.7.3 节，试验量级和持续时间。

第六种方法。试验时间至少应为 60min。

例外情况：

0.5in 阀门的试验时间应持续到泄漏速度达到稳定（小于或等于 30min）。

依据：

0.5in 阀门的设计泄漏要求低于 1E-03sccs 的氦气。在验证分析中的预期阀门泄漏速度值为 2E-05sccs 的氦气（外部泄漏）以及 2E-04sccs 的氦气（内部泄漏）。鉴定泄漏试验的结果（外部泄漏为 3E-05sccs 的氦气，内部泄漏为 2E-05sccs 的氦气）符合分析的预期值。与此类似，验收试验的平均结果（外部泄漏为 6E-05sccs 的氦气，内部泄漏为 6E-05sccs 的氦气）符合分析的预期值。验证分析、鉴定试验和验收试验泄漏结果都远远低于阀门要求，与其相差 10～100 倍。

在本试验所采用的流程中，包括使用一个经过校准的氦气泄漏检测器观测泄漏速度，等待速度稳定后，记录稳定的泄漏速度。此方法采用了 ASME 标准。泄漏试验时间取决于允许密封件全面渗透氦气的接触时间。试验时间只能通过分析质谱仪读数来实时确定，因为实际的密封件渗透时间取决于密封件和主体结构材料、长度、直径、温度和压力系数。在试验过程中，发现某些密封件会在 10min 内渗透，而另外一些密封件则可能需要 3～4h。对于 0.5in 阀门，在飞行单元验收试验过程中泄漏速度达到稳定的平均时间（外部泄漏为 20min，内部泄漏为 23min）证明：在鉴定试验过程中观测到的 25min 稳定时间具有可重复性。从美国试验室舱的舱空气总允许泄漏值来看，在速度达到稳定之后的任何泄漏速度变化以及第六种方法所需的 60min 持续时间都可以忽略。

国际空间站泄漏试验专家同意：这些项目所使用的方法仅在 30min 或更短试验时间下有效，并满足 SSP 41172 的要求。

## PG3-165

项目：

二氧化碳清除组件　　部件号 2352630-1-1

SSP 41172 要求：

4.1.1 节，组件/元器件原型飞行试验。

在要用于后续飞行的组件上进行组件/元器件鉴定试验时，试验内容应相同（如 4.2 节中关于元器件鉴定的定义）。为此，要求在原型飞行热循环试验过程中，在最低和最高温度极值下进行试验时，元器件处于断电状态，如 2.2.3.2 节所述。

例外情况：

在原型飞行热循环试验过程中，二氧化碳清除组件不应在温度极值下断电。

依据：

在瞬态启动阶段，二氧化碳清除组件有一个复杂的操作序列。此操作序列受软件控制，按顺序操作对于单元满足性能要求具有关键作用。在非标准条件下的操作会导致风险，并可能损害单元。如果在此瞬态阶段断电，会导致空气交换台、空气泵和鼓风机中的水过量。工程开发过程表明：在非标准条件下进行此操作会导致损害。

根据本试验的时间安排，在二氧化碳清除组件半周期之间的过渡只出现在低温或高温保持期之后，因此选择器阀门可以在这些极值下加电和断电循环。根据现有飞行规则，禁止在可能出现冷凝的温度环境下进行关闭操作。因此，与非标准条件操作相关的风险远远超过在加电和断电循环操作条件下进行试验所带来的价值。

试验流程将进行更新，以证明能够在热和冷极值下启动单元。在此过程中，将使未加电的单元变化到每个热极值，在指定温度达到稳定后，然后执行启动操作。

## PG3-166

项目：

二氧化碳清除组件　　部件号 2352630-1-1

SSP 41172 要求：

4.1.1 节，组件/元器件原型飞行试验。

在要用于后续飞行的组件上进行组件/元器件鉴定试验时，试验内容应相同。为此，需要根据 3.1.4 节的要求进行原型飞行随机振动试验。

例外情况：

在所有轴，都应在 4.3grms 的条件下进行二氧化碳清除组件的原型飞行随机振动试验，最大谱密度为 $0.04G^2/Hz$。

依据：

二氧化碳清除组件是一个机电组件，包含复杂互连的导热设备和电子部件。这些设备使用来自热控制系统的冷却水。在二氧化碳清除组件上有 7 个主要的电气/电子组件。它们分别是选择器阀门电机控制器、泵风机电机控制器、加热器控制器、鼓风机、泵、绝对压力传感器和差压传感器。

在可靠性验收试验过程中，CDRA 元器件在关键轴的高和低温度极值下，在 6.1grms 随机振动值下进行了 1min 的试验。关键轴与电路板平面垂直。每个二氧化碳清除组件压力传感器都进行了额外的元器件级随机振动试验。在剩余的两个轴，分别在 3.1grms 的条件下进行了 1min 的试验。在振动之后，二氧化碳清除组件完成了一次泄漏试验和一次全面功能试验。

最后，只使用满足空间站质量标准的连接器来集成电气子组件。在固定件上使用锁定功能，并用 RTV 将固定件头部固定好。所有集成的水连接都为 Symmetrics 型快速分断装置或 Gamma 固件。

## PG3-167

项目：

二氧化碳清除组件　　部件号 2352630-1-1

SSP 41172 要求：

4.1.1 节，组件/元器件原型飞行试验。

在要用于后续飞行的组件上进行组件/元器件鉴定试验时，试验内容应相同。为此，要求在随机振动试验过程中，对元器件进行加电和监控，以检测故障或中断，如 2.2.5.4 节所述。

例外情况：

在原型飞行随机振动试验过程中，二氧化碳清除组件不应加电和监控以检测故障或中断。

依据：

二氧化碳清除组件包含的电子部件包含一个机电启动器，它不使用带卡边缘连接器或有高密度电路卡的印刷电路板。电路卡组件（CCA）安装在所有 4 个角上，并包含一个中心安装点，在电路卡组件之间有支座，可以限制因为振动载荷而产生的偏折。在二氧化碳清除组件处于备用模式时，可以给一部分元器件加电。这是一种非使能、非操作条件，只有少量元器件（主要包括位置指示信号）会被加电。唯一可以用于监控的参数是在备用条件下的输入电流。在振动试验过程中，二氧化碳清除组件不会处于操作状态。二氧化碳清除组件只会处于备用模式。另外，电子元器件位于焊接密封盖内，在振动试验过程中或之后的任何时间都无法接触检查。在发射振动载荷操作过程中，二氧化碳清除组件一般不加电。如果要加电，应使该单元结束其正常操作功能。

另外，在较低级组件进行非加电条件的可靠性验收试验，其中包括在温度极值下在最大偏折轴进行 1min 的随机振动试验。这样可以对电子部件进行进一步的工艺筛选。

因此，因为重复原型飞行随机振动试验而额外消耗的二氧化碳清除组件原型飞行单元疲劳寿命超过了在加电状态下任何额外随机振动试验进行工艺监控所带来的价值。

## PG3-168

**项目：**

痕量污染物控制子组件（TCCS）　　　部件号 5823550-501

**SSP 41172 要求：**

4.1.1 节，组件/元器件原型飞行试验。

在要用于后续飞行的组件上进行组件/元器件鉴定试验时，试验内容应相同（如 2.2 节中关于元器件鉴定的定义）。为此，要求在原型飞行随机振动试验过程中，对电气和电子元器件进行加电和监控，以检测故障或中断，如 2.2.5.4 节所述。

**例外情况：**

在原型飞行随机振动试验过程中，痕量污染物控制子组件原型飞行单元将不进行加电和监控以检测故障或中断。

**依据：**

痕量污染物控制子组件只包含电气接口组件、鼓风机和流量表在轨可更换单元中的少量电路。这些电子元器件旨在减少可能导致随机振动过程中间歇问题的卡弯曲问题。痕量污染物控制子组件电子元器件的设计包括：小型电路卡组件（约为 3in×5in）、无高元器件、低密度包装、支撑或瓷元器件、在角上固定的卡，不采用卡边缘连接。痕量污染物控制子组件由一个多路复用器/多路信号分离器计算机来控制。痕量污染物控制子组件只进行在轨操作，没有发射或着陆操作。

痕量污染物控制子组件的占空因子中等（0.5），电气元器件计算的故障平均间隔时间超过100 000h。如果一个痕量污染物控制子组件的电气元器件在轨可更换单元出现故障，会使用一个备用在轨可更换单元在轨更换。另外，俄罗斯再生通风舱提供了清除痕量污染物的冗余功能，可以满足 3 位乘员的需求。在节点 3（飞行 20A）和俄罗斯通用对接舱（飞行 3R）抵达之后，工作站有 4 个冗余痕量污染物系统，其中任何两个都可以满足 6 位乘员的需求。在节点 1 的活性炭过滤器还能清除痕量污染物，并在美国试验室组装操作过程中（在再生通风机架搬运到其操作地点并启动之前）使用。

在断电状态下进行个体元器件随机振动工艺筛选之后，对每个痕量污染物控制子组件电气在轨可更换单元顺利进行了功能试验。在对整个痕量污染物控制子组件进行断电随机振动试验之后，还对集成痕量污染物控制子组件进行了另外一次功能试验。所有痕量污染物控制子组件电气在轨可更换单元都在其个体热循环工艺筛选试验中顺利证明了加电性能。后来，又使用安装在痕量污染物控制子组件质量模拟器组件上的第三个电气接口组件、鼓风机和流量表备件验证了加电随机振动操作性能。对于经过维修或以后生产的任何电气在轨可更换单元，都将在安装在痕量污染物控制子组件质量模拟器的情况下进行加电随机振动试验。因此，痕量污染物控制子组件原型飞行单元额外耗费的疲劳寿命超过了额外进行随机振动试验所带来的价值。

## PG3-169

项目：

痕量污染物控制子组件（痕量污染物控制子组件）　　　部件号 5823550-501

SSP 41172 要求：

4.1.1 节，组件/元器件原型飞行试验。

在要用于后续飞行的组件上进行组件/元器件鉴定试验时，试验内容应相同（如 2.2 节中关于元器件鉴定的定义）。为此，要求原型飞行硬件随机振动试验量级和频谱包含预期最大飞行数值和频谱减去 6dB，但是不低于 SSP 41172 中所定义的 6.1grms 的工艺筛选值。

例外情况：

将根据如下筛选值和频谱来进行痕量污染物控制子组件的原型飞行单元随机振动试验：

| 频率范围（Hz） | 功率谱密度 |
| --- | --- |
| 20 | 0.01G²/Hz |
| 20～70 | 3.3dB/Oct |
| 70～200 | 0.04G²/Hz |
| 200～2000 | -4.0 dB/Oct |
| 2000 | 0.002G²/Hz |
| 整体 | 4.3grms |

依据：

在集成到痕量污染物控制子组件原型飞行单元之前，3 个关键电气在轨可更换单元元器件（电气接口组件、鼓风机和流量表）分别在图 3-2 所要求的工艺筛选数值和频谱下（整体值为 6.1grms）在所有三个轴进行了随机振动试验。在各元器件集成到痕量污染物控制子组件之后，原型飞行组件又在此例外情况所定义的筛选数值和频谱下完成了后续随机振动试验（整体值为 4.3grms）。此频谱比痕量污染物控制子组件发射和着陆随机振动设计要求高 3dB，并符合 SSP 41172 图 3-2 的数值，最高频谱为 200Hz。

痕量污染物控制子组件的占空因子中等（0.5），电气元器件计算的故障平均间隔时间超过 100 000h。如果一个痕量污染物控制子组件的电气元器件在轨可更换单元出现故障，会使用一个备用在轨可更换单元在轨更换。另外，俄罗斯再生通风舱提供了清除痕量污染物的冗余功能，可以满足 3 位乘员的需求。在节点 3（飞行 20A）和俄罗斯通用对接舱（飞行 3R）抵达之后，工作站有 4 个冗余痕量污染物系统，其中任何两个都可以满足 6 位乘员的需求。在节点 1 的活性炭过滤器还能清除痕量污染物，并在美国试验室组装操作过程中（在再生通风机架搬运到其操作地点并启动之前）使用。

痕量污染物控制子组件的组件级随机振动试验可以充分筛选原型飞行单元的结构和机械完整性，因为关键电气在轨可更换单元元器件在集成到痕量污染物控制子组件之前，按照 SSP 41172 规定的频谱分别进行了工艺筛选。另外，根据关键电气电气接口组件和鼓风机在轨可更换单元元器件在其痕量污染物控制子组件原型飞行单元安装位置的随机振动响应数据，在整个痕量污染物控制子组件上的激发数值（整体值可达 6.2grms）高于随机振动值（整体值为

4.3grms）。因此，痕量污染物控制子组件原型飞行单元额外耗费的疲劳寿命超过了额外进行随机振动试验带来的价值。

## PG3-170

项目：

痕量污染物控制子组件电气/电子在轨可更换单元元器件

电气接口组件　　部件号 5835398-503

鼓风机组件　　部件号 5835404-501

流量表组件　　部件号 5835405-501

SSP 41172 要求：

4.1.1 节，组件/元器件原型飞行试验。

在要用于后续飞行的组件上进行组件/元器件鉴定试验时，试验内容应相同。为此，要求最低和最高试验温度之间的温度范围至少应为 100℉（55.6℃）。如有可能，最低试验温度应低于 30℉（−1.1℃）。

例外情况：

在原型飞行热循环过程中的温度范围将为 66℉（即从 53℉ 到 119℉）。

依据：

除了操作原型飞行热循环试验，在 5℉ 最低温度和 160℉ 最高温度进行了非操作热工艺筛选之后，痕量污染物控制子组件关键电气元器件还在 53℉（最低温度）和 119℉（最高温度）之间进行了功能试验。在操作和非操作试验条件下进行了 24 个周期的热循环试验，此时间为原型飞行热循环要求（8 个周期）的 3 倍。

除了额外的热循环试验外，在供应商组件/元器件波音集成试验过程中还总计进行了 500 多个小时的操作。原型飞行设备的额外热循环和累积地面操作时间还有助于降低因为未检测到电子子组件潜在缺陷而导致痕量污染物控制子组件电子元器件提前出现在轨故障的风险。

痕量污染物控制子组件的占空因子中等（0.5），电气元器件计算的故障平均间隔时间超过 100 000h。如果一个痕量污染物控制子组件的电气元器件在轨可更换单元出现故障，会使用一个备用在轨可更换单元在轨更换。另外，俄罗斯再生通风舱提供了清除痕量污染物的冗余功能，可以满足 3 位乘员的需求。在节点 3（飞行 20A）和俄罗斯通用对接舱（飞行 3R）抵达之后，工作站有 4 个冗余痕量污染物系统，其中任何两个都可以满足六位乘员的需求。在节点 1 的活性炭过滤器还能清除痕量污染物，并在美国试验室组装操作过程中（在再生通风机架搬运到其操作地点并启动之前）使用。

## PG3-171

项目：

痕量污染物控制系统　　部件号 5823550-501　　序列号 0001

SSP 41172 要求：

4.1.1 节，组件/元器件原型飞行试验。

4.1.1.3 节，试验量级和持续时间。

试验时间应不超过 1min。

例外情况：

序列号 0001 在 Z 轴的原型飞行振动试验时间应为 95s。

依据：

在痕量污染物控制系统的试验流程 f 中，规定了在原型飞行随机振动试验过程中每个轴的时间为 60s。不过，序列号 0001 在 Z 轴的试验时间为 95s。

根据随机振动疲劳评估报告 TR001 总累积疲劳寿命小于允许疲劳寿命的 5%，也就是说，即使有此额外的时间累积，允许的疲劳/使用寿命也剩余 95%。这是因为 Z 轴随机振动试验只占已用使用寿命的 0.1%。因此，从总剩余可用寿命来看，延长试验时间的影响很小。

## PG3-172

项目：

机架流速控制组件　　部件号 2353180-1-1

SSP 41172 要求：

2.2.3 节，热循环试验（元器件鉴定）。

2.2.3.3 节，试验量级和持续时间。

在热循环的高温部分，元器件应处于最大验收限值加上一个 20℉（11.1℃）的裕度（最高设计温度）；在热循环的低温部分，元器件应处于最小验收试验值温度减去一个 20℉（11.1℃）的裕度（最小设计限值温度）。

例外情况：

在鉴定热循环试验过程中，机架流速控制组件的最低温度应为 33℉。

依据：

机架流速控制组件的预期最低操作温度为 55℉。飞行机架流速控制组件在 33℉ 的最低操作温度下进行了验收热循环试验。不过，鉴定机架流体控制组件也在 33℉ 的相同最低操作温度下进行了试验。

根据《材料标识和使用列表》，机架流体控制组件的机械部分对 0℉ 的非操作低温不敏感。另外，机架流速控制组件阀门电机控制器在 0℉ 的最低温度下进行了操作试验。最后，机架流体控制组件的电气、电子和机电元器件可以在 0℉ 以下进行操作。

机架流速控制组件硬件的严酷度为 1。最坏情况是损失试验室直流-直流转换单元，它会因为温度过高而关闭，导致试验室失去配电功能，并可能损失乘员和试验室关键功能。已经开发并记录了一种操作应急预案，以恢复部分功能。根据应急预案，需要乘员将载荷切换到低温环路。美国航空航天局已经验证和接受了应急预案，并记录在 JSC 48532-5A 中。对于其他潜在故障，通过使用机架流速控制组件本身的人工越控功能，可以恢复功能（只要流体存在）。另外，还有一个在轨的预定位备件。

20℉ 鉴定裕度的目的是证明有足够的设计裕度，因此，飞行硬件进行的验收试验不会过度消耗硬件的可用寿命。用于鉴定和验收热循环试验的此冷温度对太空级硬件足够有利，因此在与鉴定相同的冷温度（33℉）进行验收试验影响硬件寿命的风险很小。

## PG3-173

项目：

机架流速控制组件　　部件号 2353180-1-1

SSP 41172 要求：

2.2.5 节，随机振动试验（元器件鉴定）。

2.2.5.4 节，补充要求。

在随机振动试验过程中，应给电气和电子元器件加电并进行监控，以检测故障或中断。

例外情况：

在鉴定随机振动试验过程中，机架流速控制组件将不进行加电和监控。

依据：

机架流速控制组件包含一个机电启动器，它不使用带卡边缘连接器或有高密度电路卡的印刷电路板。电路卡组件安装在所有 4 个角上，并包含一个中心安装点，在电路卡组件之间有支座，可以限制因为振动载荷而产生的偏折。在机架流速控制组件处于备用模式时，可以给一部分元器件加电。这是一种非使能、非操作条件，只有少量元器件（主要包括位置指示信号）会被加电。唯一可以用于监控的参数是在备用条件下的输入电流以及"打开"或"闭合"位置指示。在振动试验过程中，机架流速控制组件不会处于操作状态。机架流速控制组件只会处于备用模式。机架流速控制组件将只处于备用模式。另外，电子元器件位于焊接密封盖内，在振动试验过程中或之后的任何时间都无法接触检查。在发射振动载荷操作过程中，机架流速控制组件一般不加电。如果要加电，应使该单元结束其正常操作功能。

在鉴定随机振动试验之后，在温度极值下进行了全面功能试验，该试验增加了检测到任何间隙故障的概率。另外，还在较低级组件下进行了非加电条件的可靠性验收试验，其中包括在温度极值下在最大偏折轴进行的 1min 随机振动试验。这样可以对电子部件进行进一步的工艺筛选。

如果存在可以通过单元加电振动试验筛选相关来源的任何操作故障，应注意每个此类元器件都具有人工越控能力。因此，如果任何元器件出现机械故障，在系统中都有足够的冗余来确保热控制系统环路不会被关闭。

## PG3-174

项目：

机架流速控制组件　　部件号 2353180-1-1

SSP 41172 要求：

3.1.4 节，随机振动试验（元器件验收）。

3.1.4.4 节，补充要求。

在随机振动试验过程中，应给电气和电子元器件加电并进行监控，以检测故障或中断。

例外情况：

在验收随机振动试验过程中，机架流速控制组件将不进行加电和监控。

依据：

机架流速控制组件包含一个机电启动器，它不使用带卡边缘连接器或有高密度电路卡的印刷电路板。电路卡组件安装在所有 4 个角上，并包含一个中心安装点，在电路卡组件之间有支座，可以限制因为振动载荷而产生的偏折。在机架流速控制组件处于备用模式时，可以给一部分元器件加电。这是一种非使能、非操作条件，只有少量元器件（主要包括位置指示信号）会被加电。唯一可以用于监控的参数是在备用条件下的输入电流以及"打开"或"闭合"位置指示。在振动试验过程中，机架流速控制组件不会处于操作状态。机架流速控制组件只会处于备用模式。另外，电子元器件位于焊接密封盖内，在振动试验过程中或之后的任何时间都无法接触检查。在发射振动载荷操作过程中，机架流速控制组件一般不加电。如果要加电，应使该单元结束其正常操作功能。

在验收随机振动试验之后，在温度极值下进行了全面功能试验，该试验增加了检测到任何间隙故障的概率。另外，还在较低级组件下进行了非加电条件的可靠性验收试验，其中包括在温度极值下在最大偏折轴进行的1min随机振动试验。这样可以对电子部件进行进一步的工艺筛选。

如果存在可以通过单元加电振动试验筛选相关来源的任何操作故障，应注意每个此类元器件都具有人工越控能力。因此，如果任何元器件出现机械故障，在系统中都有足够的冗余来确保热控制系统环路不会被关闭。

## PG3-175

项目：

机架流速控制组件　　部件号 2353180-1-1

SSP 41172 要求：

3.1.7 节，泄漏试验（元器件验收）。

3.1.7.2 节，试验说明。

应采用 2.2.11.2 节中所述的方法之一。

2.2.11.2 节，试验说明。

第五种方法。应通过一种合适的方法来检测泄漏。

例外情况：

肥皂泡方法应为第五种方法下的一种可接受方法。此试验的时间至少应为 5min。

依据：

机架流速控制组件进行了一次肥皂泡试验，以便在验收试验过程中验证外部泄漏。霍尼韦尔在一个有良好照明的受控试验室环境的一个台面上进行了肥皂泡试验，试验条件为最大操作压力90psig，约需要 40～45min 达到稳定。阀门主体元器件在加工之后进行了染色渗透剂检查。机架流速控制组件包含 3 个焊接接头，它们进行了无损分析（X 射线和染色渗透剂）；另外还有 4 个机械接头（要组装到阀门主体结构的启动器和传感器法兰密封件）。在每秒 1.0E-04 scc 的条件下鉴定 QD。每次进行肥皂泡试验，都对每个接头和机械固件进行检查。通过试验的标准是：在 5min 内没有看到肥皂泡，同时根据需要重新添加肥皂液。如果观察到肥皂泡，则试验失败，应记录不符合要求的情况。

通过肥皂泡方法，可以确保每个接头达到 1.0E-04sccs 的精度。假设在每秒 1.0E-08scc 范围内的焊接接头泄露可以忽略，这样 4 个机械接头×每个接头 1.0E-04=4.0E-04sccs 的整体泄漏速度。机架流速控制组件的泄漏要求规格为 7.0E-04sccs。

在更新验收试验流程的情况下，未来将通过符合 SSP 41172 要求的压力衰减泄漏试验方法进行泄漏试验。

## PG3-176

项目：

机架流速控制组件　　部件号 2353180-1-1

SSP 41172 要求：

3.1.7 节，泄漏试验（元器件验收）。

3.1.7.2 节，试验说明。

应在进行每次环境验收试验之前和之后进行元器件泄漏检查。

例外情况：

在验收振动试验和验收热循环试验之间或环境验收试验结束时不进行泄漏试验。

依据：

在集成到美国试验室之后，在加压系统检查过程中，通过一次氦气吸入检查，对机架流速控制组件固件进行了外部泄漏试验验证，这是美国试验室验证目标 24732 的一部分。在进行美国试验室构件试验的过程中，对整个制冷剂环路进行加压，并使用一个经过校准的氦气探头达到每秒 1.0E-08scc 的标准。每个接头都进行泄漏吸入操作。如果因为阀门主体结构/接头出现明显泄漏而导致背景氦气浓度增加，则氦气吸入器会检测到。另外，阀门主体结构通过一次染色渗透剂试验来验证外壳的完整性。此外，美国试验室中使用的单元已经进行了整合试验，并且没有任何迹象表明制冷剂流体出现泄漏，或者泵包装组件的数量传感器说明有任何制冷剂损失。在在轨状态下，将通过数量传感器说明是否因泄露而产生了任何可测量的制冷剂损失。如果制冷剂损失超过 1 加仑，则会通过硬件和软件检测关闭。

在更新验收试验流程的情况下，未来将在环境验收试验之间以及完成所有环境试验之后，通过符合 SSP 41172 要求的压力衰减泄漏试验方法进行泄漏试验。

## PG3-177

项目：

机架流速控制组件　　　部件号 2353180-1-1

SSP 41172 要求：

2.2.11 节，泄漏试验（元器件鉴定）。

2.2.11.2 节，试验说明。

应在开始元器件鉴定热和振动试验之前以及完成试验之后进行元器件泄漏检查。

例外情况：

在鉴定振动试验和鉴定热循环试验之间或环境鉴定试验结束时不进行泄漏试验。

依据：

虽然缺乏全面鉴定的机架流速控制组件泄漏设计方案会导致风险，但是飞行单元已经进行的试验增强了相关人员对设计的信心。在集成到美国试验室之后，在加压系统检查过程中，通过一次氦气吸入检查，对机架流速控制组件固件进行了外部泄漏试验验证，这是美国试验室验证目标 24732 的一部分。此外，美国试验室中使用的单元已经进行了整合试验，并且没有任何迹象表明制冷剂流体出现泄漏，或者泵包装组件的数量传感器说明有任何制冷剂损失。

在计划中接受了安装的飞行单元，并且认为不需要进行额外的鉴定试验。对于未来的飞行单元，通过更新验收试验流程，可以在环境验收试验之间以及完成所有环境试验之后，借助符合 SSP 41172 要求的压力衰减泄漏试验方法来进行泄漏试验，从而降低相关风险。

## PG3-178

项目：

系统流速控制组件　　　部件号 2353190-101

SSP 41172 要求：

2.2.3 节，热循环试验（元器件鉴定）。

2.2.3.3 节，试验量级和持续时间。

在热循环的高温部分，元器件应处于最大验收限值加上一个 20℉（11.1℃）的裕度（最高设计温度）；在热循环的低温部分，元器件应处于最小验收试验值温度减去一个 20℉（11.1℃）的裕度（最小设计限值温度）。

例外情况：

在鉴定热循环试验过程中，系统流速控制组件的最低温度应为 33℉。

依据：

系统流速控制组件的预期最低操作温度为 55℉。飞行系统流速控制组件在 33℉ 的最低操作温度下进行了验收热循环试验。不过，鉴定系统流速控制组件也在 33℉ 的相同最低操作温度下进行了试验。

根据《材料标识和使用列表》，系统流速控制组件的机械部分对 0℉ 的非操作低温不敏感。另外，系统流速控制组件阀门电机控制器在 0℉ 的最低温度下进行了操作试验。最后，系统流速控制组件的电气、电子和机电元器件可以在 0℉ 以下进行操作。

系统流速控制组件硬件的严酷度为 1。最坏情况是损失试验室直流-直流转换单元，它会因为温度过高而关闭，导致试验室失去配电功能，并可能损失乘员和空间站关键功能。已经开发并记录了一种操作变通方案，以恢复部分功能。根据变通方案，需要乘员将载荷切换到低温环路。美国航空航天局已经验证和接受了变通方案，并记录在 JSC 48532-5A 中。对于其他潜在故障，通过使用系统流速控制组件本身的人工越控功能，可以恢复功能（只要流体存在）。另外，还有一个在轨的预定位备件。

20℉ 鉴定裕度的目的是证明有足够的设计裕度，因此飞行硬件进行的验收试验不会过度消耗硬件的可用寿命。用于鉴定和验收热循环试验的此冷温度对太空级硬件足够有利，因此在与鉴定相同的冷温度（33℉）进行验收试验影响硬件寿命的风险很小。

## PG3-179

项目：

系统流速控制组件　　部件号 2353190-101

SSP 41172 要求：

2.2.5 节，随机振动试验（元器件鉴定）。

2.2.5.4 节，补充要求。

在随机振动试验过程中，应给电气和电子元器件加电并进行监控，以检测故障或中断。

例外情况：

在鉴定随机振动试验过程中，系统流速控制组件将不进行加电和监控。

依据：

系统流速控制组件包含的电子部件带有一个机电启动器，它不使用带卡边缘连接器或有高密度电路卡的印刷电路板。电路卡组件安装在所有 4 个角上，并包含 1 个中心安装点，在电路卡组件之间有支座，可以限制因为振动载荷而产生的偏折。在系统流速控制组件处于备用模式时，可以给一部分元器件加电。这是一种非使能、非操作条件，只有少量元器件（主要包括位置指示信号）会被加电。唯一可以用于监控的参数是在备用条件下的输入电流以及"打开"或"闭合"位置指示信号。在振动试验过程中，系统流速控制组件不会处于操作状态。系统流速控制组件只会处于备用模式。另外，电子元器件位于焊接密封盖内，在振动试验过程中或之后的任何时间都无法接触检查。在发射振动载荷操作过程中，系统流速控制组件一般不加电。如果要加电，应使该单元结束其正常操作功能。

在鉴定随机振动试验之后，在温度极值下进行了全面功能试验，该试验增加了检测到任何间隙故障的概率。另外，还在较低级组件下进行了非加电条件的可靠性验收试验，其中包括在温度极值下在最大偏折轴进行的 1min 随机振动试验。这样可以对电子部件进行进一步的工艺筛选。

如果存在可以通过单元加电振动试验筛选相关来源的任何操作故障，应注意每个此类元器件都具有人工越控能力。因此，如果任何元器件出现机械故障，在系统中都有足够的冗余来确保热控制系统环路不会被关闭。

## PG3-180

项目：

系统流速控制组件　　部件号 2353190-101

SSP 41172 要求：

3.1.4 节，随机振动试验（元器件验收）。

3.1.4.4 节，补充要求。

在随机振动试验过程中，应给电气和电子元器件加电并进行监控，以检测故障或中断。

例外情况：

在验收随机振动试验过程中，系统流速控制组件将不进行加电和监控。

依据：

系统流速控制组件包含的电子部件带有一个机电启动器，它不使用带卡边缘连接器或有高密度电路卡的印刷电路板。电路卡组件安装在所有 4 个角上，并包含 1 个中心安装点，在电路卡组件之间有支座，可以限制因为振动载荷而产生的偏折。在系统流速控制组件处于备用模式时，可以给一部分元器件加电。这是一种非使能、非操作条件，只有少量元器件（主要包括位置指示信号）会被加电。唯一可以用于监控的参数是在备用条件下的输入电流以及"打开"或"闭合"位置指示信号。在振动试验过程中，系统流速控制组件不会处于操作状态。系统流速控制组件只会处于备用模式。另外，电子元器件于焊接密封盖内，在振动试验过程中或之后的任何时间都无法接触检查。在发射振动载荷操作过程中，系统流速控制组件一般不加电。如果要加电，应使该单元结束其正常操作功能。

在验收随机振动试验之后，在温度极值下进行了全面功能试验，该试验增加了检测到任何间隙故障的概率。另外，还在较低级组件下进行了非加电条件的可靠性验收试验，其中包括在温度极值下在最大偏折轴进行的一分钟随机振动试验。这样可以对电子部件进行进一步的工艺筛选。

如果存在可以通过单元加电振动试验筛选相关来源的任何操作故障，应注意每个此类元器件都具有人工越控能力。因此，如果任何元器件出现机械故障，在系统中都有足够的冗余来确保热控制系统环路不会被关闭。

## PG3-181

项目：

系统流速控制组件　　部件号 2353190-101

SSP 41172 要求：

3.1.7 节，泄漏试验（元器件验收）。

3.1.7.2 节，试验说明。

应采用 2.2.11.2 节中所述的方法之一。

2.2.11.2 节，试验说明。

第五种方法。应使用合适的方法进行泄漏检测。

例外情况：

肥皂泡方法应为第五种方法下的一种可接受方法。此试验的时间至少应为 5min。

依据：

系统流速控制组件进行了一次肥皂泡试验，以便在验收试验过程中验证外部泄漏。霍尼韦尔在一个有良好照明的受控试验室环境的一个台面上进行了肥皂泡试验，试验条件为最大操作压力 90psig，约需要 40～45min 达到稳定。阀门主体元器件在加工之后进行了染色渗透剂检查。系统流速控制组件包含 10 个焊接接头，它们进行了无损分析（X 射线和染色渗透剂）；另外还有 3 个机械接头（要组装到阀门主体结构的启动器和传感器法兰密封件）。在 1.0E-04sccs 的条件下鉴定 QD。每次进行肥皂泡试验，都对每个接头和机械固件进行检查。通过试验的标准是：在 5min 内没有看到肥皂泡，同时根据需要重新添加肥皂液。如果观察到肥皂泡，则试验失败，应记录不符合要求的情况。

通过肥皂泡方法，可以确保每个接头达到 1.0E-04sccs 的精度。假设在 1.0E-08sccs 范围的焊接接头泄露可以忽略，这样 3 个机械接头×每个接头 1.0E-04=3.0E-04sccs 的整体泄漏速度。系统流速控制组件的泄漏要求规格为 1.0E-03sccs。

在更新验收试验流程的情况下，未来将通过符合 SSP 41172 要求的压力衰减泄漏试验方法进行泄漏试验。

## PG3-182

项目：

系统流速控制组件　　部件号 2353190-101

SSP 41172 要求：

3.1.7 节，泄漏试验（元器件验收）。

3.1.7.2 节，试验说明。

应在进行每次环境验收试验之前和之后进行元器件泄漏检查。

例外情况：

在验收振动试验和验收热循环试验之间或环境验收试验结束时不应进行泄漏试验。

依据：

在集成到美国试验室之后，在加压系统检查过程中，通过一次氦气吸入检查，对系统流速控制组件固件进行了外部泄漏试验验证，这是美国试验室验证目标 24732 的一部分。在进行美国试验室构件试验的过程中，对整个制冷剂回路进行加压，并使用一个经过校准的氦气探头达到每秒 1.0E-08scc 的标准。每个接头都进行泄漏吸入操作。如果因为阀门主体结构/接头出现明显泄漏而导致背景氦气浓度增加，则氦气吸入器会检测到。另外，阀门主体结构通过一次染色渗透剂试验来验证外壳的完整性。此外，美国试验室中使用的单元已经进行了整合试验，并且没有任何迹象表明制冷剂流体出现泄漏，或者泵包装组件的数量传感器说明有任何制冷剂损失。在在轨状态下，将通过数量传感器说明是否因泄露而产生了任何可测量的制冷剂损失。如果制冷剂损失超过 1 加仑，则会通过硬件和软件检测关闭。

在更新验收试验流程的情况下，未来将在环境验收试验之间以及完成所有环境试验之后，通过符合 SSP 41172 要求的压力衰减泄漏试验方法进行泄漏试验。

## PG3-183

项目：

系统流速控制组件　　部件号 2353190-1-1

SSP 41172 要求：

2.2.11 节，泄漏试验（元器件鉴定）。

2.2.11.2 节，试验说明。

应在开始元器件鉴定热和振动试验之前以及完成试验之后进行元器件泄漏检查。

例外情况：

在鉴定振动试验和鉴定热循环试验之间或环境鉴定试验结束时不进行泄漏试验。

依据：

虽然缺乏全面鉴定的系统流速控制组件泄漏设计方案会导致风险，但是飞行单元已经进行的试验增强了相关人员对设计的信心。在集成到美国试验室之后，在加压系统检查过程中，通过一次氦气吸入检查，对系统流速控制组件固件进行了外部泄漏试验验证，这是美国试验室验证目标的一部分。此外，美国试验室中使用的单元已经进行了整合试验，并且没有任何迹象表明制冷剂流体出现泄漏，或者泵包装组件的数量传感器说明有任何制冷剂损失。

在计划中接受了安装的飞行单元，并且认为不需要进行额外的鉴定试验。对于未来的飞行单元，通过更新验收试验流程，可以在环境验收试验之间以及完成所有环境试验之后，借助符合 SSP 41172 要求的压力衰减泄漏试验方法来进行泄漏试验，从而降低相关风险。

## PG3-184

项目：

主要成分分析仪（MCA）　　部件号 359800　　序列号 0001 和 0002

SSP 41172 要求：

4.1.1 节，组件/元器件原型飞行试验。

在要用于后续飞行的组件上进行组件/元器件鉴定试验时，试验内容应相同（按照 4.2 节中关于元器件鉴定的定义）。为此，要求在每个周期中都在高温和低温下有一个最小保持期，在此保持期中，应给试验件断电，直到温度达到稳定，然后再启动它，如 2.2.3.3 节所述。

例外情况：

MCA 原型飞行 1 和 2 在原型飞行热循环试验低温部分的断电保持期至少应为 1min。这些单元的任何后续热循环试验都需要符合 SSP 41172 的要求。

依据：

在正常操作过程中，MCA 指定的温度为 68～76℉。MCA 在从 53℉ 到 90℉ 的操作温度下进行了热循环试验，并在从 0℉ 到 130℉ 的非操作温度下进行了热循环试验。MCA 已经在集成试验过程中证明了冷启动能力，在该试验中，内部机架温度低至 36℉。

按照说明，MCA 在非常有利的环境下操作。设备机架航空电子设备空气组件控制 MCA 环境，以达到低于舱体空气环境的温度值。如果 AAA 关闭，MCA 会自动关闭，以防止因为操作条件超过要求的操作环境限值而损害设备。MCA 承受低于预期温度的唯一时间是在泄压过程中，在这些情况下，MCA 会被关闭。

通过汇总 386 次故障模式和影响分析结果发现：没有与 MCA 相关的关键功能或部件。另外，还有二氧化碳和氧气手持设备以及俄罗斯舱段大气监控设备，它们可以为 MCA 提供的在轨功能提供冗余机制。如果 MCA 出现故障，在应急操作下，必须通过人工方式控制氧气和总压力。这种人工模式会保持到完成相关替换，在南大西洋异常条件下已经接受了这种模式。

## PG3-185

项目：

主要成分分析仪 部件号 359800 序列号 0001 和 0002

SSP 41172 要求：

4.1.1 节，组件/元器件原型飞行试验。

在要用于后续飞行的组件上进行组件/元器件鉴定试验时，试验内容应相同。为此，要求原型飞行硬件随机振动试验量级和频谱包含预期最大飞行数值和频谱减去 6 dB，但是不小于 SSP 41172 中定义的 6.1grms 工艺筛选值。

例外情况：

MCA 原型飞行 1 和 2 制造筛选的整体随机振动试验值应为 4.3grms。

依据：

在随机振动试验过程中，两个 MCA 原型飞行单元都在 4.3grms 的整体值下进行了工艺筛选。两个 MCA 原型飞行单元在硬件供应商的设施以及更高级集成试验过程中进行了累积 500 多小时的加电试验。MCA 是一种原型飞行设计，因此没有通过设计振动疲劳寿命试验证明的鉴定单元。在额外的振动试验中，原型飞行 MCA 会消耗额外的疲劳寿命，同时不会有经过试验验证的裕度。采用经过重新设计的电子数据处理器板对内部数据和控制组件在轨可更换单元（部件号 359650）进行后续制造以后，将在 6.1grms 的条件下对在轨可更换单元进行加电的等效振动筛选级试验。另外，还有二氧化碳和氧气手持设备和俄罗斯舱段大气监控设备，可以为 MCA 的在轨功能提供冗余机制。

通过汇总 386 次故障模式和影响分析结果发现：没有与 MCA 相关的关键功能或部件。另外，还有二氧化碳和氧气手持设备以及俄罗斯舱段大气监控设备，它们可以为 MCA 提供的在轨功能提供冗余机制。如果 MCA 出现故障，在应急操作下，必须通过人工方式控制氧气和总压力。这种人工模式会保持到完成相关替换，在南大西洋异常条件下已经接受了这种模式。

## PG3-186

项目：

主要成分分析仪 部件号 359800 序列号 0001 和 0002

SSP 41172 要求：

4.1.1 节，组件/元器件原型飞行试验。

在要用于后续飞行的组件上进行组件/元器件鉴定试验时，试验内容应相同（按照 2.2 节中关于元器件鉴定的定义）。为此，要求在原型飞行随机振动试验过程中对电气和电子元器件进行加电和监控，以检测故障或中断，如 2.2.5.4 节所述。

例外情况：

在原型飞行随机振动试验过程中，MCA 原型飞行 1 和 2 将不加电和监控以检测故障或中断。

依据：

在随机振动试验过程中，两个 MCA 原型飞行单元都在 4.3grms 的整体值下进行了工艺筛选。两个 MCA 原型飞行单元在硬件供应商的设施以及更高级集成试验过程中进行了累积 500 多小时的加电试验。对 MCA 进行了板偏折分析，并增加了加劲肋，以防止在振动试验过程中弯曲。在 MCA 设计中，不在电路卡组件上使用边缘连接器，也不使用较高的组件。在 MCA 设计中使用的所有垂直安装元器件都固定和黏合到电路板，以避免因为振动导致元器件运动或者在元器件焊接头产生应力。MCA 是一种原型飞行设计，因此没有通过设计振动疲劳寿命试验证明的鉴定单元。在额外的振动试验中，原型飞行 MCA 会消耗额外的疲劳寿命，同时不会有经过试验验证的裕度。采用经过重新设计的电子数据处理器板对内部数据和控制组件在轨可更换单元（部件号 359650）进行后续制造以后，将在 6.1grms 的条件下对在轨可更换单元进行加电的等效振动筛选级试验。

通过汇总 386 次故障模式和影响分析结果发现：没有与 MCA 相关的关键功能或部件。另外，还有二氧化碳和氧气手持设备以及俄罗斯舱段大气监控设备，它们可以为 MCA 提供的在轨功能提供冗余机制。最后，所有备用在轨可更换单元都根据波音合同 2-4450-NSR-5232-98 和轨道 SCP 246 进行了加电振动试验和监控。

## PG3-187

项目：

主要成分分析仪组件　　部件号 359675

主要成分分析仪内部在轨可更换单元#2（质谱仪）

SSP 41172 要求：

4.1.1 节，组件/元器件原型飞行试验。

在要用于后续飞行的组件上进行组件/元器件鉴定试验时，试验内容应相同（按照 2.2 节中关于元器件鉴定的定义）。为此，要求按照 2.2.11.3（6）进行的原型飞行泄漏试验的时间不少于 60min。

例外情况：

MCA 原型飞行 1 和 2 内部的主要成分分析仪组件应通过第六种方法进行至少 2min 的泄漏试验。

依据：

在轨道设施使用第六种方法对内部主要成分分析仪组件进行 2min 泄漏试验的过程中，没有检测到明显的泄漏响应。这表明 MCA 设计不存在明显的泄漏（没有检测到高于质谱仪泄漏检测器氦气背景 2E-10sccs 的氦气泄漏速度）。MCA 质谱仪真空操作压力约为 2E-06Torr。在环境试验之后，顺利进行了功能试验。因此，没有超过允许值（即小于 1E-08sccs 的空气），也就是会影响 MCA 功能的泄漏速度。另外，还有二氧化碳和氧气手持设备以及俄罗斯舱段大气监控设备，它们可以为 MCA 提供的在轨功能提供冗余。

## PG3-188

项目：

主要成分分析仪　　部件号 359800　　序列号 0001 和 0002

SSP 41172 要求：

4.1.1 节，组件/元器件原型飞行试验。

在要用于后续飞行的组件上进行组件/元器件鉴定试验时，试验内容应相同。为此，在最低和最高试验温度之间的温度范围应至少为 100℉（55.6℃），如有可能，最小试验温度应低于 30℉（-1.1℃）。

例外情况：

在原型飞行热循环试验过程中的温度范围将为 37℉（即从 53℉ 到 90℉）。

依据：

采用经过重新设计的电子数据处理器板对内部数据和控制组件在轨可更换单元（部件号 359650）进行后续制造以后，将在 6.1grms 的条件下对其进行加电的等效振动筛选级试验，并进行范围为 100℉ 的热循环试验。

提供二氧化碳和氧气手持设备以及俄罗斯舱段大气监控设备，它们可以为 MCA 提供的在轨功能提供冗余机制。乘员健康护理系统燃烧产物分析仪还会提供一个近似的氧气浓度测量值，以作为 MCA 功能的备用数据。在飞行 20A 之后，将通过节点 3 MCA 提供额外的冗余机制。MCA 最高的严酷度出现在气锁外部应用期间，通过美国航空航天局的实用预呼吸方案来降低此严酷度。另外，在睡眠期之前的二氧化碳数值需要数十小时才会达到不安全的数值。

## PG3-189

项目：

主要成分分析仪　　　部件号 359800　　　序列号 0001 和 0002

SSP 41172 要求：

4.1.1 节，组件/元器件原型飞行试验。

在要用于后续飞行的组件上进行组件/元器件鉴定试验时，试验内容应相同（按照 2.2 节中关于元器件鉴定的定义）。为此，需要在开始进行元器件热和振动试验之前以及试验之后进行元器件泄漏检查，如 2.2.11.2 节所述。

例外情况：

MCA 原型飞行 1 和 2 将不在每次环境试验之后进行泄漏试验。

依据：

通过内部主要成分分析仪组件的功能试验，可以检测比校准泄漏速度更大的泄漏（通过离子泵电流）。除了硬件损害（即内部主要成分分析仪组件，部件号 359675，序列号 Q0001）之外，MCA 的后续功能试验没有检测到超标泄漏速度。这说明不存在泄漏速度超过允许值（即不到 1E-8sccs 的空气）的情况。内部主要成分分析仪组件是一个寿命有限的项目，会定期更换。

## PG3-190

项目：

百叶窗齿轮箱组件　　　部件号 683-13303-3

SSP 41172 要求：

3.1.2 节，热真空试验（元器件验收）。

3.1.2.3 节，试验量级和持续时间。

在热循环的高温部分，元器件应处于预期最高温度；在热循环的低温部分，元器件应处于预期最低温度。

例外情况：

百叶窗齿轮箱组件应在 170℉下进行验收热真空试验。

依据：

根据美国试验室内百叶窗齿轮箱组件的更新预期温度，预期最高温度为 183℉。但是，飞行百叶窗齿轮箱组件在验收热真空试验过程中经历的最高温度为 170℉。不过在进行热试验的过程中，为百叶窗齿轮箱组件施加了应力，力矩和泄漏速度测量值对温度不敏感。

力矩：

在鉴定和验收热真空试验过程中，力矩值对温度极值不敏感。在低温极值下，力矩值只略微增加。在试验中 170℉热极值下的力矩值等于或低于在环境条件下测量的数值。另外，在环境温度、高温和低温极值下的测量值比要求值低很多。通过/未通过试验的规格要求为 690in·盎司。在美国试验室应用中，测量的最大力矩值为 48in·盎司。

泄漏速度：

在鉴定热真空试验过程中，在承受温度极值后，泄漏速度没有发生变化。在美国试验室顺利进行了泄漏速度试验（即百叶窗齿轮箱组件已经通过了其要求）。另外，美国试验室试验采用了最坏情况配置，因为系统只有内轴（即密封件更少）。

## PG3-191

项目：

泵组件　　部件号 2353170-1-1

SSP 41172 要求：

3.1.3 节，热循环试验（元器件验收）。

3.1.3.4 节，补充要求。

应在第一个和最后一个操作周期预期最高和最低温度的保持期之后以及元器件返回到环境温度之后进行功能试验。

例外情况：

在验收热循环试验过程中的高温和低温极值条件下，泵组件不进行全面功能试验。

依据：

在验收热循环试验的高温和低温极值过程中，只进行有限的试验。这其中包括操作传感器的一次备用功耗试验以及操作泵的功耗试验。在这些温度下进行功能试验的目的包括：验证在温度极值下的功能，并对系统内的电子元器件进行工艺筛选 。泵组件内的机械和电气元器件在较低组件级（泵/风机电机控制器和传感器）的温度极值下进行了全面功能试验，并对电子部件系统进行了其他工艺筛选。在没有进行筛选的情况下，采取了相关措施，以避免这些筛选产生不良影响。

在泵组件内的泵/风机电机控制器进行可靠性验收试验的过程中，泵/风机电机控制器在 0℉±3℉ 到 107℉±3℉ 的范围内进行热循环试验，并在温度极值下对电子元器件进行功能验证。另外，在可靠性验收热循环试验过程中，泵/风机电机控制器在最坏情况轴进行 1min 的随机振动工艺筛选，以检测在每个温度极值的电路卡组件偏折。这些试验旨在验证在相关温度下的功能以及工艺筛选情况。

所有泵组件的温度、压力或数量检测件都带有经过瓷处理的电子元器件，可以最大限度降低温度工艺筛选所产生的任何破坏效果。在泵组件中的其他组件本质上是机械组件，它们是减压阀、流体止回阀、储箱或非活动部件的其他组件。这些部件都在循环制冷剂的流动路径内，因此将不承受环境空气所施加的极值温度。

## PG3-192

项目：

泵组件　　部件号 2353170-1-1

SSP 41172 要求：

2.2.3 节，热循环试验（元器件鉴定）。

2.2.3.3 节，试验量级和持续时间。

在热循环的高温部分，元器件应处于最大验收限值加上一个 20℉（11.1℃）的裕度（最高设计温度）；在热循环的低温部分，元器件应处于最小验收试验值温度减去一个 20℉（11.1℃）的裕度（最小设计限值温度）。

例外情况：

在鉴定热循环试验过程中，泵组件的最低温度应为 33℉。

依据：

泵组件的预期最低操作温度为 55℉。泵组件鉴定单元在 33℉ 的最低操作温度下进行了试验。

根据《材料标识和使用列表》，此组件的机械部分对 0℉ 的低非操作温度不敏感。

如果存在可以通过单元非操作冷试验筛选相关来源的操作故障，应注意在热控制系统内的元器件具有人工操作能力。

泵组件硬件的严酷度为 1R。最坏情况是损失试验室直流-直流转换单元，它会因为温度过高而关闭，导致试验室失去配电功能，并可能损失所有乘员和试验室关键功能。已经开发并记录了一种操作应急预案，以恢复部分功能。根据应急预案，需要乘员将载荷切换到低温环路。美国航空航天局已经验证和接受了应急预案，并记录在 JSC 48532-5A 国际空间站功能检查清单中。另外，还有一个在轨的预定位备件。

20℉ 鉴定裕度的目的是证明有足够的设计裕度，因此飞行硬件进行的验收试验不会过度消耗硬件的可用寿命。用于鉴定和验收热循环试验的此冷温度对太空级硬件足够有利，因此在与鉴定相同的冷温度（33℉）进行验收试验影响硬件寿命的风险很小。

## PG3-193

项目：

泵组件　　部件号 2353170-1-1　　序列号 003 和 004

SSP 41172 要求：

2.2.5 节，随机振动试验（元器件鉴定）。

2.2.5.4 节，补充要求。

在所有情况下，元器件的鉴定试验输入都应包含验收试验值加上试验公差。

例外情况：

应允许超过鉴定随机振动试验量级的如下验收随机振动试验值：

对于序列号 003：

$X$ 轴——在 310Hz、50Hz 带宽、0.01G$^2$/Hz 幅值；

在 1500 和 1800Hz、20Hz 带宽、0.003G$^2$/Hz 幅值。

$Y$ 轴——在 320Hz、20Hz 带宽、0.001G$^2$/Hz 幅值。

$Z$ 轴——在 250Hz、40Hz 带宽、0.003G$^2$/Hz 幅值。

对于序列号 004：

$Y$ 轴——在 250Hz、20Hz 带宽、0.001G$^2$/Hz 幅值。

$Z$ 轴——在 310Hz、30Hz 带宽、0.003G$^2$/Hz 幅值。

依据：

试验公差被加倍，从而允许已经进行的验收和鉴定试验的条件在 80Hz 以下和 275Hz 以上出现可能的交叠。按照说明，超标公差条件导致鉴定随机振动值低于验收随机振动值。交叠的近似能量差等效于 0.15grms（最大值）。在鉴定过程中达到的整体能量值为 8.18grms；在验收过程中达到的整体能量值为 6.08grms。硬件满足了所有性能要求，并通过了振动试验，没有出现故障。因此，因为验收随机振动和鉴定随机振动之间的频带较窄，容差较低，所以与接收已进行鉴定试验结果相关的风险很小。

## PG3-194

项目：

舱外水通风孔　　部件号 683-20217-5

SSP 41172 要求：

3.1.3 节，热循环试验（元器件验收）。

3.1.3.3 节，试验量级和持续时间。

在热循环的高温部分，元器件应处于最大验收限值；在热循环的低温部分，元器件应处于最低验收温度。

例外情况：

在验收热循环试验过程中，舱外水通风孔的最高温度应为 150℉。

依据：

舱外水通风孔（OWV）的预期最高操作温度为 167℉。在舱外水通风孔组件中具有有限热容量的元器件是软管（1F98653-509）。相关软管的特殊区域为不锈钢轴环内衬里的密封接头。软管的内衬里是聚四氟乙烯材料，更常用的叫法为特氟龙。特氟龙的最高操作温度为 275℉。如果高于该温度，特氟龙会变为塑料，结构密封特征会变弱。为舱外水通风孔设计选择的软管以前在国际空间站内部应用环境中进行了鉴定。在内部使用过程中，软管的最高操作温度为 150℉。在 170℉ 下鉴定了软管设计，从供应商购买的每个软管都在 150℉ 下进行了验收试验。因此，采购的舱外水通风孔内软管在 150℉ 下进行了验收试验。在舱外水通风孔验收试验之前进行的一次会议中，决定将舱外水通风孔组件热循环温度限制在目前的软管验收试验限值，即 150℉。在舱外水通风孔预期操作温度为 167℉，验收试验为 150℉ 的情况下，与 SSP 41172 要求有 17℉ 的差异。不过，软管顺利完成了一次 Delta 鉴定试验，其中包括一次泄漏试验和一次热循环试验。在热循环试验中，最高温度为 187℉，这比预期最高在轨温度低 20℉。

舱外水通风孔中的加热器会导致软管的接头区达到 167℉。通过使加热器达到此温度限值，舱外水通风孔能够执行其预期的废水排放功能。此温度限值是根据一次全面热分析 CS-28V6C-WAB-005/00 推导的。在肯尼迪航天中心，在美国试验室安装了舱外水通风孔的情况下，在 167℉下进行试验，并将试验数据与一个热模型关联起来，以验证热分析情况。软管接头需要能够在23psid最大压力进行通风时防止软管中的水泄漏。

热循环验收试验的目的是让组件承受最坏情况的预期在轨温度，从而对其进行工艺缺陷偏差分析。分析认为：因为在 150℉热循环验收试验过程中没有检测到工艺缺陷而导致一个飞行舱外水通风孔在最坏情况的预期最高温度（167℉）下出现在轨故障的风险很小。

## PG3-195

项目：

空间试验室后勤托盘高压气体储箱在轨可更换单元适配器组件　　部件号 683-55250-1

SSP 41172 要求：

2.2.2 节，热真空试验（元器件鉴定）。

2.2.2.3 节，试验量级和持续时间。

在热循环的高温部分，元器件应处于最大验收限值加上一个 20℉（11.1℃）的裕度（最高设计温度）；在热循环的低温部分，元器件应处于最小验收试验值温度减去一个 20℉（11.1℃）的裕度（最小设计温度）。

例外情况：

齿轮组件（最高和最低温度）和把手组件（最低温度）在鉴定试验温度和验收试验温度之间没有达到 20℉ 的裕度。下面总结了飞行 7A 的预期操作温度以及适配器组件的鉴定和验收试验温度。

| 适配器组件 | 试　　验 | 最小操作温度（℉） | 最大操作温度（℉） |
|---|---|---|---|
| 齿轮组件 | 预期操作 | −78.2 | 244.0 |
| | 温度（飞行 7A） | | |
| | 鉴定 | −115 | 270 |
| | 验收 | −110* | 265* |
| 把手组件 | 预期操作 | −83.9 | 210.0 |
| | 温度（飞行 7A） | | |
| | 鉴定 | −110 | 245 |
| | 验收 | −95* | 225 |
| 杆 | 预期操作 | −93.3 | 203.9 |
| | 温度（飞行 7A） | | |
| | 鉴定 | −115 | 230 |
| | 验收 | −95 | 210 |

注：* 超过了验收试验温度。

依据：

对于空间试验室后勤托盘高压气体储箱在轨可更换单元适配器组件的元器件，达到的最低鉴定试验温度至少比飞行 7A 上的元器件的预期最低操作温度低 20℉。与此类似，达到的最高鉴定试验温度至少比飞行 7A 上的元器件的预期最高操作温度高 20℉。

在验收试验过程中，空间试验室后勤托盘适配器组件在所述的最高和最低极值温度下顺利操作。在成功进行鉴定试验的同时，证明适配器装置的设计很可靠，对温度极值不敏感。因此，分析认为：已经进行的鉴定和验收热真空试验合适，承受极值温度条件的适配器装置可以接受。

## PG3-196

项目：

压力 Cover　　部件号 683-11403-4　　序列号 000001

SSP 41172 要求：

3.1.1 节，功能试验（元器件验收）。

3.1.1.3 节，补充要求。所有要求。

3.1.6 节，压力试验（元器件验收）。

3.1.6.3 节，试验量级。所有要求。

3.1.6.4 节，补充要求。所有要求。

3.1.7 节，泄漏试验（元器件验收）。

3.1.7.3 节，试验量级和持续时间。所有要求。

例外情况：

美国试验室的内部压力封盖没有进行验收功能、压力和泄漏试验。

依据：

应力分析（D683-29046-1-12）表明：此配置的应力值较小，安全裕度较大。另外，此硬件被归为断裂关键硬件。原始库存进行了超声检查，加工表面进行了染色渗透剂检查，孔洞进行了涡电流检查。在此配置中，结构故障的风险较低。

仅在会损害窗口组件的情况下，此封盖安装才安装在舱体内部的窗口上方。这样在此封盖变为主真空密封的情况下，会在密封上产生压力。密封件为位于一个槽内的硅橡胶。密封发生明显泄漏的风险很小。

## PG3-197

项目：

舱外机动单元音频控制板　　部件号 312001-1

SSP 41172 要求：

2.2.5 节，随机振动试验（元器件鉴定）。

2.2.5.3 节，试验量级和持续时间。

在三个正交轴的每个轴的试验时间应为在预期最大值下的预期飞行接触时间的 3 倍，或元器件随机振动验收试验时间（如果此时间较长），但是不少于每轴 3min。

例外情况：

对于舱外机动单元音频控制板，鉴定随机振动试验的时间应等于验收随机振动试验的时间（在三个正交轴的每个轴为 3min）。

依据：

鉴定单元在加电状态下，在比验收试验随机振动值高 3dB 的条件下进行了试验。在试验过程中没有发现异常。舱外机动单元音频控制板为严酷度 3 的硬件。如果舱外机动单元音频控制板出现了故障，可以使用 RF 音频。飞行舱外机动单元音频控制板计算的验证已消耗疲劳寿命为 0.9530。其计算包括验收试验、发射、着陆、转场飞行、在轨操作以及运输。此计算表明：

对于舱外机动单元音频控制板的使用寿命，计算的正裕度约为 5%。通过比较舱外机动单元音频控制板的载荷表明：设计载荷= 142gs = 1108lb 力，鉴定试验载荷= 110.3gs = 860lb 力，验收试验载荷= 83.1gs = 648lb 力。

## PG3-198

项目：

联轴器、0.125in、馈通安装、装配　　　部件号 683-19485-3 和 683-19485-6

SSP 41172 要求：

2.2.11 节，泄漏试验（元器件鉴定）。

2.2.11.3 节，试验量级和持续时间。

第二种方法。应在 0.001Torr（0.133Pa）或更低的压力下进行外部耐压试验，时间应为 4h（针对在轨操作多日的设备）。

例外情况：

QD 联轴器压力盖鉴定泄漏试验的时间至少应为 5min。

依据：

通过供气管路为试验单元加压到 14.7psig。在 5min 的试验过程中，使用氦气泄漏检测器（质量光谱仪）监控针式 QD 联轴器和匹配压力盖。在派克 Symetrics 流程 SYM 95-210 中有关于延长泄漏速度稳定时间的规定："如果在第四和第五分钟，泄漏速度没有在±5E-07sccs 内稳定或呈现下降趋势，则应继续稳定，时间不超过 30min。泄漏速度不应超过 1E-06sccs。"在这个小型 1/8inO 形圈对上，在第四和第五分钟之间达到稳定。实际试验数据表明：记录的最大泄漏速度为 6.2E-07sccs。在可接受的限值范围内。

## PG3-199

项目：

联轴器、0.125in、馈通安装、装配　　　部件号 683-19485-3 和 683-19485-6

SSP 41172 要求：

3.1.7 节，泄漏试验（元器件验收）。

3.1.7.3 节，试验量级和持续时间。

第二种方法。应在 0.001Torr（0.133Pa）或更低的压力下进行外部耐压试验，时间应为 4h（针对在轨操作多日的设备）。

例外情况：

QD 联轴器压力盖验收泄漏试验的时间至少应为 5min。

依据：

通过供气管路为试验单元加压到 14.7psig。在 5min 的试验过程中，使用氦气泄漏检测器（质量光谱仪）监控针式 QD 联轴器和匹配压力盖。在派克 Symetrics 流程 SYM 95-210 中有关于延长泄漏速度稳定时间的规定："如果在第四和第五分钟，泄漏速度没有在±5E-07sccs 内稳定或呈现下降趋势，则应继续稳定，时间不超过 30min。泄漏速度不应超过 1E-06sccs。"在这个小型 1/8inO 形圈对上，在第四和第五分钟之间达到稳定。实际试验数据表明：记录的最大泄漏速度为 6.2E-07sccs。在可接受的限值范围内。

## PG3-200

项目：

联轴器、0.125in、馈通安装、装配　　部件号 683-19485-3 和 683-19485-4

联轴器和条形接片组件、0.125in　部件号 683-19363-1

联轴器半结构、舱壁、0.125in　部件号 683-19364-1

SSP 41172 要求：

2.2.11 节，泄漏试验（元器件鉴定）。

2.2.11.2 节，试验说明。

第一种方法（总泄漏试验）。元器件应完全浸没在液体中，以使试验件的最上方部件低于液体表面［(2-0)～(2+1)］in {［(5-0)～(5+2.5)］cm}。元器件的关键侧或相关侧应处于一个朝上的水平面内。液体、加压气体和试验件应为 73℉ ＋18℉（23℃ ＋10℃）。用于加压的气体应清洁、干燥，其露点至少为-26℉（-32℃）。如果在浸没过程中元器件出现任何气泡，说明存在泄漏，即密封件存在故障。

例外情况：

根据 SSP 41172　2.2.11.2 节第一种方法（2000 年 7 月 27 日）所述的成功特征分析试验，对已经交付的项目进行鉴定。

依据：

根据 SSP 41172　2.2.11.2 节第一种方法，对 ARS 快速分断装置联轴器成功进行了特征分析试验。更新派克 Symetrics 鉴定试验流程，以便对匹配的 QD 联轴器（包括软管和液流固件）进行一次液体浸没试验，所需的试验时间为 60min。通过鉴定分析表明：在 40～125℉ 之间，在 14psid 下，联轴器会将氮气的外部泄漏限制在 1E-04sccs 以下。

## PG3-201

项目：

联轴器：0.125in、馈通安装、装配　　部件号 683-19485-3　　序列号 1001～1025

　　　　　　　　　　　　　　　　　　　　　683-19485-4　　序列号 1001～1012

联轴器和条形接片组件：0.125in　部件号 683-19363-1　　序列号 1001～1005

联轴器半结构、舱壁、0.125in　部件号 683-19364-1　　序列号 1001～1003

SSP 41172 要求：

3.1.7.2 节，泄漏试验（元器件验收）。

3.1.7.2 节，试验说明。

第一种方法（总泄漏试验）。元器件应完全浸没在液体中，以使试验件的最上方部件低于液体表面［(2-0)～(2+1)］in {［(5-0)～(5+2.5)］cm}。元器件的关键侧或相关侧应处于一个朝上的水平面内。液体、加压气体和试验件应为 73℉ ＋18℉（23℃ ＋10℃）。用于加压的气体应清洁、干燥，其露点至少为-26℉（-32℃）。如果在浸没过程中元器件出现任何气泡，说明存在泄漏，即密封件存在故障。

例外情况：

根据 SSP 41172　2.2.11.2 节第一种方法（2000 年 7 月 27 日）所述的成功特征分析试验，对已经交付的项目进行验收。

依据：

根据 SSP 41172 2.2.11.2 节第一种方法，对 ARS 快速分断装置联轴器成功进行了特征分析试验。更新派克 Symetrics 鉴定试验流程，以便对匹配的 QD 联轴器（包括软管和液流固件）进行一次液体浸没试验，所需的试验时间为 60min。

## PG3-202

项目：

联轴器：0.125in、馈通安装、装配　　部件号 683-19485-3 和 683-19485-6

SSP 41172 要求：

2.2.11 节，泄漏试验（元器件鉴定）。

2.2.11.3 节，试验量级和持续时间。

第六种方法。试验时间应不少于 60min。

例外情况：

QD 联轴器鉴定泄漏试验的时间至少应为 5min。

依据：

在派克 Symetric 流程 SYM95-210 中，对泄漏速度稳定时间作出了与 PG3-198 相同的规定。两个 1/8inO 形圈已经证明了具有相同的 5min 稳定特征。另外，在安装到试验室之后，ARS QD 联轴器在飞行配置下顺利通过了构件/系统级的泄漏试验。这证明在元器件级的 5min 泄漏试验可以接受。

## PG3-203

项目：

同步化和控制单元（SCU）　　部件号 136AE7010-302

SSP 41172 要求：

4.1.1 节，组件/元器件原型飞行试验。

在要用于后续飞行的组件上进行组件/元器件鉴定试验时，试验内容应相同。为此，需要根据 3.1.4 节的说明进行原型飞行随机振动试验。

例外情况：

同步化和控制单元应在 4.3grms 的条件下进行原型飞行随机振动试验。

依据：

试验环境包含了 4.3grms 的预期最大飞行值。作为一个系统，同步化和控制单元的设计能够承受 4.3grms 的试验。电路卡（比如 9 VFOT/VFOR 卡）在 6.1grms 工艺筛选值下进行了振动试验。所有固定件都具有锁定功能或者被固定住，并在组装过程中进行检查。所有电路组件都带有柔性涂层，防止因为单元中的导电硬件松动导致短路故障。安装了多个单元（在美国试验室 AV1 和 AV2 机架中各有一个），以便为所有功能（除了时基校正和分频处理同步操作功能外）提供冗余。同步化和控制单元序列号 95002 进行了 2 次单独的振动试验，同步化和控制单元序列号 95003 进行了 3 次单独的振动试验，这些试验在加电状态的 4.3grms 条件下进行。这些单元的老炼时间超过 400h，并且没有出现任何问题。最后，同步化和控制单元被归为严酷度 2R，有两个飞行备件可以在 2001 年进行替换操作。与此例外情况相关的风险较小。

## PG3-204

项目：

同步化和控制单元（SCU）　　　部件号 136AE7010-302

SSP 41172 要求：

4.1.1 节，组件/元器件原型飞行试验。

在要用于后续飞行的组件上进行组件/元器件鉴定试验时，试验内容应相同。为此，在原型飞行热循环试验过程中，在最低和最高试验温度之间的温度范围至少应为100℉，如 3.1.3 节所述。

例外情况：

在原型飞行热循环试验过程中，同步化和控制单元的操作温度变化范围至少为 77℉。

依据：

同步化和控制单元的操作温度限值为 33～90℉。在同步化和控制单元进行的原型飞行热循环试验中，单元在从 23℉ 到 100℉ 的温度范围内操作。同步化和控制单元的变化速度约为每分钟 2.5℉。按照说明，试验周期包含预期最大操作环境加上 10℉ 的裕度。最初的飞行单元进行了 24 个热循环的操作（序列号 95002 和 95003）。根据 SSCN 003034，原型飞行试验至少需要进行 8 个热循环的操作。安装了多个单元（在美国试验室中的 AV1 和 AV2 中各有一个），以便为所有功能（除了时基校正和分频处理同步操作功能外）提供冗余。同步化和控制单元被归为严酷度 2R，有两个飞行备件可以在 2001 年进行替换操作。与此例外情况相关的风险较小。

## PG3-205

项目：

氧气/氮气压力传感器　　　部件号 683-16443-1（卡尔顿 B41397-1）

SSP 41172 要求：

2.2.5 节，随机振动试验（元器件鉴定）。

2.2.5.4 节，补充要求。

在随机振动试验过程中，应给电气和电子组件加电并进行监控，以检测故障或中断。

例外情况：

在鉴定随机振动试验过程中，氧气/氮气压力传感器将不加电和监控。

依据：

在随机振动试验过程中，可以用于监控的氧气/氮气压力传感器参数是根据气锁子系统中的压力确定的输出电压。氧气/氮气压力传感器的电子部件只包含应变仪和补偿电阻器，该传感器只包含少量的电子元器件，不使用带卡边缘连接器的印刷电路板。氧气/氮气压力传感器电气部件经过瓷处理，可以缓冲振动激发。

氧气/氮气压力传感器是严酷度为 3 的硬件，在传感器出现故障后，不会失去功能。如果出现故障，会使系统性能下降，无法确认调节器或泄压组件的交付条件。可以使用剩余压力传感器，以确定和说明气锁子系统内的压力。针对故障的长期纠正措施是拆下和更换出现故障的传感器。

因此，在鉴定随机振动试验过程中给氧气/氮气压力传感器加电并监控其故障中断，没有太大的价值。

## PG3-206

项目：

氧气/氮气压力传感器　　部件号 683-16443-1（卡尔顿 B41397-1）

SSP 41172 要求：

3.1.4 节，随机振动试验（元器件验收）。

3.1.4.4 节，补充要求。

在随机振动试验过程中，应给电气和电子元器件加电并进行监控。

例外情况：

在验收随机振动试验过程中，氧气/氮气压力传感器将不加电和监控。

依据：

在随机振动试验过程中，可以用于监控的氧气/氮气压力传感器参数是根据气锁子系统中的压力确定的输出电压。氧气/氮气压力传感器的电子部件只包含应变仪和补偿电阻器，该传感器只包含少量的电子元器件，不使用带卡边缘连接器的印刷电路板。氧气/氮气压力传感器电气部件经过瓷处理，可以缓冲振动激发。

氧气/氮气压力传感器是严酷度为 3 的硬件，在传感器出现故障后，不会失去功能。如果出现故障，会使系统性能下降，无法确认调节器或泄压组件的交付条件。可以使用剩余压力传感器，以确定和说明气锁子系统内的压力。针对故障的长期纠正措施是拆下和更换出现故障的传感器。

因此，在验收随机振动试验过程中给氧气/氮气压力传感器加电并监控其故障中断，没有太大的价值。

## PG3-207

项目：

氧气/氮气压力传感器　　部件号 683-16443-1（卡尔顿 B41397-1）

SSP 41172 要求：

2.2.3 节，热循环试验（元器件鉴定）。

2.2.3.3 节，试验量级和持续时间。

在热循环的高温部分，元器件应处于最大验收限值加上一个 20℉（11.1℃）的裕度（最高设计温度）；在热循环的低温部分，元器件应处于最小验收试验值温度减去一个 20℉（11.1℃）的裕度（最小设计限值温度）。如有可能，最小试验温度应低于 30℉（−1.1℃）。

例外情况：

在氧气/氮气压力传感器鉴定热循环试验过程中承受的温度范围从−40℉（最低温度）到 150℉（最高温度）。

依据：

氧气/氮气压力传感器的在轨操作环境从 35℉到 125℉。在从−40℉（最低温度）到 150℉（最高温度）的范围内，氧气/氮气压力传感器进行了 3 个周期的鉴定热循环试验。在其他周期中，温度范围从 15℉（最低温度）到 145℉（最高温度）。以前还在从−40℉（最低温度）到 150℉（最高温度）的范围内进行了两个周期的验收热循环试验，其他周期的温度范围为从 25℉（最低温度）到 135℉（最高温度）。因此，根据已经进行的试验的条件，在所述鉴定热循环试验过程中验证了 0℉的热裕度。

通过应用和降额分析表明：在氧气/氮气压力传感器中使用的电气、电子和机电元器件至少有 76℉（+24.6℃）的热安全裕度（相对试验中承受的 150℉（65.6℃）最高温度）。另外，试验氧气/氮气压力传感器在-40℉（最低温度）下没有问题。

氧气/氮气压力传感器是严酷度为 3 的硬件，在传感器出现故障后，不会失去功能。如果出现故障，会使系统性能下降，无法确认调节器或泄压组件的交付条件。可以使用剩余压力传感器，以确定和说明气锁子系统内的压力。针对故障的长期纠正措施是拆下和更换出现故障的传感器。

因此，与记录的风险鉴定热循环试验的性能相关的风险很小，不需要重新进行热鉴定。因为国际空间站计划增加额外的氧气/氮气压力传感器，所以将只在预期在轨环境下进行验收热循环试验。

## PG3-208

项目：

氧气氮气闭锁电机阀门 　　部件号 683-16419-1 和 683-16419-2（卡尔顿 　　部件号 B41395-1 和 B41395-3）

SSP 41172 要求：

2.2.5 节，随机振动试验（元器件鉴定）。

2.2.5.4 节，补充要求。

在试验过程中，应给电气和电子元器件加电并进行监控。在试验过程中应监控参数以检测故障或中断。

例外情况：

允许在不加电和监控状态下对闭锁电机阀门进行鉴定随机振动试验。

依据：

因为电气部件数量较少，闭锁电机阀门出现间歇故障的风险很低。因为在随机振动试验过程中闭锁电机阀门不需要证明机械功能性，并且它们没有任何电气试验连接器，所以在试验过程中只能检测少量的可能总间歇故障。因此，从技术角度没有必要在加电和监控状态下对闭锁电机阀门加电重复随机振动试验。

所有电子部件都进行了瓷处理。

氮气和氧气备件可以在轨使用。

在完成随机振动试验后成功进行了功能试验。在试验之后，将单元泄压，并与试验设置断开。没有损害或变形的迹象。在舱体进入后迅速对闭锁电机阀门进行在轨功能检查。闭锁电机阀门不在发射/上升振动环境中进行加电。

## PG3-209

项目：

氧气氮气闭锁电机阀门 　　部件号 683-16419-1 和 683-16419-2（卡尔顿 　　部件号 B41395-1 和 B41395-3）

SSP 41172 要求：

3.1.4 节，随机振动试验（元器件验收）。

3.1.4.4 节，补充要求。

在试验过程中应给电气和电子元器件加电并进行监控。在试验过程中应监控参数以检测故障或中断。

例外情况：

在闭锁电机阀门的验收随机振动试验中可以不加电和监控。

依据：

因为电气部件数量较少，闭锁电机阀门出现间歇故障的风险很低。因为在随机振动试验过程中闭锁电机阀门不需要证明机械功能性，并且它们没有任何电气试验连接器，所以在试验过程中只能检测少量的可能总间歇故障。因此，从技术角度没有必要在加电和监控状态下对闭锁电机阀门加电重复随机振动试验。

所有电子部件都进行了瓷处理。

氮气和氧气备件可以在轨使用。

在完成随机振动试验后成功进行了功能试验。在试验之后，将单元泄压，并与试验设置断开。没有损害或变形的迹象。在舱体进入后迅速对闭锁电机阀门进行在轨功能检查。闭锁电机阀门不在发射/上升振动环境中进行加电。

## PG3-210

项目：

氧气氮气闭锁电机阀门　　部件号 683-16419-1 和 683-16419-2（卡尔顿　　部件号 B41395-1 和 B41395-3）。

SSP 41172 要求：

2.2.3 节，热循环试验（元器件鉴定）。

2.2.3.3 节，试验量级和持续时间。

在热循环的高温部分，元器件应处于最大验收限值加上一个 20℉（11.1℃）的裕度（最高设计温度）；在热循环的低温部分，元器件应处于最低验收试验值温度减去一个 20℉（11.1℃）的裕度（最小设计限值温度）。

例外情况：

闭锁电机阀门的最大鉴定温度应为 155℉±5℉。

依据：

闭锁电机阀门的预期最高操作温度为 130℉±5℉。根据卡尔顿验收试验流程 CRA-1385 版本 C 的规定，在 155℉±5℉的最高温度下对飞行闭锁电机阀门进行了试验。另外，在相同的 155℉±5℉ 最高温度下对鉴定闭锁电机阀门进行了试验。

与上述验收试验流程温度相关的试验不会给硬件带来风险。因为在闭锁电机阀门设计中采用的所有材料都可以用于高得多的温度中。在设计中使用的电气部件数量较少，因此给元器件产生的应力较低。通过电气、电子和机电部件应用分析确认：所有部件的降额温度限值都超过了 200℉。另外，在闭锁电机阀门设计中采用的机械元器件（即特氟龙和硅 O 形圈密封件）可以用于很大的温度范围（特氟龙密封件：-100～400℉；硅 O 形圈：-45～200℉）。因此，不需要通过在更高温度下进行额外的鉴定试验来鉴定已进行验收热试验的设计。不过，将更新验收试验流程，以反映未来试验的温度范围。

## PG3-211

项目：

氧气闭锁电机阀门　　　部件号 683-16419-2　　序列号 001001 和 001003

氧气低压调节器/减压阀　　部件号 683-16421-6　　序列号 001001

氧气中压调节器/减压阀　　部件号 683-16421-5　　序列号 001002

氧气人工隔离阀门　　　部件号 683-16439-3　　序列号 001001 001002、001003、001004、
　　　　　　　　　　　　　　　　　　　　　　　　001005、001006 和 001007

氮气人工隔离阀门　　　部件号 683-16439-1　　序列号 001003 和 001004

SSP 41172 要求：

3.1.7 节，泄漏试验（元器件验收）。

3.1.7.3 节，试验量级和持续时间。所有要求。

例外情况：

所述的氮气和氧气流体硬件单元在初次交付时不进行验收泄漏试验。如果对这些单元的任何返工在正常情况下需要进行泄漏试验，则应完全按照 SSP 41172 的要求对这些单元进行泄漏试验。

依据：

所述元器件（除了氧气低压调节器/减压阀和氧气中压调节器/减压阀外）通过一个钟形容器进行了一次单独的真空室泄漏试验。在此真空室试验过程中没有发现泄漏。但是，5min 的试验时间不足以使氦气透过元器件，从而通过检测精确的微弱泄漏速度来确定是否符合组件规格要求。氧气低压调节器/减压阀和氧气中压调节器/减压阀通过一个气泡仪进行了验收泄漏试验。不过后来通过评估确定：采用的方法无法在与按照 SSP 41172 要求进行的真空室泄漏试验相同的精度下确定微弱泄漏速度。

针对安装在气锁中的元器件，在系统级进行了一次累积泄漏试验；针对气锁外部的人工隔离阀门，在储箱在轨可更换单元级进行了此试验。进行的试验符合试验和验证控制委员会通过 SSCN 5004 批准的标准累积泄漏试验方法（第八种方法）。这些试验给出了符合 SSCN 4652A 所述规格要求的泄漏速度。

另外，气锁顺利完成了一次氧气流体系统的系统级总泄漏试验（在 2600psia 的压力衰减试验）。这说明整个系统满足其计划的最终项泄漏速度。

因此，进行的所有泄漏试验都为验证个体元器件的工艺增强了信心，不需要进行额外的验收泄漏试验。

最后，所有卡尔顿技术公司提供的氧气和氮气流体元器件的验收试验流程都被更新，以便通过完全符合 SSP 41772 要求的真空室方法进行泄漏试验。

## PG3-212

项目：

氮气闭锁电机阀门　　　部件号 683-16419-1　　序列号 001001

氮气低压调节器/减压阀　　部件号 683-16421-3　　序列号 001002

氮气/氧气减压阀组件　　部件号 683-16425-1　　序列号 001002

氮气人工隔离阀门　　　部件号 683-16439-1　　序列号 001002

氮气/氧气压力传感器　　　部件号 683-16443-1　　　序列号 001002、001003、001004 和 001005

氮气流量限制器　　　部件号 683-42331-2　　　序列号 001001

氧气流量限制器　　　部件号 683-42331-1　　　序列号 001002

氧气预呼吸调节器/减压阀　　　部件号 683-16421-7　　　序列号 001001

SSP 41172 要求：

3.1.7 节，泄漏试验（元器件验收）。

3.1.7.3 节，试验量级和持续时间。所有要求。

例外情况：

所述的氮气和氧气流体硬件单元在初次交付时不进行验收泄漏试验。如果对这些单元的任何返工在正常情况下需要进行泄漏试验，则应完全按照 SSP 41172 的要求对这些单元进行泄漏试验。

依据：

所述元器件（除了氮气低压调节器/减压阀）通过一个钟形容器进行了一次单独的真空室泄漏试验。在此真空室试验过程中没有发现泄漏。但是，5min 的试验时间不足以使氮气透过元器件，从而通过检测精确的微弱泄漏速度来确定是否符合元器件规格要求。氮气低压调节器/减压阀通过一个气泡仪进行了验收泄漏试验。不过后来通过评估确定：采用的方法无法在与按照 SSP 41172 要求进行的真空室泄漏试验相同的精度下确定微弱泄漏速度。

在分析了氧气和氮气流体元器件在气锁中的安装位置之后，美国航空航天局和波音-亨茨维尔泄漏试验专家开发了一种解决方案，对已安装的飞行氧气元器件（除了氧气流量限制器外）、氮气/氧气减压阀组件以及氮气分配系统中 4 个氮气/氧气压力传感器之一进行一次累积泄漏试验。本试验说明泄漏速度符合 SSCN 4652A 中所述的个体规格要求。因为这些氧气元器件与上述相应氮气元器件具有相同的设计和制造流程（除了出口的键锁外），并且所述的氮气元器件已经通过足够的试验证明了不存在超过每秒 0.1 标准立方厘米的明显泄漏，所以对这些所述氮气元器件的工艺有一定的信心。

氮气/氧气减压阀组件、氮气流量限制器和氧气流量限制器只位于气锁上相关氮气和氧气分配系统的补充管线内。因此，它们既不需要连续操作，也不会出现任何故障，只是在进行小规模空间站氮气和氧气流体填充操作时会有明显泄漏。因为最初的真空室试验没有发现明显泄漏，所以可以使用这些元器件的现有配置。

氧气预呼吸调节器套件在运往肯尼迪航天中心的过程中损坏，此后对氧气预呼吸调节器/减压阀进行了泄漏检查。检查所用的瓦里安泄漏检测器能够在吸入器模式下检测达到每秒 1E-04 标准立方厘米的泄漏。在白沙试验基地内，采用这个探头型检测器作为一个泄漏/无泄漏指示器，在试验过程中，只用它在固件周边、焊缝处以及快速分断装置等的开口处进行吸入操作。对于整个氧气预呼吸调节器套件（包括氧气预呼吸调节器/减压阀），则在所有固件、焊缝和快速分断装置出口进行吸入操作，并且没有检测到泄漏。

氮气低压调节器/减压阀泄漏出现每秒 0.1 标准立方厘米的泄漏，不会带来问题或危险：

（1）对于所有带有氮气元器件的区域，都将在这些区域上/内部进行操作之前采取被动通风。此操作的目的是避免因为氧气部分压力值较低而导致乘员窒息。对于此区域，氮气元器件位于一个气锁支座内，乘员很难在无意间接触到该位置。因此，在出现危险的情况下导致乘员窒息的风险极小。

（2）在飞行 7A 阶段中，空间站本身的泄漏速度为每秒 0.0636 标准立方厘米，BMP（俄罗斯痕量污染物控制系统）和 Vozduhk 的平均大气"泄漏"速度为每秒 0.806 标准立方厘米，美国试验室二氧化碳清除组件的平均大气"泄漏"速度为每秒 1.01 标准立方厘米。在每次舱外活动中，至少有 4.791lb 质量会散入太空。因此，氮气低压调节器/泄压阀在上述速度下的泄漏不会导致空间站的总压力上升到需要进行正压力泄压从而损失空间站资源的程度。

另外，气锁已经顺利完成了一次氧气流体系统的系统级总泄漏试验（在 2600psia 的压力衰减试验）。该试验表明整个系统满足其计划的最终项泄漏速度。氮气流体系统已经在 3300psia 下进行了一次系统流体试验，以验证性能。

另外，氮气闭锁电机阀门、氮气人工隔离阀门和氮气低压调节器/减压阀备件按照 SSP 41172 的要求，使用一个钟形容器进行了一次真空室试验。这些备件都已经证明可以用于飞行 6A 的发射配置，并将可以用作在轨替换件。

最后，所有卡尔顿技术公司提供的所有氧气和氮气元器件都更新了验收试验流程，从而能够在完全满足 SSP 41172 的情况下通过真空室方法进行泄漏试验。

## PG3-213

项目：

氧气闭锁电机阀门　　部件号 683-16419-2

氧气低压调节器/减压阀　　部件号 683-16421-6

氧气中压调节器/减压阀　　部件号 683-16421-5

氧气预呼吸调节器/减压阀　　部件号 683-16421-7

氧气人工隔离阀门　　部件号 683-16439-3

氧气流量限制器　　部件号 683-42331-1

氮气闭锁电机阀门　　部件号 683-16419-1

氮气低压调节器/减压阀　　部件号 683-16421-3

氮气/氧气减压阀组件　　部件号 683-16425-1

氮气人工隔离阀门　　部件号 683-16439-1

氮气/氧气压力传感器　　部件号 683-16443-1

氮气流量限制器　　部件号 683-42331-2

SSP 41172 要求：

2.2.11 节，泄漏试验（元器件鉴定）。

2.2.11.3 节，试验量级和持续时间。所有要求。

例外情况：

氮气和氧气流体硬件元器件不进行鉴定泄漏试验。

依据：

所述元器件（除了氧气低压调节器/减压阀、氮气低压调节器/减压阀和氧气中压调节器/减压阀外）通过一个钟形容器进行了单独的鉴定真空室泄漏试验。在此真空室试验过程中，没有发现明显的泄漏。但是，5min 的试验时间不足以使氦气透过元器件，从而通过检测精确的微弱泄漏速度来确定是否符合元器件规格要求。氧气低压调节器/减压阀、氮气低压调节器/减压阀和氧气中压调节器/减压阀通过一个气泡仪进行了鉴定泄漏试验。不过后来通过评估确定：采用的方法无法在与按照 SSP 41172 要求进行的真空室泄漏试验相同的精度下确定微弱泄漏速度。

氧气闭锁电机阀门、氧气低压调节器/减压阀氧气中压调节器/减压阀氧气人工隔离阀门以及气锁内氧气分配系统 4 个氮气/氧气压力传感器中的 3 个进行了系统级累积泄漏试验，气锁外部的 2 个人工隔离阀则在储箱在轨可更换单元级进行了此试验。进行的试验符合试验和验证控制委员会通过 SSCN 5004 批准的标准累积泄漏试验方法的要求（第八种方法）。这些试验表明泄漏速度符合 SSCN 4652A 中所述的个体规格要求。所有上述其他元器件都与已经满足其规格要求的氧气元器件具有相同的设计和制造流程，或者位于 PG3-212 所述的有限操作氧气和氮气补充管线上。根据已经进行的元器件级泄漏试验，对这些氧气和氮气流体元器件的设计有足够的信心，不需要进行额外的鉴定泄漏试验。

## PG3-214

项目：

节点舱 1 通风风机入口在轨可更换单元　　　部件号 SV811840　　　序列号 0001

SSP 41172 要求：

3.1.4 节，随机振动（元器件验收）。

组件随机振动试验量级和频谱应包含如下范围：图 3-2（元器件随机振动工艺筛选试验量级）给出的工艺筛选数值和频谱值，或由主承包商批准的筛选数值和频谱。

例外情况：

应在 3.1grms 条件下对通风风机入口进行验收随机振动试验，最大谱密度为 $0.02G^2/Hz$。

依据：

国际空间站通风风机采用 120V 直流电源，带有电机控制电子部件以调节直流电源并驱动电机。风机电机是一个典型的绕线无刷电机，与航天风机中所用风机电机类似。在承包商汉密尔顿标准公司对序列号 0001 进行的验收随机振动试验中，振动值为试验时规定的 $0.02G^2/Hz$。在交付了序列号 0001 之后，进行了一次修改，将振动试验值增加到 $0.04G^2/Hz$。

大多数敏感元器件和电子控制器都在 $0.057G^2/Hz$ 下进行了试验。另外，通风风机入口在轨可更换单元序列号 0002 在汉密尔顿标准公司进行了试验，并将在包含通风风机入口在轨可更换单元序列号 0001 的节点发射之前，在 $0.04G^2/Hz$ 下完成验证试验。另外，可以通过在飞行 2A 阶段进行检查，来检测发射导致的故障（在飞行 2A 阶段一般不使用风机）。在通风风机出现故障的情况下，可以提供操作应急预案：

◇　乘员可以携带便携风机；

◇　如有必要，可以使用航天飞机的再生通风系统来净化节点舱 1 空气。

最后，在通风装置中使用的电机具有良好的现场可靠性，没有验收振动试验计划。

## PG3-215

项目：

主动共用停靠装置控制器面板组件　　部件号 2355260-1-1　　　序列号 D0030、D0031、

D0033、D0034 和 D0048

2355260-2-1　　　序列号 D0037

2355260-3-1　　　序列号 D0047

SSP 41172 要求：

3.1.8 节，老炼试验（元器件验收）。

3.1.8.3 节，试验量级和持续时间。所有要求。

例外情况：

所述控制器面板组件的验收老炼试验温度范围应从-8℉到110℉。

在热循环条件下的验收老炼试验过程中，控制器面板组件不需要达到内部热平衡。

依据：

所述飞行控制器面板组件根据一个修改的验收试验流程（不是国际空间站计划——基线方案批准的修改方案）进行了验收试验。所述元器件使用干燥氮气进行了处理和净化，以避免因为在验收老炼过程中的冷凝而造成可能的损害。这样不利于单元达到验收热循环试验的最低和最高操作温度以及达到元器件内部热平衡。不过，验收热循环试验过程中，元器件按照验收试验流程的要求达到了指定的最低和最高温度。另外，元器件满足了 100℉ 的最低老炼温度范围要求，并进行了 13 个温度周期的操作，而不是 SSP 41172 所要求的 10 个周期。

相关元器件在使用寿命中提前出现故障的风险较低。在整个控制器面板组件的元器件级鉴定和验收试验计划中，元器件没有提前出现故障（交付了 41 个飞行和 5 个鉴定单元）。另外，每个控制器面板组件还将在安装到构件之后的组件级主动共用停靠装置验收试验中进行若干小时的额外操作。

## PG3-216

项目：

主动共用停靠装置控制器面板组件　　部件号 2355260-1-1、2355260-2-1 和 2355260-3-1

SSP 41172 要求：

3.1.8 节，老炼试验（元器件验收）。

3.1.8.2 节，试验说明。所有要求。

例外情况：

对于所述控制器面板组件的验收老炼试验，在从高温向低温变化的过程中，应处于断电状态。

依据：

在热循环条件的验收老炼试验过程中，在从高温向低温变化的过程中，元器件不加电和监控。在霍尼韦尔真空室中向冷温度变化的过程中，如果给单元加电，就无法保持最小控制器面板组件变化速度，因为控制器面板组件的质量为 35lb，加电以后每秒产生的功率约为 45W。

相关元器件在使用寿命中提前出现故障的风险较低。在整个控制器面板组件的元器件级鉴定和验收试验计划中，元器件没有提前出现故障（交付了 41 个飞行和 5 个鉴定单元）。在从低温变化到高温的过程中，元器件被加电并进行监控。这样可以检测元器件的温度变化缺陷。所有控制器面板组件至少都进行累计 100h 的加电老炼试验。另外，每个未安装和在轨的控制器面板组件还将在构件的组件级主动共用停靠装置验收试验中进行若干小时的额外操作。

另外，在空间站 6A 阶段中，安装在节点舱 1 和美国试验室的共用停靠装置控制器面板组件已经顺利完成了 11 次停靠/离开操作，没有出现异常情况。

## PG3-217

项目：

主动共用停靠装置控制器面板组件　　部件号 2355260-1-1、2355260-2-1 和 2355260-3-1

SSP 41172 要求：

3.1.3 节，热循环试验（元器件验收）。

3.1.3.2 节，试验说明。所有要求。

例外情况：

对于所述控制器面板组件的验收热循环试验，在从高温到低温的变化过程中，应处于断电状态。

依据：

在验收热循环试验过程中，在从高温向冷温度变化的过程中，元器件不加电。在霍尼韦尔真空室中向冷温度变化的过程中，如果给单元加电，就无法保持最小控制器面板组件变化速度，因为控制器面板组件的质量为 35lb，加电以后每秒产生的功率约为 45W。

相关元器件带有材料或工艺缺陷的风险较低。在从低温向高温变化的过程中，元器件加电并进行监控，这样可以检测到元器件中的温度变化缺陷。控制器面板组件已经安装并在轨操作 2.5 年，在空间站 6A 阶段中没有出现异常情况。另外，在节点舱 1 和美国试验室上的共用停靠装置控制器面板迄今为止已经顺利完成了 11 次停靠/离开操作。

## PG3-218

项目：

主动共用停靠装置控制器面板组件　　　部件号 2355260-1-1、2355260-2-1 和 2355260-3-1

SSP 41172 要求：

3.1.2 节，热真空试验（元器件验收）。

3.1.2.2 节，试验说明。所有要求。

例外情况：

对于所述控制器面板组件的验收热真空试验，在从高温向低温的变化过程中，应处于断电状态。

依据：

在验收热真空试验过程中，在从高温向低温变化的过程中，元器件不加电。在霍尼韦尔真空室中向冷温度变化的过程中，如果给单元加电，就无法保持最小控制器面板组件变化速度，因为控制器面板组件的质量为 35lb，加电以后每秒产生的功率约为 45W。

相关元器件带有材料或工艺缺陷的风险较低。在从低温向高温变化的过程中，元器件加电并进行监控，这样可以检测到元器件中的温度变化缺陷。控制器面板组件已经安装并在轨操作 2.5 年，在飞空间站 6A 阶段中没有出现异常情况。另外，在节点舱 1 和美国试验室上的共用停靠装置控制器面板迄今为止已经顺利完成了 11 次停靠/离开操作。

## PG3-219

项目：

| 氧气闭锁电机阀门 | 部件号 683-16419-2 | 序列号 001001、001002 和 001003 |
|---|---|---|
| 氮气闭锁电机阀门 | 部件号 683-16419-1 | 序列号 001001 和 001002 |
| 氧气人工隔离阀门 | 部件号 683-16439-3 | 序列号 001001、001002、001003、001004、001005、001006 和 001007 |
| 氮气人工隔离阀门 | 部件号 683-16439-1 | 序列号 001002、001003 和 001004 |

SSP 41172 要求：

3.1.7 节，泄漏试验（元器件验收）。

3.1.7.3 节，试验量级和持续时间。所有要求。

例外情况：

所述的氮气和氧气流体硬件单元在初次交付时不进行内部泄漏的验收泄漏试验。如果对这些单元的任何返工正常情况下需要进行泄漏试验，则应完全按照 SSP 41172 的要求对这些单元进行泄漏试验。

依据：

所述元器件进行了一次内部泄漏试验，在试验中使用来自一个与入口相连的氦气压力源，以及一个直接连到出口的质谱仪。在此过中，没有发现明显的泄漏。不过，5min 的试验时间不足以使氦气透过元器件，从而通过检测精确的微弱泄漏速度来确定是否符合元器件规格要求。

在一个返回人工隔离阀门和闭锁电机阀门的验收试验过程中，单元进行了 6 次内部泄漏试验。在所有试验中，读数都在 5min 后达到稳定，并都保持在 1E-04sccs 氦气以下。另外，在进行的试验中，读数在 10min 内达到稳定，其数值范围从 1.4E-04sccs 到 2.5E-04sccs 氦气。这表明 5min 的试验时间足以可靠检验元器件的工艺。不过，所述项目的验收试验流程会进行更新，以便根据批准的 SSCN 5004 第十种方法（SSP 41172　3.1.7.2 节），在 30min 的最小保持期下进行内部泄漏试验。

在 2001 年 6 月 26 日，飞行器系统集成委员会同意将最初的泄漏速度要求从 1E-04sccs 氦气修改为 1E-03sccs 氦气。没有与新内部泄漏速度要求相关的安全危险。

如果这些元器件出现内部泄漏，氧气或氮气不会释放到舱内，而是会停留在系统内。因此，与氧气或氮气外部泄漏相关的安全问题不适用于此例外情况。在这些阀门的每种应用中，都有一种冗余隔离方法。在高压气体储箱在轨可更换单元上，在人工隔离阀门下游有一个无盖快速分断装置。在气锁内氧气/氮气分配系统的每个分支内，都有一个串联的人工隔离阀门和一个闭锁电机阀门，提供冗余隔离功能。所有这些元器件在标准配置下都处于打开位置。因此，只有当这些元器件闭合进行维护或其他应急操作时，才需要考虑内部泄漏。

## PG3-220

项目：

氧气闭锁电机阀门　　　部件号 683-16419-2

氮气闭锁电机阀门　　　部件号 683-16419-1

氧气人工隔离阀门　　　部件号 683-16439-3

氮气人工隔离阀门　　　部件号 683-16439-1

SSP 41172 要求：

2.2.11 节，泄漏试验（元器件鉴定）。

2.2.11.3 节，试验量级和持续时间。所有要求。

例外情况：

所述的氮气和氧气流体硬件组件不进行鉴定内部泄漏试验。

依据：

所述元器件进行了一次单独的鉴定内部泄漏试验，在试验中使用来自一个与入口相连的氦气压力源，以及一个直接连到出口的质谱仪。在此过中，没有发现明显的泄漏。不过，5min 的试验时间不足以使氦气透过元器件，从而通过检测精确的微弱泄漏速度来确定是否符合元器件规格要求。

在一个返回人工隔离阀门和闭锁电机阀门的验收试验过程中，单元进行了 6 次内部泄漏试验。在所有试验中，读数都在 5min 后达到稳定，并都保持在 1E-04sccs 氦气以下。另外，在进行的试验中，读数在 10min 内达到稳定，其数值范围从 1.4E-04sccs 到 2.5E-04sccs 氦气。这表明 5min 的试验时间足以可靠检验元器件的工艺。

如果这些元器件出现内部泄漏，氧气或氮气不会释放到舱内，而是会停留在系统内。因此，与氧气或氮气外部泄漏相关的安全问题不适用于此例外情况。在这些阀门的每种应用中，都有一种冗余隔离方法。在高压气体储箱在轨可更换单元上，在人工隔离阀门下游有一个无盖快速分断装置。在气锁内氧气/氮气分配系统的每个分支内，都有一个串联的人工隔离阀门和一个闭锁电机阀门，提供冗余隔离功能。所有这些元器件在标准配置下都处于打开位置。因此，只有当这些元器件闭合进行维护或其他应急操作时，才需要考虑内部泄漏。

根据进行的泄漏试验，对这些氧气和氮气流体元器件的设计有足够的信心，不需用进行额外的鉴定泄漏试验。

## PG3-221

项目：

泵旁通组件　　部件号 2351169-1-1

SSP 41172 要求：

2.2.3 节，热循环试验（元器件鉴定）。

2.2.3.3 节，试验量级和持续时间。

在热循环的高温部分，元器件应处于最大验收限值加上一个 20℉（11.1℃）的裕度（最高设计温度）；在热循环的低温部分，元器件应处于最小验收试验值温度减去一个 20℉（11.1℃）的裕度（最小设计限值温度）。

例外情况：

在鉴定热循环试验过程中，泵旁通组件的最低温度应为 33℉。

依据：

泵旁通组件的预期最低操作温度为 55℉。飞行泵旁通组件在 33℉ 的最低操作温度下进行了试验。鉴定单元也在相同的温度限值下进行了试验。因为泵旁通组件使用水作为操作流体，所以在低于 32℉ 的温度下进行环境试验会使流体冻结。因此导致的热膨胀会损害泵旁通组件。不过，因为鉴定热循环温度包含（无裕度）验收热循环最低温度限值，所以与此例外情况相关的风险很小。

## PG3-222

项目：

泵旁通组件　　部件号 2351169-1-1

SSP 41172 要求：

3.1.4 节，随机振动试验（元器件验收）。

3.1.4.3 节，试验量级和持续时间。所有要求。

3.1.4.4 节，补充要求。所有要求。

例外情况：

泵旁通组件将不进行验收随机振动试验。

依据：

因为泵旁通组件只是一个止回阀，所以不包含任何电子部件。泵旁通组件没有严格公差。根据霍尼韦尔（联信）应力报告 41-11535 版本 D 的记录，在验收随机振动试验过程中，泵旁通组件对能量数值输入没有响应。因此，只要通过输入数值来检测元器件应力和部件功能，通过验收随机振动试验进行工艺筛选的风险就很小。

## PG3-223

项目：

环路交叉组件　　部件号 2353198-101

SSP 41172 要求：

2.2.5 节，随机振动（元器件鉴定）。

2.2.5.4 节，补充要求。

在随机振动试验过程中，应给电气和电子组件加电并进行监控，以检测故障或中断。

例外情况：

在鉴定随机振动试验过程中，环路交叉组件将不进行加电和监控。

依据：

环路交叉组件包含一个机电启动器，它不使用带卡边缘连接器或有高密度电路卡的印刷电路板。电路卡组件（CCA）安装在所有 4 个角上，并包含 1 个中心安装点，在电路卡组件之间有支座，可以限制因为振动载荷而产生的偏折。在环路交叉组件处于备用模式时，可以给一部分元器件加电。这是一种非使能、非操作条件，只有少量元器件（主要包括位置指示信号）会被加电。唯一可以用于监控的参数是在备用条件下的输入电流以及"隔离"或"交叉连接"位置指示。在振动试验过程中，环路交叉组件不会处于操作状态。环路交叉组件只会处于备用模式。另外，电子元器件位于焊接密封盖内，在振动试验过程中或之后的任何时间都无法接触检查。在发射振动载荷操作过程中，环路交叉组件一般不加电。如果要加电，应使该单元结束其正常操作功能模式。

根据相关信息，在较低级组件下对这些元器件进行了可靠性验收试验，其中包括在高温和低温下在一个轴进行的 1min 振动试验。这样可以对电子部件进行进一步的工艺筛选。

如果存在可以通过单元加电振动试验筛选相关来源的任何操作故障，应注意每个此类元器件都具有人工越控能力。因此，如果任何元器件出现机械故障，在系统中都有足够的冗余来确保热控制系统环路不会被关闭。通过可靠性和可维护性分析，认为环路交叉组件不属于严酷度 1 的组件。

## PG3-224

项目：

环路交叉组件　　部件号 2353198-101

SSP 41172 要求：

3.1.4 节，随机振动（元器件验收）。

3.1.4.4 节，补充要求。

在随机振动试验过程中，应给电气和电子组件加电并进行监控，以检测故障或中断。

例外情况：

在验收随机振动试验过程中，环路交叉组件将不进行加电和监控。

依据：

环路交叉组件包含一个机电启动器，它不使用带卡边缘连接器或有高密度电路卡的印刷电路板。电路卡组件（CCA）安装在所有 4 个角上，并包含 1 个中心安装点，在电路卡组件之间有支座，可以限制因为振动载荷而产生的偏折。在环路交叉组件处于备用模式时，可以给一部分元器件加电。这是一种非使能、非操作条件，只有少量元器件（主要包括位置指示信号）会被加电。唯一可以用于监控的参数是在备用条件下的输入电流以及"隔离"或"交叉连接"位置指示。在振动试验过程中，环路交叉组件不会处于操作状态。环路交叉组件只会处于备用模式。另外，电子元器件位于焊接密封盖内，在振动试验过程中或之后的任何时间都无法接触检查。在发射振动载荷操作过程中，环路交叉组件一般不加电。如果要加电，应使该单元结束其正常操作功能模式。

根据相关信息，在较低级组件下对这些元器件进行了可靠性验收试验，其中包括在高温和低温下在一个轴进行的 1min 振动试验。这样可以对电子部件进行进一步的工艺筛选。

如果存在可以通过单元加电振动试验筛选相关来源的任何操作故障，应注意每个此类元器件都具有人工越控能力。因此，如果任何元器件出现机械故障，在系统中都有足够的冗余来确保热控制系统环路不会被关闭。通过可靠性和可维护性分析，认为环路交叉组件不属于严酷度 1 的组件。

## PG3-225

项目：

环路交叉组件　　部件号 2353198-101

SSP 41172 要求：

2.2.3 节，热循环试验（元器件鉴定）。

2.2.3.3 节，试验量级和持续时间。

在热循环的高温部分，元器件应处于最大验收限值加上一个 20℉（11.1℃）的裕度（最高设计温度）；在热循环的低温部分，元器件应处于最小验收试验值温度减去一个 20℉（11.1℃）的裕度（最小设计限值温度）。

例外情况：

在鉴定热循环试验过程中，环路交叉组件的最低温度应为 33℉。

依据：

环路交叉组件的预期最低操作温度为 55℉。环路交叉组件在 33℉ 的最低操作温度下进行了试验。鉴定单元也在相同的 33℉ 温度限值下进行了试验。因为环路交叉组件使用水作为操作流体，所以在低于 32℉ 的温度下进行环境试验会使流体冻结。因此导致的热膨胀会损害环路交叉组件。不过，因为鉴定热循环温度包含（无裕度）验收热循环最低温度限值，所以与此例外情况相关的风险很小。

根据《材料标识和使用列表》，此组件的机械部分对 0℉ 的低非操作温度不敏感。

如果存在可以通过单元非操作冷试验筛选相关来源的操作故障，应注意在热控制系统内的元器件具有人工操作能力。因此，如果任何元器件出现机械故障，在系统中都有足够的冗余来确保热控制系统环路不会被关闭。通过可靠性和可维护性分析，认为这些元器件不属于严酷度1的元器件。

## PG3-226

项目：

皮拉尼仪表　传感器　　部件号 220F01084-001

SSP 41172 要求：

2.2.11 节，泄漏试验（元器件鉴定）。

2.2.11.3 节，试验量级和持续时间。所有要求。

例外情况：

皮拉尼仪表传感器将不进行鉴定泄漏试验。

依据：

皮拉尼仪表传感器属于严酷度 3 的硬件，只在真空系统操作过程中进行操作。进行了有限的在轨可更换单元级泄漏试验。不过，鉴定单元进行的在轨可更换单元级试验无法得出结论，因为在试验过程中（3min），记录的氢气数值没有超过质谱仪背景值。

在 1999 年 11～12 月在肯尼迪航天中心进行真空系统退化试验之前，完成了一次系统级真空保持试验。测量了系统级真空保持速度，并与真空系统包络图纸所记录的允许泄漏速度进行了比较。

测量的真空排气系统速度为 4.1E-06sccs，真空资源系统速度为 4.5E-05sccs。这些数据都明显高于每个系统 4.0E-04sccs 的允许系统级泄漏速度。

在评估了试验流程和此系统级泄漏数据之后，波音和美国航空航天局认为真空系统的在轨可更换单元可以接受，不需要进行额外的泄漏试验。

## PG3-227

项目：

皮拉尼仪表　传感器　　部件号 220F01084-001

SSP 41172 要求：

3.1.7 节，泄漏试验（元器件验收）。

3.1.7.3 节，试验量级和持续时间。所有要求。

例外情况：

皮拉尼仪表传感器将不进行验收试验。飞行单元的任何后续泄漏试验都应完全符合 SSP 41172 的要求。

依据：

皮拉尼仪表传感器属于严酷度 3 的硬件，只在真空系统操作过程中进行操作。进行了有限的在轨可更换单元级泄漏试验。不过，鉴定单元进行的在轨可更换单元级试验无法得出结论，因为在试验过程中（3min），记录的氢气数值没有超过质谱仪背景值。

在 1999 年 11～12 月在肯尼迪航天中心进行真空系统退化试验之前，完成了一次系统级真空保持试验。测量了系统级真空保持速度，并与真空系统包络图纸所记录的允许泄漏速度进行了比较。

测量的真空排气系统速度为 4.1E-06sccs，真空资源系统速度为 4.5E-05sccs。这些数据都明显高于每个系统 4.0E-04sccs 的允许系统级泄漏速度。

在评估了试验流程和此系统级泄漏数据之后，波音和美国航空航天局认为真空系统的在轨可更换单元可以接受，不需要进行额外的泄漏试验。

飞行单元的任何后续泄漏试验或额外采购装置的试验都需要完全符合 SSP 41172 的要求。

## PG3-228

项目：

内部自密封流体快速分断装置联轴器　（波音）　　　部件号 683-16348 和 683-15179

SSP 41172 要求：

2.2.11 节，泄漏试验（元器件鉴定）。

2.2.11.3 节，试验量级和持续时间。

第二种方法。外部耐压应为 0.001Torr（0.133Pa）或更低，时间应为 4h（针对在轨多日操作设备）。

例外情况：

根据 SSP 41172　2.2.11.2 节第二种方法（2000 年 6 月）所述的成功特征分析试验，对所有已经交付的项目进行鉴定。

依据：

在 2000 年 6 月，Parker-Stratoflex 根据 SSP 41172　2.2.11.2 节第二种方法规定的时间，对一对 683-16348 水快速分断装置、一个孔式氧气低压快速分断装置以及一对氧气和氮气高压快速分断装置进行了一次特征分析泄漏试验。虽然根据 SSP 41172 的要求进行了 4h 的试验，不过泄漏试验结果表明试验快速分断装置的所有泄漏速度都在 45min 到 1h 内达到稳定。此特征分析试验不支持 5min 的最初鉴定和验收试验，不过对进行 5min 试验的所有快速分断装置，都采用了一个倍增系数，该系数为 4h 泄漏速度与 5min 泄漏速度的比值。在国际空间站使用的快速分断装置的材料和结构类型与航天飞机所用的快速分断装置类似。派克 Symmetrics 进行的试验与航天飞机进行的试验彼此符合。航天飞机和空间站的快速分断装置在匹配和解配模式下进行了 100% 的耐压和最大设计压力试验，以检测泄漏。航天飞机和空间站的制造和试验规格是不同的，不过其验收试验方法类似。航天飞机的快速分断装置没有出现与制造和验收试验相关的明显泄漏异常。此试验足以确定目前状态的快速分断装置可以用于飞行。

在其泄漏规格中，系统工程师在考虑采用"十年规则"安全系数外，也考虑一些不确定性，比如操作者技术、方法/仪表误差以及制造过程中的正常偏差。计算的结果表明：97% 的快速分断装置都在此可接受安全系数范围内，美国试验室和气锁的氧气浓度都在各自规格范围内。

另外，在评估快速分断装置的验收数据时，采用的计算泄漏速度比（4h 的泄漏速度/5min 的泄漏速度）不再是一种首选方法，因为特征分析试验表明：试验的快速分断装置的泄漏速度会在 45min 到 1h 内达到稳定。如果采用计算的泄漏速度比（1h 的泄漏速度/5min 的泄漏速度），那么所有快速分断装置都能很好地符合"十年规则"。

另外，在此特征分析泄漏试验过程中，因为质谱仪的限值，Parker-Stratoflex 在 10 毫托的外部压力下进行了泄漏试验，在 1 毫托下则不允许进行此试验。1 微托和 10 微托之间的差异并不大，因此在 1 微托下重复试验的价值不大。

氧气和氮气高压快速分断装置

氧气的最大计算泄漏速度（3.19E-04sccsHe）只比规格要求（1E-04sccsHe）高一些。因为在相同区域的其他氧气元器件的泄漏规格要高得多（即 1E-03sccsHe），所以上述超过值被视为在噪声范围内。

1. 真空低压快速分断装置

唯一需要考虑外部泄漏进入舱体的状态是：在有效载荷排放有毒气体的过程中，因为出现故障而导致 VES 中失去真空，这是一种极不可能的情况，不过如果出现了这种情况，导致在高于国际空间站大气压力的情况下有毒气体困住 VES 中，那么泄漏到舱内的气体数量会很小。即使对于最坏情况快速分断装置，在舱内环境中聚集的有毒气体也不会导致问题。

2. 水低压快速分断装置

水制冷剂泄漏量很小，一年计算的总泄漏量等效于 8.2 立方英寸。水快速分断装置的平均计算泄漏速度为 1.5E-04sccsHe，这说明没有水泄露。

3. 氧气低压快速分断装置

在 15 个氧气快速分断装置中，有 5 个的计算泄漏速度超过了规格要求（2.8E-04sccsHe）的两倍。考虑到这些快速分断装置并没有在任何区域集中，并且我们拥有更高泄漏规格（即 1E-03sccsHe）的其他元器件，所以此泄漏超过值可以接受。在 15 个氧气快速分断装置中，有 2 个的计算泄漏速度规格要求 9.3 倍。通过采用"十年规则"安全系数，可以充分考虑相关不确定性，比如操作者技术、方法/仪表误差以及制造过程中的正常偏差，因而所有氧气快速分断装置都在此可接受安全系数的范围内。

4. 氮气低压快速分断装置

氮气泄漏量极小，因而任何过量氮气在闭合装置后面聚集的可能性应该是很小的。

目前已经有相关流程，要求在进行维护之前使用便携风机对含有氮气管线/元器件的任何闭合区进行通风，并且/或者短时间打开闭合区。

## PG3-229

项目：

内部自密封流体快速分断装置联轴器　波音　　部件号 683-16348 和 683-15179

SSP 41172 要求：

3.1.7 节，泄漏试验（元器件验收）。

3.1.7.3 节，试验量级和持续时间。

第二种方法。外部耐压应为 0.001Torr（0.133 Pa）或更低，时间应为 4h（针对在轨多日操作设备）。

例外情况：

根据 SSP 41172　3.1.7.3 节第二种方法（2000 年 6 月）所述的成功特征分析试验，对所有已经交付的项目进行验收。

依据：

在 2000 年 6 月，Parker-Stratoflex 根据 SSP 41172　2.2.11.2 节第二种方法规定的时间，对一对 683-16348 水快速分断装置、一个孔式氧气低压快速分断装置以及一对氧气和氮气高压快速分断装置进行了一次特征分析泄漏试验。虽然根据 SSP 41172 的要求进行了 4h 的试验，不过泄漏试验结果表明试验快速分断装置的所有泄漏速度都在 45min 到 1h 内达到稳定。此特征分析试验不支持 5min 的最初鉴定和验收试验，不过对进行 5min 试验的所有快速分断装置，都采用了一个倍增系数，该系数为 4h 泄漏速度与 5min 泄漏速度的比值。在国际空间站使用的快速分断装置的材料和结构类型与航天飞机所用的快速分断装置类似。派克 Symmetrics 进行的试验与航天飞机进行的试验彼此符合。航天飞机和空间站的快速分断装置在匹配和解配模式下进行了 100%的耐压和最大设计压力试验，以检测泄漏。航天飞机和空间站的制造和试验规格是不同的，不过其验收试验方法类似。航天飞机的快速分断装置没有出现与制造和验收试验相关的明显泄漏异常。此试验足以确定目前状态的快速分断装置可以用于飞行。

在其泄漏规格中，系统工程师在考虑采用"十年规则"安全系数，也考虑一些不确定性，比如操作者技术、方法/仪表误差以及制造过程中的正常偏差。计算的结果表明：97%的快速分断装置都在此可接受安全系数范围内，美国试验室和气锁的氧气浓度都在各自规格范围内。对节点舱 1 和节点舱 2 进行了一次比较研究，并确定：因为与气锁相比，这些模块所用的氧气和氮气快速分断装置数量较少，所以泄漏速度可以接受。气锁 Y4 闭合空间被视为最坏情况（大约 19.2 立方英尺，包括 7 个主要的氧气元器件），这是累积泄漏速度的最坏情况。马歇尔航天中心/汉胜公司将通过 Parker-Stratoflex 试验数据进行分析，以确定每个具体应用中快速分断装置的完整性。如果通过分析表明一个快速分断装置无法提供合适的泄漏保护，那么马歇尔航天中心/汉胜公司将在集成在轨可更换单元级或软管组件级进行一次更高级的泄漏试验。日本国家航空发展事业团已经完成了一次系统泄漏试验，并确定验证了所有泄漏要求。JEM 没有改变快速分断装置硬件的计划。

另外，在评估快速分断装置的验收数据时，采用的计算泄漏速度比（4h 的泄漏速度/5min 的泄漏速度）不再是一种首选方法，因为特征分析试验表明：试验的快速分断装置的泄漏速度会在 45min 到 1h 内达到稳定。如果采用计算的泄漏速度比（1h 的泄漏速度/5min 的泄漏速度），那么所有快速分断装置都能很好地符合"十年规则"。

另外，在此特征分析泄漏试验过程中，因为质谱仪的限值，Parker-Stratoflex 在 10 毫托的外部压力下进行了泄漏试验，在 1 毫托下则不允许进行此试验。1 微托和 10 微托之间的差异并不大，因此在 1 微托下重复试验的价值不大。

验收试验流程将包括在 0.01Torr 外部压力下 15min 的泄漏试验。每个快速分断装置都将在解配和匹配状态下进行试验。在匹配状态下，将使用一个替代快速分断装置。替代快速分断装置没有外部密封件，将独立验证每个密封件。真空快速分断装置（第 3 类）将通过相同的方式进行试验，不过试验时间为 5min 而不是 15min。通过/未通过标准是保持状态不变。根据美国航空航天局、波音以及 Parker-Stratoflex 的系统级分析、成本以及技术意见的风险评估来确定试验时间为 15min。

### 1. 氧气和氮气高压快速分断装置

氧气的最大计算泄漏速度（3.19E-04sccsHe）只比规格要求（1E-04sccsHe）高一些。因为在相同区域的其他氧气元器件的泄漏规格要高得多（即 1E-03sccsHe），所以上述超过值被视为在噪声范围内。

### 2. 真空低压快速分断装置

唯一需要考虑外部泄漏进入舱体的状态是：在有效载荷排放有毒气体的过程中，因为出现故障而导致 VES 中失去真空，这是一种极不可能的情况。不过如果出现了这种情况，导致在高于国际空间站大气压力的情况下有毒气体困住在 VES 中，那么泄漏到舱内的气体数量会很小。即使对于最坏情况快速分断装置，在舱内环境中聚集的有毒气体也不会导致问题。

### 3. 水低压快速分断装置

水制冷剂泄漏量很小，一年计算的总泄漏量等效于 8.2 立方英寸。水快速分断装置的平均计算泄漏速度为 1.5E-04sccsHe，这说明没有水泄露。

### 4. 氧气低压快速分断装置

在 15 个氧气快速分断装置中，有 5 个的计算泄漏速度超过了规格要求（2.8E-04sccsHe）两倍。考虑到这些快速分断装置并没有在任何区域集中，并且我们拥有更高泄漏规格（即 1E-3sccsHe）的其他元器件，所以此泄漏超过值可以接受。在 15 个氧气快速分断装置中，有 2 个的计算泄漏速度规格要求 9.3 倍。通过采用"十年规则"安全系数，可以充分考虑相关不确定性，比如操作者技术、方法/仪表误差以及制造过程中的正常偏差，因而所有氧气快速分断装置都在此可接受安全系数的范围内。

### 5. 氮气低压快速分断装置

氮气泄漏量极小，因而任何过量氮气在闭合装置后面聚集的可能性应该是很小的。

目前已经有相关流程，要求在进行维护之前使用便携风机对含有氮气管线/元器件的任何闭合区进行通风，并且/或者短时间打开闭合区。

# 附录 D　政府提供设备批准的例外情况

下面给出了政府提供设备（GFE）供应商所采用的本手册例外情况。本手册的例外情况不以任何方式免除承包商的如下责任：证明符合相关规格的要求。

## GFE-01

项目：

气锁维护和性能检查设备（SPCE）如下：

◇ 电源组件　　部件号 SEG39128211-303
◇ 电池充电器组件　　部件号 SEG39128212-301
◇ 电池舱组件　　部件号 SEG39128213-301
◇ 流体抽运单元　　部件号 SEG39128310-301
◇ 脐带缆接口组件　　部件号 SEG39128214-301

SSP 41172 要求：

3.1.8 节，老炼试验（元器件验收）。

3.1.8.3 节，试验量级和持续时间。所有要求。

例外情况：

可以将在升温条件下的加速老炼时间与在室温下的累积时间结合起来，从而得到一个"等效 300h"老炼值。在 110℉下 $F=5.26$ 的加速老炼系数是可以接受的（即在 110℉下的每小时加速老炼等效于在环境温度下的 5.26h）。

依据：

可以通过如下方程来描述加速老炼特征：

$$F = \exp\left[\frac{E_a}{K}\left(\frac{1}{T_a} - \frac{1}{T_{b_i}}\right)\right]$$

式中　$F$ =时间加速度因子；

　　　$E_a$=激活能量（eV）；

　　　$K$=玻尔兹曼常数（8.625E−05 eV/K）；

　　　$T_a$ = 环境温度（K）（在本应用中，环境温度应视为 295.8K）；

　　　$T_{b_i}$ = 升高老炼温度（K）。

根据所用电子元器件的结构选择了 0.6eV 的激活能量，对于 110℉的加速老炼温度，得到 1 个 5.26 的加速因子。换言之，在 110℉下每小时的操作等效于在 70℉下进行 5.26h 的试验。

## GFE-02

项目：

早期便携计算机系统（EPCS）笔记本电脑组件如下：

◇ 计算机（760ED）　　部件号 SDG39129270-301

◇ 有效载荷地面支持计算机（PGSC）

◇ 电源　　　部件号 SED39126010-301

◇ 1553 卡　　　部件号 SDG39129273-301

◇ 软盘驱动器　　　部件号 SEG39129288-301

SSP 41172 要求：

2.2.2 节，热真空试验（元器件鉴定）。

2.2.2.5 节，泄压/复压真空要求。所有要求。

例外情况：

早期便携计算机系统笔记本电脑组件将在 9.5～14.2psi 的范围内进行操作鉴定泄压/复压试验。

依据：

早期便携计算机系统硬件包括改良的商业硬件（IBM ThinkPad 760ED 和 1553 卡）和现有航天飞机设计硬件（28V 直流电源）。除了 48h 的政府提供设备验收老炼试验之外，商业即用设备（COTS）制造商还进行元器件级试验、"震荡"试验以及功能老炼试验。决定对早期便携计算机系统进行 48h 老炼试验的依据是航天飞机有效载荷地面支持计算机项目以前的经验，在该项目中也使用了 IBM ThinkPad、商业 PCMCIA 卡和 28V 直流电源。

航天飞机的 28V 直流电源已经操作了 9400h，并且没有出现飞行故障。已经在航天飞机上制造并飞行使用了 20 个 28V 直流电源。航天飞机的 IBM ThinkPad 755C 已经操作了 6000h，并且没有出现飞行故障。IBM ThinkPad 750 已经操作了 60 000h，在此过程中只记录了两次飞行故障（时钟芯片和一个系统板故障）。总共为太空飞行修改了 14 个 IBM ThinkPad 750，其中有 10 个进行了飞行操作。迄今为止总共为太空飞行修改了 49 个 IBM ThinkPad 755C，其中有 45 个进行了飞行操作。早期便携计算机系统（IBM ThinkPad 760ED 和 28V 直流电源）在 1997 年 9 月之后在和平号空间站上进行了操作，并且没有出现故障。迄今为止为太空飞行修改了 14 个 IBM ThinkPad 760ED，其中有 4 个进行了飞行操作。另外，在空间站上还有若干个可用单元，可以在出现故障之后承担早期便携计算机系统的作用。在空间站 2A 阶段飞行了 2 个单元，早期便携计算机系统功能需要使用其中的 1 个。在 2A.1 结束时，保留了 4 个单元，早期便携计算机系统功能需要使用其中的 1 个。在飞行 3A 阶段，保留了 5 个单元，早期便携计算机系统功能需要使用其中的 2 个。在飞行 4A 阶段，保留了 7 个单元，早期便携计算机系统功能需要使用其中的 2 个。从飞行 5A 阶段开始，飞行了 1 个新平台，早期便携计算机系统功能不再使用 760ED。考虑到航天飞机的经验、此硬件的成功飞行记录以及空间站上可用的单元，认为不需要进行额外的验收试验。

另外，根据操作和评估试验得知，在泄压到 1psi 以下时，会损害商业即用硬件。此外，对于在 10.1～14.7psi 范围以外操作的硬件，早期便携计算机系统没有要求。

## GFE-03

项目：

早期便携计算机系统笔记本电脑组件如下：

◇ 计算机（760ED）　　　部件号 SDG39129270-301

◇ 有效载荷地面支持计算机电源　　　部件号 SED39126010-301

◇ 1553 卡　　　部件号 SDG39129273-301

◇ 软盘驱动器　　部件号 SEG39129288-301

SSP 41172 要求：

2.2.3 节，热循环试验（元器件鉴定）。

2.2.3.3 节，试验量级和持续时间。所有要求。

例外情况：

早期便携计算机系统笔记本电脑组件将在制造商指定的 50～95℉（10～35℃）规格下进行单周期的操作试验。

依据：

早期便携计算机系统硬件包括改良的商业硬件（IBM ThinkPad 760ED 和 1553 卡）和现有航天飞机设计硬件（28V 直流电源）。除了 48h 的政府提供设备验收老炼试验之外，商业即用设备（COTS）制造商还进行元器件级试验、"震荡"试验以及功能老炼试验。决定对早期便携计算机系统进行 48h 老炼试验的依据是航天飞机有效载荷地面支持计算机项目以前的经验，在该项目中也使用了 IBM ThinkPad、商业 PCMCIA 卡和 28V 直流电源。

航天飞机的 28V 直流电源已经操作了 9400h，并且没有出现飞行故障。已经在航天飞机上制造并飞行使用了 20 个 28V 直流电源。航天飞机的 IBM ThinkPad 755C 已经操作了 6000h，并且没有出现飞行故障。IBM ThinkPad 750 已经操作了 60 000h，在此过程中只记录了两次飞行故障（时钟芯片和一个系统板故障）。总共为太空飞行修改了 14 个 IBM ThinkPad 750，其中有 10 个进行了飞行验证。迄今为止总共为太空飞行修改了 49 个 IBM ThinkPad 755C，其中有 45 个进行了飞行验证。早期便携计算机系统（IBM ThinkPad 760ED 和 28V 直流电源）在 1997 年 9 月之后在和平号空间站上进行了操作，并且没有出现故障。迄今为止为太空飞行修改了 14 个 IBM ThinkPad 760ED，其中有 4 个进行了飞行验证。另外，在空间站上还有若干个可用单元，可以在出现故障之后承担早期便携计算机系统的作用。在空间站 2A 阶段飞行了 2 个单元，早期便携计算机系统功能需要使用其中的 1 个。在 2A.1 结束时，保留了 4 个单元，早期便携计算机系统功能需要使用其中的 1 个。在飞行 3A 阶段，保留了 5 个单元，早期便携计算机系统功能需要使用其中的 2 个。在飞行 4A 阶段，保留了 7 个单元，早期便携计算机系统功能需要使用其中的 2 个。从飞行 5A 阶段开始，飞行了 1 个新平台，早期便携计算机系统功能不再使用 760ED。考虑到航天飞机的经验、此硬件的成功飞行记录以及空间站上可用的单元，认为不需要进行额外的验收试验。

另外，如果超过制造商的规格，会损害此商业即用硬件设备。此外，对于在制造商规格以外操作的硬件，早期便携计算机系统没有要求。

## GFE-04

项目：

早期便携计算机系统笔记本电脑组件如下：

◇ 计算机（760ED）　　部件号 SDG39129270-301

◇ 有效载荷地面支持计算机电源　　部件号 SED39126010-301

◇ 1553 卡　　部件号 SDG39129273-301

◇ 软盘驱动器　　部件号 SEG39129288-301

SSP 41172 要求：

2.2.5 节，随机振动试验（元器件鉴定）。

2.2.5.3 节，试验量级和持续时间。所有要求。

2.2.5.4 节，补充要求。所有要求。

例外情况：

早期便携计算机系统笔记本电脑组件将不进行鉴定随机振动试验。

依据：

早期便携计算机系统硬件包括改良的商业硬件（IBM ThinkPad 760ED 和 1553 卡）和现有航天飞机设计硬件（28V 直流电源）。除了 48h 的政府提供设备验收老炼试验之外，商业即用设备（COTS）制造商还进行元器件级试验、"震荡"试验以及功能老炼试验。决定对早期便携计算机系统进行 48h 老炼试验的依据是航天飞机有效载荷地面支持计算机项目以前的经验，在该项目中也使用了 IBM ThinkPad、商业 PCMCIA 卡和 28V 直流电源。

航天飞机的 28V 直流电源已经操作了 9400h，并且没有出现飞行故障。已经在航天飞机上制造并飞行使用了 20 个 28V 直流电源。航天飞机的 IBM ThinkPad 755C 已经操作了 6000h，并且没有出现飞行故障。IBM ThinkPad 750 已经操作了 60 000h，在此过程中只记录了两次飞行故障（时钟芯片和一个系统板故障）。总共为太空飞行修改了 14 个 IBM ThinkPad 750，其中有 10 个进行了飞行验证。迄今为止总共为太空飞行修改了 49 个 IBM ThinkPad 755C，其中有 45 个进行了飞行验证。早期便携计算机系统（IBM ThinkPad 760ED 和 28V 直流电源）在 1997 年 9 月之后在和平号空间站上进行了操作，并且没有出现故障。迄今为止为太空飞行修改了 14 个 IBM ThinkPad 760ED，其中有 4 个进行了飞行验证。另外，在空间站上还有若干个可用单元，可以在出现故障之后承担早期便携计算机系统的作用。在空间站 2A 阶段飞行了 2 个单元，早期便携计算机系统功能需要使用其中的 1 个。在 2A.1 结束时，保留了 4 个单元，早期便携计算机系统功能需要使用其中的 1 个。在飞行 3A 阶段，保留了 5 个单元，早期便携计算机系统功能需要使用其中的 2 个。在飞行 4A 阶段，保留了 7 个单元，早期便携计算机系统功能需要使用其中的 2 个。从飞行 5A 阶段开始，飞行了 1 个新平台，早期便携计算机系统功能不再使用 760ED。考虑到航天飞机的经验、此硬件的成功飞行记录以及空间站上可用的单元，认为不需要进行额外的验收试验。

另外，如果在振动试验过程中进行应用，会损害商业即用设备（硬盘驱动器、软盘驱动器和光驱）。此外，硬件不会承受较大的在轨振动（没有安装）。根据操作飞行经验：硬件（未使用）能够承受发射和着陆振动环境（通过 4 次早期便携计算机系统的航天飞机飞行以及 150 多个类似发射的模型（有效载荷地面支持计算机））。

## GFE-05

项目：

早期便携计算机系统笔记本电脑组件如下：

◇ 计算机（760ED）    部件号 SDG39129270-301

◇ 有效载荷地面支持计算机电源    部件号 SED39126010-301

◇ 1553 卡    部件号 SDG39129273-301

◇ 软盘驱动器    部件号 SEG39129288-301

SSP 41172 要求：

3.1.3 节，热循环试验（元器件验收）。

3.1.3.3 节，试验量级和持续时间。所有要求。

3.1.3.4 节，补充要求。所有要求。

<u>例外情况：</u>

早期便携计算机系统笔记本电脑组件将不进行验收热循环试验。

<u>依据：</u>

早期便携计算机系统硬件包括改良的商业硬件（IBM ThinkPad 760ED 和 1553 卡）和现有航天飞机设计硬件（28V 直流电源）。除了 48h 的政府提供设备验收老炼试验之外，商业即用设备（COTS）制造商还进行元器件级试验、"震荡"试验以及功能老炼试验。决定对早期便携计算机系统进行 48h 老炼试验的依据是航天飞机有效载荷地面支持计算机项目以前的经验，在该项目中也使用了 IBM ThinkPad、商业 PCMCIA 卡和 28V 直流电源。

航天飞机的 28V 直流电源已经操作了 9400h，并且没有出现飞行故障。已经在航天飞机上制造并飞行使用了 20 个 28V 直流电源。航天飞机的 IBM ThinkPad 755C 已经操作了 6000h，并且没有出现飞行故障。IBM ThinkPad 750 已经操作了 60 000h，在此过程中只记录了两次飞行故障（时钟芯片和一个系统板故障）。总共为太空飞行修改了 14 个 IBM ThinkPad 750，其中有 10 个进行了飞行验证。迄今为止总共为太空飞行修改了 49 个 IBM ThinkPad 755C，其中有 45 个进行了飞行操作。早期便携计算机系统（IBM ThinkPad 760ED 和 28V 直流电源）在 1997 年 9 月之后在和平号空间站上进行了应用，并且没有出现故障。迄今为止为太空飞行修改了 14 个 IBM ThinkPad 760ED，其中有 4 个进行了飞行验证。另外，在空间站上还有若干个可用单元，可以在出现故障之后承担早期便携计算机系统的作用。在空间站 2A 阶段飞行了 2 个单元，早期便携计算机系统功能需要使用其中的 1 个。在 2A.1 结束时，保留了 4 个单元，早期便携计算机系统功能需要使用其中的 1 个。在飞行 3A 阶段，保留了 5 个单元，早期便携计算机系统功能需要使用其中的两个。在飞行 4A 阶段，保留了 7 个单元，早期便携计算机系统功能需要使用其中的 2 个。从飞行 5A 阶段开始，飞行了 1 个新平台，早期便携计算机系统功能不再使用 760ED。考虑到航天飞机的经验、此硬件的成功飞行记录以及空间站上可用的单元，认为不需要进行额外的验收试验。

另外，如果超过制造商的规格，会损害此商业即用硬件设备。此外，对于在制造商规格以外操作的硬件，早期便携计算机系统没有要求。

## GFE-06

<u>项目：</u>

早期便携计算机系统笔记本电脑组件如下：

◇ 计算机（760ED）    部件号 SDG39129270-301
◇ 有效载荷地面支持计算机电源    部件号 SED39126010-301
◇ 1553 卡    部件号 SDG39129273-301
◇ 软盘驱动器    部件号 SEG39129288-301

<u>SSP 41172 要求：</u>

3.1.4 节，随机振动试验（元器件验收）。

3.1.4.3 节，试验量级和持续时间。所有要求。

3.1.4.4 节，补充要求。所有要求。

<u>例外情况：</u>

早期便携计算机系统笔记本电脑组件将不进行验收随机振动试验。

依据：

早期便携计算机系统硬件包括改良的商业硬件（IBM ThinkPad 760ED 和 1553 卡）和现有航天飞机设计硬件（28V 直流电源）。除了 48hh 邹邹的政府提供设备验收老炼试验之外，商业即用设备（COTS）制造商还进行元器件级试验、"震荡"试验以及功能老炼试验。决定对早期便携计算机系统进行 48hh 邹邹老炼试验的依据是航天飞机有效载荷地面支持计算机项目以前的经验，在该项目中也使用了 IBM ThinkPad、商业 PCMCIA 卡和 28V 直流电源。

航天飞机的 28V 直流电源已经操作了 9400hh 邹邹，并且没有出现飞行故障。已经在航天飞机上制造并飞行使用了 20 个 28V 直流电源。航天飞机的 IBM ThinkPad 755C 已经操作了 6000hh 邹邹，并且没有出现飞行故障。IBM ThinkPad 750 已经操作了 60 000hh 邹邹，在此过程中只记录了两次飞行故障（时钟芯片和一个系统板故障）。总共为太空飞行修改了 14 个 IBM ThinkPad 750，其中有 10 个进行了飞行验证。迄今为止总共为太空飞行修改了 49 个 IBM ThinkPad 755C，其中有 45 个进行了飞行操作。早期便携计算机系统（IBM ThinkPad 760ED 和 28V 直流电源）在 1997 年 9 月之后在和平号空间站上进行了验证，并且没有出现故障。迄今为止为太空飞行修改了 14 个 IBM ThinkPad 760ED，其中有 4 个进行了飞行验证。另外，在空间站上还有若干个可用单元，可以在出现故障之后承担早期便携计算机系统的作用。在空间站 2A 阶段飞行了 2 个单元，早期便携计算机系统功能需要使用其中的 1 个。在 2A.1 结束时，保留了 4 个单元，早期便携计算机系统功能需要使用其中的 1 个。在飞行 3A 阶段，保留了 5 个单元，早期便携计算机系统功能需要使用其中的 2 个。在飞行 4A 阶段，保留了 7 个单元，早期便携计算机系统功能需要使用其中的 2 个。从飞行 5A 阶段开始，飞行了 1 个新平台，早期便携计算机系统功能不再使用 760ED。考虑到航天飞机的经验、此硬件的成功飞行记录以及空间站上可用的单元，认为不需要进行额外的验收试验。

另外，如果在振动试验过程中进行应用，会损害商业即用设备（硬盘驱动器、软盘驱动器和光驱）。此外，硬件不会承受较大的在轨振动（没有安装）。根据操作飞行经验：硬件（未使用）能够承受发射和着陆振动环境（通过 4 次早期便携计算机系统的航天飞机飞行以及 150 多个类似发射的模型 （有效载荷地面支持计算机））。最后，约翰逊航天中心制造和质量控制流程拥有良好的制造飞行单元记录，没有出现过一次与能通过振动试验检测的缺陷相关的飞行故障。

## GFE-07

项目：

早期便携计算机系统笔记本电脑组件如下：

◇ 计算机（760ED）　部件号 SDG39129270-301

◇ 有效载荷地面支持计算机电源　部件号 SED39126010-301

◇ 1553 卡　部件号 SDG39129273-301

◇ 软盘驱动器　部件号 SEG39129288-301

SSP 41172 要求：

3.1.8 节，老炼试验（元器件验收）。

3.1.8.3 节，试验量级和持续时间。

对于固定温度老炼（在环境温度下或升温加速期），总操作时间应等效于环境温度下的 300hh 邹邹。

例外情况：

早期便携计算机系统笔记本电脑组件的验收老炼试验时间将为48hh 邹邹。

依据：

早期便携计算机系统硬件包括改良的商业硬件（IBM ThinkPad 760ED 和 1553 卡）和现有航天飞机设计硬件（28V 直流电源）。除了 48hh 邹邹的政府提供设备验收老炼试验之外，商业即用设备（COTS）制造商还进行元器件级试验、"震荡"试验以及功能老炼试验。决定对早期便携计算机系统进行 48hh 邹邹老炼试验的依据是航天飞机有效载荷地面支持计算机项目以前的经验，在该项目中也使用了 IBM ThinkPad、商业 PCMCIA 卡和 28V 直流电源。

航天飞机的 28V 直流电源已经操作了 9400h，并且没有出现飞行故障。已经在航天飞机上制造并飞行使用了 20 个 28V 直流电源。航天飞机的 IBM ThinkPad 755C 已经操作了 6000h，并且没有出现飞行故障。IBM ThinkPad 750 已经操作了 60 000h，在此过程中只记录了两次飞行故障（时钟芯片和一个系统板故障）。总共为太空飞行修改了 14 个 IBM ThinkPad 750，其中有 10 个进行了飞行操作。迄今为止总共为太空飞行修改了 49 个 IBM ThinkPad 755C，其中有 45 个进行了飞行验证。早期便携计算机系统（IBM ThinkPad 760ED 和 28V 直流电源）在 1997 年 9 月之后在和平号空间站上进行了应用，并且没有出现故障。迄今为止为太空飞行修改了 14 个 IBM ThinkPad 760ED，其中有 4 个进行了飞行验证。另外，在空间站上还有若干个可用单元，可以在出现故障之后承担早期便携计算机系统的作用。在空间站 2A 阶段飞行了 2 个单元，早期便携计算机系统功能需要使用其中的 1 个。在 2A.1 结束时，保留了 4 个单元，早期便携计算机系统功能需要使用其中的 1 个。在飞行 3A 阶段，保留了 5 个单元，早期便携计算机系统功能需要使用其中的 2 个。在飞行 4A 阶段，保留了 7 个单元，早期便携计算机系统功能需要使用其中的 2 个。从飞行 5A 阶段开始，飞行了 1 个新平台，早期便携计算机系统功能不再使用 760ED。考虑到航天飞机的经验、此硬件的成功飞行记录以及空间站上可用的单元，认为不需要进行额外的验收试验。

除了商业即用设备制造商老炼试验和 48h 验收老炼试验之外，约翰逊航天中心还在接收单元之后进行了额外的功能试验（在制造飞行单元部件之前和之后）。最后，约翰逊航天中心制造和质量控制流程拥有良好的制造飞行单元记录，没有出现过一次与能通过延长老炼试验检测的缺陷相关的飞行故障。

## GFE-08

项目：

无线信息系统（WIS）组件如下：

◇ 航天飞机所用无线信息系统远程传感器单元（RSU）　　部件号 SEG16102888-301 和 SEG16102888-303

◇ 航天飞机所用无线信息系统货舱构件天线组件　　部件号 SEG16102891-301

◇ 15in 天线电缆组件　　部件号 41Z 氮气 Z 氮气 180.0

◇ 25in 天线电缆组件　　部件号 41Z 氮气 Z 氮气 180.0

◇ 无线信息系统电池组组件　　部件号 IVC-0060-04-004

SSP 41172 要求：

2.2.2 节，热真空试验（元器件鉴定）。

2.2.2.3 节，试验量级和持续时间。

应根据预鉴定分析或试验来确定达到热平衡所需的时间，或者在第一个鉴定热真空周期中在每个极值温度下将保持期延长到至少12h并测量元器件的内部热响应情况。

例外情况：

在无线信息系统组件鉴定热真空试验第1个周期中，在温度稳定后的保持期应为1h。

依据：

无线信息系统单元有两个内部温度传感器。一个传感器位于单元顶部的主控制器/CPU计算机板上；另外一个传感器位于单元底部的电池组内。借助这两个内部温度传感器，可以精确确定无线信息系统单元的内部温度。在验证了温度稳定性之后，在该温度保持12h对试验基本没有价值。

## GFE-09

项目：

无线信息系统（WIS）组件如下：

◇ 航天飞机所用无线信息系统远程传感器单元　　　部件号 SEG16102888-301

　　　　　　　　　　　　　　　　　　　　　　　　SEG16102888-303

◇ 航天飞机所用无线信息系统货舱构件天线组件　　部件号 SEG16102891-301

◇ 15in 天线电缆组件　　部件号 41Z 氮气 Z 氮气 180.0

◇ 25in 天线电缆组件　　部件号 41Z 氮气 Z 氮气 180.0

◇ 无线信息系统电池组组件　　部件号 IVC - 0060-04-004

◇ 网络控制单元无线信息系统　　部件号 SEG16102890-301

◇ NCU 到有效载荷地面支持计算机并行接口电缆　　部件号 IVC-0060-04-014

◇ 内部无线信息系统远程传感器单元　　部件号 SEG16102889-301

◇ 应变仪延长电缆组件　　部件号 IVC-0060-04-002

◇ 加速度仪组件　　部件号 IVC-0060-04-012

◇ 加速度仪电缆组件　　部件号 IVC-0060-04-013

SSP 41172 要求：

2.2.3 节，热循环试验（元器件鉴定）。

2.2.3.3 节，试验量级和持续时间。

时间应为验收试验所用热循环数的 3 倍，但是总时间不少于 24 个周期。

例外情况：

持续时间为无线信息系统鉴定热循环试验应为 6 个周期。

依据：

6 个热循环的试验符合 SSCN 1379 中所提出的非关键硬件试验时间。

根据试验真空室功能和硬件元器件，将增加变化速度，使其高于每分钟 1.0℉的最低温度变化速度，从而实现更有效的筛选。

## GFE-10

项目：

无线信息系统（WIS）电池组组件　　部件号 IVC-0060-04-004

SSP 41172 要求：

2.2.10 节，压力试验（元器件鉴定）。

2.2.10.3 节，试验量级和持续时间。所有要求。

2.2.11 节，泄漏试验（元器件鉴定）。

2.2.11.3 节，试验量级和持续时间。所有要求。

例外情况：

无线信息系统电池组组件将在供应商处通过一个替代试验方法进行鉴定压力和泄漏试验。

依据：

无线信息系统电池组包含 3 个经过航天飞机验证的锂 BCXII 一级 D 电池，它们彼此串联，并采取特殊的保护措施以确保安全。这些电池根据航天飞机试验计划进行了航天飞机应用验证，其中包括如下试验：

（1）在验收试验过程中，每个电池都承受 2h 的 160℉+10℉ 温度；

（2）在验收试验过程中，样本电池承受 2h 的 200℉+10℉ 温度，并检查热缩包装和终端组件是否有泄漏和功能损害；

（3）在验收试验过程中，进行 90min 的载荷试验，并排除任何低于 3.4V 的电池；

（4）在验收试验过程中检查尺寸和重量；

（5）在验收试验过程中使用 X 射线检测正销缺陷和腐蚀情况；

（6）在验证试验过程中样本电池承受 1h 的 300℉+5℉ 温度，并检查是否有损害、电解液泄漏、鼓起以及玻璃-金属密封损害。

批次验证的样本规模：容量放电为 9%，高温接触为 3%，短路为 4%，接触极值温度为 3%。

除了上述试验外，还将根据 SSP 41172，在无线信息系统遥感单元中验证蓄电池。在每次环境试验之后，将对电池组进行目测检查。

## GFE-11

项目：

无线信息系统（无线信息系统）元器件如下：

◇ 航天飞机所用无线信息系统远程传感器单元　　部件号 SEG16102888-301 和
　　　　　　　　　　　　　　　　　　　　　　　SEG16102888-303

◇ 航天飞机所用无线信息系统货舱构件天线组件　　部件号 SEG16102891-301

◇ 15in 天线电缆组件　　部件号 41Z 氮气 Z 氮气 180.0

◇ 25in 天线电缆组件　　部件号 41Z 氮气 Z 氮气 180.0

◇ 无线信息系统电池组组件　　部件号 IVC - 0060-04-004

◇ 网络控制单元无线信息系统　　部件号 SEG16102890-301

◇ NCU 到有效载荷地面支持计算机并行接口电缆　　部件号 IVC-0060-04-014

◇ 内部无线信息系统远程传感器单元　　部件号 SEG16102889-301

◇ 应变仪延长电缆组件　　部件号 IVC-0060-04-002

◇ 加速度仪组件　　部件号 IVC-0060-04-012

◇ 加速度仪电缆组件　　部件号 IVC-0060-04-013

SSP 41172 要求：

2.2.12 节，电磁兼容性试验（元器件鉴定）。

2.2.12.3 节，试验量级和持续时间。所有要求。

例外情况：

无线信息系统元器件将不进行 SSP 30237 中所述的如下电磁兼容性试验：CE01、CE03、CE07、LE01、RS02、RS03、CS01、CS02、CS06 和 LE01。

针对电磁兼容性试验，将只进行批准的发射试验 RE02。

依据：

因为无线信息系统组件通过电池供电，所以所有"C"或 LE01 数值都不适用于它。需要通过工程评估试验来提供参考信息，以确定其敏感性。无线信息系统是一种非关键系统，如果检测到问题，可以将其关闭。

## GFE-12

项目：

无线信息系统（WIS）元器件如下：

◇ 航天飞机所用无线信息系统远程传感器单元　　　部件号 SEG16102888-301 和
　　　　　　　　　　　　　　　　　　　　　　　　　　　　SEG16102888-303

◇ 航天飞机所用无线信息系统货舱构件天线组件　　　部件号 SEG16102891-301

◇ 15in 天线电缆组件　　　部件号 41Z 氮气 Z 氮气 180.0

◇ 25in 天线电缆组件　　　部件号 41Z 氮气 Z 氮气 180.0

◇ 无线信息系统电池组组件　　　部件号 IVC - 0060-04-004

◇ 网络控制单元无线信息系统　　　部件号 SEG16102890-301

◇ NCU 到有效载荷地面支持计算机并行接口电缆　　　部件号 IVC-0060-04-014

◇ 内部无线信息系统远程传感器单元　　　部件号 SEG16102889-301

◇ 应变仪延长电缆组件　　　部件号 IVC-0060-04-002

◇ 加速度仪组件　　　部件号 IVC-0060-04-012

◇ 加速度仪电缆组件　　　部件号 IVC-0060-04-013

SSP 41172 要求：

第 3.1.3 节，热循环试验（元器件验收）。

第 3.1.3.3 节，试验量级和持续时间。最小热循环数应为 8 个。

例外情况：

无线信息系统验收热循环试验的时间应为 3 个周期。

依据：

3 个热循环的时间符合 SSCN 1379 中所述非关键硬件的试验时间。

根据试验真空室功能和硬件元器件，将增加变化速度，使其高于每分钟 1.0℉的最低温度变化速度，从而实现更有效的筛选。

## GFE-13

项目：

无线信息系统（WIS）电池组组件　　　部件号 IVC-0060-04-004

SSP 41172 要求：

第 3.1.6 节，压力试验（元器件验收）。

第 3.1.6.3 节，试验量级。所有要求。

第 3.1.7 节，泄漏试验（元器件验收）。

第 3.1.7.3 节，试验量级和持续时间。所有要求。

例外情况：

无线信息系统电池组组件将在供应商处通过一个替代试验方法进行验收压力和泄漏试验。

依据：

无线信息系统电池组包含 3 个经过航天飞机验证的锂 BCXII 一级 D 电池，它们彼此串联，并采取特殊的保护措施以确保安全。这些电池根据航天飞机试验计划进行了航天飞机应用验证，其中包括如下试验：

（1）在验收试验过程中，每个电池都承受 2h 的 160℉+10℉ 温度；

（2）在验收试验过程中，样本电池承受 2h 的 200℉+10℉ 温度，并检查热缩包装和终端组件是否有泄漏和功能损害；

（3）在验收试验过程中，进行 90min 的载荷试验，并排除任何低于 3.4V 的电池；

（4）在验收试验过程中检查尺寸和重量；

（5）在验收试验过程中使用 X 射线检测正销缺陷和腐蚀情况；

（6）在验证试验过程中样本电池承受 1h 的 300℉+5℉ 温度，并检查是否有损害、电解液泄漏、鼓起以及玻璃-金属密封损害。

批次验证的样本规模：容量放电为 9%，高温接触为 3%，短路为 4%，接触极值温度为 3%。

除了上述试验，还将根据 SSP 41172，在无线信息系统遥感单元中验证蓄电池。在每次环境试验之后，将对电池组进行目测检查。

## GFE-14

项目：

维护和性能检查设备如下：

◇ 气锁维护和性能检查设备电池充电器组件（BCA）　　部件号 SEG39128212-301

SSP 41172 要求：

2.2.3 节，热循环试验（元器件鉴定）。

2.2.3.3 节，试验量级和持续时间。

在热循环的高温部分，元器件应处于最大验收限值加上一个 20℉（11.1℃）的裕度（最高设计温度）；在热循环的低温部分，元器件应处于最小验收试验值温度减去一个 20℉（11.1℃）的裕度（最小设计限值温度）。如有可能，最小试验温度应低于 30℉（-1.1℃）。

例外情况：

气锁维护和性能检查设备电池充电器组件的鉴定热循环试验将在超过最大和最小验收温度极值 10 ℉的条件下进行。

依据：

气锁维护和性能检查设备电池充电器组件的验收热循环试验温度范围将从 40℉到 140℉。气锁维护和性能检查设备电池充电器组件的鉴定热循环试验温度范围将从 30℉到 150℉。这是因为此电池充电器组件内的元器件为商业部件，不能在不损害元器件的情况下承受 140℉的所需最低鉴定温度范围。试验公差将被控制在 SSP 41172 所要求的±5.4℉最大值的范围内，从而确保飞行单元将不承受高于鉴定单元所受温度的温度。

## GFE-15

项目：

维护和性能检查设备如下：

◇ 气锁维护和性能检查设备电池充电器组件　　　部件号 SEG39128212-301

SSP 41172 要求：

2.2.3 节，热循环试验（元器件鉴定）。

2.2.3.4 节，补充要求。

应至少在第一个和最后一个热循环期间的预期最高温度加上 20℉（11.1℃）的裕度以及预期最低温度减去 20℉（11.1℃）的裕度条件下以及元器件返回到环境温度之后进行功能试验。

例外情况：

在气锁维护和性能检查设备电池充电器组件的鉴定热循环试验过程中，应在 45℉和 120℉进行功能试验。

依据：

气锁维护和性能检查设备电池充电器组件的鉴定热循环试验温度范围将从 30℉到 150℉。不过，在本试验中，将不在这些极值下进行功能试验。这是因为电池充电器组件内的元器件为商业部件，其温度范围不允许在从 45℉到 120℉以外的温度下进行合适的操作。电池充电器组件的操作性能温度限值为 65℉和 80℉，因此，鉴定（和验收）试验温度限值取决于最小工艺筛选值。鉴定热循环试验的目的是鉴定验收热循环试验的设计（有裕度）。在工艺筛选验收热循环试验过程中，需要对元器件进行足够的监控，以检测任何间歇或故障。不需要在工艺试验值下的全面操作功能。在鉴定过程中，在第一个周期过程中应对电池充电器组件进行两次全面的功能试验（在接触最低和最高温度极值之前和之后），并在最后一个周期过程中进行两次（也在接触最低和最高温度极值之前和之后）。在整个鉴定热循环试验过程中，将给电池充电器组件加电并进行足够的监控（包括在 30℉和 150℉温度极值下），以检测任何中断或故障。因此，将证明高于和低于操作温度极值的裕度。

## GFE-16

项目：

维护和性能检查设备如下：

◇ 气锁维护和性能检查设备电池充电器组件　　　部件号 SEG39128212-301

SSP 41172 要求：

3.1.3 节，热循环试验（元器件验收）。

3.1.3.4 节，补充要求。

应至少在第一个和最后一个操作热循环的预期最高温度以及预期最低温度的条件下以及元器件返回到环境温度之后进行功能试验。

例外情况：

在气锁维护和性能检查设备电池充电器组件的验收热循环试验过程中，应在 50℉和 110℉进行功能试验。

依据：

气锁维护和性能检查设备电池充电器组件的验收热循环试验温度范围将从 40℉到 140℉。

不过，在本试验中，将不在这些极值下进行功能试验。这是因为电池充电器组件内的元器件为商业部件，其温度范围不允许在从45℉到120℉以外的温度下进行合适的操作。电池充电器组件的操作性能温度限值为65℉和80℉，因此，验收试验温度限值取决于最小工艺筛选值。鉴定热循环试验的目的是鉴定验收热循环试验的设计（有裕度）。在工艺筛选验收热循环试验过程中，需要对元器件进行足够的监控，以检测任何间歇或故障。不需要在工艺试验值下的全面操作功能。在验收过程中，在第一个周期过程中应对电池充电器组件进行两次全面的功能试验（在接触最低和最高温度极值之前和之后），并在最后一个周期过程中进行两次（也在接触最低和最高温度极值之前和之后）。在整个验收热循环试验过程中，将给电池充电器组件加电并进行足够的监控（包括在40℉和140℉温度极值下），以检测任何中断或故障。因此，将证明高于和低于操作温度极值的裕度。

## GFE-17

项目：

早期通信（ECOMM）元器件如下：

◇ 命令和遥测处理器（CTP）　　部件号 SEG39130534-301

◇ 射频配电箱（RFPDB）　　部件号 SEG39130725-301

◇ 天线　　部件号 SEG39130674-301 和 SEG39130674-303

◇ 收发器　　部件号 SEG190-136110-004

SSP 41172 要求：

2.2.3 节，热循环试验（元器件鉴定）。

2.2.3.3 节，试验量级和持续时间。

试验时间应为验收试验所用热循环数的3倍，但是总共不少于24个周期。

例外情况：

命令和遥测处理器、射频配电箱、天线和收发器鉴定热循环试验的时间应为3个周期。

依据：

ECOMM 是一个严酷度为3的系统，如果损失该系统，不会使乘员或飞行器承受额外的风险。

命令和遥测处理器和射频配电箱的设计采用了高度可靠、预筛选、军用标准部件，其温度范围可以满足环境要求。试验规划的温度范围在温度范围的高端和低端都包括有20℉的裕度。天线和收发器使用商业即用型部件。不过，还提供天线冗余极值以及收发器飞行中备份功能。

ECOMM 系统的鉴定试验计划是 ECOMM 关键设计评审的一部分，没有从国际空间站接到与周期数相关的说明。

ECOMM 的任务周期较短（从2A阶段到5A阶段完成试验室启动）。通过减少循环次数，可以优化政府提供设备项目的试验时间和成本，从而在达到 SSP 41172 要求的同时满足严酷度3系统的要求。

## GFE-18

项目：

早期通信（ECOMM）元器件如下：

◇ 命令和遥测处理器（CTP）　　部件号 SEG39130534-301

◇ 射频配电箱（RFPDB）　　　部件号 SEG39130725-301

◇ 天线　　部件号 SEG39130674-301 和 SEG39130674-303

◇ 收发器　　部件号 SEG190-136110-004

SSP 41172 要求：

3.1.3 节，热循环试验（元器件验收）。

3.1.3.3 节，试验量级和持续时间。

最小温度周期数应为 8 个。

例外情况：

命令和遥测处理器和射频配电箱验收热循环试验的时间应为 1.5 个周期。

天线和收发器验收热循环试验的时间应为 3 个周期。

依据：

ECOMM 是一个严酷度为 3 的系统，如果损失该系统，不会使乘员或飞行器承受额外的风险。

命令和遥测处理器和射频配电箱的设计采用了高度可靠、预筛选、军用标准部件，其温度范围可以满足环境要求。试验规划的温度范围在温度范围的高端和低端都包括 20℉ 的裕度。天线和收发器使用商业即用型部件。不过，还提供天线冗余极值以及收发器飞行中备份功能。

ECOMM 系统的鉴定试验计划是 ECOMM 关键设计评审的一部分，没有从国际空间站接到与周期数相关的说明。

ECOMM 的任务周期较短（从 2A 阶段到 5A 阶段完成试验室启动）。通过减少周期数，可以优化政府提供设备项目的试验时间和成本，从而在达到 SSP 41172 要求的同时满足严酷度 3 系统的要求。

## GFE-19

项目：

早期通信（ECOMM）元器件如下：

◇ 命令和遥测处理器（CTP）　　　部件号 SEG39130534-301

◇ 射频配电箱（RFPDB）　　　部件号 SEG39130725-301

◇ 天线　　部件号 SEG39130674-301 和 SEG39130674-303

◇ 收发器　　部件号 SEG190-136110-004

SSP 41172 要求：

2.2.5 节，随机振动试验（元器件鉴定）。

2.2.5.3 节，试验量级和持续时间。

在三个正交轴的每个轴的试验时间应为在预期最大值下的预期飞行接触时间的 3 倍，或元器件随机振动验收试验时间（如果此时间较长），但是不少于每轴 3min。

例外情况：

命令和遥测处理器、射频配电箱、天线以及收发器鉴定随机振动试验的时间应为 2min。

依据：

ECOMM 是一个严酷度为 3 的系统，如果损失该系统，不会使乘员或飞行器承受额外的风险。

在发射时，系统在航天飞机的中甲板处于非加电状态，在该处的振动环境良好。在进入在轨状态以后，ECOMM 也将不在高振动环境下进行操作。

对于每个在轨可更换单元轴，进行 2min 的"验收试验鉴定"（QAVT）以及 1min 的 "飞行验收振动试验"（AFVT），以满足 SSP 41172 的要求。

## GFE-20

项目：

早期通信（ECOMM）元器件如下：

◇ 命令和遥测处理器（CTP）　　部件号 SEG39130534-301

◇ 射频配电箱（RFPDB）　　部件号 SEG39130725-301

◇ 天线　　部件号 SEG39130674-301 和 SEG39130674-303

◇ 收发器　　部件号 SEG190-136110-004

SSP 41172 要求：

2.2.5 节，随机振动试验（元器件鉴定）。

2.2.5.3 节，试验量级和持续时间。

元器件随机振动试验量级和频谱应包含如下范围：验收试验量级和频谱加上试验公差。

例外情况：

每个在轨可更换单元轴所采用的鉴定随机振动值应综合 ECOMM 验收试验鉴定（$0.067G^2/Hz$）和验收试验鉴定（$0.04G^2/Hz$）数值。

依据：

ECOMM 是一个严酷度为 3 的系统，如果损失该系统，不会使乘员或飞行器承受额外的风险。

在中甲板区的航天飞机的有效载荷发射振动环境非常有利（$0.03G^2/Hz$）。传输到内部中甲板固定包/包装泡沫的航天飞机振动值要小得多。ECOMM 所采用的 SSP 41172 数值代表并没有必要使用的环境极值，飞行在轨可更换单元不会遇到这种极值。

ECOMM 的任务周期较短（从 2A 阶段到 5A 阶段完成试验室启动）。通过降低振动值，可以优化政府提供设备项目的试验时间和成本，从而在达到 SSP 41172 要求的同时满足严酷度 3 系统的要求。

## GFE-21

项目：

早期通信（ECOMM）元器件如下：

◇ 命令和遥测处理器（CTP）　　部件号 SEG39130534-301

◇ 射频配电箱（RFPDB）　　部件号 SEG39130725-301

◇ 天线　　部件号 SEG39130674-301 和 SEG39130674-303

◇ 收发器　　部件号 SEG190-136110-004

SSP 41172 要求：

2.2.5 节，随机振动试验（元器件鉴定）。

2.2.5.4 节，补充要求。

在试验过程中应给电气和电子元器件加电并进行监控。

例外情况：

在鉴定随机振动试验过程中，命令和遥测处理器、射频配电箱、天线和收发器可以不加电和监控。

依据：

ECOMM 是一个严酷度为 3 的系统，如果损失该系统，不会使乘员或飞行器承受额外的风险。

在发射时，系统在航天飞机的中甲板处于非加电状态，在该处的振动环境非常有利。在进入在轨状态以后，ECOMM 也将不在高振动环境下进行操作。

将在每个轴上的振动试验之前和之后进行功能试验。此试验与（加电）热循环试验一起达到充分的工艺/潜在缺陷验证效果。

在振动试验过程中不连接 ECOMM GSE 电缆。因为它们会给飞行单元连接器壳/插销增加不必要的应力。

## GFE-22

项目：

早期通信（ECOMM）元器件如下：

◇ 命令和遥测处理器（CTP）　　部件号 SEG39130534-301
◇ 射频配电箱（RFPDB）　　部件号 SEG39130725-301
◇ 天线　　部件号 SEG39130674-301 和 SEG39130674-303
◇ 收发器　　部件号 SEG190-136110-004

SSP 41172 要求：

3.1.4 节，随机振动试验（元器件验收）。

3.1.4.4 节，补充要求。

在试验过程中应给电气和电子元器件加电并进行监控。

例外情况：

在验收随机振动试验过程中，命令和遥测处理器、射频配电箱、天线和收发器可以不加电和监控。

依据：

ECOMM 是一个严酷度为 3 的系统，如果损失该系统，不会使乘员或飞行器承受额外的风险。

在发射时，系统在航天飞机的中甲板处于非加电状态，在该处的振动环境良好。在进入在轨状态以后，ECOMM 也将不在高振动环境下进行操作。

将在每个轴上的振动试验之前和之后进行功能试验。此试验与（加电）热循环试验一起达到充分的工艺/潜在缺陷验证效果。

在振动试验过程中不连接 ECOMM GSE 电缆。因为它们会给飞行单元连接器壳/插销增加不必要的应力。

## GFE-23

项目：

早期通信（ECOMM）元器件如下：

◇ 命令和遥测处理器（CTP）　　部件号 SEG39130534-301
◇ 射频配电箱（RFPDB）　　部件号 SEG39130725-301
◇ 天线　　部件号 SEG39130674-301 和 SEG39130674-303
◇ 收发器　　部件号 SEG190-136110-004

SSP 41172 要求：

3.1.8 节，老炼试验（元器件验收）。

3.1.8.3 节，试验量级和持续时间。

对于固定温度老炼（包括环境温度老炼或升温加速老炼），总操作时间应等效于 300h 的环境温度老炼。

例外情况：

命令和遥测处理器、射频配电箱、天线和收发器的验收老炼试验时间为 200h。

依据：

ECOMM 是一个严酷度为 3 的系统，如果损失该系统，不会使乘员或飞行器承受额外的风险。

ECOMM 的任务周期较短（从 2A 阶段到 5A 阶段完成试验室启动）。通过缩短老炼试验时间，可以优化政府提供设备项目的试验时间和成本，从而在达到 SSP 41172 要求的同时满足严酷度 3 系统的要求。

## GFE-24

项目：

呼吸维持套件（RSP）　　　部件号 SEG42103650-301

SSP 41172 要求：

2.2.3 节，热循环试验（元器件鉴定）。

2.2.3.3 节，试验量级和持续时间。所有要求。

2.2.3.4 节，补充要求。所有要求。

例外情况：

呼吸维持套件将不进行鉴定热循环试验。

依据：

呼吸维持套件包括一个商业即用型（COTS）通风设备 Autovent 2000、各种商业即用型呼吸治疗装置以及一个主要由 Lexan、Nomex 和 Velcro 制造的软包。商业即用硬件进行了保守的修改，以满足太空飞行要求。这些修改包括变更材料、变更材料加工方式（比如退火）以及强化元器件结构。这些修改都没有影响该设备的操作。Autovent 2000 通过气动方式驱动，不包含电气或电子元器件，也不包含焊接接头。它的操作时序通过一系列流体限制器、容积室和一个短管阀来控制。短管阀能够控制设备的开/关状态。在有足够的氧气压力聚集之后，短管阀会切换开/关状态，以克服使阀门保持在该状态的较小弹簧力。

呼吸维持套件不包含电气或电子元器件。供应商每天进行 8h 的热/冷试验，时间为 3 周。怀尔试验室还对该单元进行 8 个热循环的试验。因此，通过全面鉴定热循环试验不会筛选任何未检测到的材料或制造缺陷。

因为缺少合适的类别，所以呼吸维持套件根据 SSP 41172 被归为一种流体/压力系统并进行试验。不过，呼吸维持套件与传统的密封流体/压力系统不同，因为它不会永久加压，在正确操作过程中可以泄漏。呼吸维持套件与活动机械组件非常类似，这类硬件不需要进行热循环试验。

## GFE-25

项目：

呼吸维持套件（RSP）　　　部件号 SEG42103650-301

SSP 41172 要求：

3.1.3 节，热循环试验（元器件验收）。

3.1.3.3 节，试验量级和持续时间。所有要求。

3.1.3.4 节，补充要求。所有要求。

例外情况：

呼吸维持套件将不进行验收热循环试验。

依据：

呼吸维持套件包括一个商业即用型（COTS）通风设备 Autovent 2000、各种商业即用型呼吸治疗装置以及一个主要由 Lexan、Nomex 和 Velcro 制造的软包。商业即用硬件进行了保守的修改，以满足太空飞行要求。这些修改包括变更材料、变更材料加工方式（比如退火）以及强化元器件结构。这些修改都没有影响该设备的操作。Autovent 2000 通过气动方式驱动，不包含电气或电子元器件，也不包含焊接接头。它的操作时序通过一系列流体限制器、容积室和一个短管阀来控制。短管阀能够控制设备的开/关状态。在有足够的氧气压力聚集之后，短管阀会切换开/关状态，以克服使阀门保持在该状态的较小弹簧力。

呼吸维持套件不包含电气或电子元器件。因此，通过全面验收热循环试验不会筛选任何未检测到的材料或制造缺陷。

因为缺少合适的类别，所以呼吸维持套件根据 SSP 41172 被归为一种流体/压力系统并进行试验。不过，呼吸维持套件与传统的密封流体/压力系统不同，因为它不会长期加压，在正确操作过程中允许泄漏。呼吸维持套件与活动机械组件非常类似，这类硬件不需要进行热循环试验。

## GFE-26

项目：

呼吸维持套件（RSP）　　　部件号 SEG42103650-301

SSP 41172 要求：

2.2.4 节，随机振动试验（元器件鉴定）。

2.2.5.3 节，试验量级和持续时间。所有要求。

2.2.5.4 节，补充要求。所有要求。

例外情况：

呼吸维持套件的鉴定随机振动试验被制造商的正弦振动、随机振动和冲击试验所取代。

依据：

制造商进行的试验包括：

◇ 从 20Hz 到 500Hz 的随机振动试验，试验条件为 $0.02G^2/Hz$；

◇ 从 10Hz 到 500Hz 的正弦振动试验，试验条件为 1g；

◇ 冲击试验，试验条件为 100g，时间 6ms，采用 1/2 正弦波形。

另外，在初始设计过程中，供应商还进行了超限值试验，其中包括将飞行单元在楼梯上滚下来。

呼吸维持套件已经长期用于直升机、军用车辆和救护车，没有出现因为振动而产生的故障。在呼吸维持套件压力系统中的活动部件只有短管阀、压力调节器活塞、定时器和音量旋钮、一个操作杆组件和患者阀门组件中的活塞以及 Symmetric 快速分断装置。此外，所有螺钉都使用锁紧垫圈或 Locktite 部件固定住。任何材料和制造相关的缺陷都将在硬件的压力试验过程中被检测到。

## GFE-27

项目：

呼吸维持套件（RSP）　　　部件号 SEG42103650-301

SSP 41172 要求：

3.1.4 节，随机振动试验（元器件验收）。

3.1.4.3 节，试验量级和持续时间。所有要求。

3.1.4.4 节，补充要求。所有要求。

例外情况：

呼吸维持套件将不进行验收随机振动试验。

依据：

呼吸维持套件包括一个商业即用型（COTS）通风设备 Autovent 2000、各种商业即用型呼吸治疗装置以及一个主要由 Lexan、Nomex 和 Velcro 制造的软包。商业即用硬件进行了保守的修改，以满足太空飞行要求。这些修改包括变更材料、变更材料加工方式（比如退火）以及强化元器件结构。这些修改都没有影响该设备的操作。Autovent 2000 通过气动方式驱动，不包含电气或电子元器件，也不包含焊接接头。它的操作时序通过一系列流体限制器、容积室和一个短管阀来控制。短管阀能够控制设备的开/关状态。在有足够的氧气压力聚集之后，短管阀会切换开/关状态，以克服使阀门保持在该状态的较小弹簧力。

呼吸维持套件已经长期用于直升机、军用车辆和救护车，没有出现因为振动而产生的故障。在呼吸维持套件压力系统中的活动部件只有短管阀、压力调节器活塞、定时器和音量旋钮、一个操作杆组件和患者阀门组件中的活塞以及 Symmetric 快速分断装置。此外，所有螺钉都使用锁紧垫圈或 Locktite 部件固定住。任何材料和制造相关的缺陷都将在硬件的压力试验过程中被检测到。

## GFE-28

项目：

呼吸维持套件（RSP）　　　部件号 SEG42103650-301

SSP 41172 要求：

2.2.11 节，泄漏试验（元器件鉴定）。

2.2.11.3 节，试验量级和持续时间。所有要求。

例外情况：

呼吸维持套件组件将不进行鉴定泄漏试验，只有机械固件会根据美国空军 T.O 00-25-223 "集成压力系统和元器件（便携式和已安装）"第 1 节从 528 到 573 的相关规定进行组装和试验。

依据：

呼吸维持套件包括一个商业即用型（COTS）通风设备 Autovent 2000、各种商业即用型呼吸治疗装置以及一个主要由 Lexan、Nomex 和 Velcro 制造的软包。商业即用硬件进行了保守的修改，以满足太空飞行要求。这些修改包括变更材料、变更材料加工方式（比如退火）以及强化元器件结构。这些修改都没有影响该设备的操作。Autovent 2000 通过气动方式驱动，不包含电气或电子元器件，也不包含焊接接头。它的操作时序通过一系列流体限制器、容积室和一个短管阀来控制。短管阀能够控制设备的开/关状态。在有足够的氧气压力聚集之后，短管阀会切换开/关状态，以克服使阀门保持在该状态的较小弹簧力。

将在白沙试验基地通过如下试验方法对呼吸维持套件的元器件进行鉴定泄漏试验：

（1）将元器件加压到试验值；

（2）拆下加压气体源和密封输入管线；

（3）如果元器件内的压力没有在 5min 内下降 5～10psi 以上，则表示元器件可以接受。

按照说明，供应商在单元制造过程中所使用的个体元器件在呼吸维持套件 Autovent 组装之前进行泄漏试验。呼吸维持套件系统具有泄漏功能，便于在开启和关闭状态之间快速转换。它必须能够在特定的气体通道中释放压力，以便快速切换状态。因此，它必须能在操作过程中"泄漏"。在操作过程中，短管阀"骑"在一个气体轴承上，产生少量的泄漏。硬件在收起状态下不会加压，必须展开并人工连接到一个加压氧气源。整个加压操作时间应小于 72h。最后，硬件必须每两年维护一次，或者在每次使用后维护（以两个时间中的较早者为准）。因此，根据 SSP 41172 进行呼吸维持套件组件泄漏试验，会增加额外的成本，但是基本不会创造更多价值。

## GFE-29

项目：

呼吸维持套件（RSP）　　　　部件号 SEG42103650-301

SSP 41172 要求：

3.1.7 节，泄漏试验（元器件验收）。

3.1.7.3 节，试验量级和持续时间。所有要求。

例外情况：

呼吸维持套件组件将不进行验收泄漏试验，只有机械固件会根据美国空军 T.O 00-25-223 "集成压力系统和元器件（便携式和已安装）"第 1 节从 528 到 573 的相关规定进行组装和试验。

依据：

呼吸维持套件包括一个商业即用型（COTS）通风设备 Autovent 2000、各种商业即用型呼吸治疗装置以及一个主要由 Lexan、Nomex 和 Velcro 制造的软包。商业即用硬件进行了保守的修改，以满足太空飞行要求。这些修改包括变更材料、变更材料加工方式（比如退火）以及强化元器件结构。这些修改都没有影响该设备的操作。Autovent 2000 通过气动方式驱动，不包含电气或电子元器件，也不包含焊接接头。它的操作时序通过一系列流体限制器、容积室和一个短管阀来控制。短管阀能够控制设备的开/关状态。在有足够的氧气压力聚集之后，短管阀会切换开/关状态，以克服使阀门保持在该状态的较小弹簧力。

将在白沙试验基地通过如下试验方法对呼吸维持套件的元器件进行验收泄漏试验：

（1）将元器件加压到试验值；

（2）拆下加压气体源和密封输入管线；

（3）如果元器件内的压力没有在 5min 内下降 5～10psi 以上，则表示元器件可以接受。

按照说明，供应商在单元制造过程中所使用的个体元器件在呼吸维持套件 Autovent 组装之前进行泄漏试验。呼吸维持套件系统具有泄漏功能，便于在开启和关闭状态之间快速转换。它必须能够在特定的气体通道中释放压力，以便快速切换状态。因此，它必须能在操作过程中"泄漏"。在操作过程中，短管阀"骑"在一个气体轴承上，产生少量的泄漏。硬件在收起状态下不会加压，必须展开并人工连接到一个加压氧气源。整个加压操作时间应小于 72h。最后，硬件必须每两年维护一次，或者在每次使用后维护（以两个时间中的较早者为准）。因此，根据 SSP 41172 进行呼吸维持套件组件泄漏试验，会增加额外的成本，但是基本不会创造更多价值。

## GFE-30

项目：

化合物分析仪——燃烧产物　　部件号 SED46115801-301

采样泵　　部件号 SED46115803-301

SSP 41172 要求：

4.1.1 节，组件/元器件原型飞行试验。

在要用于后续飞行的组件上进行组件/元器件鉴定试验时，试验内容应相同（如 2.2 节中关于元器件鉴定的定义）。为此，要求在 4.1.1 节所述的温度下进行原型飞行热循环试验和功能试验过程中，给原型飞行硬件加电并进行监控。

对于热循环试验，温度周期应超过预期最高和最低温度 $10°F$（$5.6°C$）。

例外情况：

在原型飞行热循环试验过程中，化合物分析仪——燃烧产物和采样泵将在最高和最低操作温度以外进行断电。

在原型飞行热循环试验过程中，将在最高和最低操作温度进行化合物分析仪——燃烧产物和采样泵功能试验。

依据：

CSA-CP 只有 4 根线，带焊接接头的连接器很少。在组装之前，由供应商对电子部件进行目测检查。

化合物分析仪——燃烧产物的操作范围从 $32°F$ 到 $104°F$。供应商建议不要在这些范围以外进行操作，因为这样可能改变电化学传感器的性能。CSA-CP 只在乘员舱内在 $60\sim80°F$ 的条件下使用。在进行的原型飞行热循环试验中，温度变化速度约为每小时 $100°F$，这样可以提供有效应力筛选。另外，在在轨状态下，会始终保留一个备用的 CSA-CP。根据供应商数据，故障平均间隔时间约为 7 年。

目前，已经有数千个采样泵用于工业领域，证明仪器设计工艺合理。因为此硬件为原型飞行硬件，所以在供应商推荐的 $32\sim104°F$ 范围以外进行试验，可能损害硬件，并影响硬件交付计划。

## GFE-31

项目：

俄罗斯泄压泵电缆和接线盒　　部件号 SEG33110830-801

SSP 41172 要求：

4.1.1 节，组件/元器件原型飞行试验。

热循环试验。最小周期数应为 8 个。

例外情况：

俄罗斯泄压泵电缆和接线盒的原型飞行热循环试验时间应为 3 个周期。

依据：

俄罗斯泄压泵电缆和接线盒不包含任何电子部件（只有一个带铜导线的印刷电路板）。在原型飞行热循环试验期间的 3 个热循环操作足以进行工艺筛选。

## GFE-32

项目：

除湿套件 （MRK） 部件号 SEG11100311

SSP 41172 要求：

2.2.3 节，热循环试验（元器件鉴定）。

2.2.3.3 节，试验量级和持续时间。所有要求。

2.2.3.4 节，补充要求。所有要求。

例外情况：

除湿套件将不进行鉴定热循环试验。

依据：

对于除湿套件组件，将目测检查所有焊接接头以及增加的修改项，以验证除湿套件组件没有松动部件或连接。

内部除湿套件风机和干燥剂袋是通过试验鉴定的一次性物品。根据操作要求，在节点闭合，轨道飞行器仍然处于对接状态的情况下，除湿套件风机拥有 24h 的操作期。在 24h 的操作期内，风机的试验温度从 60℉ 到 90℉。全热循环试验不在除湿套件操作环境范围内。制造商已经销售了大约 50 000 个单元，其中只有不到 1% 被返回。另外，还在修改后进行了一次初步设计审查，并在马上就要进行飞行验证之前进行了预安装组装操作。

最后，在在轨状态下提供了 4 个风机和 8 个干燥剂组件，以实现冗余机制（根据试验，3 个即可满足要求）。

## GFE-33

项目：

除湿套件 （MRK） 部件号 SEG11100311

SSP 41172 要求：

3.1.3 节，热循环试验（元器件验收）。

3.1.3.3 节，试验量级和持续时间。所有要求。

3.1.3.4 节，补充要求。所有要求。

例外情况：

除湿套件将不进行验收热循环试验。

依据：

对于内部除湿套件风机，将目测检查所有焊接接头以及增加的修改项，以验证除湿套件组件没有松动部件或连接。

内部除湿套件风机和干燥剂袋是通过试验鉴定的一次性物品。根据操作要求，在节点闭合，轨道飞行器仍然处于对接状态的情况下，除湿套件风机拥有 24h 的操作期。在 24h 的操作期内，风机的试验温度从 60℉ 到 90℉。全热循环试验不在除湿套件操作环境范围内。制造商已经销售了大约 50 000 个单元，其中只有不到 1% 被返回。另外，还在修改后进行了一次初步设计审查，并在马上就要进行飞行验证之前进行了预安装组装操作。

最后，在在轨状态下提供了 4 个风机和 8 个干燥剂组件，以实现冗余机制（根据试验，3 个即可满足要求）。

## GFE-34

项目：

除湿套件 （MRK） 部件号 SEG11100311

SSP 41172 要求：

2.2.5 节，随机振动试验（元器件鉴定）。

2.2.5.3 节，试验量级和持续时间。所有要求。

2.2.5.4 节，补充要求。所有要求。

例外情况：

除湿套件将不进行鉴定随机振动试验。

依据：

对于内部除湿套件风机，将目测检查所有焊接接头以及增加的修改项，以验证除湿套件组件没有松动部件或连接。

在单元处于打开和操作状态时，在指定的数值下进行一次鉴定随机振动试验，可能会导致位于铰链处的铰接顶盖组件出现故障。除湿套件组件会安装在轨道飞行器存放区的泡沫包装中，以便运送到国际空间站。因此，它不会承受相连有效载荷的高振动值。在预期操作中，除湿套件风机通过一个 18in 软支架连接到一个国际空间站节点座轨道，在太空中，该支架在壁座轨道自然悬挂。另外，还进行了一次载荷分析，并发现标准碰撞不会导致任何性能问题。因此在一定程度上减少了进行指定随机振动试验的需要。

制造商已经销售了大约 50 000 个单元，其中只有不到 1% 被返回。另外，在修改后进行一次初步设计审查，并在马上就要进行飞行验证之前进行预安装组装操作。

## GFE-35

项目：

除湿套件 （MRK） 部件号 SEG11100311

SSP 41172 要求：

3.1.4 节，随机振动试验（元器件验收）。

3.1.4.3 节，试验量级和持续时间。所有要求。

3.1.4.4 节，补充要求。所有要求。

例外情况：

除湿套件将不进行验收随机振动试验。

依据：

对于内部除湿套件风机，将目测检查所有焊接接头以及增加的修改项，以验证除湿套件组件没有松动部件或连接。

在单元处于打开和操作状态时，在指定的数值下进行一次验收随机振动试验，可能会导致位于铰链处的铰接顶盖组件出现故障。除湿套件组件会安装在轨道飞行器存放区的泡沫包装中，以便运送到国际空间站。因此，它不会承受相连有效载荷的高振动值。在预期操作中，除湿套件风机通过一个 18in 软支架连接到一个国际空间站节点座轨道，在太空中，该支架在壁座轨道自然悬挂。另外，还进行了一次载荷分析，并发现标准碰撞不会导致任何性能问题。因此在一定程度上减少了进行指定随机振动试验的需要。

制造商已经销售了大约 50 000 个单元，其中只有不到 1%被返回。此外，在修改后进行一次初步设计审查，并在马上就要进行飞行验证之前进行预安装组装操作。

## GFE-36

项目：

除湿套件（MRK）　　部件号 SEG11100311

SSP 41172 要求：

3.1.8 节，老炼试验（元器件验收）。

3.1.8.3 节，试验量级和持续时间。所有要求。

3.1.8.4 节，补充要求。所有要求。

例外情况：

除湿套件将不进行验收老炼试验。

依据：

根据制造商的说明，除湿套件的使用寿命为 300h。所述的验收老炼试验会消耗其使用寿命。

制造商已经销售了大约 50 000 个单元，其中只有不到 1%被返回。

总除湿套件风机为一次性部件，操作寿命为 24h。

每个风机都在修改之前进行相关试验，以确认在修改之后有合适的操作流速。在修改后进行一次初步设计审查，并在马上就要进行飞行验证之前进行预安装组装操作。这通常需要 1～2h 的操作。

最后，使用 4 组分开的蓄电池（每组操作 25h），对一个经过鉴定飞行修改的一类风机进行 100h 的操作。3 个未经修改的除湿套件风机已经操作了 80 多小时，其中 1 个用于人体制冷的风机操作时间超过了 150h（估算值）。

## GFE-37

项目：

人工均压阀（MPEV）内部采样适配器（ISA）　　部件号 97M55830-1

SSP 41172 要求：

2.2.3 节，热循环试验（元器件鉴定）。

2.2.3.3 节，试验量级和持续时间。

在热循环的高温部分，元器件应处于最大验收限值加上一个 20℉（11.1℃）的裕度（最高设计温度）；在热循环的低温部分，元器件应处于最小验收试验值温度减去一个 20℉（11.1℃）的裕度（最小设计限值温度）。如有可能，最小试验温度应低于 30℉（−1.1℃），参见图 2-1。对于验收限值±裕度不包含最低范围（3.1.3.3 节）的电气/电子设备，鉴定的最低范围应为 140℉。

例外情况：

内部采样适配器将在从 32℉ 到 131℉ 的温度范围内（99℉ 的变化）进行鉴定热循环试验。

依据：

　　鉴定热循环试验的目的是鉴定验收热循环试验的硬件设计。一般情况下，这需要在验收试验最低和最高温度极值的基础上采用一个 20℉ 的温度裕度。对于内部采样适配器，对验收热循环试验最小和最大极值采用 20℉ 的鉴定裕度，可能使单元承受具有破坏作用的温度。因此，在鉴定热循环试验中，将采用一个 10℉ 的裕度。鉴定和验收热循环试验的试验温度公差将控制在 2.5℉ 以内，以确保飞行单元不会承受鉴定热环境。

　　在高于 70℉ 时，温度变化速度应为每分钟 8℉；在低于 70℉ 时，温度变化速度应为每分钟 3℉。这些变化速度超过了 SSP 41172 所指定的每分钟 1℉ 的最小速度。因此，在内部采样适配器鉴定热循环试验过程中，140℉ 范围被一个更高的温度变化速度所取代。这样内部采样适配器可以有可接受的鉴定热循环试验，并降低与无法达到全鉴定裕度相关的任何风险。

## GFE-38

项目：

人工均压阀（MPEV）内部采样适配器（ISA）　　　部件号 97M55830-1

SSP 41172 要求：

2.2.3 节，热循环试验（元器件鉴定）。

2.2.3.4 节，补充要求。

至少应在预期最高温度加上 20℉（11.1℃）的裕度和预期最低温度减去 20℉（11.1℃）的裕度以及元器件返回到环境温度后进行功能试验。

例外情况：

在鉴定热循环试验过程中，应在第一个和最后一个热循环的环境温度下对内部采样适配器进行功能试验。

依据：

元器件需要在最低和最高验收温度加上裕度的条件下进行功能试验。对于内部采样适配器，输出对温度敏感，在这些温度下不会通过功能试验。只在第一个和最后一个热循环的最低和最高温度极值之间变化时，在环境温度下进行功能试验。在所需的整个操作温度范围内，将给内部采样适配器加电并进行监控。这将足以检测工艺缺陷。这样，鉴定热循环试验足以检测内部采样适配器的工艺缺陷。

## GFE-39

项目：

人工均压阀（MPEV）内部采样适配器（ISA）　　　部件号 97M55830-1

SSP 41172 要求：

3.1.3 节，热循环试验（元器件验收）。

3.1.3.3 节，试验量级和持续时间。

在热循环的高温部分，元器件应处于最大验收限值；在热循环的低温部分，元器件应处于最小验收限值。对于在表 3-1 中确定的元器件，根据注（4），在最低和最高试验温度之间的温度范围应至少为 100℉（55.6℃），如有可能，最小试验温度应低于 30℉（−1.1℃）。

例外情况：

内部采样适配器将在从 42℉ 到 121℉ 的温度范围内（79℉ 变化）进行验收热循环验收试验。

依据：

　　热循环验收试验的目的是对电气和电子元器件进行环境筛选，以检测潜在工艺缺陷。影响一个热循环应力筛选有效性的关键参数包括温度范围、温度周期数以及在热/冷变化过程中的温度变化速度。在这些因素中，一般认为温度变化速度是更有效的筛选方式，更高的温度变化速度最有效。另外，在试验过程中（除了指定的断电期），需要给元器件加电并进行监控，以检测中断。在 SSP 41172 中，规定最小热循环筛选参数为 8 个循环，温度范围至少为 100℉，温度变化速度不低于每分钟 1℉。

　　在从 32℉ 到 131℉ 温度范围之外，不能保证在不产生损害的情况下操作内部采样适配器。因为环境验收试验不能损害在其他方面可以接受的硬件，所以将在从 42℉ 到 121℉（79℉变化）的范围内进行内部采样适配器的验收热循环试验。在高于 70℉ 时，温度变化速度应为每分钟 8℉；在低于 70℉ 时，温度变化速度应为每分钟 3℉。这些变化速度超过了 SSP 41172 所指定的每分钟 1℉ 的最小速度。因此，在内部采样适配器验收热循环试验过程中，100℉ 范围被一个更高的温度变化速度所取代。这样内部采样适配器可以有可接受的验收热循环试验。

## GFE-40

项目：

人工均压阀（MPEV）内部采样适配器（ISA）　　　部件号 97M55830-1

SSP 41172 要求：

3.1.3 节，热循环试验（元器件验收）。

3.1.3.4 节，补充要求。

应至少在第一个和最后一个操作热循环的预期最高和最低温度的保持期以后以及元器件返回到环境温度之后进行功能试验。

例外情况：

在内部采样适配器的验收热循环试验中，应在第一个和最后一个热循环的环境温度下进行功能试验。

依据：

元器件需要在最低和最高验收温度下进行功能试验。对于内部采样适配器，输出对温度敏感，在这些温度下不会通过功能试验。只在第一个和最后一个热循环的最低和最高温度极值之间变化时，在环境温度下进行功能试验。在所需的整个操作温度范围内，将给内部采样适配器加电并进行监控。这将足以检测工艺缺陷。这样，验收热循环验收试验足以检测内部采样适配器的工艺缺陷。

## GFE-41

项目：

便携计算机系统（PCS）笔记本电脑组件如下：

◇ 计算机（760XD）　　部件号 SDZ39129262-301

◇ 有效载荷地面支持计算机电源　　部件号 SED39126010-301

◇ 1553 卡　　部件号 SDG39129273-301

◇ 软盘驱动器　　部件号 SEG39129288-301

◇ 软盘驱动器外壳　　部件号 SDZ39131205-301

◇ 以太网卡　　部件号 SDZ39129269-301

◇ 闪存卡　　部件号 SDZ39131200-301

◇ RS-422 卡　　部件号 SDZ39129284-301

SSP 41172 要求：

2.2.2 节，热真空试验（元器件鉴定）。

2.2.2.5 节，真空泄压/复压的要求。所有要求。

例外情况：

便携计算机系统笔记本电脑组件将在从 9.5psi 到 14.2psi 的范围内进行操作鉴定泄压/复压试验。

依据：

便携计算机系统硬件包括改良的商业硬件（IBM ThinkPad 760XD、RS-422 卡、以太网卡、闪存卡、外部软盘驱动器和 1553 卡）和现有航天飞机设计硬件（28V 直流电源）。除了 96h 的政府提供设备验收老炼试验之外，商业即用设备（COTS）制造商还进行元器件级试验、"震荡"试验以及功能老炼试验。决定对便携计算机系统进行 96h 老炼试验的依据是航天飞机有效载荷地面支持计算机项目和早期便携计算机系统项目以前的经验，在该项目中也使用了 IBM ThinkPad、商业 PCMCIA 卡和 28V 直流电源。

航天飞机的 28V 直流电源已经操作了 9400h，并且没有出现飞行故障。已经在航天飞机上制造并飞行使用了 20 个 28V 直流电源。航天飞机的 IBM ThinkPad 755C 已经操作了 6000h，并且没有出现飞行故障。IBM ThinkPad 750 已经操作了 60 000h，在此过程中只记录了两次飞行故障（时钟芯片和一个系统板故障）。总共为太空飞行修改了 14 个 IBM ThinkPad 750，其中有 10 个进行了飞行操作。迄今为止总共为太空飞行修改了 49 个 IBM ThinkPad 755C，其中有 45 个进行了飞行验证。早期便携计算机系统（IBM ThinkPad 760ED 和 28V 直流电源）从 1997 年 9 月到 1998 年 6 月在和平号空间站上进行了操作，并且没有出现故障。迄今为止为太空飞行修改了 14 个 IBM ThinkPad 760ED，其中有 4 个进行了飞行验证。便携计算机系统所用的硬件是若干系统通用的（比如空间站支持计算机、CHeCs、Express Rack、HRF 等）。如果便携计算机系统出现故障，可以从一个严酷度较低的系统中选取一个笔记本电脑，并用来替代便携计算机系统。在飞行 4A 阶段，目前有 6 个经过验证的笔记本电脑，便携计算机系统功能只需要使用 2 个。随着有效载荷用户数量的增加，搭载的笔记本电脑数量会增加。比如在飞行 7A 阶段，验证了 14 个笔记本电脑，而便携计算机系统操作只需要 3 个。

另外，根据操作和评估试验得知：在泄压到 1psi 以下时，会损害商业即用硬件。另外，对于在 10.1 到 14.7psi 范围以外操作的硬件，便携计算机系统没有要求。

## GFE-42

项目：

便携计算机系统（PCS）笔记本电脑组件如下：

◇ 计算机（760XD）　　部件号 SDZ39129262-301

◇ 有效载荷地面支持计算机电源　　部件号 SED39126010-301

◇ 1553 卡　　部件号 SDG39129273-301

◇ 软盘驱动器　　部件号 SEG39129288-301

◇ 软盘驱动器外壳　　部件号 SDZ39131205-301

◇ 以太网卡　　部件号 SDZ39129269-301

◇ 闪存卡　　　部件号 SDZ39131200-301

◇ RS-422 卡部件号 SDZ39129284-301

SSP 41172 要求：

2.2.3 节，热循环试验（元器件鉴定）。

2.2.3.3 节，试验量级和持续时间。所有要求。

例外情况：

便携计算机系统笔记本电脑组件将在制造商指定的 50～95℉（10～35℃）规格下进行单周期的热试验。

依据：

便携计算机系统硬件包括改良的商业硬件（IBM ThinkPad 760XD、RS-422 卡、以太网卡、闪存卡、外部软盘驱动器和 1553 卡）和现有航天飞机设计硬件（28V 直流电源）。除了 96h 的政府提供设备验收老炼试验之外，商业即用设备（COTS）制造商还进行元器件级试验、"震荡"试验以及功能老炼试验。决定对便携计算机系统进行 96h 老炼试验的依据是航天飞机有效载荷地面支持计算机项目和早期便携计算机系统项目以前的经验，在该项目中也使用了 IBM ThinkPad、商业 PCMCIA 卡和 28V 直流电源。

航天飞机的 28V 直流电源已经操作了 9400h，并且没有出现飞行故障。已经在航天飞机上制造并飞行使用了 20 个 28V 直流电源。航天飞机的 IBM ThinkPad 755C 已经操作了 6000h，并且没有出现飞行故障。IBM ThinkPad 750 已经操作了 60 000h，在此过程中只记录了两次飞行故障（时钟芯片和一个系统板故障）。总共为太空飞行修改了 14 个 IBM ThinkPad 750，其中有 10 个进行了飞行验证。迄今为止总共为太空飞行修改了 49 个 IBM ThinkPad 755C，其中有 45 个进行了飞行验证。早期便携计算机系统（IBM ThinkPad 760ED 和 28V 直流电源）从 1997 年 9 月到 1998 年 6 月在和平号空间站上进行了操作，并且没有出现故障。迄今为止为太空飞行修改了 14 个 IBM ThinkPad 760ED，其中有 4 个进行了飞行验证。便携计算机系统所用的硬件是若干系统通用的（比如空间站支持计算机、CHeCs、Express Rack、HRF 等）。如果便携计算机系统出现故障，可以从一个严酷度较低的系统中选取一个笔记本电脑，并用来替代便携计算机系统。在飞行 4A 阶段，目前有 6 个经过验证的笔记本电脑，便携计算机系统功能只需要使用 2 个。随着有效载荷用户数量的增加，搭载的笔记本电脑数量会增加。比如在飞行 7A 阶段，验证了 14 个笔记本电脑，而便携计算机系统操作只需要 3 个。

另外，在制造商规格以外进行试验，会损害商业即用硬件。此外，对于在制造商规格以外操作的硬件，便携计算机系统没有要求。

## GFE-43

项目：

便携计算机系统（PCS）笔记本电脑组件如下：

◇ 计算机（760XD）　　　部件号 SDZ39129262-301

◇ 有效载荷地面支持计算机电源　　　部件号 SED39126010-301

◇ 1553 卡　　　部件号 SDG39129273-301

◇ 软盘驱动器　　　部件号 SEG39129288-301

◇ 软盘驱动器外壳　　　部件号 SDZ39131205-301

◇ 以太网卡　　　部件号 SDZ39129269-301

◇ 闪存卡　　部件号 SDZ39131200-301

◇ RS-422 卡部件号 SDZ39129284-301

SSP 41172 要求：

2.2.5 节，随机振动试验（元器件鉴定）。

2.2.5.3 节，试验量级和持续时间。所有要求。

2.2.5.4 节，补充要求。所有要求。

例外情况：

便携计算机系统笔记本电脑组件将不进行鉴定随机振动试验。

依据：

便携计算机系统硬件包括改良的商业硬件（IBM ThinkPad 760XD、RS-422 卡、以太网卡、闪存卡、外部软盘驱动器和 1553 卡）和现有航天飞机设计硬件（28V 直流电源）。除了 96h 的政府提供设备验收老炼试验之外，商业即用设备（COTS）制造商还进行元器件级试验、"震荡"试验以及功能老炼试验。决定对便携计算机系统进行 96h 老炼试验的依据是航天飞机有效载荷地面支持计算机项目和早期便携计算机系统项目以前的经验，在该项目中也使用了 IBM ThinkPad、商业 PCMCIA 卡和 28V 直流电源。

航天飞机的 28V 直流电源已经操作了 9400h，并且没有出现飞行故障。已经在航天飞机上制造并飞行使用了 20 个 28V 直流电源。航天飞机的 IBM ThinkPad 755C 已经操作了 6000h，并且没有出现飞行故障。IBM ThinkPad 750 已经操作了 60 000h，在此过程中只记录了两次飞行故障（时钟芯片和一个系统板故障）。总共为太空飞行修改了 14 个 IBM ThinkPad 750，其中有 10 个进行了飞行验证。迄今为止总共为太空飞行修改了 49 个 IBM ThinkPad 755C，其中有 45 个进行了飞行验证。早期便携计算机系统（IBM ThinkPad 760ED 和 28V 直流电源）从 1997 年 9 月到 1998 年 6 月在和平号空间站上进行了操作，并且没有出现故障。迄今为止为太空飞行修改了 14 个 IBM ThinkPad 760ED，其中有 4 个进行了飞行验证。便携计算机系统所用的硬件是若干系统通用的（比如空间站支持计算机、CHeCs、Express Rack、HRF 等）。如果便携计算机系统出现故障，可以从一个严酷度较低的系统中获取一个笔记本电脑，并用来替代便携计算机系统。在飞行 4A 阶段，目前有 6 个经过验证的笔记本电脑，便携计算机系统功能只需要使用 2 个。随着有效载荷用户数量的增加，搭载的笔记本电脑数量会增加。比如在飞行 7A 阶段，验证了 14 个笔记本电脑，而便携计算机系统操作只需要 3 个。

另外，如果在振动试验过程中进行操作，会损害商业即用设备（硬盘驱动器、软盘驱动器和光驱）。此外，硬件不会承受较大的在轨振动（没有安装）。根据操作飞行经验：硬件（未操作）能够承受发射和着陆振动环境（通过 4 次早期便携计算机系统的航天飞机飞行以及 150 多个类似发射的模型（有效载荷地面支持计算机））。

## GFE-44

项目：

便携计算机系统（PCS）笔记本电脑组件如下：

◇ 计算机（760XD）　　部件号 SDZ39129262-301

◇ 有效载荷地面支持计算机电源　　部件号 SED39126010-301

◇ 1553 卡　　部件号 SDG39129273-301

◇ 软盘驱动器　　部件号 SEG39129288-301

◇ 软盘驱动器外壳　　部件号 SDZ39131205-301

◇ 以太网卡　　部件号 SDZ39129269-301

◇ 闪存卡　　部件号 SDZ39131200-301

◇ RS-422 卡部件号 SDZ39129284-301

SSP 41172 要求：

3.1.3 节，热循环试验（元器件验收）。

3.1.3.3 节，试验量级和持续时间。所有要求。

3.1.3.4 节，补充要求。所有要求。

例外情况：

便携计算机系统笔记本电脑组件将不进行验收热循环试验。

依据：

便携计算机系统硬件包括改良的商业硬件（IBM ThinkPad 760XD、RS-422 卡、以太网卡、闪存卡、外部软盘驱动器和 1553 卡）和现有航天飞机设计硬件（28V 直流电源）。除了 96h 的政府提供设备验收老炼试验之外，商业即用设备（COTS）制造商还进行元器件级试验、"震荡"试验以及功能老炼试验。决定对便携计算机系统进行 96h 老炼试验的依据是航天飞机有效载荷地面支持计算机项目和早期便携计算机系统项目以前的经验，在该项目中也使用了 IBM ThinkPad、商业 PCMCIA 卡和 28V 直流电源。

航天飞机的 28V 直流电源已经操作了 9400h，并且没有出现飞行故障。已经在航天飞机上制造并飞行使用了 20 个 28V 直流电源。航天飞机的 IBM ThinkPad 755C 已经操作了 6000h，并且没有出现飞行故障。IBM ThinkPad 750 已经操作了 60 000h，在此过程中只记录了两次飞行故障（时钟芯片和一个系统板故障）。总共为太空飞行修改了 14 个 IBM ThinkPad 750，其中有 10 个进行了飞行验证。迄今为止总共为太空飞行修改了 49 个 IBM ThinkPad 755C，其中有 45 个进行了飞行验证。早期便携计算机系统（IBM ThinkPad 760ED 和 28V 直流电源）从 1997 年 9 月到 1998 年 6 月在和平号空间站上进行了验证，并且没有出现故障。迄今为止为太空飞行修改了 14 个 IBM ThinkPad 760ED，其中有 4 个进行了飞行验证。便携计算机系统所用的硬件是若干系统通用的（比如空间站支持计算机、CHeCs、Express Rack、HRF 等）。如果便携计算机系统出现故障，可以从一个严酷度较低的系统中获取一个笔记本电脑，并用来替代便携计算机系统。在飞行 4A 阶段，目前有 6 个经过验证的笔记本电脑，便携计算机系统功能只需要使用 2 个。随着有效载荷用户数量的增加，搭载的笔记本电脑数量会增加。比如在飞行 7A 阶段，验证了 14 个笔记本电脑，而便携计算机系统操作只需要 3 个。

另外，在制造商规格以外进行试验，会损害商业即用硬件。此外，对于在制造商规格以外操作的硬件，便携计算机系统没有要求。

## GFE-45

项目：

便携计算机系统（PCS）笔记本电脑组件如下：

◇ 计算机（760XD）　　部件号 SDZ39129262-301

◇ 有效载荷地面支持计算机电源　　部件号 SED39126010-301

◇ 1553 卡　　部件号 SDG39129273-301

◇ 软盘驱动器　　部件号 SEG39129288-301

◇　软盘驱动器外壳　　　部件号 SDZ39131205-301

◇　以太网卡　　部件号 SDZ39129269-301

◇　闪存卡　　部件号 SDZ39131200-301

◇　RS-422 卡　　部件号 SDZ39129284-301

SSP 41172 要求：

3.1.4 节，随机振动试验（元器件验收）。

3.1.4.3 节，试验量级和持续时间。所有要求。

3.1.4.4 节，补充要求。所有要求。

例外情况：

便携计算机系统笔记本电脑组件将不进行验收随机振动试验。

依据：

便携计算机系统硬件包括改良的商业硬件（IBM ThinkPad 760XD、RS-422 卡、以太网卡、闪存卡、外部软盘驱动器和 1553 卡）和现有航天飞机设计硬件（28V 直流电源）。除了 96h 的政府提供设备验收老炼试验之外，商业即用设备（COTS）制造商还进行元器件级试验、"震荡"试验以及功能老炼试验。决定对便携计算机系统进行 96h 老炼试验的依据是航天飞机有效载荷地面支持计算机项目和早期便携计算机系统项目以前的经验，在该项目中也使用了 IBM ThinkPad、商业 PCMCIA 卡和 28V 直流电源。

航天飞机的 28V 直流电源已经操作了 9400h，并且没有出现飞行故障。已经在航天飞机上制造并飞行使用了 20 个 28V 直流电源。航天飞机的 IBM ThinkPad 755C 已经操作了 6000h，并且没有出现飞行故障。IBM ThinkPad 750 已经操作了 60 000h，在此过程中只记录了两次飞行故障（时钟芯片和一个系统板故障）。总共为太空飞行修改了 14 个 IBM ThinkPad 750，其中有 10 个进行了飞行验证。迄今为止总共为太空飞行修改了 49 个 IBM ThinkPad 755C，其中有 45 个进行了飞行验证。早期便携计算机系统（IBM ThinkPad 760ED 和 28V 直流电源）从 1997 年 9 月到 1998 年 6 月在和平号空间站上进行了操作，并且没有出现故障。迄今为止为太空飞行修改了 14 个 IBM ThinkPad 760ED，其中有 4 个进行了飞行验证。便携计算机系统所用的硬件是若干系统通用的（比如空间站支持计算机、CHeCs、Express Rack、HRF 等）。如果便携计算机系统出现故障，可以从一个严酷度较低的系统中获取一个笔记本电脑，并用来替代便携计算机系统。在飞行 4A 阶段，目前有 6 个经过验证的笔记本电脑，便携计算机系统功能只需要使用 2 个。随着有效载荷用户数量的增加，搭载的笔记本电脑数量会增加。比如在飞行 7A 阶段，验证了 14 个笔记本电脑，而便携计算机系统操作只需要 3 个。

另外，如果在振动试验过程中进行操作，会损害商业即用设备（硬盘驱动器、软盘驱动器和光驱）。此外，硬件不会承受较大的在轨振动（没有安装）。根据操作飞行经验，硬件（未加电）能够承受发射和着陆振动环境（通过 4 次早期便携计算机系统的航天飞机飞行以及 150 多个类似发射的模型（有效载荷地面支持计算机））。最后，约翰逊航天中心制造和质量控制流程拥有良好的制造飞行单元记录，没有出现过一次与能通过振动试验检测的缺陷相关的飞行故障。

## GFE-46

项目：

便携计算机系统（PCS）笔记本电脑组件如下：

◇ 计算机（760XD）　　　部件号 SDZ39129262-301

◇ 有效载荷地面支持计算机电源　　部件号 SED39126010-301

◇ 1553 卡　　部件号 SDG39129273-301

◇ 软盘驱动器　　部件号 SEG39129288-301

◇ 软盘驱动器外壳　　部件号 SDZ39131205-301

◇ 以太网卡　　部件号 SDZ39129269-301

◇ 闪存卡　　部件号 SDZ39131200-301

◇ RS-422 卡　　部件号 SDZ39129284-301

SSP 41172 要求：

3.1.8 节，老炼试验（元器件验收）。

3.1.8.3 节，试验量级和持续时间。

对于固定温度老炼（包括环境温度或升温加速老炼），总操作时间应等效于环境温度下的 300h 老炼。

例外情况：

便携计算机系统笔记本电脑组件的验收老炼试验时间为 96h。

依据：

便携计算机系统硬件包括改良的商业硬件（IBM ThinkPad 760XD、RS-422 卡、以太网卡、闪存卡、外部软盘驱动器和 1553 卡）和现有航天飞机设计硬件（28V 直流电源）。除了 96h 的政府提供设备验收老炼试验之外，商业即用设备（COTS）制造商还进行元器件级试验、"震荡"试验以及功能老炼试验。决定对便携计算机系统进行 96h 老炼试验的依据是航天飞机有效载荷地面支持计算机项目和早期便携计算机系统项目以前的经验，在该项目中也使用了 IBM ThinkPad、商业 PCMCIA 卡和 28V 直流电源。

航天飞机的 28V 直流电源已经操作了 9400h，并且没有出现飞行故障。已经在航天飞机上制造并飞行使用了 20 个 28V 直流电源。航天飞机的 IBM ThinkPad 755C 已经操作了 6000h，并且没有出现飞行故障。IBM ThinkPad 750 已经操作了 60 000h，在此过程中只记录了两次飞行故障（时钟芯片和一个系统板故障）。总共为太空飞行修改了 14 个 IBM ThinkPad 750，其中有 10 个进行了飞行验证。迄今为止总共为太空飞行修改了 49 个 IBM ThinkPad 755C，其中有 45 个进行了飞行操作。早期便携计算机系统（IBM ThinkPad 760ED 和 28V 直流电源）从 1997 年 9 月到 1998 年 6 月在和平号空间站上进行了操作，并且没有出现故障。迄今为止为太空飞行修改了 14 个 IBM ThinkPad 760ED，其中有 4 个进行了飞行验证。便携计算机系统所用的硬件是若干系统通用的（比如空间站支持计算机、CHeCs、Express Rack、HRF 等）。如果便携计算机系统出现故障，可以从一个严酷度较低的系统中获取一个笔记本电脑，并用来替代便携计算机系统。在飞行 4A 阶段，目前有 6 个经过验证的笔记本电脑，便携计算机系统功能只需要使用 2 个。随着有效载荷用户数量的增加，搭载的笔记本电脑数量会增加。比如在飞行 7A 阶段，验证了 14 个笔记本电脑，而便携计算机系统操作只需要 3 个。

除了商业即用设备制造商老炼试验和 96h 验收老炼试验之外，约翰逊航天中心还在接收单元之后进行了额外的功能试验（在制造飞行单元部件之前和之后）。最后，约翰逊航天中心制造和质量控制流程拥有良好的制造飞行单元记录，没有出现过一次与能通过延长老炼试验检测的缺陷相关的飞行故障。

# GFE-47

项目：

挥发性有机物分析仪（VOA）　　　　部件号 0611-0001　　　序列号 001 和 002

SSP 41172 要求：

4.1.1 节，组件/元器件原型飞行试验。

在要用于后续飞行的组件上进行组件/元器件鉴定试验时，试验内容应相同（如 2.2 节中关于元器件鉴定的定义）。为此，要求在原型飞行随机振动试验过程中，对原型飞行硬件进行加电和监控。

例外情况：

在挥发性有机物分析仪的原型飞行随机振动试验中，可以不加电和监控。

依据：

挥发性有机物分析仪完成一次全面功能试验需要 4h。在原型飞行随机振动试验过程中，将在每个轴之间进行简短的功能试验。使用所有机电元器件的简短功能试验需要 3.5min 可以完成。此功能包括软件脉冲电气元器件，因此，在原型飞行随机振动试验过程中，可能无法检测间歇故障。

能够通过挥发性有机物分析仪提供的信息仅限于操作模式。在不更改硬件配置的情况下，就无法访问确定电气中断所需的工程数据。

# GFE-48

项目：

挥发性有机物分析仪（VOA）　　　　部件号 0611-0001　　　序列号 001 和 002

SSP 41172 要求：

4.1.1 节，组件/元器件原型飞行试验。

热循环试验。最小周期数应为 8 个。

在要用于后续飞行的组件上进行组件/元器件鉴定试验时，试验内容应相同（如 2.2 节中关于元器件鉴定的定义）。为此，需要在原型飞行热循环试验的最低和最高温度保持期中，对原型飞行热循环试验加电并进行监控，如 2.2.3.2 节所述。

例外情况：

在原型飞行热循环试验的最低和最高温度保持期中，挥发性有机物分析仪将保持在断电状态。

依据：

挥发性有机物分析仪将从 30℉到 130℉进行 8 个周期的原型飞行热循环试验。在所有周期中，都将包括一个完整的 100℉温度范围，温度变化速度不低于每分钟 1℉。

挥发性有机物分析仪在从 63℉到 69℉的操作过程中采用主动制冷。在地面试验过程中，在环境温度下通过双重地面支持设备风机来实现主动制冷。在高于 85℉的环境温度下操作挥发性有机物分析仪，可以给热熔断器吹风，保护辅助电源。

挥发性有机物分析仪包含 14 个加热器，它们在从 120℉到 620℉的范围内连续操作。在低于 60℉的温度下，不能启动功能试验，因为加热器无法达到其指定的限值以完成试验。

将在每个试验周期的 60℉和 85℉（代表挥发性有机物分析仪没有主动制冷情况下的操作

限值）下进行简短的功能试验。将在第一个周期之前以及最后一个周期之后在环境温度下进行全面的功能试验。

## GFE-49

项目：

电路隔离设备（CID）　　部件号 54059M90A

SSP 41172 要求：

2.2.2 节，热真空试验（元器件鉴定）。

2.2.2.3 节，试验量级和持续时间。

至少应采用 3 个温度周期。

例外情况：

电路隔离设备鉴定热真空试验的时间应为 1 个周期。

依据：

电路隔离设备包括一个可靠的军用级开关，在开关内没有电子部件。飞行连接器和连线是由空间站计划提供的，并且已经进行了试验。在整个设计中只有一个电阻器，它的作用是一个释放静电荷的泄放电阻器。开关已经开展了一项全面的试验计划，以满足军用要求。另外，在开发鉴定单元之前，开关已经在戈兰研究中心进行了至少 100 个周期的后续有损和重复热真空试验，试验条件超出了其操作环境。

## GFE-50

项目：

电路隔离设备（CID）　　部件号 54059M90A

SSP 41172 要求：

2.2.3 节，热循环试验（元器件鉴定）。

2.2.3.3 节，试验量级和持续时间。

持续时间应为验收试验所用热循环数的 3 倍，但是总时间不少于 24 个周期。

例外情况：

电路隔离设备鉴定热循环试验的时间应为 6 个周期。第一个周期将作为鉴定热真空试验的一部分。

依据：

电路隔离设备包括一个可靠的军用级开关，在开关内没有电子部件。飞行连接器和连线是由空间站计划提供的，并且已经进行了试验。在整个设计中只有一个电阻器，它的作用是一个释放静电荷的泄放电阻器。开关已经开展了一项全面的试验计划，以满足军用要求。另外，在开发鉴定单元之前，开关已经在戈兰研究中心进行了至少 100 个周期的后续有损和重复热真空试验，试验条件超出了其操作环境。

## GFE-51

项目：

电路隔离设备（CID）　　部件号 54059M90A

SSP 41172 要求：

3.1.3 节，热循环试验（元器件验收）。

3.1.3.3 节，试验量级和持续时间。

最小温度周期数应为 8 个。

例外情况：

电路隔离设备验收热循环试验的时间应为 2 个周期。第一个周期将作为验收热真空试验的一部分。

依据：

电路隔离设备包括一个可靠的军用级开关，在开关内没有电子部件。飞行连接器和连线是由空间站计划提供的，并且已经进行了试验。在整个设计中只有一个电阻器，它的作用是一个释放静电荷的泄放电阻器。开关已经开展了一项全面的试验计划，以满足军用要求。另外，在开发鉴定单元之前，开关已经在戈兰研究中心进行了至少 100 个周期的后续有损和重复热真空试验，试验条件超出了其操作环境。

## GFE-52

项目：

人工均压阀（MPEV）内部采样适配器（ISA）　　　部件号 97M55830-1

SSP 41172 要求：

2.2.5 节，随机振动试验（元器件鉴定）。

2.2.5.4 节，补充要求。

在试验过程中应给电气和电子元器件加电并进行监控。

例外情况：

在人工均压阀内部采样适配器的鉴定随机振动试验过程中可以不加电和监控。

依据：

内部采样适配器在发射时用泡沫包装起来，以防其承受可能有害的发射振动载荷。在这些发射环境中，不操作内部采样适配器。

内部采样适配器在其发射配置下在 8.6grms 的条件下进行了一次鉴定随机振动试验。在此试验过程中，内部电子压力模块元器件不加电或监控。不过，在鉴定随机振动试验之后验证压力模块的功能性。

内部电子压力模块制造商报告的故障率低于 1%。

内部采样适配器属于非关键国际空间站硬件。不仅为内部采样适配器故障提供了操作应急预案，而且还提供了可以在轨替换的备用压力模块。将定期检查内部采样适配器，以确保正常的在轨操作，并每年返回校准一次。

## GFE-53

项目：

人工均压阀（MPEV）内部采样适配器（ISA）　　　部件号 97M55830-1

SSP 41172 要求：

2.2.10 节，压力试验（元器件鉴定）。

2.2.10.3 节，试验量级。所有要求。

2.2.10.4 节，补充要求。所有要求。

例外情况：

人工均压阀内部采样适配器将不进行鉴定负耐压试验。

依据：

内部采样适配器外部压力将采用国际空间站的舱体压力（标称值为 14.2～14.9psia）。在故障条件下，可变减压阀将防止舱体压力超过 15.2psia。操作的内部采样适配器的内部压力将为被采样空间的压力。在气门室压力降低时，内部采样适配器的内部压力将达到真空。因此，在标准条件下内部采样适配器从外部到内部的最低负压力变化将为 14.9psia；在故障条件下则为 15.2psia（如果在气门室通风操作过程中出现异常过压）。

内部采样适配器包括不锈钢固件、一个不锈钢阀门和内部压力模块。它们安装在一个不锈钢块结构上。不锈钢部件的压力规格比内部采样适配器更高，并且不容易因为正常内部采样适配器操作所施加的正或负压力变化而受到损害。唯一可能因为承受压力变化而受到损害的内部采样适配器元器件是内部压力模块。压力模块包在一个塑料外壳内，该外壳承受环境压力。因此，实际承受压力变化的唯一元器件就是压力传感器本身。传感器压力范围为 0～30psia。因此，在内部采样适配器压力变化条件下，不会给隔板造成损害。

根据压力模块供应商水晶工程公司提供的信息，唯一可能的敏感区就是位于真空室（参考测量压力）和承受环境压力的外壳空间之间的一个 O 形圈。O 形圈槽具有对称的横截面。因此，负压力变化对密封件的影响应该与正压力变化的影响一样。在 22.7psid 条件下进行了一次正耐压试验。在正耐压试验之后的泄漏速度为 $2.6×10E-06$ sccs。因此，在顺利进行了正耐压试验之后，也解决了关于承受负耐压压力的问题。

另外，还对内部采样适配器进行了一次安全评估，并由美国航空航天局安全评审委员会批准。通过分析认为：对于此硬件来说，结构故障是一个低概率危险。因为不存在高概率安全危险，所以该硬件属于非关键硬件，有可用的操作应急预案，与不进行负耐压试验相关的风险很小。

## GFE-54

项目：

人工均压阀（MPEV）内部采样适配器（ISA）　　　部件号 97M55830-1

SSP 41172 要求：

3.1.4 节，随机振动试验（元器件验收）。

3.1.4.3 节，试验量级和持续时间。

组件随机振动试验量级和频谱应包含如下范围：图 3-2 给出的工艺筛选数值和频谱，或者由主承包商批准的筛选值和频谱。

例外情况：

人工均压阀内部采样适配器在其发射配置下的验收随机振动试验将采用 4.3grms 的整体筛选值。

依据：

内部采样适配器在发射时用泡沫包装起来，以防止其承受可能有害的发射振动载荷。在这些发射环境中，不操作内部采样适配器。

如果没有采用保护措施的内部采样适配器承受 SSP 41172 所指定的试验环境，可能导致故障（设计的泡沫包装旨在预防这些故障）。另外，在内部采样适配器上没有任何物理连接点可以实现该单元在振动试验固件上的硬安装。需要制造一个额外的固件/适配器，以便通过此方式进行试验。

在验收热循环试验过程中进行额外的工艺筛选。内部采样适配器试验是在从 42℉ 到 121℉ 的操作温度范围下进行的。在高于 70℉ 时，温度变化速度为每分钟 8℉；在低于 70℉ 时，温度变化速度为每分钟 3℉。这些变化速度超过了 SSP 41172 所指定的每分钟 1℉ 的最小速度。

内部电子压力模块制造商报告的故障率低于 1%。

内部采样适配器属于非关键国际空间站硬件。不仅为内部采样适配器故障提供了操作应急预案，而且还提供了可以在轨替换的备用压力模块。将定期检查内部采样适配器，以确保在轨正常操作，并每年返回校准一次。

## GFE-55

项目：

人工均压阀（MPEV）内部采样适配器（ISA）　　　部件号 97M55830-1

SSP 41172 要求：

3.1.4 节，随机振动试验（元器件验收）。

3.1.4.4 节，补充要求。

在试验过程中应给电气和电子元器件加电并进行监控。

例外情况：

在人工均压阀内部采样适配器的验收随机振动试验过程中可以不加电和监控。

依据：

内部采样适配器在发射时用泡沫包装起来，以防止其承受可能有害的发射振动载荷。在这些发射环境中，不操作内部采样适配器。

内部采样适配器在其发射配置下在 4.3grms 的条件下进行了一次验收随机振动试验。在此试验过程中，内部电子压力模块元器件不加电或监控。不过，在验收随机振动试验之后验证压力模块的功能性。

在验收热循环试验过程中进行额外的工艺筛选。内部采样适配器试验是在从 42℉ 到 121℉ 的操作温度范围下进行的。在高于 70℉ 时，温度变化速度为每分钟 8℉；在低于 70℉ 时，温度变化速度为每分钟 3℉。这些变化速度超过了 SSP 41172 所指定的每分钟 1℉ 的最小速度。

内部电子压力模块制造商报告的故障率低于 1%。

内部采样适配器属于非关键国际空间站硬件。不仅为内部采样适配器故障提供了操作应急预案，而且还提供了可以在轨替换的备用压力模块。将定期检查内部采样适配器，以确保正常的在轨操作，并每年返回校准一次。

## GFE-56

项目：

电池充电器子组件　　　部件号 SEG39128256-303　　　序列号 1006

SSP 41172 要求：

2.2.3 节，热循环试验（元器件鉴定）。

2.2.3.3 节，试验量级和持续时间。

在热循环的高温部分，元器件应处于最大验收限值加上一个 20℉（11.1℃）的裕度（最高设计温度）；在热循环的低温部分，元器件应处于最小验收试验值温度减去一个 20℉（11.1℃）的裕度（最小设计限值温度）。

例外情况：

气锁维护和性能检查设备电池充电器组件的鉴定热循环试验应包括 24 个从 40℉到 150℉的热循环，以及 1 个从 30℉到 150℉的热循环。

依据：

气锁维护和性能检查设备电池充电器组件的验收热循环试验温度范围从 40℉到 140℉。SSCN 1348 在开始时，将所需的鉴定裕度降低到超过 30~150℉条件下最大和最小验收温度极值 10℉。在已进行的试验中，为一个低温热循环和 25 个高温热循环提供 10℉的裕度。

电池充电器子组件内的元器件为商业部件，无法在不损害元器件的情况下承受 140℉的所需最小鉴定温度范围。因为电池充电器子组件鉴定单元（序列号 1002）遇到了尚无法解释的异常情况。另外，因为多次进入单元内进行维修并更换了被损害的元器件，并且在电池充电器子组件鉴定单元上记录了累积试验应力信息，所以将在所述温度下对备用电池充电器子组件飞行单元（序列号 1006）进行鉴定试验。

## GFE-57

项目：

电池充电器子组件　　　部件号 SEG39128256-303　　　序列号 1006

SSP 41172 要求：

2.2.5 节，随机振动试验（元器件鉴定）。

2.2.5.3 节，试验量级和持续时间。

组件随机振动试验量级和频谱应包含如下范围：验收试验量级和频谱加上试验公差。

例外情况：

电池充电器子组件的鉴定随机振动试验将在 6.1grms 的复合筛选值下进行，试验时间为每轴 1min。

依据：

电池充电器子组件的鉴定随机振动试验将在与验收随机振动试验相同的数值下进行。

因为电池充电器子组件鉴定单元（序列号 1002）遇到了尚无法解释的异常情况，另外，因为多次进入单元内进行维修并更换了被损害的元器件，并且在电池充电器子组件鉴定单元上记录了累积试验应力信息，所以将在所述温度下对备用电池充电器子组件飞行单元（序列号 1006）进行鉴定试验。这样可以保留此备用单元的飞行状态。这些数值包含预期最大飞行载荷（4.3grms 复合值）加上裕度。

## GFE-58

项目：

电池舱组件　　　部件号 SEG39128213-301　　　序列号 1001

SSP 41172 要求：

2.2.5 节，随机振动试验（元器件鉴定）。

2.2.5.3 节，试验量级和持续时间。

组件随机振动试验量级和频谱应包含如下范围：验收试验量级和频谱加上试验公差。

例外情况：

电池舱组件的鉴定随机振动试验将在 6.1grms 的复合筛选值下进行，试验时间为每轴 3min。

依据：

电池舱组件的鉴定随机振动试验将在与验收随机振动试验相同的数值下进行，不过时间为后者的 3 倍。

电池舱组件包含的电子元器件很少。它们根据 SSP 41172 的要求进行 24 个周期的全鉴定热循环试验，其温度范围为 140℉。因为鉴定随机振动值包含最大飞行载荷（4.3grms 复合值）加上裕度，所以与在降低值下进行试验相关的额外风险很小。

## GFE-59

项目：

舱外机动设备穿/脱组件（EDDA） 部件号 SEG39128210-301 序列号 1001

SSP 41172 要求：

2.2.5 节，随机振动试验（元器件鉴定）。

2.2.5.3 节，试验量级和持续时间。

组件随机振动试验量级和频谱应包含如下范围：验收试验量级和频谱加上试验公差。

例外情况：

舱外机动设备穿/脱组件将在 6.1grms 的复合筛选值下进行鉴定随机振动试验，试验时间为每轴 3min。

依据：

舱外机动设备穿/脱组件的鉴定随机振动试验将在与验收随机振动试验相同的数值下进行，不过时间为后者的 3 倍。

舱外机动设备穿/脱组件不包含电子元器件。在一系列 1-g 和 0-g 穿脱载荷评估中使用了舱外机动设备穿/脱组件（参考文件 JSC 39238，1999 年 1 月 25 日发布），并且没有报告异常。因为鉴定随机振动值包含最大飞行载荷（4.3grms 复合值）加上裕度，所以与在降低值下进行试验相关的额外风险很小。

## GFE-60

项目：

控制电子部件单元（CEU） 部件号 829834-551 序列号 00003

SSP 41172 要求：

2.2.3 节，热循环试验（元器件鉴定）。

2.2.3.3 节，试验量级和持续时间。

在热循环的高温部分，元器件应处于最大验收限值加上一个 20℉（11.1℃）的裕度（最高设计温度）；在热循环的低温部分，元器件应处于最小验收试验值温度减去一个 20℉（11.1℃）的裕度（最小设计限值温度）。如有可能，最小试验温度应低于 30℉（-1.1℃），参见图 2-1。对于验收限值±裕度不包含最低范围（3.1.3.3 节）的电气/电子设备，鉴定的最低范围应为 140℉。

例外情况：

控制电子部件单元应在从 13℉ 到 110℉ 的操作温度下进行鉴定热循环试验。

依据：

在最低和最高操作验收热循环温度下提供 20℉的鉴定裕度。不过，这并未达到 SSP 41172 所指定的 140℉最小温度范围。

控制电子部件单元热试验的温度变化速度为每分钟 3℉。更高的变化速度并不对应更严格的试验条件。

鉴定控制电子部件单元完成了 32 个热循环的试验（有 8 个周期是在验收试验流程数值下进行的）。

热系统为单故障容错系统，可以降低控制电子部件单元遇到最坏情况条件的风险。

有两个控制电子部件单元处于在轨配置。每个控制电子部件单元包含 3 个视频图形卡，可以实现冗余机制。

## GFE-61

项目：

显示器和控制板　　　部件号 829872-551　　　序列号 00003

SSP 41172 要求：

2.2.3.3 节，试验量级和持续时间。

在热循环的高温部分，元器件应处于最大验收限值加上一个 20℉（11.1℃）的裕度（最高设计温度）；在热循环的低温部分，元器件应处于最小验收试验值温度减去一个 20℉（11.1℃）的裕度（最小设计限值温度）。如有可能，最小试验温度应低于 30℉（-1.1℃），参见图 2-1。对于验收限值±裕度不包含最低范围（3.1.3.3 节）的电气/电子设备，鉴定的最低范围应为 140℉。

例外情况：

显示器和控制板的鉴定热循环试验应包括 24 个从 5℉到 105℉的热循环。显示器和控制板应在 45℉～105℉的温度范围内操作。

依据：

显示器和控制板热试验的温度变化速度超过了 SSP 41172 规定的每分钟 1℉。

鉴定显示器和控制板完成了 32 个热循环的试验（有 8 个周期是在验收试验流程数值下进行的）。

热系统为单故障容错系统，可以降低显示器和控制板遇到最坏情况条件的风险。

有两个显示器和控制板处于在轨配置。

## GFE-62

项目：

控制电子部件单元（CEU）　　　部件号 829834-551　　　序列号 00001 和 00002

SSP 41172 要求：

3.1.3 节，热循环试验（元器件验收）。

3.1.3.3 节，试验量级和持续时间。

在热循环的高温部分，元器件应处于最大验收限值；在热循环的低温部分，元器件应处于最小验收限值。对于在表 3-1 中确定的元器件，根据注（4），在最低和最高试验温度之间的温度范围应至少为 100℉（55.6℃），如有可能，最小试验温度应低于 30℉（-1.1℃）。

例外情况：

控制电子部件单元的验收热循环试验应包括 8 个从-10℉到 90℉的热循环。控制电子部件单元应在从 33℉到 90℉的温度下操作。

依据：

控制电子部件单元在其内部视频图形卡上有 3 个限温元器件：

（1）D-闭锁，部件号 54AC574FMQB——因为有连接热点，所以温度上限为 113℉。

（2）NTSC 解码器，BT819AKPF——因为有时间误差，所以温度下限为 32℉。

（3）雷神 TMC2081——因为有时间误差，所以温度下限为 32℉。

飞行控制电子部件单元在 1997 年 8 月的亨茨维尔货运之前以及 1999 年 4 月的肯尼迪航天中心货运之前进行了验收热循环试验。这些飞行控制电子部件单元还进行了额外的工艺筛选，其中包括两次验收随机振动试验。

美国试验室指定的冷板温度为在 33～90℉范围内，这与操作验收热循环试验环境相同。

预期标准操作环境为 60～80℉，热系统为单故障容错系统。

有两个控制电子部件单元处于在轨配置。每个控制电子部件单元包含 3 个视频图形卡，可以实现冗余。

## GFE-63

项目：

显示器和控制板　　　部件号 829872-551　　　序列号 00001 和 00002

SSP 41172 要求：

3.1.3 节，热循环试验（元器件验收）。

3.1.3.3 节，试验量级和持续时间。

在热循环的高温部分，元器件应处于最大验收限值；在热循环的低温部分，元器件应处于最小验收限值。对于在表 3-1 中确定的元器件，根据注（4），在最低和最高试验温度之间的温度范围应至少为 100℉（55.6℃），如有可能，最小试验温度应低于 30℉（-1.1℃）。

例外情况：

显示器和控制板的验收热循环试验应包括 8 个从-15℉到 85℉的热循环。显示器和控制板应在从-15℉到 85℉的温度范围内操作。

依据：

美国试验室指定的显示器和控制板操作温度范围预计为 65～85℉。

飞行显示器和控制板在 1997 年 8 月的亨茨维尔货运之前以及 1999 年 4 月的肯尼迪航天中心货运之前进行了验收热循环试验。这些飞行显示器和控制板还进行了额外的工艺筛选，其中包括两次验收随机振动试验。它们将作为机器人工作站的集成部分，在发射之前预计进行 700h 的老炼试验。

## GFE-64

项目：

显示器和控制板风机　　　部件号 830957-551

SSP 41172 要求：

2.2.4 节，随机振动试验（元器件鉴定）。

2.2.5.3 节，试验量级和持续时间。

在三个正交轴的每个轴的试验时间应为在预期最大值下的预期飞行接触时间的 3 倍，或元器件随机振动验收试验时间（如果此时间较长），但是不少于每轴 3min。

例外情况：

显示器和控制板风机的鉴定随机振动试验时间为每轴 1min。

依据：

带风机的显示器和控制板在发射时包装在微加压后勤舱的泡沫内。根据机器人工作站试验，在包装采用最小泡沫厚度的情况下，元器件承受的随机振动环境至少减少 60%。

供应商数据给出的操作可靠性为 200 000h。

显示器和控制板风机为严酷度 3 的硬件。

## GFE-65

项目：

显示器和控制板风机　　部件号 830957-551

SSP 41172 要求：

3.1.4 节，随机振动试验（元器件验收）。

3.1.4.3 节，试验量级和持续时间。所有要求。

3.1.4.4 节，补充要求。所有要求。

例外情况：

显示器和控制板风机将不进行验收随机振动试验。

依据：

带风机的显示器和控制板在发射时包装在微加压后勤舱的泡沫内。根据机器人工作站试验，在包装采用最小泡沫厚度的情况下，元器件承受的随机振动环境至少减少 60%。

鉴定显示器和控制板风机能够通过每轴 1min 的鉴定随机振动试验。

供应商数据给出的操作可靠性为 200 000h。

显示器和控制板风机为严酷度 3 的硬件。

## GFE-66

项目：

视频监视器　　部件号 829880-501

SSP 41172 要求：

2.2.5 节，随机振动试验（元器件鉴定）。

2.2.5.3 节，试验量级和持续时间。

在三个正交轴的每个轴的试验时间应为在预期最大值下的预期飞行接触时间的 3 倍，或元器件随机振动验收试验时间（如果此时间较长），但是不少于每轴 3min。

例外情况：

视频监视器的鉴定随机振动试验时间为每轴 1min。

依据：

视频监视器在发射时包装在微加压后勤舱的泡沫内。根据机器人工作站试验，在包装采用最小泡沫厚度的情况下，元器件承受的随机振动环境至少减少 60%。

供应商数据给出的操作可靠性为 200 000h。

视频监视器是一个经过军用鉴定的元器件。

每个集成机器人工作站包含 3 个视频监视器。

## GFE-67

项目：

机器人工作站　　部件号 829875-551

SSP 41172 要求：

2.2.3 节，热循环试验（元器件鉴定）。

2.2.3.3 节，试验量级和持续时间。

在热循环的高温部分，元器件应处于最大验收限值加上一个 20℉（11.1℃）的裕度（最高设计温度）；在热循环的低温部分，元器件应处于最小验收试验值温度减去一个 20℉（11.1℃）的裕度（最小设计限值温度）。如有可能，最小试验温度应低于 30℉（-1.1℃），参见图 2-1。对于验收限值±裕度不包含最低范围（3.1.3.3 节）的电气/电子设备，鉴定的最低范围应为 140℉。

例外情况：

机器人工作站不应在从-25℉到 150℉的非操作温度范围内进行鉴定热循环试验。

依据：

非操作温度范围是根据地面运输热环境推导的。EMS 热分析表明：机器人工作站将满足指定的非操作温度范围。

另外，在机器人工作站包装说明中，阐述了降低任何风险的运输要求。这其中包括使用一个浮动车，其湿度和环境控制器以及在轨可更换单元用泡沫包装。

## GFE-68

项目：

机器人工作站　　部件号 829875-551

SSP 41172 要求：

3.1.3 节，热循环试验（元器件验收）。

3.1.3.3 节，试验量级和持续时间。

在热循环的高温部分，元器件应处于最大验收限值；在热循环的低温部分，元器件应处于最小验收限值。

例外情况：

机器人工作站不应在从-25℉到 150℉的非操作温度范围内进行验收热循环试验。

依据：

非操作温度范围是根据地面运输热环境推导的。EMS 热分析表明：机器人工作站将满足指定的非操作温度范围。

另外，在机器人工作站包装说明中，阐述了降低任何风险的运输要求。这其中包括使用一个浮动车，其湿度和环境控制器以及在轨可更换单元用泡沫包装。

## GFE-69

项目：

中心线停靠摄像机系统：

◇ 带安装托架的摄像机和发光二极管组件　　部件号 SEG33112576-301

SSP 41172 要求：

4.1.1 节，组件/元器件原型飞行试验。

热循环试验最小周期数应为 8 个。

例外情况：

带安装托架的摄像机和发光二极管组件的原型飞行热循环试验时间应为 3 个周期。

依据：

中心线停靠摄像机系统包括轨道飞行器和 DTO 硬件，其中包括发光二极管控制单元、视频接口单元以及带安装托架的摄像机和发光二极管组件。

摄像机组件在有效载荷舱环境中进行了大量飞行，其中包括航天飞机任务 STS-62、STS-64、STS-82、STS-95 和 STS-85。这些任务的温度范围比中心线停靠摄像机系统所经历的范围大。摄像机组件大约飞行了 25 次航天飞机任务，并且没有出现异常情况或故障。另外，摄像机组件制造商确定了平均故障间隔时间为 38 400h。因此，考虑到其过去的飞行历史，在原型飞行热循环试验过程中通过 3 个热循环试验足以进行工艺筛选。

## GFE-70

项目：

中心线停靠摄像机系统：

◇ 带安装托架的摄像机和发光二极管组件　　部件号 SEG33112576-301

SSP 41172 要求：

4.1.1 节，组件/元器件原型飞行试验。

在要用于后续飞行的组件上进行组件/元器件鉴定试验时，试验内容应相同（如 2.2 节中关于元器件鉴定的定义）。为此，要求对原型飞行硬件进行电磁兼容性试验，如 2.2.12 节所述。

例外情况：

带安装托架的摄像机和发光二极管组件只在原型飞行电磁兼容性试验过程中进行辐射发射和敏感性认证。传导发射和敏感性试验可忽略。

在原型飞行电磁兼容性试验中不应包含 Ku 频带电源。

依据：

中心线停靠摄像机系统包括轨道飞行器和 DTO 硬件，其中包括发光二极管控制单元、视频接口单元以及带安装托架的摄像机和发光二极管组件。

Ku 频带电源经认证可以用于国际空间站。Ku 频带电源将中心线停靠摄像机系统航空电子设备与国际空间站电源的传导发射隔离开来，使其不受影响。

## GFE-71

项目：

中心线停靠摄像机系统：

◇ 带安装托架的摄像机和发光二极管组件　　部件号 SEG33112576-301

SSP 41172 要求：

4.1.1 节，组件/元器件原型飞行试验。

在要用于后续飞行的组件上进行组件/元器件鉴定试验时，试验内容应相同（如 2.2 节中关于元器件鉴定的定义）。为此，要求对原型飞行硬件进行泄压/复压真空试验，如 2.2.2.5 节所述。

例外情况：

带安装托架的摄像机和发光二极管组件不进行泄压/复压真空试验。

依据：

中心线停靠摄像机系统包括轨道飞行器和 DTO 硬件，其中包括发光二极管控制单元、视频接口单元以及带安装托架的摄像机和发光二极管组件。

摄像机组件已经飞行了大约 25 次航天飞机任务，没有出现异常或故障。该组件在有效载荷舱环境中进行了大量飞行，其中包括航天飞机任务 STS-62、STS-64、STS-82、STS-95 和 STS-85。因此，中心线停靠摄像机系统的基本构件以前在热真空中进行了试验，并经历了实际的飞行真空环境。

发光二极管控制单元将分别进行自己的泄压/复压真空试验。

从其过去的飞行历史来看，可以忽略带安装托架的摄像机和发光二极管组件的泄压/复压真空试验。

## GFE-72

项目：

中心线停靠摄像机系统：

◇　发光二极管控制单元　　　部件号 SEG33112643-301

SSP 41172 要求：

4.1.1 节，组件/元器件原型飞行试验。

在要用于后续飞行的组件上进行组件/元器件鉴定试验时，试验内容应相同（如 2.2 节中关于元器件鉴定的定义）。为此，要求原型飞行硬件进行泄压/复压真空试验，如 2.2.2 节所述；试验中元器件处于加电状态，如 2.2.2.5 节所述。

例外情况：

在泄压/复压真空试验过程中，发光二极管控制单元将不加电。

依据：

发光二极管控制单元的设计采用了经过认证的军用规格部件。在进行的热循环和老炼试验过程中，发光二极管控制单元证明了其对泄压所产生的热环境有足够的承受能力。

## GFE-73

项目：

中心线停靠摄像机系统：

◇　带安装托架的摄像机和发光二极管组件　　　部件号 SEG33112576-301

SSP 41172 要求：

4.1.1 节，组件/元器件原型飞行试验。

在要用于后续飞行的组件上进行组件/元器件鉴定试验时，试验内容应相同（如 2.2 节中关于元器件鉴定的定义）。为此，要求原型飞行硬件进行 300h 老炼试验，或者根据 3.1.8.3 节时间加速度因子方程确定的等效老炼试验。

例外情况：

在试验过程中，全组装中心线停靠摄像机系统将进行大约 28h 的操作。

依据：

中心线停靠摄像机系统包括轨道飞行器和 DTO 硬件，其中包括发光二极管控制单元、视频接口单元以及带安装托架的摄像机和发光二极管组件。

摄像机组件已经飞行了大约 25 次航天飞机任务，没有出现异常或故障。该组件在有效载荷舱环境中进行了大量飞行，其中包括航天飞机任务 STS-62、STS-64、STS-82、STS-95 和 STS-85。另外，摄像机组件制造商确定了故障平均间隔时间为 38 400h。因此，考虑到其过去的飞行历史，允许使用已进行的操作来代替老炼要求验证信息。

## GFE-74

项目：

中心线停靠摄像机系统：

◇ 发光二极管控制单元　　部件号 SEG33112643-301

SSP 41172 要求：

4.1.1 节，组件/元器件原型飞行试验。

在要用于后续飞行的组件上进行组件/元器件鉴定试验时，试验内容应相同（如 2.2 节中关于元器件鉴定的定义）。为此，要求原型飞行硬件进行 300h 老炼试验，或者根据 3.1.8.3 节时间加速度因子方程确定的等效老炼试验。

例外情况：

发光二极管控制单元将进行 244.5h 的老炼试验。

依据：

发光二极管控制单元的设计采用了经过认证的军用规格部件。发光二极管控制单元进行振动、泄压/复压真空和热循环试验。在热循环试验过程中的热变化速度约为每分钟 3℉。

此发光二极管控制单元设计以前进行了飞行，并且在飞行过程中没有出现异常。另外，用于国际空间站的发光二极管控制单元进行了大量试验，其中包括在组装之前在板级和子组件级进行功能试验。在计算发光二极管控制单元老炼试验时间的过程中没有包含这些功能试验。因此，考虑到其过去的飞行历史，减少老炼试验时间是可以接受的。

## GFE-75

项目：

电源和视频固定装置　　部件号 51818-003

SSP 41172 要求：

2.2.2 节，热真空试验（元器件鉴定）。

2.2.2.3 节，试验量级和持续时间。

压力应从大气压降低到 0.0001 Torr（0.0133 Pa）以下。

例外情况：

电源和视频固定装置可以在环境压力下进行鉴定热真空试验。

依据：

对整套组件进行了功能热循环试验（鉴定为 10 个周期，验收为 2 个周期）。

电源和视频固定装置常用元器件（抓握轴和闭锁末端受动器连接器）以前分别针对电源和数据固定装置进行过鉴定，并进行类似性鉴定（SPAR-SS-R.18999 和 CR 8976-F-143）。

因为选择了合适的涂层和工艺，所以不需要对非常用元器件（仅供应急用）进行真空试验。

此说明适用于电源和视频固定装置抓握轴舱外活动释放装置的带螺纹元器件和滑动部件，它们使用 Lubeco 905 固态膜润滑剂进行润滑，这种润滑剂已经广泛用于航天飞机远程操控器系统和空间站远程操控器系统装置，并符合真空要求。因为用量少，并且在装置每个载荷轴承元器件上的赫兹应力较低，所以不会影响润滑剂的性能。为了进一步预防微焊接和摩擦的影响，梭形滑动表面进行了钛氮化处理，与释放梭形装置相连的传输固定表面也进行了氮化处理。

## GFE-76

项目：

电源和视频固定装置　　　部件号 51818-003

SSP 41172 要求：

3.1.2 节，热真空试验（元器件验收）。

3.1.2.3 节，试验量级和持续时间。

压力应从大气压降低到 0.0001Torr（0.0133Pa）以下。

例外情况：

电源和视频固定装置可以在环境压力下进行验收热真空试验。

依据：

对整套组件进行了功能热循环试验（鉴定为 10 个周期，验收为 2 个周期）。

电源和视频固定装置常用元器件（抓握轴和闭锁末端受动器连接器）以前分别针对电源和数据固定装置进行过鉴定，并进行类似性鉴定（SPAR-SS-R.18999 和 CR 8976-F-143）。

因为选择了合适的涂层和工艺，所以不需要对非常用元器件（仅供应急用）进行真空试验。此说明适用于电源和视频固定装置抓握轴舱外活动释放装置的带螺纹元器件和滑动部件，它们使用 Lubeco 905 固态膜润滑剂进行润滑，这种润滑剂已经广泛用于航天飞机远程操控器系统和空间站远程操控器系统装置，并符合真空要求。因为用量少，并且在装置每个载荷轴承元器件上的 Hz 应力较低，所以不会影响润滑剂的性能。为了进一步预防微焊接和摩擦的影响，梭形滑动表面进行了钛氮化处理，与释放梭形装置相连的传输固定表面也进行了氮化处理。

## GFE-77

项目：

电源和视频固定装置　　　部件号 51818-003

SSP 41172 要求：

2.2.5 节，随机振动试验（元器件鉴定）。

2.2.5.4 节，补充要求。

在随机振动试验过程中，应对电气和电子元器件加电并进行监控，以检测故障或中断。

例外情况：

电源和视频固定装置的鉴定随机振动试验可以不加电和监控。

依据：

电源和视频固定装置是一个位于空间站远程操控器系统和有效载荷/托盘之间的简单机械接口，只带有简单电气部件：其中包括连接器、连线和插销。

在发射电源和视频固定装置时，连接器处于解配状态。在振动试验过程中，如果像它们与闭锁末端受动器匹配的状态一样固定连接器，会为连接器提供支撑，这样试验不会代表飞行配置。如果只提供带电缆束的匹配连接器，会增加电源和视频固定装置连接器的未支撑质量。这会使电源和视频固定装置连接器的柔性装置承受比发射配置预期正常应力更大的应力，这样可能会导致损害，这种损害与飞行件配置没有直接关系。

## GFE-78

项目：

电源和视频固定装置　　部件号 51818-003

SSP 41172 要求：

3.1.4 节，随机振动试验（元器件验收）。

3.1.4.4 节，补充要求。

在随机振动试验过程中，应对电气和电子元器件加电并进行监控，以检测故障或中断。

例外情况：

电源和视频固定装置的验收随机振动试验可以不加电和监控。

依据：

电源和视频固定装置是一个位于空间站远程操控器系统和有效载荷/托盘之间的简单机械接口，只带有简单电气部件，其中包括连接器、连线和插销。

在发射电源和视频固定装置时，连接器处于解配状态。在振动试验过程中，如果像它们与闭锁末端受动器匹配的状态一样固定连接器，会为连接器提供支撑，这样试验不会代表飞行配置。如果只提供带电缆束的匹配连接器，会增加电源和视频固定装置连接器的未支撑质量。这会使电源和视频固定装置连接器的柔性装置承受比发射配置预期正常应力更大的应力，这样可能会导致损害，这种损害与飞行件配置没有直接关系。

## GFE-79

项目：

导管烟雾检测器配置项目 M37070F　　序列号 038

SSP 41172 要求：

3.1.4 节，随机振动试验（元器件验收）。

3.1.4.3 节，试验量级和持续时间。

组件随机振动试验量级和频谱应包含如下范围：预期最大飞行数值和频谱减去 6dB，但是不小于根据 135dB 整体声环境推导的数值。

例外情况：

在导管烟雾检测器序列号 038 的验收随机振动试验中，采用 6.1grms 的最小工艺筛选值，每轴时间 120s，以取代预期最大飞行数值和频谱减去 6 dB 的数值。

依据：

试验和验证控制委员会将 $X$、$Y$ 和 $Z$ 轴频谱与相关鉴定和验收值进行了评估对比，并同意：变化值非常小。试验和验证控制委员会得到了一张导管烟雾检测器照片，并根据其较小的尺寸和重量确定，6.1grms 频谱和 120s 持续时间足以高效筛选导管烟雾检测器。

# GFE-80

项目：

等离子体接触器单元空心阴极组件　　部件号 62416J

SSP 41172 要求：

2.2.5 节，随机振动试验（元器件鉴定）。

2.2.5.3 节，试验量级和持续时间。所有要求。

2.2.5.4 节，补充要求。所有要求。

例外情况：

等离子体接触器单元空心阴极组件不进行元器件级的鉴定随机振动试验。

依据：

等离子体接触器单元空心阴极组件的鉴定单元在设计认证过程中进行了如下试验。

1. 组件级试验

鉴定空心阴极组件已经进行了点火试验。本试验在真空条件下进行，包括 10 个启动/关闭/冷却周期。在此试验过程中，空心阴极组件的温度从环境温度变化到 2192℉（1200℃）。对空心阴极组件进行了目测检查，并在点火试验之后分析了性能数据。

鉴定空心阴极组件加热器进行了置信度试验。此试验进行了 150 个启动/关闭操作周期。对空心阴极组件进行了目测检查，并在置信度试验之后分析了性能数据。

与飞行空心阴极组件相同的高精度开发空心阴极组件单元进行了寿命试验和点火试验。这些单元已经超过了 18 000h 寿命要求。在点火试验中，一个单元超过了 42 000 次点火，远远超过了 6000 次点火的要求，其可靠性超过 99%。

较低精度的开发空心阴极组件单元带有相同的阴极和加热器，不过连线配置和安装法兰不同，它们顺利完成了振动试验。振动试验包括在三个轴 0.5 正弦的正弦振动（每分钟 1Oct），以及在三个轴的 16.5grms 随机振动（每轴 1min）。

2. 在轨可更换单元级试验

鉴定空心阴极组件单元根据 SSP 41172 的要求在等离子体接触器单元中进行了振动试验。在振动试验之后，进行了电气功能试验和钳位电压试验。根据在电气功能试验过程中的说明操作了空心阴极组件。在钳位电压试验过程中，出现了一次没有解释的异常情况：在 12 次成功点火之后，空心阴极组件出现了一次点火失败。这是因为单点接地出现了一个电流短路，将电流从空心阴极组件加热器吸走。因此，加热器没有足够的电流来给 HCA 点火。不过，通过分析确定空心阴极组件及其加热器不是导致短路的原因。因此，结论是空心阴极组件具有全面的功能。

# GFE-81

项目：

等离子体接触器单元空心阴极组件　　部件号 62416J

SSP 41172 要求：

3.1.4 节，随机振动试验（元器件验收）。

3.1.4.3 节，试验量级和持续时间。所有要求。

3.1.4.4 节，补充要求。所有要求。

例外情况：

等离子体接触器单元空心阴极组件不进行元器件级的验收随机振动试验。

依据：

飞行等离子体接触器单元空心阴极组件在其工艺筛选过程中要进行如下试验。

1. 元器件级试验

所有飞行空心阴极组件都进行了点火试验。本试验是在真空条件下进行的，包括 10 个启动/关闭/冷却周期。在此试验过程中，空心阴极组件的温度从环境温度变化到 2192℉（1200℃）。在点火试验之后以及将空心阴极组件中作为飞行验证单元进行验收之前，对空心阴极组件进行了目测检查，并分析了性能数据。

所有飞行空心阴极组件加热器都进行了置信度试验。此试验包括 150 个启动/关闭操作周期。在置信度试验之后以及空心阴极组件加热器将空心阴极组件中作为飞行验证单元进行验收之前，对空心阴极组件进行了目测检查，并分析了性能数据。

与飞行空心阴极组件相同的高精度开发空心阴极组件单元进行了寿命试验和点火试验。这些单元已经超过了 18 000h 寿命要求。在点火试验中，一个单元超过了 42 000 次点火，远远超过了 6000 次点火的要求，其可靠性超过 99%。

较低精度的开发空心阴极组件单元带有相同的阴极和加热器，不过连线配置和安装法兰不同，它们顺利完成了振动试验。振动试验包括在三个轴 0.5 正弦的正弦振动（每分钟 1Oct），以及在三个轴的 16.5grms 随机振动（每轴 1min）。

2. 在轨可更换单元级试验

飞行空心阴极组件根据 SSP 41172 的要求在等离子体接触器单元中进行了振动试验。在振动试验之后，进行了电气功能试验和钳位电压试验。第一个空心阴极组件按照要求顺利进行了操作。

## GFE-82

项目：

微加压后勤舱加热器电池配置项目 M42080Q

SSP 41172 要求：

3.1.2 节，热真空试验（元器件验收）。

3.1.2.3 节，试验量级和持续时间。所有要求。

3.1.2.4 节，补充要求。所有要求。

例外情况：

加热器蓄电池将不进行验收热真空试验。

依据：

阿莱尼亚要求删除银-锌蓄电池的验收热真空试验（因为设计和使用寿命特征）。

银-锌蓄电池是使用寿命有限的项目，它们在干燥状态下存放，直到需要使用为止。微加压后勤舱 3 个加热器电池的 3 个显著特征包括 10 年的干（非激活）寿命、12 个月的湿（激活）

寿命以及 10 个充电/放电周期。如果在为电池填充电解液后进行一次验收热真空试验，会至少损失一个充电/放电周期和一些湿寿命。不过，电池设计进行了一次鉴定热真空试验，没有出现异常。在最终生产过程中，所有银-锌电池都进行批次和 100%数值的试验。这些银-锌电池与以前太空飞行的项目具有相同的设计特征。最后，认为没有对真空敏感的电池部件或子组件。

## GFE-83

项目：

便携风机组件　　　部件号 96M68020-1　　　序列号 001、002 和 003

SSP 41172 要求：

3.1.4 节，随机振动试验（元器件验收）。

3.1.4.3 节，试验量级和持续时间。所有要求。

3.1.4.4 节，补充要求。所有要求。

例外情况：

二氧化碳清除套件便携风机组件不会进行验收随机振动试验。

依据：

便携风机组件在发射时包装在泡沫中，以避免其承受可能有害的发射振动载荷。在发射过程中不操作便携风机组件。便携风机组件只能通过其六角螺栓以硬安装的方式连接到振动器台。分析表明：通过这种方式进行试验，会导致结构损害。如果以其他方式连接便携风机组件（捆扎、夹子等），会在接触区产生过高的应力强度，有可能会导致提前出现故障。

由供应商提供的 MIL-901 风机已经在 7 次 Spacehab 任务过程中飞行过，没有出现故障。这种风机也用于军用领域，其中包括"联合防卫十字军车"、"布拉德利 A3 装甲车"以及大力神直升机。

## GFE-84

项目：

二氧化碳清除套件便携风机组件　　　部件号 96M52562

SSP 41172 要求：

4.1.1 节，组件/元器件原型飞行试验。

在要用于后续飞行的组件上进行组件/元器件鉴定试验时，试验内容应相同。为此，元器件需要根据 3.1.4 节的要求进行随机振动试验。

例外情况：

二氧化碳清除套件便携风机组件将不进行原型飞行随机振动试验。

依据：

要在二氧化碳清除套件中使用的原型飞行便携风机组件为在 ITA MT-30 环境控制和生命保障系统辅助开发计划中开发的便携风机组件鉴定单元。

便携风机组件在发射时包装在泡沫中，以避免其承受可能有害的发射振动载荷。在发射过程中不操作便携风机组件。便携风机组件只能通过其六角螺栓以硬安装的方式连接到振动器台。分析表明：通过这种方式进行试验，会导致结构损害。如果以其他方式连接便携风机组件（捆扎、夹子等），会在接触区产生过高的应力强度，有可能会导致提前出现故障。

通过热循环试验和老炼试验提供额外的工艺筛选。在 ITA MT-30 环境控制和生命保障系统辅助开发计划中进行的鉴定热循环试验包括在-10°F和145°F之间的24个操作周期（操作环境将为标准的65°F到80°F），其最小变化速度为每分钟3.5°F。在热循环试验之前和之后的热极值条件下检查便携风机组件功能。另外，还在老炼试验之前和之后对此单元进行300h老炼试验以及功能试验。

由供应商提供的MIL-901风机已经在7次Spacehab任务过程中飞行过，没有出现故障。这种风机也用于军用领域，其中包括"联合防卫十字军车"、"布拉德利A3装甲车"以及大力神直升机。

## GFE-85

项目：

二氧化碳清除套件便携风机组件 部件号96M52562

SSP 41172要求：

4.1.1节，组件/元器件原型飞行试验。

在要用于后续飞行的组件上进行组件/元器件鉴定试验时，试验内容应相同（如2.2节中关于元器件鉴定的定义），并有如下例外情况。

最小周期数应为8个。

例外情况：

在ITA MT-30环境控制和生命保障系统辅助开发鉴定热循环试验中，二氧化碳清除套件便携风机组件经历了24个热循环。

依据：

要在二氧化碳清除套件中使用的原型飞行便携风机组件为在ITA MT-30环境控制和生命保障系统辅助开发计划中开发的便携风机组件鉴定单元。因此，在试验过程中，此单元经历了24个热循环。

热循环不限制使用寿命或疲劳寿命，不应缩短使用寿命。通过24个热循环，可以增加对硬件操作能力的信心。在热循环试验之后，进行一次300h老炼试验，结果表明便携风机组件能够正常操作。

## GFE-86

项目：

机器人工作站视频监视器 部件号832281-501

SSP 41172要求：

3.1.4节，随机振动试验（元器件验收）。

3.1.4.3节，试验量级和持续时间。所有要求。

3.1.4.4节，补充要求。所有要求。

例外情况：

机器人工作站视频监视器不进行验收随机振动试验。

依据：

分析表明：在验收振动试验过程中损害此商业即用硬件的风险超过了进行试验所得到的硬件置信度和可靠性。不过，通过机器人工作站视频监视器的其他环境试验，其中包括温度范围至少为100°F的一次8个周期验收热循环试验以及至少300h的验收老炼试验，可以降低早期故障率风险，达到合适的工艺筛选效果。

机器人工作站视频监视器在发射时采用软收起配置，以避免承受有害的发射振动载荷。验证了 6 个视频监视器（每个机器人工作站 3 个）。所有 6 个视频监视器都可以重新配置和互换，并为视频监视器提供冗余视图。

根据供应商 IEC 提供的现场实际数据，在所述单元 20 000h 操作的寿命中，故障率为 3.5%。其中大多数"故障"都是像素缺陷，它们实际上都在规格范围内，不属于设备的致命故障。这些历史信息提升了工艺筛选过程的可信度以及机器人工作站视频监视器的可靠性。

## GFE-87

项目：

微加压后勤舱配置项目 ISSA08A

SSP 41172 要求：

2.2.3 节，热循环试验（元器件鉴定）。

2.2.3.3 节，试验量级和持续时间。

试验时间应为验收试验所用热循环数的 3 倍，但是总时间不少于 24 个周期。

例外情况：

微加压后勤舱及其元器件的鉴定热循环试验的热循环数应为验收试验所用周期数的 2 倍，但是总时间不少于 8 个周期。

依据：

鉴定热循环试验周期数为验收试验周期数 3 倍的目的是，证明能够在需要的情况下，对飞行单元进行两个额外的验收热循环试验。因为 SSP 41172 至少需要 8 个周期的验收试验，所以鉴定试验需要 24 个周期。对于 MPLM 硬件，验收热循环试验的最小周期数为 4 个（参见例外情况 GFE-88）。根据此要求，要进行 12 个热循环的华北鉴定试验。这样可以按照 SSP 41172 的要求，证明能够进行两个额外热循环的验收试验。如果进行 8 个热循环的鉴定试验，仍然可以证明能够在需要的情况下进行全面验收热循环复验。如果鉴定时间仅为验收热循环数的两倍，其技术影响和风险较低。

## GFE-88

项目：

微加压后勤舱配置项目 ISSA08A

SSP 41172 要求：

3.1.3 节，热循环试验（元器件验收）。

3.1.3.3 节，试验量级和持续时间。

最小温度周期数应为 8 个。

例外情况：

微加压后勤舱及其元器件的验收热循环试验的最少热循环数为 4 个周期。

依据：

验收热循环试验的目的是对电气和电子元器件的潜在工艺缺陷进行环境应力筛选。热循环筛选的有效性取决于热和冷极值之间的温度差（温度变化）、温度极值间的温度变化速度（dT/dt）以及周期数。在这 3 个因素中，一般认为周期数对筛选有效性的影响最小，而温度变化速度往往往最重要。虽然微加压后勤舱的热循环较少，但是最小温度变化速度较大（微加压后勤舱要求的变化速度不小于每分钟 1℃，而 SSP 41172 要求的变化速度不小于每分钟 1℉）。绝大部分工艺缺陷都将在前几个周期中被检测到，因为只进行 4 个周期（而非 8 个周期）的试验而导致没有检测到额外缺陷的概率很小。考虑对硬件进行全面合规复验所增加的置信度很小，所以从成本和日程角度来看，这种复验都没有什么价值。

## GFE-89

项目：

机器人微锥形工具套件　　部件号 SEG33111852-301

SSP 41172 要求：

2.2.2 节，热真空试验（元器件鉴定）。

2.2.2.4 节，补充要求。

应至少在第一个和最后一个操作周期的最高操作温度加上 20℉（11.1℃）的裕度以及最低操作温度减去 20℉（11.1℃）的裕度条件下的保持期之后以及元器件返回到环境温度之后进行功能试验。

例外情况：

在不鉴定热真空试验过程中，机器人微锥形工具套件将不进行功能试验。将通过类似性进行验证，其依据是类似装置进行的热循环和热真空试验，以及机器人微锥形工具中所用的干膜涂层。

依据：

在鉴定热真空试验过程中，机器人微锥形工具套件的发射固定臂固件与机器人微锥形工具配合，可以不进行功能试验。如果进行额外的独立鉴定热真空试验，则需要对机器人微锥形工具套件进行功能试验。在批准此例外情况以后，项目就不再因为进行这种试验而承担额外的成本和延后进度。

鉴定机器人微锥形工具和机器人微锥形工具套件将进行 3 个热循环的鉴定试验，并在最高和最低温度下进行功能试验。另外，还将对飞行单元进行验收热试验。这样就可以在热极值下验证机器人微锥形工具套件装置的功能性。

该套件在发射固定装置上采用的干膜涂层将通过类似性进行验证。在机器人微锥形工具内的各种装置采用相同的涂层，它们具有类似的载荷剖面，并将在真空中进行 3 个热循环以上的周期寿命试验（超过 3 个周期），还将在最低、中间和最高温度下进行功能试验。

机器人微锥形工具套件计划在飞行操作过程中释放一次。

因此，取消机器人微锥形工具套件鉴定热真空试验过程中的功能试验，可以在试验计划中减少成本，缩短延后的日程，同时不影响验证要求。

## GFE-90

项目：

机器人微锥形工具　　部件号 SEG33111851-301

机器人微锥形工具套件　　部件号 SEG33111852-301

SSP 41172 要求：

3.1.2 节，热真空试验（元器件验收）。

3.1.2.3 节，试验量级和持续时间。所有要求。

3.1.2.4 节，补充要求。所有要求。

例外情况：

机器人微锥形工具和机器人微锥形工具套件将进行验收热循环试验，以取代验收热真空试验。

依据：

将通过鉴定热真空试验来验证不存在真空敏感材料，并通过鉴定和验收热循环试验来验证元器件性能。

鉴定和飞行机器人微锥形工具以及机器人微锥形工具套件所用的材料和流程是相同的，并处于受控状态。鉴定和飞行单元的材料是从同一批次购买的，鉴定和飞行单元是在相同时间制造和加工的。另外，在热循环试验过程中采用的热真空室可以在功能试验期间进行更灵活的定量测量。

因此，取消机器人微锥形工具套件鉴定热真空试验过程中的功能试验，可以在试验计划中减少成本，缩短延后的日程，同时不影响验证要求。

## GFE-91

项目：

水处理器组件部件号 SV825500-1 组件如下：

◇ 废水在轨可更换单元　　部件号 SV825412-1
◇ 水存放在轨可更换单元　　部件号 SV825502-1
◇ 供水在轨可更换单元　　部件号 SV825449-1
◇ 分离过滤器在轨可更换单元　　部件号 SV825438-1
◇ 颗粒过滤器在轨可更换单元　　部件号 SV825442-1
◇ 多层滤床在轨可更换单元　　部件号 SV825452-1
◇ pH 值调制器在轨可更换单元　　部件号 SV826778-1
◇ 离子交换床在轨可更换单元　　部件号 SV825493-1
◇ 微生物止回阀在轨可更换单元　　部件号 SV825499-1

氧气发生组件部件号 SV825600-1 的元器件如下：

◇ 去离子床（入口和水环路）在轨可更换单元　　部件号 SV825569-1
◇ 泵在轨可更换单元　　部件号 SV825565-1

SSP 41172 要求：

2.2.3 节，热循环试验（元器件鉴定）。

2.2.3.3 节，试验量级和持续时间。所有要求。

2.2.3.4 节，补充要求。所有要求。

例外情况：

水处理器组件和氧气发生组件的所述元器件将不进行鉴定热循环试验，其中包括储箱、泵"头"、人工样本阀和一次性在轨可更换单元。

依据：

鉴定热循环试验的目的是证明相关元器件能够在设计温度范围内操作，并顺利承受验收试验过程中施加的热循环筛选试验条件。出于如下原因，可以在不进行此试验的情况下证明水处理器组件和氧气发生组件的相关元器件符合上述标准。

1. 水处理器组件储箱

储箱的操作温度范围比较有利，为 63～113℉。在设计中没有受此操作热环境影响的严格公差。

2. 带数量传感器的储箱

数量传感器电位计是一个电气、电子和机电部件，进行筛选热循环操作。储箱的操作温度范围比较有利，为 63～113℉。在设计中没有受此操作热环境影响的严格公差。

3. 泵"头"

泵"头"是用陶瓷和不锈钢材料制造的，在 63～136℉ 的有利操作温度范围内，其公差不受热膨胀的影响。

4. 人工样本阀门

阀门承受 63～113℉ 的有利操作温度范围。

5. 一次性在轨可更换单元

这些在轨可更换单元属于非复合机械项，它们是带有包装的化学床，或者包含纸质部件以及相连的快速分断装置和管道。它们的操作温度范围也比较有利，为 63～113℉。

将对上述各项设备进行分析，以确保非同类金属之间有合适的公差，不会在其温度范围内产生干扰或黏结。

## GFE-92

项目：

水处理器组件部件号 SV825500-1，包括所有如下相关在轨可更换单元：
◇ 废水在轨可更换单元　　部件号 SV825412-1
◇ 水存放在轨可更换单元　　部件号 SV825502-1
◇ 供水在轨可更换单元　　部件号 SV825449-1
◇ 泵分离器在轨可更换单元　　部件号 SV825426-1
◇ 分离过滤器在轨可更换单元　　部件号 SV825438-1
◇ 催化反应器在轨可更换单元　　部件号 SV825455-1
◇ 气体液体分离器在轨可更换单元　　部件号 SV825487-1
◇ 反应器健康状态传感器在轨可更换单元　　部件号 SV826302-1
◇ 传感器在轨可更换单元　　部件号 SV825447-1
◇ 多层滤床在轨可更换单元　　部件号 SV825452-1
◇ 离子交换床在轨可更换单元　　部件号 SV825493-1
◇ 微生物止回阀在轨可更换单元　　部件号 SV825499-1
◇ 颗粒过滤器在轨可更换单元　　部件号 SV825442-1
◇ pH 值调制器在轨可更换单元　　部件号 SV826777-1
氧气发生组件部件号 SV825600-1，包括所有如下相关在轨可更换单元和元器件：

◇ 去离子床（入口和水环路）在轨可更换单元　　部件号 SV825569-1

◇ 泵在轨可更换单元　　部件号 SV825565-1

◇ 氧气出口在轨可更换单元　　部件号 SV825582-1

◇ 水在轨可更换单元　　部件号 SV827690-1

◇ 氢气传感器在轨可更换单元　　部件号 SV826167-1

◇ 氢气在轨可更换单元　　部件号 SV827305-1

◇ 过程控制器在轨可更换单元　　部件号 SV826025-1

◇ 热交换器　　部件号 SV825579-1

<u>SSP 41172 要求：</u>

3.1.3 节，热循环试验（元器件验收）。

3.1.3.3 节，试验量级和持续时间。所有要求。

3.1.3.4 节，补充要求。所有要求。

<u>例外情况：</u>

水处理器组件和氧气发生组件的所述元器件将不进行验收热循环试验，其中包括电磁阀阀门、压力调节器、快速分断装置、止回阀、热膨胀设备、人工样本阀门、储箱、带数量传感器的储箱以及泵"头"。

水处理器组件/氧气发生组件一次性在轨可更换单元和如下在轨可更换单元将不进行验收热循环试验：废水、泵分离器、传感器、反应器健康状态传感器、水存放、供水、氢气、氧气/水、氧气相分离器和泵在轨可更换单元。

<u>依据：</u>

验收热循环试验的目的是对相关元器件的潜在工艺缺陷进行环境筛选。出于如下原因，可以在不进行此试验的情况下证明水处理器组件和氧气发生组件的相关元器件符合上述标准。

注：除非另有说明，否则如下元器件将承受 63～113℉ 的有利在轨操作温度范围。

1. 电磁阀

电磁阀属于简单电气设备。只有线圈线和导线之间的焊接需要根据 NHB 5300.4（3A-2）进行全面检查。位于阀门内的阀门位置指示器是以前进行过试验的电气、电子和机电部件。阀门将在最大操作温度下进行性能试验。对于操作温度超过 125℉ 的设备，在空车/压力/泄漏试验过程中，将在最大操作温度下验证工艺。

2. 调节器

压力调节器是用不锈钢和因科镍合金制造的，在其操作温度范围内，其公差不受热膨胀影响。调节器将在最大操作温度下进行性能试验。在空车/压力/泄漏试验过程中，将在最大操作温度下验证工艺。

3. 快速分断装置（高温和环境温度）

快速分断装置在最大操作温度下进行耐压/泄漏试验。在热状态下，乘员将不会断开快速分断装置。将通过环境温度下的匹配/解配周期和流速/压力变化试验来验证工艺。

**4. 止回阀（高温和环境温度）**

止回阀是用不锈钢和因科镍合金制造的，在其 63～150℉ 的有利操作温度范围内，其公差不受热膨胀影响。在空车和后续裂缝/复位和泄漏试验过程中，将在最大操作温度下验证工艺。

**5. 热膨胀设备**

热膨胀设备包括一个小波纹管，它焊接到一个快速分断装置上，用来保护水-固体在轨可更换单元，使其在运输过程中不受上升的热膨胀压力的影响。该设备用因科镍合金制造。在空车/压力/泄漏试验过程中，将在最大操作温度下验证工艺。

**6. 水处理器组件储箱**

储箱的操作温度范围比较有利，为 63～113℉。在设计中没有受此操作热环境影响的严格公差。

**7. 带数量传感器的储箱**

数量传感器电位计是一个电气、电子和机电部件，进行筛选热循环操作。储箱的操作温度范围比较有利，为 63～113℉。在设计中没有受此操作热环境影响的严格公差。

**8. 泵"头"**

泵"头"是用陶瓷和不锈钢材料制造的，在 63～136℉ 的有利操作温度范围内，其公差不受热膨胀的影响。

**9. 人工样本阀门**

阀门承受 63～113℉ 的有利操作温度范围。

**10. 一次性在轨可更换单元**

这些在轨可更换单元属于非复合机械项，它们是带有包装的化学床，或者包含纸质部件以及相连的快速分断装置和管道。它们的操作温度范围也比较有利，为 63～113℉。

**11. 废水、泵分离器、传感器、反应器健康状态传感器、水存放、供水、氢气、氧气/水、氧气相分离器和泵在轨可更换单元**

这些在轨可更换单元的操作温度范围比较有利，为 63～113℉。除了上文所述的例外情况以外，任何内部元器件都进行 SSP 41172 中定义的验收热循环试验。将在验证报告中提供相关依据，以确保以前试验过的元器件的组件不会在在轨可更换单元级产生热风险。

## GFE-93

项目：

水处理器组件部件号 SV825500-1，包括所有如下相关在轨可更换单元：

◇ 废水在轨可更换单元　　部件号 SV825412-1

◇ 水存放在轨可更换单元　　部件号 SV825502-1

◇ 供水在轨可更换单元　　部件号 SV825449-1

◇ 泵分离器在轨可更换单元　　部件号 SV825426-1

◇ 分离过滤器在轨可更换单元　　部件号 SV825438-1

◇ 催化反应器在轨可更换单元　　部件号 SV825455-1

◇ 气体液体分离器在轨可更换单元　　部件号 SV825487-1

◇ 反应器健康状态传感器在轨可更换单元　　部件号 SV826302-1

◇ 传感器在轨可更换单元　　部件号 SV825447-1

◇ 多层滤床在轨可更换单元　　部件号 SV825452-1

◇ 离子交换床在轨可更换单元　　部件号 SV825493-1

◇ 微生物止回阀在轨可更换单元　　部件号 SV825499-1

◇颗粒过滤器在轨可更换单元　　部件号 SV825442-1

◇ pH 值调制器在轨可更换单元　　部件号 SV826777-1

氧气发生组件部件号 SV825600-1，包括所有如下相关在轨可更换单元和元器件：

◇ 去离子床（入口和水环路）在轨可更换单元　　部件号 SV825569-1

◇ 泵在轨可更换单元　　部件号 SV825565-1

◇ 氧气出口在轨可更换单元　　部件号 SV825582-1

◇ 水在轨可更换单元　　部件号 SV827690-1

◇ 氢气传感器在轨可更换单元　　部件号 SV826167-1

◇ 氢气在轨可更换单元　　部件号 SV827305-1

◇ 过程控制器在轨可更换单元　　部件号 SV826025-1

◇ 热交换器　　部件号 SV825579-1

SSP 41172 要求：

3.1.4 节，随机振动试验（元器件验收）。

3.1.4.3 节，试验量级和持续时间。所有要求。

3.1.4.4 节，补充要求。所有要求。

例外情况：

水处理器组件和氧气发生组件的所述元器件将不进行验收热循环试验，其中包括电磁阀阀门、温度传感器、加热器和带传感器的储箱。

水处理器组件和氧气发生组件的所述所有机械元器件将不进行验收随机振动试验，其中包括止回阀、减压阀、储箱、热膨胀设备、人工样本阀门、调节器、快速分断装置和泵"头"。

所述的水处理器组件和氧气发生组件一次性在轨可更换单元将不进行验收随机振动试验，其中包括水处理器组件分离过滤器、颗粒过滤器、多层滤床、pH 值调制器模块、离子交换床、微生物止回阀和启动过滤器套件以及氧气发生组件离子交换床。

依据：

电气或电子元器件（除了上文所述元器件外）将进行验收级的随机振动试验。不过，出于如下原因，可以在不进行此试验的情况下证明水处理器组件和氧气发生组件的电气元器件符合相关工艺筛选标准。

1. 电磁阀

电磁阀属于简单电气设备。只有线圈线和导线之间的焊接需要根据 NHB 进行全面检查。

位于阀门内的阀门位置指示器是以前进行过试验的电气、电子和机电部件。将在空车/压力/泄漏试验过程中验证工艺。

### 2. 温度传感器

温度传感器属于简单电气设备。温度传感器探头具有单体式结构。焊接头需要根据 NHB 进行全面检查。

### 3. 加热器

加热器属于简单的毯式电气设备。

### 4. 储箱

储箱包含数量传感器，它们属于简单电气设备（电位计），是以前经过试验的电气、电子和机电部件。

对于这些电气元器件以及在例外情况中所述的所有机械元器件，都将在组装到在轨可更换单元之后，在预期最大飞行值下进行每轴 1min 的原型飞行随机振动试验。

在不进行此试验的情况下，可以证明如下水处理器组件和氧气发生组件一次性在轨可更换单元符合相关工艺筛选标准：水处理器组件分离过滤器、颗粒过滤器、多层滤床、pH 值调制器模块、离子交换床、微生物止回阀和启动过滤器套件以及氧气发生组件离子交换床在轨可更换单元。这些在轨可更换单元属于非复合机械项，它们是带有包装的化学床，或者包含纸质部件以及相连的快速分断装置和管道。在包装过程中，化学床承受振动环境。

## GFE-94

项目：

太空视觉系统人工视觉单元　　部件号 000954-04

SSP 41172 要求：

4.1.1 节，组件/元器件原型飞行试验。

对于电气/电子组件，最小操作温度范围应为 100℉（55.6℃）。

例外情况：

人工视觉单元的最小原型飞行热循环温度范围应为 72℉（32～104℉）。

依据：

人工视觉单元在在轨乘员环境中的操作温度为 62～82℉。人工视觉单元原型飞行热试验满足或超过了如下 SSP 41172 要求：

### 1. 变化速度

在热试验过程中的热变化速度为每分钟 3.6℉（2℃）。 这超过了每分钟 1℉ 的最低要求。

### 2. 老炼

每个人工视觉单元都对整个单元进行了 300h 的老炼试验。

3. 冷浸泡

每个人工视觉单元都在冷温度下至少保持 1h 的热平衡。

4. 周期

每个人工视觉单元都进行了 8 个热循环的试验。

人工视觉单元在其限制元器件的最高温度下进行了试验，没有出现热异常。

人工视觉单元的设计采用了大量商业元器件，其中大多数的指定操作温度范围为从 32℉ 到 158℉（0～70℃）。此类元器件的实例：位于视频输入电路卡上的 Brooktree NTSC 视频解码器集成电路 BT812KPF，它没有等效军用或扩展温度范围。

当太空视觉系统处于操作状态时，太空视觉系统的平均内部温度约比环境空气或冷板冷却温度高 20℉（11℃）。根据相关数据，少量元器件的操作温度比环境空气或冷板冷却温度高 45℉（25℃）。在 Neptec 报告 NDG001954-01 "AVU 热特征分析试验结果" 中记录了这些温度。因此，虽然试验真空室的温度范围为 72℉，但是特定元器件的局部环境温度范围超过了 100℉。

根据人工视觉单元的整体可靠性理念，将其设计为一个舱内活动在轨可更换单元，它可以在轨更换并在地面上维修。在故障情况下可以提供一个备用单元。

## GFE-95

项目：

太空视觉系统人工视觉单元　　部件号 000954-04

SSP 41172 要求：

4.1.1 节，组件/元器件原型飞行试验。

在要用于后续飞行的组件上进行组件/元器件鉴定试验时，试验内容应相同（如 2.2 节中关于元器件鉴定的定义）。为此，要求在原型飞行随机振动试验过程中，对电气和电子元器件进行加电和监控，以检测故障或中断，如 2.2.5.4 节所述。

例外情况：

在原型飞行随机振动试验过程中，人工视觉单元将不进行加电和监控以检测故障或中断。

依据：

在振动试验过程中不能给太空视觉系统人工视觉单元加电，因为其设计采用了一些商业即用型（COTS）元器件，它们并不符合振动环境要求。太空视觉系统是根据合约最终项规格 NDG001030　3.7.6 节的要求设计的，其中规定：可拆卸硬盘是一个商业即用设备，在在轨操作时，需要收起到航天飞机中甲板固定器内（在发射和着陆过程中包装在吸能泡沫中）并插入到太空视觉系统内。作为商业即用设备，硬盘驱动器或其连接器都不在操作状态下进行随机振动值的原型飞行试验。不过，该驱动器类似于目前有效载荷和常规支持计算机所采用的驱动器。

太空视觉系统人工视觉单元的操作取决于硬盘驱动器的操作。人工视觉单元仅在在轨环境下操作。

人工视觉单元已经进行了振动试验，此试验的流程包括在每轴振动之前和之后对单元进行功能检查，不过在实际振动过程中将单元断电，将硬盘驱动器取下来。该试验取得了成功。

太空视觉系统的轨道飞行器太空视觉单元也采用了相同的方法。在其迄今为止进行的 9 次飞行中，没有报告与在轨振动相关的异常。轨道飞行器太空视觉单元鉴定单元顺利完成了 100

次任务寿命的鉴定随机振动试验。另外，每个人工视觉单元还进行了 300h 的老炼试验。

根据人工视觉单元的整体可靠性理念，将其设计为一个舱内活动在轨可更换单元，它可以在轨更换并在地面上维修。在故障情况下可以提供一个备用单元。

此外，在 2000 年 9 月 14 日，还对太空视觉系统鉴定单元进行了一次工程试验，在试验中将其设置为一个轨道飞行器太空视觉单元，并给单元加电。将硬盘驱动器与单元分开安装，并通过一个延长电缆进行电气连接，从而将硬盘驱动器与振动隔离开。延长电缆带有一个连接到单元的匹配连接器。该匹配连接器无法与振动输入隔离开。该单元在经历了大约 10s 振动后出现了一个故障。故障模式与硬盘驱动器和轨道飞行器太空视觉单元之间的通信故障相符。该故障最有可能的原因是硬盘驱动器连接器出现问题。

## GFE-96

项目：

氧气补充压缩机组件　　　部件号 SEG29100906

SSP 41172 要求：

2.2.3 节，热循环试验（元器件鉴定）。

2.2.3.3 节，试验量级和持续时间。

在热循环的高温部分，元器件应处于最大验收限值加上一个 20℉（11.1℃）的裕度（最高设计温度）；在热循环的低温部分，元器件应处于最小验收试验值温度减去一个 20℉（11.1℃）的裕度（最小设计限值温度）。

2.2.3.3 节，试验量级和持续时间。

对于验收限值±裕度不包含最低范围（3.1.3.3 节）的电气/电子设备，鉴定的最低范围应为 140℉。

例外情况：

氧气补充压缩机组件在鉴定热循环试验过程中的热操作温度范围为 100℉。

在操作和非操作条件下，与验收温度限值相关的裕度为 10℉。

依据：

在验收热循环试验过程中，氧气补充压缩机组件在非操作条件下经历的高温是从-15℉到 130℉；在操作条件下经历的高温是从 30℉到 110℉。不过，在鉴定热循环试验过程中，氧气补充压缩机组件在非操作条件下经历的高温是从-25℉到 140℉；在操作条件下经历的高温是从 20℉到 120℉。因此，这比操作条件下的 140℉温度范围小，比 SSP 41172 所要求的 20℉热裕度要小。

氧气补充压缩机组件在从 63℉到 82℉的乘员环境下操作。它在其限制元器件的最高温度值下进行了试验，这些元器件包括周期计数器和氧气压力开关元器件，它们在非操作条件下的温度范围是-25℉到 140℉，在操作条件下的温度范围则是-25℉到 120℉。在试验过程中没有出现热异常，氧气补充压缩机组件在温度极值下的性能完全符合要求。另外，在热循环过程中通过信号器箱测量的热变化速度大于 SSP 41172 所要求的每分钟 1℉。最后所有电气元器件都根据 SSP 41172 的要求进行了 300h 的等效老炼试验。

因此，不需要进行额外的鉴定热试验。

## GFE-97

项目：

氧气补充压缩机组件　　部件号 SEG29100906

SSP 41172 要求：

3.1.3 节，热循环试验（元器件验收）。

3.1.3.3 节，试验量级和持续时间。

对于在表 3-1 中确定的元器件，根据注（4），在最低和最高试验温度之间的温度范围应至少为 100℉（55.6℃），如有可能，最小试验温度应低于 30℉（-1.1℃）。

例外情况：

氧气补充压缩机组件在验收热循环试验过程中的操作温度范围为 80℉（30～110℉）。

依据：

氧气补充压缩机组件在从 63℉到 82℉的乘员环境下操作。它在其限制元器件的最高温度值下进行了试验，这些元器件包括周期计数器和氧气压力开关元器件，它们在非操作条件下的温度范围是-25℉到 140℉，在操作条件下的温度范围则是-25℉到 120℉。在试验过程中没有出现热异常，氧气补充压缩机组件在温度极值下的性能完全符合要求。另外，在热循环过程中通过信号器箱测量的热变化速度大于 SSP 41172 所要求的每分钟 1℉。最后所有电气元器件都根据 SSP 41172 的要求进行了 300h 的等效老炼试验。

因此，不需要进行额外的鉴定热试验。

## GFE-98

项目：

氧气补充压缩机组件　　部件号 SEG29100906

SSP 41172 要求：

2.2.10 节，压力试验（元器件鉴定）。

2.2.10.3 节，试验量级。所有要求。

2.2.10.4 节，补充要求。所有要求。

例外情况：

全组装氧气补充压缩机组件将不进行鉴定耐压试验。

依据：

氧气补充压缩机组件的所有内部加压元器件和子组件都进行了耐压试验，其压力为 SSP 30559 规定的最大设计压力的 1.5 倍。所有焊缝还在子组件级进行了耐压试验，其压力为最大设计压力的 1.5 倍。另外，全组装氧气补充压缩机组件还在最大设计压力下进行了泄露试验。

因为清楚各种氧气补充压缩机组件传感器的读数会在进行耐压试验（压力为最大设计压力的 1.5 倍）后变得不准确，并清楚鉴定单元将为了飞行而进行翻修，所以为了减少翻修量，全组装氧气补充压缩机组件将不在最大设计压力的 1.5 倍下进行耐压试验。通过了解个体加压元器件、子组件、焊缝耐压试验以及全组装氧气补充压缩机组件的泄漏试验，可以对设计进行耐压验证。

## GFE-99

项目：

氧气补充压缩机组件　　　部件号 SEG29100906

SSP 41172 要求：

2.2.10 节，压力试验（元器件鉴定）。

2.2.10.3 节，试验量级。所有要求。

2.2.10.4 节，补充要求。所有要求。

例外情况：

氧气补充压缩机组件将不进行鉴定极限压力试验。

依据：

根据 SSP 41172，实际飞行件不进行 2.2.10.2 节所述的极限压力试验。因为鉴定单元将为了飞行而进行翻修，所以氧气补充压缩机组件不会进行极限压力试验。不过，通过氧气补充压缩机组件应力分析 HDID-SAS-99-0024，验证了相对 SSP 30559　3 章所述极限压力要求相关的正安全裕度。试验和验证控制委员会（包括相关的美国航空航天局制造、材料和工艺技术部代表）对设计的极限压力认证分析表示认可。

## GFE-100

项目：

氧气补充压缩机组件　　　部件号 SEG29100906

SSP 41172 要求：

2.2.5 节，随机振动试验（元器件鉴定）。

2.2.5.3 节，试验量级和持续时间。

在三个正交轴的每个轴的试验时间应为在预期最大值下的预期飞行接触时间的 3 倍，或元器件随机振动验收试验时间（如果此时间较长），但是不少于每轴 3min。

例外情况：

氧气补充压缩机组件鉴定随机振动试验的时间为 5min（带陷波频谱）和 1min（带无陷波频谱）。

依据：

如上文所述，氧气补充压缩机组件鉴定随机振动试验的时间为 5min（带陷波频谱）和 1min（带无陷波频谱）。不过，试验时间将不是 SSP 41172 所要求的组件随机振动验收试验时间的 3 倍。

氧气补充压缩机组件通过轨道飞行器传送到气锁，在发射和着陆过程中，将在中甲板或微加压后勤舱进行软收起操作。接下来，通过本手册所述的振动试验来验证工艺，因为预期随机振动飞行环境值很小。因为氧气补充压缩机组件在 SSP 41172 所要求的相关工艺筛选值下进行验收随机振动试验，在所有振动试验过程中进行加电和监控，并且是一个使用寿命有限的项目，将在使用寿命结束后被其他单元更换，所以在其鉴定计划中不需要进行额外的随机振动试验。

因为鉴定单元将为了飞行而进行翻修，所以它将在进行任何飞行之前，在其他氧气补充压缩机组件所进行的验收随机振动陷波频谱下进行一次验收随机振动试验。

# GFE-101

项目：

电源组件　　部件号 SEG39128211-303 和 SEG39128211-305

<u>SSP 41172 要求：</u>

2.2.2 节，热真空试验（元器件鉴定）。

2.2.2.3 节，试验量级和持续时间。

在热循环的高温部分，元器件应处于最大验收限值加上一个 20℉（11.1℃）的裕度（最高设计温度）；在热循环的低温部分，元器件应处于最小验收温度减去一个 20℉（11.1℃）的裕度（最低设计温度）。

2.2.3 节，热循环试验（元器件鉴定）。

2.2.3.3 节，试验量级和持续时间。

在热循环的高温部分，元器件应处于最大验收限值加上一个 20℉（11.1℃）的裕度（最高设计温度）；在热循环的低温部分，元器件应处于最小验收温度减去一个 20℉（11.1℃）的裕度（最低设计温度）。

例外情况：

在鉴定热真空和热循环试验过程中，电源组件经历了从 10℉ 到 150℉ 的操作温度环境。这为电源组件验收热试验过程中的最小操作热真空和热循环温度提供了 0℉ 裕度。

依据：

完整的 24 个周期鉴定热试验包括 3 个周期的操作热真空试验（从 10℉ 到 150℉）、3 个周期的非操作热真空试验（从-10℉ 到 150℉）以及 18 个周期的标准鉴定热循环试验（从 10℉ 到 150℉）。因为验收热循环和热真空试验采用的温度范围为 10～110℉，所以鉴定没有在低端提供 SSP 41172 所要求的 20℉ 裕度。

在鉴定试验计划的非操作热真空试验过程中，电源组件在从-10℉ 到 150℉ 的范围内进行了 3 个温度周期的试验。虽然它是一个非操作试验，不过证明在低端有 20℉ 的裕度。在完成非操作热真空试验后，顺利进行了功能试验。另外，还在操作热真空试验过程中顺利进行了功能试验。通过标准验收试验，在接口控制文件所指定的 40～109℉ 在轨温度范围（操作和非操作）的低端提供了 30℉ 的裕度

电源组件位于航空电子设备机架的设备锁内。它安装在一个冷板上，在正常操作过程中，该冷板保持不超过 73℉ 的温度。在大多数操作过程中，设备锁都处于大气压力，在舱外活动之前的"准备"阶段则为 10.2psia。在此气锁区的标称预期在轨温度范围为 62～83℉。

存在一种应急情景，在此情景中，必须给设备锁泄压，以便进行舱外活动。在乘员锁舱口出现故障时就会出现这种情况。在这种情景中，需要在真空下操作电源组件。冷板会继续保持电源组件温度。即便如此，设备锁温度不会降低到指定的 40℉ 以下。

电源组件采用了一个液晶显示器。在温度高于 110℉ 时，显示器会变白（无法读取）；在温度接近 10℉ 时，显示器会变暗。

电源组件序列号 1002 为一级飞行件，安装在国际空间站气锁中。电源组件序列号 1003 为在轨备件，如有需要，可以用来在轨替换序列号 1002。

另外，飞行单元（序列号 1002 和 1003）进行了老炼试验（300h 等效老炼），没有发现异常情况。

最后，电源组件采用了一个电气、电子和机电部件（额定温度范围为-125~125℃）以及一个扩展温度液晶显示器。

## GFE-102

项目：

脐带缆接口组件　　部件号 SEG39128214-303

SSP 41172 要求：

2.2.3 节，热循环试验（元器件鉴定）。

2.2.3.3 节，试验量级和持续时间。

在热循环的高温部分，元器件应处于最大验收限值加上一个 20℉（11.1℃）的裕度（最高设计温度）；在热循环的低温部分，元器件应处于最小验收试验值温度减去一个 20℉（11.1℃）的裕度（最小设计限值温度）。

例外情况：

在鉴定热循环试验过程中，脐带缆接口组件经历的温度范围从 0℉到 140℉（在 0℉和 140℉的电气功能；在 40℉和 140℉的流体功能）。此范围没有在最低温度下提供 20℉的裕度，也不包含脐带缆接口组件在验收热循环试验过程中 10~150℉范围的最高温度（在极值下的非操作状态；操作温度从 40℉到 140℉）。

依据：

规划的最初验收试验范围为 40~140℉，以避免水结冻，并提供 SSP 41172 所要求的 100℉范围。后来又增加了 10~150℉的范围，以证明符合整个非操作温度范围。

两种电气和流体功能试验都在 40℉和 140℉下进行。因为单元包含水，所以在等于或低于32℉的任何在轨温度下，都会导致结冻危险。因此在温度下降到 32℉以下之前，首先对单元进行净化和干燥处理。

预期实际在轨温度为 JSC 33237B 4.4 节中所述的 50~110℉。因此，验收试验的非操作范围在预期在轨温度的最低和最高温度下都提供了 40℉的裕度。操作试验范围分别提供了 10℉和 30℉的裕度。

对于 0~150℉（0℉来自鉴定试验，150℉来自验收试验）的综合非操作试验范围，在实际预期在轨非操作温度的最低温度提供了 50℉的裕度，在最高温度提供了 40℉的裕度。40~140℉的功能试验范围在实际预期在轨操作温度的低端提供了 10℉的裕度，在高端提供了 30℉的裕度。

对于 40~140℉的功能试验范围，在项目技术要求规格和合约最终项规格中指定的在轨操作温度的最低温度提供了 0℉裕度，在最高温度下提供了 31℉的裕度。

飞行脐带缆接口组件已经顺利完成了各自的热验收试验。

脐带缆接口组件序列号 1003 为一级飞行件，安装在国际空间站气锁中。脐带缆接口组件序列号 1002 为在轨备件，如有需要，可以用来在轨替换序列号 1003。

另外，飞行单元（序列号 1002 和 1003）进行了老炼试验（300h 等效老炼），没有发现异常情况。

最后，脐带缆接口组件采用了一个电气、电子和机电部件（额定温度范围：从-125℃到 125℃）。较高的验收试验温度并不影响这些机械或流体元器件。

## GFE-103

项目：

金属氧化物控制器 部件号 SV821750-1

SSP 41172 要求：

2.2.2.5 节，真空泄压/复压的要求。

内部元器件应根据 2.2.2.5 节进行一次泄压和复压试验。可以通过根据 2.2.2.1 节至 2.2.2.4 节进行的一次热真空鉴定试验来代替此泄压/复压鉴定试验。

例外情况：

金属氧化物控制器不进行鉴定泄压/复压试验。汉胜太空系统国际公司通过分析证明其符合要求。

依据：

通过分析证明金属氧化物再生器组件能够承受不超过每分钟 11psia 的泄压速度以及不超过每分钟 1.7psia 的后续复压速度。

在控制器和风机中都有可能被隔离并因而对过压力比较敏感的腔体。通过通风孔来保护这些空间。对于控制器，通过控制器后方一组 10 个 0.062in 直径的孔来给不处于空气流体路径的内部腔体通风。在风机组件中的风机声盖和风机外壳之间，有一个不属于空气流体路径的空间。通过风机出口支架内的一个 0.166in 直径通风孔，将出口风机流体与此空间连接起来，从而保护它，避免它在泄压和复压过程中鼓起来或塌下去。

美国航空航天局通过国际空间站峰值使用时间数据分析了综合的最坏情况条件。分析表明：在每年 12 次舱外活动的情况下，金属氧化物再生器组件的可用度为 99.68%；在每年 40 次舱外活动的情况下，则为 98.54%。这些数据没有考虑库存中可用的备用在轨可更换单元。综上所述，共有 3 个飞行再生器组件，其中有两个会同时处于在轨状态。如果其中 1 个单元出现故障，可以使用第二个单元来重新创建小筒。另外，还通过 4 个飞行控制器在轨可更换单元为飞行再生器提供支持。最后，计划在任何时间，都有 10 个 METOX 小筒保持在轨状态，其中有两个用于应急舱外活动功能。如果出现概率极低的两个再生器组件同时无法操作的情况，仍然可以为若干舱外活动提供二氧化碳清除功能。

## GFE-104

项目：

金属氧化物控制器 部件号 SV821750-1

SSP 41172 要求：

2.2.3 节，热循环试验（元器件鉴定）。

2.2.3.3 节，试验量级和持续时间。

对于验收限值±裕度不包含最低范围（3.1.3.3 节）的电气/电子设备，鉴定的最低范围应为 140℉。

2.2.3.3 节，试验量级和持续时间。

试验时间应为验收试验热循环数的 3 倍，但是总时间不少于 24 个周期。

例外情况：

在金属氧化物控制器鉴定热循环试验过程中的温度范围为 72℉（18～90℉）。

在鉴定热循环试验过程中，金属氧化物控制器经历了 7.5 个热循环。

依据：

金属氧化物控制器是一个在轨可更换单元，可以从金属氧化物再生器组件上拆下来。再生器（具体来说为从空气入口到控制器）与相邻的机架温度和湿度控制系统相连，后者提供冷却空气。控制器在 38～70℉ 的范围操作，并通过温度和湿度控制系统来控制。不允许在没有冷却空气的情况下操作控制器。控制器组件与为国际空间站设计的其他控制器组件类似，具体来说包括泵和流速控制系统以及舱体温度和湿度控制系统。

根据流经控制器的入口过程空气以及温度和湿度控制系统（提供冷却空气）的情况，对控制器进行热调节。

控制器包括 4 个印刷电路板。

1. 风机控制器

作为航空电子组件的一部分进行认证，主要包括 S 类部件。

2. 电源和加热器的驱动器板

作为 METOX 再生器组件的一部分进行认证，主要包括 B 级元器件。

3. 显示器板

作为 METOX 再生器组件的一部分进行认证，主要包括 B 级元器件。

4. 逻辑板

作为 METOX 再生器组件的一部分进行认证，主要包括 B 级元器件。

根据 NHB 5300.4 来检查所有电子元器件。所有腔体设备都进行 PIND 试验。在所有电路板中，有 13 个元器件不满足 B 级要求，它们已经在 NASPAR（电气、电子和机电部件批准）中被批准。

在鉴定试验过程中，控制器从 18℉ 到 90℉ 进行热循环操作。这比 38～70℉ 的温度和湿度控制范围分别高和低了 20℉。控制器在此温度范围进行了 7.5 个周期的操作。在每个周期，都在向最大鉴定温度的热循环过程中，在 30℉ 给单元加电；在向最小鉴定温度的热循环过程中，在 30℉ 给单元断电。

另外，汉胜太空系统国际公司根据 SP-T-0023 进行了随机振动试验。因为再生器级的安装配置会导致较高的载荷（在控制器处为 4.7grms），所以在再生器组件级进行了鉴定试验。在鉴定振动试验过程中给控制器加电并进行了监控。

最后，美国航空航天局通过国际空间站峰值使用时间数据分析了综合的最坏情况条件。分析表明：在每年 12 次舱外活动的情况下，金属氧化物再生器组件的可用度为 99.68%；在每年 40 次舱外活动的情况下，则为 98.54%。这些数据没有考虑库存中可用的备用在轨可更换单元。综上所述，共有 3 个飞行再生器组件，其中有两个会同时处于在轨状态。如果其中 1 个单元出现故障，可以使用第二个单元来重新创建小筒。另外，还通过 4 个飞行控制器在轨可更换单元为飞行再生器提供支持。最后，计划在任何时间，都有 10 个 METOX 小筒保持在轨状态，其中有两个用于应急舱外活动功能。如果出现概率极低的两个再生器组件同时无法操作的情况，仍然可以为若干舱外活动提供二氧化碳清除功能。

# GFE-105

项目：

金属氧化物控制器 部件号 SV821750-1

SSP 41172 要求：

2.2.3 节，热循环试验（元器件鉴定）。

2.2.3.4 节，补充要求。

应至少在第一个和最后一个操作周期的最高操作温度加上 20℉（11.1℃）的裕度以及最低操作温度减去 20℉（11.1℃）的裕度条件下的保持期之后以及元器件返回到环境温度之后进行功能试验。

例外情况：

在鉴定热循环试验的最低温度范围内，给金属氧化物控制器加电并在 30℉（比最小验收操作温度低 8℉）下进行操作。

依据：

金属氧化物控制器是一个在轨可更换单元，可以从金属氧化物再生器组件上拆下来。 再生器（具体来说为从空气入口到控制器）与相邻的机架温度和湿度控制系统相连，后者提供冷却空气。控制器在 38～70℉ 的范围操作，并通过温度和湿度控制系统来控制。不允许在没有冷却空气的情况下操作控制器。控制器组件与为国际空间站设计的其他控制器组件类似，具体来说包括泵和流速控制系统以及舱体温度和湿度控制系统。

根据流经控制器的入口过程空气以及温度和湿度控制系统（提供冷却空气）的情况，对控制器进行热调节。

控制器包括 4 个印刷电路板。

1. 风机控制器

作为航空电子组件的一部分进行认证，主要包括 S 类部件。

2. 电源和加热器的驱动器板

作为 METOX 再生器组件的一部分进行认证，主要包括 B 级元器件。

3. 显示器板

作为 METOX 再生器组件的一部分进行认证，主要包括 B 级元器件。

4. 逻辑板

作为 METOX 再生器组件的一部分进行认证，主要包括 B 级元器件。

根据 NHB 5300.4 来检查所有电子元器件。所有腔体设备都进行 PIND 试验。在所有电路板中，有 13 个元器件不满足 B 级要求，它们已经在 NASPAR（电气、电子和机电部件批准）中被批准。

在鉴定试验过程中，控制器从 18℉ 到 90℉ 进行热循环操作。这比 38～70℉ 的温度和湿度控制范围分别高和低了 20℉。控制器在此温度范围进行了 7.5 个周期的操作。在每个周期，都在向最大鉴定温度的热循环过程中，在 30℉ 给单元加电；在向最小鉴定温度的热循环过程中，在30℉给单元断电。

另外，汉胜太空系统国际公司根据SP-T-0023进行了随机振动试验。因为再生器级的安装配置会导致较高的载荷（在控制器处为4.7grms），所以在再生器组件级进行了鉴定试验。在鉴定振动试验过程中给控制器加电并进行了监控。

最后，美国航空航天局通过国际空间站峰值使用时间数据分析了综合的最坏情况条件。分析表明：在每年12次舱外活动的情况下，金属氧化物再生器组件的可用度为99.68%；在每年40次舱外活动的情况下，则为98.54%。这些数据没有考虑库存中可用的备用在轨可更换单元。综上所述，共有3个飞行再生器组件，其中有两个会同时处于在轨状态。如果其中一个单元出现故障，可以使用第二个单元来重新创建小筒。另外，还通过4个飞行控制器在轨可更换单元为飞行再生器提供支持。最后，计划在任何时间，都有10个METOX小筒保持在轨状态，其中有两个用于应急舱外活动功能。如果出现概率极低的两个再生器组件同时无法操作的情况，仍然可以为若干舱外活动提供二氧化碳清除功能。

## GFE-106

项目：

金属氧化物控制器　　　部件号 SV821750-2　　　序列号 0002～0008

SSP 41172 要求：

3.1.3节，热循环试验（元器件验收）。

3.1.3.3节，试验量级和持续时间。

对于在表3-1中确定的元器件，根据注（4），在最低和最高试验温度之间的温度范围应至少为100℉（55.6℃），如有可能，最小试验温度应低于30℉（-1.1℃）。

3.1.3.3节，试验量级和持续时间。

最小温度周期数应为8个。

例外情况：

在金属氧化物控制器验收热循环试验过程中的温度范围为32℉（38～70℉）。

在验收热循环试验过程中，金属氧化物控制器经历了5个热循环。

依据：

金属氧化物控制器是一个在轨可更换单元，可以从金属氧化物再生器组件上拆下来。再生器（具体来说从空气入口到控制器）与相邻的机架温度和湿度控制系统相连，后者提供冷却空气。控制器在38～70℉的范围操作，并通过温度和湿度控制系统来控制。不允许在没有冷却空气的情况下操作控制器。控制器组件与为国际空间站设计的其他控制器组件类似，具体来说包括泵和流速控制系统以及舱体温度和湿度控制系统。

根据流经控制器的入口过程空气以及温度和湿度控制系统（提供冷却空气）的情况，对控制器进行热调节。

控制器包括4个印刷电路板。

1. 风机控制器

作为航空电子组件的一部分进行认证，主要包括S类部件。

2. 电源和加热器的驱动器板

作为 METOX 再生器组件的一部分进行认证，主要包括 B 级元器件。

3. 显示器板

作为 METOX 再生器组件的一部分进行认证，主要包括 B 级元器件。

4. 逻辑板

作为 METOX 再生器组件的一部分进行认证，主要包括 B 级元器件。

根据 NHB 5300.4 来检查所有电子元器件。所有腔体设备都进行 PIND 试验。在所有电路板中，有 13 个元器件不满足 B 级要求，它们已经在 NASPAR（电气、电子和机电部件批准）中被批准。

在验收试验过程中，控制器从 38℉ 到 70℉ 进行热循环操作。这个温度范围是根据控制器内部热交换器的控制范围确定的。控制器在此温度范围内进行 5 个周期的操作。在每个周期，都在 38℉ 最低温度的保持期后给单元加电，通过热循环达到 70℉ 的最高温度，然后通过热循环达到 38℉ 的最低温度，并给单元断电。

另外，为了进行额外的工艺筛选，汉胜太空系统国际公司根据 SP-T-0023 3.4.1 节所述的验收振动试验（数值和持续时间）进行了随机振动试验。在控制器级（6.83grms）进行了验收试验。在验收振动试验过程中给控制器加电并进行了监控。

在验收试验过程中，硬件经历约 157h 的老炼。除了在验收试验过程中的老炼外，还在马歇尔航天中心进行了后续试验。在验收试验以及马歇尔航天中心后续气锁试验之后，硬件没有经历 200h 以下的老炼。

在 1998 年 8 月 19 日发布的分析备忘录 98-007"METOX 再生器开发试验结果"中总结了硬件开发试验和鉴定试验。在太空功率电子部件试验室进行了额外的电子绘图，并在汉胜太空系统国际公司进行了电磁干扰试验。与此试验相关的总老炼时间约为 270h。

最后，美国航空航天局通过国际空间站峰值使用时间数据分析了综合的最坏情况条件。分析表明：在每年 12 次舱外活动的情况下，金属氧化物再生器组件的可用度为 99.68%；在每年 40 次舱外活动的情况下，则为 98.54%。这些数据没有考虑库存中可用的备用在轨可更换单元。综上所述，共有 3 个飞行再生器组件，其中有两个会同时处于在轨状态。如果其中一个单元出现故障，可以使用第二个单元来重新创建小筒。另外，还通过 4 个飞行控制器在轨可更换单元为飞行再生器提供支持。最后，计划在任何时间，都有 10 个 METOX 小筒保持在轨状态，其中有两个用于应急舱外活动功能。如果出现概率极低的两个再生器组件同时无法操作的情况，仍然可以为若干舱外活动提供二氧化碳清除功能。

## GFE-107

项目：

金属氧化物控制器　　部件号 SV821750-2　　序列号 0002～0008

SSP 41172 要求：

3.1.8 节，老炼试验（元器件验收）。

3.1.8.3 节，试验量级和持续时间。

对于固定温度老炼（包括环境温度老炼或升温加速老炼），总操作时间应等效于 300h 的环境温度老炼。

例外情况：

在验收试验过程中，金属氧化物控制器的总老炼时间约为 157h。在验收试验以及马歇尔航天中心后续气锁试验之后，硬件没有经历 200h 以下的老炼。

依据：

金属氧化物控制器是一个在轨可更换单元，可以从金属氧化物再生器组件上拆下来。 再生器（具体来说为从空气入口到控制器）与相邻的机架温度和湿度控制系统相连，后者提供冷却空气。不允许在没有冷却空气的情况下操作控制器。控制器组件与为国际空间站设计的其他控制器组件类似，具体来说包括泵和流速控制系统以及舱体温度和湿度控制系统。

根据流经控制器的入口过程空气以及温度和湿度控制系统（提供冷却空气）的情况，对控制器进行热调节。

控制器包括 4 个印刷电路板。

1. 风机控制器

作为航空电子组件的一部分进行认证，主要包括 S 类部件。

2. 电源和加热器的驱动器板

作为 METOX 再生器组件的一部分进行认证，主要包括 B 级元器件。

3. 显示器板

作为 METOX 再生器组件的一部分进行认证，主要包括 B 级元器件。

4. 逻辑板

作为 METOX 再生器组件的一部分进行认证，主要包括 B 级元器件。

根据 NHB 5300.4 来检查所有电子元器件。所有腔体设备都进行 PIND 试验。在所有电路板中，有 13 个元器件不满足 B 级要求，它们已经在 NASPAR（电气、电子和机电部件批准）中被批准。

在验收试验过程中，在 3 次分开的功能试验以及热循环和随机振动试验中给控制器加电。在这 3 次功能试验中，每次都需要约 12h，总共时间为 36h。在验收热循环试验的 5 个周期中给控制器加电。这包含了 SP-T-0023 所要求的 1.5 个热循环的最低要求以及 SV822000-2 规格/组件图"金属氧化物再生器" 4.6 节中定义的 48h 老炼时间。在热试验过程中的总加电时间约为 120h。在验收随机振动试验过程中，给控制器加电并进行监控。本试验时间约为 1h。

综上所述，在验收试验过程中，硬件经历约 157h 的老炼。除了在验收试验过程中的老炼外，还在马歇尔航天中心进行了后续试验。在验收试验以及马歇尔航天中心后续气锁试验之后，硬件没有经历 200h 以下的老炼。

在 1998 年 8 月 19 日发布的分析备忘录 98-007 "METOX 再生器开发试验结果"中总结了硬件开发试验和鉴定试验。在太空功率电子部件试验室进行了额外的电子绘图，并在汉胜太空系统国际公司进行了电磁干扰试验。与此试验相关的总老炼时间约为 270h。

为了进行额外的工艺筛选，汉胜太空系统国际公司根据 SP-T-0023 3.4.1 节所述的验收振动试验（数值和持续时间）进行了随机振动试验。在控制器级进行了验收试验。在验收振动试验过程中给控制器加电并进行了监控。

最后，美国航空航天局通过国际空间站峰值使用时间数据分析了综合的最坏情况条件。分析表明：在每年 12 次舱外活动的情况下，金属氧化物再生器组件的可用度为 99.68%；在每年 40 次舱外活动的情况下，则为 98.54%。这些数据没有考虑库存中可用的备用在轨可更换单元。综上所述，共有 3 个飞行再生器组件，其中有两个会同时处于在轨状态。如果其中 1 个单元出现故障，可以使用第二个单元来重新创建小筒。另外，还通过 4 个飞行控制器在轨可更换单元为飞行再生器提供支持。最后，计划在任何时间，都有 10 个 METOX 小筒保持在轨状态，其中有两个用于应急舱外活动功能。如果出现概率极低的两个再生器组件同时无法操作的情况，仍然可以为若干舱外活动提供二氧化碳清除功能。

## GFE-108

项目：

（1）预呼吸软管组件套件　　部件号 SJG 33112241-301

如下序列号不可用（第 2 批）：

◇ 预呼吸软管组件限制袋　　部件号 SEZ 33112234-301

◇ 软管组件-氧气　　部件号 SEG 33112744-301　　序列号 1003、1004、1005、1006、1007、1008、1009 和 1010

◇ 快速穿戴面具组件　　部件号 SEG 33105020-301　　序列号 1012 和 1013

◇ 减压阀 T 型组件　　部件号 SEG 33112233-303　　序列号 1008 和 1009

◇ T 型组件　　部件号 SEG 33112233-301　　序列号 1003 和 1004

◇ 特殊 T 型组件　　部件号 SEG 33112233-305　　序列号 1013 和 1014

（2）预呼吸软管备件套件　　部件号 SJG 33112747-301

如下序列号不可用（第 1 批）：

◇ 预呼吸软管组件限制袋　　部件号 SEZ 33112234-303

◇ 软管组件-氧气　　部件号 SEG 33112744-301　　序列号 1002

◇ 延长软管组件　　部件号 SEG 33105101-301　　序列号 1001

◇ 快速穿戴面具组件　　部件号 SEG 33105020-301　　序列号 1016

◇ 减压阀 T 型组件　　部件号 SEG 33112233-303　　序列号 1010

◇ T 型组件　　部件号 SEG 33112233-301　　序列号 1005

◇ 特殊 T 型组件　　部件号 SEG 33112233-305　　序列号 1015

SSP 41172 要求：

3.1.9 节，氧气兼容性试验（元器件验收）。

3.1.9.2 节，试验说明。

每个元器件应进行 10 个氧气加压周期，每个周期在 100 毫秒内从环境压力（10～15psia）达到最大设计压力。

例外情况：

20ft 配置的预呼吸软管组件应在 1min 或更短时间内达到最大设计压力。30ft 配置的预呼吸软管组件应在 20s 或更短时间内达到最大设计压力。针对上文所述的为飞行 7A 阶段交付的 3 个飞行单元，这是一种一次性例外情况。如果硬件供应商要提供额外的单元，或者翻修或复验这些单元，那么所有试验都应符合 SSP 41172 的要求。

依据：

硬件在等于或超过预期在轨条件的操作条件下进行了试验。如在轨状态一样，通过将预呼吸软管组件快速分断装置连接到供给装置来启动压力周期。对最坏情况配置（最短流体路径）和标准配置进行了试验。在最坏情况配置中，快速穿戴面具有 30ft 的软管（这导致硬件达到最大设计压力的时间比标称配置快 3 倍）。在在轨状态下不应出现这种配置。标称配置包括所有 120ft 的软管、3 T 型组件以及快速穿戴面具。所有预呼吸软管组件的元器件都相同，或者与便携呼吸仪器元器件非常类似。

因为理解相关要求管理事宜的时间较晚，所以在约翰逊航天中心而不是白沙试验基地进行了试验。根据预呼吸软管组件软管的长度（约为 120ft）以及试验设备限制条件，无法满足 100 毫秒的要求。未来所有环境验收工艺筛选氧气试验都应在白沙试验基地进行，并满足 3.1.9.2 节指定的要求。

## GFE-109

项目：

音频终端单元　　部件号 3000001-301

SSP 41172 要求：

3.1.3 节，热循环试验（元器件验收）。

3.1.3.3 节，试验量级和持续时间。所有要求。

例外情况：

"炮塔"音频终端单元在其 33～90℉ 的操作温度范围进行验收热循环试验。

依据：

在不超过 96℉ 的温度范围内，音频终端单元性能可以接受。该单元将满足性能要求以及故障平均间隔时间和接触温度要求。

音频终端单元在从 13℉ 到 110℉ 的操作温度范围内进行了一次鉴定热循环试验。在验收热循环试验过程中，通过此试验鉴定了 33～90℉ 操作温度范围的操作。

不过，在欧洲航天局的"炮塔"设施，音频终端单元冷板温度范围从 72℉ 到 96℉，这是因为节点 3 高温内部热控制系统环路向"炮塔"设施的供气温度就是这个 72～96℉ 的范围，此范围无法选择。

音频终端单元制造商哈里斯公司对音频终端单元进行了 99℉ 条件的热分析。分析表明：

◇ 99℉ 冷板的预期光纤输出值比 90℉ 冷板低 0.2 dB；

◇ 节点 3 和"炮塔"设施之间的音频光纤链路不是一个边际链路。信号在节点 3 音频总线联轴器和"炮塔"设施音频终端单元之间来回传递，因此只使用一个构件隔离壁接口；

◇ 通过 SSCN 002632 确定最终链路预算；

◇ 0.2 dB 的光纤损失视为可以接受。

在 99℉ 最大冷板温度下，音频终端单元对可靠性（故障速率和故障平均间隔时间）的影响如下：在 99℉ 最大冷板温度下的预期故障率为百万分之 13.79。这在 2 级部件音频终端单元允许的故障率范围内（百万分之 25.85）。在这些计算中考虑了所有电气、电子和机电部件降额。

通过哈里斯公司的分析确认：在咨询制造商后，扬声器、键盘和麦克风能在更高的温度下操作。在 117℉ 最高温度下的操作并没有发现性能问题。

评估了音频终端单元接触温度（包括键盘、扬声器和麦克风），并针对 96℉的冷板温度进行调整。哈里斯公司利用了在音频终端单元鉴定过程中得到的信息来测量热点，并根据热点信息来进行分析。通过分析验证了如下方面：

◇ 不会超过 120℉的最大底盘温度。底盘温度（在其热点）将为 113.8℉。

◇ 不会超过 113℉的最大前面板接触温度。前面板接触温度将为 111.6℉。

因此，用于"炮塔"设施的已试验音频终端单元被视为可以接受。

## GFE-110

项目：

氧气补充压缩机组件　　部件号 SEG29100906

SSP 41172 要求：

3.1.6 节，压力试验（元器件鉴定）。

3.1.6.3 节，试验量级。所有要求。

例外情况：

全组装氧气补充压缩机组件不进行鉴定耐压试验。

依据：

氧气补充压缩机组件的所有内部加压元器件和子组件都进行了耐压试验，其压力为 SSP 30559 规定的最大设计压力的 1.5 倍。所有焊缝还在子组件级进行了耐压试验，其压力为最大设计压力的 1.5 倍。另外，全组装氧气补充压缩机组件还在最大设计压力下进行了泄露试验。

因为清楚各种氧气补充压缩机组件传感器的读数会在进行耐压试验（压力为最大设计压力的 1.5 倍）后变得不准确，所以全组装氧气补充压缩机组件将不在最大设计压力的 1.5 倍下进行耐压试验。通过了解个体加压元器件、子组件、焊缝耐压试验以及全组装氧气补充压缩机组件的泄漏试验，可以对设计进行耐压验证。

## GFE-111

项目：

浮动电位测量单元（FPMU）　　部件号 39-0001

SSP 41172 要求：

2.2.3 节，热循环试验（元器件鉴定）。

2.2.3.3 节，试验量级和持续时间。所有要求。

2.2.3.4 节，补充要求。所有要求。

例外情况：

浮动电位测量单元将不进行鉴定热循环试验。

依据：

在环境压力条件下的鉴定热循环试验可能导致浮动电位测量单元的探头电子部件出现冷凝，从而可能损害浮动电位测量单元。为了削弱这种影响，将在马歇尔航天中心的热试验真空室进行 12 个周期的鉴定热真空试验。马歇尔航天中心的热试验真空室能够达到每分钟 1℉的变化速度。不过，无法对浮动电位测量单元能够达到的热变化速度进行量化评估。为了改进热变化速度，将通过一个铝隔离器（而不是相关配置方案中记录和批准的飞行——设计钛隔离器）将浮动电位测量单元连接到真空室。

通过如下方式对鉴定浮动电位测量单元进行额外的工艺筛选：对通过人工方式、由美国航空航天局鉴定技术人员，或通过表面安装技术制造的所有焊料进行工艺验证，按照 SSP 41172 的要求进行加电鉴定随机振动试验，以及对个体电子部件板和部分组装的电子部件箱进行电子部件退火。因此，与此例外情况相关的风险很小。

## GFE-112

项目：

浮动电位测量单元（FPMU）　　　部件号 39-0001

SSP 41172 要求：

3.1.3 节，热循环试验（元器件验收）。

3.1.3.3 节，试验量级和持续时间。所有要求。

3.1.3.4 节，补充要求。所有要求。

例外情况：

浮动电位测量单元将不进行验收热循环试验。

依据：

在环境压力条件下的验收热循环试验可能导致浮动电位测量单元的探头电子部件出现冷凝，从而可能损害浮动电位测量单元。为了削弱这种影响，浮动电位测量单元将在太空动力试验室热试验真空室条件下进行 4 个验收热真空周期的试验。在冷却过程中，试验真空室能够达到每分钟 3.6℉（2℃）的变化速度；在加热过程中，能够达到每分钟 5.4℉（3℃）的变化速度。因此，在验收热真空试验过程中，浮动电位测量单元的热变化速度会超过每分钟 1℉。为了改进热变化速度，将通过一个铝隔离器（而不是相关配置方案中记录和批准的飞行——设计钛隔离器）将浮动电位测量单元连接到真空室。

通过如下方式对飞行浮动电位测量单元进行额外的工艺筛选：对通过人工方式、由美国航空航天局鉴定技术人员，或通过表面安装技术制造的所有焊料进行工艺验证，按照 SSP 41172 的要求进行加电鉴定随机振动试验，以及对个体电子部件板和部分组装的电子部件箱进行电子部件退火。另外，至少在环境温度下进行 60h 的验收老炼试验，在 120℉（49℃）下进行 67h 的老炼试验，以满足 SSP 41172 规定的 300h 等效老炼要求。在验收老炼试验过程中至少进行 20 个开/关周期，其中在老炼的升温部分进行 10 个周期。因此，与此例外情况相关的风险很小。

## GFE-113

项目：

浮动电位测量单元（FPMU）　　　部件号 39-0001

SSP 41172 要求：

2.2.2 节，热真空试验（元器件鉴定）。

2.2.2.3 节，试验量级和持续时间。

在热循环的高温部分，元器件应处于最大验收限值加上一个 20℉（11.1℃）的裕度（最高设计温度）；在热循环的低温部分，元器件应处于最小验收试验值温度减去一个 20℉（11.1℃）的裕度（最小设计限值温度）。

例外情况：

在浮动电位测量单元鉴定热真空试验过程中，非操作条件下的最低温度应为-85℉。

依据：

受浮动电位测量单元电子部件的限制，经验证浮动电位测量单元在不导致硬件损害情况下承受的最低温度为-85℉（-65℃）。因此，在12个鉴定热真空周期中的4个（进行非操作最低温度试验）过程中，上述条件都限制了最低温度。不过，在这4个验收热真空周期中的1个周期内，飞行浮动电位测量单元在-76℉（-60℃）的最小极值温度下试验，以尽量增加在轨真空条件下可以进行舱外活动的时间。因此，在此非操作最低温度条件下，通过试验只证明了9℉（5℃）的裕度。

## GFE-114

项目：

浮动电位测量单元（FPMU）　　部件号 39-0001

SSP 41172 要求：

3.1.1 节，功能试验（元器件验收）。

3.1.1.2 节，试验说明。所有要求。

例外情况：

功能验收试验将只采用电子部件功能试验和地面校准。将不通过等离子体真空室进行验收功能试验。

依据：

试验可用的等离子体真空室会在探头操作包络边缘产生等离子体，它与电离层等离子体环境不同。将通过等离子体真空室鉴定试验以及电子部件功能试验和校准来证明设计方案。验收试验将只包括电子部件功能试验和校准，可以由此证明探头在相关操作范围内的性能。根据环境团队提供的信息，这是硬件验收试验的最佳方案。

## GFE-115

项目：

氧气发生器组件（OGA）　　部件号 SV825600-1

泵在轨可更换单元　　部件号 SV825565-1

水组件在轨可更换单元　　部件号 SV827690-1

机架和储箱氮气净化组件　　部件号 SV828110-1

去离子床在轨可更换单元　　部件号 SV825569-1

过程控制器氧气发生在轨可更换单元——SV826025-1

传感器，氢气在轨可更换单元　　部件号 SV826167-1

氧气出口组件在轨可更换单元　　部件号 SV825582-1

氢气圆顶组件在轨可更换单元　　部件号 SV827305-1

SSP 41172 要求：

第 2.2.2 节，热真空试验（元器件鉴定）。

第 2.2.2.5 节，真空泄压/复压的要求，自动断电，所有要求。

例外情况：

所述项目将不进行鉴定泄压/复压试验。应完全通过在轨可更换单元或元器件级，而不是组件级（试验和验证控制委员会最初同意的方案）的分析和试验来验证此要求。

依据：

通过每个在轨可更换单元的结构分析和耐压/泄漏试验，验证硬件结构是否能承受泄压/复压的压力差。最大设计压力分析所要求的压力差明显超过了泄压/复压的压力差。根据在《材料标识和使用列表》（MUL）中记录的真空环境来分析材料兼容性，从而验收材料。另外，如果出现了泄压/复压活动，氧气发生器组件会自动进入断电状态，保护元器件不受真空环境影响。

存在与泄压/复压环境相关风险的元器件是位于耐压屏障外部的元器件，其中包括热盖、声盖、隔热装置和电子部件。在可能的情况下，通过类似性分析来验证这些元器件，并根据需要进行试验。在最坏情况情景下，损害声盖并不会影响氧气发生器组件的功能，而是只会增加声值（可能超过声要求）。如果损害热盖和隔热装置，会增加功耗，但是不会导致失去氧气发生器组件功能。如果损害比较严重，温度传感器会检测到异常性能，并关闭氧气发生器组件，使其进入一个安全状态（将需要更换在轨可更换单元）。对电子箱进行通风，以限制压力差。将通过与以前的设计进行类似性分析，来验证通风功能是否合适。在制造流程中，在 180℉ 以及 10E-04 torr 条件下对电气元器件的柔性涂层进行 48h 的退火，从而增强此涂层在太空真空环境中的生存能力。

水组件在轨可更换单元、氮气净化组件在轨可更换单元和去离子床在轨可更换单元将通过分析进行验收。这些在轨可更换单元没有采用任何耐压屏障之外的元器件。因此，可以根据在在轨可更换单元级进行的耐压/泄漏试验以及材料接触真空分析来对它们进行验收。

泵在轨可更换单元将通过分析进行验收。此在轨可更换单元包含一个位于耐压屏障外部的声盖。将通过根据第一个飞行在轨可更换单元进行的试验，验证在泄压/复压过程中不会损害声盖。

氧气发生器组件的过程控制器的验收方式包括：进行相关分析，以及与汉胜公司为温度和湿度控制器系统制造和试验的电气接口箱（EIB）进行类似性分析。过程控制器盖与 EIB 一样包含通风孔，从而允许每个控制器室在泄压/复压过程中达到泄压/复压的效果。这些孔采用合适的尺寸，以使控制器外壳和封盖上的最大压力变化为 1.5psid。在 1.5psid 的压力变化以及 1.5 的安全系数下，最小安全裕度为 0.03。

氢气传感器在轨可更换单元将通过分析进行验收。此在轨可更换单元包含位于耐压屏障外部的电子元器件。将通过分析验证电子箱内的间隙能够在泄压/复压过程中达到足够的通风效果，从而避免过大的压降。

氧气出口在轨可更换单元将通过类似性分析进行验收。此在轨可更换单元包含位于耐压屏障外部的元器件，其中包括隔热管线和热绝缘装置。隔热管线的验收方式是：与在水处理器组件（WPA）反应器在轨可更换单元（WPA 的参考编号 GFE-116）试验的部件进行类似性分析。根据与部件号 SV823150 的空间试验室热交换器（也是汉胜公司制造）进行类似性分析来验收热罩。

氢气圆顶组件在轨可更换单元将通过类似性分析进行验收。此在轨可更换单元包含组件外部，其中包括隔热管线和声罩。隔热管线的验收方式是：与在水处理器组件（WPA）反应器在轨可更换单元的参考编号 GFE-116）试验的部件进行类似性分析。声罩为 Bisco 罩，其验收方式是：与国际空间站舱间通风应用和水处理器组件泵分离器在轨可更换单元（都已经进行了试验）进行类似分析。

位于氧气发生器组件机架内的机架驻留硬件将通过分析进行验收。这些元器件可以根据在元器件级进行的耐压/泄漏试验以及材料接触真空分析来进行验收。

## GFE-116

项目：

水处理器组件（WPA） 部件号 SV825500-1

废水在轨可更换单元 部件号 SV825412-1

泵分离器在轨可更换单元 部件号 SV825426-1

分离过滤器在轨可更换单元 部件号 SV825438-1

颗粒过滤器在轨可更换单元 部件号 SV825442-1

多层滤床在轨可更换单元 部件号 SV825452-1

传感器在轨可更换单元 部件号 SV825447-1

催化反应器在轨可更换单元 部件号 SV825455-1

气体分离器在轨可更换单元 部件号 SV825487-1

氧气过滤器在轨可更换单元 部件号 SV828118-1

反应器健康状态传感器在轨可更换单元 部件号 SV826302-1

pH 值调制器在轨可更换单元 部件号 SV826777-1

离子交换床在轨可更换单元 部件号 SV825493-1

水存放在轨可更换单元 部件号 SV825502-1

供水在轨可更换单元 部件号 SV825449-1

过程控制器在轨可更换单元 部件号 SV826000-1

微生物止回阀在轨可更换单元 部件号 SV825499-1

启动过滤器在轨可更换单元 部件号 SV825425-1

SSP 41172 要求：

第 2.2.2 节，热真空试验（元器件鉴定）。

第 2.2.2.5 节，真空泄压/复压的要求。所有要求。

例外情况：

所述项目将不进行鉴定泄压/复压试验。应完全通过在轨可更换单元或元器件级，而不是组件级（试验和验证控制委员会最初同意的方案）的分析和试验来验证此要求。

依据：

通过每个在轨可更换单元的结构分析和耐压/泄漏试验，验证硬件结构是否能承受泄压/复压的压力差。最大设计压力分析所要求的压力差明显超过了泄压/复压的压力差。根据在《材料标识和使用列表》（MUL）中记录的真空环境来分析材料兼容性，从而验收材料。另外，如果出现了泄压/复压活动，氧气发生器组件会自动进入断电状态，保护元器件不受真空环境影响。

存在与泄压/复压环境相关风险的元器件是位于耐压屏障外部的元器件，其中包括热盖、声盖、隔热装置和电子部件。在可能的情况下，通过类似性分析来验证这些元器件，并根据需要进行试验。在最坏情况情景下，损害声盖并不会影响水处理器组件的功能，而是只会增加声值（可能超过声要求）。如果损害热盖和隔热装置，会增加功耗，但是不会导致失去水处理器组件功能。如果损害比较严重，温度传感器会检测到异常性能，并关闭水处理器组件，使其进入一个安全状态（将需要更换在轨可更换单元）。对电子箱进行通风，以限制压力差。将通过与以前的设计进行类似性分析,来验证通风功能是否合适。在制造流程中,在 180℉ 以及 10E-04 torr 条件下对电气元器件的柔性涂层进行 48h 的退火,从而增强此涂层在太空真空环境中的生存能力。

颗粒过滤器在轨可更换单元、多层滤床在轨可更换单元、离子交换床在轨可更换单元、启动过滤器在轨可更换单元、氧气过滤器在轨可更换单元、pH 值调制器在轨可更换单元和微生物止回阀在轨可更换单元将通过分析进行验收。这些在轨可更换单元没有采用任何耐压屏障之外的元器件。因此,可以根据在在轨可更换单元级进行的耐压/泄漏试验以及材料接触真空分析来对它们进行验收。

水处理器组件的过程控制器的验收方式包括:进行相关分析,以及与汉胜公司为温度和湿度控制器系统制造和试验的电气接口箱(EIB)进行类似性分析。过程控制器盖与 EIB 一样包含通风孔,从而允许每个控制器室在泄压/复压过程中达到泄压/复压的效果。这些孔采用合适的尺寸,以使控制器外壳和封盖上的最大压力变化为 1.5psid。在 1.5psid 的压力变化以及 1.5 的安全系数下,最小安全裕度为 0.03。

废水在轨可更换单元将通过分析进行验收。将通过在轨可更换单元的耐压/泄漏试验来验证在轨可更换单元内加压元器件的结构完整性。如果在在轨状态下进行泄压/复压操作,对储箱进行通风的隔离阀门(项目编号 WP/0421-1)会在水处理器组件自动停机后关闭,从而保护储箱波纹管。在双相流体传感器(液体传感器)中的电子部件将通过分析以及与 EIB 的类似性分析来进行验证。与 EIB 一样,双相流体传感器盖带有一个通风孔,允许电气室在泄压/复压过程中达到泄压/复压的效果。这些孔采用合适的尺寸,以使外壳和封盖上的最大压力变化为 1.2psid。在 1.2psid 的压力变化以及 1.5 的安全系数下,最小安全裕度为 0.66。通过在 MUL 中记录的材料分析信息,可以验证材料是否能承受真空环境。

泵分离器在轨可更换单元将通过分析进行验收。将通过在轨可更换单元的耐压/泄漏试验来验证硬件的结构完整性。此在轨可更换单元包含一个位于耐压屏障外部的声盖。通过第一个飞行在轨可更换单元声盖组件的试验分析,可以验证在泄压/复压活动中没有损害声盖组件。如果在在轨状态下进行泄压/复压操作,隔离阀门(项目编号 1101)会在水处理器组件自动停机后关闭,从而通过分离过滤器在轨可更换单元,将在轨可更换单元内的水控制项与真空隔离开。

传感器在轨可更换单元的验收方式是:根据飞行计划制造的第一个在轨可更换单元的泄压/复压试验结果进行分析。

分离过滤器在轨可更换单元的验收方式是:根据飞行计划制造的第一个在轨可更换单元的泄压/复压试验结果进行分析。

催化反应器在轨可更换单元将通过分析进行验收。将通过在轨可更换单元的耐压/泄漏试验来验证硬件的结构完整性。此在轨可更换单元包含位于耐压屏障外部的元器件,其中包括一个热盖、一个隔热的热交换器、一个隔热歧管、一个隔热机架、隔热流体管线、一个热罩以及传导率传感器内的电子部件。将通过一次基于试验的分析来验证这些项目不会在泄压/复压活动中受到损害。一次试验将包括一个在轨可更换单元,其中至少包含热盖、隔热的热交换器、隔热歧管和隔热机架。另外,还将对一个隔热流体管线和热罩的样本进行试验。传导率传感器电子部件的验收方法是:与在传感器在轨可更换单元中试验的传导率传感器(在其设计中包含一个类似电子部件)进行类似性分析。如果在在轨状态下进行泄压/复压活动,将在水处理器组件自动停机后通过氧气通风管路操作,通过三通阀门(项目号 0231)将在轨可更换单元内的水控制项与真空隔离开。

气体分离器在轨可更换单元将通过类似性分析进行验收。将通过在轨可更换单元的耐压/泄漏试验来验证硬件的结构完整性。此在轨可更换单元包含位于耐压屏障外部的元器件，其中包括一个热盖、隔热管线和一个隔热机架。这些项目的验收方式是：与在水处理器组件催化反应器在轨可更换单元上进行试验的项目进行类似性分析。

反应器健康状态传感器在轨可更换单元将通过分析进行验收。将通过在轨可更换单元的耐压/泄漏试验来验证硬件的结构完整性。此在轨可更换单元在位于耐压屏障外部的传导率传感器中采用了电子部件。传感器电子部件的验收方法是：与在传感器在轨可更换单元中试验的传导率传感器（在其设计中包含一个类似电子部件）进行类似性分析。此在轨可更换单元采用了一个位于耐压屏障外部的热罩。该热罩的验收方式是：与包含一个类似热罩的水处理器组件催化反应器在轨可更换单元的试验进行类似性分析。

水存放在轨可更换单元将通过分析进行验收。将通过每个在轨可更换单元的耐压/泄漏试验来验证在轨可更换单元的结构完整性。如果在在轨状态下进行泄压/复压活动，对储箱进行通风的隔离阀门（项目编号 WP/0421-3）会在水处理器组件自动停机后关闭，从而保护储箱波纹管。在双相传感器（气体传感器）中的电子部件将通过分析进行验证，它与废水在轨可更换单元中使用的双相流体传感器相同。

供水在轨可更换单元将通过分析进行验收。将通过每个在轨可更换单元的耐压/泄漏试验来验证在轨可更换单元的结构完整性。此在轨可更换单元包含位于耐压屏障外部的元器件，其中包括供气泵上的声罩。将通过对第一个飞行在轨可更换单元供气泵/声罩组件的试验分析来验证泄压/复压活动没有损害声罩。

机架驻留消音器系统的验收方式是：与汉胜公司制造和试验的航空电子组件中所用的消音器进行类似性分析。在机架中的其他轨道驻留硬件将通过分析进行验收。这些元器件包括管道、电缆和能够根据元器件级耐压/泄漏试验和材料真空接触分析来验收的其他类似结构组件。

# 附录 E 波音休斯敦公司批准的例外情况

下面给出了波音休斯敦公司所采用的本手册例外情况。本手册的例外情况不以任何方式免除承包商的如下责任：证明相关规格符合 1.3.2 节的要求。

## BOE-01

项目：

（1）外部收起平台连接设备主动件　　　部件号 26900-10001

子组件：

◇ 停靠爪组件　　　部件号 26900-20016

◇ 支柱组件　　　部件号 26900-20009

◇ 柔性 FSE 圆台　　　部件号 26900-20010

◇ 导向叶片组件　　　部件号 26900-20031

◇ 支柱捕获组件　　　部件号 26900-20120

（2）外部收起平台连接设备被动件　　　部件号 26900-10002

子组件：

◇ 捕获杆组件　　　部件号 26900-20043

◇ 载荷释放组件　　　部件号 26900-20080

◇ 插口球体外壳 FSE　　　部件号 26900-20039

SSP 41172 要求：

4.1.1 节，组件/元器件原型飞行试验。

如果没有专用鉴定试验件，所有生产件都要用于飞行，试验内容应相同（如 2.2 节中关于元器件鉴定的定义），并有如下例外情况。为此，要求根据 2.2.2 节的规定以及 4.1.1 节的修改内容对元器件进行原型飞行热真空试验。

例外情况：

对外部收起平台连接设备主动和被动件进行 3 个周期的原型飞行热循环试验（包括一次所需的温差试验），以代替原型飞行热真空试验。

依据：

热真空试验将不会发现热循环试验流程无法发现的潜在工艺、装置启动或调整缺陷，或者结构材料性能的退化。考虑到使所有装置循环的传动装置成本以及顶级组件的集成和分拆工作，试验环境会非常复杂。具体来说：

（1）在承受压力差的相关组件上没有封闭空间。启动或调整后的装置有足够宽松的裕度，能够适应压力降低所导致的材料体积增长。比如，在两个组件中所出现的最严格公差是一个不锈钢滚柱轴承，它在轴承座圈内的公差为+0.0000 /-0.0002in。通过人工计算来证明材料体积变化很小，其方式是使用一个 1 立方英寸的铝合金（7050，T7351）材料，在标准条件下，将用来从 14.7 psia 下降到 5.5E-12 psia。铝的刚度低于不锈钢，其预期体积变化比不锈钢大。铝管的每个边线性增大，从 1in 增加到 1.0000005in。考虑到外部收起平台连接设备在轨功能性，此尺寸变化被视为很小。因此，热真空试验不会证明相关的功能性。

（2）材料性能退化不是一个需要关注的问题。没有任何构造材料的排气值超过真空环境标准。两个组件使用的所有润滑剂都为"干"润滑剂（比如 Ecoalube）。因此，热真空试验不会导致材料性能明显退化。

（3）最后，除了热真空试验之外，没有在真空室中对所有外部收起平台连接设备装置进行试验的实用方法。在−110～210℉温度极值和在轨压力下操作的远程启动驱动器成本很高，采用的难度很大。将对主动和被动件的集成和分拆质量进行主观评估，这种质量因素无法通过远程启动来获取。

虽然 SSP 41172 需要对装置进行热循环试验，但是在外部收起平台连接设备试验计划中，将对所需的所有元器件进行热循环、启动、集成和分拆。在热循环试验计划中，包括进行反复的温差试验，要集成的组件将处于 150℉ 的温度变化范围内，然后进行匹配以验证是否便于集成。在反复温度变化试验中，每个顶级组件都将在温度极值下与其他组件进行匹配。在存在可靠在轨情景的情况下，将对元器件进行温差集成。

将进行 3 个周期的试验，而不是 SSP 41172　4.1.1 节所要求的 8 个周期（组件和组件原型飞行试验）。根据热真空循环要求（2.2.2.3 节），装置进行 3 个热循环（至少）的试验。进行 8 个周期试验的目的是证明电气元器件及其焊接，它们在温度变化过程中可能发生断裂。外部收起平台连接设备没有电气/电子元器件，不会因为进行 8 个热循环而更容易产生工艺或材料缺陷，所以只进行 3 个周期的试验。

## BOE-02

项目：

（1）外部收起平台连接设备主动件　　　部件号 26900-10001

子组件：

◇ 停靠爪组件　　部件号 26900-20016

◇ 支柱组件　　部件号 26900-20009

◇ 柔性 FSE 圆台　　部件号 26900-20010

◇ 导向叶片组件　　部件号 26900-20031

◇ 支柱捕获组件　　部件号 26900-20120

（2）外部收起平台连接设备被动件　　　部件号 26900-10002

子组件：

◇ 捕获杆组件　　部件号 26900-20043

◇ 载荷释放组件　　部件号 26900-20080

◇ 插口球体外壳 FSE　　部件号 26900-20039

SSP 41172 要求：

4.1.1 节，组件/元器件原型飞行试验。

如果没有专用鉴定试验件，所有生产件都要用于飞行，试验内容应相同（如 2.2 节中关于元器件鉴定的定义），并有如下例外情况。为此，要求根据 2.2.5 节的规定以及 4.1.1 节的修改内容对元器件进行原型飞行随机振动试验。

例外情况：

对外部收起平台连接设备主动和被动件进行一次原型飞行随机振动试验（安装所有上述元器件），以代替原型飞行组件随机振动试验。

依据：

外部收起平台连接设备主动件被归为"简单装置"，具有结实的结构。外部收起平台连接设备主动件及其元器件完全是机械部件，没有电子部件。在其发射配置下对 ESP2 元器件进行组件级试验，能够以最佳方式代表元器件所承受的飞行环境。